全栈性能测试修炼宝典 JMeter实战

ROAD_TESTING 软件测试组◎组稿
陈志勇　马利伟　万　龙◎著

人民邮电出版社
北　京

图书在版编目（CIP）数据

全栈性能测试修炼宝典 ：JMeter实战 / 陈志勇，马利伟，万龙著 ；ROAD_TESTING软件测试组组稿. -- 北京：人民邮电出版社，2016.9
ISBN 978-7-115-43722-8

Ⅰ. ①全… Ⅱ. ①陈… ②马… ③万… ④R… Ⅲ. ①计算机网络－程序设计 Ⅳ. ①TP393

中国版本图书馆CIP数据核字(2016)第238654号

内容提要

本书全面介绍了进行软件性能测试的实战技术和 JMeter 的应用知识，本书内容分 4 部分：第一部分基础篇，主要讲解了当前性能测试状况及发展前景、性能测试的基础理论，让读者尽快入门学习；第二部分工具篇，讲解开源负载工具 JMeter 的体系结构、脚本开发、负载模拟、测试监听等内容，让读者可以从零开始学会使用一个主流的负载工具，此部分是市面上到目前为止对 JMeter 讲解较全面的内容，掌握其内容即可以进行性能测试脚本开发、性能测试执行等工作；第三和第四部分实践篇、提升篇，详细讲解了性能监控与诊断分析技术，通过项目实践引导读者学会性能测试工作，如诊断问题、分析调优等软件性能测试中的核心技术，并讲解了 HTTP、端到端性能监控、性能测试自动化和 JMeter 常见问题解决等知识。

本书讲解通俗幽默，很适合读者阅读学习，本书适合测试工程师、测试项目负责人、开发工程师、性能测试爱好者阅读，也适合大专院校相关专业师生的学习用书和培训学校的教材。

◆ 著 陈志勇 马利伟 万龙
组 稿 ROAD_TESTING 软件测试组
责任编辑 张 涛
责任印制 沈 蓉 焦志炜
◆ 人民邮电出版社出版发行 北京市丰台区成寿寺路 11 号
邮编 100164 电子邮件 315@ptpress.com.cn
网址 http://www.ptpress.com.cn
固安县铭成印刷有限公司印刷
◆ 开本：787×1092 1/16
印张：29.25 2016 年 9 月第 1 版
字数：706 千字 2024 年 7 月河北第 26 次印刷

定价：89.00 元

读者服务热线：(010)81055410 印装质量热线：(010)81055316
反盗版热线：(010)81055315

来自业内的评价

作为一名软件开发行业的多年从业者，深感应用系统性能的重要性。在当今信息化时代，一个没有高性能的应用系统肯定是没有生命力的。本书以作者多年性能测试经验为背景，从性能测试基本概念、测试工具、测试方法、测试结果分析及系统性能调优等多个角度由浅入深的介绍，非常有利于初学者对应用系统性能测试概念、流程的理解。书中大量实例来源于作者的经验总结，这对于缺乏实践经验的从业人员来说无疑是宝贵的资料。

——上汽通用架构专家　冀晓军

本书不仅仅是目前市面上详细讲解 JMeter 应用的工具书，更是一本性能测试指导用书。内容涵盖了性能测试理论、脚本开发、性能分析、性能调优等多方面，融汇了作者多年互联网行业性能测试实践经验。本书理论结合实际，针对性强，授人以渔，从业人员值得拥有。

——上汽通用信息部开发测试高级经理　高继文

在互联网时代，更快、更稳定、更安全的系统已成为用户选择应用服务的一个重要因素。这使得更多的公司在产品创新的同时，更加重视应用系统的性能特性。本书是作者在国内大型公司多年一线工作经验的结晶，是性能测试领域最新、最全面的知识整合。不管是初学者，还是经验丰富的工程师，都能从阅读中受益。本书绝对是学习 JMeter 与性能测试相关知识的不二选择。

——挖财　测试总监　孙金飞

作为一名测试行业资深从业人员，这么多年来历经了这个行业的不断发展和变迁，而性能测试一直以来都是企业应用质量保障至关重要的环节，尤其是当前的互联网环境下，更是不可或缺。性能测试技术覆盖面广，对技术也有着非常高的要求，所以优秀的性能测试人员非常稀缺。同样的，优秀的性能测试书籍也是不可多得。鲁德的 MIKE 给我推荐了这本书，通读下来，个人认为这是一本实用性很强的技术指导书，一方面，其对性能测试知识体系有完整的理论阐述，使得读者能够快速地掌握基本原理，另一方面，每个部分都会通过对一个个实战案例进行生动和深入浅出地讲解和剖析，把读者从枯燥的技术文字理解中解放出来，全面领略到性能测试的魅力。同时，本书内容丰富详实，每个部分讲解由浅至深，适用于各个层次的读者，本书完全有理由成为每个性能测试从业人员必备的案头书。

——Testin 云测上海地区总经理　王斌

今拜读性能测试大师陈志勇的书，本书是集作者十数载功夫之大成，助测试界有志者共奔大道之作！

——京东方副总经理　袁海松

从工具书的角度来阅读这本书，基本上已经覆盖了性能测试常用知识点的90%以上的内容，你可以查阅到从基础知识到系统理论各个环节的知识点。由点及面，再自行扩展，对于想系统学习性能测试的工程师来说是再好不过的辅助工具了。对想要进入性能测试领域的人来说，本书可以让你从原理到方法，系统地学习性能测试的相关知识点，为以后做性能测试打下良好基础。

认真阅读此书，不管你是测试初学者，还是资深高手，都会有属于你的一份收获，Road出品，必属精品。

——微医集团性能架构团队 Leader　陈坤龙（鲁德毕业生）

工作 10 年，经历过运维、测试、项目管理职业，也看过不少技术和理论书籍以及网页博文，唯鲁德出版的书籍能帮助测试人员集大成，省去了收集整理测试技术的时间和精力，结合实际项目实操展开讲述，摆脱枯燥乏味的纯理论描述，更容易接受和吸收。无论是测试行业什么级别的人员，此书都有相当大的帮助。初学者可以通过项目的分析，快速理解测试理论，特别是性能测试，从全局到技术细节都能照顾到。建议读者在阅读此书的同时，借助一些便利的环境，多动手，勤思考，这本书绝对是性能测试实操教材的优选。

——银联国际事业部项目经理　周明明（鲁德毕业生）

本书针对每个困难的问题或给出了一个很好的答案，或指明了解决思路，内容涉及性能测试方方面面的知识，作者专业独到的经验随处可见，是性能测试领域不可多得的一本好书。

——唯品会 资深测试专家　林伟业（鲁德毕业生）

无论您是一位初级性能测试工程师，或是一位资深性能测试专家，本书都是您桌案上必不可少的工具书。该书详实地介绍了性能测试的全过程，从性能建模到测试脚本开发，从资源监控到采样数据分析，从性能项目立项到报告总结。一位初级性能工程师能凭借这本书对系统进行分析、定位瓶颈，乃至提出优化方案。在赞叹作者精心写作的同时，更对作者的知识深度及广度表示由衷敬佩。即便是同一个数据指标，作者都能运用各种工具、多种命令进行数据采集，互为佐证、定位瓶颈；同时将采集命令与监控工具、采集命令由点到面进行串联，使知识点不再是孤岛。

——网易邮箱高级测试工程师　曹莹（鲁德毕业生）

在高并发时代，大型系统面临着越来越严重的性能压力，本书深入地讲解了性能测试的方法及原理，结合实际从多个角度阐述系统的性能。对于从业性能测试的读者，从书中得到系统化的总结，以及获得更多的启发；对于新入行的读者，通过书中作者大量实践经验的讲解，开阔眼界，快速胜任性能测试工作。本书从调优的角度去剖析性能测试，通过讲解对各种性能问题的定位方式阐述性能测试过程中各个环节，有很高的实战价值，对于任职性能测试的读者来说是手头不可缺少的性能测试书籍。

——返利网 性能测试专家 王跃勇（鲁德毕业生）

此书全面而系统地阐述了性能测试理念与实践操作，内容从多维度、多层次介绍了性能测试工作流程与要点。很适合性能测试工程师阅读，是一位难得的职业“伴侣”。

——上海速邦 测试经理 蒋若旻（鲁德毕业生）

本书从“原理”+“思路分析”+“实例”+“过程分析”+“总结”几个方面逐一讲解，不管是新人还是老手，都能从中找到性能测试的思路。重要的是本书的意境是不光授人以鱼，还授人以渔，大量的实例和思路讲解，并通过总结把关键性知识剖析出来，达到让读者技能提升的目的，能够让读者举一反三地解决工作中的实际问题，这个很关键，强烈推荐本书。

——杭州承道测试开发工程师兼测试技术架构师 余刚（鲁德毕业生）

本书应该是工作在性能测试一线的鲁德各位老师的心血之作，非常全面、系统地介绍了性能测试。这本书不同于以往的性能测试书籍，不仅有工具的介绍，更重要是性能测试思想的体现，这才是这本书的精髓所在。教会读者怎样去做性能测试，怎样进行性能调优，而不仅是讲解工具如何使用，工具是手段，重要的是思想。对于有一定性能测试经验的读者来说，这本书能帮大家梳理思路，答疑解惑，一些章节阅读起来如沐春风，值得反复咀嚼，并应用在工作中。对于想学习性能测试的读者来说，从一开始就了解了测试方向，少走弯路。谢谢鲁德的老师给我们带来“干货”，也向广大的测试同仁推荐此书！

——平安 测试开发工程师 陈曼（鲁德毕业生）

这不仅仅是一本作者十几年工作经验总结的书籍，更是一本性能测试实操细节的完整记录。书里面详细介绍了性能测试的每个环节，从监控、分析到定位，无一不是性能测试的难点，如果想通过一本书快速地掌握一套完整的性能测试方法，那么本书一定是一本很好的教材；如果想通过一本书梳理多年的性能测试工作，理顺那些繁杂的思路，那么这本书就是一盏指路明灯。还犹豫什么，来看看书中的细节，别忘记一边看一边用思维导图去梳理，这样会让你事半功倍！

——北京互信 技术副总监 蔡玉玲（鲁德毕业生）

本书对于想要进入性能测试领域的新人来说，是一本不错的指导书，有很强的实践性，书中的很多内容可以直接应用在实际工作中，书中的小技巧可以让新人在使用过程中少踩雷区。“性能分析调优”这一章对于从事工作（性能测试）时间不长的测试人员来说，能够快速上手性能分析和调优。

—— 杭州医本健康 测试负责人 马仁根（鲁德毕业生）

在我的理解看来，性能测试是一门比较复杂的学问，它需要建立庞大的知识体系，如性能分析知识理论、网络协议、前端页面分析、Database、Linux、计算机语言、测试框架和性能测试工具的使用等。市面上的一些介绍性能测试的书籍，大多数内容倾向于对性能测试工具的介绍和如何使用这些工具的技巧。授人以鱼不如授人以渔，相比会使用这些工具来说，我们更需要的是领悟性能测试的思想和方法。虽然只是试读章节，但是依然能看出作者对此书的用心，细小的知识点都囊括其中，从点入手，由点及面，把整个知识体系融会贯通。不仅适合新手快速吸收，一些资深的性能测试人员也会有恍然大悟的感觉。所以，我只能说：买买买！

——O2O 车贷金融 性能测试和自动化测试 朱云峰（鲁德毕业生）

这本书深刻剖析了性能测试的基本概念、测试方法、性能分析的思路以及调优的原理，并且通过使用大量的案例来论证抽象的理论，各个阶段的性能测试人员均能从此书中学习到适合自己的知识，并且为进一步地提高提供了切实可行的方向。

——江苏云柜测试经理 柳宁一（鲁德毕业生）

本书作者结合多年自身实际的项目经验，针对 JMeter 性能测试工具由浅入深的讲解，并通过实际操作的案例讲解了性能测试从方案到脚本、从脚本到场景、从场景到结果、从结果到分析定位的开展过程，为奋战在性能测试之路上的工程师们“疏通了脉络”，助其更好地理解、消化、掌握性能测试。整本书内容丰富，脉络清晰，行文风趣幽默，是一本不可多得的专业的性能测试书。

——浙江钱运宜网 测试主管 周燕（鲁德毕业生）

一听说作者要出书，我想读的积极性就很高，因为大家都知道作者是一个实战经验丰富，编写代码能力强的性能测试前辈。有幸能读到试读章节，此书由浅入深，分析切中要点，结合大量实例讲解。不仅可作为性能测试初级人员的入门书，也可让资深人员查漏补缺，很值得阅读的一本好书。

——伦杰测试工程师 吴丽娜（鲁德毕业生）

经过鲁德培训和读本书后感想：

（1）自己是个不善总结的人，以前学习时学到的东西有些碎片化。这本书有很强的框架性，把所有的知识点融汇到一起，不仅教会我很多知识，还帮助我知道将来自己学习新技能应该是怎样的思路。

（2）作者是本行业的专家，这本书很有深度。以前我对数据库和系统架构方面都是浅尝辄止，而这本书让我向前迈了一大步。

（3）这本书集合大量的实践案例，帮助我们联系到日常的工作，提供了很多类似的解决方案，而不仅仅是理论上的。

——美国UMB Bank　自动化工程师　Mingpu Yu（鲁德美国毕业生）

目前，软件测试已在IT行业获得更多的认可和接受，越来越多的人进入到这个行业。但今天的软件测试已今非昔比，主要体现在这个行业对从业人员的要求越来越高，特别是性能测试领域，性能测试方案制定、测试脚本开发与增强、场景执行与监控、结果的分析定位与瓶颈的优化越来越受企业重视。拥有性能瓶颈定位与调优经验的工程师将成为企业的“新宠”。本书是讲解性能测试的一部好书，体现了性能测试的精髓，体现了性能测试的流程，更重点突出了性能测试的监控与瓶颈分析定位，从硬件、操作系统、数据库、中间件等各方面结合实际案例进行了讲解。无论你是刚进入性能测试行业还是已在这个领域小有所成，都值得拥有。

湖南软测信息技术有限公司　新梦想软件测试培训中心　CEO　彭立（鲁德毕业生）

序

当下互联网蓬渤发展，基于互联网的创新模式不断涌现，数据成为企业核心竞争力，在核心竞争力的背后是技术的支撑。作为技术人员，在享受技术带来的红利的同时也经受着技术变更带来的负担；无数的问题不知道什么时候会冒出来，防不胜防，积极一点来说，正是因为技术的新老更替让我们未来充满机遇。作为技术人，学习技术是本分，然而现实是严肃的，我们在工作中会遇到许多问题，如由于网站要处理大量的用户、大量的业务量等一些棘手的性能问题，若处理不好，就会出现如前不久的某二手车网站、某旅游网瘫痪事件，还有很多大家听到的网站服务器瘫痪的消息，这些都是咱们技术人员的痛。

经验告诉我们预防大于维护，系统上线前的性能测试就显得比较重要了。性能测试不仅能够帮我们检查程序性能，还可以进行定位、分析问题。帮助找出系统性能变化的趋势，给解决问题提供数据支撑。最重要的是系统不会在关键时刻"掉链子"，损失利润、失去用户。

性能测试是一个持续改进过程，也是一份充满挑战的工作；在工作中我们会涉及硬件平台、操作系统、数据库、缓存、中间件、应用架构、系统程序等方面的知识。广度与深度并重，这也对从事这项事业的工程师提出了更高的要求。高要求铸就了性能测试工程师的高价值，一时也是"洛阳纸贵，水涨船高"。广大测试工程师都试图转向这一行业，由于技术水平的局限也导致了性能测试工程师的整体水平不高的现象。市面上也好、业内也好，相对开发来说测试的知识传播与分享还是较少。

工欲善其事，必先利其器，性能测试的开展少不了工具的支持。互联网的发展正在颠覆传统的 IT 流程与技术，开源成为当下的主流，BAT（业界对百度、阿里巴巴和腾讯的简称）已经成长为 IT 领域的巨无霸，他们正在引领互联网的发展，从技术到平台都在开源化，性能测试工具当然也会顺应这个潮流，开源社区也涌现出了 JMeter、Grinder 等优秀的负载工具。这些工具的运用节省了不少的时间与精力，使我们可以专注于问题的分析、定位与调整。鉴于上面的种种原因，而个人又是一个喜欢分享的人，刚好又有出版社的朋友相邀，所以促成了此书，通过此书来讲讲我的性能测试技术，讲讲开源负载工具 JMeter 实战，讲讲性能测试诊断分析与调优，交流一些心得与体会，与大家共勉。

人虽无才，心诚意至！技术人也有情怀，谢谢大家支持！

在此感谢我的家人，感谢 Road 团队，感谢众多支持我的同仁！

谢谢你们！谢谢关注我的人！

陈志勇（天胜）

PMP、信息系统项目管理师

ROAD_TESTING　特邀讲师

从事开发、项目管理、性能测试 11 年

服务过诺亚舟、上汽通用、平安集团等企业

前　言

性能测试是测试行业颇具技术含量的工作，也是广大测试工程师不错的发展方向。性能测试工程师的薪水也是一路看涨，一片欣欣向荣的景象，那么到底什么是性能测试呢？

早些年，把录制脚本、制造负载当成是性能测试。近几年，我们把定位、分析问题当成是性能测试的核心技术。现在，我们希望性能测试不仅能够定位、分析问题，还要把握系统性能变化趋势；性能测试工程师能够帮助解决性能问题，搞定测试过程中的各种不合理配置，给出专业的优化建议。

然而现状并不是这样的，由于行业历史原因，从事测试业务的工程师都专注于业务，而忽视了技术。由于性能测试工程师的短缺，不少功能测试人员担当了性能测试工作，因为技术功底问题，直接导致了当前性能测试技术水平不高，从业人员参差不齐的现象。很多性能测试工程师停留在测试脚本的开发上，甚至连测试脚本的开发都成为了一个棘手问题。互联网的飞速发展促进了生产力的进步，同时我们也看到了诸多的性能问题不断暴露，也就是我们并没有在性能方面做得足够好！为什么呢？一方面是重视程度不够，另一方面是技术原因，对性能测试理解不够深入。如某大型电子商城、某旅游在线平台等，大小几十个、几百个子系统，技术复杂度可想而知，性能对于他们来说就是命脉，对于这样庞大系统群当然会做性能测试，那又为什么上线后又“趴下”呢？这有可能是没有进行充分的性能评估，没有做预案，没有进行风险控制。

不安于技术现状是 IT 人固有的品质，现在是改变这种现状的时候了，众人拾柴火焰高，大家努力起来，把自己培养成一名合格的性能测试工程师，一名性能测试专家，为公司、为个人创造更高的价值。

从本书可以收获什么

一、性能测试理论，通过这部分内容，你将对性能测试有深刻认识。

二、学会热门的开源负载工具 JMeter，能够利用 JMeter 进行各种常见协议的性能测试工作，当然你也可以用 JMeter 进行自动化测试及性能测试自动化。

三、学会全方位（Linux、Windows 平台）性能监控，学会性能诊断分析，练就“火眼金睛”，见微知著的性能分析技能及性能问题快速定位。

四、性能调优，学会如何进行调优，了解当前的性能调优手段，学习分布式系统的性能调优手段。

五、实例讲解性能测试整个过程，包括需求分析、测试计划、脚本开发、测试数据制作、测试执行、测试结果诊断分析、性能调优等内容。

六、性能测试自动化，帮助提高生产率。

读者群

本书由浅入深讲解性能测试各方面的知识，不同读者可以关注各自关注的内容。

本书读者包括但不限于以下群体：

测试工程师

测试负责人

开发工程师

运维工程师

架构师

性能测试爱好者

阅读提示

本书内容分 4 部分。

第一部分：基础篇

第 1 章　性能测试方向职业发展，讲述当前性能测试状况及发展前景。

第 2 章　性能测试初体验，讲述了性能测试的基础理论，适合初学者了解性能测试。

第二部分：工具篇

讲解开源负载工具 JMeter 的体系结构、脚本开发、负载模拟、测试监听等内容。让读者可以从零开始学会使用一个主流的负载工具，JMeter 不仅可以用来做性能测试也可以用来做自动化测试。此部分应该是市面上到目前为止比较全面的 JMeter 工具讲解内容。掌握其中部分内容即可以进行性能测试脚本开发、性能测试执行等工作。适合初学者快速上手。

第 3 章　JMeter 结构体系，剖析 JMeter 结构，讲解 JMeter 工具组成及功能。

第 4 章　JMeter 脚本开发，用实例演示如何开发 HTTP 协议测试脚本。

第 5 章　JMeter 负载与监听，实例讲解如何利用 JMeter 发生负载，如何进行测试监听。

第 6 章　JMeter 元件详解，讲解 JMeter 的各种常用与不常用的元件，这部分可以看作是 JMeter 工具书来进行查阅，并配有实例。

第 7 章　JMeter 常用脚本开发，实例演示讲解各种协议脚本的开发，测试脚本开发不再是问题。

第 8 章　JMeter 开源测试组件，实例讲解第三方 JMeter 开源组件的运用，让 JMeter 的功能更加丰富。

第三部分：实践篇

详细讲解了性能监控与诊断分析，并通过实践项目引导读者学习性能测试技术。

第 9 章　性能监控与诊断，讲解包括 Linux 平台与 Windows 平台的监控诊断、中间件及 JVM 的监控诊断、MySQL 的监控诊断，这些是性能诊断的基础。

第 10 章　性能分析调优，讲解如何分析问题、优化性能问题。讲解的不仅仅是结果，还有方法与思路。

第 11 章　综合实践之诊断分析与调优，运用实例对整个性能测试过程进行讲解，包括测试计划、测试脚本开发、测试数据制作、测试执行、结果分析、性能调优等内容。

第四部分：提升篇

当前，“Web”“敏捷”“性能”是常见的互联网关键字，从事这方面的性能测试工作需要储备一些技术知识，此部分旨在扩展知识面，提高生产率。

第 12 章　HTTP 协议，讲解 HTTP 协议的若干知识，当前 HTTP 协议是主流，做好性能测试之前，学好这方面的知识不可少，深入掌握这方面知识后，进行 Web 测试脚本开发就很容易了。

第 13 章　端到端性能监控，讲解前端性能测试，适合当前互联网系统的性能测试与诊断分析。

第 14 章　性能测试自动化，讲解如何进行性能测试自动化集成，用 Jenkins+Ant+JMeter 实例演示，其中也有作者自己的扩展开发。

第 15 章　常见问题，就大家使用 JMeter 和性能实施过程中经常遇到的问题进行解答，另外也提到了 JMeter 组件开发。

勘误与支持

原计划内容有 5000 多页，内容包括测试、运维、开发、数据库等知识（全栈测试内容），工程庞大，内容繁杂，惟恐读者难耐。此书从这 5000 页中的 ROAD_TESTING 性能教材精选而来。由于本人水平有限，书中内容定有不足之处，恳请各位读者批评指正。

答疑交流 QQ 群：257887726。

文件下载：github 域名/selingchen。

同时，IT 是一个随着新技术变化而变化的领域，性能测试的技术也会随之更新变化，所以本书会逐步更新变化。我们会把新的技术内容更新在官方微信公众号。

ROAD_TESITNG 微信公众号

注意：书中所用脚本或工具操作视频请到 ROAD_TESTING 官方网站性能测试书籍脚本专栏或者性能技术交流 QQ 群（257887726）下载。

作者简介

陈志勇　网络 ID 天胜

国际认证项目经理，先后供职于国内著名公司诺亚舟、通用汽车、平安银行等企业。长期从事程序开发、系统设计、性能测试、测试管理及项目管理工作。性能测试资深专家，授课特点理论接合实际，专业性强，知识面广。

项目经历：

夏晖冷链物流（麦当劳全球合作伙伴，全球 500 强，北京奥运会唯一冷链供应商）

宝安集团信息一体化（HRM、CRM、OA、售楼系统）

京基集团信息一体化（HRM、CRM、OA）

通用精益物流（Melos）

通用 WMS

通用汽车销售系统

通用移动平台

平安银行众多核心系统

马利伟网络 ID MIKE

Oracle 认证专家，先后供职于阿里巴巴和分众传媒等公司，长期担任测试主管、项目经理、BI 架构师兼部门经理。性能测试资深专家，授课特点激发学生热情，逻辑清晰，课堂气氛活跃。ROAD_Testing 性能测试专业网站性能测试教材主编。

项目经历

享乐 SNS 网站

分众触媒户外广告系统

淘宝订单贷款

蚂蚁金服贷款合营贷款平台

蚂蚁金服网关系统

宝洁中国移动营销平台 O2 BI 系统

宝洁中国报表系统

宝洁中国移动访销系统

可口可乐中国实业有限公司 CCCIL 移动访销系统

汇源果汁移动访销系统

南孚电池移动销售系统

宝洁 HFSI IZOOM Interface

mysteel 我的钢铁网 手机平台

庄臣 SAP 系统亚太实施

万龙　网络 ID LONG

先后任职于江西移动、西门子、诺基亚西门子以及某大型互联网公司，现任淘宝架构师。从业以来，一直从事基于 Linux 平台的性能或自动化测试开发工作。擅长知识：Linux 系统日常操作、优化和维护、企业级持续集成、系统性中间件级别配置、监控、调优分析。

项目经历

中国移动支撑运营平台

中国移动集团信息一体化

诺基亚研发中心产品持续集成平台

诺基亚研发中心产品性能监控平台

诺基亚研发中心产品自动化测试平台

淘宝产品持续集成平台

淘宝大数据分析平台

致谢

历时一年多，原稿内容从 0 到 5000 多页的积累，又精减到 400 多页，几经易稿终于完工，如释重负。这么多的内容对我们来说的确是一个不小的挑战，查阅了大量的资源，研读了多遍 JMeter 源码，做了大量的实验，写作过程中也得到了朋友的大力支持。

下面介绍一下编写团队：

陈志勇（天胜）负责撰写第 3、4、5、6、7、8、10、11、14、15 及附录章节；

马利伟（Mike）负责撰写第 1、2、15 章和审阅工作；

万龙（LONG）负责撰写第 9 章节；

陈霁（云层）负责撰写第 13 章节；

陈坤龙（CKL）负责撰写第 12 章节；

周燕、苗杰、李诚诚参与了校对工作。

感谢广大读者对我们的支持，感谢鲁德学员对我们的支持，感谢 ROAD_TESTING 团队（上海鲁德企业管理咨询有限公司）的支持，让你们久等了，谢谢你们！

感谢人民邮电出版社的支持！

感谢我们服务过的每一家企业！

感谢我们的家人，辛苦有你们，荣誉也有你们的！

本书编辑联系邮箱为：zhangtao@ptpress.com.cn。

作者

目 录

基础篇

工具篇

实战篇

提升篇

基础篇

Chapter 1

第1章

性能方向职业发展

从本章你可以学到：

- 为什么选择软件测试
- 软件测试痛处
- 软件测试发展路线
- 不仅仅是性能测试
- 从招聘要求看岗位价值
- 性能测试技能树

市场上有各式各样的 IT 培训，其中门槛低易上手的就是软件测试。就业的学员通常都以功能手工测试为切入点，掌握一些基本测试理论，学会设计测试用例，能够操作缺陷管理工具，熟悉一些业务就可以开始测试工作了。大家觉得这样有技术含量吗？没有技术含量就容易被替代，你的职业就会有危机，想过如何改变这种困境吗？下面先说说为什么要选择测试行业。

1.1 为什么选择软件测试

首要原因是薪水还不错，IT 互联网快速发展增长了很多的测试工作岗位，相对其他实体经济行业薪水要高不少，拿一线城市的制造业来说，2 年工作经验技术从业人员在相同的体力和脑力的工作强度下，制造业的薪水一般在 3000～8000 元，而软件测试在 6000～18000 元，2 倍不止。工资回报不错，进入门槛又低，所以越来越多的人涌入这个行业。

其次大量的 IT 从业人员并不善长做研发或者说没有人聘用你做研发，或者并不想赚研发的辛苦钱，退而求其次选择更轻松点的测试工作。

另外还有一部分来自于开发团队，大龄女员工由开发转测试的不在少数，随着年龄的增加，结婚生子后没有过多的精力集中在研发工作上，转向工作强度轻一点，待遇还不错的测试行业。

当然也有一部分就是工作岗位需要而从事测试工作的，久而久之就停留在这个行业。

1.2 软件测试痛处

就目前国内情况来看，大多数的测试人员并没有开发和运维的技术功底，选择测试这个行业仅仅是因为高薪和入门门槛低。近年来移动互联网的发展，快速抬高了测试人员的平均工资，却没能快速提高这个行业的技术水平。在北京、上海、广州等深这些一线城市，从事手工测试的从业者长期处在测试职业发展的初期阶段，容易被替代，薪资水平固定。职业生涯基本到尽头。

时常我们也能听到许多测试同学的抱怨：

（1）地位低，不受重视；

（2）待遇差，成就感低；

（3）压力大，加班，提升难；

（4）不稳定。

地位高低在任何行业都是由所掌握的技能或资源的核心价值决定，易替代、无技术含量的职位自然地位低。对于不受重视，大家不妨换位思考下，如果你是餐厅老板，你会重视大厨还是餐厅服务员更多一些呢？

相对于开发来说，测试职位的薪资水平较低，这是由工作产出决定的，工作价值高，自然收获多。但相对于传统产业来说，这个薪水已经不低。由于测试是开发后的附加工作，没有方法量化可见的产出，自然关注者少；自己也不能左右一个项目或者产品的方向、技术、工期，在项目中并没有里程碑式的贡献，自然成绩很难突出，成就感自然不强。除非你掌握复杂的业务知识，如 SAP，如财务知识，能够为项目进程提供有力支持；或者你找到了一些重大的直接影响项目上线进度的缺陷，将会避免一些损失。

工作压力大，经常加班多通常有下面几个原因：

（1）需求难以驾驭

信息社会，唯快不破，产品经理或需求人员需要高超技能与悟性来快速把握用户与客户的需求，但往往并不是这样，所以需求的朝定夕改常有发生，不仅测试工作浪费，开发工作同样浪费。时间压缩，测试无法全覆盖，迫切需要加班赶工，长时间的加班工作效率低，身体也会撑不住，还会担心问题逃逸，自然压力大。

（2）岗位处在工作流末端

软件项目研发的流程：需求调研分析-概要设计-详细设计-编码-测试-软件交付准备-验收。测试流程处在末端，工期会因为需求频繁变动而延误，也会因为开发技术问题或者态度问题而导致缺陷过多，修改过程或多或少占用了测试时间，所以测试时一般很少有充足的时间，在不增加测试资源的情况下加班赶工在所难免，学习自然成为一种奢望，还谈什么提升呢？

1.3 软件测试发展路线

前面我们谈到了测试职业的一些困境，其实大可不必悲观，因为测试的可塑性很强，还有很多其他方向可以发展，同样能够创造更高的价值，下面我们谈谈软件测试职业的发展路线。

我们暂且把软件测试职业路线分为 3 个方向，分别为业务路线，技术路线，管理路线；4 个象限，分别为执行层、中层、中高层过渡、高层。

1. 业务路线

常见业务路线的职位有 QA 经理、业务专家、产品经理、产品总监、行业咨询顾问等。

2. 技术路线

掌握编程技术，拥有业务经验，成为自动化测试工程师、性能测试工程师、软件开发工程师、安全测试工程师、系统分析师、测试总监、研发总监等。

3. 管理路线

积累业务知识或者提高技术储备，能够出色地完成本职工作，负责带领团队；岗位一般有测试 Leader、测试主管、测试经理及测试总监。

执行层：

（1）软件测试——功能（初级—专职过渡阶段）

（2）软件测试——性能（专职）

（3）软件测试——自动化（专职）

（4）软件测试——安全（专职）

（5）软件测试——白盒（专职）

（6）软件测试——业务（专职）

（7）软件测试——小组长、主管（管理路线）

（8）软件开发（专职）

（9）质量保证工程师 SQA（专职——业务线）

中层，中级执行管理领导：

（1）测试分析师（专职——领导过渡阶段）

（2）测试架构师初级（专职——领导过渡阶段）

（3）测试经理（执行领导——管理路线）

（4）QA 经理（执行领导——业务路线）

（5）产品经理（执行领导——业务线）

（6）项目经理（执行领导——技术路线）

（7）系统分析师

（8）测试培训师

中高层过渡：

（1）测试总监（执行领导——高级领导）

（2）产品总监（业务路线）

（3）行业咨询顾问（业务路线）

（4）研发总监（技术路线）

（5）项目总监（技术路线）

高层：

（1）CQO——首席质量官

（2）CTO——首席技术官

（3）CIO——首席信息官

（4）CEO——首席执行官

1.4　不仅仅是性能测试

随着国内软件质量体系的健全，企业逐渐意识到软件测试质量不单单是满足功能流程顺畅就行，测试效率和用人成本的降低也是趋势，更要为软件的稳定和易用性等质量保障来提高产品黏性留住用户。可以这么说，一个成熟的大型产品必须有性能测试把关，这不是一个简单的事情，从需求、架构、硬件、数据库、代码等层面都需要精心设计和测试。

那么如何提高职业技能和核心价值从而赚取更多的劳动报酬？后续测试的职业发展会碰到哪些问题，测试的捷径在哪里？

全栈一般是技术方面的领导者，需要涉猎广？懂得如何解决问题以及对应所需的技术和工具。但具体的细节掌握比不上某个学科精专的。但是他们有强大的学习能力，会较多依赖搜索或即时学习，会根据需求，依托自己扎实的基础功底，把某一项或者二项技能达到接近于专科人员的能力。全栈是学习能力强，总结能力强、不断总结和融会贯通提高实战能力，善于分析因果并找到原因和解决方案的复合人才。

我个人认为全栈测试比纯测试更有未来，因为测试很多时候就是个“万精油”。虽然全栈要掌握的知识点很多，精力不够是其弊端。想要某一项做到专业级，花费的精力更多了。但是顶尖的优秀人员永远是少数，市场的高薪也是为那些20%的人员所留。更为重要的是目前是一个复合人才，跨界人才当家的年代。越来越多从软件测试走到测试总监、技术总监、CTO等高级技术管理岗位，市场对复合性人才的需求越来越大。

我们看看除了测试还需要掌握哪些基本功。

1．需求

我们的行业存在的根本在于实现用户的业务需求，客户或者产品的需求变化引起的系统需求的频繁变更，在项目周期本就不宽裕的情况下，间接导致测试人员工作量的增加从而导致测试人员加班现象越来越严重。

在实际的性能需求分析过程中，系统分析师必须清醒地认识到客户很难区分业务需求和用户需求的差别，搞清楚客户背后的真正的业务需求。可以说，软件工程中的“需求分析”就是确定要计算机“做什么”，要达到什么样的效果。可以说性能需求分析是做系统性能测试前必做的，不然就没有方向。

2．代码

在测试过程中懂程序的人更能够深入地把程序测试好，通过走读代码发现逻辑上的缺陷、写法上的繁琐带来的性能问题等，达到事半功倍。系统难免会与数据库打交道，数据库知识也不可少；程序部署在中间件上，中间件知识也是必备的；中间件运行在操作系统上，操作系统及硬件知识也不可少。

3．运维

测试自动化是一个趋势，不仅包括功能测试自动化，也包括性能测试自动化及测试环境自动化（持续集成），掌握运维手段也变成必要。另外，对于系统涉及的中间件、数据库、缓存等产品也要熟练运维。

所以要想在测试行业中脱颖而出的关键还是技术，流行的一句话：测试人员懂开发最好，开发人员懂测试最好，自然更受欢迎，价值更高；也就是技术不错，能够跨界。而测试的各种岗位尤以性能测试涉及的知识面最广，涉及程序开发、数据库、中间件、操作系统、硬件知识等内容，基本是照着全栈测试的模板在培养，突破手工测试选择性能测试是一个好的方向，有了这个技术积累就不仅仅是做性能测试，亦开发，亦测试开发（自动化），亦架构，亦性能测试。

1.5 从招聘要求看岗位价值

下面我们看一下性能测试及性能架构师/专家的招聘要求就可以知道职位对技术的要求范围与层次。

1．金融行业

案例一 上海 某金融平台性能安全工程师

任职资格：

- 熟悉数据库编程，能熟练操作至少一种数据库，如Oracle或MySQL；
- 精通LoadRunner、Jmeter等主流性能测试工具之一，熟练编写相应测试脚本，测试过复杂应用者尤佳；

- 深入了解 HTTP、TCP/IP 等网络协议，熟悉 J2EE Web 系统，熟练掌握多种中间件（Tomcat、Apache、Nginx、MQ 等）各项性能参数设置、监控及优化；
- 精通各类常见的安全问题、测试方法及解决方案，对业界安全动态保持较高的敏感度；
- 精通渗透测试，熟悉安全测试方法，熟练掌握各种安全测试工具，精通常见安全攻防技术；
- 具备编码能力，会使用 JavaBean Shell 等各类脚本语言中的一种或几种进行脚本开发；
- 优秀的分析问题和解决问题的能力，对解决具有挑战性问题充满激情。

案例二 深圳某银行支付业务初级性能

任职要求：

- 计算机相关专业，3 年以上工作经验，至少 1 年 B/S 性能测试经验；
- 熟悉主流性能测试工具的使用，如 LoadRunner、Jmeter 等；
- 熟悉 Linux 操作系统，掌握至少一种主流数据库的使用；

精通 Java/Python/Scala 等其中一门开发/脚本语言，能够参与开源工具的二次开发或独立研发部分测试工具。

案例三 某银行性能测试专家（深圳）技能要求

- 具有扎实的 Java 或 Python 语言基础；
- 具有 2 年以上性能测试的经验，承担过大型系统的性能测试和调优者优先；
- 能独立开发性能测试框架、工具和脚本；
- 熟练使用主流的性能测试工具，至少精通一种工具，如 LoadRunner、Jmeter；
- 具备性能测试需求分析、设计规划能力和分析性能测试数据的能力；
- 熟悉各种常见的系统和数据库性能监控工具；
- 熟悉 Linux 操作系统；
- 熟悉常见的网络协议，熟悉各种中间件服务器；
- 熟悉 MySQL 和 Oracle 等数据库的知识及操作。

案例四 证券公司性能测试技能资格要求

- 能够搭建性能测试平台；
- 能够独立完成性能测试工作；
- 能够分析数据，并编写实际有效的性能测试报告；
- 善于发现性能瓶颈，并给出指导意见，协助完成性能调优；
- 能够独立编写 SQL、数据库脚本，并分析、优化数据库脚本；
- 精通测试理论，流程与方法，熟练使用主流的性能测试工具，如 LoadRunner/JMeter 等；
- 具备 Java、PHP 等编程经验，并具备 Python 等脚本开发经验。

2. 其他行业

案例五 通信公司性能测试技能要求

- 具有扎实的 Java 或 Python 语言基础；

- 承担过大型系统的性能测试和调优者优先；
- 能独立开发性能测试框架、工具和脚本；
- 熟练使用主流的性能测试工具，至少精通一种，如 LoadRunner、JMeter；
- 具备性能测试需求分析、设计规划能力和分析性能测试数据的能力；
- 熟悉各种常见的系统和数据库性能监控工具；
- 熟悉 Linux 操作系统；
- 熟悉常见的网络协议，熟悉各种中间件服务器；
- 熟悉 MySQL 和 Oracle 等数据库的知识及操作。

案例六 旅游行业某知名旅游公司测试技能资格要求

- 熟练掌握 LoadRunner / Jmeter 等至少一种主流性能测试工具，有丰富的 HTTP/Web Service/Java User 协议经验；
- 熟悉 Oracle / MySQL / SQL Server 等至少一种数据库，能够使用工具观察数据库性能；
- 熟练使用 Linux 系统；
- 优秀的分析问题和解决问题的能力，沟通表达顺畅，能够承受较大的工作压力，有大型网站性能监控经验者优先。

案例七 某著名游戏公司技能资格要求

- 熟练使用常见性能测试工具，如 LoadRunner、JMeter；
- 熟悉 HTTP、Web Service、TCP 等常用协议；
- 具备良好沟通能力；
- 具备团队精神、富有工作热情和责任感；
- 有游戏行业从业经验者优先。

案例八 某影视平台测试技能资格要求

- 熟练使用 LoadRunner/JMeter/Ngrinder 等性能测试工具，有二次开发经验优先；
- 掌握业内常用的监控工具，例如 Nmon、Nagios 等，能够通过脚本实现特殊指标采集监控；
- 熟练使用 Linux 系统；
- 熟悉 Nginx、Redis 等应用服务器配置与管理；
- 熟练掌握 MySQL、mongodb 等常用数据库系统的操作，能熟练编写复杂 SQL 语句；
- 能够独立完成工作，有很强的责任心，做事严谨，良好的书面表达和工作总结能力；
- 较强的沟通、协调能力、分析问题和解决问题能力；
- 有大型网站性能测试经验者优先。

从上面的招聘条件可以看到，作为一个高级的性能测试工程师，我们需要掌握的基本技能很多，需要掌握如下知识：

- 精通测试理论；
- 熟练使用性能测试工具；
- 熟悉 Linux 操作系统及相关服务器的监控工具及配置管理；

- 具备 Java 、Python 开发经验，最好能开发性能框架、工具等；
- 熟悉数据库 SQL 或者 ETL，能够进行 SQL 调优，能熟练操作至少一种数据库（Oracle、MySQL 等）；有 NoSQL 数据库（Redis Hadoop 等）经验优先；
- 熟悉常见的网络协议；
- 熟悉各种中间件服务器；
- 熟悉数据分析、善于发现性能瓶颈，并给出指导意见，协助完成性能调优；
- 有 UI 自动化、接口自动化、App 自动化测试经验的优先。

1.6 性能测试技能树

下面细化一下性能测试所要掌握的知识，如图 1-1 所示。

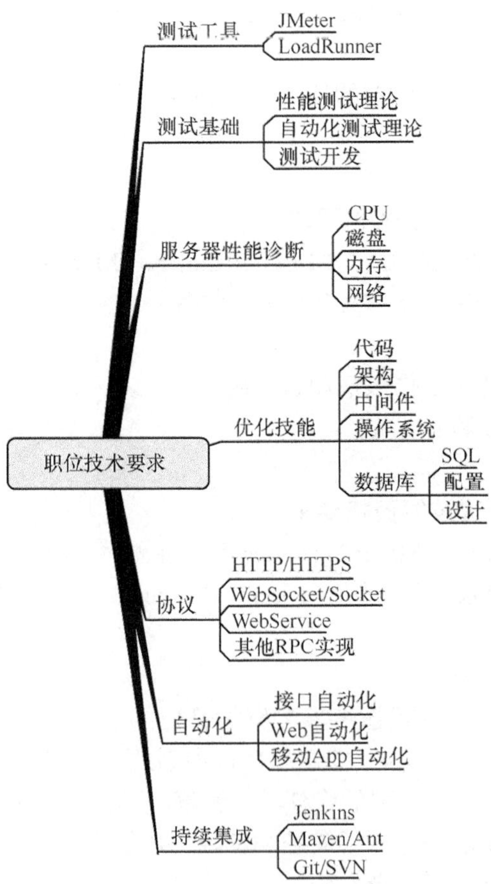

图 1-1 技能树

1.6.1 测试工具

通过测试工具能提高测试软件开发速度，腾出时间专注于问题分析。主流工具有

LoadRunner 与 JMeter，当然了，工具也不能解决所有问题，有时候还是需要自己编写程序来实现测试脚本。很多初学者认为这 2 个工具只能用来做性能测试，其实能做性能测试的工具也可以做功能自动化测试。不是非得 Selinum、WebDriver 等才能做自动化测试。

> **常见难点**
>
> （1）用户和业务模型分析搭建；
>
> （2）合适的脚本开发（大部分初学者不根据用户和业务模型来开发脚本，认为要回归成功即可）；
>
> （3）合适的需求分析转化为场景设计（大部分初学者不知道如何根据需求进行场景设计）；
>
> （4）大容量系统的数据生成和使用；
>
> （5）大型系统的性能压力负载和实施；
>
> （6）云计算的负载生成和实施。

1.6.2 测试基础

性能测试是一门富有挑战的、有深度的、综合性的学科。

很多性能测试初学者总觉得性能测试就是写个脚本，弄几台机器测一测，出个报告就行了。通常关注“并发多少”“响应时间多少”“能跑通吗”这些问题。认为并发越大，响应时间越快，那性能一定就越好。

性能测试不仅仅是录制脚本或者编写程序，基本的性能理论、性能执行的原则还是要了解的。同样的脚本，不同的人员执行，不同的针对点，测试结果会大相径庭。

实际上我们需要对系统进行一系列复杂的需求分析，以及一系列性能测试计划和设计的工作才能开始性能测试执行。经过 N 次回归，找到瓶颈的具体原因，并优化。掌握性能理论基础才能驾驭那些性能测试工具等，没有掌握性能理论基础直接操作好比开车找不到目标，盲目原地打转或离目标越来越远。

自动化测试的目的是为了提高工作效率，目前，功能测试与性能测试都朝着这个方向发展，这些都是持续集成的一部分。

鉴于目前行业内普遍项目时间紧，性能测试架构师在公司担任性能测试、自动化测试等多种角色，那么减少加班和追求高效益和高成就是我们全栈性能测试工作者的追求了。

有时候测试工具并不能够解决测试脚本问题，比如现在流行的 SOA 架构封装的 RPC 协议，就需要写代码来解决脚本问题。业内比较有名的比如 Dubbo、Dubbox，笔者也碰到过这一类的测试，鉴于工作的重复性，为了节省时间提高效率，ROAD_TESTING 团队在为某企业团队性能测试内训时对 JMeter 进行二次开发（如图 1-2 所示），专门用来测试 Dubbo、Dubbox 协议的接口，这样功能测试人员就可以直接选择测试的项目与接口进行测试，不需要编程实现测试脚本，大大提高了脚本开发效率。

图 1-2 Dubbo 测试组件

常见难点

（1）评估需求；

（2）负载建模（用户与业务模型）；

（3）性能压力生成的原理和并发等之间的关系；

（4）性能测试用例；

（5）新系统需求分析；

（6）容量规划；

（7）性能测试策略。

1.6.3 代码

作为 IT 部门的一员不可避免地要和开发代码打交道，了解编程知识既能提高测试内涵，还能提高交流沟通的效果。更重要的是，做自动化测试、单元测试、性能测试、安全测试都离不开代码。所以我们还是要掌握一些普及率高的编程语言和脚本语言。这里我们推荐 Java、Python 等。

Java 是一门面向对象编程语言，不仅吸收了 C++语言的各种优点，还摒弃了 C++里难以理解的多继承、指针等概念，目前也是国内公司使用的相对普及的语言。

Python 具有丰富和强大的库。它常被称为胶水语言，能够把用其他语言制作的各种模块（尤其是 C/C++）很轻松地连结在一起。Python 是目前国内测试行业比较热门的一门语言，很容易上手，也可以搜索公共库的代码来缩减自己写代码的工作量和时间。

1.6.4 服务器性能诊断知识

不管我们的程序如何高大上，不管我们用什么语言实现，最终还是要依赖服务器硬件，依赖数字信号，依赖模拟电路。服务器硬件是性能之本，所有性能都会反映到硬件指标上来，我们想要分析性能，服务器知识少不得。服务器几大件，如 CPU、存储、内存、网络的性能指标，监控方法都需要熟练掌握。管理这些硬件的操作系统的原理，性能配置参数也需要掌握。要掌握这部分需要学习很多运维和开发知识。

了解操作系统及其内核对于系统分析是至关重要的。作为性能测试工程师来说我们需要进行对系统行为做分析：系统调用是如何执行的、CPU 是如何调度线程、有限大小的内存是如何影响性能的，或者是文件系统是如何处理 I/O 的，这些都是我们判断系统瓶颈的依据和线索。

1. Linux

Linux 是一套免费使用和自由传播的类 UNIX 操作系统，是一个基于 POSIX 和 UNIX 的多用户、多任务、支持多线程和多 CPU 的操作系统。它能运行主要的 UNIX 工具软件、应用程序和网络协议。它支持 32 位和 64 位硬件。Linux 继承了 UNIX 以网络为核心的设计思想，是一个性能稳定的多用户网络操作系统。越多越多的企业用这个系统作为服务器的操作系统，所以作为性能测试从业者来说，是必须掌握的系统之一，搭建环境、性能诊断是离不开它的。

目前 Linux/UNIX 的分支很多，普及率比较多的有 CENTOS 、Ubuntu、RedHAT、Red Hat HP-UX、AIX、Solaris 等。

2. Windows Server

Windows Server 是 Microsoft Windows Server System（WSS）的核心，是服务器操作系统。目前使用比较多的都是中小型公司，目前 2008 和 2012 版本相对比较多。

数据库是我们系统存储处理的最重要的手段，很大一部分性能问题都牵扯到数据库。所以我们需要深入地了解掌握数据库的语言 SQL，以及常规的性能诊断和调优手法。

数据库目前有很多，关系型的如 DB2、Oracle、SQLServer、MySQL 等，更有非关系型临时性键值存储（memcached、Redis）、永久性键值存储（ROMA、Redis）、面向文档的数据库（MongoDB、CouchDB）、面向列的数据库（Cassandra、HBase）Hadoop 等。

3. Oracle

Oracle Database，简称 Oracle。是甲骨文公司的一款关系数据库管理系统。它是在数据库领域一直处于领先地位的产品。可以说 Oracle 数据库系统是目前世界上流行的关系数据库管理系统，系统可移植性好、使用方便、功能强，适用于各类大、中、小、微机环境。它是一种高效率、可靠性好的适应高吞吐量的数据库解决方案。

4. MySQL

MySQL 是 Oracle 收购的一个轻量型开源数据库，越来越多的公司为应对日益增长的数据库规模，在原有的基础上二次开发分布式数据库，也是目前国内比较流行的数据库。很多大型公司也在 MySQL 的基础上进行了分布式的开发，MySQL 的能力被大大增强。

5. NoSQL 数据库

NoSQL，泛指非关系型的数据库。随着互联网 Web 2.0 网站的兴起，应对超大规模和高并发的网站已经显得力不从心，暴露了很多难以克服的问题，而非关系型的数据库则由于其本身的特点得到了非常迅速的发展。NoSQL 数据库的产生就是为了解决大规模数据集合多重数据种类带来的挑战，尤其是大数据应用难题。NoSQL 有很多种类型，我们来一起了解。

（1）键值数据库—Redis

支持网络、可基于内存亦可持久化的日志型、Key-Value 数据库，它提供多种语言的 API。其特点是每次存储一个数据时，是根据 Key 进行索引存储的。Redis 适用于数据变化快且数据库大小可预见的应用程序，股票、数据分析、实时数据搜集、通信等。7 月阿里云宣布推出了自己的 Redis 云数据库 KVStore for Redis，应用于游戏、电商、社交等行业。

（2）列存储数据库—Cassandra

最初由 Facebook 开发，于 2008 年转成开源项目。它是混合型的非关系数据库，在网络社交云计算方面应用较理想，读操作比写操作快很多，较适用于银行、金融、数据分析等领域。

（3）文档型数据库-MongoDB 、CouchDB

文档型数据库的灵感来自于 Lotus Notes 办公软件，而且它同第一种键值存储类似。该类型的数据模型是版本化的文档，半结构化的文档以特定的格式存储，如 JSON。文档型数据库可以看作是键值数据库的升级版，允许之间嵌套键值。而且文档型数据库比键值数据库的查询效率更高。

图形结构的数据库同其他行列以及刚性结构的 SQL 数据库不同，它是使用灵活的图形模型，并且能够扩展到多个服务器上。许多 NoSQL 数据库都有 REST 式的数据接口或者查询 API，如 Neo4J、InfoGrid、Infinite Graph。

> **常见难点**
> （1）进程、线程任务之间的区别?
> （2）线程的中断优先和原理?
> （3）进程的生命周期?
> （4）上下文切换?
> （5）I/O 密集型和 CPU 密集型工作负载之间有什么区别?
> （6）生产环境和测试环境之间换算?
> （7）关系型数据库体系结构和逻辑优化与非关系型数据库体系结构和逻辑优化?
> （8）事务数据库和分析数据库的使用?
> （9）数据关系建模与设计?
> （10）TOP N SQL 诊断和优化（执行路径、索引和表链接优化等）?
> （11）阻击和根治阻塞和死锁?
> （12）热点防范和定位优化?
> （13）业务数据批量缓存化\异步化?
> （14）数据库配置优化?

1.6.5 性能调优技能

面对一个性能不佳且复杂的系统，我们做的是建立性能数据分析模型、收集相关资源和指标信息、分析这些数据背后可能的原因。很多人说性能测试最难的就是定位性能瓶颈，笔者赞同这种看法。这需要扎实的全栈 IT 技术基础和业务敏感度以及解决经验。

另外性能优化是一个系统工程，内容涉及系统各方面，从上到下有软件产品（项目）、中间件、虚拟机、操作系统、硬件。软件产品有系统架构、业务设计、代码实现、数据库物理设计及数据库各种配置等。所以想要做好性能调优，不仅仅是一个人的事，而是整个项目团队的事。

对于测试来说，不管是脚本实现，还是测试过程中的网络监测，都需要针对通信协议；常见的 HTTP/HTTPS、Socket/WebSocket、WebService（Soap）等协议运用广泛，自然要熟悉。

具体请看后面性能优化章节。

> **常见难点**
> （1）系统硬件资源（CPU、网络、内存、IO）相互之间的关系及原理；
> （2）选择可靠性能指标及指标之间的关联和判定方法；
> （3）永不宕机的实现原理和常见错误；
> （4）排队系统与延迟及缓存的优化关系；
> （5）优化的成本和性价比；
> （6）业务优化的操作实施；
> （7）多系统串联原理及测试隔离。

1.6.6 自动化/持续集成

当下流行的持续集成工具有 Jenkins、Git/SVN、Maven、Ant 等

利用 Jekins、Hudson 等持续集成工具将我们性能测试搭建环境、执行等时间大幅缩短，无效率工作重复次数也大幅降低。持续集成可以帮助我们自动化代码集成、环境集成、自动测试执行和储存和整理测试报告。

1.6.7 云计算及虚拟化

通常基于虚拟化技术，允许一个用户或多个用户共享一个物理服务器。虽然给我们中小企业带来很多的便利，但这会引起资源的竞争以及性能测试的难度。架构的不确定性、其他网络等硬件资源的成本限制、云上性能负载机的额外开销等。部分云服务商提供新型云服务收费性能测试工具，我们可以在本地开发测试完毕后，再部署到云上。

1.7 本章小结

本章我们讲解了测试职业的困境，测试职业发展方向。

科技是第一生产力，选择技术方向的从业者来说技术是第一生产力，不妨朝着全栈测试行进，可以先从性能测试入手，目前对性能测试工程师的要求就是全栈的要求，可以看到性能测试的招聘条件中往往都包含了测试开发，自动化开发要求，这充分说明了这个岗位对于测试的重要性。这样的技术要求决定了你在整个测试团队中必须是高能力者，至于工作回报自然丰厚。

同时 IT 是一个随着市场技术需求变化而变化的科目，性能测试的技术也是随之更新变化所以本书会逐步更新变化。我们会把最新的内容更新在官方微信公众号。

ROAD_TESITNG 公众微信号

注意：本书中所用脚本或工具操作视频请到 ROAD_TESTING 官方网站性能测试书籍脚本专栏 http://pbook.testroad.org/或者性能技术交流 QQ 群（257887726）下载。

基础篇

Chapter 2

第 2 章 性能测试初体验

从本章你可以学到：

- 性能测试的价值
- 性能测试流程
- 性能测试成功与失败要素
- 不同角色看性能
- 性能测试工具选择
- 性能测试相关术语
- 性能测试通过标准
- 性能测试趋势

性能测试是一项综合性的工作，致力于暴露性能问题，评估系统性能趋势。性能测试工作实质上是利用工具去模拟大量用户操作来验证系统能够承受的负载情况，找出潜在的性能问题，分析并解决；找出系统性能变化趋势，为后续的扩展提供参考。测试显然不是录制脚本那么简单的事情（而且现在很多系统还无法录制脚本）。本章带您进入性能的领域，阐述性能测试涉及的 IT 知识、角色、视角、流程及面临的挑战。

建议性能测试初学者仔细阅读本章、把握性能测试的大致格局和重点。

2.1 性能测试的价值

随着互联网的发展，单机软件的逐渐减少，系统从单机步入“云”时代，软件系统功能和规模也越来越庞大，盗版也越来越难，用户规模也越来越大，企业盈利随之爆发式地增长。随着用户数量的增多，系统稳定就成为企业的首要技术保障，稳定才能带来流量，才能赚钱。下面我们回顾一下著名的性能事件（这些事件内容来自于百度）。

[案例 1] 2012 年 11.11

“11 月 11 日凌晨零时起，某企业 11.11 正式启动，激增的流量瞬间险些让系统陷入瘫痪状态。随后其宝出现短时间内无法付款，多家品牌商系统崩溃……”。这损失的都是钱啊！如图 2-1 所示。

某宝和某东为首的电商赚足了眼球。某宝双十一网络瘫痪遭诟病，其宝被“抢瘫”，好不容易进入支付过程，某宝提示系统繁忙，经过反复尝试，用户花费很长时间才能实现支付。破 1000 万用户访问时，部分某宝官网打开时间需要 15～23 分钟，对于一般用户是绝对不能接受的，其宝开始瘫痪无法响应，部分页面无法显示等。在关键的时刻各种性能问题到底给我们上了一节什么样的课程？来看看 2012 年优化性能后的数据：

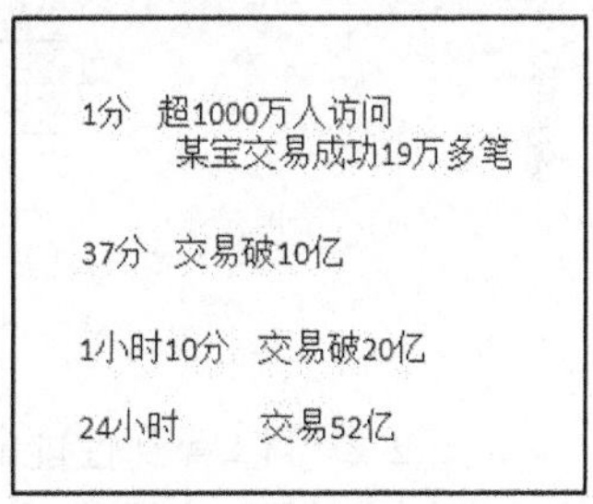

图 2-1 崩溃的网站

2012 某宝双 11 销售额 191 亿

2013 某宝双 11 销售额 350 亿

2014 某宝双 11 销售额 571 亿

2015 某宝双 11 销售额 912 亿

没错直接损失了 100 多亿，如果性能测试做足能够把好关，提前做好预案，一天就可以营收 100 多亿，要知道好多传统百货集团一年也营收不了这么多。

来看看某东 2012 年因某宝瘫痪后流量暴涨，大量用户登录。结果某东的服务器被大流量冲垮，服务器也瘫痪。无论如何 2012 年 11 月 11 日某宝和某东的瘫痪，引人深思，性能测试的价值也随之体现。

[案例 2] 12306 订票网站（内容来自于百度）

12306 网站创建初期的几年每逢春节就瘫痪，2014 年 1 月 9 日，当日开始出售 1 月 28 日的火车票，是当年的售票高峰日。这一天的网页浏览量高达 88 亿次，88 亿次/12 小时=20W/秒+的点击。这个网站的多次瘫痪证明了，性能测试的重要性，也证明了不是用硬件就能解决软件性能。

[案例 3] 2008 年奥运会票务系统

由于订票人数远远超出预期（性能需求没做到位，设计也没有到位，无排队等设计）刚开放后不久就瘫痪，造成了部分人无法从网络获得门票。

[案例 4] 亚马逊网站瘫痪

2014 年 11 月 6 日因华为手机 P6 在欧美销售太过火爆，电商国际巨头亚马逊网站（当地）瘫痪。造成的损失不仅仅只是活动损失，还有声誉。

要应对大规模的用户共同使用一套系统，那必须有相对应的强壮性能的系统，性能测试是对这套系统的一个质量保障，如果性能测试有漏洞，那么就会引发非常惨烈的后果，因此上线前的性能测试必不可少。

下面是软件测试分类，如图 2-2 所示。

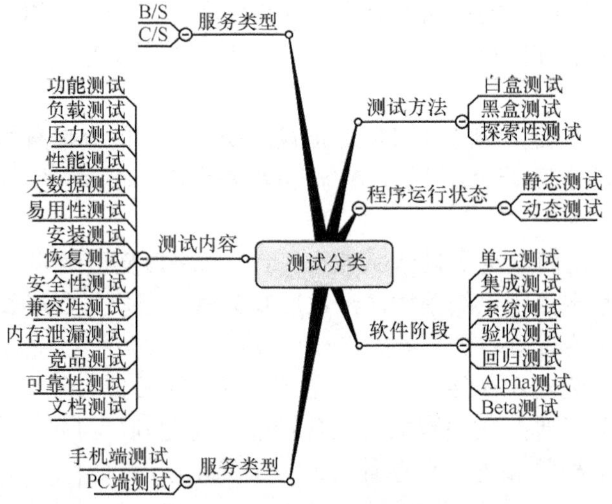

图 2-2 软件测试分类

从图 2-2 可以看到性能测试在整个软件测试环节占了 50%的内容，如测试内容中，负载测试、压力测试、性能测试、大数据量测试、恢复测试、内存泄露测试、竞品测试（比较测试）和可靠性测试。一共 14 个测试内容，性能的测试占领 8 个，可想而知性能测试在软件测试中的重要程度。

软件业大部分软件开发之初一般考虑的是软件功能的市场需求契合度，是否能被市场认可。这个前提成立之后，才会有较大的用户群体去使用，从而出现性能问题。然而根据金子塔理论，到了后期在进行修改，投入和产出不成比例。一般公司在做出确定可以盈利的产品后，会对产品进行再次开发，来达到这个性能要求。所以第一个产品（试验）的性能要求和真正的推广产品（成熟）的性能要求不是一个量级，企业发展到一定程度就得关注性能，重视性能。

性能测试的价值就是保障系统的性能，提供良好的用户体验；尽可能地找出系统性能薄弱环节，帮助进行性能优化。

2.2 性能测试流程

做事情我们讲究方法，注重效益，例如生产企业会有流水线。做性能测试也一样，我们也有规范的流程，完全符合项目管理流程，图 2-3 所示是性能测试常规流程。

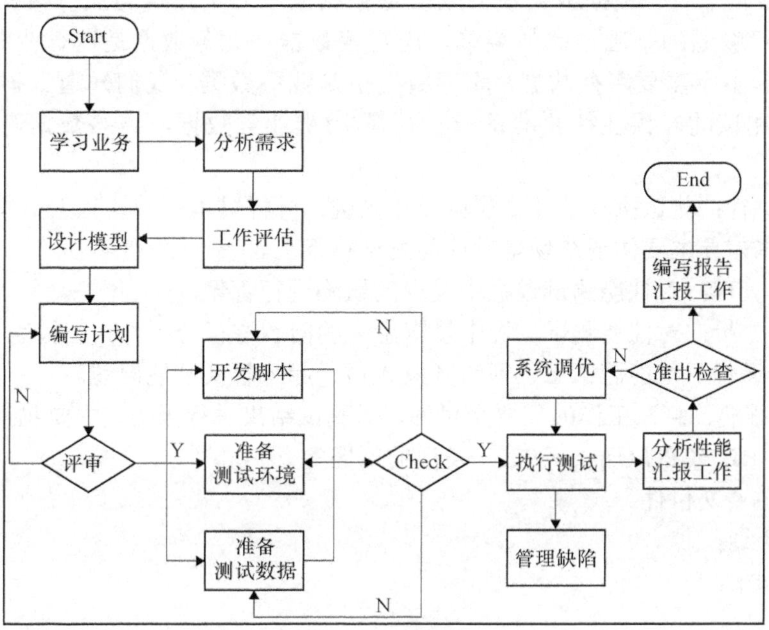

图 2-3　性能测试流程

（1）业务学习：通过查看文档，手工操作系统来了解系统功能。

（2）需求分析：分析系统非功能需求，圈定性能测试的范围，了解系统性能指标。

（3）工作评估：工作量分解，评估工作量，计划资源投入（即需要多少人力，多少工作日来完成性能测试工作）。

（4）设计模型：圈定性能测试范围后，把业务模型映射成测试模型。

什么是测试模型呢？比如一个支付系统需要与银行的系统要进行交互（充值或者转出），由于银行不能够提供支持，我们会开发程序去代替银行系统功能（这就是挡板程序，Mock 程序），保证此功能的性能测试能够开展；这个过程就是设计测试模型。

再比如，后面要讲到的实例项目 Jforum 论坛，根据需求我们了解到一般大家发帖或回帖前都会先登录，那么我们在开发脚本时就要把登录与发帖或回帖场景绑定在一起进行测试，这就是测试模型。通俗点说就是，性能测试用例设计+性能测试实现方案，用例只关注业务，模型还需关注如何实现，是否具有可操作性、可验证性等问题，最后我们还得根据不同的测试目的组合成不同的测试场景。

（5）计划编写：计划测试工作，在文档中明确列出测试范围、人力投入、持续时间、工作内容、风险评估、风险应对策略等。

（6）脚本开发：录制或者编写性能测试脚本（现在很多被测系统都是无法录制脚本的，我们需要手工开发脚本），开发测试挡板程序，开发测试程序等。有时候如果没有第三方工具可用，甚至需要开发测试程序或者工具。

（7）测试环境准备：性能测试环境准备包括服务器与负载机两部分，服务器是被测系统的运行平台（包括硬件与软件，比如应用服务器需要 8Core，32G 内存，中间件是 Jboss7 等），负载机是我们用来产生负载的机器，用来安装负载工具，运行测试脚本。

（8）测试数据准备：根据数据模型来准备被测系统的主数据与业务数据（主数据是保证业务能够运行畅通的基础，比如菜单、用户等数据；业务数据是运行业务产生的数据，比如订单；订单出库需要库存数据，库存数据也是业务数据。我们知道数据量变会引起性能的变化，在测试的时候往往要准备一些存量/历史业务数据，这些数据需要考虑数量与分布）。

（9）测试执行：测试执行是性能测试成败关键，同样脚本不同执行人员得出的结果可能差异较大。这些差异主要体现在场景设计与测试执行上。

（10）缺陷管理：对性能测试过程中发现的缺陷进行管理。

（11）性能分析：对性能测试过程中暴露出来的问题进行分析，找出原因。

（12）性能调优：性能测试工程师与开发人员一起来解决性能问题。

（13）测试报告：测试工作的重要交付件，对测试结果进行报告，主要包括常见的性能指标说明（TPS、RT、CPU Using……），发现的问题等。

性能测试主要交付件：

- 测试计划；
- 测试脚本；
- 测试程序；
- 测试报告或者阶段性测试报告。

如果性能测试执行过程比较长，换句话说性能测试过程中性能问题比较多，经过了多轮的性能调优，需要执行多次回归测试，那么在这个过程中需要提交阶段性测试报告。

（14）评审：对性能报告中的内容进行评审，确认问题、评估上线风险。有些系统虽然测试结果不理想，但基于成本及时间的考虑也会在评审会议中通过从而上线。

2.3 性能测试成功与失败要素

性能测试上手难度比较高，是一门融合测试、开发、运维、需求调研、架构、协调管理等综合技能的学科，掌握一门性能测试工具对于性能测试来说只是万里长征的第一步，没有一定的需求、开发和运维专业能力，往往会吃一些苦头。

性能测试有几大难点：

（1）需求分析；

（2）场景设计；

（3）性能诊断调优。

（4）环境搭建和模拟

往往很多性能测试从业者在需求分析方面没有做到位，不能准确地预估用户行为；在场景上不能复现用户操作，无法把需求体现在脚本和场景设计上，无法模拟真实的系统负载；这种状态下做出的性能测试往往结果良好，上线出问题，导致整个项目团队狼狈不堪，整个公司手忙脚乱。

性能诊断调优是一门有效利用和协调硬件软件的“艺术”，从 Oracle Exadata 诞生之初在软件层面的优化就可以有 200 倍至 10000 倍之多。

但是性能诊断和调优是有时间和经济成本的，也是需要全面的 IT 知识体系的专家或者团队才能比较全面地挖掘出系统的性能问题并给出调优方案。

很多性能测试初学者总觉得性能测试就是写个脚本，弄几台机器应付，出个报告就行了。通常关注并发多少，响应时间多少，能跑通吗等问题。认为并发越大，响应时间越快，那性能一定就越好，实际上我们需要对系统进行一系列复杂精密的工作才能开始性能测试执行，经过 N 次回归，找到瓶颈的具体原因，优化再验证。

下面讲解性能测试重要关注点。

1. 评估系统，需求分析

对性能测试进行需求分析，通常情况下我们很多功能测试人员会直接依赖需求人员或者项目经理的口述或者有缺陷的文档。实际上，大多数情况下我们需要自己来引导相关的运维人员和需求人员给出具体的需求数据，并对这些数据进行二次分析，得出我们真实的性能需求。

对于初次上线的系统，我们需要用同行的系统数据，进行用户行为分析和商业数据结构的估算为前提，利用性能估算法推算。得到的负荷和响应时间数据可以被用于验证所计划的模型的能力，并帮助作出决策。

对于已经上线的系统，我们可以通过运维人员获取 TPS 和时间的比例分布图、用户数和时间的分布图、数据库 ER 关系图、容量数据等，直接精确得出目前的系统的用户行为和业务数据关系，进而得出我们需要的性能需求。

2. 场景设计、用例设计

充足的需求调研与分析之后，我们要在测试场景中尽可能真实地复原系统负载。

通过需要我们要决定哪些功能要参与性能执行，如何参与？这就是用例设计。

如何有效地组织测试用例就是场景要做的事，按业务分布、业务量、业务时段、业务角色来综合分配用户数、执行时间、执行比例等。看似简单，实际操作起来还是比较麻烦的。

3. 测试执行、是否通过

模拟不同负载执行测试场景来识别系统弱点：做好各种监控，甄别各种问题；验证系统的稳定性。下面是我们在执行时常见的需要关注的指标，如图 2-4 所示。

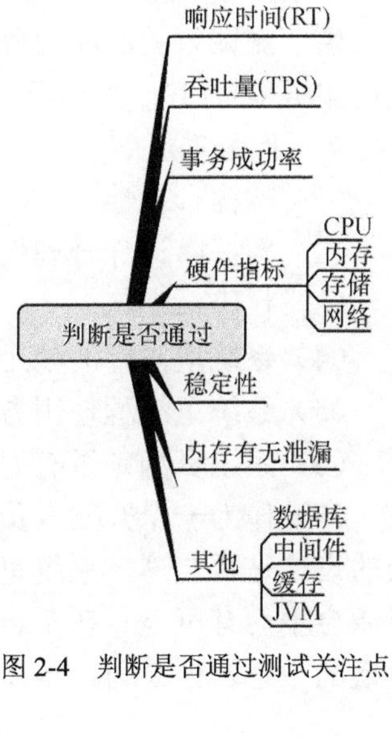

图 2-4　判断是否通过测试关注点

4. 性能诊断优化

性能诊断知识面要求甚广，系统日益复杂，单打独斗的日子已经远去，依靠团队力量才能够高效完成诊断任务。性能测试从业者要具备良好、敏感的性能意识，能够把遇到的问题初步分类，协助各开发团队完成问题定位、分析调优。所以首先要是一个好的协调者，还是一个技术面广的技术人员，具备跨领域知识，如开发、运维、数据库、缓存等。

2.4 不同角色看性能

图 2-5 是当前典型的系统性能涉及的方面，需要多个工种（有架构师、开发、系统管理员、DBA、测试等）一起协调才能完成工作，每个环节都可能是瓶颈，造成阻塞。相对于目前国内的 IT 软件部门环境，因为需要协调多部门，所以性能测试工作人员必须是一个复合型人才，对于各工作的知识有所了解也要求有一定的项目协调能力，来引导大家齐心协力地完成此项复合任务，靠单人是不太可能完成如此具有挑战的工作。

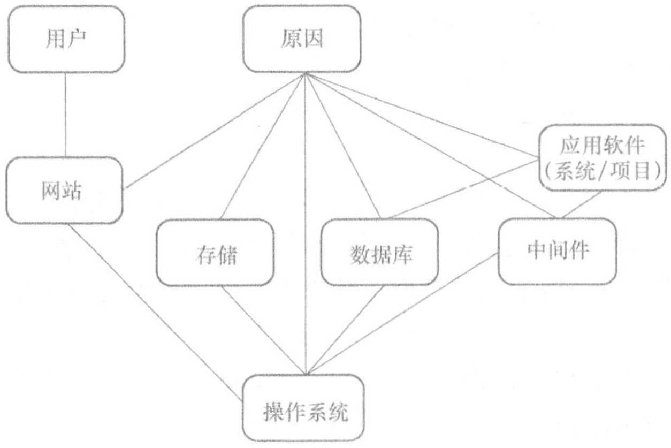

图 2-5 系统与性能

技术部门一般有以下几种常见的角色，开发、测试、架构师、运维人员-（系统管理员、DBA）等。下面我们看看不同角度对于系统的要求。

1. 黑盒测试的角度

黑盒测试操作应用界面——数据请求经过网络发送——服务器前端接收处理——在 DB server 获取相关数据——前端处理后返回数据——应用界面收到数据响应下一步。

黑盒测试只关心应用程序的单步响应时间，性能好坏就看应用时间多少，也就是数据流经过服务器/服务器集群经过网络传输后往返的时间总和。

2. 开发角度

（1）架构合理性

（2）数据库设计合理性

（3）代码

（4）系统里内存的使用方式

（5）系统里线程使用方式

（6）系统资源是否有恶性，不合理竞争

（7）作为一个开发人员，只关注功能的代码实现，很少有精力去关注数据库的设计，框架的设计是否合理，系统里内存的使用方式是否合理、系统里线程使用方式是否合理、系统资源会不会有可能存在不合理竞争。他们通常认为这些是架构师去考虑的问题，但是在我国普遍的中小软件公司，很少有去考虑这些事情。

3. 系统管理员角度

（1）硬件资源利用率

（2）JVM

（3）DB

（4）换哪些硬件能提高系统性能

（5）系统能否支持 7*24 的服务

（6）扩展性，兼容性，最大容量，可能的瓶颈

（7）作为运维人员通常关注这套系统所有服务器是否正常运行，一般关注这些服务器（数据库、中间件等服务器）的硬件资源利用率情况，如内存是否有可用空间，CPU 是否超过 70%，网络是否通畅、I/O 是否存在瓶颈。这些服务器和配置是否能支撑几个月甚至几年稳定无问题地运行这套系统。除此之外还考虑，随着公司业务的增大，吞吐量需求加大，是否增加服务器就可以等比例地提高系统的综合吞吐量。

4. 性能测试的角度

（1）服务器硬件性能

（2）根据需求和历史数据制定性能目标

（3）建立性能通过模型

（4）对开发代码框架和硬件框架进行性能分析

（5）针对开发发布版本的基准测试

（6）执行软件性能验收及稳定性测试

（7）生产环境的配置和优化

（8）制定性能测试的测试用例

（9）制定性能测试的场景设计

（10）协调各部门配合

（11）特定的性能分析

2.5 性能测试工具选择

工欲善其事必先利其器，性能测试时模拟大量负载需要工具帮忙，市面上可供使用的负载工具繁多，如何选择呢？

首先我们要明白负载工具是帮助我们来模拟负载的，对于性能测试来说，工具并不是核心，分析、评估、找出性能问题才是核心，这些是主观因素；工具是客户因素，自然要降低其对结果的影响，所以工具选择时我们有几个方面要考虑。

（1）专业、稳定、高效，比如 Loadrunner，工业级性能负载工具。

（2）简单易上手，在测试脚本上不用花太多时间。

（3）有技术支持，文档完善，不用在疑难问题上花费时间，集中精力在性能分析上。

（4）要考虑投入产出比，比如我们可以选择免费开源的 JMeter。当然有时候自研或者使用开源不一定比商业工具更省钱，因为要做技术上的投资，时间上的投资。

常见性能工具：

（1）HP 公司的 LoadRunner；

（2）Apache JMeter（开源）;
（3）Grinder（开源）;
（4）CompuWare 公司的 QALoad;
（5）Microsoft 公司的 WAS ;
（6）RadView 公司的 WebLoad ;
（7）IBM 公司的 RPT ;
（8）OPENSTA 等。

下面比较下选择商业工具与自研及开源工具，如表 2-1 所列。

表 2-1 商业工具与自研及开源工具

自研/开源	商 业 工 具
能够开发出最适合应用的测试工具	依赖于工具本身提供的特性，较难扩展
易于学习和使用	依赖于工具的易用性和所提供的文档
工具的稳定性和可靠性不足	稳定性和可靠性有一定保证
可形成组织特有的测试工具体系	很难与其他产品集成

总之我们要认清性能测试的核心是性能分析，重要的是思想，实现方式，不在意工具；大家本着简单、稳定、专业、高效、省钱的原则来选择工具。

2.6 性能测试相关术语

（1）负载：模拟业务操作对服务器造成压力的过程，比如模拟 100 个用户进行发帖。

（2）性能测试（Performance Testing）：模拟用户负载来测试系统在负载情况下，系统的响应时间、吞吐量等指标是否满足性能要求。

（3）负载测试（Load Testing）：在一定软硬件环境下，通过不断加大负载（不同虚拟用户数）来确定在满足性能指标情况下能够承受的最大用户数。简单说，可以帮我们对系统进行定容定量，找出系统性能的拐点，给予生产环境规划建议。这里的性能指标包括 TPS（每秒事务数）、RT（事务平均响应时间）、CPU Using（CPU 利用率） 、Mem Using（内存使用情况）等软硬件指标。从操作层面上来说，负载测试也是一种性能测试手段，比如下面的配置测试就需要变换不同的负载来进行测试。

（4）配置测试（Configuration Testing）：为了合理地调配资源，提高系统运行效率，通过测试手段来获取、验证、调整配置信息的过程。通过这个过程我们可以收集到不同配置反映出来的不同性能，从而为设备选择、设备配置提供参考。

（5）压力/强度测试（Stress Testing）：在一定软硬件环境下，通过高负载的手段来使服务器资源（强调服务器资源，硬件资源）处于极限状态，测试系统在极限状态下长时间运行是否稳定，确定是否稳定的指示包括 TPS、RT、CPU Using、Mem Using 等。

（6）稳定性测试（Endurance Testing）：在一定软硬件环境下，长时间运行一定负载，确定系统在满足性能指标的前提下是否运行稳定。与上面的压力/强度测试区别在于负载并不强调是在极限状态下（很多测试人员会持保守观念，在测试时会验证极限状态下的稳定性），着重的是满足性能要求的情况下，系统的稳定性、比如响应时间是否稳定、TPS 是否稳定。一般我们会在满足性能要求的负载情况下加大 1.5 到 2 倍的负载量进行测试。

（7）TPS：每秒完成的事务数，通常指每秒成功的事务数，性能测试中重要的综合性性能指标。一个事务是一个业务度量单位，有时一个事务会包括多个子操作，但为了方便统计，我们会把这多个子操作计为一个事务。比如一笔电子支付操作，在后台系统中可能会经历会员系统、账务系统、支付系统、会计系统、银行网关等，但对于用户来说只想知道整笔支付花费了多长时间。

（8）RT/ART（Response Time/average Response Time）：响应时间/平均响应时间，指一个事务花费多长时间完成（多长时间响应客户请求），为了使这个响应时间更具代表性，会统计更多的响应时间然后取平均值，即得到了事务平均响应时间（ART），为了方便大家通常会直接用 RT 来代替 ART，ART 与 RT 是代表同一个意思。

（9）PV（Page View）：每秒用户访问页面的次数，此参数用来分析平均每秒有多少用户访问页面。

（10）Vuser 虚拟用户（Virtual user）:模拟真实业务逻辑步骤的虚拟用户，虚拟用户模拟的操作步骤都被记录在虚拟用户脚本里。Vuser 脚本用于描述 Vuser 在场景中执行的操作。

（11）Concurrency 并发，并发分为狭义和广义两类。 狭义的并发，即所有的用户在同一时刻做同一件事情或操作，这种操作一般针对同一类型的业务，或者所有用户进行完全一样的操作，目的是测试数据库和程序对并发操作的处理。 广义的并发，即多个用户对系统发出了请求或者进行了操作，但是这些请求或操作可以是不同的。对整个系统而言，仍然有很多用户同时进行操作。 狭义并发强调对系统的请求操作是完全相同的，多适用于性能测试、负载测试、压力测试、稳定性测试场景；广义并发不限制对系统的请求操作，多适用于混合场景、稳定性测试场景。

（12）场景（Scenario）：性能测试过程中为了模拟真实用户的业务处理过程，在 LoadRunner 中构建的基于事务、脚本、虚拟用户、运行设置、运行计划、监控、分析等的一系列动作的集合，称之为性能测试场景。场景中包含了待执行脚本、脚本组、并发用户数、负载生成器、测试目标、测试执行时的配置条件等。

（13）思考时间（Think Time）：模拟正式用户在实际操作时的停顿间隔时间。从业务的角度来讲，思考时间指的是用户在进行操作时，每个请求之间的间隔时间。 在测试脚本中，思考时间体现为脚本中两个请求语句之间的间隔时间。

（14）标准差（Std. Deviation）：该标准差根据数理统计的概念得来，标准差越小，说明波动越小，系统越稳定，反之，标准差越大，说明波动越大，系统越不稳定。包括响应时间标准差、TPS 标准差、Running Vuser 标准差、Load 标准差、CPU 资源利用率标准差、Web Resources 标准差等。举例响应时间标准差。

2.7 性能测试通过标准

性能测试从需求、设计、准备、执行到分析，最后需要判断性能测试是否通过，性能测试工程师最终需要考虑很多因素，判断的标准相应也会有多个维度。

性能测试通过标准包括服务端性能、前端性能和用户体验性能，常规通过标准如表 2-2 所示。

表 2-2 Web 项目性能测试通过标准

类别	判断维度	不通过	通过	备注
通用互联网服务端性能	超时概率	大于 0.5‰	小于 0.5‰	性能测试团队根据通过标准，判定被测性能点不通过。没有绝对的标准，由专家组或项目负责人来评判
	错误概率	大于 0.5‰	小于 0.5‰	网页响应时间一般根据（1s-优秀，3s-普通，5s-忍受极限）来判断。假设 5s 为客户忍受的上限，特殊功能另议
	TPS	小于期望高峰值	大于期望高峰值	
	CPU 利用率	大于 75%	小于 75%	
	响应时间	大于期望时间	小于期望时间	
	Load	平均每核 CPU 的 Load 大于 1	平均每核 CPU 的 Load 小于 1	
	JVM 内存使用率	大于 80%	小于 80%	
	Full GC 频率	平均小于半小时 1 次	平均大于半小时 1 次	
前端页面性能	YSlow 评定	YSlow 评定为 C 级以下	YSlow 评定为 C 级，或 C 级以上	

2.8 性能测试趋势

“云”计算已经来到我们身边，测试也已经向云计算在发展，性能测试也将深度“云”计算化。

提高工作效率是人类一直的追求，性能测试将会在自动化的道路上越走越快，持续集成也将更好的集成性能测试部分。已经有公司在用 docker 来做持续集成。

另外，最近几年开始流行 devops（当然 devops 也会基于云计算），开发与运维，开发与测试的边界越来起窄，很多运维及测试的事情都在开发的考虑范围内，自动化测试工作，性能测试工作都会有一部分并入 devops 中，测试的技术门槛一方面更低，专注功能的测试门槛更低；另一方面更高，专注于性能测试的技术要求更高，我们面临的系统复杂度越来越高，分析问题难度加大，自然价值更高。

2.9 本章小结

本章讲解了一些性能测试的基本理论，相信大家对性能测试已经有了一个初步认识。性能测试工作是一个综合学科；对技术要求高、广，也要求具备一定沟通能力，能够胜任这项工作。

性能测试的工作过程中要注意的关键点也比较多，首先要做好性能需要分析；不充足的性能需要分析直接导致性能测试工作失败。接着要做好用例及场景设计，尽可能复现实际负载，这样的执行工作才是可信赖的，可参考的。执行过程中要做好性能监控工作，为问题分析提供数据支撑。

工具篇

Chapter 3

第 3 章 JMeter 体系结构

从本章你可以学到：

- JMeter 简介
- JMeter 体系结构
- JMeter 运行原理
- JMeter 测试计划要素
- JMeter 环境介绍
- JMeter 与 LoadRunner 异同

3.1 JMeter 简介

JMeter 是一款开源桌面应用软件，可用来模拟用户负载来完成性能测试工作。JMeter 的功能在版本升级的过程中已经十分强大，现在多数互联网公司都在使用 JMeter 来完成产品或者项目的性能测试工作。因为开源所以更具扩展性，能够胜任更多的工作具有更多的可能性。可以不夸张地说，JMeter 是使用率最高的性能测试工具之一，也是当前最好的最全面的性能测试工具之一，企业能够更低成本地使用 JMeter 进行性能测试构建工作。

JMeter 可以对 Web 应用进行测试，同时也提供了 Web 录制功能；另外还支持 Java 请求、JMS、EJB、WebService、JDBC、FTP、LDAP、SMTP、Junit、Mail、MongoDB、JSR223 等的测试。基本上我们常见的应用类型都可以用 JMeter 进行测试。除此之外，我们还可以方便地扩展 JMeter 功能来满足我们特定的测试需求。当前 HTML5 盛行，手机 APP 如火如荼，我们也可以用 JMeter 来进行性能测试。JMeter 也支持 Socket 协议的测试。另外 JMeter 也很方便用来进行性能测试自动化。可以说 JMeter 就是一个百变性能测试工具，鲜有做不到的，只有想不到的。下面我们来了解 JMeter 这款测试工具，通过本章学习我们会了解到如下内容：

（1）JMeter 的体系结构；

（2）JMeter 的运行原理；

（3）JMeter 的运行环境。

建议初次接触 JMeter 的读者仔细阅读本章，有理论指导实践才更轻松；知其然，更要知其所以然。

3.2 JMeter 体系结构

为了便于后续 JMeter 讲解，我们统一一下名词。

元件：如果不作特殊说明，后面出现的元件代表 JMeter 工具菜单中的一个子菜单（功能），比如 HTTP 请求、事务控制器、响应断言等，就是一个元件。

组件：一组元件的集合（一个或多个），比如逻辑控制器中有事务控制器，仅一次控制器，循环控制器等，这些都是元件，但它们被归类到逻辑控制器中，逻辑控制器就是组件，图 3-1 中的每一个标签就是组件。

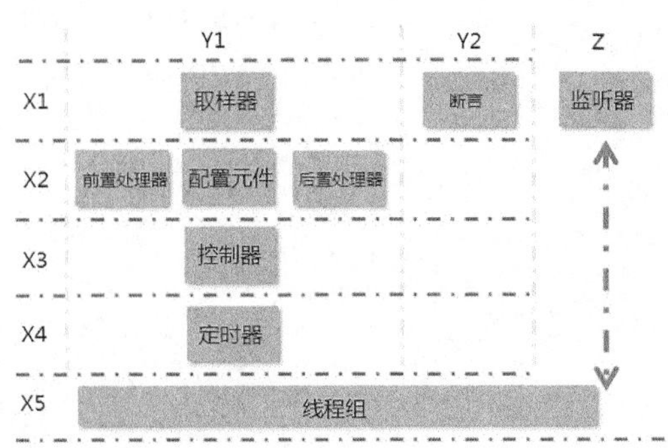

图 3-1 JMeter 结构图

现在我们就来看一下 JMeter 的体系结构，了解它的组成。图 3-1 是 JMeter 结构图。我们把它拆解成一个三维空间。

X 空间分为 5 个维度，Y 空间分为 2 个维度，Z 空间 1 个维度。

X1～X5 是负载模拟的一个过程，使用这些组件来完成负载的模拟。

Y1：包含的是负载模拟部分，负责模拟用户请求。

Y2：结果验证部分，负责验证结果正确性。

Z：负载结果的收集，实践上只有一个组成部分——监听器，监听器不仅可以放在线程组之内，也可以放在线程组之外，所以在图中我们看到它们是相交的。

JMeter 基本原理是建立一个线程池，多线程运行取样器产生大量负载，在运行过程中通过断言来验证结果的正确性，通过监听器来记录测试结果。如果取样器中有参数化的需求，可以通过 X2 中的配置元件或者前置处理器来完成。如果有关联需求，可以通过后置处理器来完成。如果我们想要设置运行场景，比如模拟多少用户，运行多长时间，就设置线程组。如果我们想要模拟并发场景，可以利用定时器来设置；如果我们想要控制业务的执行逻辑，比如登录只运行一次，我们可以用控制器来完成。

下面我们一一介绍 JMeter 的这些组成部分（以 JMeter2.11 版本为样本讲解，在审查本书过程中 JMeter 已经升级到 2.13 的版本，同时也是一如既往的向前兼容，笔者讲解的 2.11 版本的知识同样适用于 2.13 版本）。

3.2.1 X1【取样器】

取样器（又译采样器，个人习惯用取样器这个名字）用来模拟用户操作，向服务器（被测试系统）发出 Http 请求、WebService（SOAP/XML-RPC Request）请求或者 Java 请求等。我们可以把 Http 请求元件看成是一个没有界面的浏览器，它可以发送 Http 请求，接收服务器的响应数据。

JMeter 2.11 版本提供的取样器元件有 23 个（图 3-2），基本涵盖了我们常见的各种协议，比如 Http、FTP、JAVA、JMS、LDAP、MAIL、MongoDB、SMTP、SOAP、TCP、Junit 等，还支持 BeanShell 脚本。取样器的访问路径：【测试计划】—【线程组】—【Sampler】。

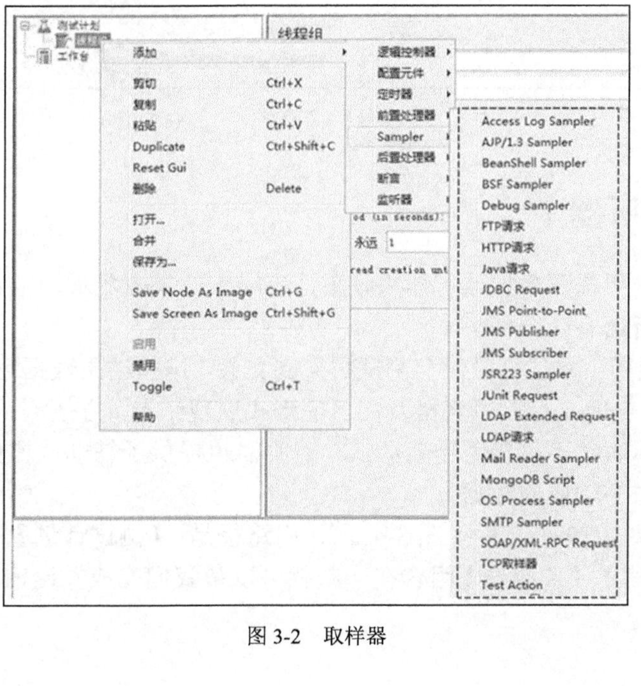

图 3-2 取样器

3.2.2 X1【断言】

断言用来验证结果是否正确，用过 LoadRunner 的读者应该会知道检查点这个功能，可以帮助我们来判断请求是否成功返回且是否符合要求，在 JMeter 中我们不叫检查点，我们叫断言。说白了就是用一个预设的结果（值、表达式、时间长短等条件）与实际结果匹配，匹配到则成功，反之失败。

JMeter 2.11 版本的断言元件有 13 个（图 3-3），比如响应断言、XML 断言、BeanShell 断言；较常用的是响应断言；对于复杂的断言还可以通过 BeanShell 脚本来完成（BeanShell 是类 Java 的脚本语言，实际上 BeanShell 是一个小巧的 Java 源码解释器，可以直接调用 Java 程序，具体有关 BeanShell 的内容请到 Beanshell 官网了解）。断言的访问路径是：【测试计划】—【断言】。

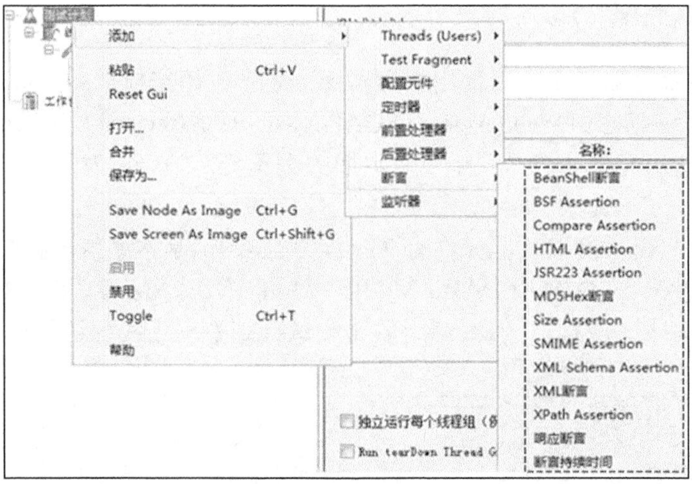

图 3-3 断言

3.2.3 X1【监听器】

JMeter 的测试结果需要添加监听器来收集，JMeter 结果收集程序的设计模式就是监听器模式。JMeter 的监听器有两个任务。

（1）添加结果监听，并且可以保存测试结果到文件，这些结果数据可以供再次分析使用。

（2）展示结果，JMeter 可以以表格及图形的形式展现结果，方便测试人员分析测试结果。我们在开发测试脚本时，不可避免需要调试，监听器也提供了辅助（比如察看结果树，我们可以在其中看到请求与响应的数据）。

JMeter 监听器共有 19 个元件（图 3-4），访问路径是：【测试计划】—【监听器】。

【取样器】、【断言】、【监听器】组合在一起就可以帮我们完成发送请求、验证结果及记录结果三项工作。

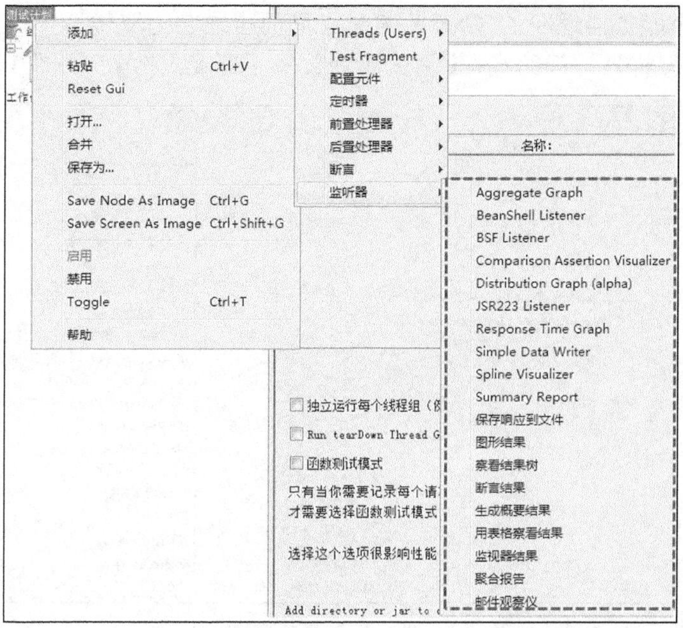

图 3-4 监听器

3.2.4 X2【前置处理器】

在测试脚本开发过程中，我们在请求发送前可能会做一些环境或者参数的准备工作，那么我们可以在前置处理器中来完成这些工作。比如，我们在对数据库进行操作前需要先建立一个数据库连接，那么前置处理器就可以完成这个功能。前置处理器访问路径：【测试计划】—【前置处理器】，如图 3-5 所示。

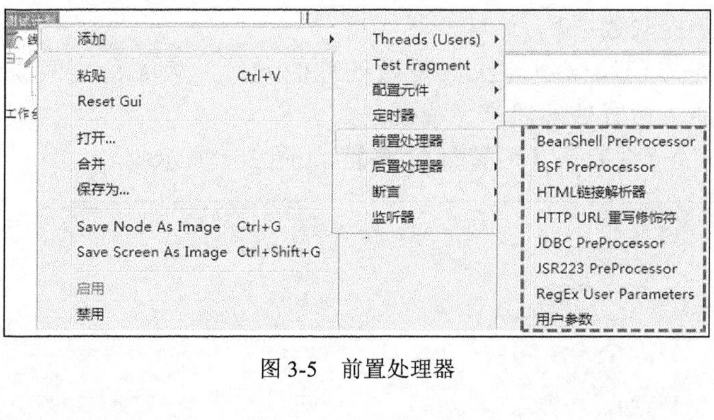

图 3-5 前置处理器

3.2.5 X2【配置元件】

性能测试中为了模拟大量用户操作我们往往需要做参数化，Jmeter 的参数化可以通过配置元件来完成，比如 CSV Data Set Config，它可以帮助我们从文件中读取测试数据。另外 JMeter 也提供了众多的函数（通过函数助手可以查看到，后续会讲到）来帮我们生成动态数据。当然配置元件的作用不仅于此，它还可以用来记录服务器的返回数据，比如 Http Cache

Manager，自动记录服务器返回的 Cache 信息。简而言之它为取样器提供预备数据，然后由取样器发出请求。取样器访问路径：【测试计划】—【配置元件】，如图 3-6 所示。

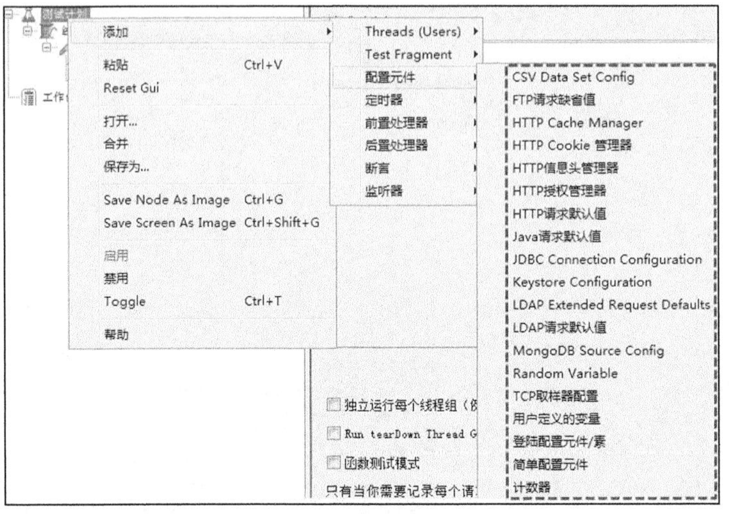

图 3-6　配置元件

3.2.6　X2【后置处理器】

后置处理器一般放在取样器之后，用来处理服务器的返回结果，比如一个 Web 应用程序，我们登录后会返回一个 SessionID，这个 SessionID 在登录之后的业务操作过程中会作为验证条件，验证用户是否合法登录了。我们利用取样器模拟这个请求时就需要带上这个属性，那么如何获取呢？首先我们要知道这个 SessionID 从哪里来？它是由服务器返回的。接着我们要获取它，用什么工具获取呢？JMeter 帮我们提供了元件，比如正则表达式提取器，它支持正则表达式的方式来提取数据。

后置处理器就是专门用来对响应数据做处理的元件，大家可能听说过关联这个名词，JMeter 的关联就是通过后置处理器来完成的。

访问路径：【测试计划】—【后置处理器】，如图 3-7 所示。

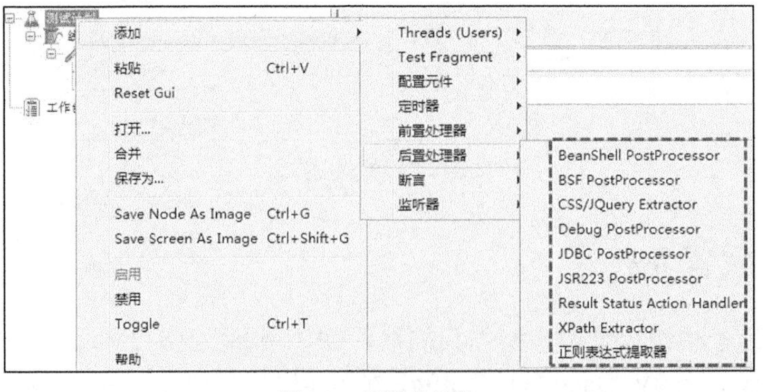

图 3-7　后置处理器

【前置处理器】、【配置元件】、【后置处理器】都是为取样器提供数据支持的，取样器关注的是业务逻辑。就比如家人是你的后盾，帮你解决事业外的一切麻烦，让你全身心地投入到事业中。

3.2.7 X3【控制器】

我们在收邮件时，只需要登录一次邮箱即可以查看多封邮件。如果这个场景我们要在 JMeter 中实现，我们需要控制登录的次数，如何实现呢？JMeter 逻辑控制器（后续说到控制器时默认为逻辑控制器，图 3-8）中的仅一次控制器即可以完成。当然了，控制器不只有这一个，还有很多其他的控制器来完成我们的各种需求。打游戏有攻略，各种招式完全超乎设计人员想象；控制器用法也有攻略，组合在一起也能够完成各种奇葩需求。

控制器的访问路径：【测试计划】—【线程组】—【逻辑控制器】。

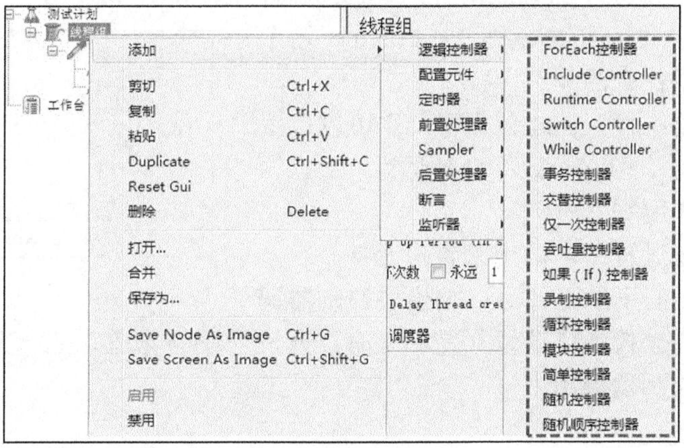

图 3-8 逻辑控制器

3.2.8 X4【定时器】

为了足够真实地模拟用户负载，我们有时会需要模拟这些请求在同一时刻发送，就好像把大家集合在一条起跑线上，然后一声令响，同时起跑。那么我们此时需要一个集合的功能，JMeter 中可以通过定时器来完成这个需求。当然了，定时器可不只有这一个功能，定时器种类有很多，每一种代表了不同的功能，基本能够满足我们的所有幻想。

访问路径：【测试计划】—【线程组】—【定时器】，如图 3-9 所示。

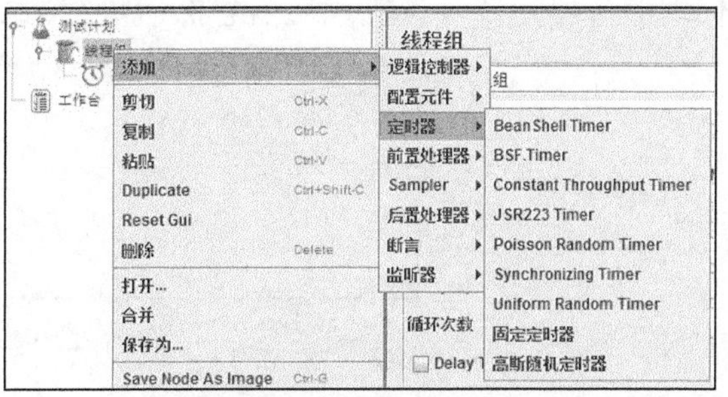

图 3-9 定时器

3.2.9 X5【线程组】

性能测试需要模拟大量用户负载的情况，线程组就是用来完成这个工作的，在此元件中我们可以设置运行的线程数（就是模拟多少用户，一线程一用户）。线程组的设置十分简单，除了设置线程数以外，还可以设置运行时长，定时运行等。另外第三方插件（JMeter Plugin）的扩展也让 JMeter 的场景设计更加丰富。

访问路径：【测试计划】—【Threads（Users）】，如图 3-10 所示。

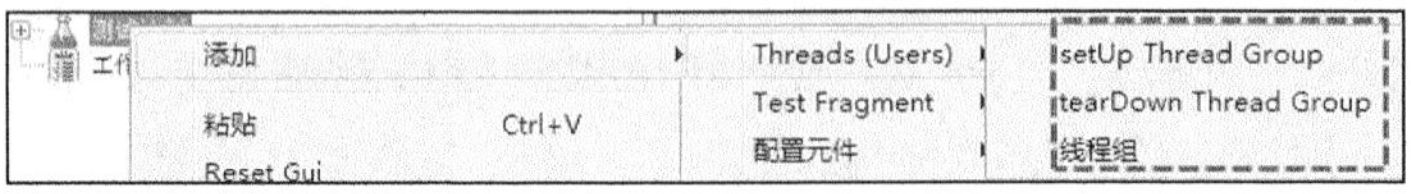

图 3-10 线程组

3.2.10 Test Fragment

上面我们介绍了 JMeter 的组成部分，下面我们打开 JMeter GUI 看一下这些组件菜单，如下图 3-11 所示。从中我们可以看到 Test Fragmet 这个组件，这个组件是干什么的呢？

它是一个辅助的组件，在此节点下几乎可以放置任何 JMeter 测试元件，但它一般不会被运行，那它为什么存在？有什么作用呢？

（1）在脚本开发过程中可以用来备份元件。

（2）TestFragment 下的元件可以被模块控制器调用，我们可以利用它来模块化请求（是不是有点开发程序的味道？把一个业务封装成一个方法供复用）供模块控制器调用。

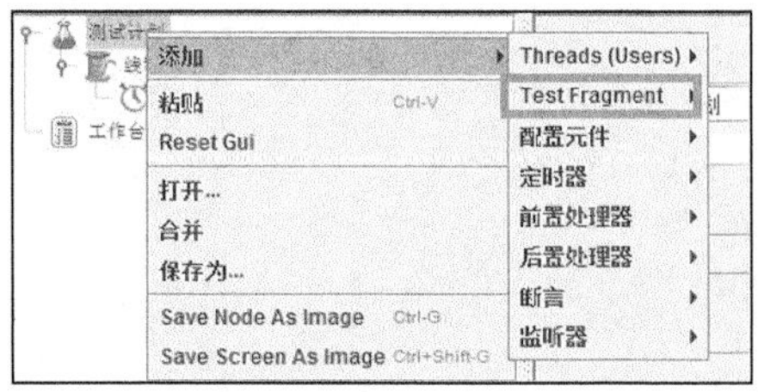

图 3-11 JMeter 组件一览

3.2.11 工作台

顾名思义，工作平台。它也不直接参与运行，这么说间接还是有作用的了？当然，存在即有一定道理，它的功能有：

（1）我们在运用 JMeter 录制 Http 协议脚本时就用到它，我们可以在它下面建立一个 HTTP 代理服务器元件，设置代理信息然后进行录制。

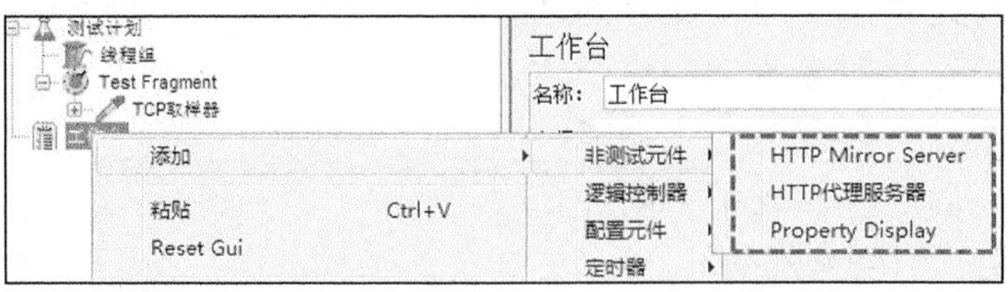

图 3-12 工作台

（2）设置服务器监控（HTTP Mirror Server），当然了，不建议大家用此功能来做测试监控，主要是避免对 Jmeter 负载产生影响。

（3）显示当前 JMeter 属性信息。

（4）备份脚本，特别是我们在脚本调试过程中可以把它作为一个元件暂存区。

以上是 JMeter 的主要组件，JMeter 的设计理念也与其他的性能测试工具一样，采用组件方式开发，方便进行扩展。除了官方提供的默认组件外，不少第三方组织也针对性地进行了扩展。正是这些优秀组件的存在使当前运用 JMeter 进行性能测试更容易、也更高效。在第 6 章我们将会详细讲解 JMeter 中的组件（第 8 章会讲到第三方组件 JMeter Plugin，在教材中也会讲到笔者扩展的组件）。

3.3 JMeter 运行原理

上面我们讲解了 JMeter 的组成部分，下面我们来了解 JMeter 的运行原理。接触过 LoadRunner 的读者应该知道，LoadRunner 可以选择是以进程方式还是以线程方式来运行，在 JMeter 中我们是以线程的方式来运行的。由于 JMeter 是运行在 JVM 虚拟机上的，每个进程的开销比 LoadRunner 的进程开销要大，如果以进程的方式来运行的话，每台负载机上的进程数量就不会允许太多，当我们要大量并发时就需要大量的负载机，这显然是不经济的，再者 Java 也是支持多线程的，所以 JMeter 选择了以线程方式来运行。

JMeter 通过线程组来驱动多个线程（类似 LoadRunner 中的虚拟用户）运行测试脚本对被测试服务器发起负载，每一个负载机上都可以运行多个线程组，如图 3-13 中此测试计划有两个线程组。JMeter 运行场景不仅可以在 GUI 方式中完成，还可以使用命令行，而且命令行运行的方式对于负载机的资源消耗会更小。

JMeter 支持远程运行，图 3-14 是 JMeter 远程运行架构图。

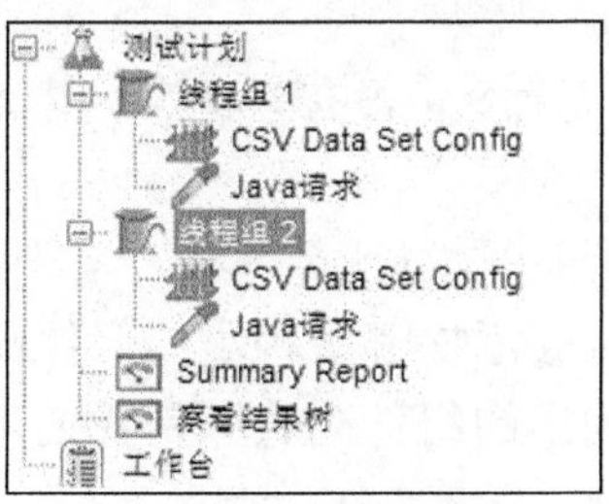

图 3-13 JMeter 线程组

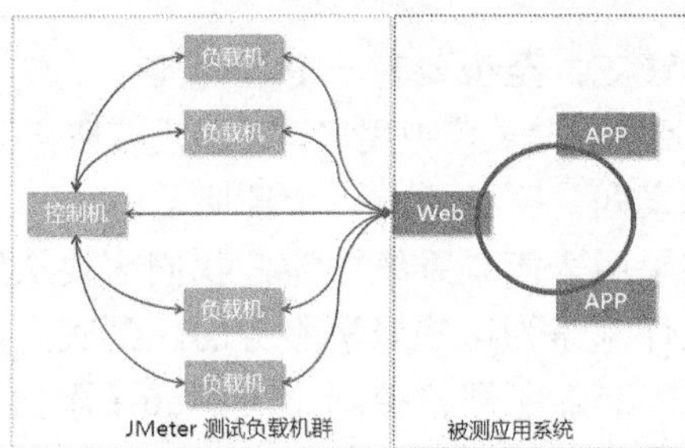

图 3-14 JMeter 运行架构

（1）控制机：运用多台 JMeter 负载机进行性能测试时，被选中作为管理机的那台机器即是控制机。JMeter 控制机也可以参与脚本的运行，同时它也担负着管理远程负载机指挥远程负载机运行的任务，并且收集远程负载机的测试结果。

（2）负载机：向被测试应用服务器发起负载的机器，控制机同时也是一台负载机。JMeter 负载机受控制机（JMeter 负载机）管理。与其他支持远程运行的测试工具一样，负载机受控制机管理首先要启动一个客户端程序（Agent：jmeter-server.bat），这样控制机才可以接管负载机。控制机会把运行的脚本隐蔽地发送到远程负载机，但是如果运行的测试脚本有参数文件及依赖的 jar 包时，控制机并不能把它们发送到远程负载机，这种情况就需要手动拷贝了，当然在利用 JMeter 做性能测试自动化时可不能这样，我们可以用工具来实现自动拷贝。

（3）远程运行逻辑：

远程负载机首先启动 Agent 程序，待控制机连接；

控制机连接上远程负载机；

控制机发送指令（脚本及启动命令）启动线程；
负载机运行脚本，回传状态（包括测试结果）；
控制机收集结果并显示。

3.4 JMeter 测试计划要素

JMeter 中一个脚本即是一个测试计划，也是一个管理单元。JMeter 的请求模拟与并发数（设置线程数，一个线程代表一个虚拟用户）设置都在脚本文件中一起设置。不像 LoadRunner 把脚本与虚拟用户设置分开。测试计划要素如下。

（1）要素一：脚本中测试计划只能有一个

Jmeter 测试计划类似 LoadRunner Controller 中的测试场景，同一时刻场景故然只能有一个，JMeter 脚本在 GUI 中显示的是树型结构，测试计划是根节点，根节点当然只能有一个。

（2）要素二：测试计划中至少要有一个线程组

JMeter 负载是通过线程组驱动的，所以计划中至少要出现一个线程组，也许你只运行一个线程。JMeter 测试计划支持多个线程组。我们可以在计划下面建立多个线程组（图 3-15 测试计划中有两个线程组），类似 LoadRunner 中的 Group 方式的场景（没接触过 LoadRunner 的读者可以自行忽略有关 LoadRunner 的说法），把不相关联的业务分布在不同的线程组（LoadRunner 中的不同 Group）。所以我们可以把 JMeter 计划理解成 LoadRunner 中的 Group 方式场景。

（3）要素三：至少要有一个取样器

测试的目的就是要模拟用户请求，没有取样器脚本就毫无意义，没有意义就不用谈论对错了。

（4）要素四：至少要有一个监听器

测试结果用来衡量系统性能，我们需要从结果中分析系统性能。

其他元件都是为这些要素服务的，到底当前元件下能够添加哪些种类的元件呢？用户不用担心，JMeter 做了严格控制。图 3-16【添加】菜单后列出的组件列表即是我们可以在线程组下添加的组件种类，组件节点下列出了可以添加的元件。

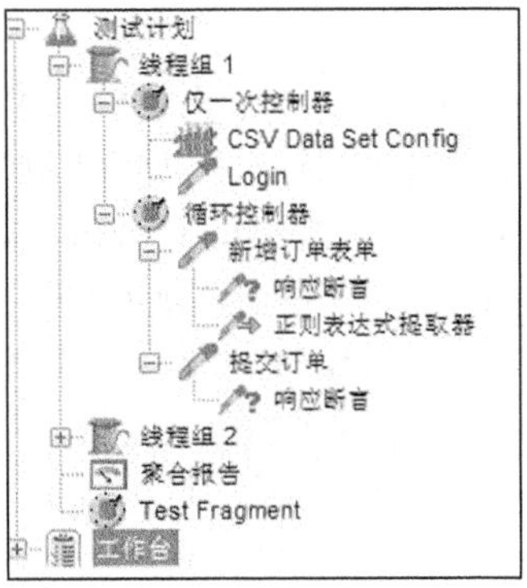

图 3-15 测试计划

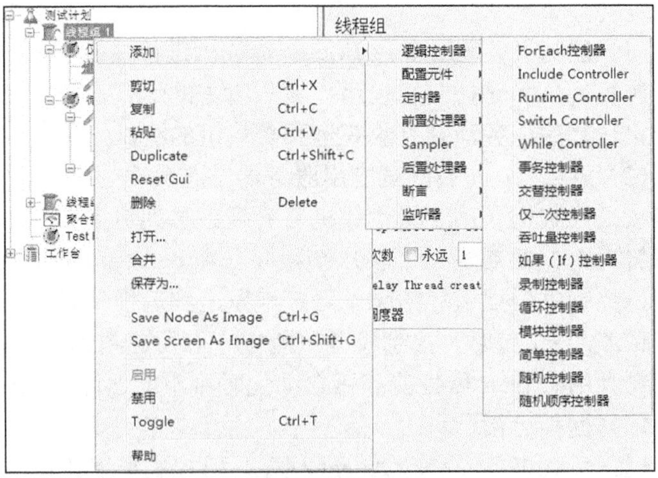

图 3-16 逻辑控制器元件

3.5 JMeter 环境介绍

JMeter 可以安装在 Windows 系统或 Linux 系统上。由于 JMeter 是纯 Java 开发的，所以一般来说，能够运行 Java 程序的系统一般都可以运行 JMeter。安装文件是纯绿色版本，只需要解压到相关目录即可。配置好 Java 环境变量就可以启动，我们下载 2.11 版本，JDK 建议安装 1.6 或以上版本。

1. 安装

从 Apache 网站下载二进制包（图 3-17）。

.tgz 后缀名的为 Linux 使用的包。

.zip 后缀名的为 Windows 使用的包，其实你用 zip 包中的 JMeter 在 Linux 下也是能够正常使用的，只是打包格式不同而已。

图 3-18 所示为解压到 Windows 系统下的目录：

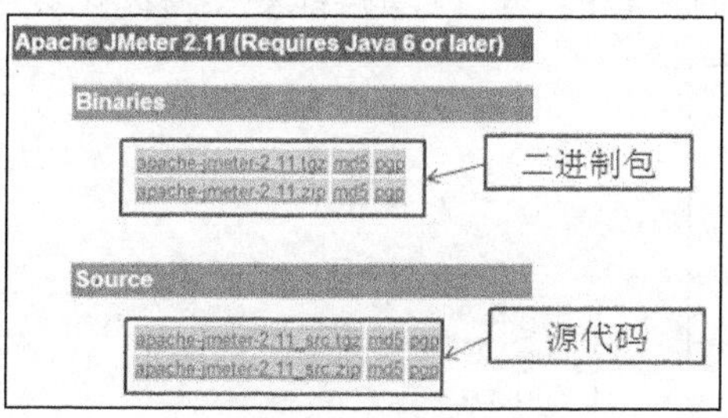

图 3-17 JMeter 下载

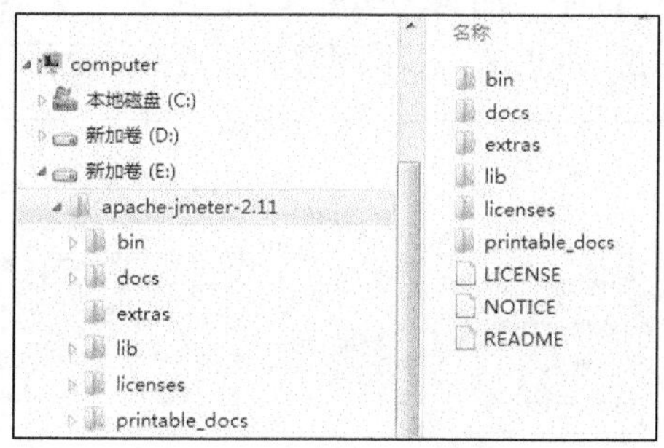

图 3-18 JMeter 安装目录

2. JMeter 工具目录介绍

Bin：其中放置了各项配置文件（比如日志设置、JVM 设置等）、启动文件（JMeter 启动快捷方式，报告生成快捷方式，Heap Dump 快捷方式等）、启动 jar 包、示例脚本等。

Docs：放置了 JMeter API 离线帮助文档，Web 方式。

Extras：JMeter 辅助功能，提供与 Ant、Jenkins 集成的可能性，我们可以利用 Ant 与 Jenkins 来构建性能测试自动化构架。Ant 可以利用 xsl 脚本把 XML 格式的测试结果以 HTML 方式展示，图 3-19 所示为 XSL 解析的测试结果。

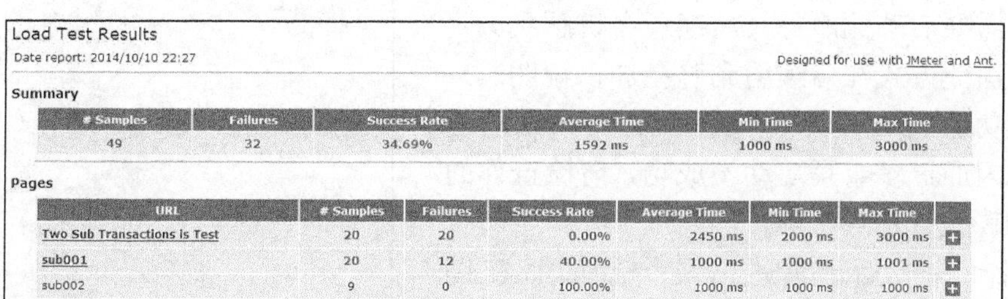

图 3-19 XSL 解析测试结果

Lib：JMeter 组件以 jar 包的形式放置在 lib/ext 目录下，如果我们要扩展 JMeter 组件，扩展后的 jar 包即放在此目录（图 3-20），JMeter 启动时会加载此目录下的 jar 包。JMeter 依赖的一些基础包放在 lib 根目录下，比如我们扩展了 Java 请求，这个扩展是为了完成我们特定的任务，而这个特定的任务程序需要依赖其他的 jar 包，那么这些 jar 包就放置在 lib 根目录下。JMeter 支持运行 Junit 测试类，其测试包放在 lib/junit 目录下面。这部分内容在第 7 章会有讲解。

licenses:JMeter licenses 相关声明信息放在此文件夹，全部是文本文件，对测试没有任何实际意义，可以忽略。

printable_docs：JMeter 的离线帮助文件放置目录，是我们学习 JMeter 的绝好向导。

LICENSE：License 说明文件。

NOTICE：版权声明。

README：JMeter 简明介绍。

3. 环境变量

由于 JMeter 是运行在 JVM 之上的，为了方便使用我们需要配置 Java 的环境变量，与 Eclipse、LoadRunner 等的环境变量配置一样，如图 3-21 所示建立 JAVA_HOME，然后把 JAVA_HOME 加入 Path 变量中（与配置 Java 的开发环境一样），另外我们还配置了 JMETER_HOME，这个配置不是必须，是为了方便而配置的（第 14 章性能测试自动化会用到）。

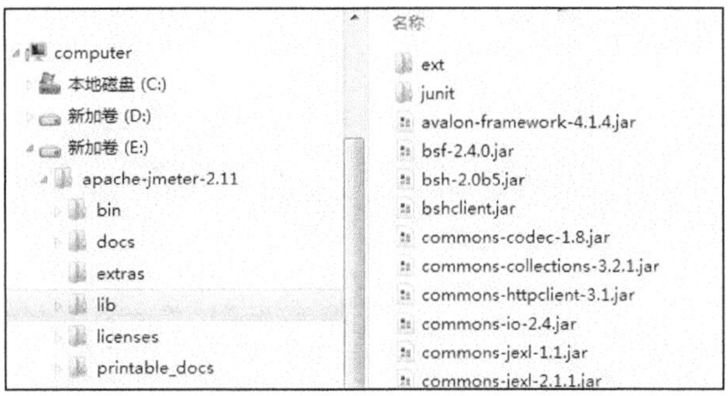

图 3-20　JMeter lib 目录

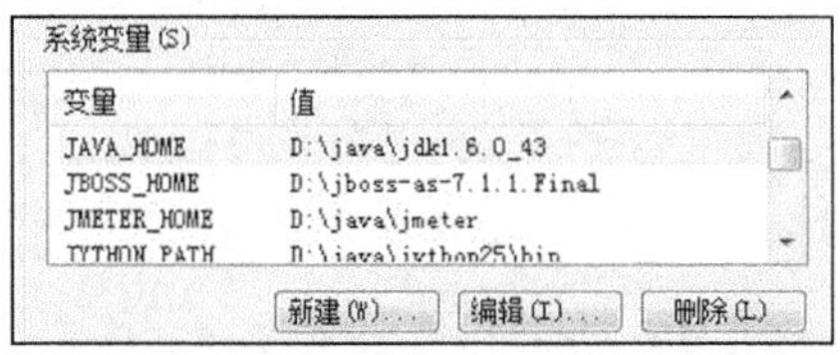

图 3-21　Windows 下 JMeter 相关的环境变量设置

4. 启动

完成了上面的 1，2，3 步骤后我们就可以启动 JMeter 了，双击图 3-22 中的 jmeter.bat 即可以启动 JMeter，jmeter.sh 是 Linux 下的启动文件。

jmeter-server：如果当前机器作为一台远程负载机使用，则需要启动此服务（后续还会讲解到）。

其他的快捷方式在后续用到时会加以说明。

启动成功后进入图 3-23 所示界面，如果启动过程中屏幕一闪而过多半是启动不成功，请检查你的 JAVA_HOME 配置是否正确。

如果启动完成后能够进入这个界面且在图 3-23 界面的❶处显示 0 代表正常启动了，如果非 0，代表加载组件出错了，即加载 lib/ext 目录下的 jar 包出错了，往往是我们扩展 JMeter 功能时出错，错

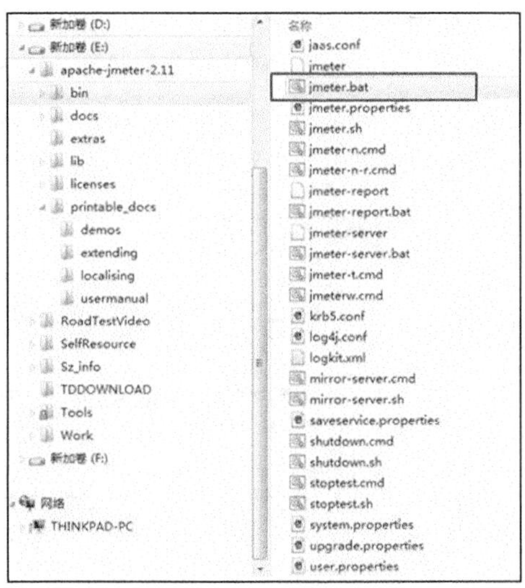

图 3-22　JMeter bin 目录

误原因通常是依赖的 jar 包缺失。

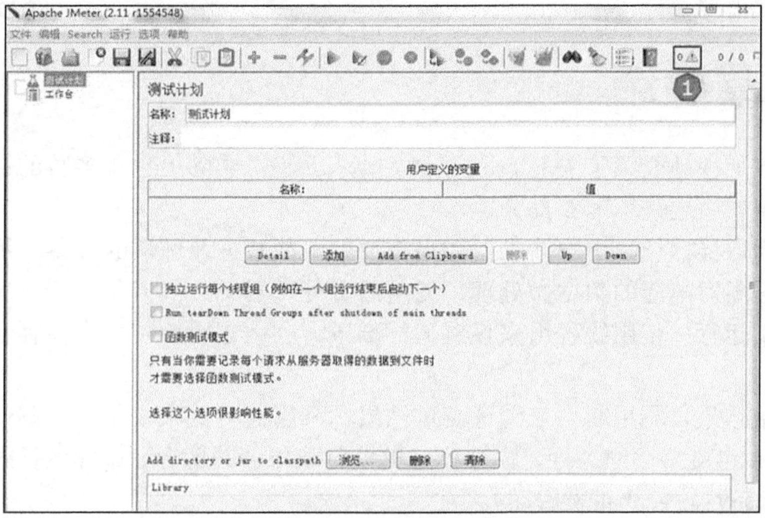

图 3-23 JMeter GUI

3.6 JMeter 与 LoadRunner 异同

多数从事性能测试的人员对 LoadRunner 会比较熟悉，也免不了要比较这两个工具，为了方便大家学习 JMeter，下面比较 LoadRunner 与 JMeter 的异同。

（1）无容质疑，LoadRunner 还是性能测试领域的王者，标准制定者；JMeter 是后起之秀。

（2）LoadRunner 主要由 C 语言开发，支持 Java、VB、C#；JMeter 是纯 Java 开发，支持多种 Java 脚本语言。

（3）LoadRunner 费用高昂，JMeter 完全免费；LoadRunner 学习成本更低，主要是强大的录制功能让大家钟爱；省事、效率高、门槛低；用的人多经验分享多，所以相对更容易上手。JMeter 相对来说学习资料会少一些，而且也没有 LoadRunner 强大的录制功能，但开源的力量已经在发力，第三方工具与插件已经让 JMeter 变得强大。现在尤其是大型的互联网企业都在运用 JMeter 来进行性能测试，这已经说明问题了。此书也致立于推广 JMeter，减轻大家的学习负担，减少企业在工具软件上的资金投入。相信大家在看完此书后也会觉得学习 JMeter 是一件很容易的事情。

（4）LoadRunner 支持市面上几乎所有见到的应用的性能测试，不管你是 C、Java、VB、JavaScript、C#开发的程序，还是数据库（Oracle、MySQL、SQLServer）应用；本地程序也好，远程调用也好；C/S 模式还是 B/S 模式甚至移动终端都可以不负使命来完成。JMeter 虽然没有其强大的兼容性，但也能够完成上面的所有工作，只不过有些需要自己来扩展这些功能，如果能够简单编程，这些都不是问题。所以大家不要把扩展想象得太难，解决问题应该是你的追求，这正是技术价值的体现，也是作为一个性能测试工程师的核心价值。

（5）LoadRunner 的结果分析器十分强大，JMeter 在第三方插件的扩展下也具备了与 LoadRunner 相媲美的体验。

（6）工具无所谓好坏，更在于使用的人，对于企业来说能够快速、可靠、低成本地解决性能问题才是硬道理。

3.7 本章小结

本章我们框架性地介绍了 JMeter 的组成及运行原理，实际上它与多数的性能测试工具原理相似。运行逻辑主要是下面 3 部分。

第一，利用取样器模拟用户请求；如果需要做一些数据及环境的准备，那么就使用配置管理器；如果需要对响应的数据做处理，使用后置处理器。

第二，控制运行；使用线程组来设置运行场景，利用逻辑控制器来控制业务（实际就是控制取样器）。

第三，收集结果，利用断言来验证测试结果，利用监听器来收集显示测试结果。

同时 JMeter 也支持远程运行，弥补单台机器负载不够的情况。远程运行时远程负载机要运行 Agent（jmeter-server.bat 来启动）。

到此，我们应该对 JMeter 有了一个初步的认识，为后续系统学习 JMeter 打下一个基础。后续我们将用实例来讲解 JMeter 各种常用功能。

第 4 章
JMeter 脚本开发

从本章你可以学到：

- JMeter 工作区介绍
- JMeter Http 协议录制
- JMeter 脚本调测
- JMeter 关联
- JMeter 参数化
- JMeter 检查点
- JMeter 事务
- JMeter 集合点
- JMeter 元件运行顺序

性能测试中脚本编写是大多数入门读者头痛的事情，现在多数的性能测试脚本都是基于 HTTP 协议的，本章我们结合实例来讲解 HTTP 协议的脚本录制与开发。在开始录制前我们先熟悉一下 JMeter 的工作区。

4.1 JMeter 工作区介绍

当我们正常启动完 JMeter 即进入图 4-1 所示的工作区，我们把它分成了 3 个部分。

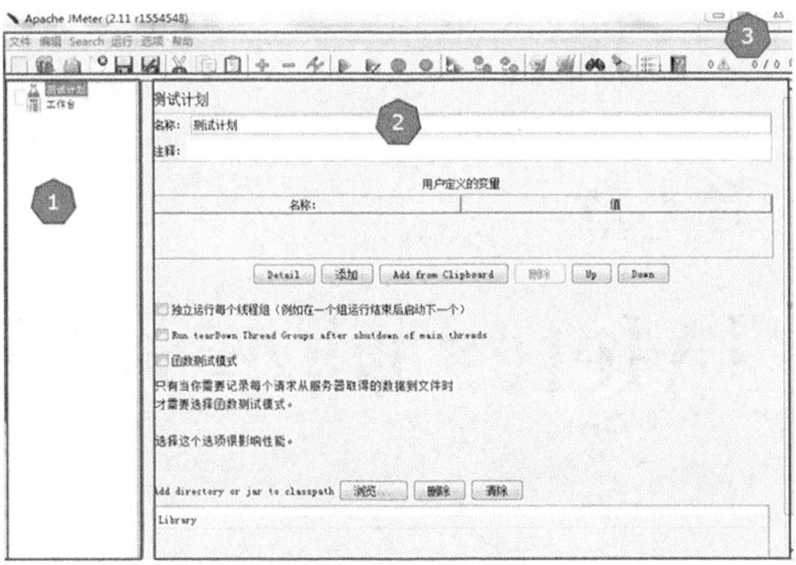

图 4-1 JMeter 工作区

- 区域①是一个目录树，存放测试设计过程中使用到的元件；执行过程中默认从根节点开始顺序遍历树上的元件。工作台也可以用来存放元件，但其中的元件不会被执行，所以我们可以用它来做备份。

这里统一一下元件的定义，比如我们要向服务器发送一个 Http Post 请求，这个请求是由一个 HTTP 请求取样器来完成的，这个叫“HTTP 请求”的取样器就是元件。在区域①中添加进来的都是元件。

- 区域②是测试计划编辑区域，在【用户定义的变量】区域我们可以定义整个测试计划共用的全局变量，这些变量对多个线程组有效。我们还可以对线程组的运行进行设置；比如“独立运行每个线程组”、“Run teardown Thread Groups after shutdown of main threads”等。另外我们还可以在此添加测试计划依赖的 jar 包，比如 JDBC 方式连接数据库的驱动。
- 区域③是菜单栏，图标是菜单快捷方式（图 4-2）。

图 4-2 JMeter 快捷菜单

快捷菜单功能从左到右依次是：

- 新建测试计划；

- 选择测试计划模板创建一个新的测试计划；
- 选择已经存在的测试计划并打开；
- 关闭当前脚本；
- 保存测试计划；
- 另存测试计划；
- 删除选定的元件，如果元件是父节点，那么其子节点元件也一同被删除；
- 复制选定的元件及子元件；
- 粘贴复制的元件及子元件；
- 展开目录树；
- 收起目录树；
- 禁用或者启用元件，禁用元件的子元件也会被禁用；
- 本机开始运行当前测试计划，按线程组的设置来启动；
- 立即开始在本机运行当前测试计划；
- 停止运行状态的测试计划，当前线程执行完成后停止；
- 停止运行测试计划，立即终止，类似于杀进程；
- 开启远程运行测试计划；
- 停止运行远程测试计划，当前线程执行完成后停止；
- 停止运行远程测试计划，类似于杀进程；
- 清除运行过程中元件显示的响应数据，比如查看结果树中的内容，聚合报告中的内容，但不能清除日志控制台中的内容；
- 清除所有元件的响应数据，包括日志；
- 查找；
- 清除查找；
- 函数助手对话框，这些函数在做参数化时会用到；
- 帮助文档快捷方式。

介绍完了工作区，下面我们开始录制 HTTP 协议的脚本。

4.2 JMeter Http 协议录制

LoadRunner 的录制功能让性能测试脚本编写成为一件容易的事情，也助使其坐上性能测试工具头把交椅。JMeter 作为开源性能测试工具中的王者当然也少不了提供录制功能。JMeter 的录制除了自身提供的 HTTP 代理方式进行录制，第三方工具 Badboy 也提供了录制支持。HTTP 代理方式进行录制的原理是解析网络数据包，按 Http 协议包装成 Http Request、Http Response 等对象，这些对象就是我们能够方便识别的东西了。

下面我们先用 Badboy 来进行录制。

4.2.1 Badboy 进行录制

说的简单点 Badboy 就是一个浏览器模拟工具，具有录制及回放功能，还可以进行调试。

我们可以用它来做自动化的测试，因为它有捕获表单数据的功能。我们也可以用它来对 Web 页面进行诊断，诊断系统响应快慢，响应数据大小。当然了，这些不是我们使用 Badboy 的重点，我们关注的是 Badboy 的录制功能。

Badboy 录制的脚本可以直接导出 jmx 格式，jmx 正是 JMeter 脚本保存的格式，jmx 实际上是一个 XML 格式的文件。

Badboy 的录制方式有两种，一种是 Request 方式，一种是 Navigation 方式。在工具栏上点击图 4-3 中的“N”即切换成 Navigation 方式。

这两种方式有如下区别：

request：模仿浏览器发送表单信息到服务器，每一个资源都将作为请求发送。

图 4-3　BadBoy 录制快捷菜单

Navigation：记录用户鼠标动作，类似于著名的自动化测试工具 QTP，回放时模拟一个个点击。

基于 JMeter 脚本的要求，我们需要选用 request 方式来进行录制，这些请求将会以 jmx 的格式保存下来，从而我们才可以导入 JMeter 进行复用。

下面我们安装 Badboy 进行录制：

（1）首先我们需要下载 Badboy 并安装。

下载的.exe 文件直接双击即可以开始安装（与普通的.exe 文件的安装无异），安装过程不再赘述。

（2）打开 Badboy，在开始菜单栏中找到 Badboy 的启动快捷方式点击即可打开，如图 4-4 是初始界面。初始界面默认开启了 Request 的录制模式，我们可以看到左下角的状态栏提示 Ready。

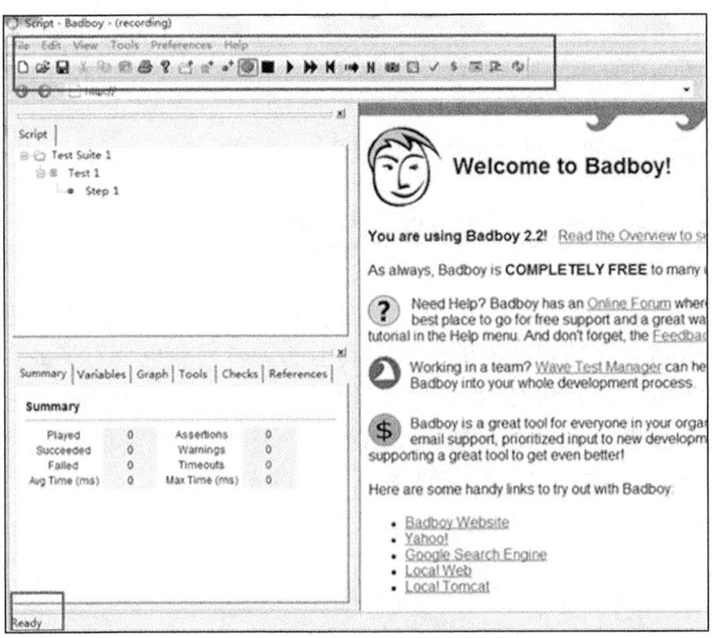

图 4-4　Badboy 工作区

在地址栏直接输入请求的页面，回车或者点击开始进行录制。

这里我们说明一下 Script 的目录树结构：

Test Suite 1：默认的脚本根节点，类似 JMeter 中的测试计划根节点。

Test1：测试活动根节点，我们可以理解成一个业务功能的脚本存放在此目录下。

Step2：测试活动的步骤，如果一个业务过程比较长，我们可以分成多个测试步骤。比如录制登录论坛并发帖这个过程，我们可以把它拆分成 3 个步骤，先是登录，然后进入论坛板块，最后发送一个帖子。当然也可以放在一个大的步骤中来完成，在导入 JMeter 后再根据业务进行拆分。

下面开始录制。

Step1：登录。

Step2：进入其中一个板块。

Step3：在此板块发送一个新帖。

BadBoy 默认是开始录制状态（被默认选中），打开此界面时就已经帮我们增加了一个 TestSuite 与一个 Step1；直接输入你想要录制的页面链接然后回车或者点击，即开始录制。我们输入 http://127.0.0.1:8089/jforum-2.1.9/user/login.page（图 4-5），有关 jforum 的测试环境安装请参照 11.4 节。

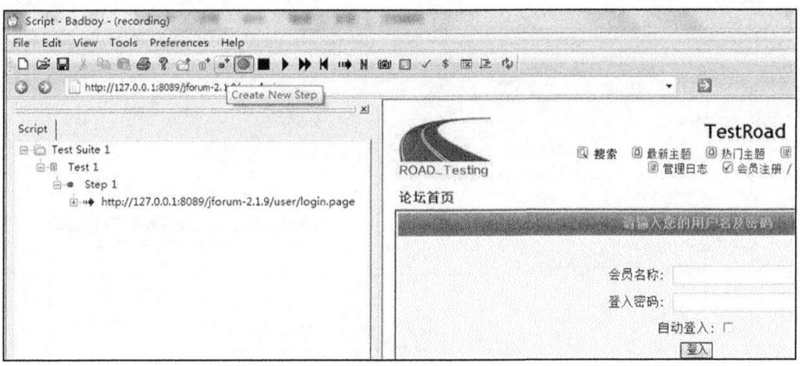

图 4-5 Badboy 录制——登录

Step1：输入用户名及密码完成登录，成功后进入论坛首页（图 4-6）。

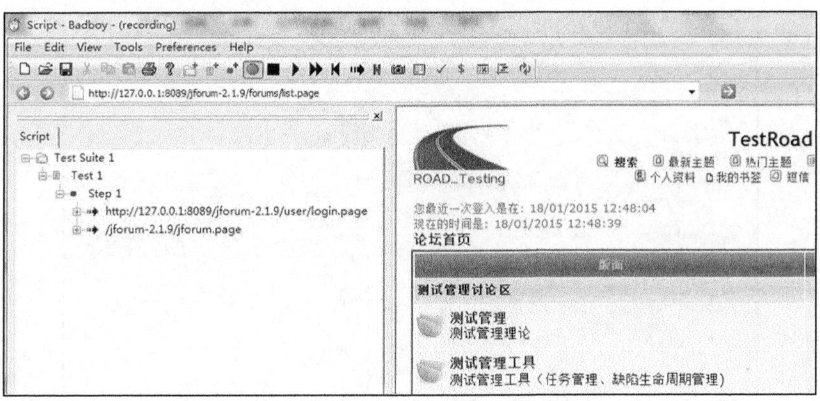

图 4-6 Badboy 录制——登录完成

Step2：进入相应板块

点击新建一个 Step2，点击图 4-6 中的任意一个板块，我们选择进入测试管理板块，进入后页面如图 4-7 所示。

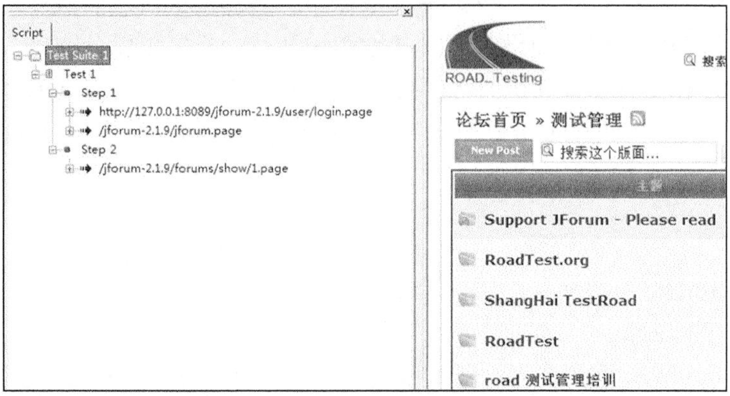

图 4-7 Badboy 录制——进入板块

Step3：发帖

同样点击新建一个 Step3，然后点击 New Post 来编辑一个新帖。图 4-8 是新帖编辑界面，图 4-9 是发送完成后的界面。

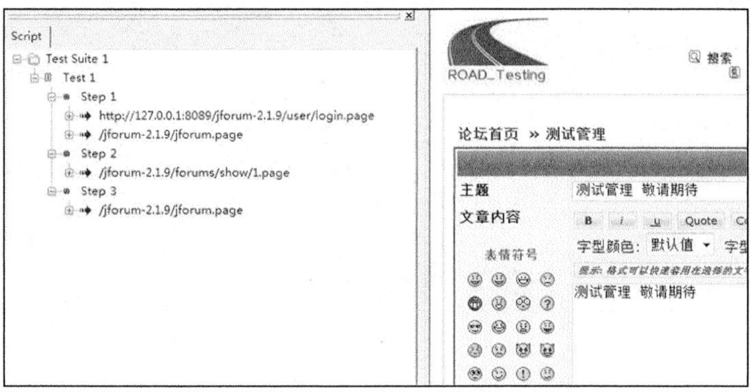

图 4-8 Badboy 录制——编辑新帖

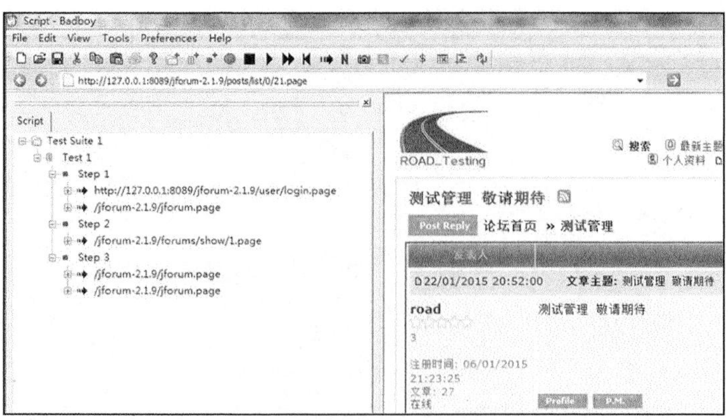

图 4-9 Badboy 录制——发帖成功

这样，我们就录制完了登录及发帖的全过程，录制完成后导出成 JMeter 脚本，如图 4-10，“Export to Jmeter”导出为 JMeter 可识别的脚本。

下面我们在 JMeter 中打开刚才录制的脚本（如图 4-11）。JMeter 以树型结构显示脚本，执行时原则上按节点先后顺序往下执行（类似二叉树的中序遍历，后面会专门讲解 JMeter 的运行逻辑，在此不详细讲解）。下面我们来认识一下脚本中的各元件。

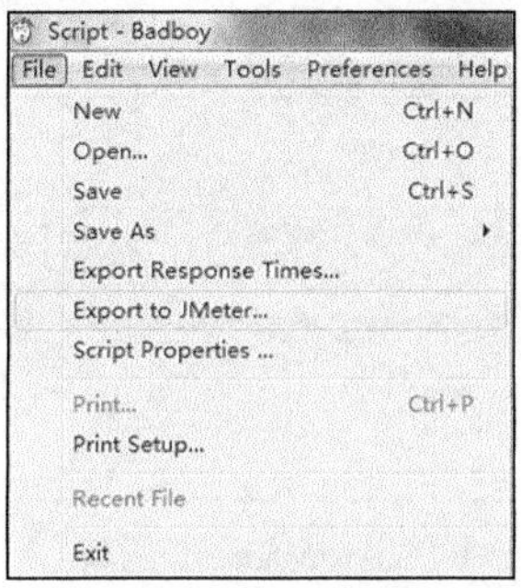

图 4-10 Badboy 导出脚本

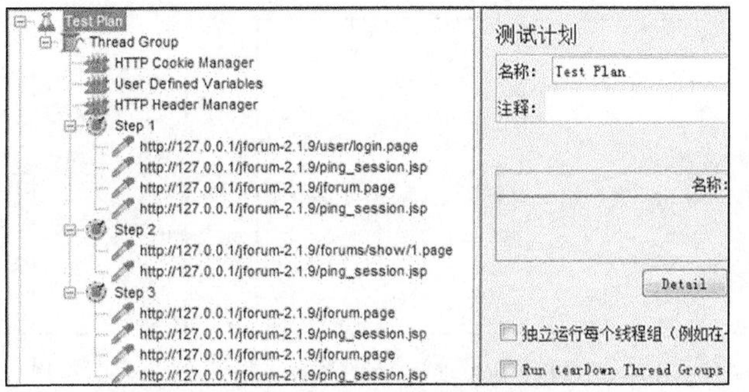

图 4-11 JMeter 载入 Badboy 录制的脚本

测试 Http 协议的 Web 应用时我们需要了解 HTTP 协议，不熟悉的读者可以移至第 12 章阅读有关 Http1.1 的讲解，熟悉的读者请继续往下看。

● Test Plan：测试计划，JMeter 测试脚本根节点，每一个测试脚本都是一个测试计划，名称可以自己定义，那么在这个元件中我们还可以做些什么呢？

（1）设置用户全局变量，即在“用户定义的变量”中定义。

（2）独立运行每个线程组，如果一个测试计划中有多个线程组，设置此项可以生效。不设置时每个线程组同时运行。

（3）Run teardown Thread Groups after shutdown of main threads，关闭主线程后运行 teardown 程序来正常关闭线程组（运行的线程本次迭代完成后关闭）。

（4）函数测试模式，在调试脚本的过程中我们可能需要获取服务器返回的详细信息就可以选择此项，此项记录较多的数据会影响测试效率，所以在执行性能测试时请关闭此项。

（5）Add directory or jar to classpath，把测试需要依赖的 jar 包或包所在的目录加入类路径。不过还是建议大家把依赖的 jar 包添加到%JMETER_HOME%\lib 目录下。在我的机器上%JMETER_HOME%\lib 代表 computer ▸ 新加卷 (D:) ▸ jmeter ▸ lib ▸ 目录，后面为了方便我们用%JMETER_HOME%来代表 JMeter 的安装目录。

● ThreadGroup：线程组如图 4-12 所示，是模拟虚拟用户的发起点，在此可以设置线程数（类似 LoadRunner 中的多少个虚拟用户）及运行次数或者运行时间，还可以定义调度时间与运行时长。

● **HTTP Cookie Manager**：我们知道在用 IE 访问 Web 页面时会记录 Cookie 信息，JMeter 通过加入 HTTP Cookie Manager 来自动记录 Cookie 信息，这里选择默认即可，如图 4-13 所示。

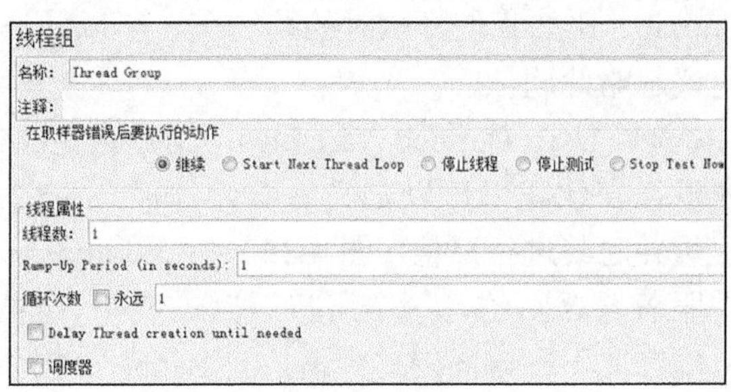

图 4-12 JMeter 线程组

JMeter 支持的 Cookies 标准有多种（图 4-14），同时 JMeter 也提供了两组程序实现来支持这些 Cookie 标准，分别是 HttpClient3 与 HttpClient4。我们可以把 HttpClient3/4 看成是一个没有界面的浏览器，用它来完成浏览器的各种动作。图 4-14 中的 Implementation——HC4CookieHandler 即是 HttpClient4 来支持的，现在 HttpClient4 在移动应用中广泛用到（就是我们常说的移动 App）。

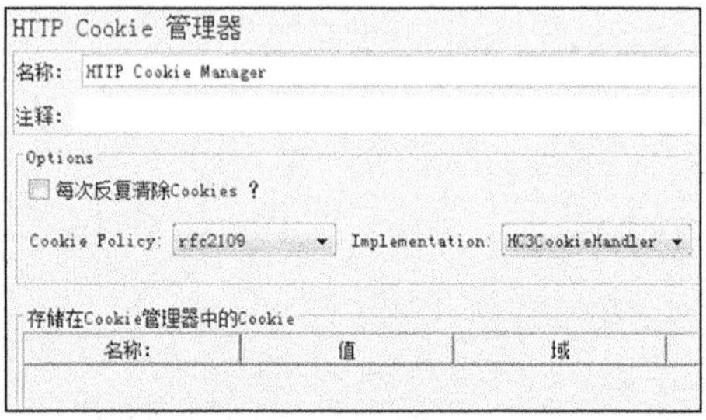

图 4-13 JMeter HTTP Cookie Manager 一览

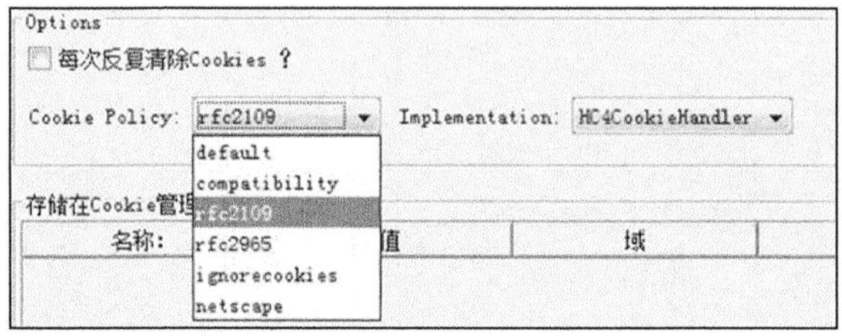

图 4-14 JMeter HTTP Cookie Manager 选项

以下 Cookies 标准，HttpClient3.1 可以支持。

RFC2109

RFC2109 是 W3C 组织第一次推出的官方 Cookies 标准。按常规来说为了统一，所有使用 Cookies 的服务端都应该使用此标准，但实际不是这样，就像我们的移动电话的充电器接口一样，很多厂家都有自己的专用接口，导致充电器不能通用，浪费资源。JMeter 默认 Cookies 协议是 RFC2109。

RFC2965

RFC2965 为了弥补 RFC2109 标准的缺点而生，是升级版本；只为取代 RFC2109。

Netscape 标准

Netscape 是最原始的 Cookies 规范，是 RFC2109 的基础，与 RFC2109 还是有差异的，需要特定服务器才可以兼容。

Browser Compatibility

为了尽可能多地适应不同的服务器而生，显然不能完全按照标准来实现，就好像我们的万能充电器一样，当我们遇到了解析 Cookies 的问题，就可以尝试此规范来解决。

Ignore Cookies

忽略所有 Cookie，也就是不处理这些 Cookie 信息了，如果你的服务器有 Cookie 信息，那么此选项会导致你的脚本回放不成功，一般静态网页才适应；对于动态网页一般都会用到 Cookie，比如我们网购时的购物车，所以此选项基本很少用到，如果是测试 Http 协议的系统建议忽略此选项。

- User Defined Variables：用户自定义的变量，在此我们可以定义后面元件需要引用的变量并对其进行赋值（图 4-15）。jsessionid 一般是服务器返回的，每个用户返回的都不一样，所以在此不应该固定这个值，但 Badboy 转换的脚本把 jsessionid 放到了此元件中，所以我们要

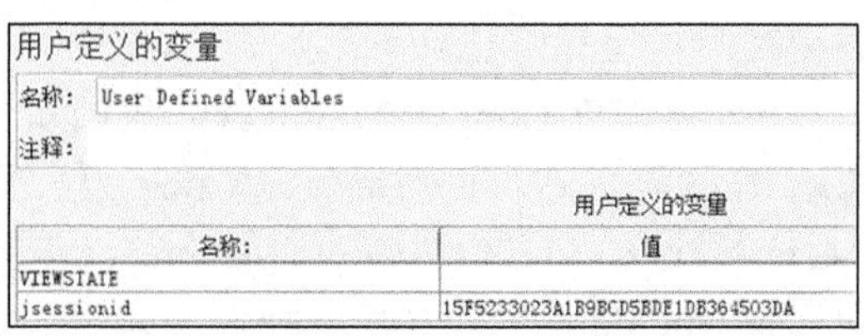

图 4-15 JMeter HTTP Defined Variables

把它去除掉。

● HTTP Header Manager：管理 HTTP 头信息（图 4-16），我们可以从中找到诸如 User-Agent、Connection、content-type、Accept、Cookie、location302 重定向地址等信息。大家可以注意一下像去哪儿、艺龙等这样的网站，它们的头信息相当复杂。

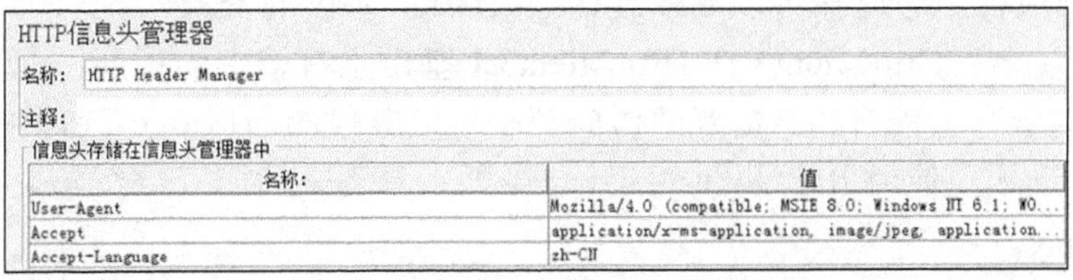

图 4-16　JMeter HTTP Header Manager

● Step1：实际上这是一个循环控制器，我们可以在【逻辑控制器】下找到它（图 4-17）。

在此我们可以设置循环次数，以我们录制业务为例，一次登录可以多次发送新帖，所以我们把登录（Step1）的循环次数设置为 1（图 4-18），Step2/3 进入板块与发贴的循环次数设置为永远。

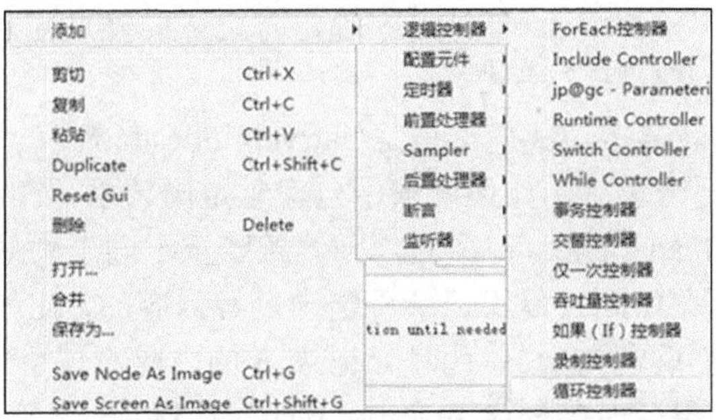

图 4-17　JMeter 循环控制器

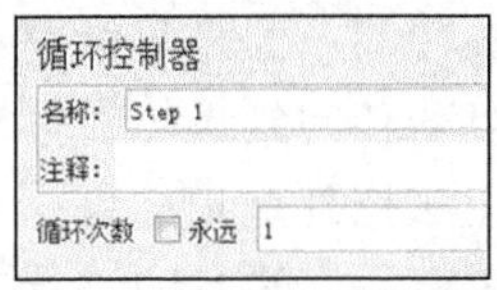

图 4-18　JMeter 循环控制器设置

http://127.0.0.1/jforum-2.1.9/user/login.page：这是一个 HTTP 请求元件，我们可以在【Sampler】中找到它的身影（图 4-19）。

图 4-20 是登录页面的脚本模拟，模拟进入登录页面。

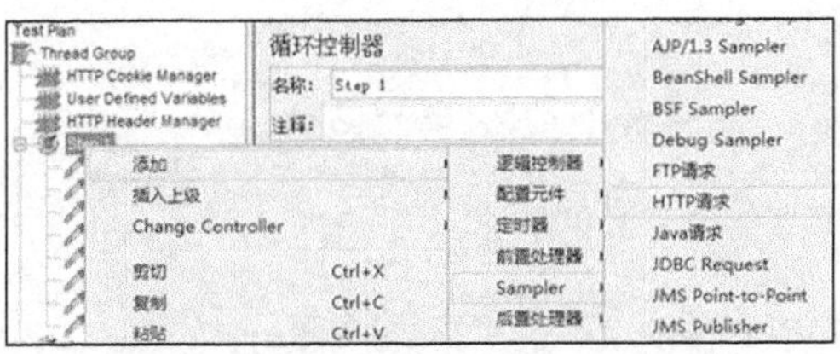

图 4-19　JMeter HTTP 请求

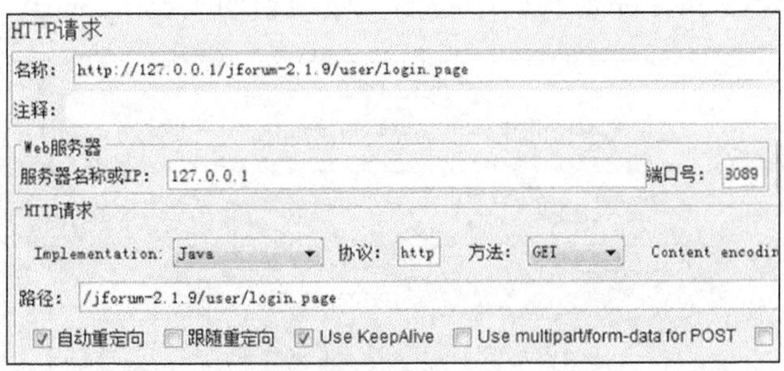

图 4-20　登录

我们来认识一下它的各种属性：

（1）Web 服务器：指定 Http 请求的主机地址，不需要加上“http://”，JMeter 自动会加上，普通 Web 服务端口号默认是 80，邮箱端口一般是 443，126 邮箱也用此端口号；如果您的访问地址中带有其他端口号请在此填入。

（2）Timeouts：指定超时时间，单位是毫秒；Connect 指定连接超时时间，Response 指定响应超时时间。

（3）Implementation：下拉列表中有 3 个选择项，其中 HttpClient 是 Apache Jakarta Common 下的子项目，通过它可以高效地访问 HTTP 协议的资源，我们可以把它看成是一个没有界面的浏览器。HttpClient4 在 HttpClient3.1 基础上有较多的扩展，而且调用时写法也有了改变，当然对于一般的HTTP资源的访问都是可以胜任的。具体的区别大家可以到Apache官网查看。Java 选项，使用 JDK 提供的 net 包中的工具类来访问。综合起来我们还是建议大家使用 HttpClient4。

（4）协议：我们录制的论坛登录用的是 http 协议，所以在此要填入 http。https 是 SSL 的连接，较 http 有较高的安全性，但效率较 http 低。具体区别在此不展开叙述。

（5）方法：下拉列表中有八个选项，其中我们常用的是 Post 与 Get。Get 提交请求时会把参数暴露在浏览器地址栏，且长度有限制大约是 1M，Post 提交请求对于表单理论上没有长度限制，用户一般也看不到提交的内容，较 get 方式安全。其他类别请大家自行学习 Http1.1 协议。

（6）Content encoding：字符编码格式，默认 iso8859，不确定时可以向开发团队确认，不妨试一下 UTF-8，大多数应用都会指定成 UTF-8 格式。

（7）路径：除去主机地址部分的访问链接，我们这里是/entry/cgi/ntesdoor。

（8）自动重定向：HttpClient 接收到请求后，如果请求中包含重定向请求，HttpClient 是可以自动跳转的，但是只针对 Get 与 Head 请求，勾选此项则“跟随重定向”失效；自动重定向可以自动转向到最终目标页面，但是 JMeter 是不记录重定向过程内容的，比如在察看结果树中是无法找到重定向过程内容的（A 重定向到 B，此时只记录 B 的内容不记录 A 的内容，A 的响应内容我们暂且叫过程内容），如果此时你要做关联，那就比较遗憾了，你无法关联到。

（9）跟随重定向：Http Request 取样器的默认选项，当响应 Code 是 3 xx 时（比如 301 是重定向），自动跳转到目标地址。与自动重定向不同，JMeter 会记录重定向过程中的所有请求响应，在查看结果树时可以看到服务器返回的内容，所以你可以对响应的内容做关联。

自动重定向与跟随重定向容易引起混淆，大家在编写脚本的时候是经常出错的，笔者特意在 JMeter 源代码中找到了原版说明（component_reference.xml）：

```
    <propertyname="Redirect Automatically"required="No">
            Sets the underlying http protocol handler to automatically follow redirects,
            so they are not seen by JMeter, and thus will not appear as samples.
            Should only be used for GET and HEAD requests.
            The HttpClient sampler will reject attempts to use it for POST or PUT.
    <b>Warning: see below for information on cookie and header handling.</b>
    </property>
    <propertyname="Follow Redirects"required="No">
            This only has any effect if "Redirect Automatically" is not enabled.
            If set, the JMeter sampler will check if the response is a redirect and follow it if so.
            The initial redirect and further responses will appear as additional samples.
            The URL and data fields of the parent sample will be taken from the final (non-redirected)
            sample, but the parent byte count and elapsed time include all samples.
            The latency is taken from the initial response (versions of JMeter after 2.3.4 -
previously it was zero).
```

```
        Note that the HttpClient sampler may log the following message:<br/>
        "Redirect requested but followRedirects is disabled"<br/>
        This can be ignored.
<br/>
        In versions after 2.3.4, JMeter will collapse paths of the form '/../segment' in
        both absolute and relative redirect URLs. For example http://host/one/../two =>
        http://host/two.
        If necessary, this behaviour can be suppressed by setting the JMeter property
<code>httpsampler.redirect.removeslashdotdot=false</code>
</property>
```

现在不明白不要紧，后面我们调试脚本时还会讲到。

（10）Use KeepAlive：对应 Http 响应头中的 Connection:Keep-Alive，默认选中。

（11）Use multipart/form-data for POST：当发送 HTTP POST 请求时，使用 Use multipart/from-data 方法发送，比如我们可以用它做文件上传；这个属性是与方法 POST 绑定的。

（12）Browser-compatible headers：浏览器兼容模式，如果您使用 Use multipart/form-data for POST 建议勾选此项。有兴趣的读者可以学习下官方文档关于 MultipartEntity 的说明。

（13）同请求一起发送参数：可以把要发送的参数（就是表单域）与值填到此域，Get 方法也适用。

（14）同请求一起发送文件：当使用 Use multipart/form-data for POST 时可以在此一同上传文件。MIME 类型有 STRICT、BROWSER_COMPATIBLE、RFC6532 等，如果你不知道你所测试的程序 MIME 类型，那么可以借助 HttpWatch、Fiddler、Wireshark 等工具截包获取。

（15）Proxy Server：当我们测试时的网络使用了网络代理就需要在此配置代理服务器。

（16）Embedded Resource from HTML Files：解析 HTML 文件和发送的 HTTP/HTTPS 请求资源。

（17）Embedded URLs must match：检索所有嵌入资源。

（18）Use concurrent pool：并发检索资源，可以设置并发大小。

（19）URLs must match：使用正则式来指定检索的 URL 范围。

上面我们介绍了出现在脚本中的各元件，我们回放一下脚本，不幸运的是脚本根本不通过，这样我们需要调整一下脚本。在脚本调整之前我们插入一段内容，如何用 JMeter 的代理方式来录制脚本。

4.2.2 JMeter 配置代理进行录制

1. 浏览器配置代理

打开浏览器顺着【工具】-【Internet 选项】-【连接】-【局域网设置】进入如图 4-21 所示页面：

在“代理服务器”中按上图进行设置，可以把”localhost”换成 127.0.0.1，8080 换成你想设置的端口，注意不要与别的端口产生冲突，如果有，请换成别的端口，一般 4 位数的端口冲突的机会比较少。

2. JMeter 中配置代理

（1）首先请在工作台中建立一个 HTTP 代理服务器节点，在图 4-22 中找到 HTTP 代理服务器元件。

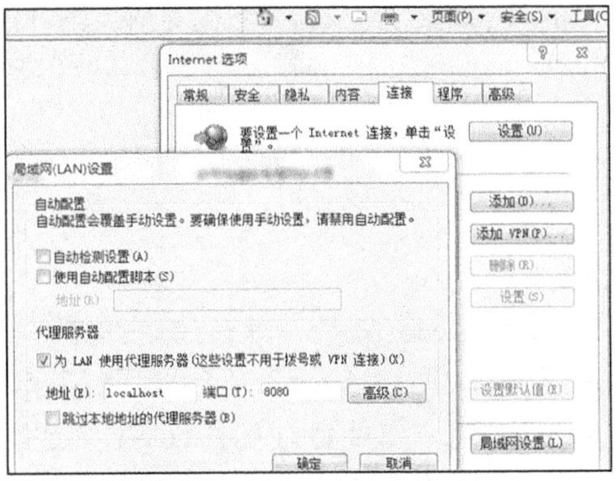

图 4-21 代理设置

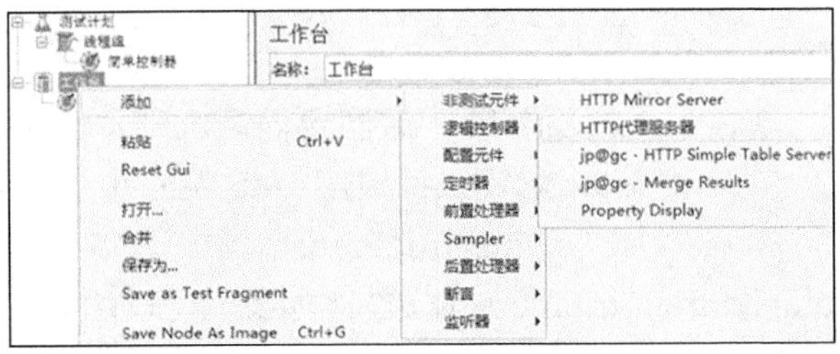

图 4-22 JMeter 代理元件

接下来设置代理服务器，在图 4-23 中进行设置（端口号即是我们在浏览器中设置的端口号）。

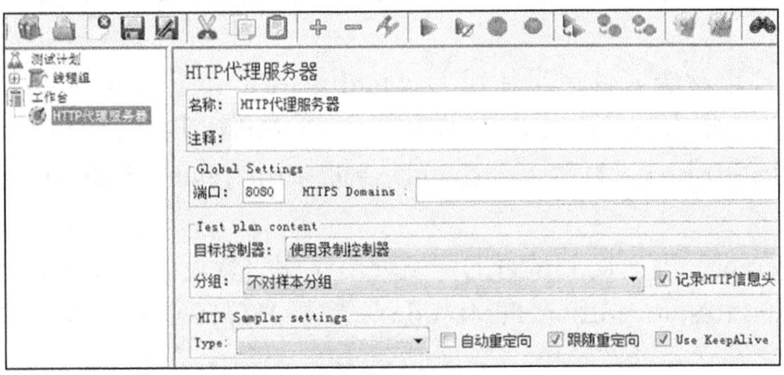

图 4-23 代理设置

目标控制器：决定将来录制的脚本放在哪个目录（我们把测试计划看成一棵目录树的话，这个目录就是树中的一个节点）。此时你可以在【测试计划】-【线程组】下面添加节点，然后指定脚本放在此节点。在图 4-24 中，我们在【线程组】下增加了【简单控制器】节点，然后我们就可以在"目标控制器"处选择到它。

分组：录制脚本时将会增加很多节点，这些节点我们可以给它分个组，便于查看与管理。对于 Http 请求我们可以把每一个 URL 看成一个组，这样更好理解。图 4-25 中它有如下选项：

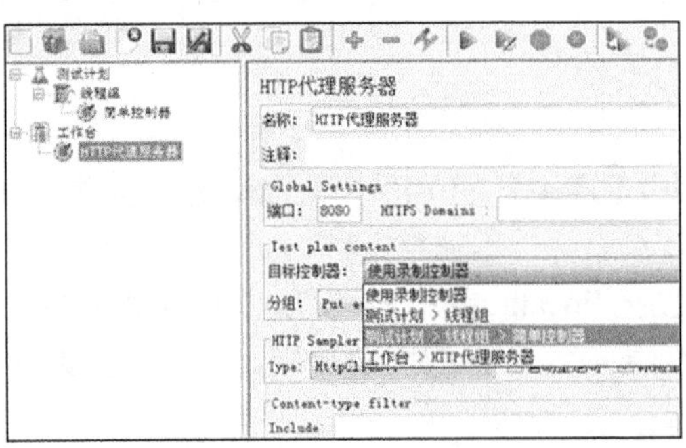

图 4-24 目标控制器设置

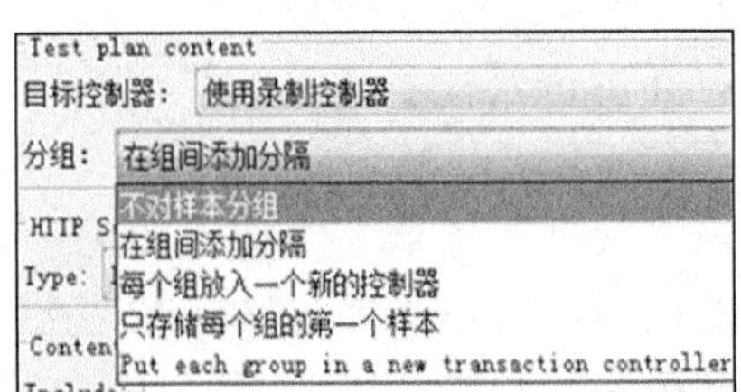

图 4-25 分组设置

- 不对样本分组：罗列出录制到的所有 Http 请求。
- 在组间添加分隔：加入以分割线命名的简单控制器。
- 每个组放入一个新的控制器：每个 URL 产生的请求放在一个控制器下。
- 只存储每个组的第一个样本：我们知道一个 URL 产生的 HTTP 请求可能不只一个，一张图片、一个样式表都会是一个 HTTP 请求，录制时将会产生很多的 HTTP 请求，但有时我们测试时会考虑缓存，实际上一些图片不用每次下载，我们也不关心这些图片产生的负载，另外对于互联网应用多数会用到 CDN 来存放这些图片、CSS 等静态资源。那我们岂不是可以在脚本中忽略它？是的，我们可以根据实际情况来选择是否忽略。那么我们可以选择此项，只录制产生动态数据的 HTTP 请求。
- 每个请求放入一个新的事务控制器：通俗点说就是每个 URL 的请求放入一个事务中，不管它有多少 HTTP 请求，只要是这个 URL 请求产生的。

记录 HTTP 信息头：把 Header 头信息也录制下来。

添加断言：通俗讲就是检查点，在录制时加入空的检查点，后续我们需要自己填写断言（检查）规则。

Regex matching：检查点用正则表达式来匹配内容。

Http Sampler settings：与 4.2.1 节中讲到的“HTTP 请求”中的设置方法相同。

（2）开始录制

【HTTP 代理控制器】中按下【启动】，然后在浏览器中浏览 Web 页面（你要测试的功能），就可以录制下这些 HTTP 请求。图 4-26 是录制界面，“启动”按钮是灰色的，不可以点击。图 4-27 是录制完成后（非录制状态）的界面，“启动”按钮可以点击。

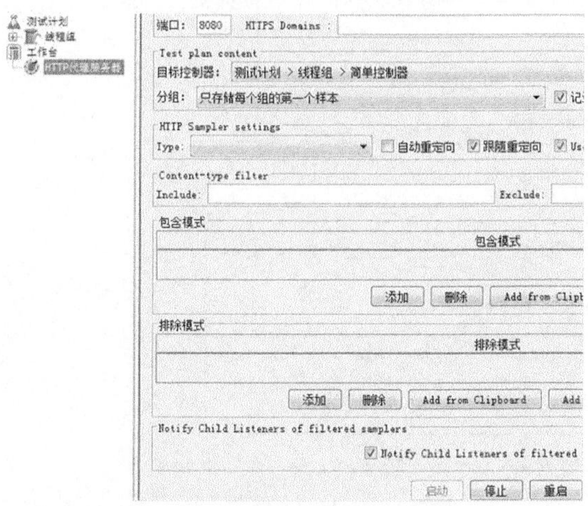

图 4-26 JMeter 代理录制启动

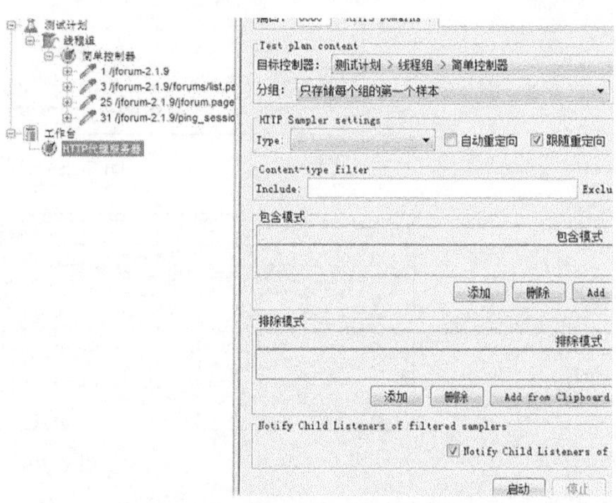

图 4-27 JMeter 代理录制完成

在录制时每个 js、png、swf 及动态请求（需要服务器动态取数据）都会录制下来。所以我们建议选择“只存储每个组的第一个样本”，但这样通常又会有动态请求被漏掉，所以 HTTP 代理来进行录制还不是很高效，不妨选择 Badboy 来录制，甚至我们手动来编写脚本（推荐方式）。

需要提醒大家的是，现在越来越多的系统或者网站的前端架构使用动态加载的方式（Ajax+JS+JSON）来处理（图 4-28），对于这种应用我们使用 JMeter 或者是 LoadRunner 进行录制都不能完成任务，大家可以录制一下去哪儿、艺龙验证一下。JMeter 的手写脚本十分方便。回到我们的实例，我们录制的脚本回放不成功是什么原因呢？是由于服务器认为客户请求没有经过验证（非登录状态），完成验证这个过程需要获取服务器返回的特定内容，然后提交这个特定内容给服务器，服务器会认证此请求是否合法，这个过程就是关联，具体请看关联。

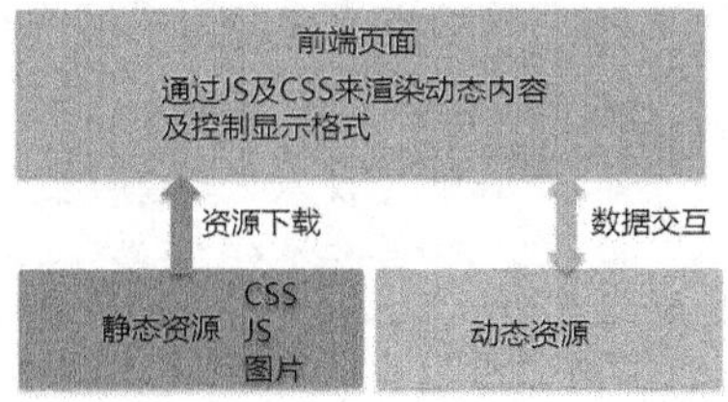

图 4-28 前端通用架构

4.3 JMeter 脚本调试

下面我们来回放一下 4.2.1 节录制的脚本，在回放前我们加入一个监听器，如图 4-29 所示，我们加入了一个【察看结果树】的元件，从中我们可以看到服务器的返回信息（图 4-30）。

图 4-29 察看结果树菜单

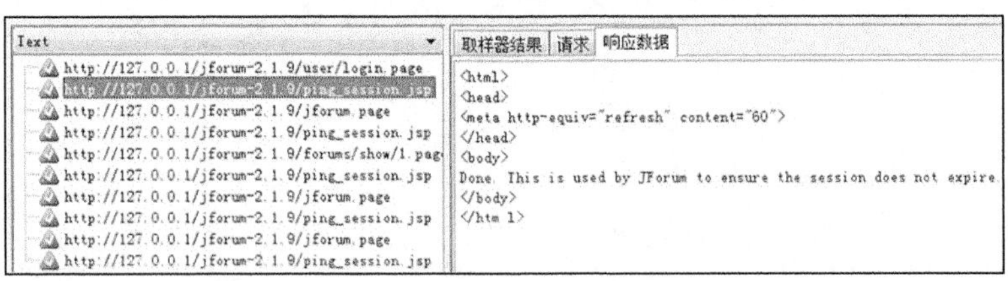

图 4-30 察看结果树

图 4-30 是我们回放的结果，响应数据提示我们“ Done. This is used by JForum to ensure the session does not expire”，也就是验证 Session 不会过期。http://127.0.0.1/jforum-2.1.9/ping_session.jsp 这个请求是来验证客户的 Session 的（在这里代表 Session 的域是 JSESSIONID），如果 Session 验证不通过就会定向到登录页面，Session 是登录成功后服务器验证过的合法的字符串，这个字符串服务器会留下一个样本；当我们回帖时，Session 数据会随新帖表单数据一起发送到服务器，服务器把客户发送过来的 Session 与原先留下的样本进行比较，如果一致则回帖成功，反之失败。

那么问题是不是 Session 造成的呢？我们看到的是 Done. This is used by JForum to ensure the session does not expire，也就是没有过期，那为什么我们发帖不成功呢？我们先来看一下 login.page 请求的 JSESSIONID=7ED0CAB66841C1D8CD35A29272D7C144 （图 4-31）。

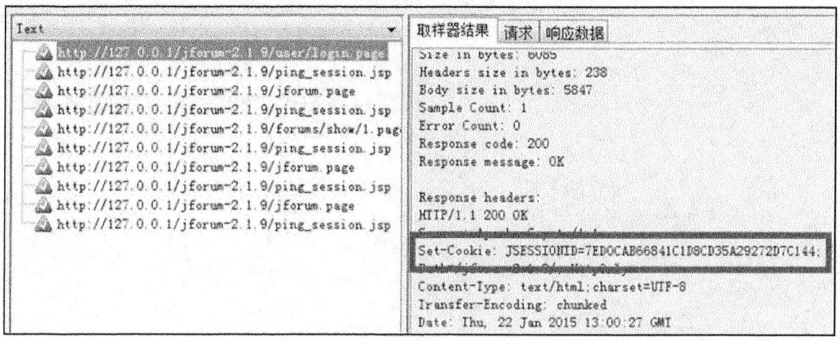

图 4-31 login.page JSESSIONID

接着看一下 jforum.page 请求的 JSESSIONID=A61CDE3024704CF3E5F3A5EC0011006B（图 4-32）。明显两者不统一，虽然 HTTP Cookie Manager 帮我们自动存储 JSESSIONID，但两处的不一样，login.page JSESSIONID 是登录时验证的，jforum.page JSESSIONID 是新生成的，由于它在后面会覆盖前面的 JSESSIONID，这样后面请求回放不成功，不能按要求新增一条新帖。

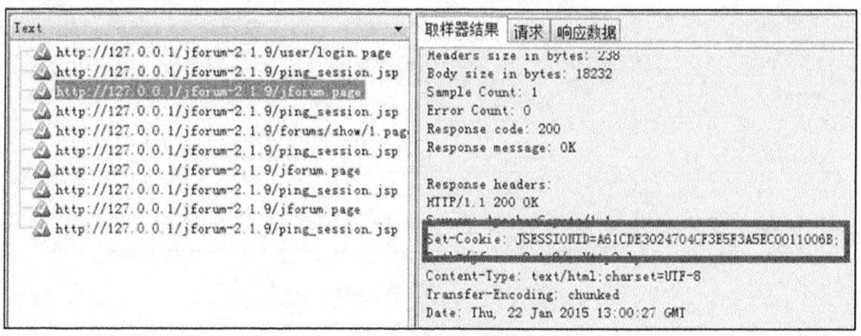

图 4-32 jforum.page JSESSIONID

我们在 jforum.page 中会看到服务器返回的数据指向的是登录页面，图 4-33 中的选中部分实际上就是登录不成功定向到登录页面的 Html 代码。

我们对比一下在 Badboy 中的脚本录制结构（图 4-34），http://127.0.0.1/jforum-2.1.9/ping_session.jsp 这个链接是一个子请求，我们每一个 Step 中都有这样一个链接；这个链接就是验证 JSESSIONID，它是一个重定向链接，而且它的父节点 login.page 请求是 Get 方式，所以我们默认选择“自定义重定向”就可以了，也就是录制后的选项不用变。

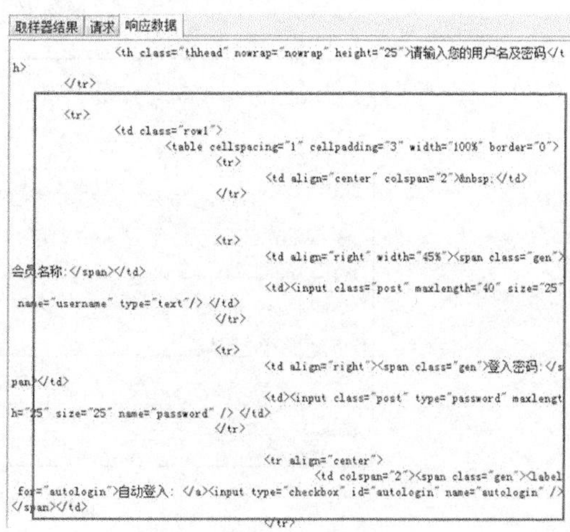

图 4-33 回帖

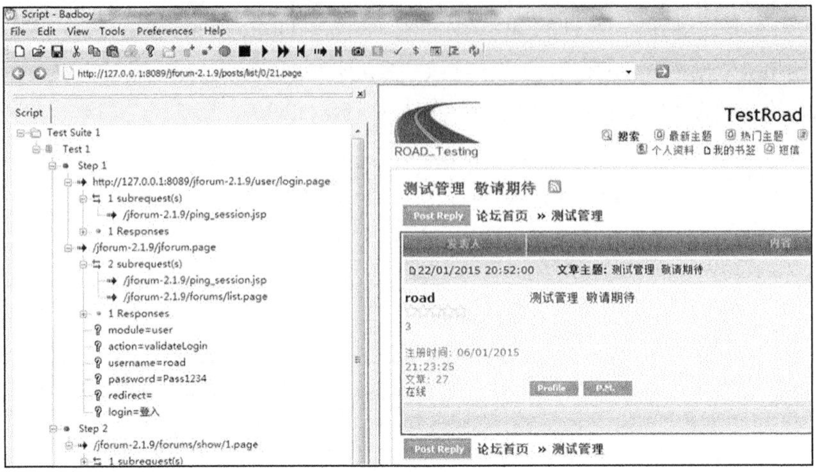

图 4-34　Bayboy 录制界面

而 jforum.page JSESSIONID 的提交是 Post 方式，且子请求也是一个重定向请求。大家回忆一下前面提到的“自动重定向”与“跟随重定向”选项，此时我们应该选择“跟随重定向”（图 4-35）；这样 JSESSIONID 就不会新生成一个了，沿用前面登录时的 JSESSIONID。同理，下面的发帖请求（图 4-36）也需要修改成“跟随重定向”。

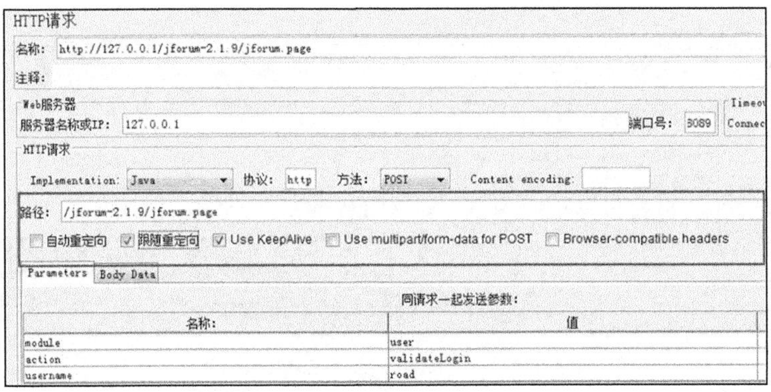

图 4-35　登录请求设置

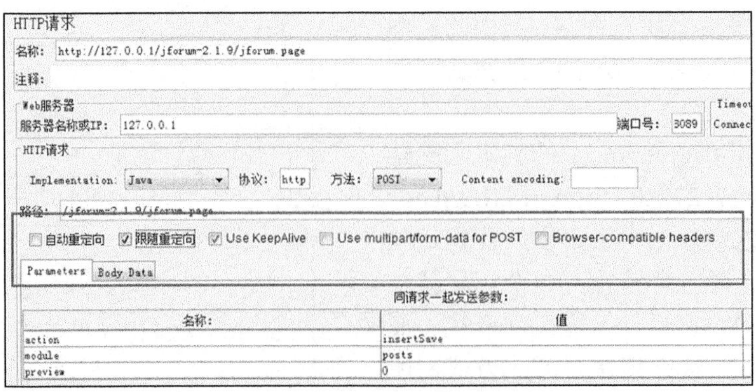

图 4-36　回帖请求设置

现在回放脚本，就可以完成发帖了，我们在论坛可以看到新的帖子（图 4-37）。

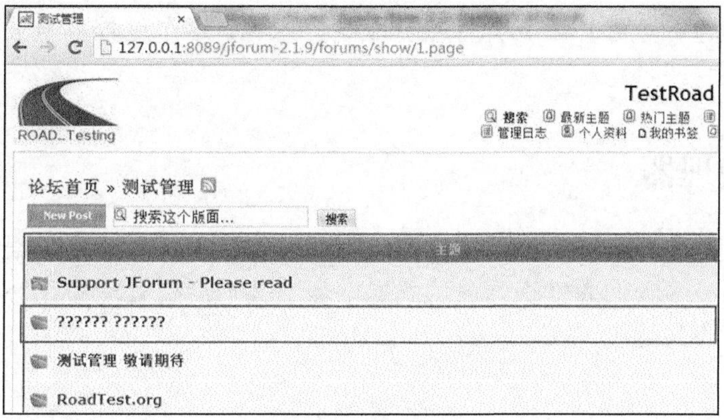

图 4-37 回帖查看

很遗憾，新帖是乱码，为什么？图 4-38 是发帖的表单，我们可以看到有乱码存在，所以回贴也有乱码。怎么办？我们把乱码的内容替换成非乱码，然后在请求处填上 UTF-8 就可以了（图 4-39），当然中文也支持。

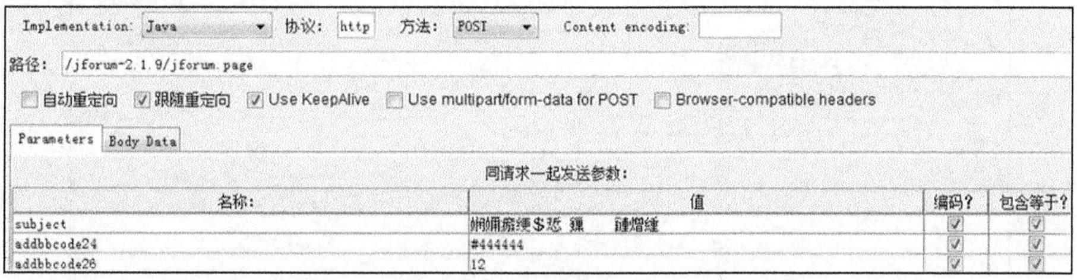

图 4-38 发帖表单

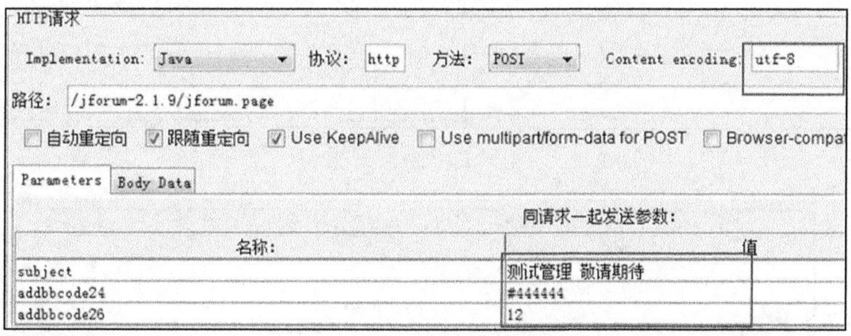

图 4-39 防乱码设置

4.4 JMeter 关联

4.3 节我们把脚本调试通过，可以正常发帖，但这并不能满足业务所需。有时候我们希望用户能够自动选择板块进行发帖，而不是像上面指定一个板块进行发帖，一旦这个板块不存在了，我们的测试脚本就回放不成功，需要修改脚本；这显然是大家不想看到的；下面我们就来修改脚本，让脚本来随机选择板块进行发帖，而且不依赖一个固定的板块，我们脚本会自动找到存在的板块进行发帖。

要能够随机选择板块，首先需要获取板块的链接，然后再发帖。板块链接是服务器返回的动态数据，我们需要利用 JMeter 元件来获取这些内容，这个过程就是关联，JMeter 通过后置处理器来完成关联。

4.4.1 后置处理器

后置处理器就是 JMeter 的关联元件，可以帮助我们从服务器响应数据中查找到我们需要的数据。在这个例子中我们通过正则表达式提取器（其他后置处理器元件我们会在第 6 章具体讲到）来关联板块与帖子。

4.4.2 Regular Expression Extractor

我们先看一下回放信息（图 4-40），在登录完成后两次重定向到板块的列表页面，图 4-40 中的选中部分对应论坛板块信息（图 4-41）。

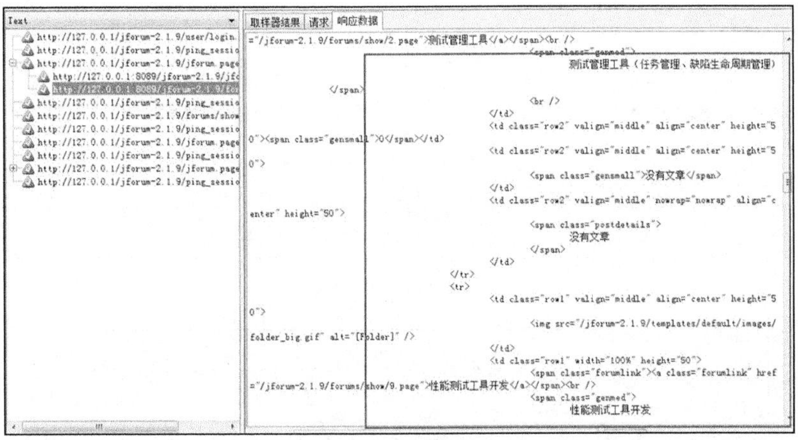

图 4-40 脚本回放

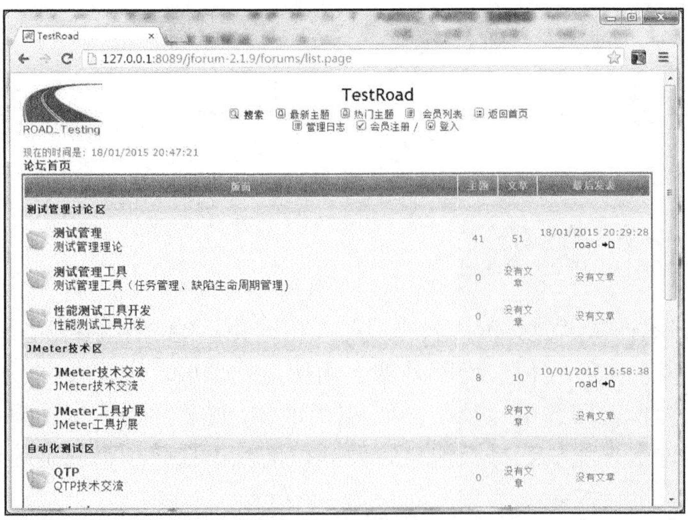

图 4-41 论坛板块列表

我们要从服务器返回的信息获取如下链接，有了这些链接我们就可以进入这些板块。

```
<a class="forumlink" href="/jforum-2.1.9/forums/show/1.page">测试管理</a>
<a class="forumlink" href="/jforum-2.1.9/forums/show/2.page">测试管理工具</a>
<a class="forumlink" href="/jforum-2.1.9/forums/show/9.page">性能测试工具开发</a>
<a class="forumlink" href="/jforum-2.1.9/forums/show/3.page">JMeter 技术交流</a>
```

下面我们就用 Regular Expression Extractor 来提取这些链接，为了方便大家拼装正则表达式，我们引入一个正则表达式测试器（感谢 deerchao.net 提供的正则表达式测试器），可以用它来测试正则式是否正确。

我们只需要获取到<a class="forumlink" href="/jforum-2.1.9/forums/show/1.page">测试管理</a>中的数字 1 就可以，它是板块 ID，把访问 http://127.0.0.1:8089/jforum-2.1.9/forums/list.page 链接时服务器返回的内容填入图 4-42 的“源文件”，把正则式填入“正则表达式”，运行后即可以匹配到我们想要的链接。

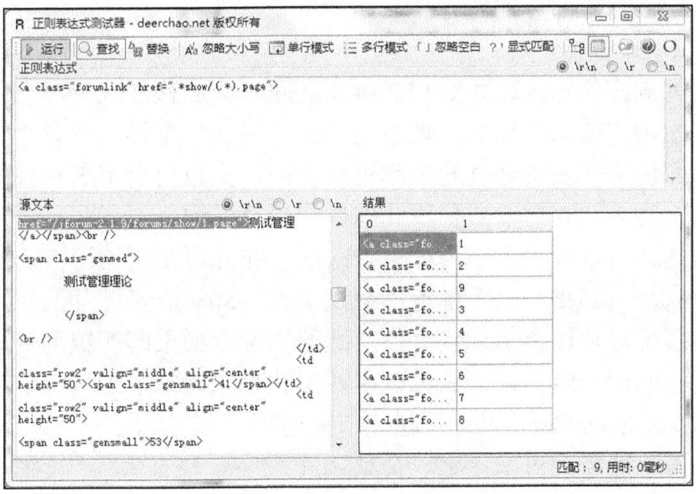

图 4-42 正则表达式测试器

由于脚本中没有 http://127.0.0.1:8089/jforum-2.1.9/forums/list.page 这个链接，它是 http://127.0.0.1/jforum-2.1.9/jforum.page 请求重定向过来的，所以正则表达式提取器就放在 http://127.0.0.1/jforum-2.1.9/jforum.page 节点下（图 4-43）。

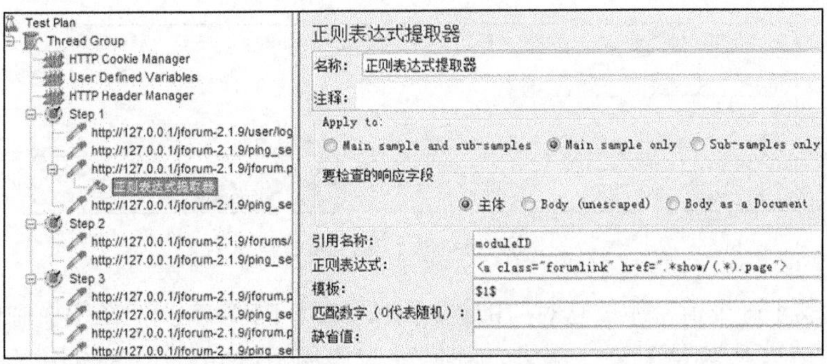

图 4-43 正则表达式提取器

Regular Expression Extractor 有很多选项，下面来说明一下。

名称：可以随意设置，最好有业务意义。

注释：可以随意设置，可以为空。

Apply to：应用范围，四个选项。

Main sample and sub-samples：匹配范围包括当前父取样器并覆盖至子取样器。

Main sample only：匹配范围是当前父取样器。

Sub-samples only：仅匹配子取样器。

JMeter Variable：支持对 JMeter 变量值进行匹配。

要检查的响应字段：针对响应数据的不同部分进行匹配，共七个选项。

主体：响应数据的主体部分，排除 Header 部分；Http 协议返回请求的主体部分就是 Body。

Body（unescaped）：针对替换了转义码的 Body 部分。

Body as a Documet：返回内容作为一个文档进行匹配。

信息头：只匹配信息头部分的内容。

URL：只匹配 URL 链接。

响应代码：匹配响应代码，比如 HTTP 协议返回码 200 代表成功。

响应信息：匹配响应信息，比如处理成功返回“成功”字样，或者“OK”字样。

引用名称：匹配出来的信息通过此名称进行访问，类似${引用名称}进行访问。

正则表达式：正则表达式提取器使用此串进行信息匹配。

模板：正则表达式可以设置多个模板进行匹配，在此可指定运用哪个模板，模板自动编号，1指第一个模板，2指第二个模板，依次类推，0指全文匹配。

匹配数字：在匹配时往往会出现多个值匹配的情况，如果匹配数为 0 则代表随机取匹配值；不同模板可能会匹配一组值，那么可以用匹配数字来确定取这一组值中的哪一个；负数取所有值，可以与 For Each Controller 一起使用来遍历。

默认值：如果没有匹配到可以指定一个默认值。

下面我们讲解一个多模板的例子。

有这样一个 Java 请求返回的值是 Calc Result:6,Calc Resultis:4，现在想要匹配 6 与 4 两个值，我们可以用这样一个正则式：Calc Result:（.*）,Calc Resultis:（.*）。从图 4-44 中可以看到匹配出了两组值，每一组值我们又可以看成是一个数组，当前每组值中元素恰好又只有一个，分别是 6 与 4。

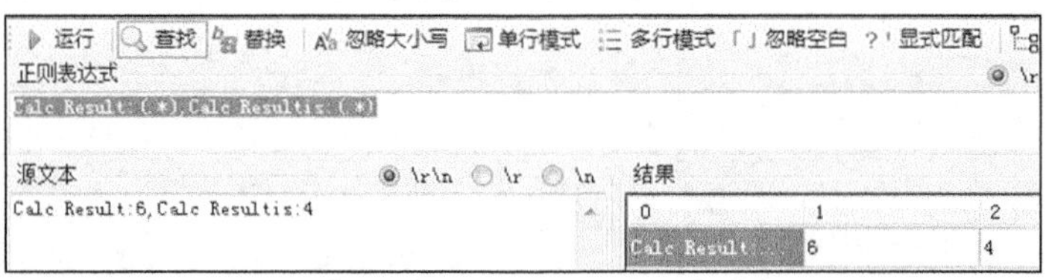

图 4-44 多组值匹配

如果我们想取 4 这个值，那么它对应的模板就是2，图 4-45 我们在模板中就应该填写2。

利用提取的值来参数化下一个请求，我们就应该用${result_g2}来引用（图 4-46），其中 result 是引用名称，_gn 来指定模板组别，我们这里是第二个组，所以是_g2；${result_g1}就代表引用第一个模板。

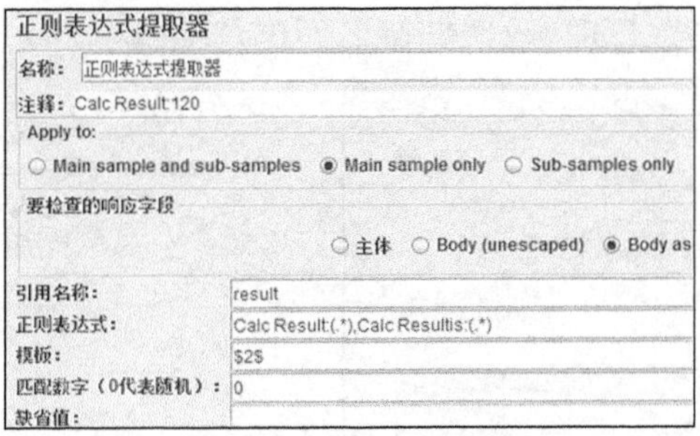

图 4-45 多组值匹配 2

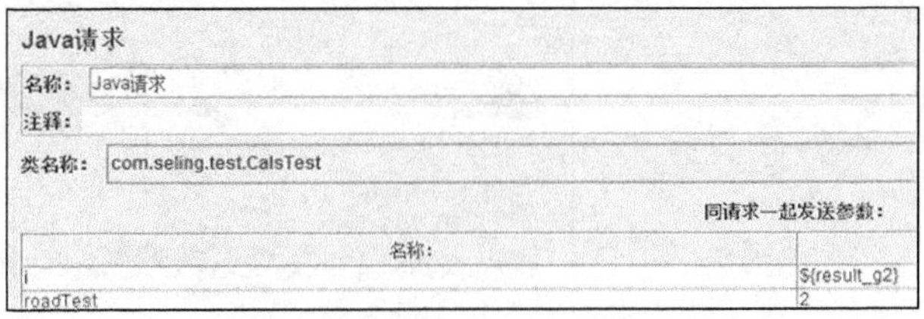

图 4-46 正则表达式提取值引用

下面我们还是回到实例中来匹配板块 ID，这个匹配来的值用 moduleID 来代替，现在对进入板块的请求进行参数化，如图 4-47 所示我们用${moduleID_g1}参数化板块 ID。

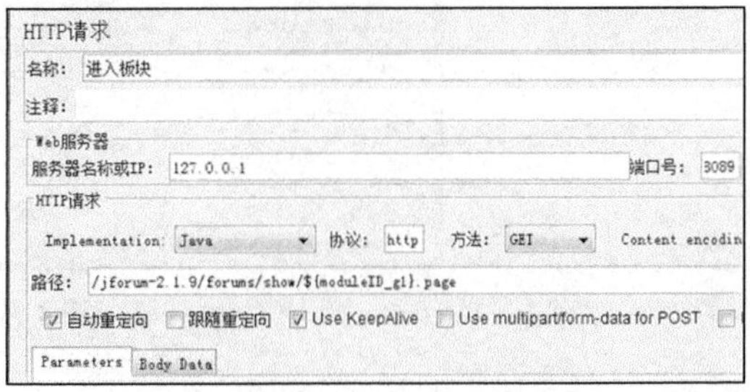

图 4-47 参数化板块 ID

为了看清楚正则表达式提取的板块 ID 是否正确，我们可以加入一个 Dubug Sampler，这样在察看结果树中就可以看到正则表达式的取值了，我们可以在图 4-48 中找到它。

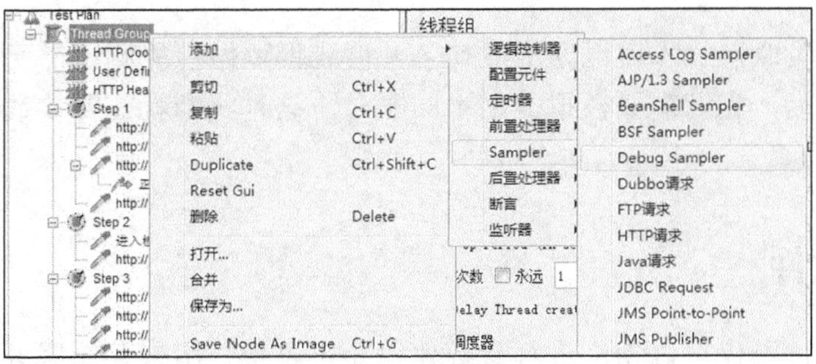

图 4-48 Debug Sampler

下面回放脚本，我们可以发现 moduleId_g1=1，即是我们取到的第一个板块的 ID（图 4-49）。

再看一下发帖成功返回的内容，如图 4-50 所示。

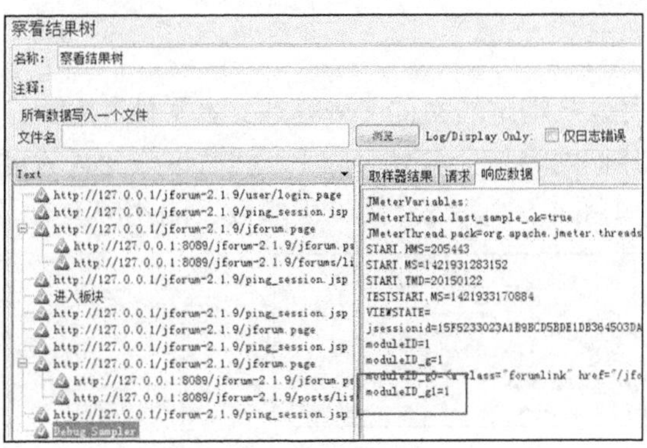

图 4-49 验证 ModuleID

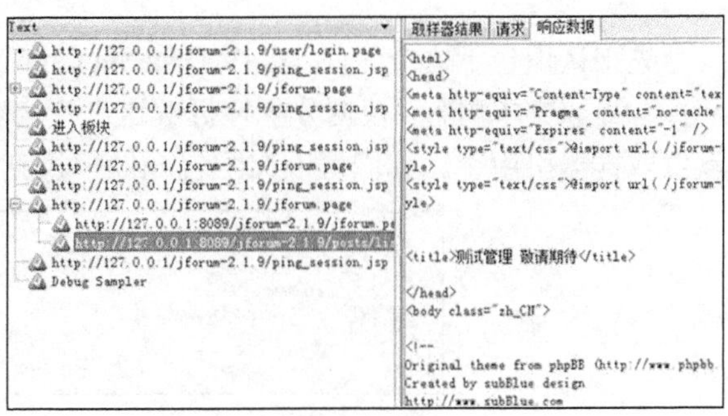

图 4-50 发帖成功返回内容

此时查看论坛页面要更直接一点，图 4-51 中“测试管理 敬请期待”不再是乱码了。

图 4-51 发帖成功

4.5 JMeter 参数化

上面我们完成关联后脚本可以回放成功了，但我们要做性能测试需要并发多个用户，为了真实模拟用户行为，我们需要模拟多个不同账号，这时我们就需要参数化。配置元件可以帮我们解决此问题。

4.5.1 配置元件

JMeter 配置元件不仅可以帮助进行参数化，还可以帮助用来存储服务器的响应信息（比如 HTTP 信息头管理）；还可以做初始化设置（比如 JDBC Connection Configuration，我们要用 JMeter 测试 SQL 语句时，JDBC Connection Configuration 可以配置与数据库的连接）。

回到实例，我们选择用 CSV Data Set Config 来做参数化。

4.5.2 CSV Data Set Config

先来认识一下这个元件，CSV Data Set Config 可以从指定的文件（一般是文本文件）中一行一行地提取文本内容，根据分隔符拆解这一行内容并把内容与变量名对应上，然后这些变量就可以供取样器引用了。我们可以在配置元件中找到它（图 4-52），先介绍一下参数（图 4-53）。

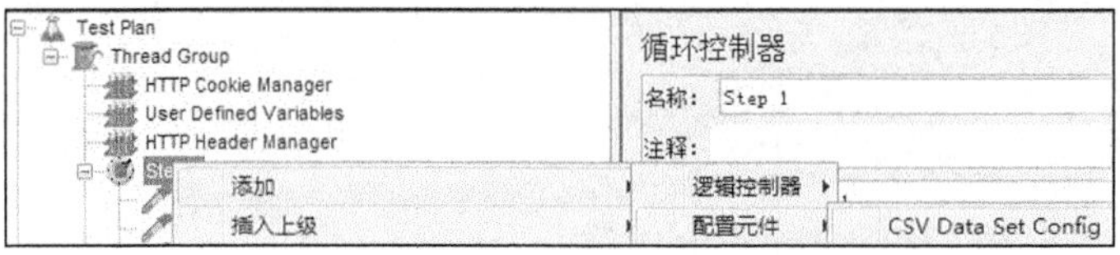

图 4-52 CSV Data Set Config 元件位置

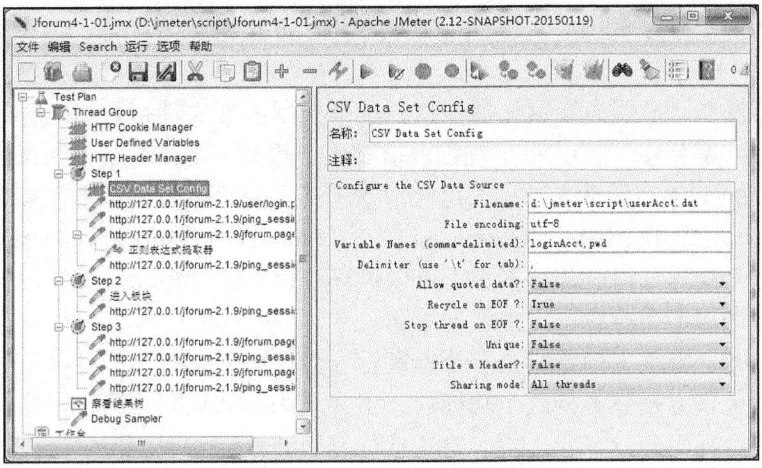

图 4-53 CSV Data Set Config

参数说明如下。

名称：可以随意设置，最好有业务意义。

注释：可以随意设置，可以为空。

Filename：引用文件地址，可以是相对路径也可以是绝对路径。相对路径的根节点是 JMeter 的启动目录（%JMETER_HOME%\bin），上面示例中的 user.dat 文件就是在 D:\jmeter\script\目录，所以要加上“..\”往上回一级，刚好代表的就是 D:\jmeter 目录。如果你的测试执行是分发到多台远程负载机的，并且可能有些机器的 Jmeter 安装文件不在相同目录下，这时候用相对路径的好处就体现出来了，能够保证每个负载机执行时脚本的参数化文件能够读取到。另外也可以利用 Jmeter 的变量来参数化参数文件的路径，比如${paraUrl}，paraUrl 可以在【用户自定义变量】元件中设置。

File encoding：读取参数文件用到的编码格式，建议大家用 UTF-8 的格式保存参数文件，省去遇见乱码的情况。

Variable Names（comma-delimited）：定义的参数名称，用逗号隔开，将会与参数文件中的参数对应，如果这里的参数个数比参数文件中的参数列多，多余的参数将取不到值；反之参数文件中部分列将没有参数对应。图 4-54 是参数文件，其中有两列，即用户名与密码，那么 JMeter 将会帮我们把 loginAcct 与 pwd 对应上（图 4-53）。

图 4-54 参数文件内容

Delimiter （use ‘\t’ for tab）：用来分隔参数文件的分隔符，默认为逗号，也可以用 tab 来分隔，如果参数文件用 tab 分隔，在此应该填写“\t”。

Allow quoted data?：是非选项，如果选择是，那么可以允许拆分完成的参数里面有分隔符出现。

下面是我们的参数文件中的一行数据：“lrtesting,Pass1234”,1111

如果我们选择是，那么拆分后的参数是：lrtesting,Pass1234 与 1111。

Recycle on EOF?：是非选项，是，参数文件循环遍历；否，参数文件遍历完成后不循环（JMeter 在测试执行过程中每次迭代会从参数文件中新取一行数据，从头遍历到尾）。

Stop thread on EOF?：与 Recycle on EOF 中的 False 选择复用；是，停止测试；否，不停止测试。

Unique：笔者自行扩展的参数化功能，意思是根据参数文件行数与运行的线程数来自动分配参数取值（两者相除取整），每个线程取值都不会重复。比如系统控制每一个账号只能有一个 Session 存活（QQ 貌似就是这样）这种场景就需要每个线程的取值不能重复。如果使用此选项，那么 Allow quoted date、Recycle on EOF、Stop thread on EOF、Sharing mode 将全部失效，默认是每个线程分得一部分参数，可以循环取值，线程停止不受参数化影响。默认状态下选择非，此选项不对参数化产生任何影响。

Title a header?：参数文件首行是否是标题行（方便参数化时用户能够了解每个字段的意义）。原本 JMeter 官方是想支持这个功能的，不知道为什么代码只写了一半，后台代码有一部分支持，而前台界面却没有此选项，笔者觉得有必要就加上了。

Sharing mode：参数文件共享模式，有以下三种。

All threads：参数文件对所有线程共享，这就包括同一测试计划中的不同线程组。

Current thread group：只对当前线程组中的线程共享。

Current thread：仅当前线程获取。

回到我们的实例，登录时参数化账号与密码，下面是登录账号的参数引用，JMeter 对于变量的引用是${变量名}，如图 4-55 所示，登录名是${loginAcct}，密码是${pwd}。

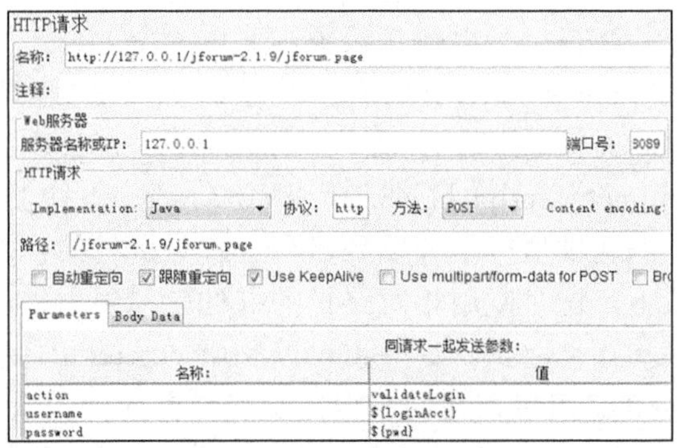

图 4-55 参数化登录账号

另外，我们发帖时不希望每次发同样信息的帖子，这时我们就可以参数化帖子的内容，如果我们希望内容是随机生成的，我们就可以使用函数来生成，这就可以用到函数助手。JMeter 为我们提供了丰富的函数来生成不同的数据。

4.5.3 函数助手

JMeter 函数助手我们可以点击快捷菜单 调出，函数有多种，在此我们不一一列举，后面会详细讲到。在此我们用一个随机字符串来代替发帖标题与内容。图 4-56，我们选择了 _RandomString 这个函数，它来帮助我们生成随机字符串。

Random String length：生成的字符串长度。

Chars to use for random string generation：指定用哪些字符作为种子进行随机生成，可以支持中文、数字、字母等。

Name of variable in which to store the result（optional）：可选项，如果填了，运行脚本后可以在 Dubug Sampler 中看到这个变量的值。

设置好选项后点击【生成】按钮，会生成一串字符，即${__RandomString（50,abcd 测试deef1234324120435325Road,）}，这部分我们直接可以用来给请求做参数化，如图 4-57 所示，我们参数化了 subject（帖子的标题）。

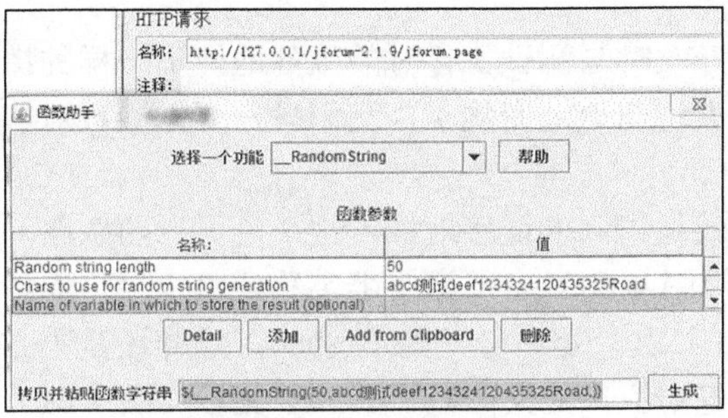

图 4-56 函数助手

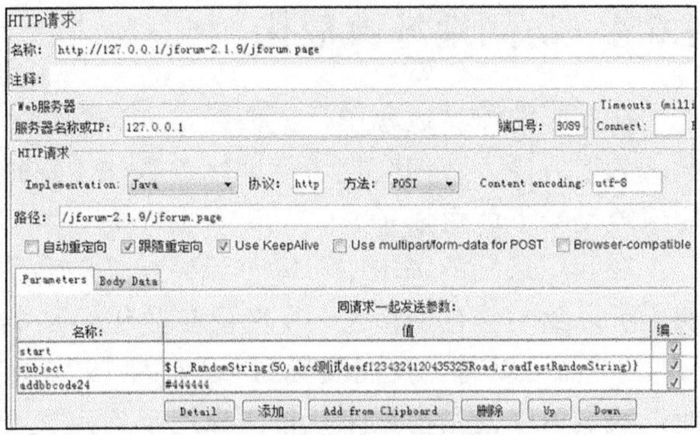

图 4-57 函数助手参数化

回放脚本，进到论坛查看板块中的帖子，我们可以看到图 4-58 中的内容，需要注意的是，由于是随机生成的字符串，所以大家用此脚本运行时每次帖子的标题都可能是不一样的。另外我们在 Debug Sampler（图 4-59）中还可以看到生成的随机字符串 roadTestRandomString，它与帖子标题正好相同。

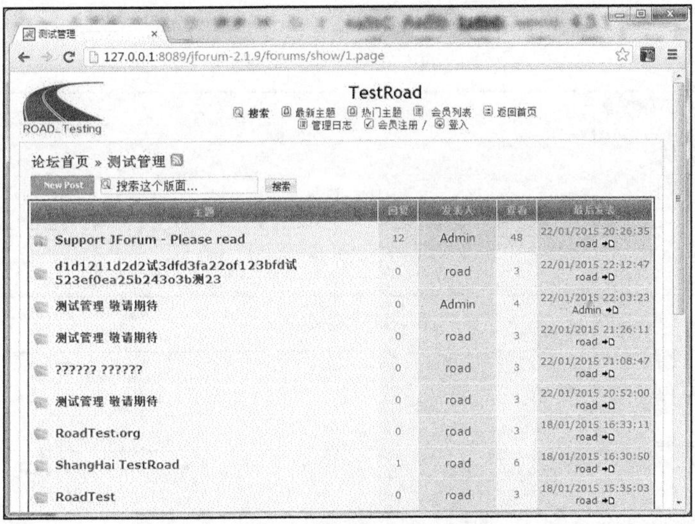

图 4-58 函数助手参数化后生成的帖子标题

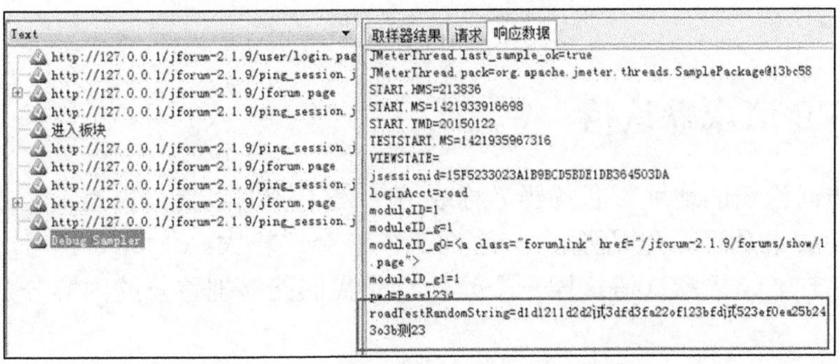

图 4-59 Dubug Sampler 中查看函数助手生成的值

4.5.4 访问地址参数化

在实际的测试过程中，我们经常会碰到脚本开发时与测试执行时的服务地址不一样的情况，为了方便，我们会把访问地址参数化，这样当访问地址变化了，我们只需要把参数对应的值改动一下就可以了。

在我们录制的脚本中，每个元件默认的名称就是访问的链接地址，这个是可以随意取名的，所以我们暂且不管它，我们要参数化的是类似图 4-60 中的“服务器名称或 IP”及“端口号”，下面可以看到我们改变 IP 地址为 192.168.31.121，端口号变为了 8080，这样还是不方便，我们可以使用参数来代替。在用户自定义变量中我们定义 URL、PORT 变量（图 4-61），然后引用（图 4-62）。

图 4-60 需要参数化的部分

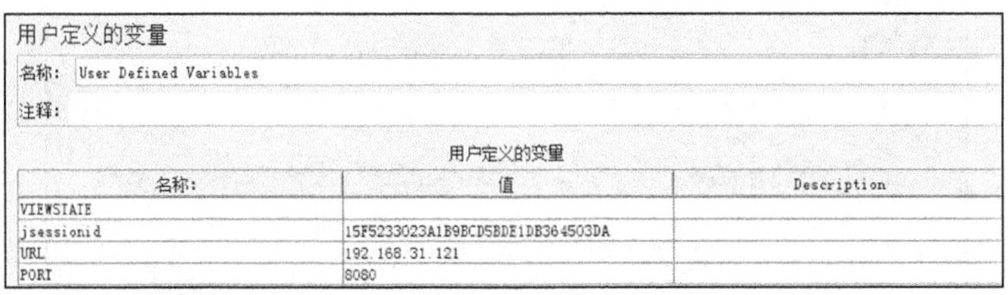

图 4-61 定义变量

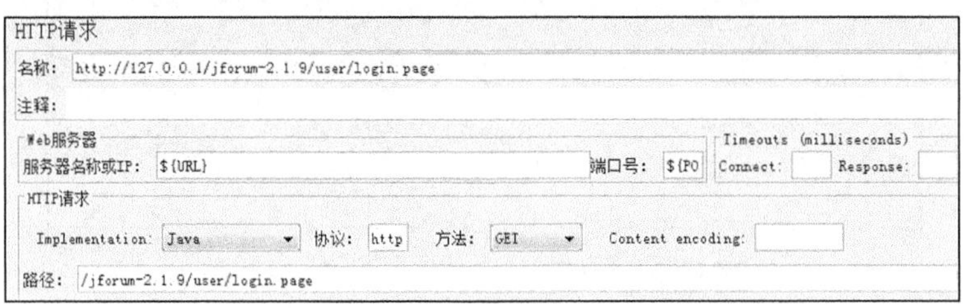

图 4-62 参数引用

4.5.5 HTTP 请求默认值

上面我们访问论坛的地址（服务器名称或 IP）是不变的，端口也是不变的；由于每个请求都要写一遍（如果是手动开发脚本），这样工作量会比较大。JMeter 也考虑了这方面的工作量，提供了 HTTP 请求默认值这样一个元件，让我们能够把重复的内容分离出来，只需要定义一次就够了。

图 4-63 是 HTTP 请求默认值元件，在本例中我们只需要填写服务器名称或 IP 为 127.0.0.1，端口号 8089，协议 HTTP 即可。如果你的系统编码是 GBK，那么在 Content encoding 中填写 GBK。

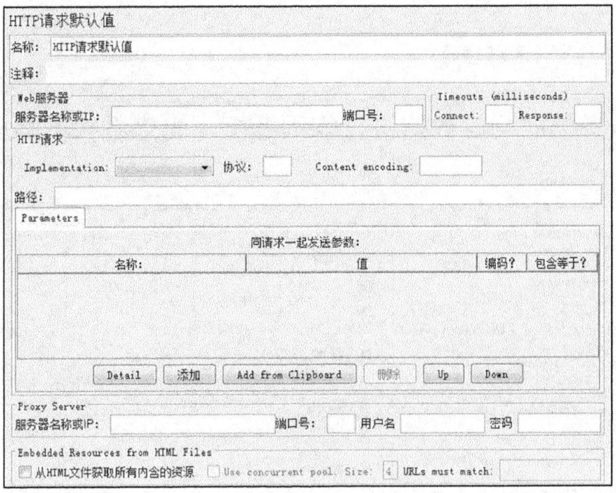

图 4-63　Http 请求默认值

4.6　JMeter 检查点

前面我们已经让脚本回放成功了，人工验证了可以得到我们想要的结果，但是在大并发的情况下就有可能出现失败的情况，比如服务器响应出错（响应超时、响应不对等），所以我们有必要让 JMeter 来帮我们验证测试结果的正确性。在 JMeter 中是通过断言组件来实现此功能的。

4.6.1　断言

断言组件是通过获取服务器响应数据，然后根据断言规则去匹配这些响应数据；匹配到是正常现象，此时我们看不到任何提醒，如果匹配不到，即出现了异常情况，此时 JMeter 就会断定这个事务失败，那么我们在察看结果树中看到的请求名称是红色字体。断言组件有多个，我们在此运用响应断言元件。在实际的测试过程中响应断言基本能够满足 80%以上的验证问题，其他断言元件会在第 6 章讲解。我们可以在断言菜单找到响应断言元件（图 4-64）。

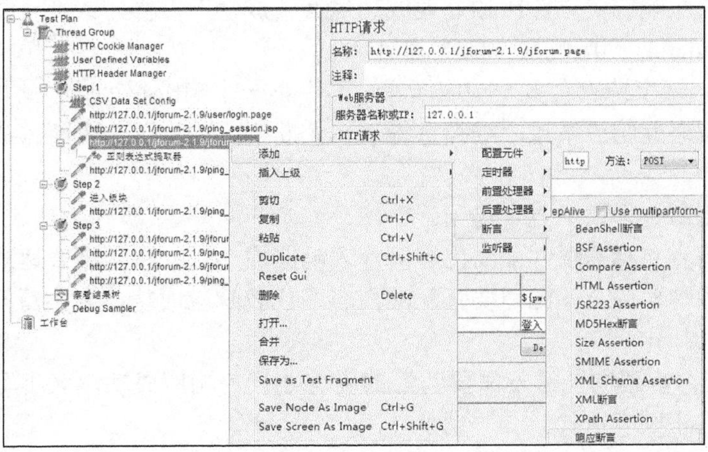

图 4-64　响应断言位置

4.6.2 Response Assertion

响应断言即是对服务器的响应数据进行规则匹配，先来看一下响应断言元件的参数（图 4-65）。

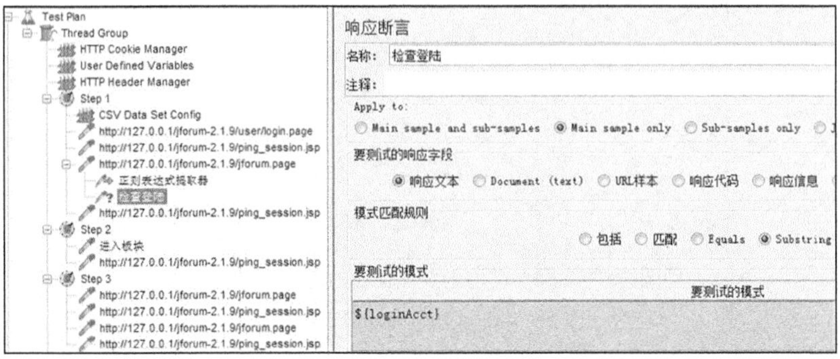

图 4-65 响应断言参数

参数说明如下。

名称：可以随意设置，最好有业务意义。

注释：可以随意设置，可以为空。

Apply to：应用范围，有以下 4 个选项。

Main sample and sub-samples：匹配范围包括当前父取样器并覆盖至子取样器。

Main sample only：匹配范围是当前父取样器。

Sub-samples only：仅匹配子取样器。

JMeter Variable：支持对 JMeter 变量值进行匹配。

要测试的响应字段：针对响应数据的不同部分进行匹配，包含以下七个选项。

响应文本：响应服务器返回的文本内容，HTTP 协议排除 Header 部分。

Document（text）：对文档内容进行匹配，如图 4-67 中“察看结果树”中的响应数据部分。

URL 样本：匹配 URL 链接。

响应代码：匹配响应代码，比如 HTTP 协议返回代码“200”代表成功。

响应信息：匹配响应信息，比如处理成功返回“成功”字样，或者“OK”字样。

Response Headers：匹配响应中的头信息。

Ignore Status：一个请求有多个响应断言，其中第一个响应断言选中此项，当第一个响应断言失败时可以忽略此响应结果，继续进行下一个断言，如果下一个断言成功则还是可以判定事务成功的。

模式匹配规则：包含以下五个选项。

包括：响应内容包括需要匹配的内容即代表响应成功，支持正则表达式。

匹配：响应内容要完全匹配需要匹配的内容即代表响应成功，大小写不敏感，支持正则表达式。

Equals：响应内容要完全等于需要匹配的内容才代表响应成功，大小写敏感，需要匹配的内容是字符串非正则表达式。

Substring：响应内容包含需要匹配的内容才代表响应成功，大小写敏感，需要匹配的内容是字符串非正则表达式。

否：选择 Equals 与 Substring 时匹配的是字符串，大小写敏感，有时会响应失败，此时可以选择此项，会降低匹配级别，类似降到“包括”，“匹配”的级别，这样可以响应成功。

要测试的模式：填入你需要匹配的字符串或者正则表达式，注意要与模式匹配规则搭配好。

回到我们的实例，我们要断言登录是否成功。首先我们要找到需要匹配的内容（就是上面“要测试的模式”，这个翻译太别扭）。在登录成功后会显示论坛板块等信息，我们只要验证的内容是登录不成功时没有的就可以了，登录成功后会显示用户名（图 4-66），那么我们就验证用户名，图 4-65 已经填好了匹配内容。

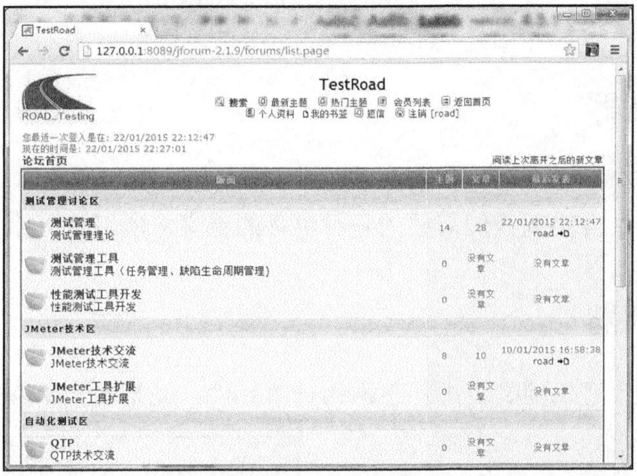

图 4-66　登录成功页面

回放一次脚本，然后我们到“察看结果树”中看一下结果（图 4-67），如果每个断言的请求前有这样的图标，说明断言成功（检查点检查到预想的内容）。

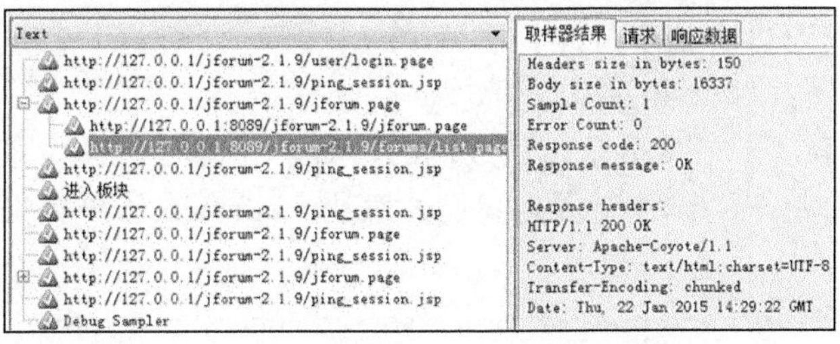

图 4-67　登录断言成功

如果是的图标（以及字体为红色）代表没有检查到预想到的内容，图 4-68 是不成功的显示状态。

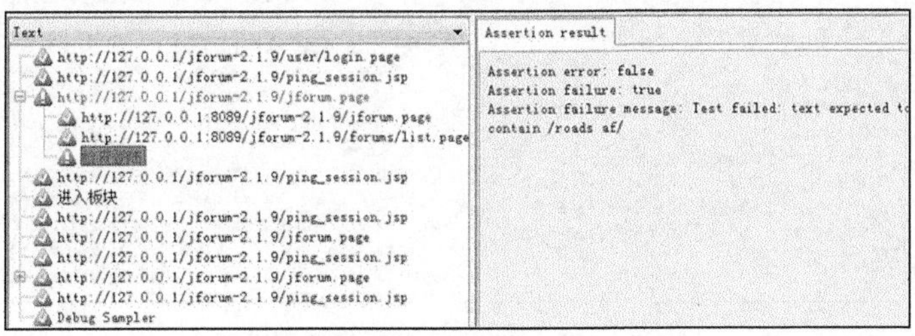

图 4-68　登录断言不成功

另外，断言还支持正则表达式匹配，在此不再详述，这只需要大家去学习正则表达式的用法就可以了。

4.7 JMeter 事务

性能测试的结果统计时我们一定会关注 TPS，TPS 代表的是每秒事务数，每个事务对应的是我们的请求。虽然 JMeter 能够帮我们把每个请求统计成一个事务，但有时候我们希望把多个操作统计成一个事务，JMeter 也考虑到了这种需求，我们可以通过逻辑控制器中的事务控制器来完成。

4.7.1 逻辑控制器

逻辑控制器，顾名思义就是控制程序逻辑了，JMeter 逻辑控制器有很多种，比如循环控制器、随机控制器。结合实例我们需要的是对事务的定义，所以选择事务控制器。

4.7.2 事务控制器

事务控制器是位于逻辑控制器组件下面的一个元件，先来看一下参数（图 4-69）。

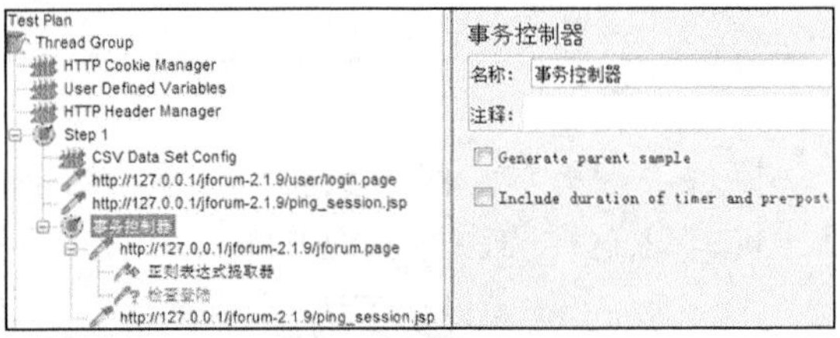

图 4-69 事务控制器

参数说明如下。

名称：可以随意设置，最好有业务意义。

注释：可以随意设置，可以为空。

Generate parent sample：如果事务控制器下有多个取样器（请求），勾选它，那么在“察看结果树”中我们不仅可以看到事务控制器，还可以看到每个取样器；并且事务控制器定义的事务是否成功是取决于子事务是否都成功的，其中任何一个失败即代表整个事务失败。图 4-70 所示为事务成功，图 4-71 所示为我们故意让 mailMain 子事务失败，我们可以看到整个事务是失败的。

Include duration of timer and pre-post processors in generated sample：是否包括定时器、预处理和后期处理延迟的时间。JMeter 2.11 版本默认是不包括的，早期版本是会包括的。

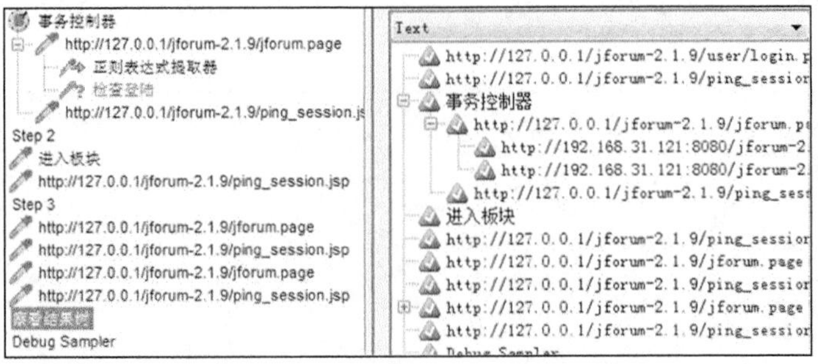

图 4-70 事务控制器——子事务都成功

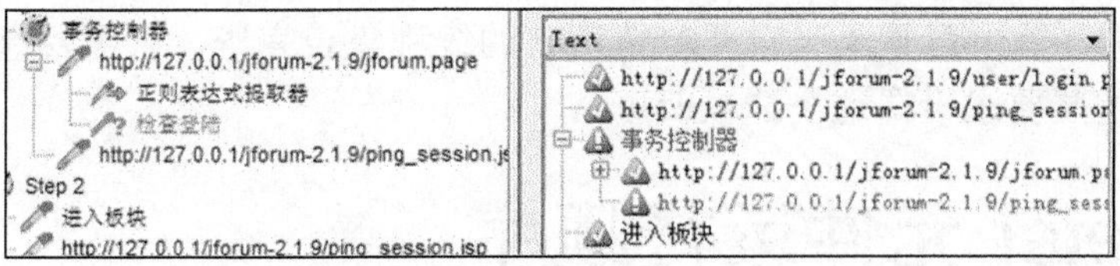

图 4-71　事务控制器——子事务失败

4.8 JMeter 集合点

性能测试需要模拟大量用户并发，集合点能够尽量让虚拟用户同一时刻发送请求，在 JMeter 中集合点是通过定时器来完成的。

4.8.1 定时器

JMeter 定时器用来控制取样器的执行时机，有固定定时器、随机定时器等。回到实例，这里我们选择同步定时器来进行控制。

4.8.2 同步定时器

同步定时器（图 4-72）用来保证我们的取样器在同一时刻向服务器发起负载，考虑到线程运行的时间快慢与场景的需要，也提供了同步线程数量的设置。

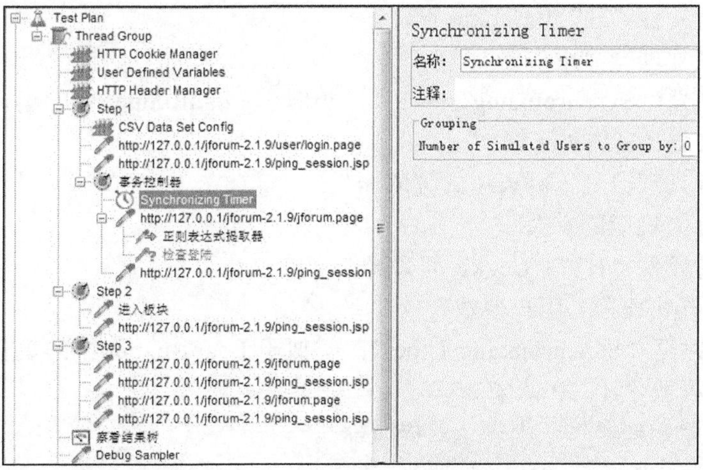

图 4-72　定时器——同步定时器

参数说明如下。

名称：可以随意设置，最好有业务意义。

注释：可以随意设置，可以为空。

设置同步的线程数量，我们在运行测试时，每一个线程的运行时间可能不一样，想要让所有线程都集合在一起可能会等待较长时间，这种情况下我们可以先让一部分集合完毕的线程运行起来。另外，有些场景不一定要等待所有的线程集合完毕，只需要部分线程保证同步就可以了，基于这些要求设置这个选项即可。

4.9 JMeter 元件运行顺序

上面我们完成了用户行为模拟，这些元件的运行顺序又是怎样的呢？是否按我们的预期执行呢？下面我们要讲一下元件运行的顺序，JMeter 脚本显示的是树型结构（类似 LoadRunner 中的专家模式），元件的执行顺序类似二叉树的中序遍历，先执行根节点再执行子节点。下面用一个例子来说明一下。

JMeter 执行顺序逻辑如下。

（1）配置元件（如果存在）。

（2）前置处理器（如果存在）。

（3）定时器（如果存在）。

（4）取样器（如果存在）。

（5）后置处理器（如果存在且取样器的结果不为空）。

（6）断言（如果存在且取样器的结果不为空）。

（7）监听器（如果存在且取样器的结果不为空）。

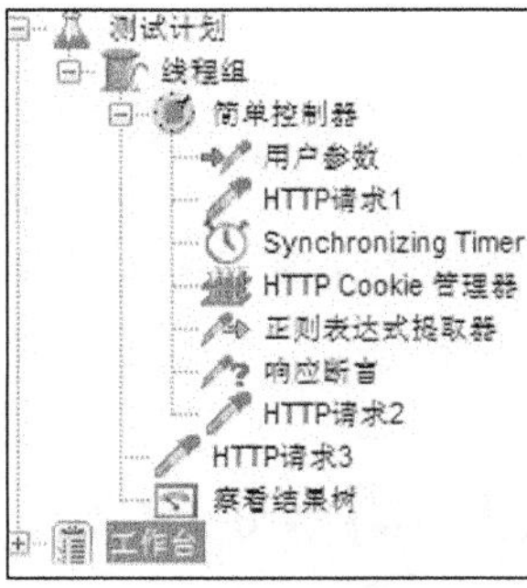

图 4-73 执行顺序

针对上图测试计划执行顺序如下。

（1）执行“线程组”，如果有多个线程组可以在测试计划中设置是顺序执行还是同时执行。

（2）执行“简单控制器”。

（3）执行配置元件“HTTP Cookie 管理器”。

（4）执行前置处理器“用户参数”。

（5）执行定时器”Synchronizing Timer“，类似于 LoadRunner 中的集合点。

（6）执行取样器“HTTP 请求 1”。

（7）执行后置处理器“正则表达式提取器”。

（8）执行断言“响应断言”。

（9）执行配置元件“HTTP Cookie 管理器”。

（10）执行前置处理器“用户参数”。

（11）执行定时器“Synchronizing Timer”，类似于 LoadRunner 中的集合点。

（12）执行取样器“HTTP 请求 2”。

（13）执行后置处理器“正则表达式提取器”。

（14）执行断言“响应断言”。

（15）执行“HTTP 请求 3”，“HTTP Cookie 管理器”将不覆盖此请求。

（16）执行过程中在“察看结查树”中可以看到结果，红色字体代表失败。此元件是在取样器之后开始工作的，严格来讲它应该与第 6 步并行。

简单控制器作为一个执行单元，上面的“HTTP Cookie 管理器”与“HTTP 请求 1”在一个单元，所以它管理的 Cookie 范围是对“HTTP 请求 1/2”有效的，这是 Cookie 的作用域（Cookie 作用的范围），而“HTTP 请求 3”不在简单控制器下面，与 Cookie 的根结节不一致，所以

Cookie 的作用范围包括不了“HTTP 请求 3”。

回到我们的示例脚本如图 4-74 所示，Step1 是一个循环控制器，如果我们选择永远循环，那么线程只会永远执行 Step1 节点下的元件，另外每个线程模拟的用户也只需要登录一次（除非我们仅测试登录业务），所以我们在此把它改为循环次数为 1。Step2（进入模块）与 Step3（发帖）我们希望它一直执行下去，由于 Step2 在 Step3 前面，所以 Step2 为永远时，Step3 是不会执行的，所以我们只能是去掉它们，我们把它放到事务控制器下面方便事务统计，最终我们修改成如图 4-75 所示。

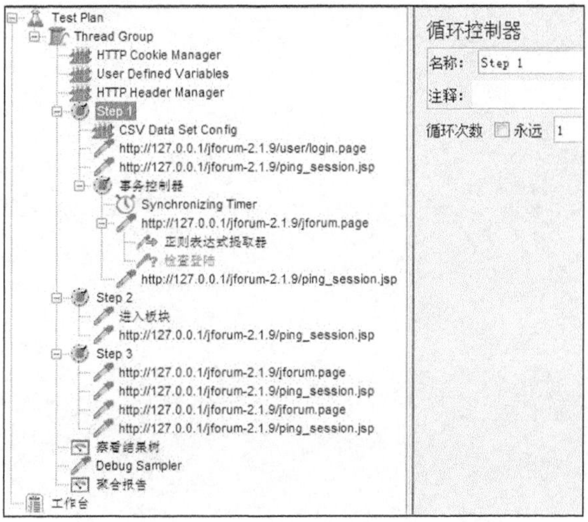

图 4-74 示例脚本执行逻辑

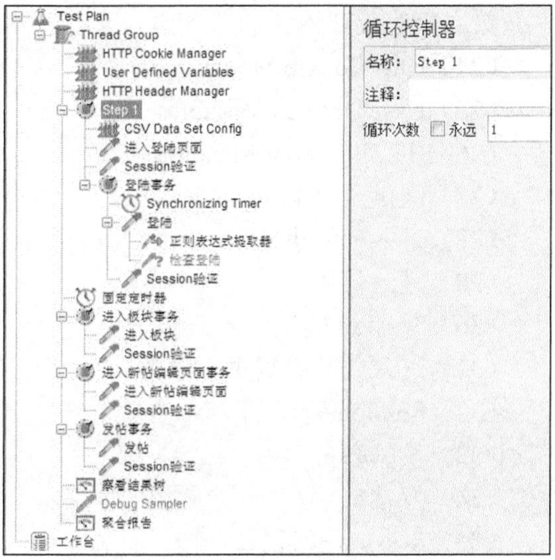

图 4-75 示例脚本修改

最后执行逻辑如下：

（1）线程组

（2）Http Cookie Manger

（3）User Defined Variables

（4）HTTP Header Manager

（5）Step1 CSV Data Set Config

（6）进入登录页面

（7）Session 验证

（8）登录事务

（9）Synchronizing Timer

（10）登录

（11）正则表达式提取器

（12）检查登录

（13）Session 验证

（14）固定定时器

（15）进入板块事务

（16）进入板块
（17）Session 验证
（18）进入新帖编辑页面事务
（19）Session 验证
（20）发帖事务
（21）发帖
（22）Session 验证
（23）察看结果树、Debug Sampler、聚合报告在执行“进入登录页面”时已经开始运行
第二次迭代开始
（24）Http Cookie Manger
（25）User Defined Variables
（26）HTTP Header Manager
（27）固定定时器
（28）进入板块事务
（29）进入板块
（30）Session 验证
（31）进入新帖编辑页面事务
（32）Session 验证
（33）发帖事务
（34）发帖
（35）Session 验证
第三次迭代开始
重复执行 24～35 步的内容。

脚本的执行顺序容易引起混乱，在开发脚本的过程中可以按照层级先后顺序来添加你的元件；比如为取样器服务的配置管理器在取样器前，后置处理器在取样器后或者节点下面；这样脚本就不会混乱了。

4.10 本章小结

本章我们的主题是模拟用户行为，通过实例演示了 Http 请求的模拟方法；为了降低门槛我们选择了录制的方式。通过这章的学习我们要掌握如下内容。

（1）BadBoy 的录制方式。

（2）JMeter 的代理录制方式。

（3）关联，在关联时我们要找到哪些内容是要关联的，这个主要是通过分析哪些内容是由服务器返回的，而且服务器后续还会验证的内容，尤其要注意 Header 部分的内容。Jmeter 的关联是由后置处理器来完成的，常用的元件是正则表达式提取器；这需要大家学习正则表达式的相关内容，正则表达式不仅仅是在关联的时候可以用到，程序员在做表单验证时也会用到，在 Linux 中写 Shell 脚本时也会用到。在学习正则表达式的过程中我们可以利用诸如 deerchao.net 这样的正则表达式验证器来验证我们所写的表达式。

（4）参数化，参数化帮我们把固定的数据动态化，能够更贴合实际的模拟用户请求。

（5）检查点，我们讲解了响应断言，响应断言也支持正则表达式与变量，支持正则表达式能够帮我们很方便地来匹配服务器返回的内容，所以大家有必要学习好基本的正则表达式。

（6）事务，事务控制器能够帮我们把一堆请求归到一个大的事务中去，在报告分析时更方便。

（7）集合点，能够让我们更真实地模拟用户负载。

（8）JMeter 元件运行顺序，了解了元件的运行顺序我们才能有条理地开发脚本，让脚本按照我们的意图工作。

如果大家觉得 JMeter 结果察看器查看服务器响应不太方便，大家也不妨尝试利用 HttpWatch 来分析 Web 请求与响应数据，从而可以手工去拼装表单。手工拼装这种方式在以后的工作中还是比较常见的，现在较多移动应用采用的协议都是 Http 协议，我们要测试这种系统的性能，势必要模拟手机端的请求，这种情况下录制会变得比较麻烦，这时我们就可以手工拼装表单。

工具篇

Chapter 5

第5章 JMeter 负载与监听

从本章你可以学到：

- 场景设计
- 场景设置
- 场景运行
- JMeter 性能参数配置
- 测试监听

在第 4 章我们学习了 Http 协议的脚本开发，仅仅是完成了性能测试的一小步。要测试系统性能，需要模拟大量的用户行为，就是我们常说的并发。如何组织这些模拟用户？如何在 Jmeter 中进行设置呢？这就是场景要完成的任务。

在性能测试执行时通过监听来收集各项性能指标，通过对指标的分析来确认被测系统是否有性能问题。所以监听类似于打渔收网，前面的准备工作就是为了得到一组监听数据，这章我们将讲解这些内容。

5.1 场景设计

场景是用来尽量真实模拟用户操作的工作单元，场景设计源自于用户真实操作，JMeter 场景主要通过线程组设置来完成。

场景设计原则是忠于用户实际操作，组合用户的各种操作到场景中来。当然 JMeter 场景设计不仅仅是设置线程组，有些复杂场景还需要与逻辑控制器配合。本着循序渐进的原则我们先讲解简单的场景设置，实践章节（第 11 章）会讲解复杂场景。

5.2 场景设置

JMeter 线程组实际上是建立一个线程池，JMeter 根据用户的设置进行线程池的初始化，在运行时做各种运行逻辑处理。图 5-1 是线程组界面，我们先看一下参数表。

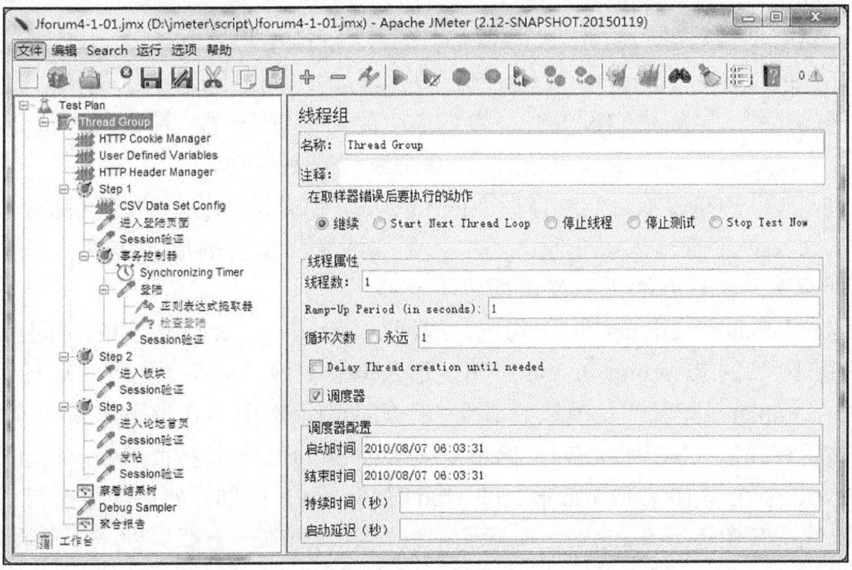

图 5-1 线程组

参数说明如下。

名称：可以随意设置，最好有业务意义。

注释：可以随意设置，可以为空。

在取样器错误后要执行的动作：也就是其中的某一个请求出错后的异常处理方式。

（1）继续：请求（Sampler 元件模拟的用户请求）出错后继续运行。为什么要继续运行呢？

我们在大量用户并发时，服务器偶尔响应错误是正常现象，比如服务器由于性能问题不能正常响应或者响应慢，此时出错我们正好要记录下来，作为有性能问题的依据。

勾选此项后，后面的请求将继续执行，比如我们的发帖示例脚本，登录出错了，后面的发帖请求照常发送，只是由于没有登录，发帖也会失败（我们在论坛中设置了只有登录用户才可以发帖）。

（2）Start Next Thread Loop：如果出错，则同一脚本中的余下请求将不再执行，直接重新开始执行。比如，我们登录失败了，那么发帖的操作将不再执行，重新开始新一轮迭代，从登录开始执行。如果我们进入论坛板块失败了，后面的发帖也将在此轮迭代中不再执行，重新开始新一轮的迭代。

（3）停止线程：如果遇到请求（Sampler 元件模拟的请求）失败，则停止当前线程，不再执行。比如我们配置运行 50 个线程，如果其中某一线程中的某一个请求失败了，则停止当前线程，那么就只剩下 49 个线程在运行，如果失败的事务增多，那么停下来的线程也会增多，运行状态的线程会越来越少，最后负载不够（对服务器的压力不够，测试结果不具参考性），所以我们一般不会这样设置。

（4）停止测试：如果某一线程的某一请求失败了，则停止所有线程，也就是停下整个测试。但是每个线程还是会执行完当前迭代后再停止，比如线程 1 正好执行到登录操作，有其他线程出错了，现在要全部停下来，线程 1 也会执行完发帖操作后才会停止。

（5）Stop Test Now：如果有线程的请求失败了，马上停止整个测试场景。

线程属性如下。

线程数：运行的线程数设置，一个线程对应一个模拟用户。

Ramp-Up Period（in second)：线程启动开始运行的时间间隔，单位是秒。即所有线程在多长时间内开始运行。比如我们设置线程数为 50，此处设置 10 秒，那么每秒就会启动 50/10，5 个线程。如果设置为 0 秒，则开启场景后 50 个线程立刻启动。

循环次数：请求的重复次数，选择后面的 forever，那么请求将一直继续除非停止或崩溃；如果不选择 forever，而在输入框中输入数字，那么请求将重复指定的次数，如果输入 1，那么请求将执行一次，执行 0 次无意义，所以不支持。

Delay Thread creation util needed：勾选，线程在 Ramp-up Period 的间隔时间启动并运行。比如 50 个线程 10 秒的 Ramp-up Period 时间，那么每隔 1 秒启动 5 个线程并运行（RUNNING 状态）后面的 Sampler（即取样器模拟的请求，比如我们示例中的登录操作）。不勾选，测试计划开始后启动所有线程（NEW 状态），但不立即运行 Sampler，是按照 Ramp-up Period 时间来运行的。比如 50 个线程 10 秒的 Ramp-up Period 时间，那么计划开始后线程全部就序，但第 1 秒只会有 5 个线程开始运行 Sampler。实际运用过程中选择哪一个都可以，不影响测试结果。

下面插播一点 Java 线程相关知识，线程一般有以下 5 个状态。

NEW：创建未启动，已经实例化，只是没有开始运行线程的 Run 方法。

RUNNABLE：就绪状态，线程对象创建后，其他线程调用了该对象的 start()方法，该状态的线程位于可运行线程池中，已经准备好了只等获取 CPU 的使用权，然后开始运行。

RUNNING：运行状态，就绪状态的线程获取了 CPU 使用权执行程序代码。

BLOCKED：阻塞状态，线程因为某种原因放弃 CPU 使用权，暂时停止运行（典型的如

IO 等待导致的线程处于 BLOCKED 状态）；直到线程进入就绪状态，才有机会转到运行状态；阻塞的情况分为以下 3 种。

（1）等待阻塞：运行的线程执行 wait()方法，线程进入等待池中。

（2）同步阻塞：运行的线程在获取对象的同步锁时，若该同步锁被别的线程占用（意思就是资源争用落败），该线程放入锁池中。

（3）其他阻塞：运行的线程执行 sleep()或 join()方法，或者发出了 I/O 请求时，该线程置为阻塞状态。当 sleep()状态超时、join()等待线程终止或者超时、或者 I/O 处理完毕时，线程重新转入就绪状态。

DEAD：死亡状态，执行完毕或者异常退出，线程生命周期结束。

调度器配置：设置何时开始运行。

启动时间：测试计划什么时候启动，时间格式“2015/03/13 09:54:09”

结束时间：测试计划什么时候结束，时间格式“2015/03/13 10:54:09”。

持续时间：测试计划持续多长时间，如果启动时间+持续时间大于结束时间，那么此设置覆盖结束时间。

启动延迟：点击执行按钮后（此时间为 T），仅初始化场景，不运行线程，等待延迟到时后开始运行线程。如果 T+延迟时间大于启动时间则覆盖“启动时间”设置，以延迟时间为准。

如果你觉得这个场景设置功能不够完善，不能满足负载递增的要求，不能设计出浪涌（波涛状，多个波峰）的场景，那么可以参考 8.1 节内容，JMeter Plugins 能够满足你的要求。

5.3 场景运行

JMeter 的场景运行方式分为两种，一种是 GUI（视窗运行，即我们可以看到运行界面）方式；另一种是非 GUI 方式运行（命令窗口），在 Windows 中我们可以在命令窗口运行。

JMeter 的场景运行基于运行架构分为两种，一种是本地化运行，即单机运行；另一种是远程运行。不管是GUI方式还是非GUI方式都支持本地运行与远程运行。下面我们以Windows系统下的 JMeter 为例讲解场景运行。

5.3.1 GUI 运行

GUI 方式由于可视化，对于我们来说更直观，鼠标点击就可以控制启停，也方便我们实时查看运行状况，比如测试结果、运行线程数等。

1. 本地运行

本地运行即只运行本地一台 JMeter 机器，所有的请求从一台机器发出，图 5-2 是 GUI 方式本地运行，我们启动了 4 个线程。

在运行前快捷菜单栏是这样的：，本地运行点击，开始运行后菜单栏是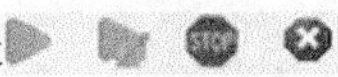。同时我们可以看到，0 代表没有线程异常，4/4 中的前一个 4 代表当前运行（线程活动状态）的线程数是 4 个，后一个 4 代表总共运行了 4 个线程。后面绿色框代表线程运行正常，需要停止时点击。

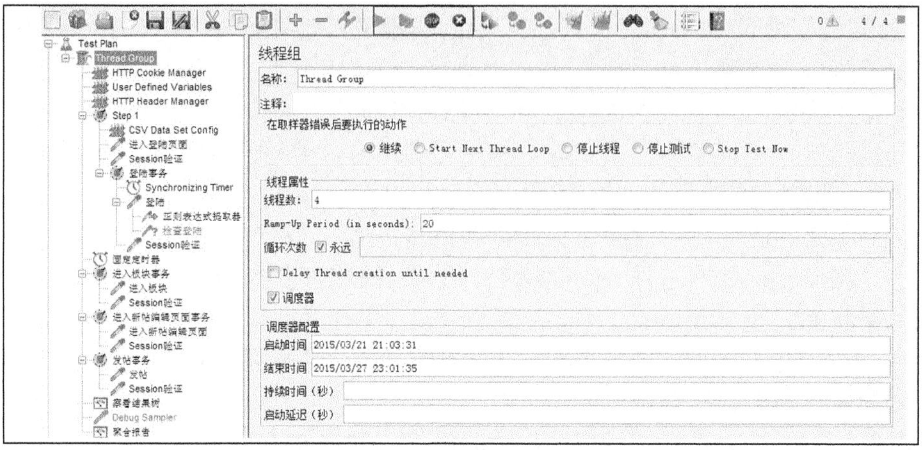

图 5-2 线程组

2. 远程运行

远程运行是用一台 JMeter 控制机（Master）控制远程的多台机器（Slave）来产生负载。JMeter 控制机与远程负载机的通信是通过 RMI 方式来完成的，在负载机上运行 Agent 程序（启动命令是%JMETER_%\bin\jmeter-server.bat），在 JMeter 控制机（Master）上单击 运行远程负载机。

大家可以在%JMETER_HOME%\bin 目录下找到 ApacheJMeter.jar 与 jmeter-server.bat 两个文件。我们通过运行 jmeter-server.bat 来启动 Agent，Agent 程序是由 ApacheJMeter.jar 中的程序来实现的。旧版本的 JMeter 在进行远程通信时要指定端口，当前我们用的 2.11 版本已经不需要指定端口了，JMeter 控制机会自动探测，只要先启动远程负载机上的 Agent，JMeter 控制机开始运行测试计划时就会自己连接。不过在连接之前先得告诉 JMeter 控制机，让它尝试去连接哪些机器。这个告诉动作是通过配置文件来完成的。打开 jmeter.properties 文件，搜索“remote_hosts”关键字，可以找到如下内容：

```
# Remote Hosts - comma delimited 多个 IP 用逗号隔开
remote_hosts=127.0.0.1,192.168.1.100
#remote_hosts=localhost:1099,localhost:2010
# RMI port to be used by the server (must start rmiregistry with same port)
#server_port=1099
```

我们在“remote_hosts=”后加上远程 JMeter 负载机的 IP 即可（推荐用 IP 而非机器名），多个机器之间的 IP 以逗号分隔（修改了 jmeter.properties 文件需要重启 JMeter 才可以生效）。上面表格中我们把 127.0.0.1 与 192.168.1.100 两台机器都作为了远程负载机，虽然 127.0.0.1 就是本地 JMeter 机器（也是控制机），但是我们在运行远程场景时还是会把本机机器当作远程机（除非本地机仅做控制器，不运行脚本），在本地也需要启动 Agent（双击%JMETER_HOME%\bin\jmeter-server.bat 运行）。运行界面如图 5-3 所示，此 Agent 被用来连接的端口是 1244，192.168.45.1 是本机 IP，在配置时填写的是 127.0.0.1，这并不矛盾。

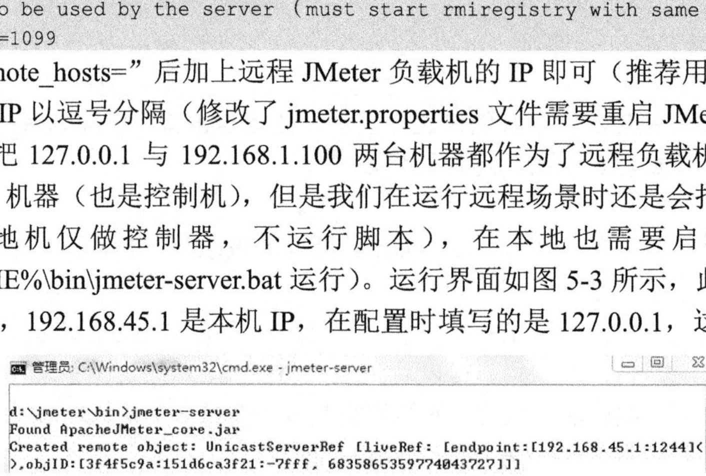

图 5-3 Agent run

远程运行点击 开始执行测试计划，正常运行时快捷菜单显示 ，如果要停止当前计划，点击 或 都可以，前者是执行完当前迭代停止（比如当前脚本有 5 个请求，在第 2 个请求时收到停止命令，那么将继续执行完第 5 个请求后再停止），后者是立刻终止（立刻中断线程，请求是否运行完成不考虑）。远程运行与结束时我们在命令窗口可以看到图 5-4 所示内容，Starting the test on host……表示开始执行，Finished the test on host ……表示执行完成。

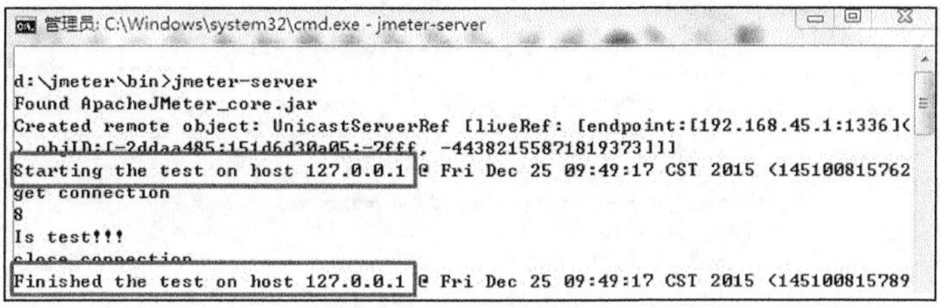

图 5-4 run infomation

注意

远程运行的脚本如果有参数化文件，脚本有依赖包时，需要手工把这些参数文件、依赖包拷贝到远程机器上，这也是 JMeter 的一个不灵活的地方。即使是 LoadRunner 这样昂贵的商业工具也不能自动把依赖包拷贝到远程机器上，也需要做设置。

5.3.2 非 GUI 运行测试

非 GUI 方式是没有 JMeter 界面的，我们在命令窗口通过命令行来运行场景。之所以要非 GUI 方式运行是因为 Jmeter 可视化界面及监听器动态展示结果都比较消耗负载机资源，在大并发情况下 GUI 方式往往会导致负载机资源紧张，会对性能测试结果造成影响。当然了，这个影响并不是说被测系统的性能受到了影响，比如响应时间变大之类，而是影响了负载量的生成，比如非 GUI 方式 100 个线程可以产生 100TPS 的负载，而 GUI 方式只产生 80TPS 的负载，如果一台机器只能支持 100 个线程运行，那么我们就只有多加机器来运行测试计划，这样一台负载机变为两台。所以推荐用非 GUI 的方式来运行测试计划。另外在测试执行时提醒大家关注负载机性能，可以多架设几台 JMeter 负载机来减轻单台负载机的压力。非 GUI 方式虽然不显示界面，但也会以字符形式周期性显示执行结果，对负载机的资源消耗会小一些，所以同等条件下非 GUI 方式的 JMeter 机器能够产生的负载会比 GUI 方式的 Jmeter 产生的负载大一些。

JMeter 非 GUI 运行的命令如下：

（1）java -jar %JMETER_HOME%\bin\ApacheJMeter.jar -n -t %JMETER_HOME%\script\Jforum4-1-01.jmx -r -l result.jtl

（2）%JMETER_HOME%\bin\jmeter -n -t %JMETER_HOME%\script\Jforum4-1-01.jmx -l %JMETER_HOME%\result\results.jtl

这两种方式都可以运行测试计划，JMeter 运行测试计划实际上是通过运行 ApacheJMeter.jar 来完成的。下面讲解一下运行参数。

在命令窗口可以调出帮助，如图 5-5 所示（可以看到-help 并不是合法参数，所以 jmeter 帮我们显示了参数说明），参数比较多。

```
管理员: C:\Windows\system32\cmd.exe
d:\jmeter\bin>jmeter -help
Error: Unknown option -e
Usage
        -h, --help
                print usage information and exit
        -v, --version
                print the version information and exit
        -p, --propfile <argument>
                the jmeter property file to use
        -q, --addprop <argument>
                additional JMeter property file(s)
        -t, --testfile <argument>
                the jmeter test(.jmx) file to run
        -l, --logfile <argument>
                the file to log samples to
        -j, --jmeterlogfile <argument>
                jmeter run log file (jmeter.log)
        -n, --nongui
                run JMeter in nongui mode
        -s, --server
                run the JMeter server
        -H, --proxyHost <argument>
                Set a proxy server for JMeter to use
        -P, --proxyPort <argument>
                Set proxy server port for JMeter to use
        -N, --nonProxyHosts <argument>
                Set nonproxy host list (e.g. *.apache.org|localhost)
        -u, --username <argument>
                Set username for proxy server that JMeter is to use
        -a, --password <argument>
                Set password for proxy server that JMeter is to use
        -J, --jmeterproperty <argument>=<value>
                Define additional JMeter properties
        -G, --globalproperty <argument>=<value>
                Define Global properties (sent to servers)
                e.g. -Gport=123
                 or -Gglobal.properties
        -D, --systemproperty <argument>=<value>
                Define additional system properties
        -S, --systemPropertyFile <argument>
                additional system property file(s)
        -L, --loglevel <argument>=<value>
                [category=]level e.g. jorphan=INFO or jmeter.util=DEBUG
```

图 5-5 jmeter parameter

-n：非 GUI 方式运行。

-t：指定运行的测试脚本地址与名称，可以是相对路径，相对路径的根是命令窗口的当前路径，图 5-5 中当前路径是 D:\jmeter\bin 目录；也可以是绝对路径。

-h：查看帮助。

-v：查看版本。

-p：指定读取 JMeter 属性文件，比如 jmeter.properties 文件中设置的。

-l：记录测试结果到文件，指定文件地址与名称，可以是相对路径，也可以是绝对路径。

-s：以服务器方式运行（就是我们说的远程方式，启动 Agent）。

-H：设置代理，一般填写代理 IP。

-P：设置代理端口。

-u：代理账号。

-a：代理口令。

-J：定义 JMeter 属性，等同于在 jmeter.properties 中进行设置。

-G：定义 JMeter 全局属性，等同于在 Global.properties 中进行设置，线程间可以共享。

-D：定义系统属性，等同于在 system.properties 中进行设置。

-S：加载系统属性文件，可以通过此参数指定加载一个系统属性文件，此文件可以用户自己定义。

-L：定义 JMeter 日志级别，比如 DEBUG、INFO、ERROR 等，对此陌生的读者可以学习下 log4j 相关内容。

-r：开启远程负载机（非 GUI 方式），远程机器列表在 jmeter.properties 中指定。

-R：开启远程负载机，-R 可以指定负载机 IP，此选项会覆盖 jmeter.properties 中 remote_hosts 的设置。

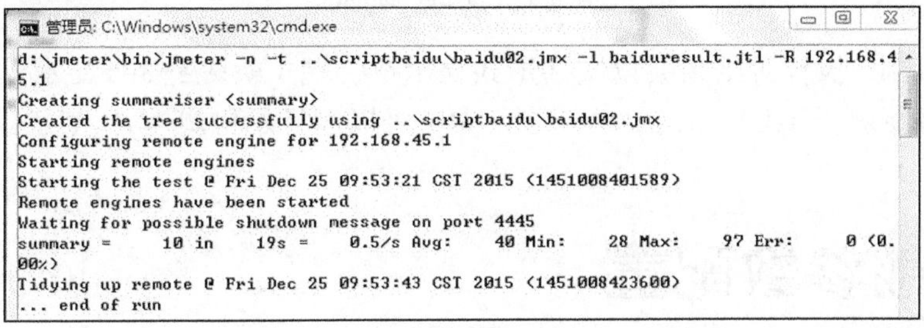

图 5-6 jmeter run

-d：指定 JMeter Home 目录。

-X：停止远程执行。

正常调出帮助，输入命令 jmeter –h，可以看到图 5-7 中的内容，这里帮我们列出了常用的使用方法，读者可以与上面的参数说明结合起来看。

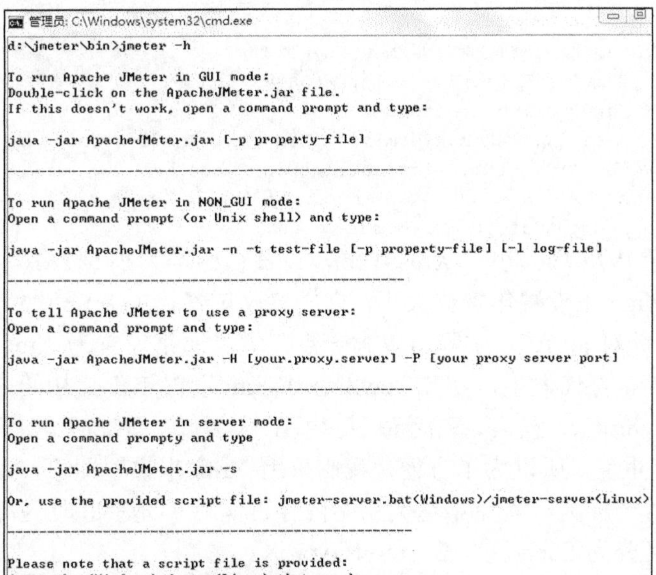

图 5-7 jmeter -h

图 5-8 在命令窗口执行 jforum4-1-01.jmx 脚本，脚本与结果文件都是用绝对路径来指定

的，指定的是远程运行方式（远程机器是 jmeter.properties 文件 Remote-host 项目指定的）。

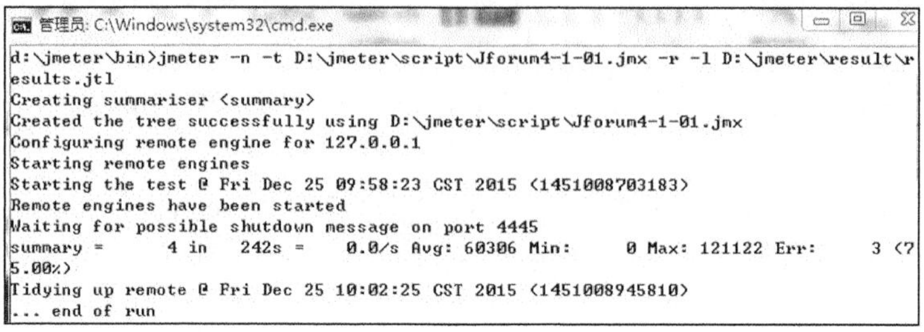

图 5-8 run information

我们可以看到，执行时结果会以文字形式显示在终端（默认是 30s 显示一条），所以对负载机的资源消耗相对于 GUI 方式要小一些，大家可以运行示例脚本，然后去观察 Java 进程占用的内存量。

5.4 性能参数配置

在场景运行时我们提到了 JMeter GUI 方式运行会比较占资源，其实不管是 GUI 方式还是非 GUI 方式，运行都会占用一定资源，那我们有没有办法提高负载机性能呢？既然是纯 Java 开发，当然我们也可以调整其性能参数，让其在 Java 虚拟机上运行起来更顺畅、效率更高。下面以 jdk1.6/1.7 版本为例。

打开%JMETER_HOME%\bin\jmeter.bat，找到类似如下内容：

```
rem including some tuning recommendations
set HEAP=-Xms512m -Xmx512m
rem set NEW=-XX:NewSize=128m -XX:MaxNewSize=128m
set SURVIVOR=-XX:SurvivorRatio=8 -XX:TargetSurvivorRatio=50%
set TENURING=-XX:MaxTenuringThreshold=2
set PERM=-XX:PermSize=64m -XX:MaxPermSize=128m -XX:+CMSClassUnloadingEnabled
rem set DEBUG=-verbose:gc -XX:+PrintTenuringDistribution
rem Always dump on OOM (does not cost anything unless triggered)
set DUMP=-XX:+HeapDumpOnOutOfMemoryError
```

set HEAP：设置 JVM 堆大小，-Xms512m，设置初始堆大小 512M，-Xmx 设置最大堆大小，我们还可以用-Xmn 来设置年青代大小，官方建议年青代（-Xmn）大小是最大堆（-Xmx）大小的 3/8（这里仅针对 jdk1.6，实际可以大一点，笔者通常设置为-Xmx 的 1/2）。

set NEW：设置年青代大小，-XX:NewSize=128m 设置年青代初始内存大小为 128M。-XX:MaxNewSize=128m 设置年青代最大内存大小为 128M。可以看到-Xmn 与-XX:MaxNewSize 有重复，所以为了方便，我们只用-Xmn 来设置即可，为了性能我们一般会把-Xms 与-Xmx 设置一样大，避免年青代初始内存占满后扩充空间时内存中数据迁移导致的性能影响。年青代又分为 Eden 区与 2 个 Survivor 区。

set SURVIVOR：-XX:SurvivorRatio=8 设置 Survivor 与 Eden 区大小的比值，那么就是 Survivor 占用 1/5 的年青代空间（新生代有 2 个 survivor，即 S0 和 S1，所以 survivor 总共占用新生代内存的 2/(2+8)，Eden 与新生代的占比就为 8/10）；-XX:TargetSurvivorRatio=50%，survivor 区的实际使用率是 50%，调整 Survivor 的占用比率可以提高 Survivor 区的利用率，

最大为 90%。

set TENURING：-XX:MaxTenuringThreshold=2，年青代晋升年老代周期（经过多少次 GC 还存活），默认是 15。

set PERM：-XX:PermSize=64m，设置持久代初始大小为 64M, -XX:MaxPermSize=128m ，设置持久代最大大小是 128M，-XX:+CMSClassUnloadingEnabled，设置年老代 CMS 收集器对持久代进行垃圾回收（CMS 收集器默认不会对持久代进行垃圾回收，如果希望对持久代进行垃圾回收，设置-XX:+CMSClassUnloadingEnabled）。

set DUMP：-XX:+HeapDumpOnOutOfMemoryError，设置当内存溢出时 Dump 内存信息，这样好处是 JVM 崩溃后方便查看堆信息进行问题分析，找到内存溢出原因。

上面介绍了不少参数，对于 Java 不熟悉的读者来说难于理解，设置更是不易；为了简化，我们建议大家仅修改部分参数：

-Xms

-Xmx

-Xmn

-XX:PermSize=64m -XX:MaxPermSize=128m

然后 Jdk 版本请保持 Jdk1.6 版本及以上，系统是 32Bit 时，-Xmx 不要超过 1.5GB，64 位时设置为 2GB，-Xmn 不要超过-Xmx 的 1/2。如果这样 JMeter 产生的负载不够大，你的机器配置又不错，可以启动多个 jmeter 实例（在同一台机器上启动多个 Jmeter，每一个启动的 jmeter 都是一个独立的进程，端口会自动分配的，大家不用担心端口冲突）。当然，笔者建议的配置不是万能的，对于多数场景来说都是适合的，读者可以针对自己的测试环境进行调整。推荐大家学习一下 JVM 相关的知识，在 Java 应用的性能调优中会用到，官方帮助信息参见 Oracle 网站。

5.5 测试监听

性能测试监控的主要任务是获取运行状态收集测试结果，测试结果有事务响应时间、吞吐量及服务器硬件性能（CPU、内存、磁盘等）、JVM 使用情况、数据库性能状态等。在 JMeter 中监听器承担监听工作，JMeter 的监听器可以统计吞吐量、响应时间等指标。下面讲解常用的监听器（其他监听器请看 6.7 章节）。

5.5.1 JMeter 监听器

JMeter 的监听器比较多，长时间执行测试计划使用的监听器主要是 Summary Report 或者 Aggregate Report。

1. Summary Report

Summary Report 以表格的形式显示取样器结果（图 5-9），如果不同取样器（不同请求）拥有相同名字，那么在 Summary Report 中会统计到同一行，所以在给取样器取别名时最好不要为空，建议按业务功能来取名。

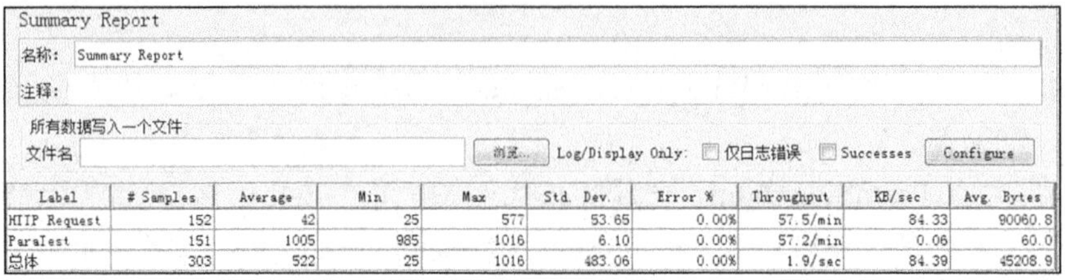

图 5-9 Summary Report

在 Summary Report 界面可以设置结果属性（保存哪些结果字段），点击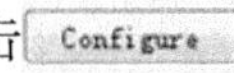进到图 5-10 所示界面，可以看到只有部分字段默认被选中，这些字段已经能够基本说明测试结果，在长时间运行时只记录这些字段即可，并且有利于提高负载机性能（字段保存得越多产生的 IO 越大，写磁盘是物理操作，对负载机的 IO 会产生影响，千万别让负载机 IO 产生性能瓶颈）。

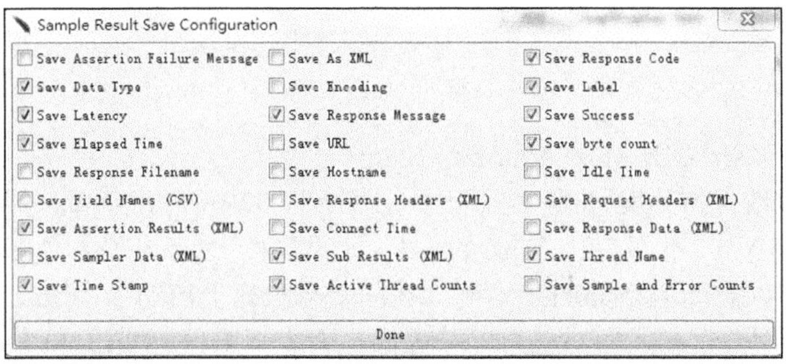

图 5-10 Summary Report Configure

图 5-9 结果说明：

Label：取样器别名（或者说是事务名），比如我们提交一笔订单，那么取样器我们可以命名为“订单提交”。

#Samples：取样器运行次数（提交了多少笔业务）。

Average：请求（事务）的平均响应时间。

Min：请求的最小响应时间。

Max：请求的最大响应时间。

Std.Dev.：响应时间的标准偏差。

Error%：事务错误率。

Throughput：吞吐率，咱们常说的 TPS。

KB/sec：每秒数据包流量，单位 KB。

Avg.Bytes：平均数据流量，单位 Byte。

如果你想保存测试结果，可以在处指定结果保存路径。如果你在测试计划中加入了多个监听器，请牢记保存测试结果只在一个监听器中设置；如果多个监听器中进行设置会重复写，写的内容其实是一样的，这完全没有必要而且影响负载机性能。

2. Aggregate Report

Aggregate Report（图 5-11）以表格的形式显示取样器结果。

Label：请求别名。

Samples：执行了多少次取样。

Average：平均响应时间，单位毫秒。注意，这个平均值是所有请求的响应时间取平均值。

Median：响应时间中间值。

90% Line：90%事务响应时间范围。

Min：最小响应时间。

Max：最大响应时间。

Error%：出错率。

Throughput：吞吐量，可以理解成 TPS。

KB/sec：数据传输量，单位 KB。

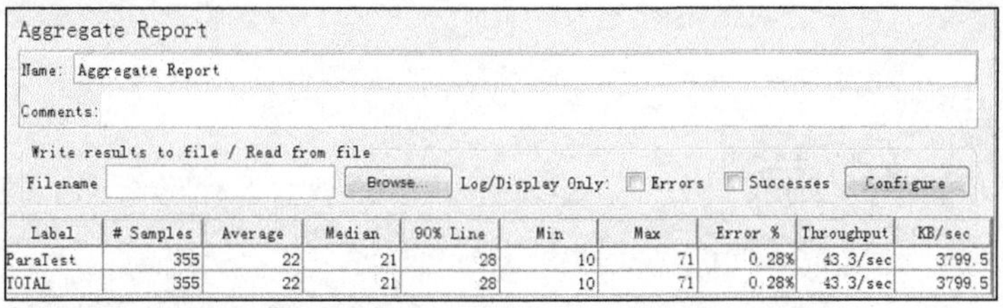

图 5-11 Aggregate Report

5.5.2 开源监听插件

总的来说 JMeter 的监听器还算完整，但相比一些商业性能测试工具来讲，图形化结果还是有所欠缺，作为开源性能测试工具，开源社区弥补了这个缺口。JMeter Plugins 增加了众多的监听器，图形化丰富，功能强大，而且还可以监听服务器硬件性能（CPU、内存等，笔者并不建议大家这么做），有关 JMeter Plugins 的内容请看第 8 章。

5.6 本章小结

本章我们介绍了 JMeter 场景设置、场景运行方式、性能监控等内容。

JMeter 场景设置是比较简陋的，大家想要更复杂的场景设计可以参考 8.1 节有关 JMeter 的场景插件讲解。

JMeter 运行方式支持 GUI 与非 GUI 方式，推荐大家使用非 GUI 方式，虽然没有可视化的监控图表实时查看，但是也有文字结果输出，完全能够满足执行需要。大家也可以使用 GUI 方式来运行，不过要多多注意负载机资源使用情况。如果资源吃紧建议使用多台 JMeter 负载机来进行测试，尽量把负载机对结果的影响降到最低。如何评判影响呢？我们可以让一台 JMeter 负载机并发多个线程，然后另一个 JMeter 负载机只运行单个线程，然后对比监控出来的结果，看差异如何？

JMeter 监控功能由监听器来完成，总的来说 JMeter 监听器已经能够满足大多数的要求，另外 JMeter Plugins 完美地扩展了更多的监听功能，完全可以与商业性能测试工具一较高下。对于性能团队来说，使用 JMeter 完全能够解决日常工作，为企业省下一大笔费用。

工具篇

Chapter 6

第6章 JMeter 元件详解

从本章你可以学到：

- JMeter 逻辑控制器
- JMeter 配置元件
- JMeter 定时器
- JMeter 前置处理器
- JMeter 后置处理器
- JMeter 断言
- JMeter 监听器
- 函数助手

前面章节通过模拟 Http 请求讲解了 JMeter 性能测试开发过程，只涉及到了部分的元件，这一章我们将讲解其它常用 JMeter 元件，通过这些元件我们可以模拟负载、进行参数化、进行关联、设置检查点、设置集合点、控制场景执行、监控测试结果等操作。

6.1 逻辑控制器

JMeter 逻辑控制器可以对元件的执行逻辑进行控制，除仅一次控制器外，其他控制器下可以嵌套别的种类的逻辑控制器。图 6-1 展示了控制器的种类。

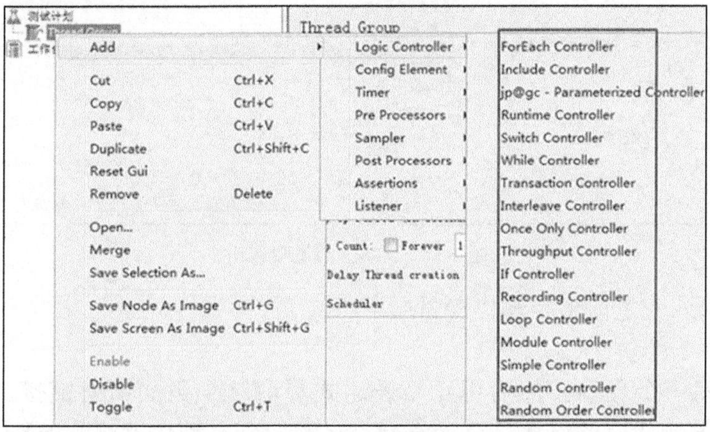

图 6-1 逻辑控制器

6.1.1 ForEach Controller（循环控制器）

ForEach Controller 即循环控制器，顾名思义是定义一个循环规则，如图 6-2 所示。

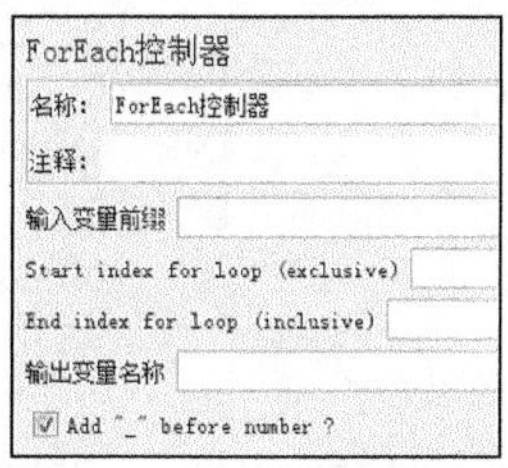

图 6-2 ForEach 控制器

参数说明如下。

名称：控制器名称，可以随意设置，甚至可以为空。

注释：可以随意设置，可以为空。

输入变量前缀：可以在“用户自定义的变量”中定义一组变量，循环控制器可以从中获取到变量对应的值，然后作为循环控制器的循环条件，还可以输出变量作为取样器的参数。如图 6-3 所示。

Start index for loop：循环变量下标起点。

End index for loop：循环变量下标终点。

输出变量名称：循环控制器生成的变量名称。

Add “_” before number?：变量前缀后是否加“_”作为分隔符。

设想一下，有这样一个业务：

在订单查询页面我们查询到了订单号，然后要对每一条订单进行出库，此时我们需要遍历每一条订单，是不是可以以订单号作为循环条件？

此时我们就可以用正则表达式提取器提取到订单号，然后用 ForEach Controller 来循环处理订单的出库操作。

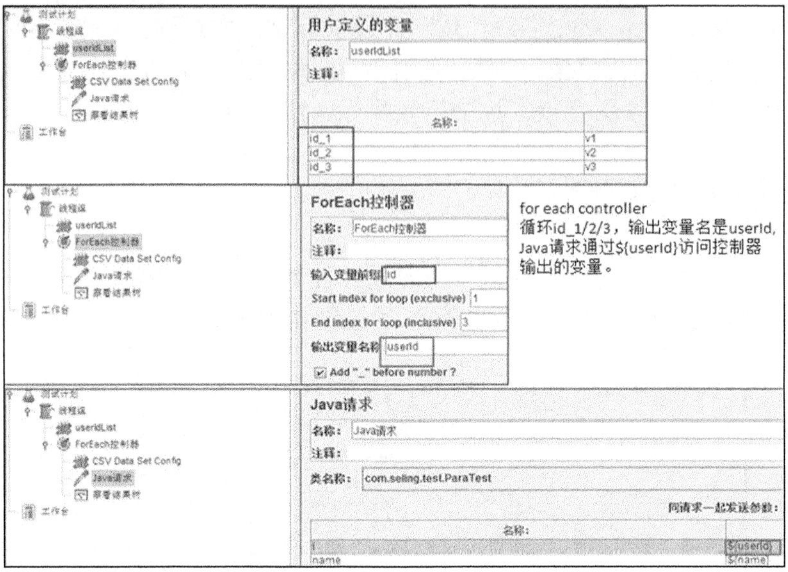

图 6-3 ForEach 控制器应用

其中名称、输入变量前缀、输出变量必需。

下面我们再看一个例子。

首先我们访问一个页面，然后用正则表达式提取这个页面所有链接，然后用 ForEach Controller 来循环遍历所有的链接。这是不是有点类似于自动化测试中的猴子测试？

（1）图 6-4 所示是 JMeter 官网提供的脚本示例。

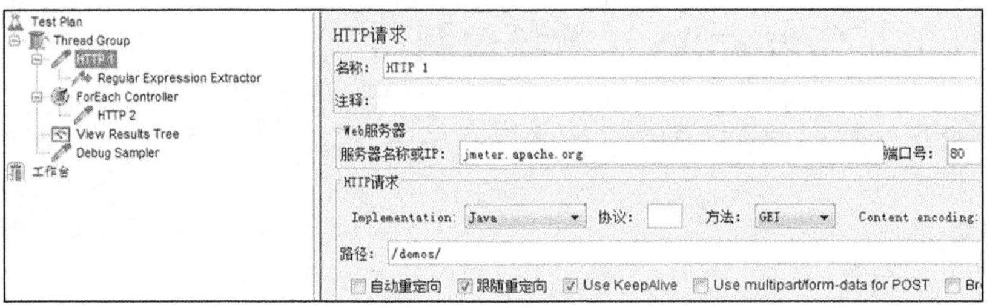

图 6-4 ForEach 控制器应用示例——HTTP

（2）正则表达式提取第 1 步操作返回的所有链接（图 6-5）。有关正则表达式的知识请自行补充。

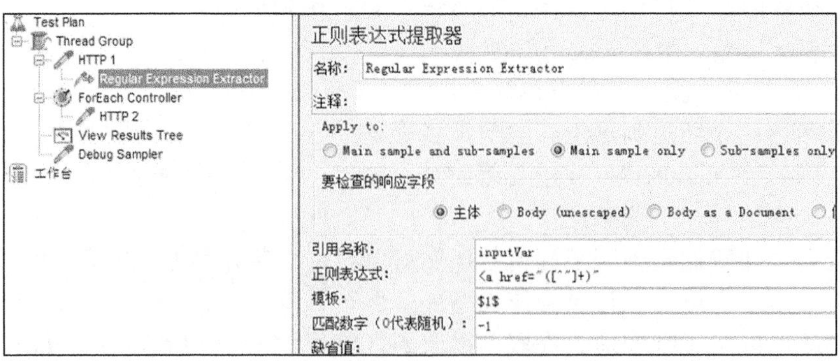

图 6-5 ForEach 控制器应用示例——Regular Expretion Extractor

（3）添加一个 ForEach Controller（图 6-6）。

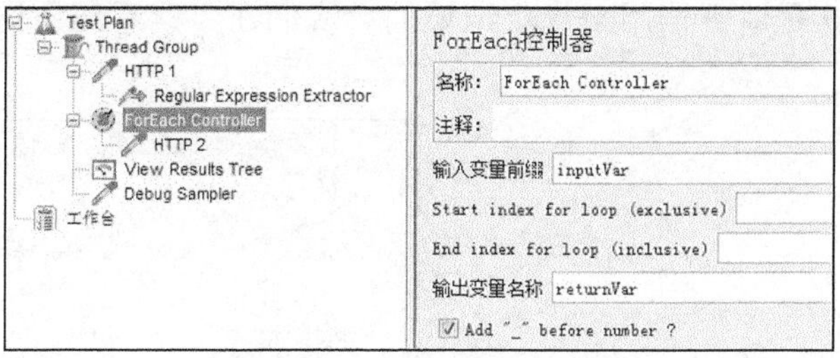

图 6-6 ForEach 控制器应用示例——ForEach 控制器设置

（4）在 ForEach Controller 中添加一个 Http Request（图 6-7），访问参数由 ForEach Controller 传递过来。

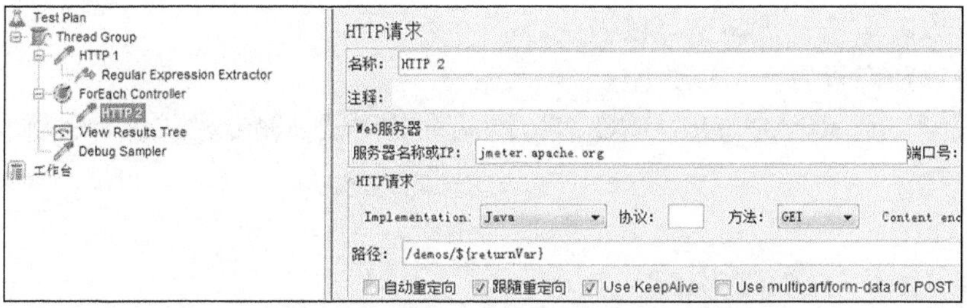

图 6-7 ForEach 控制器应用示例——ForEach 控制器运用

（5）添加一个监控器——察看结果树，运行完成后我们就可以看到示例脚本都被我们下载下来了。请看“响应数据”（图 6-8）。这样看来 JMeter 也可以做自动化测试，所以只要我们善用工具就可以发挥意想不到的作用，我们暂且称为攻略吧。

图 6-8 ForEach 控制器应用示例——结果查看

脚本和视频请到 ROAD_TESTING 官方网站性能测试书籍脚本专栏下载。

6.1.2 Simple Controller

Simple Controller 用来指定了一个执行单元，它不改变元件的执行顺序。在它下面还可以嵌套其他控制器。简单控制器的可编辑属性只有名称与注释（图 6-9）。

我们可以到 Apache 官网下载官方提供的 SimpleController 例子，下面脚本是访问 JMeter

官网的测试计划（非官网例子）。执行顺序是 Defaults，usermanual，intro，index，changes。Reporter 与 Tree Result 是监听器用来收集结果的。我们在“察看结果树”中可以看到结果是顺序的（见图 6-10）。

图 6-9 简单控制器

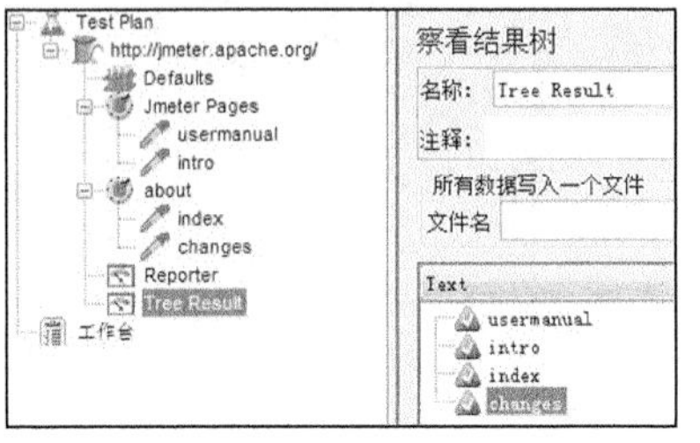

图 6-10 简单控制器运用

参数说明如下。

名称：可以随意设置，甚至可以为空。

注释：可以随意设置，可以为空。

脚本和视频请到 ROAD_TESTING 官方网站性能测试书籍专栏或者 QQ 群（257887726）下载。

6.1.3 Include Controller

用来导入外部的测试片段（非完整的测试计划），在执行时会执行导入的测试计划。但是被导入的测试计划有特殊要求，它不能有线程组，只能包含简单控制器及控制器下的元件。简单点说就是相当于加了一个执行单元，一个封装了的业务操作单元，类似我们程序开发中的函数一样。比如一个查询订单的业务操作我们用取样器来模拟，然后放到简单控制器中作为一个执行单元，别的地方也要用到时，我们可以不重写直接引用过来，这就类似我们 Java 开发中的方法封装（如图 6-11 所示）。

图 6-11 Include Controller

参数说明如下。

名称：可以随意设置，甚至可以为空。

注释：可以随意设置，可以为空。

文件名：必输字段，如果没有则会报错。

6.1.4 Runtime Controller

Runtime Controller 用来控制其子元件的执行时长，如图 6-12 所示。时长的单位是秒。

参数说明如下。

名称：可以随意设置，甚至可以为空。

注释：可以随意设置，可以为空。

Runtime（seconds）：默认为 1，去掉 1 则默认为 0，此时不执行其节点下的元件。

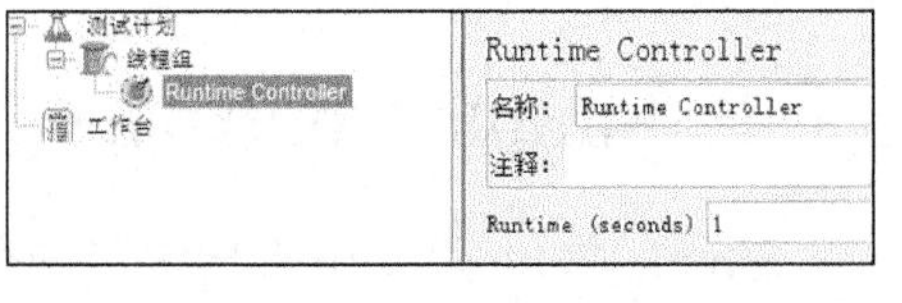

图 6-12 Runtime Controller

6.1.5 Switch Controller

Switch 条件控制器，类似于高级语言中的 Switch 逻辑控制语句。如图 6-13 所示为一个简单例子，指定运行的取样器编号为 0（JMeter 会给节点下的取样器顺序编号，第一个取样器“Java 请求”编号为 0，第二个取样器“Java 请求 2”的编号就是 1，所以这里指定 0 就会运行第一个 Java 请求）。如果指定的编号超出了下面的节点数或者不指定，则运行第 0 个取样器。另外也可以指定取样器的名称，名称匹配时大小写及空格都敏感，如果匹配不上则不运行取样器。

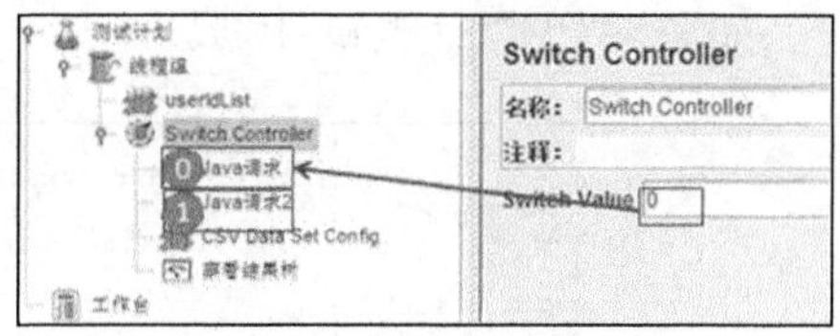

图 6-13　Switch Controller

参数说明如下。

名称：可以随意设置，甚至可以为空。

注释：可以随意设置，可以为空。

Switch Value：匹配值，如上面所说可以为数字，也可以为字符。为字符时匹配取样器名称，如果匹配不上就会默认并找取样器名称为 default 的取样器，如果没有则不运行。

6.1.6 While Controller

While 条件控制器，其节点下的元件将一直运行直到 While 条件为 false。

参数说明如下。

名称：控制器名称，可以随意设置，甚至可以为空。

注释：可以随意设置，可以为空。

Condition：接受变量表达式与变量，图 6-14 中当 inputvar=7 时，一定是小于 10 的则下面的子节点将一直运行下去。另外提供以下三个常量。

Blank：当循环中有取样器失败后停止。

LAST：当循环前有取样器失败则不进入循环。

Otherwise：当判断条件为 false 时停止循环。

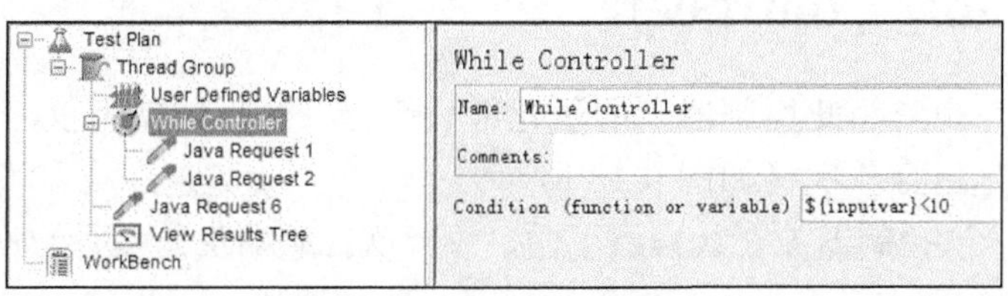

图 6-14　While Controller

6.1.7 Interleave Controller

交替控制器，其节点下的取样器会交替执行，如图 6-15 所示，Java Request 1 与 Java Request 2 交替执行。

我们设置 Thread Group 执行 1 个线程，执行 3 次，那么执行顺序是：

Java Request 1、Java Request 3、Java Request 2、Java Request 3、Java Request 1、Java Request 3。Interleave Controller 下只有两个元件，所以交替完一次后重新开始，即第 3 次执行时顺序是 Java Request 1、Java Request 3。

参数说明如下。

名称：控制器名称，可以随意设置，甚至可以为空。

注释：可以随意设置，可以为空。

Ignore sub-controller blocks：忽略子控制器，即子控制器失效，由交替控制器接管。

如图 6-16 执行测试计划。

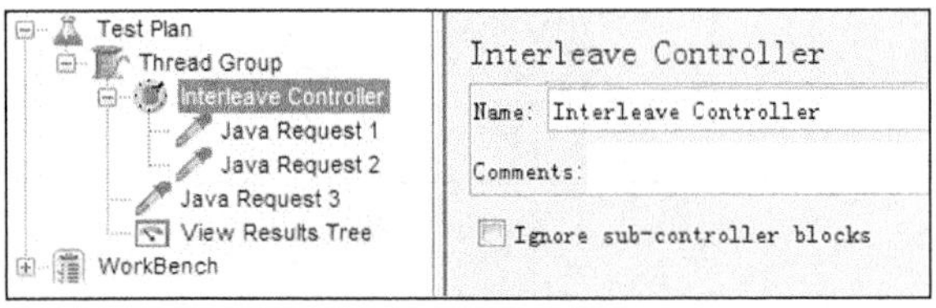

图 6-15 Interleave Controller

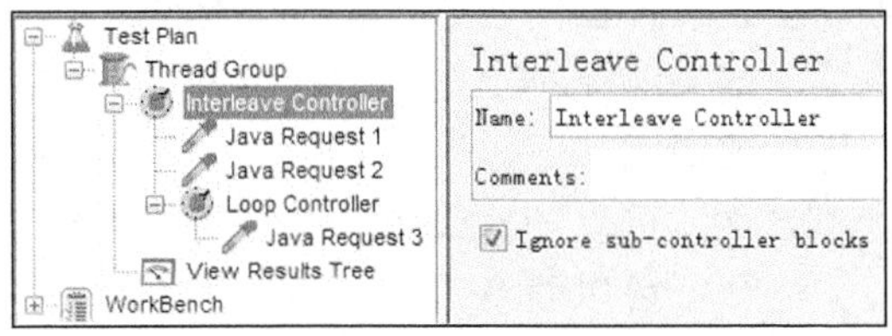

图 6-16 Interleave Controller

交替控制器下有一个循环控制器，此时勾选 Ignore sub-controller blocks，ThreadGroup 设置 1 个线程迭代 4 次，则执行顺序是：

Java Request 1、Java Request 2、Java Request 3 、Java Request 1，此时 Java Request 3 是交替控制器中的元件了。下面再来一个复杂点的测试计划，我们让交替控制器嵌套一下，执行如图 6-17 所示的测试计划。

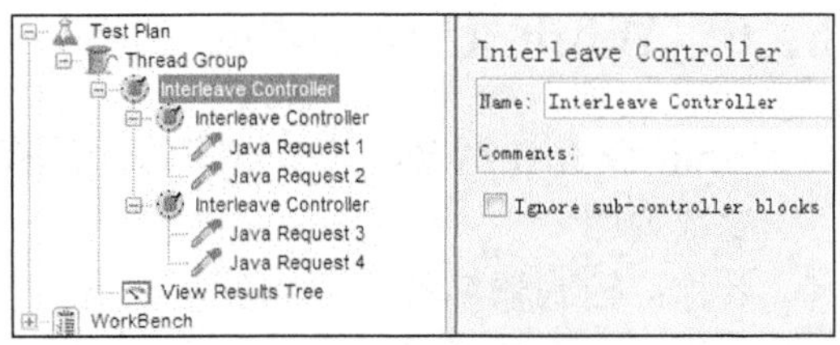

图 6-17 Interleave Controller

Thread Group 设置 1 个线程执行 5 次，执行顺序是：

Java Request 1、Java Request 3、Java Request 2 、Java Request 4、Java Request 1。两个子交替控制器中的元件交替运行。

6.1.8 Once Only Controller

仅一次控制器，也就是此控制器下的子元件只运行一次，即使把仅一次控制器放在循环控制器下面，也只是运行一次（如图 6-18 所示）。

如果我们把仅一次控制器放在线程组下面，仅一次控制器也只运行一次，如图 6-19 所示。

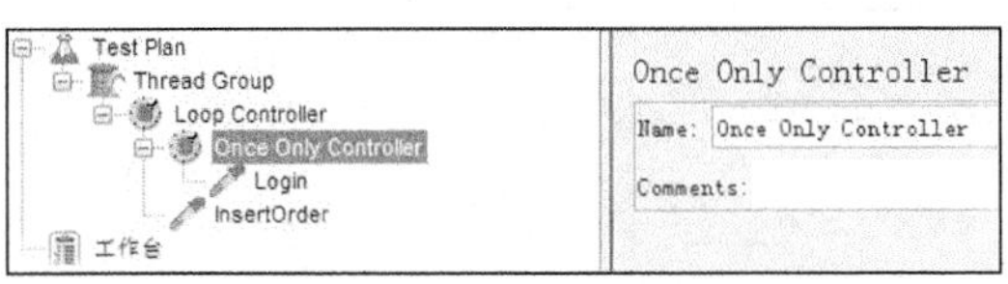

图 6-18 Once Only Controller

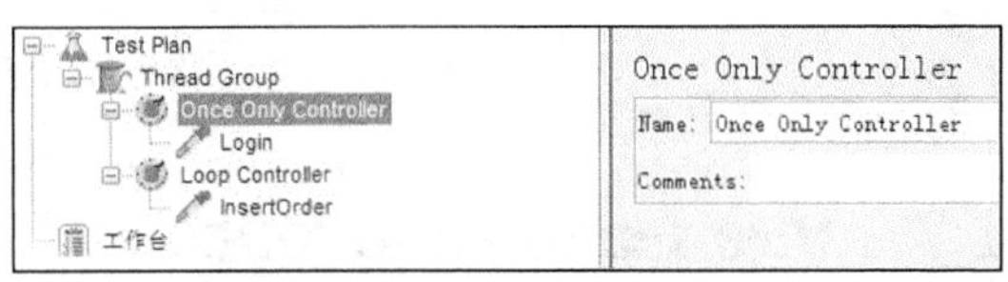

图 6-19 Once Only Controller

我们在模拟请求时有时只需要登录一次，就可以把登录的部分放在仅一次控制器下。

参数说明如下。

名称：可以随意设置，甚至可以为空。

注释：可以随意设置，可以为空。

6.1.9 Throughput Controller

用来控制其下元件的执行次数（如图 6-20 所示），并无控制吞吐量的功能，想要控制吞吐量可以使用 Constant Throughput Timer，后面会讲解到。吞吐量控制器有两种模式：Total Executions 与 Percent Executions。

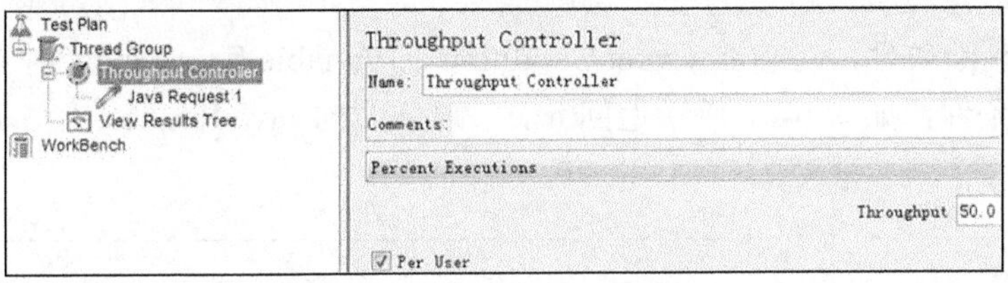

图 6-20 Throughput Controller

参数说明如下。

名称：控制器名称，可以随意设置，甚至可以为空。

注释：可以随意设置，可以为空。

Percent Executions：按执行次数的百分比来计算执行次数，此时 Throughput 取值是 0～100。Per User 是否勾选对 Percent Executions 模式无影响。

Per User：如果选择 Per User 则按虚拟用户数来计算执行次数，如果没选中 Per User 则是按所有虚拟用户来计算执行次数。

Total Executions：按 Throughput 的值来指定执行次数，可以是任意整数，如果小于等于零则一次也不执行。此时 Per User 与 Total Executions 一起来影响执行次数。

序号	线程数	循环次数	模式	Throughput	Per User	执行次数
1	2	10	Percent	50	Y	10
2	2	10	Percent	50	N	10
3	2	10	Total	7	Y	16
4	2	10	Total	7	N	7
5	2	2	Total	7	Y	4
6	2	2	Total	7	N	4

上面表格有 6 个场景，测试计划还是图 6-20 的测试计划，线程数为 2，循环次数为 10。下面说明一下这 6 个场景。

（1）序号 1，2 场景，Per User 对总的执行次数无影响，都是 10 次。

（2）序号 3 场景，Per User 勾选，每个虚拟用户（线程）执行 7 次，共执行 16 次。

（3）序号 4 场景，Per User 没有勾选，则所有虚拟用户共执行 7 次。

（4）序号 5 场景，Per User 勾选，每个虚拟用户执行 7 次，共 14 次，由于 Thread Group 计划的循环次数是 4（2 线程*循环 2 次）次，所以最多只能执行 4 次。

（5）序号 6 场景，Per User 没有勾选，所有虚拟用户共执行 7 次，由于 Thread Group 计划的循环次数是4（2线程*循环2次）次，所以最多只能执行4次。

6.1.10 If Controller

条件控制器，可以通过某个条件来控制此节点下的元件是否运行。Condition 可以使用JavaScript与变量表达式。

参数说明如下。

名称：可以随意设置，甚至可以为空。

注释：可以随意设置，可以为空。

Condition：判断条件，勾选Interpret Condition as Variable Expression?时Condition使用变量表达式来设置条件，如图6-21所示返回true，则下面的Java Request 1与Java Request 2都会运行。

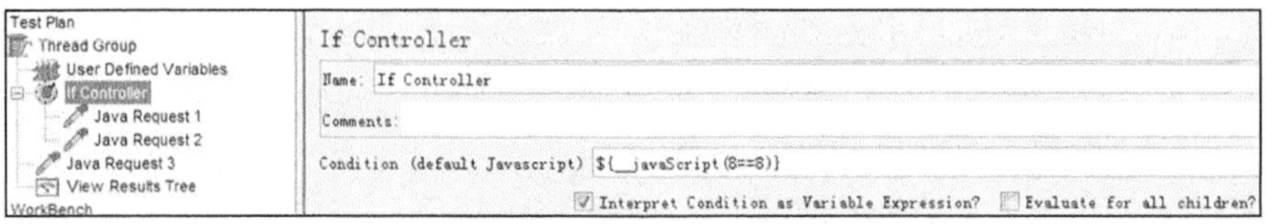

图6-21 If Controller

图6-21中我们在If Controller之前设置了用户变量，内容是inputvar=8，Condition我们用JavaScript来设置，${inputvar}从用户定义的变量中提取出8与8比较，正好返回true，如图6-22所示。

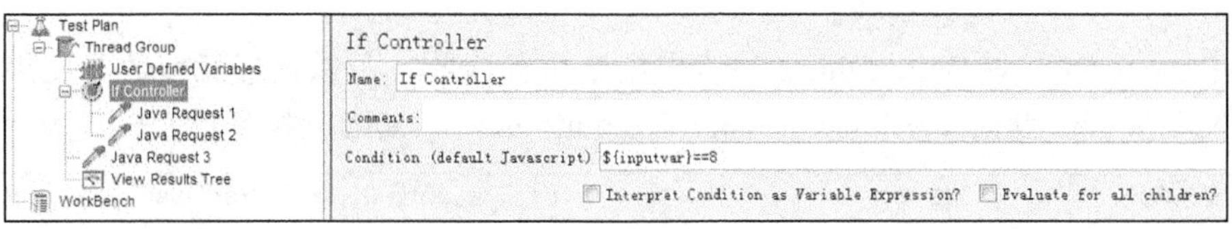

图6-22 If Controller

Evaluate for all children：判断条件是否针对所有的子节点，默认不勾选，只在If Controller的入口处判断一次。

6.1.11 Module Controller

可以通过模块控制器在当前测试计划中引入新的测试片段（也可以叫脚本片段，由控制器、取样器及辅助元件构成，能够完成负载的模拟）。如图6-23所示我们有一个循环控制器放在WorkBench中，WorkBench中的元件是不参与测试计划运行的，但是我们可以把它引入进来。如果我们在ThreadGroup中设置了循环3次，那么图6-23中脚本的执行顺序是：Thread group、LoopController、Java Request、Java Request、Java Request。

另外，模块控制器也可以引入当前测试计划中的控制器，如图6-24所示我们让模块控制器引入Once Only Contoller，如果我们在ThreadGroup中设置了循环3次，那么执行时此控制器就会执行二次。为什么不是 3 次呢？因为模块控制器调了一次，顺序往下执行时又要执行一次，即在第一轮循环时仅一次控制器执行了 2 次，第 2，3 循环时就不再执行了。

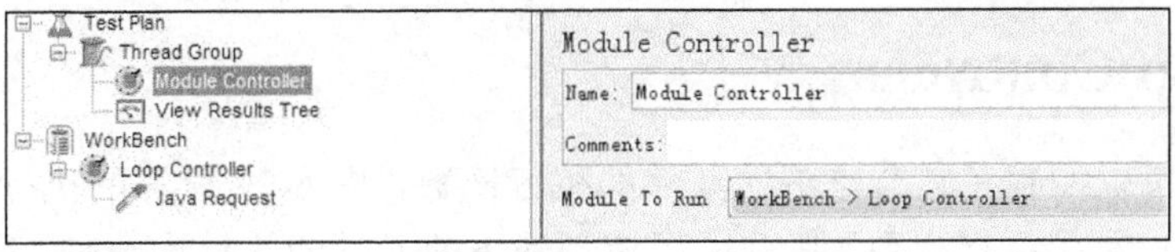

图 6-23 Module Controller

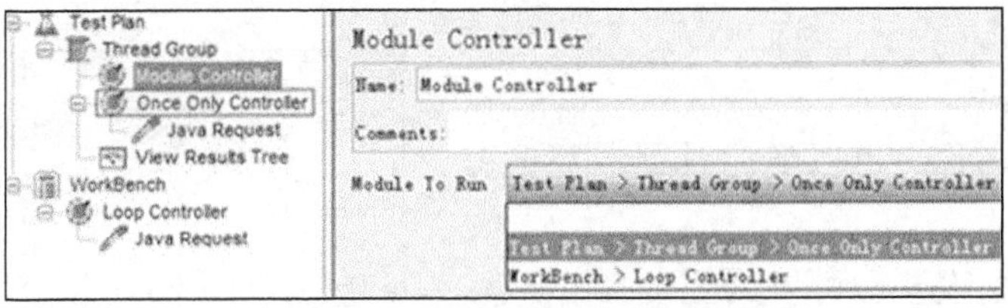

图 6-24 Module Controller

参数说明如下。

名称：控制器名称，可以随意设置，甚至可以为空。

注释：可以随意设置，可以为空。

Module To Run：下拉列表，列出了测试计划及工作台包含的控制器，在此选择引入哪一个脚本片段。

6.1.12 Random Controller

随机控制器（如图 6-25 所示）节点下的元件随机运行，与交替控制器不一样的是节点下的元件运行顺序不定。

图 6-25 Random Controller

参数说明如下。

名称：控制器名称，可以随意设置，甚至可以为空。

注释：可以随意设置，可以为空。

Ignore sub-controller blocks：忽略子控制器，即子控制器失效，由随机控制器接管，类似交替控制器。

6.1.13 Random Order Controller

其节点下的元件随机执行，不过每个元件只执行一次。比如 Thread Group 线程（如图 6-26 所示），执行 4 次时则下面的 4 个 Java Request 每个都会执行一次，顺序是随机的。

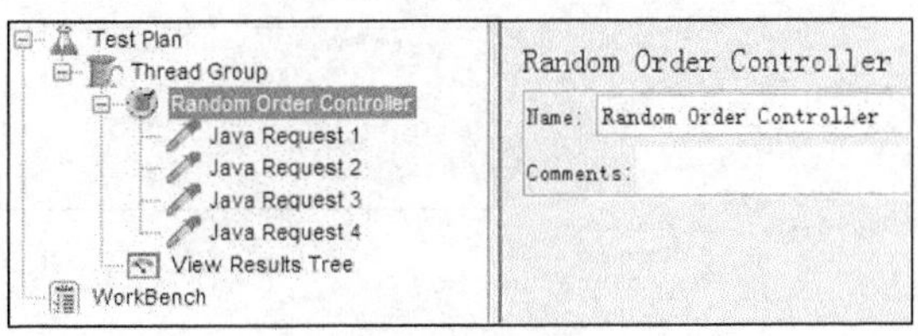

图 6-26 Random Order Controller

参数说明如下。

名称：控制器名称，可以随意设置，甚至可以为空。

注释：可以随意设置，可以为空。

6.1.14 Loop Controller

循环控制器可以控制在其节点下的元件的执行次数，图 6-27 设置的执行次数为一次，如果在线程组中也设置了执行次数，那么循环控制器下的元件的执行次数是：线程组执行次数*循环控制器执行次数。比如线程组设置执行 3 次，循环控制器设置执行 6 次，那么其下的元件执行次数为 18 次。

参数说明如下。

名称：控制器名称，可以随意设置，甚至可以为空。

注释：可以随意设置，可以为空。

Loop Count：要么设置 Forever，要么填写具体的执行次数，二选一。

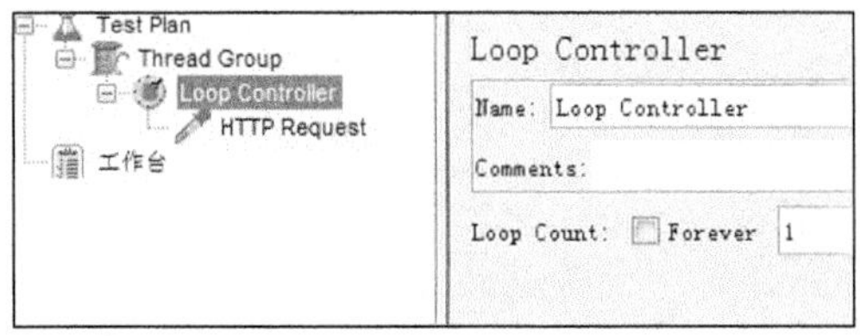

图 6-27 Loop Controller

下面我们设想一个场景：

一个 WMS 用户登录进入系统，一上午都在忙物流计划。我们模拟此业务过程应该是登录一次，然后无数次地做物流计划。下面（如图 6-28 所示）我们用 JMeter 循环控制器来实现这个场景。

我们利用 Loop Controller 来循环物流计划这个取样器即可，当然我们也可以用上 Once Only Controller，图 6-29 中的 Login 在 Once Only Controller 下，虽然 Thread Group 设置永久运行，但 Login 只会执行一次。

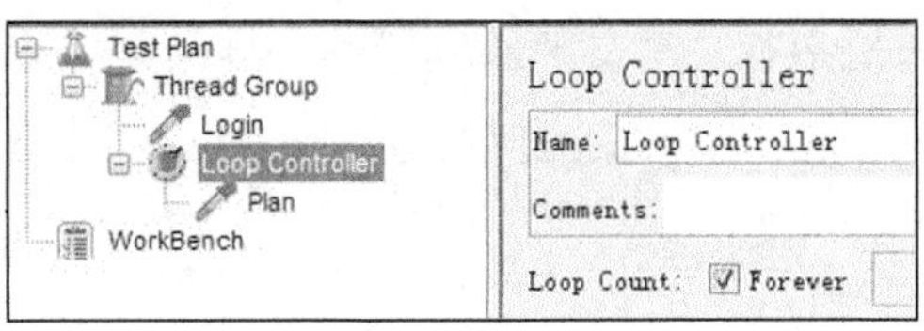

图 6-28 Loop Controller

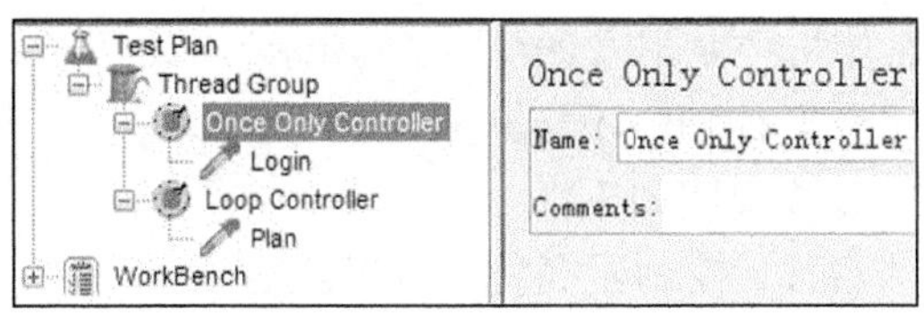

图 6-29 Loop Controller——Once Only Controller

6.1.15 Recording Controller

录制控制器，顾名思义是录制的时候用到的。实际上它是一个位置，当我们用 JMeter 代理进行录制时，录制的脚本默认放在此控制器的节点下面。没有实际的逻辑作用，我们用简单控制器也可以代替它（如图 6-30 所示）。

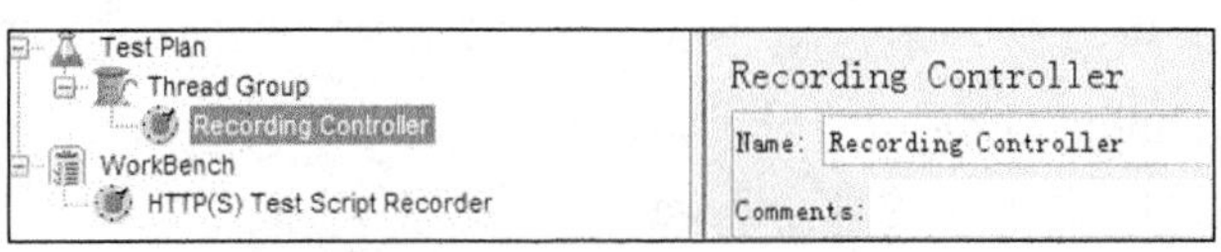

图 6-30 Recording Controller

参数说明如下。

名称：控制器名称，可以随意设置，甚至可以为空。

注释：可以随意设置，可以为空。

6.1.16 Transaction Controller

事务响应时间是我们衡量业务性能的主要指标，事务控制器可以把其节点下的取样器执行消耗时间累加在一起，便于我们统计。同时我们对每一个取样器的执行时间进行统计。

如果事务控制器下的取样器有多个，那么只有每一个取样器都运行成功了，整个事务控制器定义的事务才算成功，这是充分必要条件。

参数说明如下。

名称：控制器名称，可以随意设置，甚至可以为空。

注释：可以随意设置，可以为空。

Generate Parent sample：选择是否生成一个父取样结果，图 6-31 除了生成 Java Request 1 与 Java Request 2 的取样结果，还会和成一个 Transaction Controller 取样结果。如图 6-32 所示在 Aggregate Report 中我们只可以看到 Transaction Controller 的取样。在 View Return Tree 中（图 6-33）我们可以看到父取样中有两个子取样器结果。

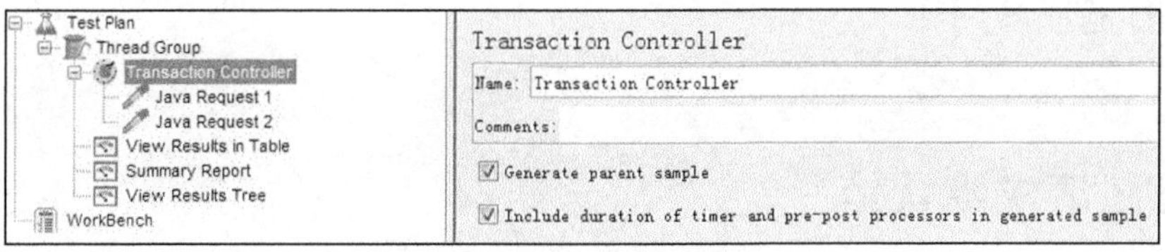

图 6-31 Transaction Controller

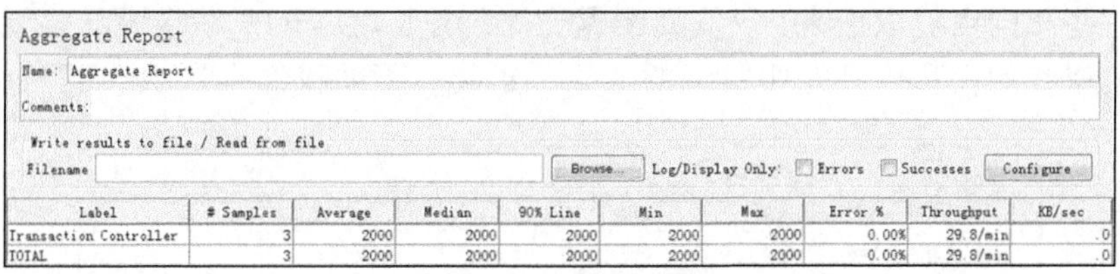

Label	# Samples	Average	Median	90% Line	Min	Max	Error %	Throughput	KB/sec
Transaction Controller	3	2000	2000	2000	2000	2000	0.00%	29.8/min	.0
TOTAL	3	2000	2000	2000	2000	2000	0.00%	29.8/min	.0

图 6-32 Aggregate Report

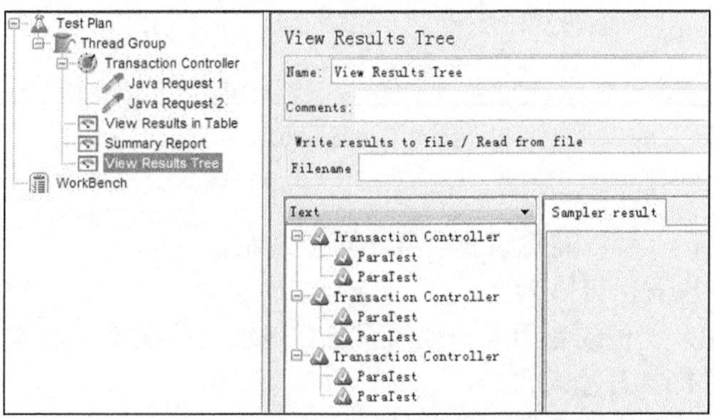

图 6-33 Transaction Controller——Result

Include duration of timer and pre-post processors in generated sample：是否包含定时器，选中将在取样器前与后加上延时，下面我们在 Java Request 1 前加上定时器延时 2 秒（如图 6-34 所示），Java Request 1 /2 的运行时间刚好各是 1 秒，此时我们运行一下计划，那么 Transacton Controller 的取样时间就是 6 秒（如图 6-35 所示）。延时+Java Request 1+ Java Request 2+延时=2+1+1+2，建议大家不用勾选这个选项，不然统计就比较麻烦了，还需要扣除延时。

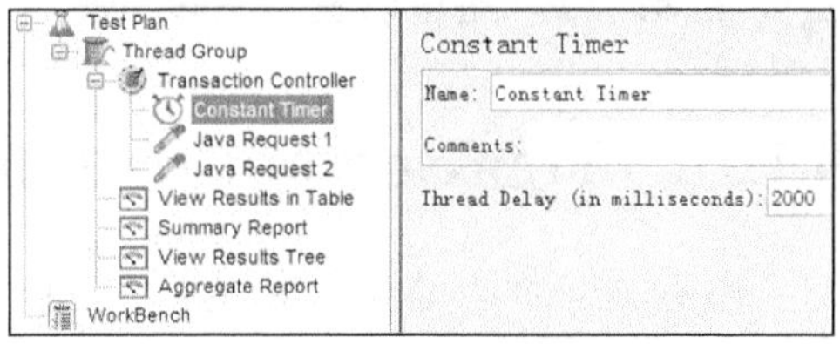

图 6-34　Constant Timer

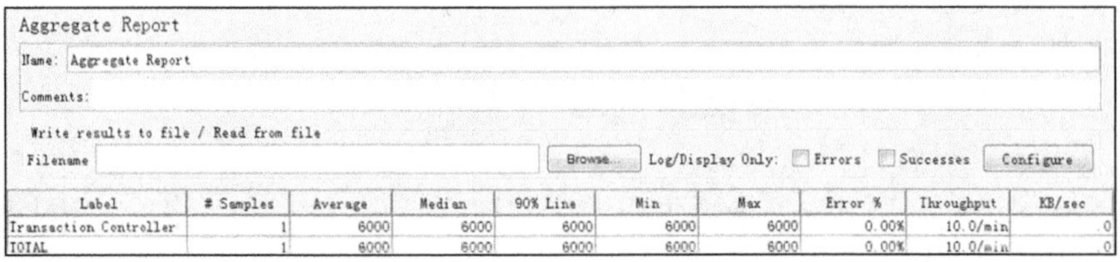

图 6-35　Transaction Controller——Result

6.2　配置元件

6.2.1　FTP 请求默认值

JMeter 支持对 FTP 协议的程序进行性能测试，当多个 FTP 程序的场景具有相同的配置时，我们可以把这些相同点提取出来，只需要配置一次，这个就是 FTP 请求默认值元件（图 6-36）做的事情。类似我们在程序开发中常说的抽象、封装。下面我们来认识一下各参数。

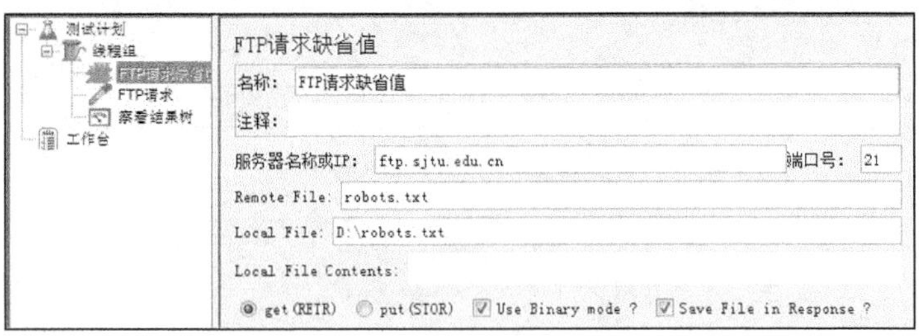

图 6-36　FTP Request Defaults

参数说明如下。

名称：控制器名称，可以随意设置，甚至可以为空。

注释：可以随意设置，可以为空。

服务器名称或 IP：上传或者用来下载的服务器地址（即被测试对象）。

端口号：指定的 FTP 传输端口号。

Remote File：远程 FTP 服务器文件路径。

Local File ：本地文件路径。

Local File Contents：本地文件内容。

Get（RETR）：下载文件选项。

Put（STOR）：上传文件选项。

Use Binary mode?：是否以二进制方式传输。

Save File in Response?：文件内容是否保存到响应中去，如果选择了，且运行 FTP 请求成功后我们可以在“察看结果树——响应数据”中看到内容。

6.2.2 HTTP Authorization Manager

HTTP 认证是一种安全机制，在客户端、浏览器或者程序向服务器发起请求时需要提供用户名及密码且验证通过后（拿到凭证）才能继续发起交互。JMeter Authorization Manager（图 6-37 所示）即 JMeter 对于 HTTP 认证的实现，我们只需要在测试计划中添加此配置元件然后配置即可。

参数说明如下。

名称：控制器名称，可以随意设置，甚至可以为空。

注释：可以随意设置，可以为空。

Clear auth on each iteration?：是否每次迭代清空凭证，如果清空则每次请求前都会进行验证。

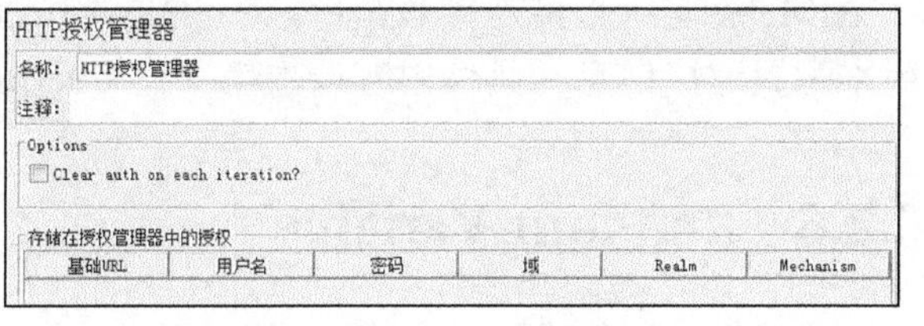

图 6-37 Http Authorization Manager

存储在授权管理器中的授权：可以在此处保存授权信息，比如账号密码等信息。

6.2.3 HTTP Request Defaults

在实际测试计划中我们常会碰到 Http Sampler 请求有较多的参数与配置会重复，每一个 Http Sampler 单独设置的话比较浪费时间与精力，为了节省工作量，JMeter 提供了 Http Request Defaults 元件，用来把这些重复的部分封装起来，一次设置多次使用。

Http Request Defaults 的配置项与 Http Request 基本一致，具体请参照第 4 章中关于 Http Request 的说明。图 6-38 所示为 Http Request Defaults 界面。

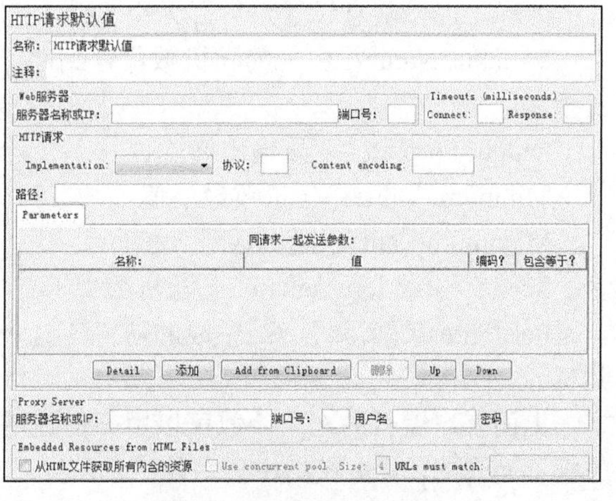

图 6-38 Http Request Defaults

6.2.4 Java Request Defaults

通过 Java Request Defaults 来设置 Java Request 的请求默认值，Java 请求默认值可以设置的类有两个：JavaTest 与 SleepTest（如图 6-39 所示）。

如图 6-40 所示我们对 SleepTest 的 SleepTime 进行了设置，在 Java 请求时我们把

SleepTime清空，那么当测试执行时两次迭代的时间间隔是5秒；如果在Java请求中再设置一个SleepTime，那么它会覆盖Java请求默认值的设置。此元件没有实际作用，配合Java请求（而Java请求实际工作中并不用到，仅仅作为示例）。

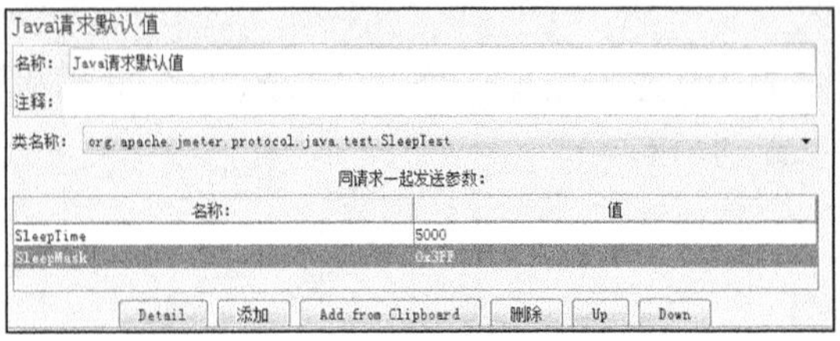

图6-39 Java Request Defaults

图6-40 Java Request

6.2.5 JDBC Connection Configuration

JMeter支持直接连接数据库，对SQL语句进行性能测试。JDBC Connection Configuration用来配置连接信息。具体内容请看第7.5节JDBC请求。

6.2.6 Random Variable

该元件能够生成随机数字，且可以指定输出格式，我们可以把它与字母组合在一起来代替业务单据编号，比如我们想生成一个客户编号，格式如CUST_XXXXXX，那么我们就可以用此元件来完成（如图6-41所示）。

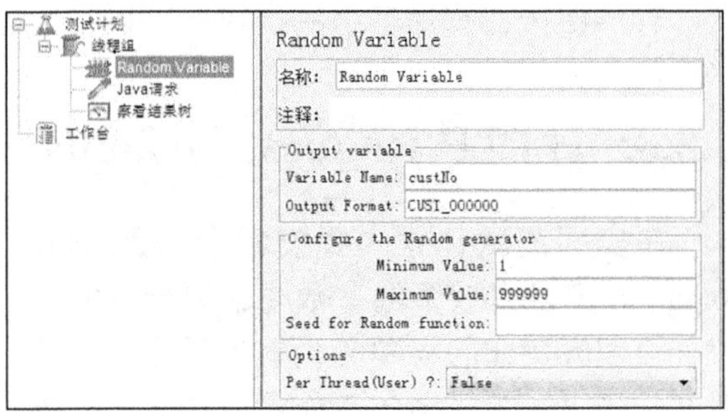

图6-41 Random Variable

参数说明如下。

名称：控制器名称，可以随意设置，甚至可以为空。

注释：可以随意设置，可以为空。

Variable Name：生成的随机数保存到此变量中。

Output Format：变量输出格式。

Minimum Value：随机数最小值。

Maximum Value：随机数最大值。

Seed for Random function：随机数种子。

Per Thread（User）?：生成的随机变量是否在线程组中共享，True，共享；FALSE，不共享。

上面客户编号的例子貌似可以用，但遗憾的是客户编号会有重复的机率，这往往是在业务中不允许的，其实我们还有另外一个配置元件能帮我们完成这个要求，下面看一下记数器。

6.2.7 Counter

计数器顾名思义也就是在测试执行过程中会记录迭代次数，图6-42是计数器界面。

参数说明如下。

名称：控制器名称，可以随意设置，甚至可以为空。

注释：可以随意设置，可以为空。

启动：记录数量起始值。

递增：记录迭代次数的步长，1 后是 2，步长就是 1.

最大值：记录的最大值。

Number format：计数器格式，可以是数字，例如 000000（6 位长度），000,000（6 位长度，3 位间隔开）；字符加数字，例如 CUST_000000（字符加 6 位数字）。

引用名称：记数器记录的值可以存入此引用名（变量），可供其他元件调用。

与每用户独立的跟踪计数器：每个线程都有自己的记数器，相互不干扰。

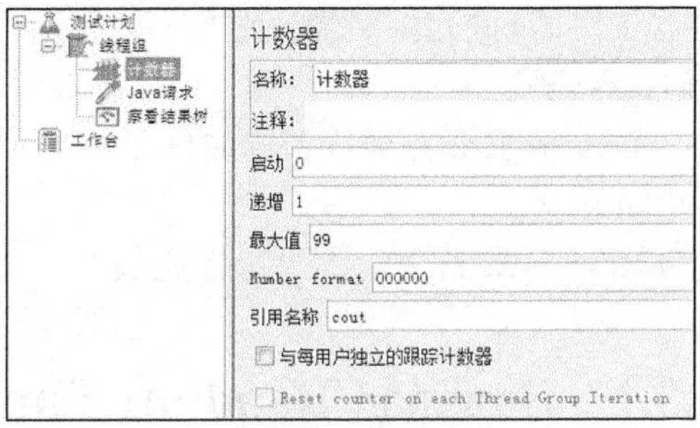

图 6-42　Counter

Reset counter on each Thread Group Iteration：每次迭代复原计数器。

我们用 Counter 来实现客户编号，调用方式如下：CUST_${cout}（还可以把 Number format 设置成 CUST_000000，引用时直接${cout}），如图 6-43 我们假定 Java 请求的 Label 是客户编号域，迭代后就可以看到图 6-44 的效果，我们线程共享计数器，保证生成的计数不会重复。

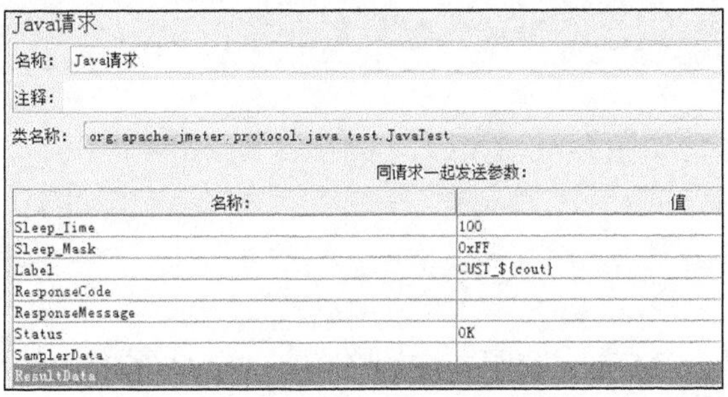

图 6-43　Counters 引用

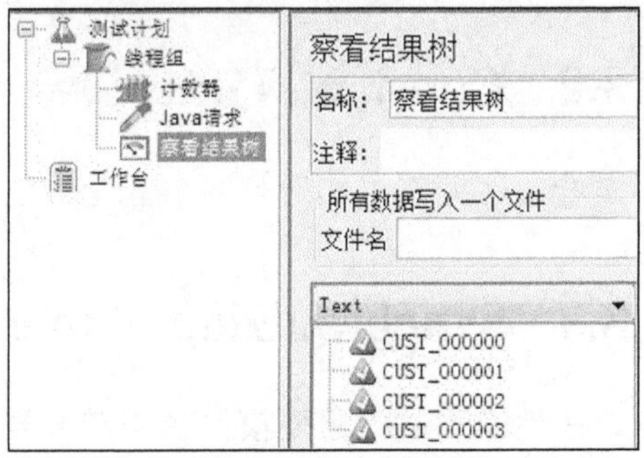

图 6-44　察看结果树

6.2.8 Login Config Element

该元件用来配置默认的用户名与密码（如图 6-45 所示），有些 Sampler（取样器）要验证用户名与密码；如果在 Sampler 中没有配置用户名与密码，那么会自动用 Login Config Element 中的配置来填充。

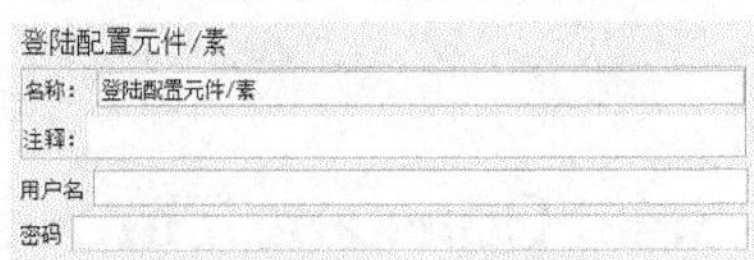

图 6-45　Login Config Element

6.3 定时器

JMeter 中的定时器一般被我们用来设置延迟与同步。定时器的执行优先级高于 Sampler（取样器），在同一作用域（比如控制器下）下有多个定时器存在时，每一个定时器都会执行；如果想让某一定时器仅对某一 Sampler 有效，则可以把定时器加在此 Sampler 节点下。

如图 6-46 所示，所有固定定时器定时 3 秒，高斯定时器 2 秒左右（偏差 200 毫秒），两个线程组，都运行 2 次。

Java 请求 1 需要等待的时间是：高斯随机定时器 1 时间+固定定时器 1 时间+高斯随机定时器 2 时间=7 秒左右；

Java 请求 2 需要等待的时间是：固定定时器 2 时间=3 秒。

所以 Java 请求 2 率先运行完成。

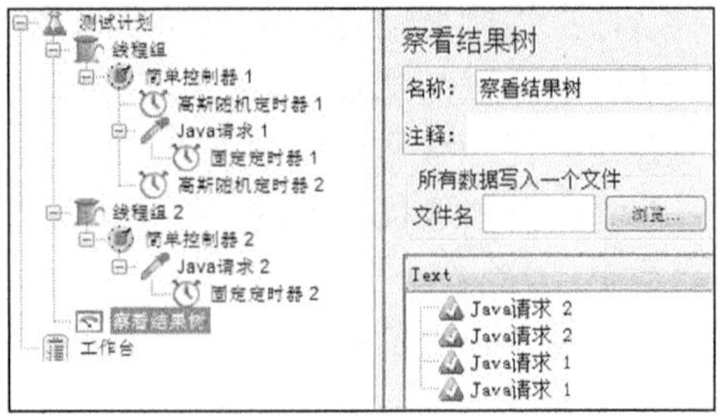

图 6-46 定时器

6.3.1 Gaussian Random Timer

高斯定时器（如图 6-47 所示），生成一个呈高斯分布的时间间隔。

偏差：设置的偏差值，是一个浮动范围，单位毫秒。

固定延迟偏移：固定延迟时间。

我们可用它来模拟思考时间（用户提交表单前填写表单及思考的时间）。

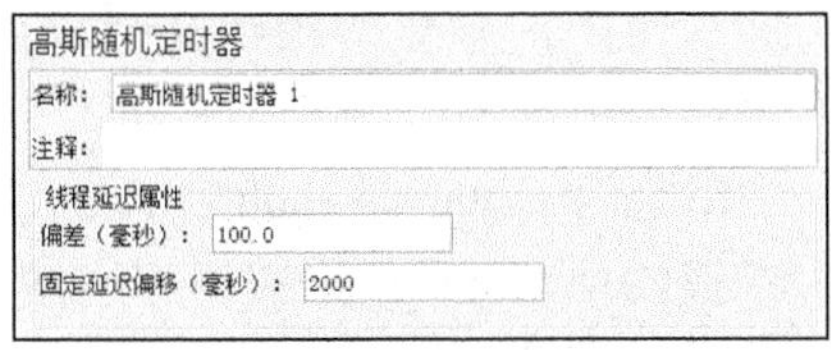

图 6-47 高斯定时器

6.3.2 Constant Timer

看名称大家也知道是一个固定值的定时器（如图 6-48 所示），多用来模拟思考时间。

6.3.3 Synchronizing Timer

在性能测试中需要模拟多用户并发的场景，JMeter 提供同步定时器来实现此需求。如图 6-49 所示我们设置了 10 个用户（线程）一起释放，即相当于 10 个用户并发。

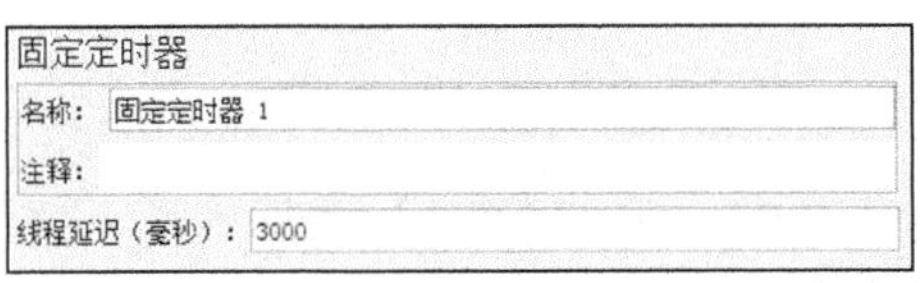

图 6-48 固定定时器

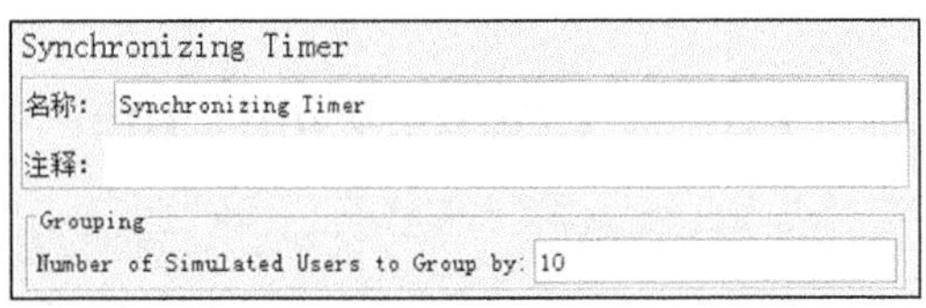

图 6-49 同步定时器

6.3.4 Constant Throughput Timer

固定吞吐量定时器，翻译过来比较生硬；意思是尽量保持 Sampler 产生的吞吐量（吞吐量大家可以理解成 TPS）在一个固定的范围内；JMeter 通过 Constant Throughput Timer 来控制吞吐量。如果吞吐量大过固定值（图 6-50 中的 Target throughput 对应的值），则增加迭代间的间隔时间；反之减小。增大或者减小多少是由 JMeter 根据吞吐量、并发线程数来计算的。

下面说明一下 Calculate Throughput based on 选项：

This thread only：仅针对当前线程，也就是每个线程相互是不干扰的，都分开计算需要延迟多少时间。

All active threads：针对所有线程，把所有线程的吞吐量合在一起作为因子计算。

All active threads in current thread group：针对当前线程组中的所有线程。

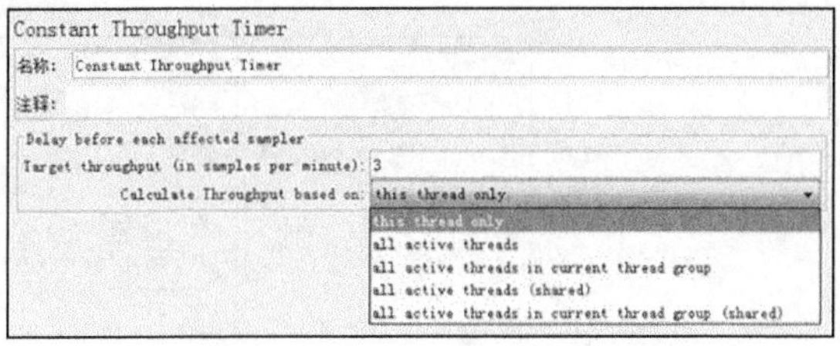

图 6-50 Constant Throughput Timer

All active threads (shared)：线程延迟计算是基于任意一个线程上次运行的时间，也就是随便获取一个线程的运行时间来进行计算，既然是随机，结果就不一定准确，所以只能是努力控制吞吐量在某一个范围。

All active threads in current thread group (shared)：在当前线程组中任取一个线程的上次运行时间来计算延时，与上面意思相近。

6.3.5 Uniform Random Timer

也是让线程暂停一个随机时间，只不过力求随机时间能够更均匀，都会出现。

Random Delay Maximum：随机延迟时间部分。

Constant Delay Offset：固定延迟部分。

图 6-51 中的设置会让线程延迟在 2.0 到 2.1 秒之间。

6.3.6 Poisson Random Timer

Poisson Random Timer（图 6-52）设置的线程延迟时间呈松泊分布。

Lambda：泊松分布的期望和方差均为 λ。

Constant Delay Offset：固定延迟部分时间。

有关松泊分布的理论请查阅相关资源。

图 6-51 Uniform Random Timer

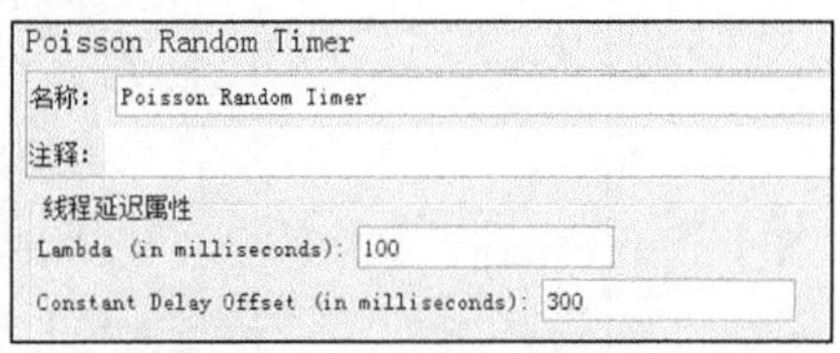

图 6-52 Poisson Random Timer

6.3.7 BeanShell Timer

JMeter 支持 BeanShell 脚本语言，BeanShell Timer 就用 BeanShell 来设置线程延迟间隔。

先看一个例子如图 6-53 所示，我们写了一段脚本，让线程暂停 sleepTime 的时间，sleepTime 又是在用户定义变量中定义的（设置为 3000 毫秒），BeanShell Timer 中直接可以在

Parameters 中引用变量，当然也可以是常量。此脚本运行时，两次迭代间隔就是 3000 毫秒。

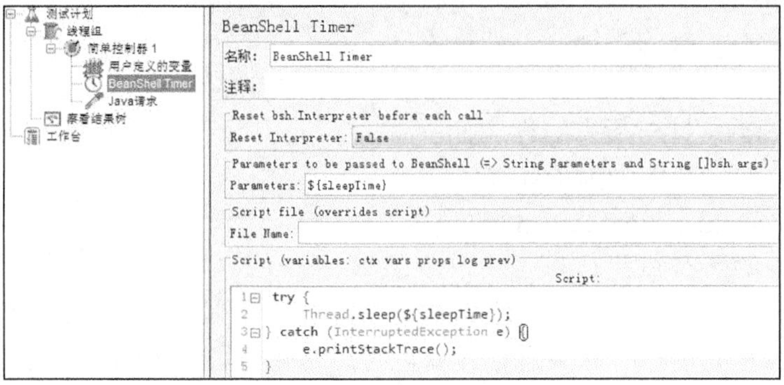

图 6-53 BeanShell Timer

参数说明如下。

名称：控制器名称，可以随意设置，甚至可以为空。

注释：可以随意设置，可以为空。

Reset Interpreter：是否每次迭代重置解析器，默认 False。官方建议是在长时间运行的脚本中设置 True。

Parameters：BeanShell 的入参，如图 6-54 所示 sleepTime 即是下面脚本的入参。入参可以是单个变量，也可以是数组。

File Name：BeanShell 脚本可以是从脚本文件中读取的。

Script：可以在 Script 区域直接写 BeanShell 脚本，在脚本中可以调用 JMeter 的运行属性。比如：

Log：直接可以调用 log 类来写日志。图 6-54 中的 BeanShell 调用 log.error()写日志。

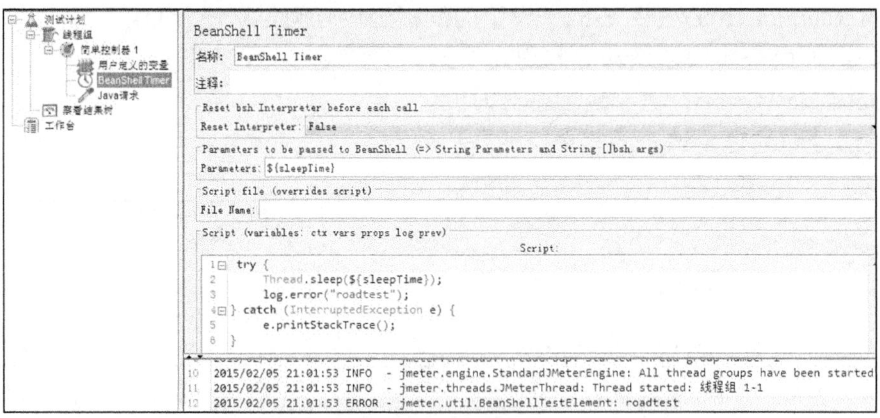

图 6-54 BeanShell 调用 log 类

Ctx：可以通过获取 JmeterContent 实例来获取运行时信息，如图 6-55 获取线程号 ctx.getThreadNum()。

Vars：能够访问变量获取对应的值，也可以设置变量。图 6-56 中设置了一个变量 company，然后用 log.error()进行输出，同时这个变量 company 也可以由其他的元件调用，图 6-57 中 Java

请求的 Label 设置为${company}，运行后值如图 6-57 所示。

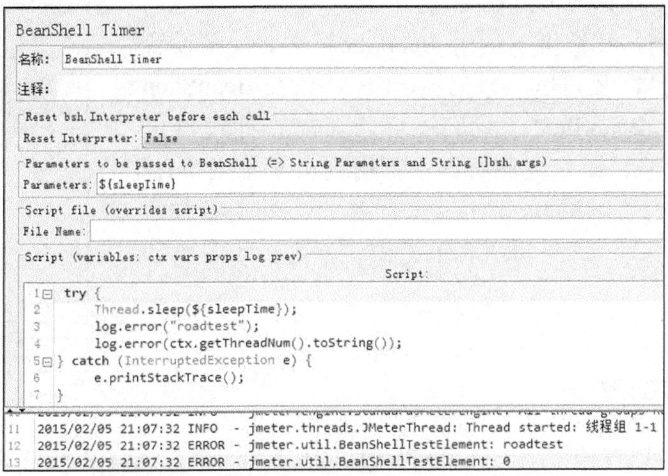

图 6-55 BeanShell 调用 jmeterContent 中的方法

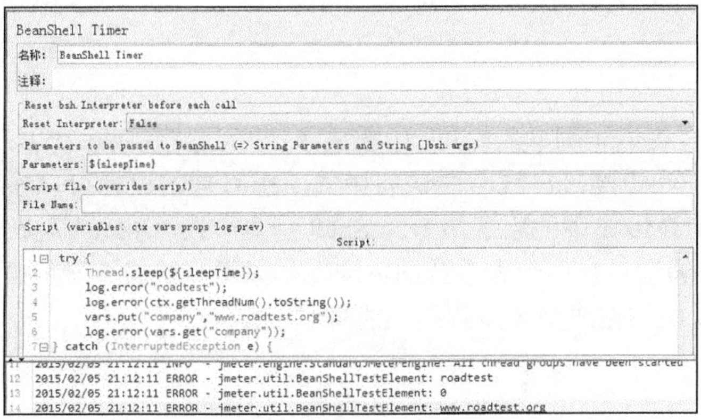

图 6-56 BeanShell 调用 vars

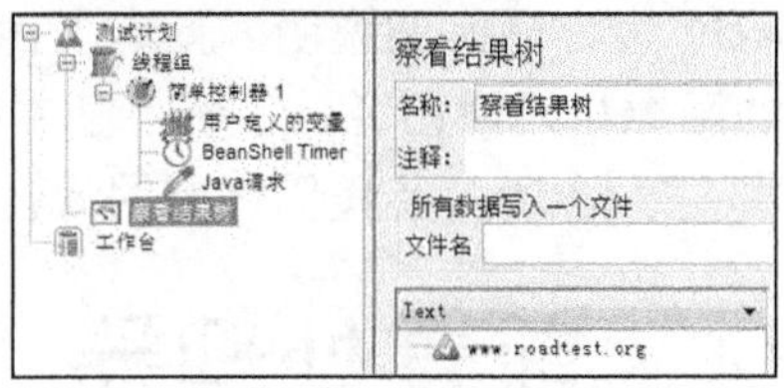

图 6-57 vars 声明的变量引用

Props：可以直接访问 JMeter 的属性，当然也可以在此设置属性值。JMeter 属性可以在%JMETER_HOME%/bin/jmeter.properties 中找到。图 6-58 中我们先获取了当前 JMeter 日志级别，打印出来的是 INFO（props.get（“log_level.jmeter”）），然后我们修改成了 ERROR（props.put（“log_level.jmeter”，“ERROR”）），再获取一次即是 ERROR 级别，也就是在运行过程中我们可以用 BeanShell 来修改 JMeter 的属性。

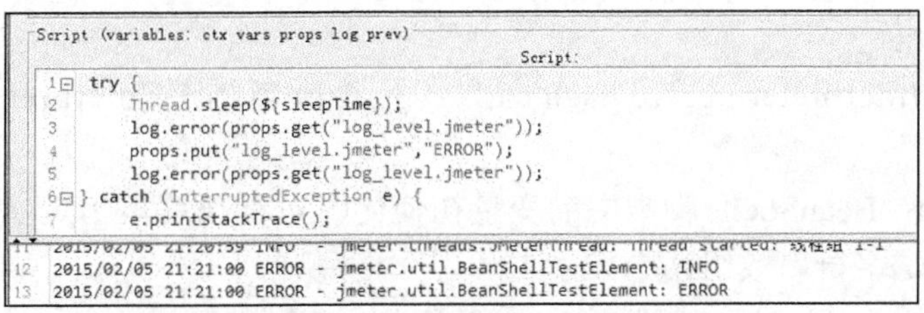

图 6-58 JMeter 属性访问

Prev：可以访问前面 Sampler 的结果。

BeanShell是支持调用Java程序的脚本语言，有关BeanShell脚本语言的语法请参照官方网站。

通过上面的示例，我们可以运用 BeanShell 来访问及设置属性，访问及设置变量，还可以用来记录日志，不仅在 BeanShell定时器中能够用到 BeanShell，我们还可以在前置处理器、Sampler、后置处理器、断言及监听器中都用到。不想用 Java来扩展 JMeter 的读者可以用 BenaShell 来代替 Java 处理各种问题。下面列出 JmeterContent（ctx）类的方法供参考（如图 6-59所示）。

图 6-59 JMeterContent 方法

6.3.8 BSF Timer

BSF 也是一种可以直接调用 Java 程序的脚本语言，运用方式与 BeanShell 大体相同，所以在此不再讲解。感兴趣的读者可以到官方网站了解。

6.3.9 JSR223 Timer

大家知道在 Jdk 中是可以运行 JavaScript 脚本的，Jdk 中集成了 JS 的运行引擎，JSR223作为一个标准，为脚本引擎提供了统一的接口、统一的访问模式。感兴趣的读者可以参考Apache 官方网站的说明。脚本语言在 JMeter 中的用法与 BeanShell 基本一致，JMeter 现在提供的函数与元件已经足够多，基本能够满足我们绝大多数的需求，如果不想增加学习负担与成本，掌握 Java 及我们讲到的元件就能够完成绝大多数的性能测试工作。

6.4 前置处理器

前置处理器用来处理请求前的一些准备工作，比如参数设置、环境变量设置等。

6.4.1 BeanShell PreProcessor

BeanShell PreProcessor（如图 6-60 所示）是以 BeanShell 为工具语言来为请求做准备工作，比如设置参数值。

1. 参数说明

- Reset bsh Interpreter beford each call ：是否重新构造 Interpreter，即是否重新初使化。
- Parameters：BeanShell 脚本中的变量初使化时可以在这里指定值。这里接受变量与字符串数组。如果是字符串数组两个元素之间用空格隔开。
- Script File——File Name：指定运行的 BeanShell 脚本。
- Script：在此可以直接编写 BeanShell 脚本，通过 BeanShell 可以访问 ctx、vars、props、prev、sampler、log。其中通过 ctx 可以访问 Jmeter 运行时状态，比如线程数及线程状态；通过 vars 访问 Jmeter 中定义的变量，也可以在此定义变量供后面的元件调用；通过 props 来访问 Jmeter 的运行时设置；通过 prev 来访问前一个取样器结果；通过 sampler 来访问当前取样器；通过 log 来写日志。脚本的编写与 7.1 节一样，在 JMeter 中只要是涉及 BeanShell 的，脚本编写方式都一样，访问的资源也都一样。

2. BeanShell 脚本编写

如图 6-61 所示，我们用 BeanShell 来调用 Java 类 BeanShellEg；然后建立两个变量“username”与“address”，并用 BeanShellEg 来赋值。

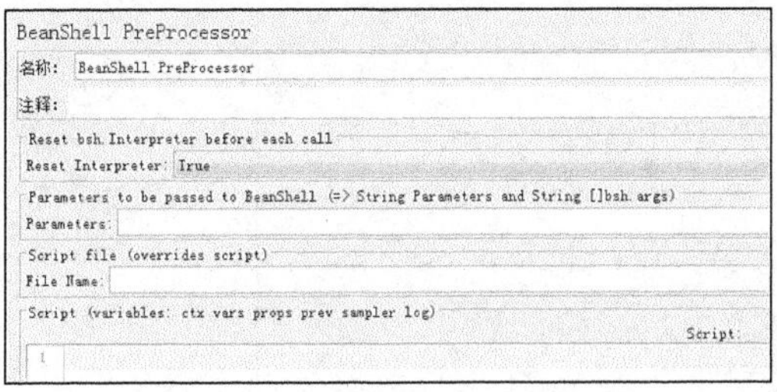

图 6-60 BeanShell PreProcessor

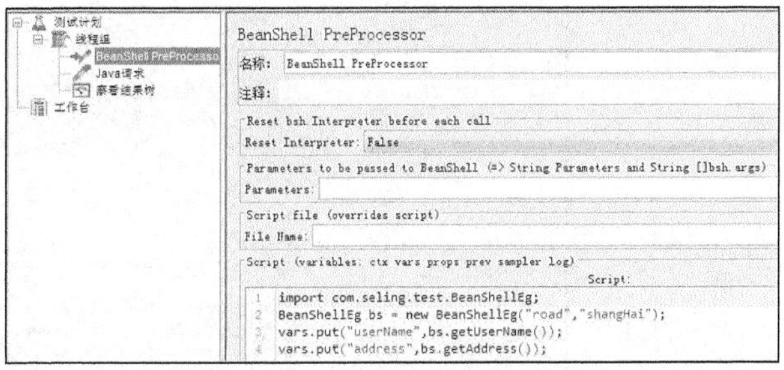

图 6-61 BeanShell PreProcessor

如图 6-62 所示，在 Java 请求中引用 userName 变量，应该返回 road 字符串。

在结果树（如图 6-63 所示）中我们可以看到 road 字符串被引用。

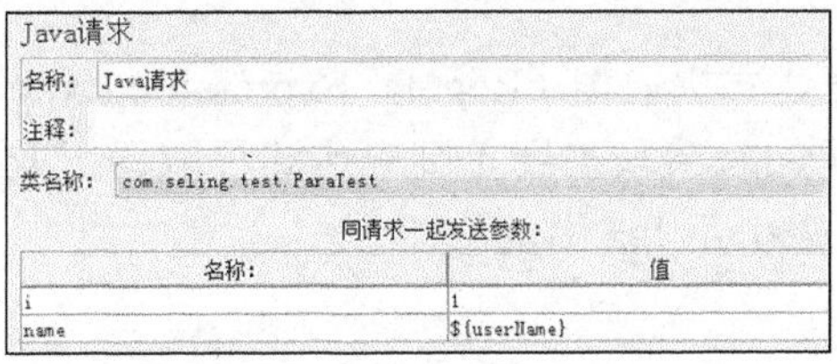

图 6-62 Java Request

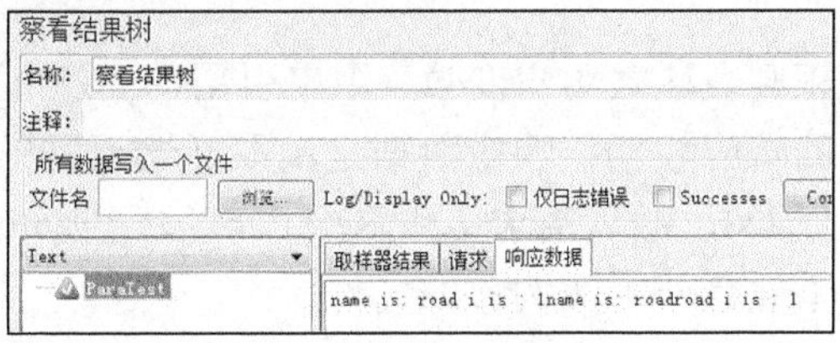

图 6-63 结果树

6.4.2 JSR223 PreProcessor

JSR223 作为与 BeanShell 类似的脚本语言也提供了前置处理器，使用方法与 BeanShell 类似。图 6-64 是简单示例，调用了 Java 类 BeanShellEg，定义了 userName 与 address 两个变量。

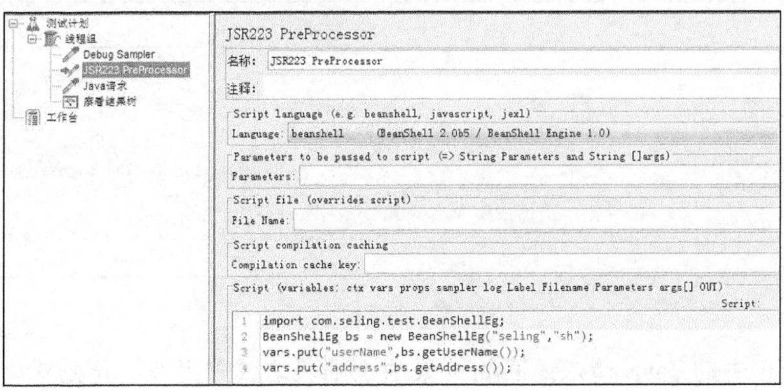

图 6-64 JSR223 PreProcessor

6.4.3 BSF PreProcessor

BSF PreProcessor 与 BeanShell PreProcessor 使用方法类似，只是脚本语言有差别而已，都可以调用 Java 类。

图 6-65 是简单示例，调用了 Java 类 BeanShellEg，定义了 userName 与 address 两个变量。

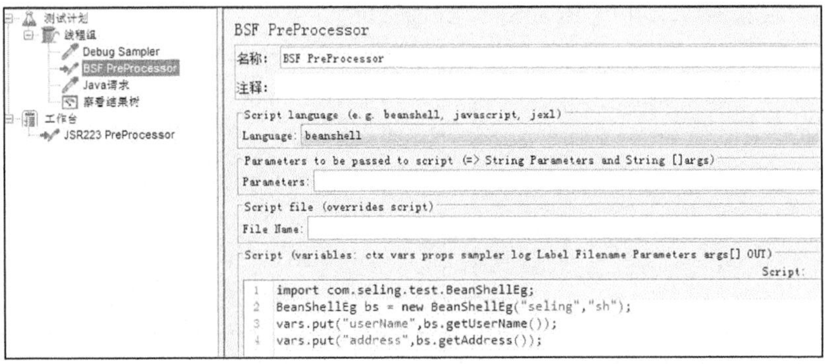

图 6-65 BSF PreProcessor

6.4.4 Regular User Parameter

正则表达式用户变量，用来引用前一次正则表达式提取器（Regular Expression Extractor）提取的响应数据；响应数据是由取样器返回的。比如对请求 1 用正则表达式提取器提取其返回数据 list，然后请求 2 用 Regular User Parameter 来引用 list 中的值。

下面看一个实例：

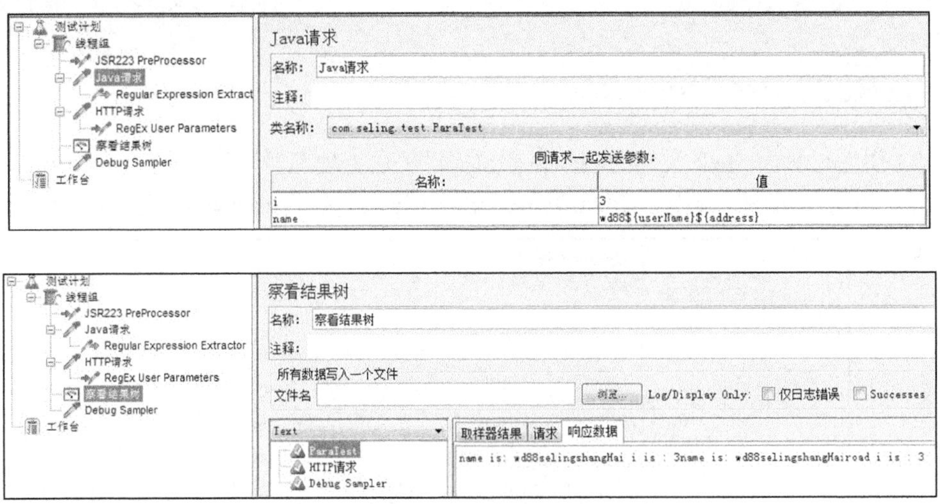

图 6-66 Java Request

（1）图 6-66 中的 Java 请求返回的结果由正则表达式来提取，正则式如下（如图 6-67 所示）。

（2）提取结果如图 6-68 所示，我们要得到的是 wd 与 selingshangHai。

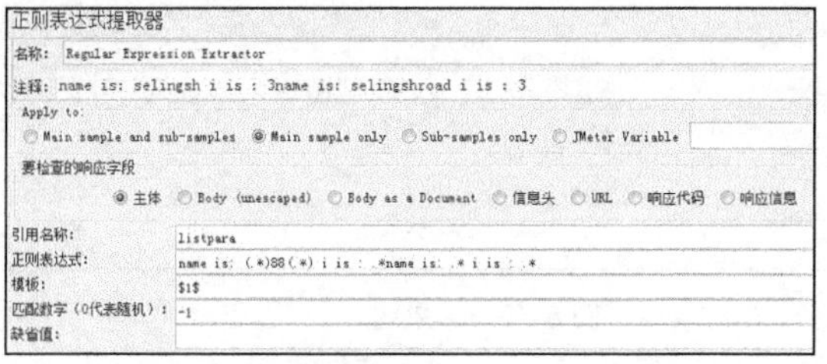

图 6-67　正则式提取 Java Request 响应结果

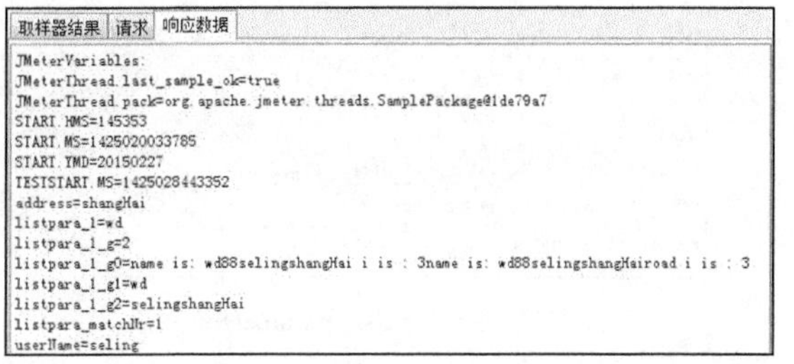

图 6-68　Response Data

（3）下一个请求是 Http 请求，访问的是 www.baidu.com，然后对 selingshangHai 字符串进行搜索；搜索域为 wd，值从哪里来呢？值由 Regular User Parameter 引用过来，所以在此不用填写 wd 的值（如图 6-69 所示）。

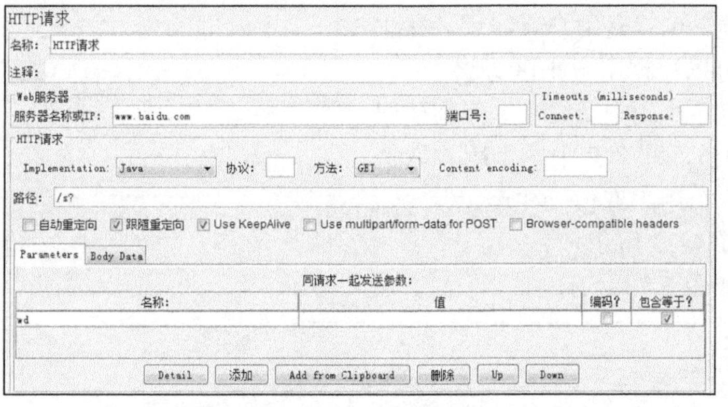

图 6-69　Http Request

（4）Regular User Parameter 界面（图 6-70）做如下填写，名称及注释可以忽略。

Regular Expression Reference Name：引用的正则表达式提取器中声明的变量名，在此我们填写 listpara（仔细观察一下，是不是在正则表达式提取器中出现过？）。

Parameter names regexp group number：引用的变量名称，我们访问 www.baidu.com 来搜索一个关键字，关键字域是 wd，此处即对应此关键字域。

Parameter values regex group number：引用变量对应的值，在我们例子中就是 wd 对应的值。

我们用正则表达式提取到了 wd 与 selingshangHai，在此用 1，2 来标注了它在 listpara 变量中的下标（listpara 是一个字符串数组），即 1 对应 wd，2 对应 selingshangHai。此时我们遍历了 listpara 变量，所以在正则表达式提取器中我们要把“匹配数字”设置为-1（即循环这个变量，不明白的读者可以翻阅前面讲到的正则表达式提取器部分的内容）。

（5）运行脚本，我们就可以看到 HTTP 请求内容是 http://www.baidu.com/s?&wd= selingshangHai，正好是在百度搜索 selingshangHai 这个词条（大家可以复制到浏览器地址栏试一下）。这样我们可以运用正则表达式提取器来做关联，用 Regular User Parameter 来引用关联值。如图 6-71 所示是结果树中的结果。

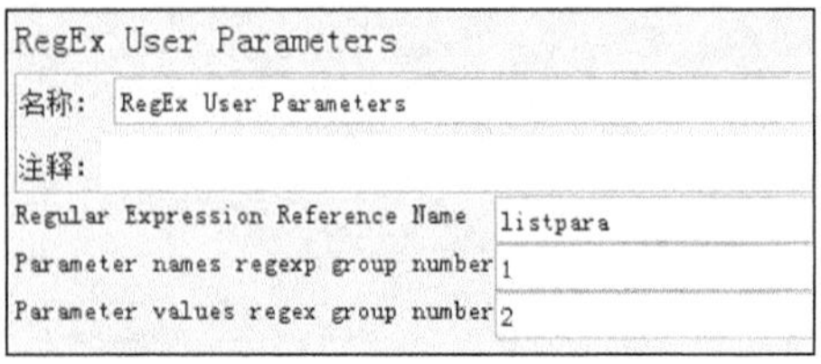

图 6-70 RegEx User parameters

图 6-71 结果树

6.4.5 用户参数

用户可以利用此元件进行参数设置，在取样器中进行参数化。在图 6-72 中可以看到有“添加变量”、“添加用户”、“删除变量”及“删除用户”四个选项。也就是用户（线程）在进行参数化取值时可以根据用户来区分。

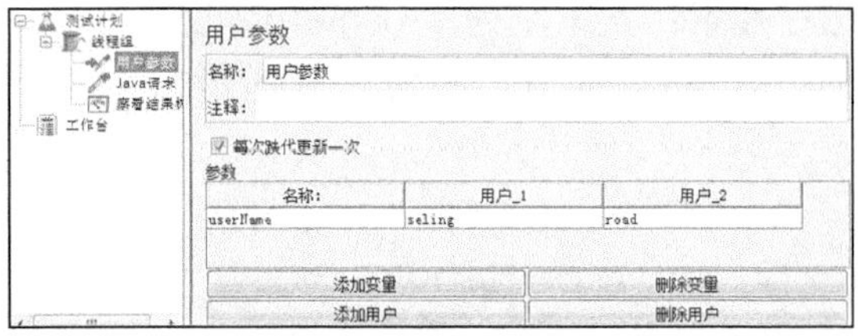

图 6-72 用户参数

比如，我们有两个用户（线程）分别要取变量 userName 的值，那么其中一个用户取值为“seling”，另一个用户取值为“road”。

Java 请求如图 6-73 所示。

线程组设置如图 6-74 所示。

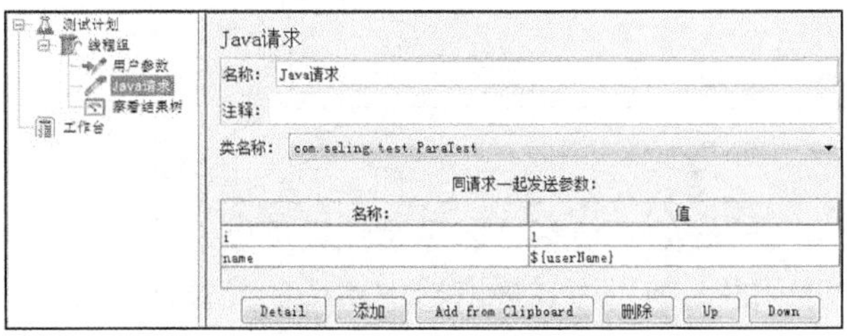

图 6-73 Java Request

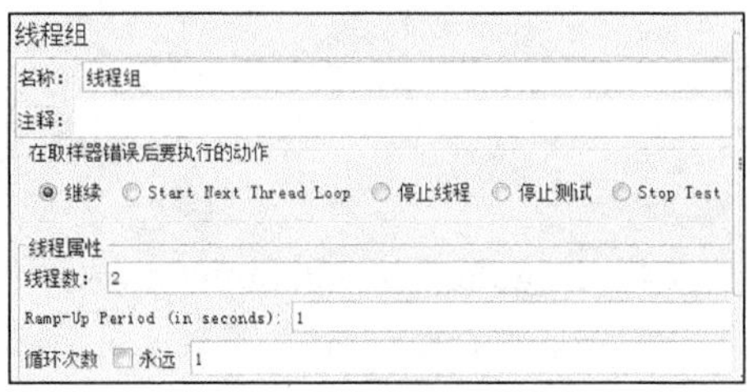

图 6-74 Thread Group

察看结果树结果如图 6-75 和图 6-76 所示。

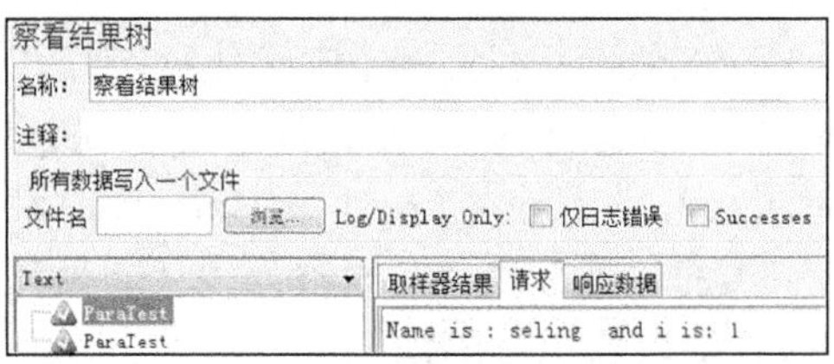

图 6-75 结果树

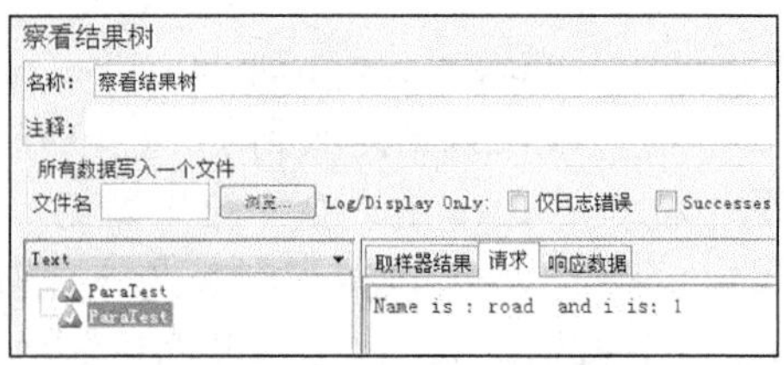

图 6-76 结果树

6.4.6 JDBC PreProcessor

请移步至第 7.5 节 JDBC 请求查看详细讲解。

6.4.7 HTML 链接解析器

我们先来看一个实例。图 6-77 所示是一个多选页面，表 6-1 中是 Html 代码。我们在提交表单时希望它能够自动选择选项，我们可以用正则表达式提取器来关联选择项，然后选中其中一项或者多项，再表单提交。基于此需求，我们还有另外的实现方式，我们可以运用 HTML 链接解析器来完成。

图 6-77 请求

表 6-1 Html 源码

```
<!DOCTYPE HTML PUBLIC "-//W3C//DTD HTML 4.0 Transitional//EN">
<HTML>
<HEAD>
<TITLE>RoadTest</TITLE>
<META NAME="Generator" CONTENT="EditPlus">
<META NAME="Author" CONTENT="">
<META NAME="Keywords" CONTENT="">
<META NAME="Description" CONTENT="">
</HEAD>
<BODY>
<table>
     <form METHOD=POST ACTION="test1.html">
          <INPUT TYPE="checkbox" NAME="userName" value="111">111</td></tr>
          <INPUT TYPE="checkbox" NAME="userName" value="222">222</td></tr>
          <INPUT TYPE="checkbox" NAME="userName" value="333">333</td></tr>
          <INPUT TYPE="submit" name="submit">
     <form>
</table>
</BODY>
</HTML>
```

图 6-78 中的表单提交给 test1.html 来处理，提交的表单内容是 userName。我们在 JMeter 中添加 HTMLParse.html 的请求页面，在此初始化了这个页面，然后添加一个 test1.html 请求，这个请求处理传送过来的 userName；userName 来自于 HTMLParse.html，它是通过 HTML 链接解析器来获取的。

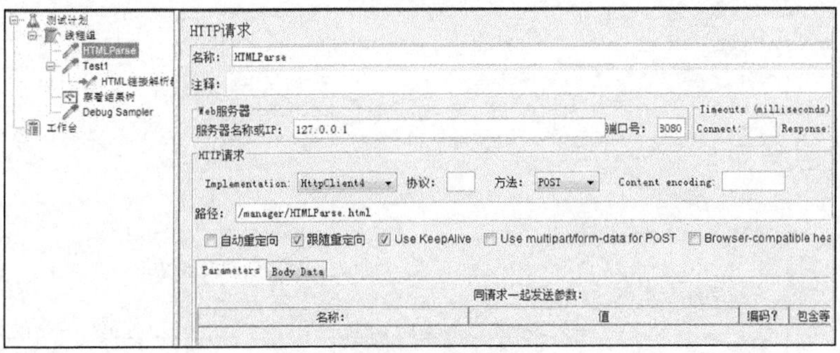

图 6-78 请求

在 Test1.html 请求中我们传入 userName（如图 6-79 所示），参数名称为 userName，值就

是.*，它会用正则式去匹配 HTMLParse.html 中的 userName 复选项。

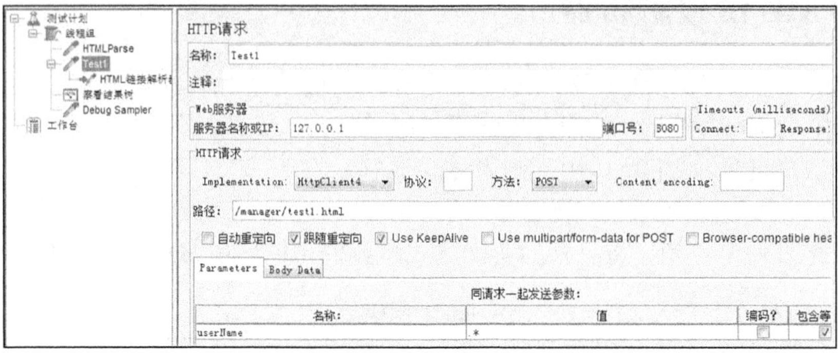

图 6-79 Http 请求

运行此脚本，我们在结果树（图 6-80）中可以看到 Test1 请求（Test1.html）中的 userName=333。

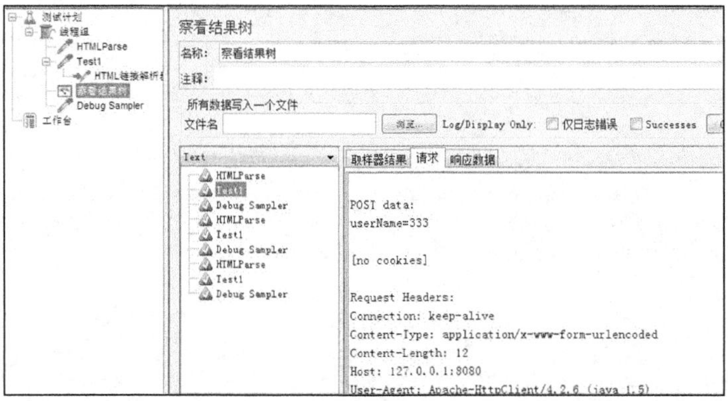

图 6-80 结果树

表 6-2 是 HTML 链接解析器的部分程序，从中我们可以看到它可以解析 form、input、textarea、select、option 等组件。

表 6-2 Java 程序

```
    private static boolean recurseForm(Node tempNode, LinkedList<HTTPSamplerBase>
urlConfigs, URL context, String selectName,
            boolean inForm) {
        NamedNodeMap nodeAtts = tempNode.getAttributes();
        String tag = tempNode.getNodeName();
        try {
            if (inForm) {
                HTTPSamplerBase url = urlConfigs.getLast();
                if (tag.equalsIgnoreCase("form")) { // $NON-NLS-1$
                    try {
                        urlConfigs.add(createFormUrlConfig(tempNode, context));
                    } catch (MalformedURLException e) {
                        inForm = false;
                    }
                } else if (tag.equalsIgnoreCase("input")) { // $NON-NLS-1$
```

```
                url.addEncodedArgument(getAttributeValue(nodeAtts, "name"), // $NON-NLS-1$
                        getAttributeValue (nodeAtts, "value")); // $NON-NLS-1$
            } else if (tag.equalsIgnoreCase ("textarea")) { // $NON-NLS-1$
                try {
                    url.addEncodedArgument (getAttributeValue (nodeAtts, "name"), // $NON-NLS-1$
                            tempNode.getFirstChild().getNodeValue());
                } catch (NullPointerException e) {
                    url.addArgument(getAttributeValue(nodeAtts, "name"), ""); // $NON-NLS-1$
                }
            } else if (tag.equalsIgnoreCase ("select")) { // $NON-NLS-1$
                selectName = getAttributeValue (nodeAtts, "name"); // $NON-NLS-1$
            } else if (tag.equalsIgnoreCase ("option")) { // $NON-NLS-1$
                String value = getAttributeValue (nodeAtts, "value"); // $NON-NLS-1$
                if (value == null) {
                    try {
                        value = tempNode.getFirstChild().getNodeValue();
                    } catch (NullPointerException e) {
                        value = ""; // $NON-NLS-1$
                    }
                }
                url.addEncodedArgument (selectName, value);
            }
        } else if (tag.equalsIgnoreCase ("form")) { // $NON-NLS-1$
            try {
                urlConfigs.add (createFormUrlConfig (tempNode, context));
                inForm = true;
            } catch (MalformedURLException e) {
                inForm = false;
            }
        }
    } catch (Exception ex) {
        log.warn ("Some bad HTML " + printNode (tempNode), ex);
    }
    NodeList childNodes = tempNode.getChildNodes();
    for (int x = 0; x < childNodes.getLength(); x++) {
        inForm = recurseForm (childNodes.item (x), urlConfigs, context, selectName, inForm);
    }
    return inForm;
}
```

Test1.html 程序如表 6-3 所示，我们把 HtmlParse.html 与 test1.html 发布在%TOMCAT_HOME%\webapps\manager 目录下，本机 TOMCAT_HOME 是 D:\tomcat。

表 6-3 Html 源码

```
<!DOCTYPE HTML PUBLIC "-//W3C//DTD HTML 4.0 Transitional//EN">
<HTML>
<HEAD>
<TITLE> New Document </TITLE>
<META NAME="Generator" CONTENT="EditPlus">
<META NAME="Author" CONTENT="">
<META NAME="Keywords" CONTENT="">
<META NAME="Description" CONTENT="">
</HEAD>
```

```
<BODY>
<table>
      <FORM METHOD=POST ACTION="test2.html">
          <INPUT TYPE="text" NAME="userName">
          <INPUT TYPE="submit">
      </FORM>
      Test1 page for test!!!
</table>
</BODY>
</HTML>
```

经过上面的例子，我们能够了解到 Html 链接解析器能够帮我们自动解析表单，结合 Http 请求取样器来获取解析的值，帮助我们方便地进行测试。

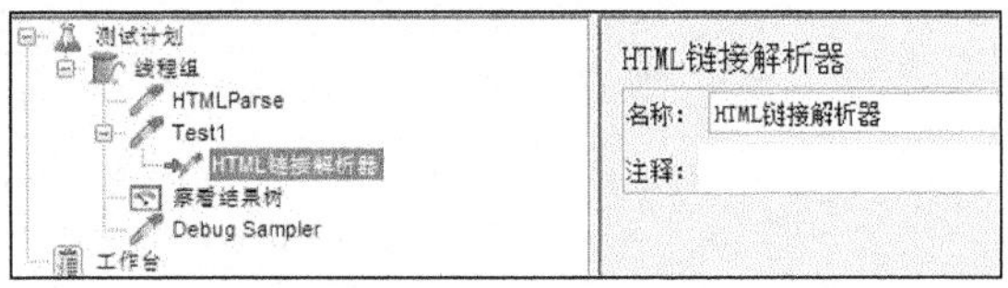

图 6-81　HTML 链接解析器

HTML 链接解析器没有参数设置（名称与注释随意填写），从图 6-81 中可以看到它需要放在第二个请求（Test1.html）的下面，用来解析第一个 Http 请求（HTMLParse.html）。

6.4.8　HTTP URL 重写修饰符

HTTP URL 重写修饰符，顾名思义是帮我们重定向 URL 请求；重写 URL 来存储会话 id。我们知道浏览器与服务器之间的会话一般用 Cookie 来管理，在 JMeter 中就是 HTTP Cookie 管理器。但是在实践工作中还有另外一种会话保持方式。

比如系统只允许登录成功的用户才可以访问系统，当用户登录成功后返回一个 SessionID（或者 JsessionId）给用户，后续访问都要求验证这个 SessionID。如果后续的请求都是以 Get 的方式提交表单，那么 SessionID 需要附加在 URL 链接中，而且每一个 Get 请求都是如此，这种重复工作，显然是可以用一个操作来完成的，在 JMeter 中这个操作就是 HTTP URL 重写修饰符。

图 6-82 中 Req1 以 Get 方式访问（系统登录）服务器，得到的响应 Res1 中包括 SessionId，Req2 的 URL 链接中就要带上 SessionId，比如 http://www.testroad.org?search=seling&SessionId=jfdkjdkf%20jddkfdfjkdjfdf%22。

下面我们看一下参数表，如图 6-83 所示。

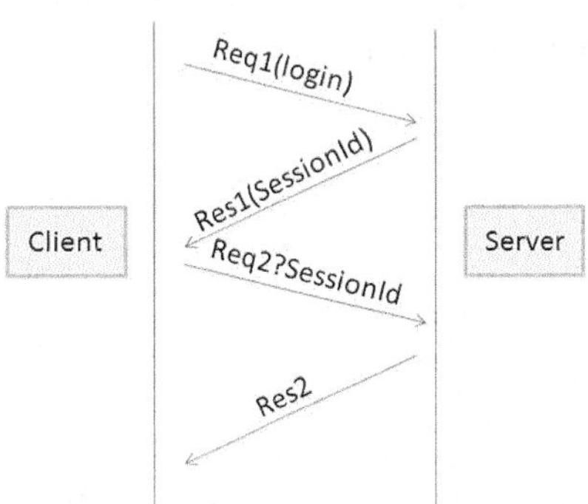

图 6-82　HTTP URL 重写修饰符原理

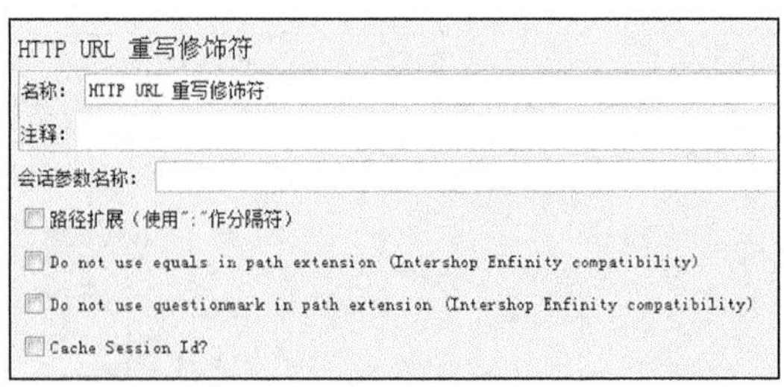

图 6-83　HTTP URL 重写修饰符

名称：随意填写，可以为空。

注释：随意填写，可以为空。

会话参数名称：URL 重写的参数名称。

路径扩展：上面 http://www.testroad.org?search=seling&SessionId= jfdkjdkf%20jddkfdfjkdjfdf%22 重写 SessionID 与参数之间是用“&”来间隔的，有些情况下是以“;”来间隔的，如果是就勾选此项。

Do not use equals in path extension：上面 http://www.testroad.org?search=seling&SessionId= jfdkjdkf%20jddkfdfjkdjfdf%22 中 search=seling 用“=”号来间隔的，如果不是就勾选此项。

Do not use questionmark in path extension：不使用“？”来间隔参数名与参数值。

Cache SessionId Id?：是否 Cache 住 SessionId 供后续请求使用。

6.5 后置处理器

Sampler 用来模拟用户请求，有时候服务器的响应数据在后续请求中需要用到，我们势必要对这些响应数据进行处理，后置处理器即是用来完成这项工作的。比如系统登录成功后我们要获取 SessionId，在后面的业务操作中服务器会验证这个 SessionId，获取 SessionId 这个过程可以用后置处理器中的正则表达式提取器来完成。

在讲解前置处理器时我们讲解了 BeanShell PreProcessor、JSR233 PreProcessor、BSF PreProcessor 三个元件，后置处理器中的 BeanShell PostProcessor、JSR233 PostProcessor、BSF PostProcessor 与它们的使用方法基本一样，分别支持不同的脚本语言，在此就不再赘述。

6.5.1 Debug PostProcessor

Debug PostProcessor（图 6-84）多用在脚本调试，结合察看结果树我们可以看到 Sampler 的相关变量、系统相关属性、JMeter 相关变量与属性。插播一下什么叫属性？什么叫变量？

JMeter 属性：Jmeter 在启动时载入到内存的 Jmeter 使用到的配置参数，配置已经预先定义，生命周期从 Jmeter 启动开始到 JMeter 进程关闭。

系统相关属性：在操作系统层面设置的各种配置参数，比如 JAVA_HOME。

Jmeter 变量：用户在使用 Jmeter 工具时自己定义的参数，可以任意设置。

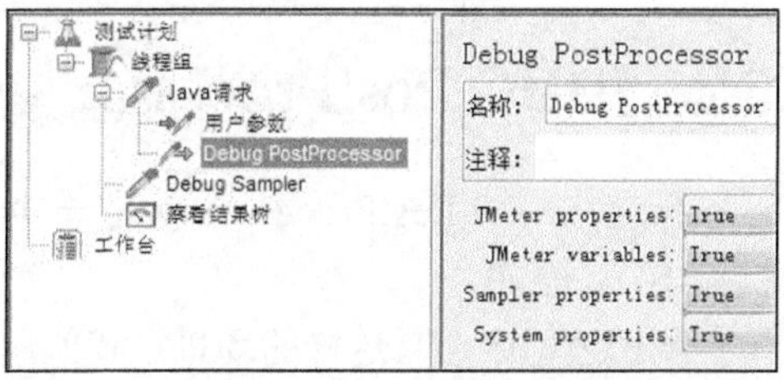

图 6-84 Debug PostProcessor

Sampler 相关变量：提取服务器响应数据得到的参数，比如我们做关联获取到的 SessionId。

参数说明如下。

名称：随意填写，可以为空。

注释：随意填写，可以为空。

JMeter properties：是否显示 JMeter 属性。

JMeter variables：是否显示 JMeter 中定义的变量。

Sampler properties：是否显示取样器属性。

System properties：是否显示系统属性。

图 6-85 所示是 Java 请求节点下 Debug PostProcessor 在结果树（如图 6-85 所示）中的结果。

图 6-85 Debug PostProcessor

上图我们可以看到变量 num=6，如果是 CSV Data Set Config 做为参数化工具，我们想知道当前迭代下参数获取到的值是多少，就可以用此元件来查看；当我们用正则表达式提取器做关联时，关联取值也可以用此元件来查看，此元件相当于 Eclipse 中的 Debug 功能。

6.5.2 JDBC PostProcessor

实际上 JDBC PostProcessor 就是一个 JDBC Request，它与 JDBC Request 功能相同，都可以执行 SQL 语句。

在测试过程中会有这样的场景：我们用 JDBC Request 修改了一些数据，当测试完成后，我们希望还原到原先状态，此时我们可以用 JDBC PostProcessor 来完成，当然用 JDBC Request 也可以完成。只是不计录测试结果。具体 JDBC PostProcessor 的使用请参考 JDBC Request 的使用方法。

6.5.3 Result Status Action Handler

大家还记得线程组的设置吗？其中有取样器错误后处理逻辑的设置（如图 6-86 所示）。

Result Status Action Handler（如图 6-87 所示）能够针对单一 Sampler 来设置运行时错误的处理逻辑（动作）。逻辑如下。

继续：忽略错误继续执行。

Start Next Thread Loop：停止当前迭代，开始下一迭代。

停止线程：停止当前线程。

停止测试：停止整个测试计划，当前迭代没有完成的线程完成后再停止。

Stop Test Now：停止整个测试计划，立刻马上，当前迭代没完成的线程也要停止。

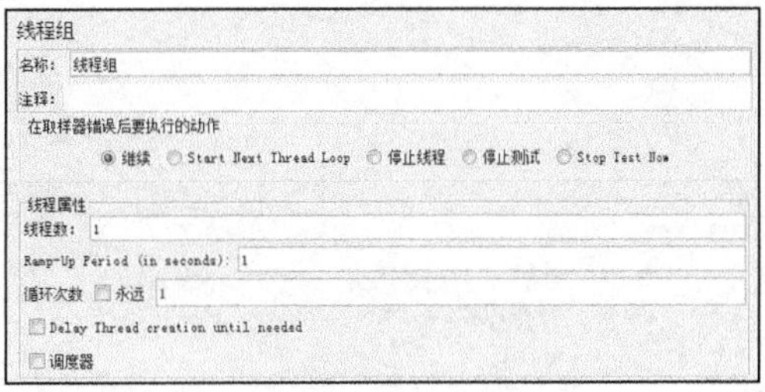

图 6-86 Thread Group

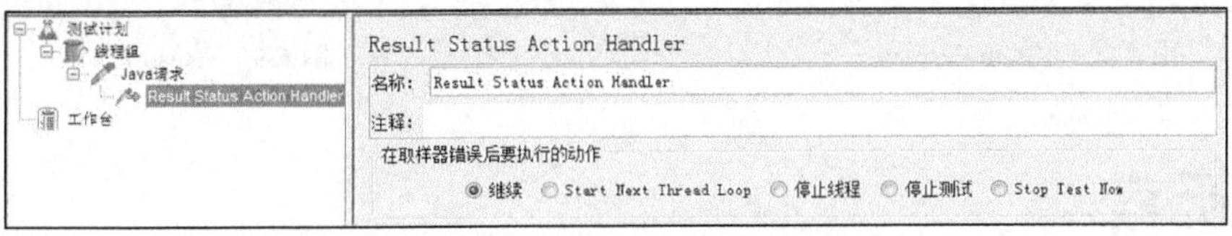

图 6-87 Result Status Action Handler

6.5.4 XPath Extractor

XPath 是一种语言，可用来在 XML 文档中对元素和属性进行遍历。XPath Extractor 正是利用 XPath 在 XML 中查找元素。在 JMeter 中对 WebService 进行测试时返回的就是 XML 格式的文本内容，我们可以用 XPath Extractor 来查找内容进行关联操作（当然，还是可以利用正则表达式提取器元件进行）。下一节函数助手中讲到的_XPath 函数功能也与此元件类似。

图 6-88 是访问中国气象网免费开放接口（getSupportProvince：支持省份）的结果，可以看到是 XML 格式。

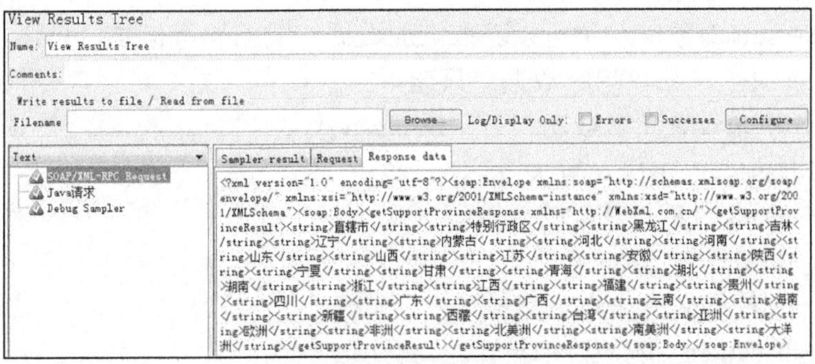

图 6-88 Results Tree

图 6-89 是 XPath Extractor，XPath query 中的表达式即是过滤字符，"//"表示选择任意位置的某个节点，其次是 getSupportProvinceResult 节点，再者是 string 节点，这样就定位到了省份。

在结果树中（如图 6-90 所示）我们可以看到 cityName 的值，实际上它是一个数组。下面的 Java 请求通过 cityName 来引用。有关 XPath 的语法请参考 6.8.36 节_XPath。

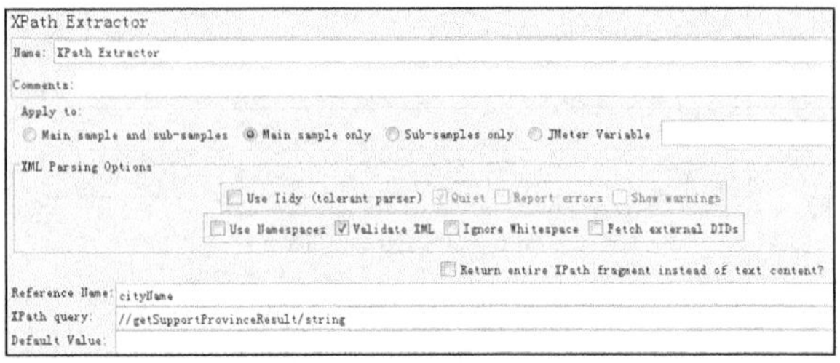

图 6-89 XPath Extractor

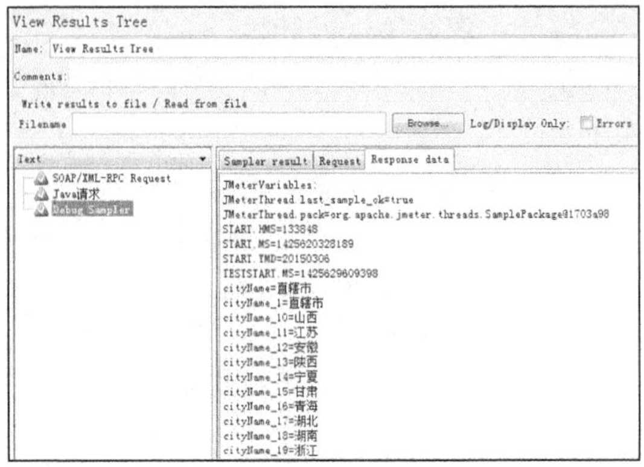

图 6-90 Results Tree

6.6 断言

断言组件用来对服务器的响应数据做验证，常用的断言是响应断言，其支持正则表达式。虽然我们通过响应断言能够完成绝大多数的结果验证工作，但是 JMeter 还是为我们提供了适合多个不同场景的断言元件，下面我们来看一下 JMeter 的断言元件。

6.6.1 BeanShell Assertion

在 JMeter 中除了配置元件外，其他类型的元件中都会有 BeanShell 的身影，BeanShell 作为脚本语言能够方便地调用 Java 类，在测试执行时方便用户进行简单的逻辑处理。同样在断言元件中，BeanShell 也可以访问 JMeter 的诸多属性。具体有：

（1）log 对象，可以利用此对象写日志。

（2）SampleResult 对象，从中可以获取响应数据、响应码等信息，只读。

（3）Response 对象，获取响应数据，只读。

（4）Failure，用来设置断言成功与否，Boolean 类型。

（5）FailureMessage，用来设置失败信息。

（6）ResponseData 对象，获取响应数据。

（7）ResponseCode，响应码。

（8）ResponseMessage，响应信息。

（9）ResponseHeaders，响应头信息。

（10）RequestHeaders，请求头信息。

（11）SampleLabel，取样器 Label 信息。

（12）SamplerData，发送给服务器的数据。

（13）Ctx（JMeterContext），JMeter 上下文信息，从中可以获取线程数、线程号等信息。

（14）Vars（JMeterVariables），获取 JMeter 中定义的变量，或者设置变量。

（15）Props（JMeterProperties），获取 JMeter 中的属性，或者设置属性。

其中 3.6.7.8.9.10.11.12 都可以在 SampleResult 中获取，图 6-91 是 SampleResult 中的部

分方法：

可以看到，我们做断言需要的元素在以上 15 条中基本都可以找到，这样我们就能全方位地进行断言。当我们有特殊断言场景（响应断言等解决不了问题时）时就可以运用。下面看一个示例（如图 6-92 所示）。

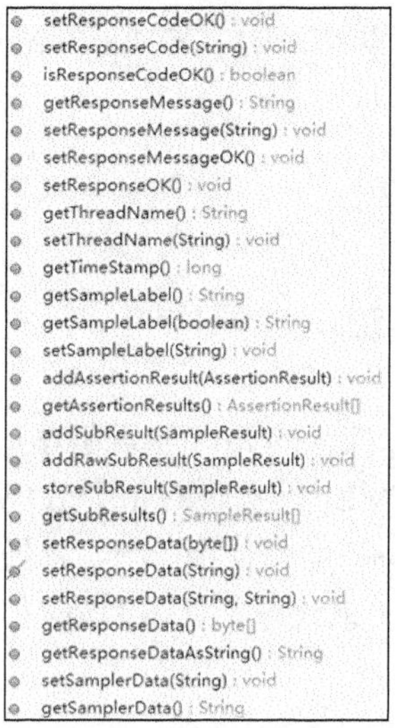

图 6-91 SampleResult methods

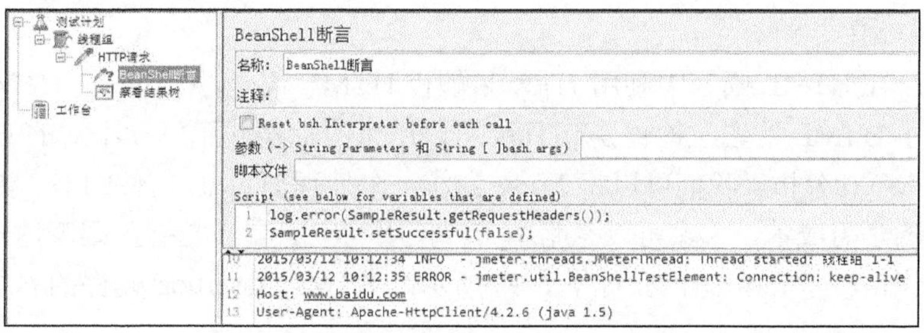

图 6-92 SampleResult methods

我们利用 log.error()来输出 RequestHeaders 信息（log.error（SampleResult.getRequestHeaders());），在控制台就可以看到 Headers 信息（Connection:keep-alive Host:www.baidu.com 部分）。

SampleResult.setSuccessful（false）设置了 HTTP 请求时失败，我们在察看结果树（如图 6-93 所示）中可以看到请求 Label（HTTP 请求）是红色的，即失败状态。

我们再修改一下 BeanShell 语句，如图 6-94 所示如果响应代码不是 200 即设置事务失败，用 BeanShell 来验证事务是否成功。

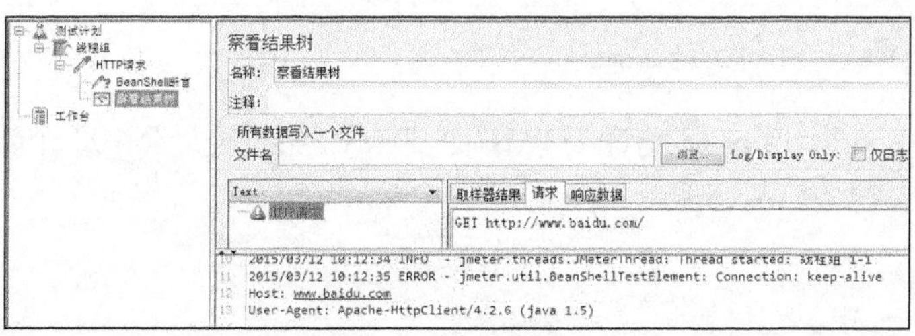

图 6-93 Results Tree

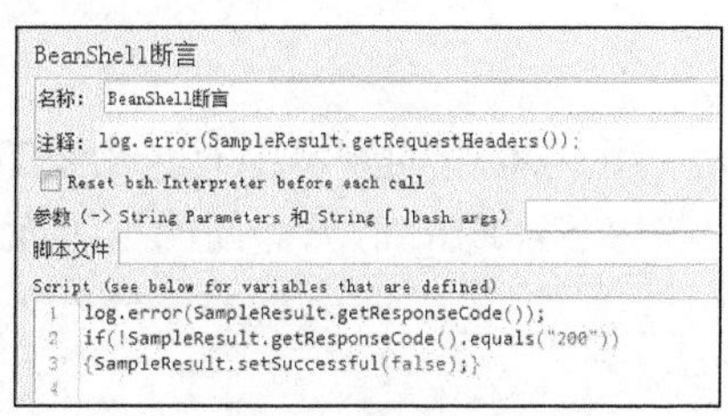

图 6-94 BeanShell 断言

下面简单介绍下其他几个方法。

getResponseDataAsString：从 SampleResult 获取响应数据；

getResponseCode：从 SampleResult 获取响应 Code。

getResponseMessage：从 SampleResult 获取响应消息。

有关 BeanShell 的具体用法请参考 7.1 节。

6.6.2 Compare Assertion

比较断言，用来比较两次取样结果，结果支持正则表达式过滤。比较断言会消耗较多资源，所以在测试时一般不建议使用，仅仅用来调试。Compare Assertion 要与 Comparison Assertion Visualizer 结合起来用，前者进行设置，后者进行断言结果显示。属于调试功能，也不常用再此不述。

6.6.3 HTML Assertion

HTML 断言可以对 HTML 代码内容进行断言，当然此元件不仅仅只支持 HTML，还支持 XHTML、XML。

在 HTML 断言中利用 JTidy 来解析 HTML 代码，JTidy 是 HTML Tidy 的 Java 实现版本，提供了 HTML 的语法检查器。JTidy 可以用来清除格式不好和不对的 HTML，还提供对整个 HTML 的 DOM 分析。我们可以将 JTidy 当作一个处理 HTML 文件的 DOM 解析器来使用。为了降低大家的学习成本，大家可以忽略本节，使用响应断言（支持正则表达式）来代替。具体 JTidy 相关知识请参考 jtidy 官网。如图 6-95 所示是 HTML Assertion 元件的界面。

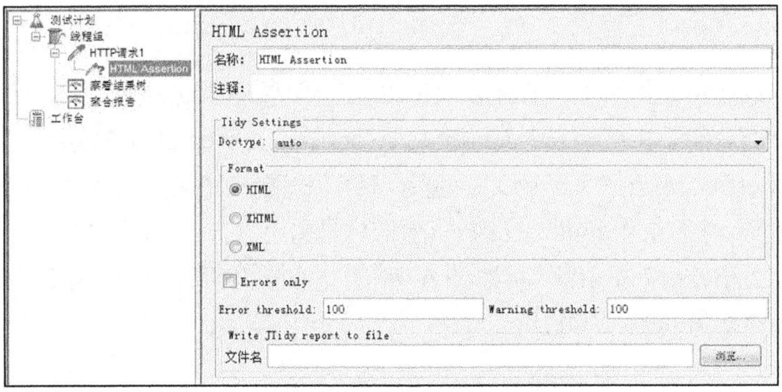

图 6-95 HTML Assertion

图 6-96 中的脚本中有一个 HTML Assertion，其允许 HTML 在 JTidy 验证下少于 100 个错误与警告。Http 请求访问的地址及结果如图 6-96 所示。

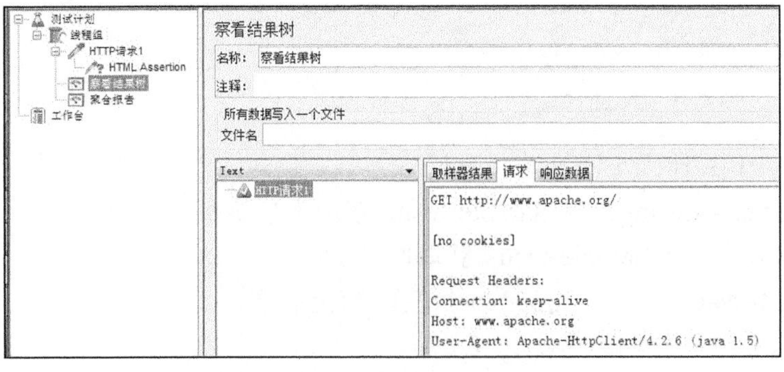

图 6-96 Results Tree

6.6.4 Size Assertion

Size Assertion 验证响应数据 Size 大小，它的作用范围有主 Sample 与子 Sample。下面我们看下它的参数（如图 6-97 所示）。

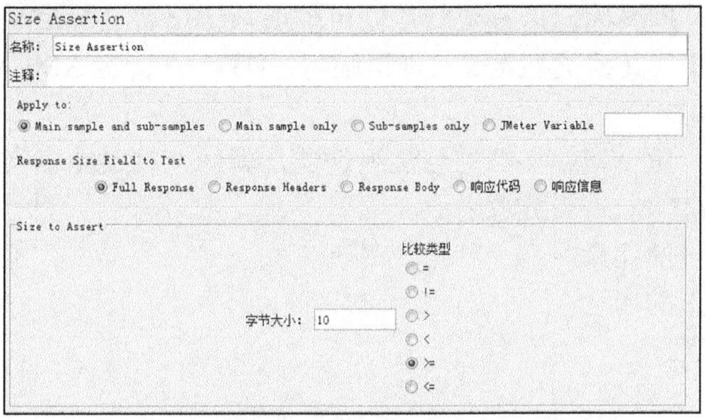

图 6-97 Size Assertion

名称：给添加的元件取名，随意填写，可以为空。

注释：随意填写，可以为空。

Apply to：断言应用范围。

Main sample and sub-samples：断言部分包括主 Sample 与子 Sample。

Main sample only：断言部分仅仅是主 Sample。

Sub-samples only：断言部分仅仅是子 Sample。

JMeter Variable：断言部分是 JMeter 变量。

Response Size Field to Test：哪部分响应域参与断言。

Full Response：全部响应信息。

Response Headers：响应头信息，比如 Http 协议的头信息。

Response Body：响应主体内容部分，比如 Http 协议 HTML 代码中的 Body 部分。

响应代码：响应代码，比如 200，301。

响应信息：响应信息，比如 OK。

Size to Assert：断言时 Size 的阀值设置。

上面我们断言 Http 请求的响应内容大于等于 10byte，成功后在结果树中察看到 HTTP 请求标题是绿色的（如图 6-98 所示）。如果改大字节大小为 10000byte，那么执行后断言结果就是失败（如图 6-99 所示）。

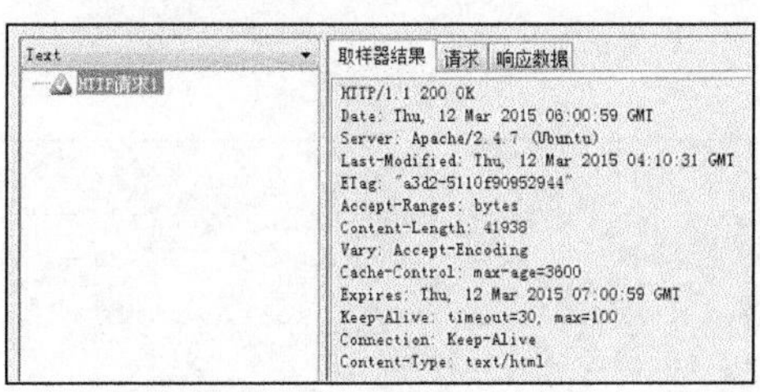

图 6-98 Results Tree

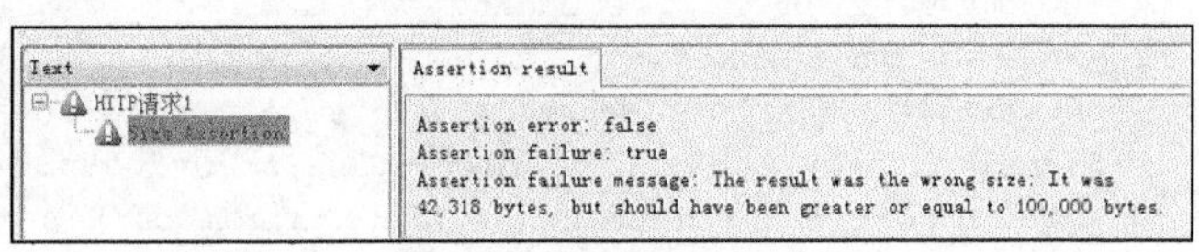

图 6-99 Assertion result

6.6.5 XML Schema Assertion

学习 XML Schema Assertion 之前大家需要先补下 XML Schema 的知识（可到维基百科查看，也可到 W3C 官网查看）。以下内容来自百度：

XML Schema，可扩展标记语言架构是以可扩展标记语言（标准通用标记语言的子集）为基础的，它用于可替代文档类型定义（外语缩写：DTD）；一份 XML schema 文件描述了可扩展标记语言文档的结构。

它的作用是定义一份 XML 文档的合法组件群，就像文档类型定义（外语缩写：DTD）的作用一样，一份 XML Schema 定义：

可以出现在文档里的元素；

可以出现在文档里的属性；

哪些元素是子元素；

子元素的顺序；

子元素的数量；

一个元素是否能包含文本，或应该是空的；

元素和属性的数据类型；

元素和属性的默认值和固定值。

下面我们来看一个例子（如图 6-100 所示）。

脚本访问 http://www.webxml.com.cn/WebServices/WeatherWebService.asmx 中的 get SupportProvince 接口。

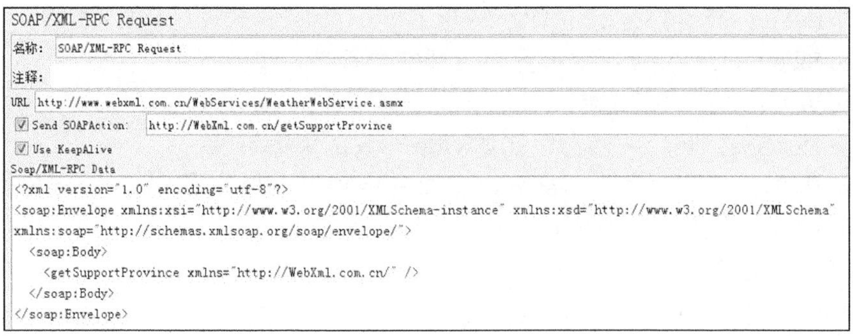

图 6-100 SOAP/XML-RPC Request

用图 6-100 中的 XML 请求生成一个 XML Schema（表 6-4），内容如下（网络流传有多个 XML 生成 XML Schema 的工具，请自行搜索）：

表 6-4 XML Schema

```
<?xml version="1.0" encoding="UTF-8"?>
<xs:schema xmlns:xs="http://www.w3.org/2001/XMLSchema" elementFormDefault="qualified"
targetNamespace="http://schemas.xmlsoap.org/soap/envelope/"
xmlns:ns1="http://WebXml.com.cn/" xmlns:soap="http://schemas.xmlsoap.org/soap/envelope/">
    <xs:import namespace="http://WebXml.com.cn/" schemaLocation="ns1.xsd"/>
    <xs:element name="Envelope">
```

```
<xs:complexType>
<xs:sequence>
<xs:element ref="soap:Body"/>
</xs:sequence>
</xs:complexType>
</xs:element>
<xs:element name="Body">
<xs:complexType>
<xs:sequence>
<xs:element ref="ns1:getSupportProvinceResponse"/>
</xs:sequence>
</xs:complexType>
</xs:element>
</xs:schema>
```

生成的 XML Schema 保存为 xmlschema.xsd。如图 6-101 所示添加好 XML Schema Assertion 后执行。

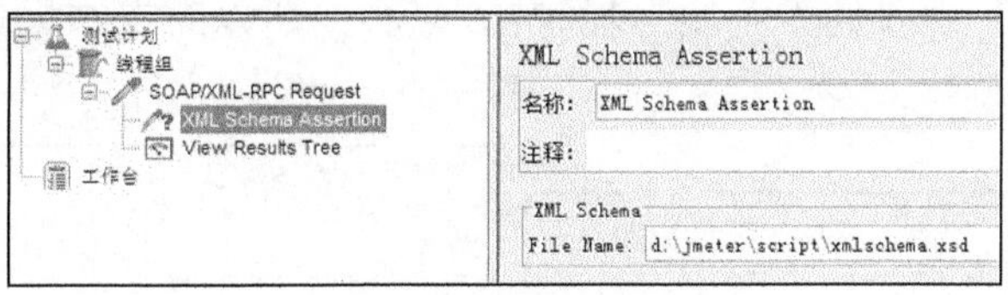

图 6-101 XML Schema Assertion

6.6.6 XML Assertion

XML Assertion 用来验证响应数据是正确的 XML 格式。一般我们不关心返回格式，关心的是其中的值，所以此元件不常用。

6.6.7 XPath Assertion

WebServices 协议接口测试可以通过响应断言（支持正则表达式）来做验证。除此之外 XPath Assertion 也能够对返回的 XML 格式信息进行断言，而且是专用的。XPath 相关内容请参照 6.8.36 节。

如图 6-102 所示是 SOAP 方式访问 http://WebXml.com.cn/getSupportProvince 的返回数据，我们要验证结果中返回的"吉林"这个省份。

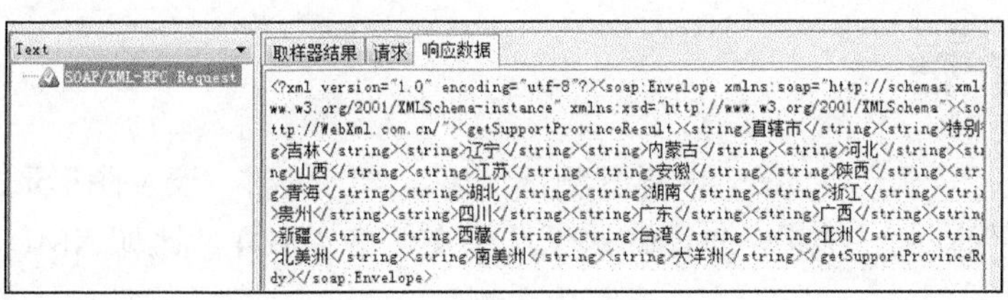

图 6-102 Results Tree

那么我们就可以在 Xpath Assertion（如图 6-103 所示）中填入//string[text()='吉林'] 来进行匹配。其中 text()方法返回<string>标签对应的值。

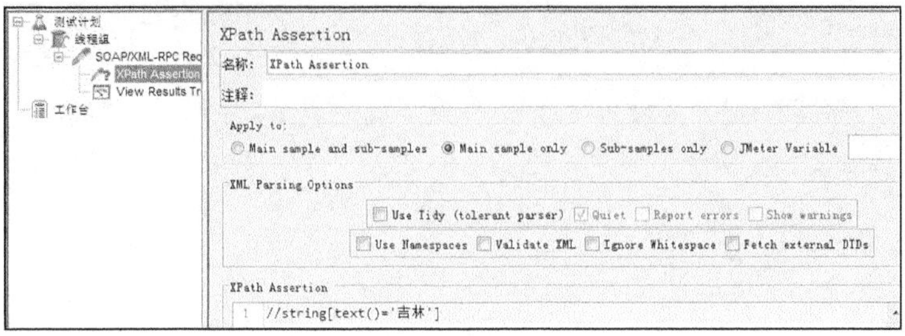

图 6-103 XPath Assertion

6.6.8 Duration Assertion

持续时间断言，验证取样器运行测试消耗掉的时间，可以针对主取样器与子取样器；时间单位是毫秒。图 6-104 中的断言持续时间是 10 毫秒。

结果树（图 6-105）中我们看到实际耗时 46 毫秒，所以断言结果失败（取样器 Label 是红色的）。

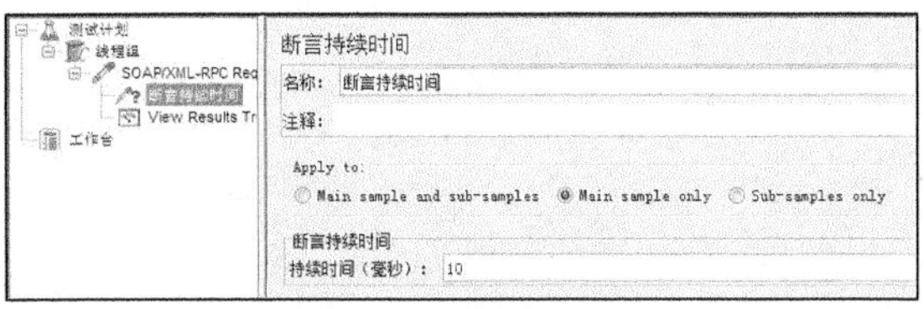

图 6-104 断言持续时间

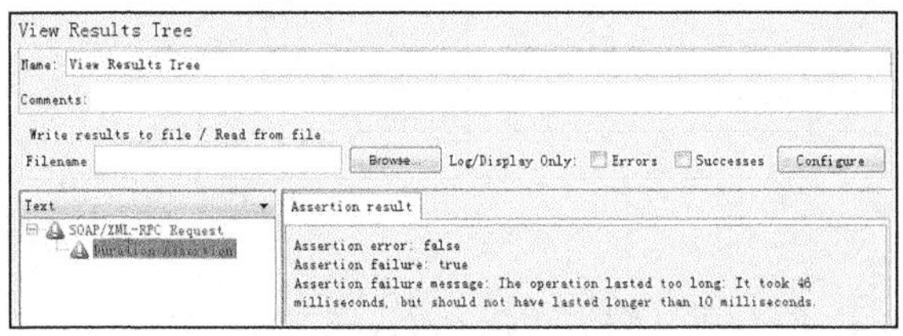

图 6-105 断言持续时间

6.6.9 其他断言元件

SMIME Assertion

对加密和签名的邮件进行断言，使用此功能需要引入 bcmail-xxx.jar （BouncyCastle SMIME/CMS）与 bcprov-xxx.jar （BouncyCastle Provider）包，不常用我们在此忽略。

MD5Hex Assertion

对返回的 MD5 结果进行断言，使用简单，直接填入 MD5 值（如图 6-106 所示）。

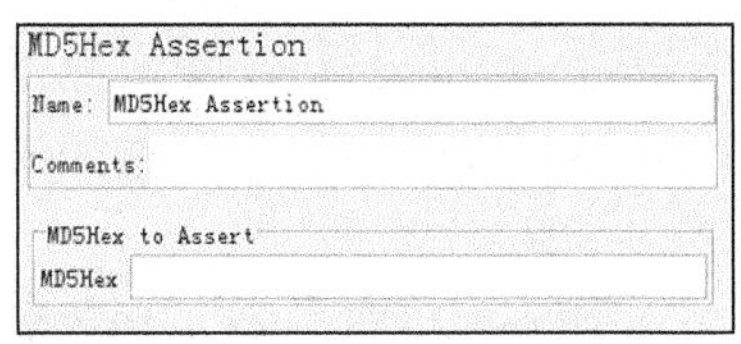

图 6-106 MD5Hex Assertion

6.7 监听器

监听器用来监听及显示 JMeter 取样器测试结果，能够以树、表及图形形式显示测试结果，也可以以文件方式保存测试结果，JMeter 测试结果文件格式多样，比如 XML 格式、CSV 格式。

6.7.1 监听器默认配置

监听器对取样器的监听选项详尽，不同的测试计划与测试目标对监控的要求不同，基于这种场景，监听器提供了监听项配置功能。通过配置，我们可以指定监听器保存哪些测试结果。配置可以在 GUI 方式下设置也可以在初始化配置文件中设置。

初始化配置文件设置：

JMeter 初始化配置文件是%JMETER_HOME%\bin\jmeter.properties，打开此文件搜索 Results，可以看到如下内容，这些都是与结果记录相关的配置，"#"标注的配置将被忽略。在此设置的选项会在 GUI 方式设置下起作用（Sample Result Save Configuration 窗口中已经选中的选项）。

```
#---------------------------------------------------------------------------
# Results file configuration
#---------------------------------------------------------------------------
# This section helps determine how result data will be saved.
# The commented out values are the defaults.
# legitimate values: xml, csv, db.  Only xml and csv are currently supported.
#jmeter.save.saveservice.output_format=csv
# true when field should be saved; false otherwise
# assertion_results_failure_message only affects CSV output
#jmeter.save.saveservice.assertion_results_failure_message=false
# legitimate values: none, first, all
#jmeter.save.saveservice.assertion_results=none
#jmeter.save.saveservice.data_type=true
#jmeter.save.saveservice.label=true
#jmeter.save.saveservice.response_code=true
# response_data is not currently supported for CSV output
#jmeter.save.saveservice.response_data=false
# Save ResponseData for failed samples
#jmeter.save.saveservice.response_data.on_error=false
#jmeter.save.saveservice.response_message=true
#jmeter.save.saveservice.successful=true
jmeter.save.saveservice.thread_name=true
#jmeter.save.saveservice.time=true
#jmeter.save.saveservice.subresults=true
#jmeter.save.saveservice.assertions=true
#jmeter.save.saveservice.latency=true
#jmeter.save.saveservice.samplerData=false
#jmeter.save.saveservice.responseHeaders=false
#jmeter.save.saveservice.requestHeaders=false
#jmeter.save.saveservice.encoding=false
#jmeter.save.saveservice.bytes=true
#jmeter.save.saveservice.url=false
#jmeter.save.saveservice.filename=false
#jmeter.save.saveservice.hostname=false
#jmeter.save.saveservice.thread_counts=false
#jmeter.save.saveservice.sample_count=false
#jmeter.save.saveservice.idle_time=false
# Timestamp format - this only affects CSV output files
# legitimate values: none, ms, or a format suitable for SimpleDateFormat
#jmeter.save.saveservice.timestamp_format=ms
#jmeter.save.saveservice.timestamp_format=yyyy/MM/dd HH:mm:ss.SSS
# For use with Comma-separated value (CSV) files or other formats
# where the fields' values are separated by specified delimiters.
# Default:
#jmeter.save.saveservice.default_delimiter=,
```

```
# For TAB, since JMeter 2.3 one can use:
#jmeter.save.saveservice.default_delimiter=\t
# Only applies to CSV format files:
#jmeter.save.saveservice.print_field_names=false
# Optional list of JMeter variable names whose values are to be saved in the result data files.
# Use commas to separate the names. For example:
#sample_variables=SESSION_ID,REFERENCE
# N.B. The current implementation saves the values in XML as attributes,
# so the names must be valid XML names.
# Versions of JMeter after 2.3.2 send the variable to all servers
# to ensure that the correct data is available at the client.
# Optional xml processing instruction for line 2 of the file:
#jmeter.save.saveservice.xml_pi=<?xml-stylesheet type="text/xsl"
href="../extras/jmeter-results-detail-report_21.xsl"?>
# Prefix used to identify filenames that are relative to the current base
#jmeter.save.saveservice.base_prefix=~/
# AutoFlush on each line written in XML or CSV output
# Setting this to true will result in less test results data loss in case of Crash
# but with impact on performances, particularly for intensive tests (low or no pauses)
# Since JMeter 2.10, this is false by default
#jmeter.save.saveservice.autoflush=false
#---------------------------------------------------------------------------
# Settings that affect SampleResults
#---------------------------------------------------------------------------
# Save the start time stamp instead of the end
# This also affects the timestamp stored in result files
sampleresult.timestamp.start=true
# Whether to use System.nanoTime() - otherwise only use System.currentTimeMillis()
#sampleresult.useNanoTime=true
# Use a background thread to calculate the nanoTime offset
# Set this to <= 0 to disable the background thread
#sampleresult.nanoThreadSleep=5000
```

GUI 方式设置：

如图 6-107 所示，添加一个 Aggregate Graph 监听器，点击【Configure】按钮弹出 Sample Result Save Configuration 窗口，可以在此窗口中进行设置。

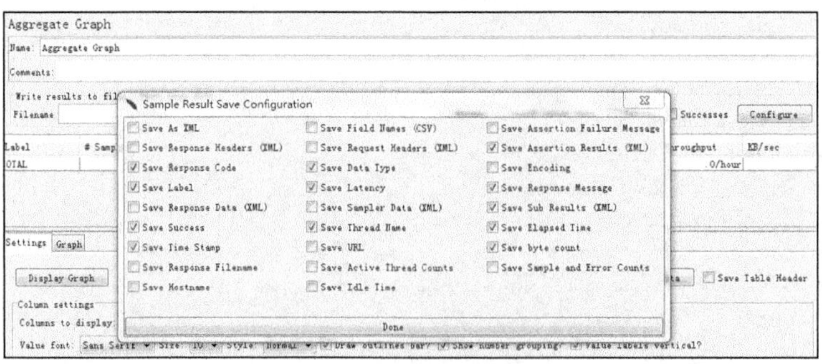

图 6-107 Aggregate Graph

上图 6-107 中被选中的选项是默认选项，我们运行一个测试计划，打开结果文件如下：

```
1426229712644,310,HTTP Request,200,OK,线程组 1-1,text,true,90151,74
1426229712955,1802,HTTP Request,200,OK,线程组 1-1,text,true,90049,127
```

如果我们勾选了上面的“Save As XML”那么打开的结果文件显示如下：

```
<?xml version="1.0" encoding="UTF-8"?>
<testResults version="1.2">
<httpSample t="549" lt="148" ts="1426229677611" s="true" lb="HTTP Request" rc="200" rm="OK" tn="线程组 1-1" dt="text" by="90070"/>
<httpSample t="331" lt="157" ts="1426229678162" s="true" lb="HTTP Request" rc="200" rm="OK" tn="线程组 1-1" dt="text" by="90064"/>
</testResults>
```

与上面的配置对应如下。

Save Response Code：对应 rc="200"，Http 请求响应码。

Save Label：对应 lb="HTTP Request"，请求别名，就是事务名称。

Save Success：对应 s="true"，成功消息。

Save Time Stamp：对应 ts="1426229677611"，timestamp 类型，精确到毫秒，事务迭代时刻。

Save Data Type：对应 dt="text"，数据类型为字符串。

Save Thread Name：对应 tn="线程组 1-1"，线程组及线程号。

Save Assertion Results：断言结果。

Save Response Message：对应 rm="OK"。

Sava Sub Results：空，子请求结果。

Save byte count：对应 by="90070"，产生的网络流量，单位 Byte。

Save Elapsed Times：对应 t="549"，事务响应时间，比如 Http 请求就包括请求发出到响应完成的整个时间。

Save Latency：Latency 对应 lt="148"，事务延时，比如 Http 请求就是请求发出到接收到首包的时间，在 Jmeter 源程序中是这样的。

接收响应时再次给予了说明“the first packet”（图 6-109），而且首包最大 8K，所以对于有些 Sample 时我们能够看到 Latency 与 Elapsed 的值是有不同的，Elapsed>Latency 的。

```
/** time to first response */
private long latency = 0;
```

图 6-108　latency 意义

```
public byte[] readResponse(SampleResult sampleResult, InputStream in, int length) throws IOException {
    try {
        byte[] readBuffer = new byte[8192]; // 8kB is the (max) size to have the latency ('the first packet')
        int bufferSize=32;// Enough for MD5
```

图-109　the first packet

有关 Elapsed time 与 Latency Jmeter 官方说明见 Apache 官网。

可以看到，默认配置帮我们记录了相当全的内容，基本能满足性能分析的要求（TPS、RT）。

6.7.2 Aggregate Graph

通过 Aggregate Graph 监听器我们可以看到表格显示的结果与图形结果，如图 6-110 与图 6-111 所示，图形结果记录的是响应时间。

参数说明如下。

名称：元件别名，随意填写，可以为空。

注释：随意填写，可以为空。

文件名：结果文件存储到磁盘的路径与文件名。

仅日志错误：是否仅记录错误事务。

Successes：记录成功事务。

Configure：弹出配置窗口进行配置。

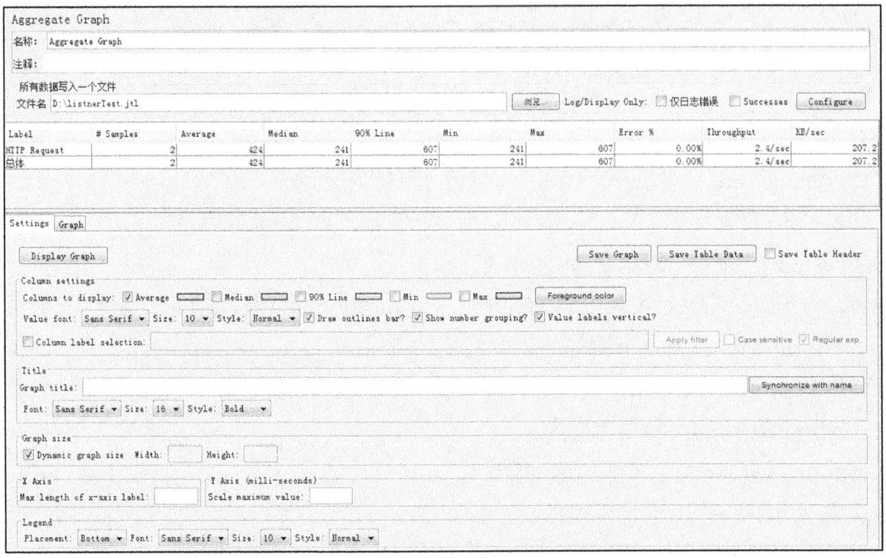

图 6-110 Aggregate Graph

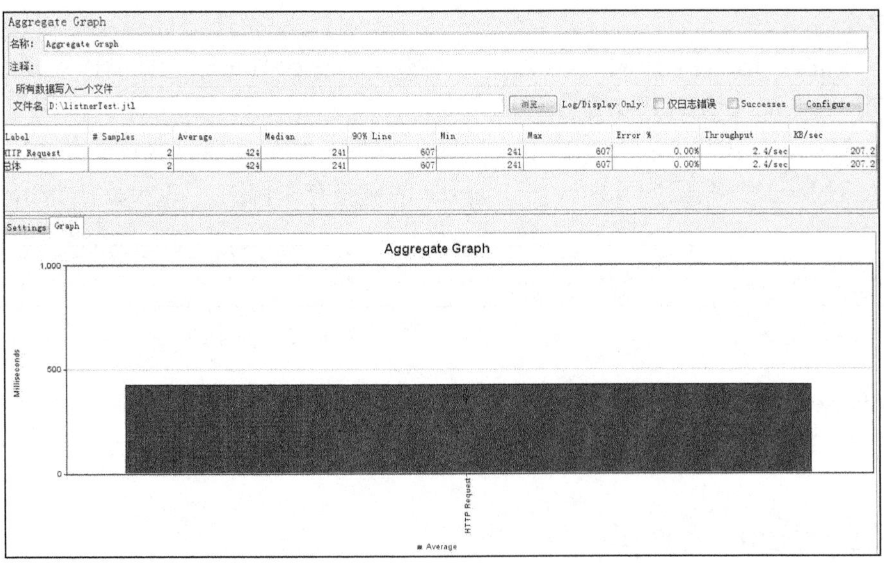

图 6-111 Aggregate Graph

Label：请求别名（如图 6-112 所示）。

Samples：执行了多少次取样。

Average：平均响应时间，单位毫秒。

Median：响应时间中间值。

90% Line：90%事务响应时间范围。

Min：最小响应时间。

Max：最大响应时间。

Error%：出错率。

Throughput：吞吐量，可以理解成 TPS。

KB/sec：数据传输量，单位 KB。

Label	# Samples	Average	Median	90% Line	Min	Max	Error %	Throughput	KB/sec
HTTP Request	2	911	654	1168	654	1168	0.00%	1.1/sec	96.4
总体	2	911	654	1168	654	1168	0.00%	1.1/sec	96.4

图 6-112 Aggregate Graph

Display Graph：会转到 Graph 窗口（如图 6-113 所示）。

Save Graph：把图形结果保存下来。

Sava Table Data：保存上面表格显示的结果。

Columns to display:设置在图形结果中显示哪些结果字段。

Foreground color：设置图形结果中文字的颜色。

Value font：设置图形结果中文字的大小与样式。

Column label selection：过滤项，选择哪些请求在图形结果中显示，支持正则表达式。

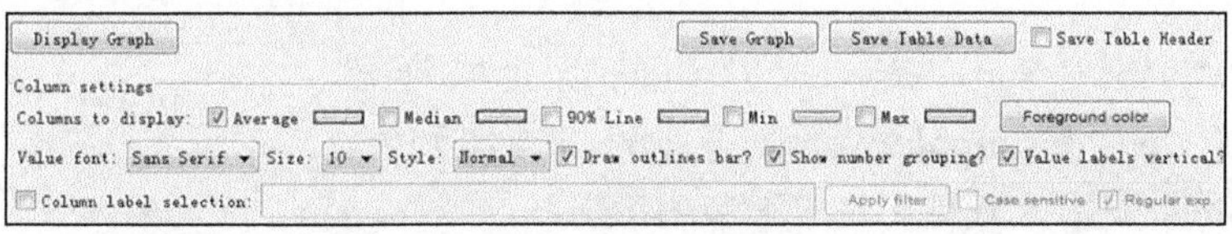

图 6-113 Aggregate Graph

Graph title：图形标题（如图 6-114 所示）。

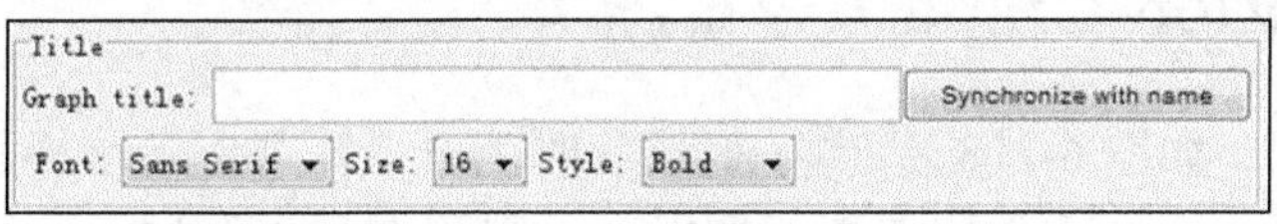

图 6-114 Aggregate Graph

Graph size：设置图形宽高（如图 6-115 所示）。

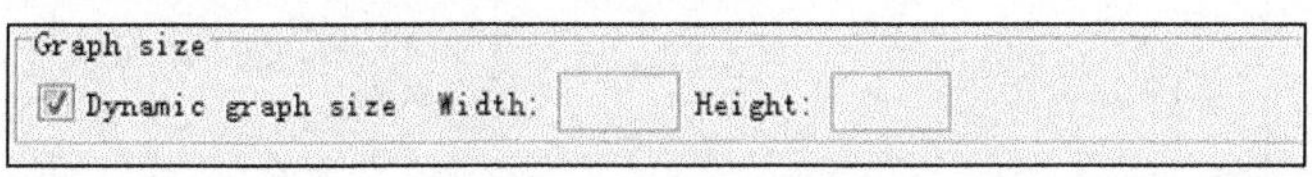

图 6-115 Aggregate Graph

Max length of x-axis label：设置 x 轴长度，单位像素（如图 6-116 所示）。

Scale maxium value：y 轴高度，单位毫秒。

Legend：设置图形结果的位置（相对于窗口）及 x 轴 y 轴字体大小及样式。

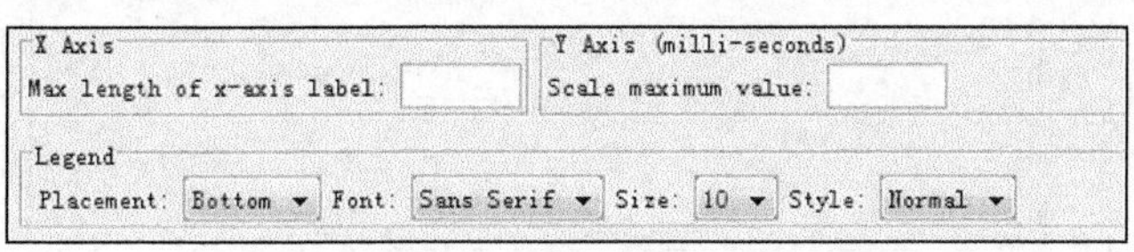

图 6-116 Aggregate Graph

6.7.3 BeanShell Listener（BeanShell 监听器）

在 JMeter 中全面支持 BeanShell 脚本，在监听器上我们又看到了一个 BeanShell 监听器，通过 BeanShell 我们能够访问 JMeter 提供的属性、变量，从中获取结果，进行匹配及运算等操作。有关 BeanShell 脚本的内容请参考 7.3.7 节。

BeanShell Listener 可以访问的属性及变量如下（如图 6-117 所示）：

（1）log 对象，可以利用此对象写日志。

（2）SampleResult 对象，从中可以获取响应数据、响应码等信息；只读。

（3）Ctx（JMeterContext），JMeter 上下文信息，从中可以获取线程数、线程号等信息。

（4）Vars（JMeterVariables），获取 JMeter 中定义的变量，或者设置变量。

（5）Props（JMeterProperties），获取 JMeter 中的属性，或者设置属性。

（6）sampleEvent（SampleEvent），访问当前取样器 SampleEvent 对象，下面是 SampleEvent 对象属性与方法列表。

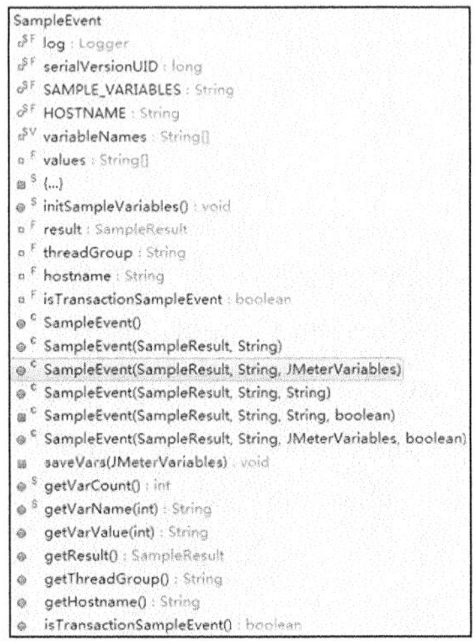

图 6-117 Sample Event

具体 BeanShell 调用方式请参考 7.1 节内容。

BSF Listener、JSR223 Listener 与 BeanShell 类似，在此不赘述。

6.7.4 Distribution Graph（分布图）

响应时间分布图（如图 6-118 所示），把响应时间分区间显示，这样我们知道多少事务的响应时间在哪个范围内。此元件比较消耗性能，不建议在性能测试运行过程中使用，可以用来做功能测试及调试用。使用方式简单，只需要添加此元件即可，不需要做额外的设置。

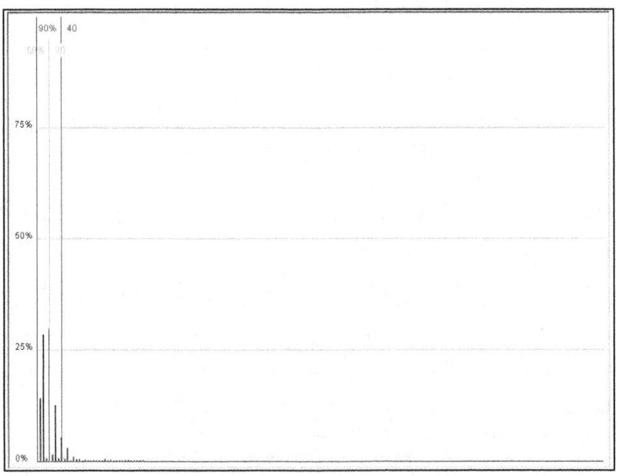

图 6-118 Distribution Graph

6.7.5 Response Time Graph（响应时间图形监听器）

响应时间图形监听器（如图 6-119 所示），以图形的形式显示取样器结果（响应时间），单位毫秒。图 6-119 中是 Response Time Graph 设置界面，与 Aggregate Graph 类似，可以设置图形大小、字体、标题及刷新频率等，具体设置在此不述。同时也可以保存图形结果，还可以保存结果文件（以 XML 方式或者 CSV 方式）。

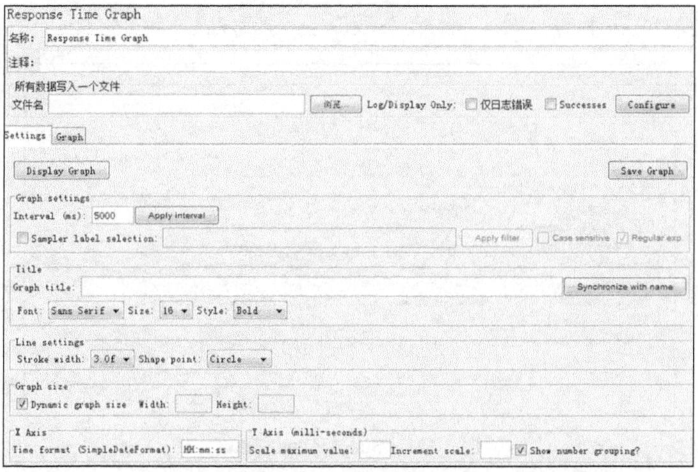

图 6-119 Response Time Graph

图 6-120 中是示例图形，*y* 轴是响应时间（单位毫秒），*x* 轴是测试运行持续时间（本图中是 5 秒一个采样）。

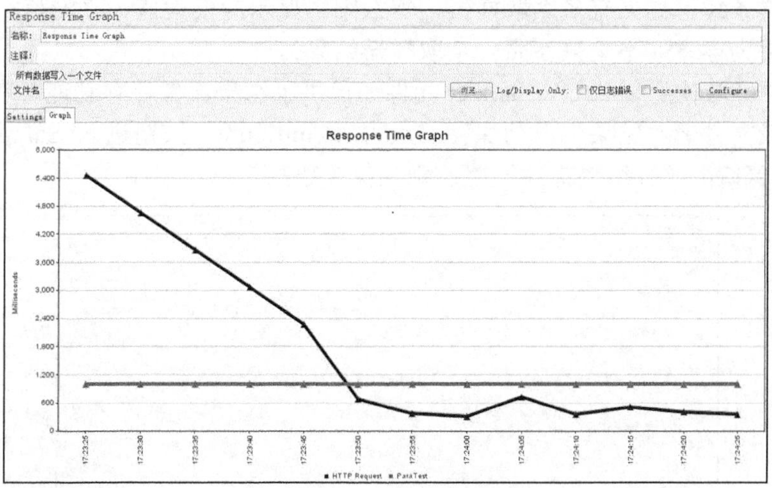

图 6-120 Response Time Graph

6.7.6 Simple Data Writer

Simple Data Writer 用来记录取样器执行结果，不会以图形的方式显示。正是因为不提供图形方式显示结果，所以它有更高的效率。在非 GUI 方式执行测试时，可以用-l 选项来创建结果文件并记录结果（比如：./jmeter.bat –n –t 脚本文件 –l ./result.jtl）。

图 6-121 中 Sample Result Save Configuration 用来设置记录哪些结果项，当然也可以在 jmeter.properties 中设置结果选项。

文件名：用来指定结果存放文件地址。

Log/Display only：

仅日志错误：仅记录错误事务（取样器结果被断言为失败）。

Successes：记录成功事务（取样器结果被断言为成功）。

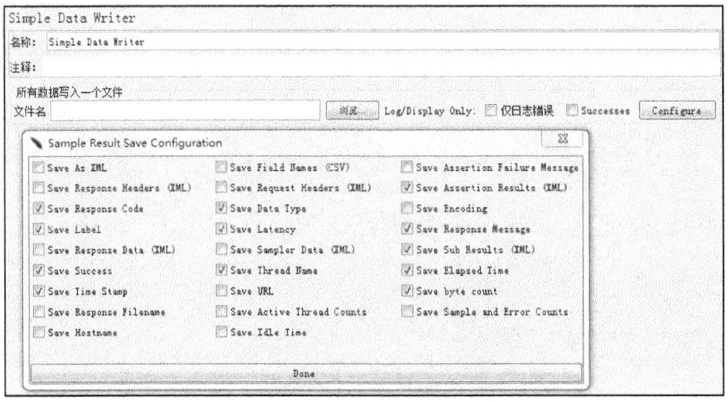

图 6-121 Simple Data Writer

6.7.7 Spline Visualizer（样条线显示取样器）

Spline Visualizer 监听器以样条线的方式来显示取样器结果。显示时有 10 个点，把取样器结果连接成样条线。如果有多个取样器，那么图中显示的最大值、平均值、最小值都是以所有取样器结果为样本（不是只参照一个取样器结果）。

图 6-122 中可以看到 Spline Visualizer 元件还提供了结果文件保存功能，在“文件名“中填入保存地址及文件名，结果将自动保存。点击“Configure”按钮进入 Sample Result Save Configurationd 窗口，进行结果文件设置，确认保存哪些信息。

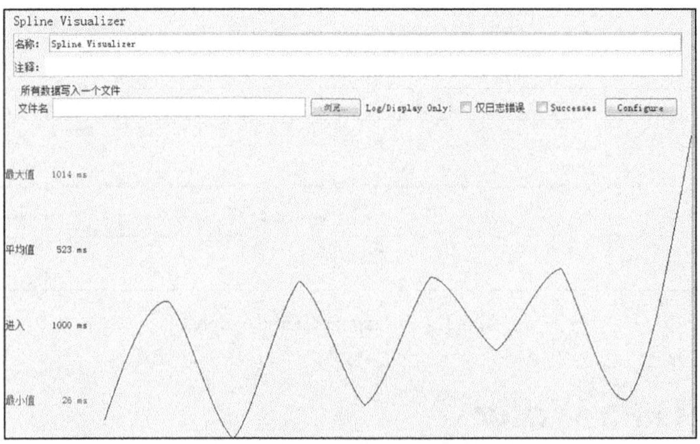

图 6-122 Spline Visualizer

另外，Spline Visualizer 图形结果是动态变化的，当然会占用部分 CPU 与内存，所以在运行大量线程的性能测试时不建议开启此元件。

6.7.8 Summary Report（表格形式显示）

Summary Report 以表格的形式显示取样器结果，同时也提供存储取样器结果的功能，并且可以配置存储哪些结果属性。

如果不同取样器（不同请求）拥有相同的名字，那么在 Summary Report 中会统计到同一行，所以在给取样器取别名时最好不要为空，建议按业务功能来命名。

图 6-123 中的表格说明。

Label：取样器别名（或者说是事务名）。

#Samples：取样器运行次数。

Average：请求（事务）的平均响应时间。

Min：请求的最小响应时间。

Max：请求的最大响应时间。

Std.Dev.：响应时间的标准偏差。

Error%：事务错误率。

Throughput：吞吐率，咱们常说的 TPS。

KB/sec：每秒事务流量，单位 KB。

Avg.Bytes：响应平均流量，单位 Byte。

总体：把多个取样器结果按公式（简单相加再平均）处理后的结果。

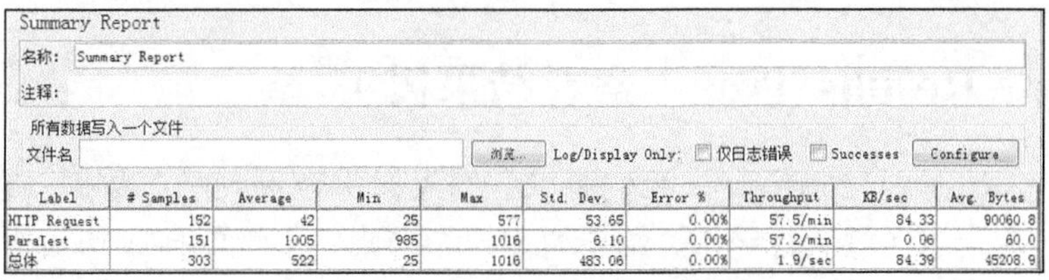

图 6-123 Summary Report

6.7.9 Save Response to a file（存储服务器响应）

Save Response to a file 用来存储服务器响应数据，一般来说响应数据会比较多，所以在性能测试运行时一般不开启此元件，以免影响执行效率。我们可以在脚本调试或者功能测试时用到此元件。

JMeter 中除了此元件外，“察看结果树“元件也可以看到服务器响应，一般情况下足够满足调试要求，但当响应数据超多时建议还是使用 Save Response to a file 来存储。如图 6-124 所示为是其界面。

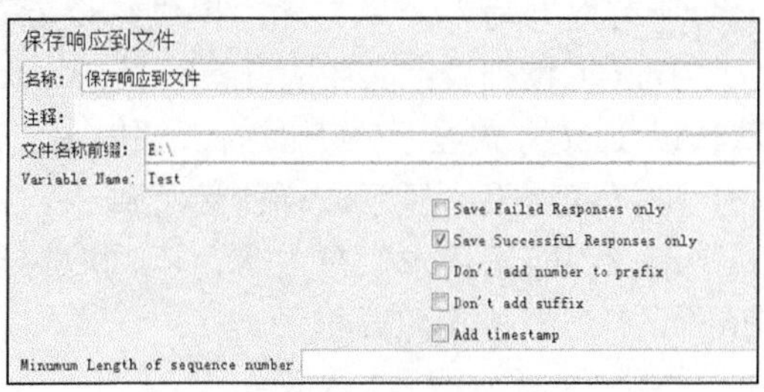

图 6-124 保存响应到文件

参数说明如下。

文件名前缀：保存结果文件时是由前缀与取样器编号（比如测试计划中有两个取样器，那么前面一个是1，后面一个是2）来决定结果保存在哪个目录，叫什么名称。我们可以用文件前缀来指定保存的目录（我们讲解的2.11版本是支持相对路径的）。按上图文件名前缀且是Http协议请求，那么保存的响应文件名应该是“1.html”与“2.html”。如果保存响应文件时不知道文件扩展名，则设置为“unknown”。

Variable Name：生成的响应文件目录名可以作为变量保存，比如我们有两个请求，第一个请求的响应文件保存在E:\1.Unknown；那么第二个请求就可以以“E:\1.Unknown”作为参数调用。

Save Failed Responses only：保存失败（断言失败）的响应数据。

Save Successful Responses only：仅仅保存成功（断言成功）的响应数据。

Don’t add number to prefix：不添前缀，如果勾选此项，那么生成的响应结果文件将不加取样器编号。上面我们结果保存为1.html，是因为是Http请求且只有一个取样器在请求，如果勾选此项后，结果文件名应该是.html，文件名为空。

Don’t add suffix：不添加后缀，勾选此项，保存的响应文件将没有后缀。那么上面的1.html将变成1。

Add timestamp：在文件名前加上时间作为前缀，时间类型是timestamp类型。

Minumum length fo sequence number：上面我们知道保存的响应文件名是由取样器编号来生成的，在此我们可以给这个编号设置一个规则，比如1.html，我们可以让它变成00001.html，这样这个编号就是5位，前面4位补零。这个功能可以由这个选项来完成。要得到00001.html，我们只需要设置Minumum length fo sequence number=5。

6.7.10 View Results Tree（察看结果树）

察看结果树（如图6-125所示），我们可以在结果树中查看到响应数据。察看结果树会显示取样器的每一次请求（每运行一次，结果树多一个节点，不管取样成功与失败），所以大量运行会比较耗费机器资源，因此在运行性能测试计划时不建议开启。此元件往往我们运用它来进行调试。

参数说明如下。

名称：元件别名，随意填写，可以为空。

注释：随意填写，可以为空。

所有数据写入一个文件：提供结果保存功能，与其它元件的此功能相同（在此不述）。

Text下拉列表：其中有Text、Xpath Tester、JSON等选项，用来显示不同的取样器请求，默认以Text方式显示（下面的讲解以Html协议为例，其它协议的在此不述，大同小异）。

取样器结果：显示取样器运行结果，如图6-126 Response code为200，Http请求成功。

请求：显示请求表单内容，不同取样器还会有不同显示格式，从图6-126我们可以看到Http请求已经帮我们分组了。

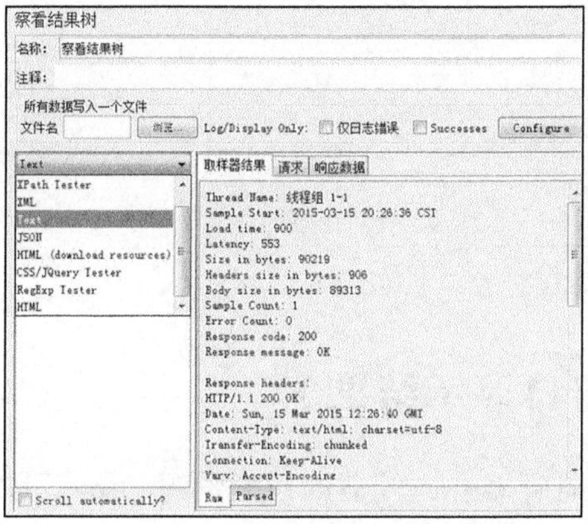

图 6-125　View Results Tree

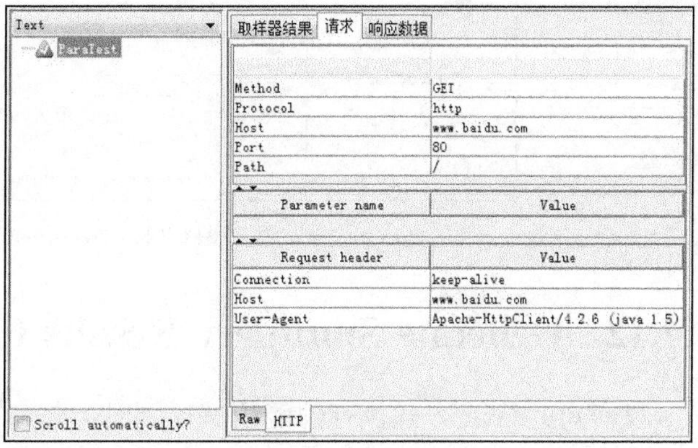

图 6-126　View Results Tree

响应数据：显示服务器响应数据，同时还提供了查询功能，下图我们查询“normal”，匹配到的地方就会反选（颜色加深，如图 6-127 所示）。

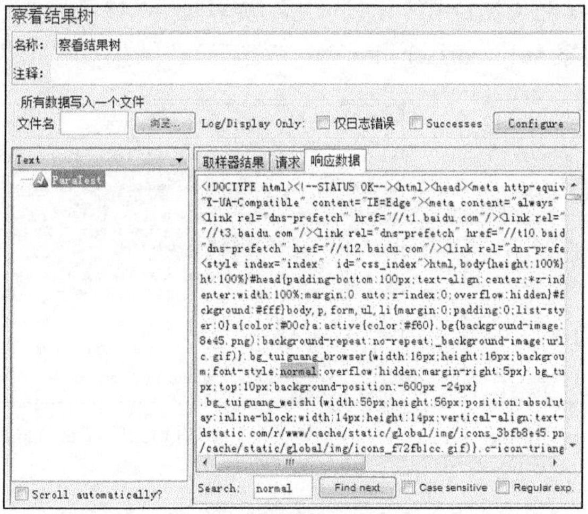

图 6-127　View Results Tree

6.7.11　Assertion Results（断言结果）

对取样器进行断言后，我们希望知道断言结果；此元件可以帮助我们显示断言结果（察看结果树元件中也可以看到）。

如图 6-128 所示是一个访问百度首页的 Http 请求的断言结果，断言内容是“百度一下 qewqrqr”，显然是找不到此字符串的，所以在 Assertion Results 中可以看到提示：“Response Assertion : Test failed: text expected to contain /百度一下 qewqrqr/”。

Assertion Results 会显示取样器每一次的断言结果，所以在执行性能测试计划时，不建议开启此元件，避免占用过多系统资源。

另外，与别的监听器元件一样，也提供存储测试结果并配置测试结果选项的功能。

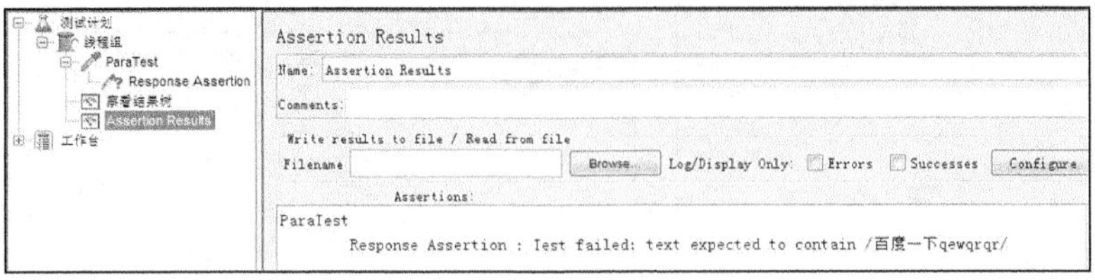

图 6-128 Assertion Results

6.7.12 Generate Summary Results（窗口显示结果）

我们知道 GUI 方式执行性能测试计划时，太多的监听器会比较消耗系统资源，我们可以以非 GUI 方式运行。但是非 GUI 方式运行时，我们无法查看到测试过程中的结果。Generate Summary Results 可以让结果在 CMD（Windows 系统下）窗口显示。

具体方法是在测试计划中添加 Generate Summary Results（在线程组下任意地方，界面如图 6-129 所示）。Generate Summary Results 元件界面简单，除了名称与注释外别无它项。Generate Summary Results 在 CMD 窗口默认刷新频率是 30 秒（可以在%JMETER_ HOME%\bin\jmeter.properties 中搜索 summariser.interval 关键字）。结果如图 6-130 所示。

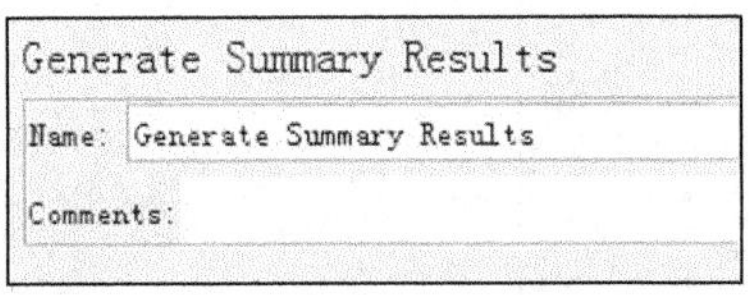

图 6-129 Generate Summary Results

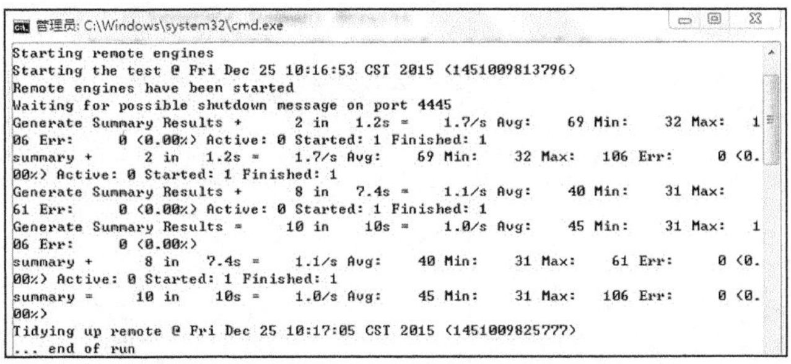

图 6-130 Cmd Console

6.7.13 View Results in Table（表格形式显示）

View Results in Table（如图 6-131 所示）元件会把取样器每次结果以表格的形式显示，同样在执行性能测试计划时不建议启用此元件，避免过多的资源消耗。与其他监听元件一样，支持结果保存功能。

下面讲解表头意思。

Sample#：取样器运行编号。

Start Time：当前取样器运行的开始时间，精确到毫秒。

Thread Name：线程名称。

Label：取样器别名（当前请求的名称）。

Sample Time：计算出来的取样器耗时（被测服务器的响应时间）。

Status：取样器运行状态（事务是否成功，成功是绿色，失败有红色感叹号）。

Bytes：响应数据 Size。

Latency：取样器等待服务器响应的时间。

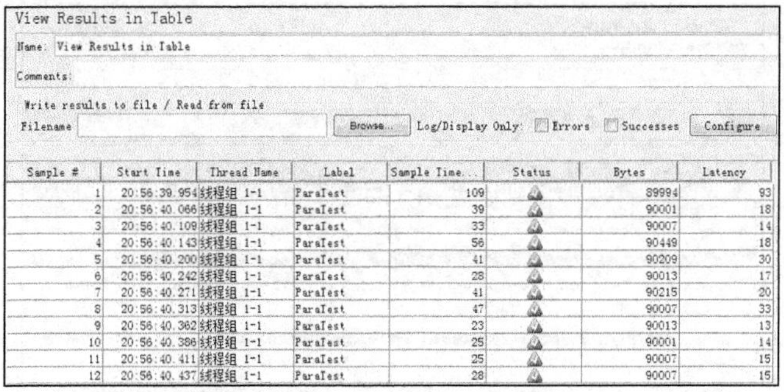

图 6-131 View Results in Table

6.7.14 Monitor Results

Monitor Results 原先是为监控 Tomcat 5 而开发的，前提是 Tomcat 的 webapps\manager 目录存在。然而现在很多项目发布时为了安全都会删除掉 manager 这个管理应用，所以 JMeter 也将不能利用 Monitor Results 来进行监控。图 6-132 所示是 Monitor Results 元件，正在对本地 Tomcat6 进行监控，图 6-133 所示是监控结果，图 6-134 所示是 Tomcat6 的 Status 页面。个人不建议使用此元件来监控 Tomcat（Probe 这个工具监控 Tomcat 就比较好），想具体了解 Monitor Results 的读者可以参考 Apache 官网例子。

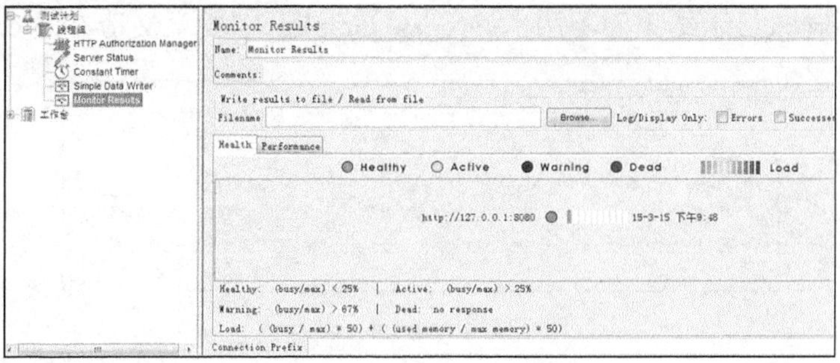

图 6-132 Monitor Results

图 6-133 Monitor Results

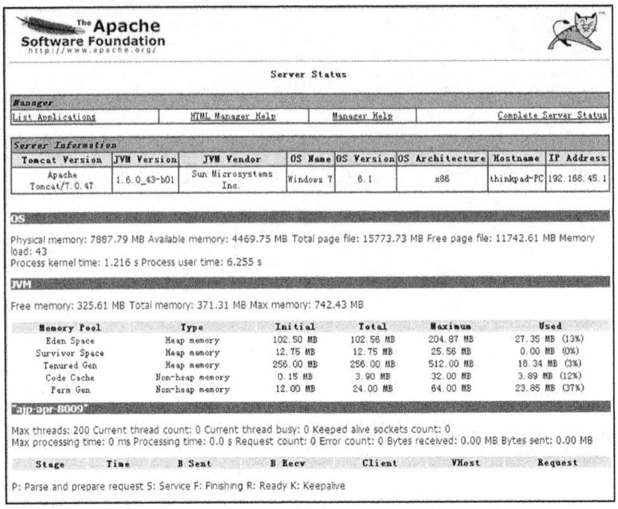

图 6-134 Tomcat Manager Page

6.7.15 Aggregate Report

Aggregate Report（如图 6-135 所示）以表格的形式显示取样器结果，与 Aggregate Graph 类似，不过它没有图形显示功能，所以在资源消耗上要低，如果是 GUI 方式运行建议还是选用 Aggregate Report 来显示结果而不用 Aggregate Graph。字段意义请参照 6.7.2 节内容。

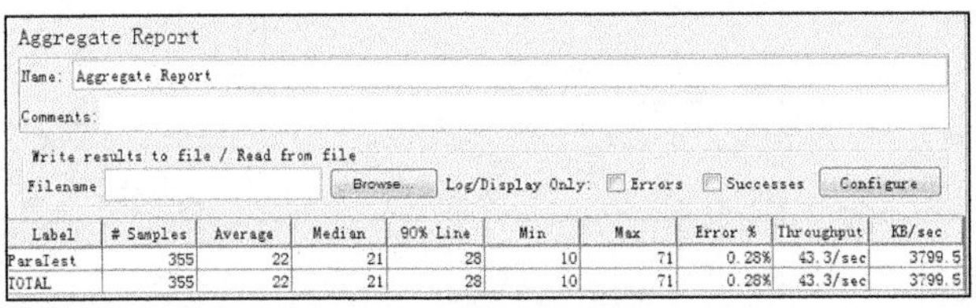

图 6-135 Aggregate Report

6.7.16 Mailer Visualizer

性能测试执行过程中可以通过 Mailer Visualizer 在有较多响应错误的情况下发送邮件给相关人员，当然正常情况也可以发邮件。图 6-136 所示为其界面。

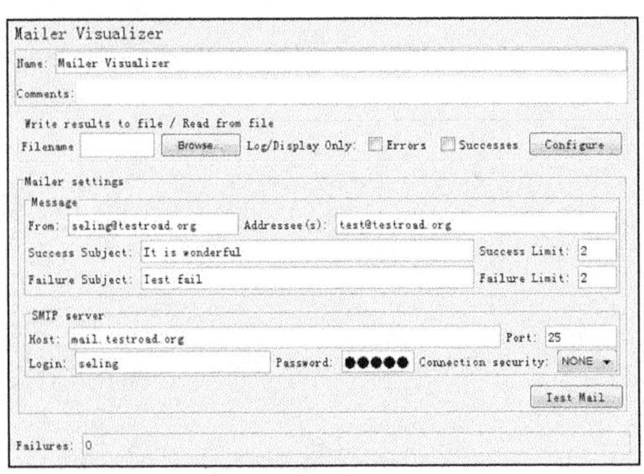

图 6-136 Mailer Visualizer

参数说明如下。

名称：元件别名，随意填写，可以为空。

注释：随意填写，可以为空。

Write results to file/Read form file：保存结果文件地址。

From：发件邮箱地址。

Addressee：收件邮箱地址。

Success Subject：成功类邮件的标题。

Success Limit：发送成功类邮件的事务数阀值，如果在达到 Failure Limit 之前已经有成功的事务数超过 Success limit 则发送成功类的邮件。

Failure Subject：失败类邮件的标题。

Failure Limit：失败多少事务开始发送失败类邮件。

Host：邮件服务器地址。

Port：邮件服务器端口。

Login：发件用户名。

Password：发件用户名对应的密码。

Connection security：连接时采用的安全协议。

6.8 函数助手

在性能测试过程中为了真实模拟用户请求，往往我们需要让提交的表单内容每次都发生变化，这个过程叫参数化。JMeter 配置元件与前置处理器都能帮我们进行参数化，但都有局限性，为了帮助我们更好地进行参数化，JMeter 提供了一组函数来帮我们生成需要的数据，这些函数可以通过函数助手面板来进行编辑。当然，函数助手的功能不仅仅是做参数化，还可以帮助我们进行运算、字符编码格式转换、获取运行时参数等功能，下面我们介绍一下函数助手中的函数。

函数调用都是以${__function()}这种形式开始的，其中“__”是英文半角两个下横线，function 是函数名，其中的参数视不同函数而定。

6.8.1 __BeanShell 脚本语言

JMeter 支持 BeanShell 脚本语言，JMeter 函数助手中提供 BeanShell 函数的支持，__BeanShell 函数入参可以是 BeanShell 语法的程序语句或者 BeanShell 脚本文件。可以通过快捷菜单调出函数助手面板，如图 6-137 所示，调出了面板，我们在“值”中输入的是两个字符串相加，然后点击【生成】按钮，则生成一串以$开头的表达式，表达式在请求（Sampler）中是可以直接调用的。

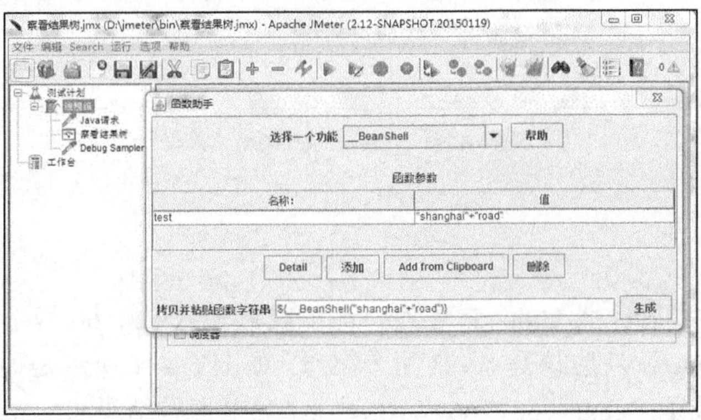

图 6-137 __BeanShell

如图 6-138 所示，我们在 Java 请求中设置 Label 为${__BeanShell（"shanghai"+"road"）}，Sampler 中即以这样的方式来调用__BeanShell 函数。运行一次脚本，我们可以看到如图 6-139 所示的结果，__BeanShell 函数帮我们把两个字符串连接在一起了。

参数说明如下。

名称：可以随意设置，也可以为空；无实际意义。

值：BeanShell 语句或者 BeanShell 文件地址。

Detail：在此无实际意义，公用组件统一格式而已。

添加：多加一行。

Add Form Clipboard：从粘贴板粘贴一行内容。

删除：删除当前选择行内容。

生成：生成 Sampler 可以调用的表达式。

拷贝并粘贴函数字符串：提醒用户复制生成的内容，复制到 Sampler 中进行参数化。

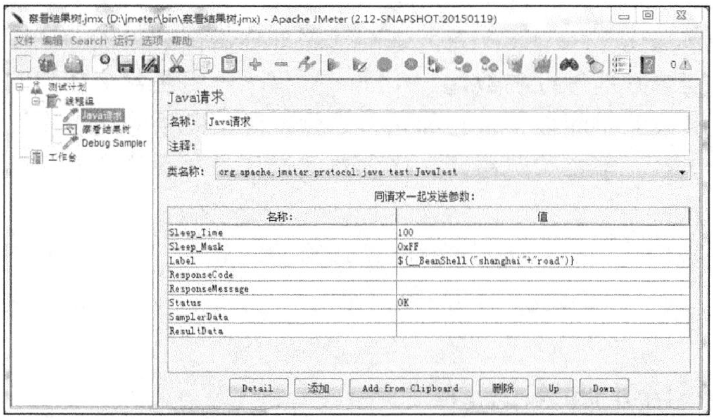

图 6-138 __BeanShell 调用

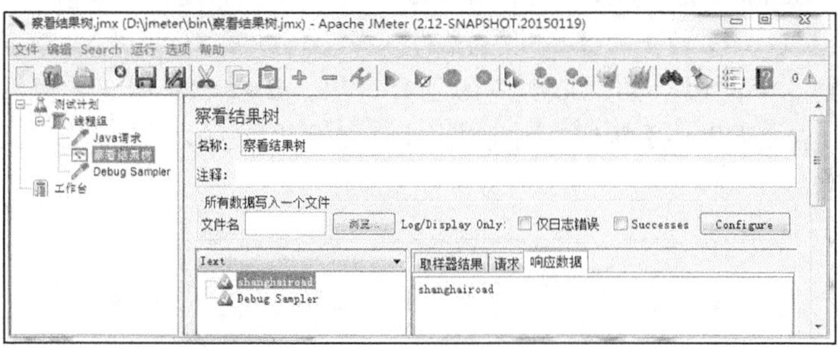

图 6-139 __BeanShell 调用结果

6.8.2 __char

功能是把一组数字转化成 Unicode 字符，比如我们输入 65、66 两个数字（如图 6-140 所示），那么转成 Unicode 码就应该是 A、B 两个字母。如图 6-141 所示是调用示例，我们把 java 请求的 Label 设置成了__char（65，66），在图 6-142“察看结果树”中我们可以看到 Label 是 AB。可以看到，__char 函数接受多个数字。

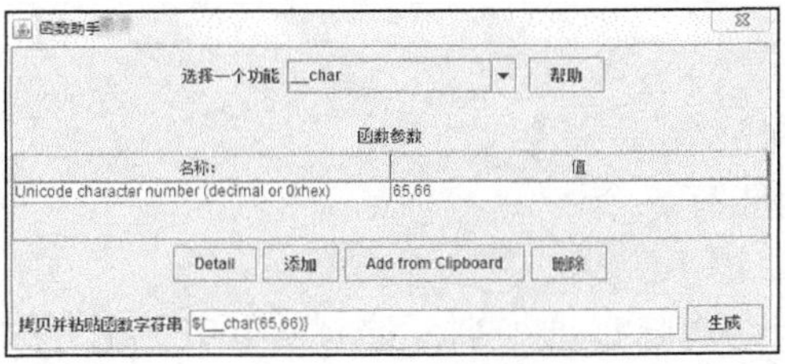

图 6-140 __char 编辑

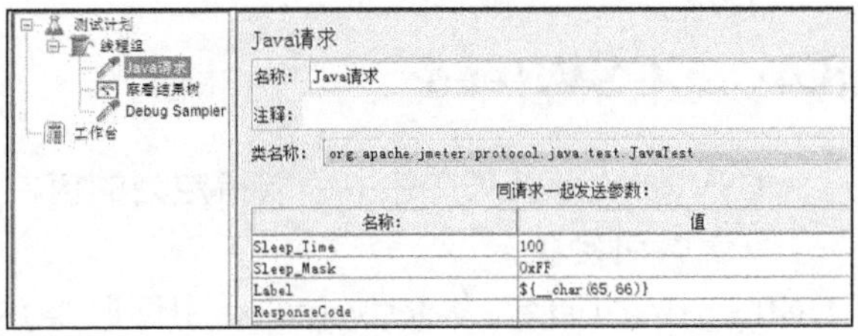

图 6-141 __char 引用

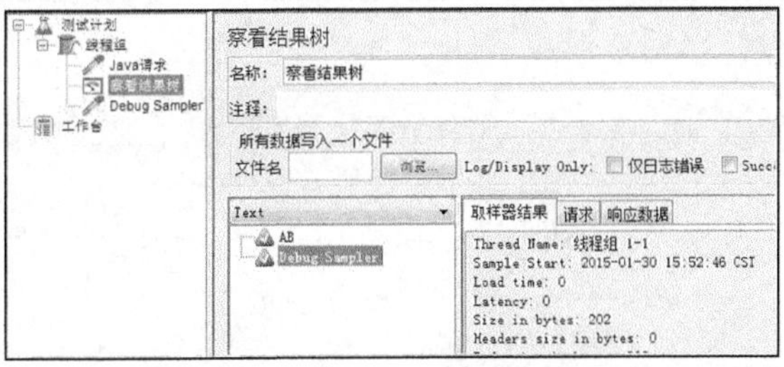

图 6-142 __char 调用结果

6.8.3 __counter

__counter 可以作为一个计数器使用，支持多线程（大家可以理解成多用户）。比如有线程 1 与 2，这个计数器可以分开记录线程迭代的次数，也可以把两个线程的迭代次数合在一起记录。

如图 6-143 所示我们设置了一个计数变量 i，在图 6-144 中我们来引用它，为了看清楚结果，我们加入了另外一个函数${__threadNum}，它可以显示当前运行线程的 ID。接下来我们在线程组中设置 2 个线程，迭代 3 次，结果如图 6-145 所示。如果我们把${__counter（true,i）}换成${__count（false,i）}，则会把两个线程的计数合在一起，如图 6-146 所示。

图 6-143 __counter 编辑页面

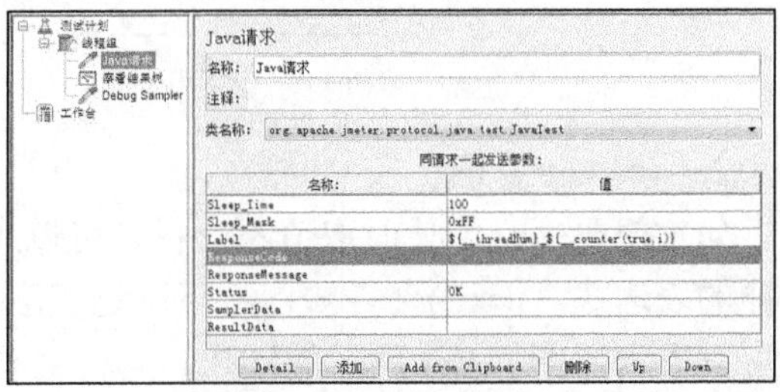

图 6-144 __counter 引用

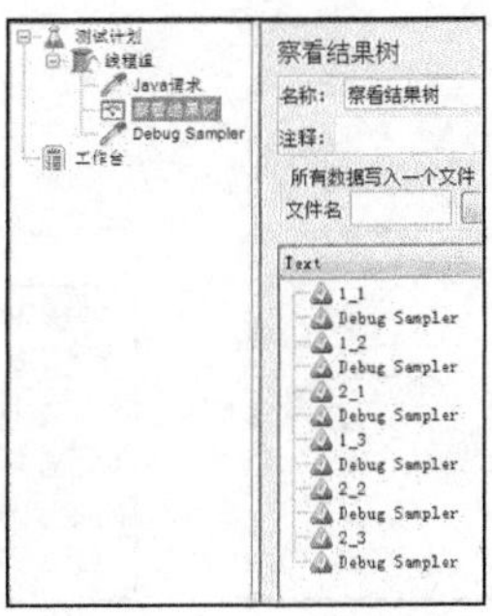

图 6-145 _counter 引用（true）

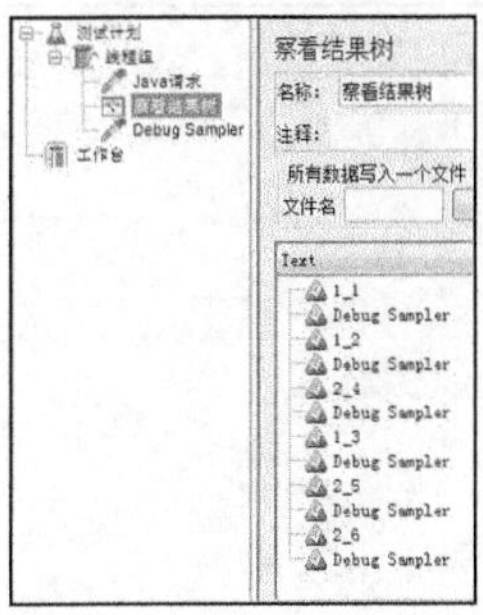

图 6-146 _counter 引用 （false）

6.8.4 __CSVRead

__CSVRead 可以从文件中读取指定列的值，功能有 3 个。

1. 读取固定值。

如图 6-147 所示，从 testvalue.txt 中读取第 0 列（实际是第 1 列，编号从 0 开始），多次迭代时值是不会改变的，还是取第一行第一列的值。

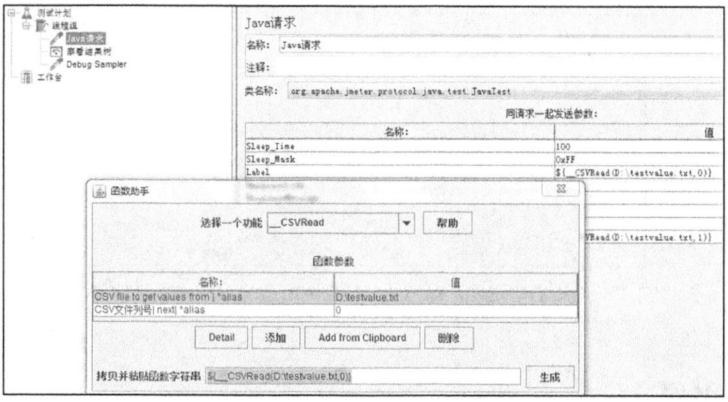

图 6-147 __CSVRead

用如图 6-148 所示的参数去参数化 Java 请求的 Label，迭代多次的结果如图 6-149 所示，可以看到是没有变化的。

```
userName,userId
tom,3
jack,3smith,3
rose,3
john,3
www,3
xxx,3
hhh,3
```

图 6-148 _CSVRead

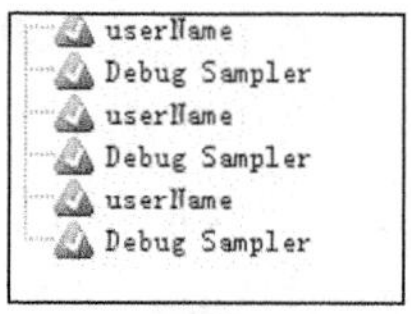

图 6-149 察看结果树

2. 读取动态值。

如果想要每次迭代时取值不一样，可以用到类似${__CSVRead（D:\testvalue.txt,next()）}这样的表达式，next()会告知程序下次迭代取下一行数据。如图 6-150 所示，3 次迭代后，我们可以看到如图 6-151 所示的结果。为什么要加${__CSVRead（D:\testvalue.txt,0）}呢？读者可以思考一下。

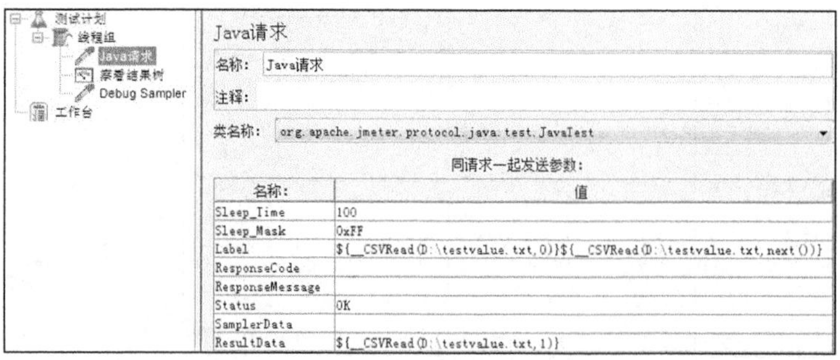

图 6-150 参数化

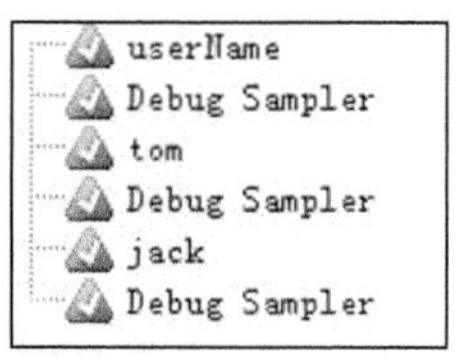

图 6-151 察看结果树（取下一行值）

3. 可以使用文件别名。

如图 6-152 所示我们使用 testfile 作为 D:\testvalue.txt 文件的别名，在 Java 请求中我们可以使用${__CSVRead（*testfile,1）}来读取 D:\testvalue.txt 中的值，如图 6-153 所示是其执行结果。

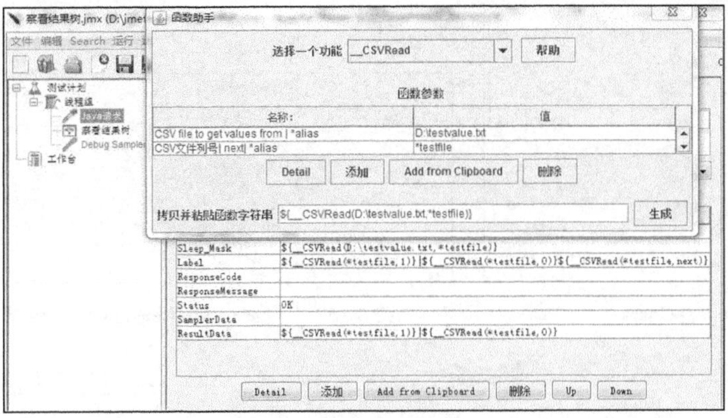

图 6-152 别名使用

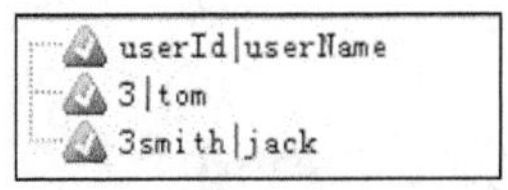

图 6-153 执行结果

6.8.5 __escapeHtml

帮我们把字符转换成 Html 格式的字符，比如引号转成 HTML 就是"，比如空格就是 ，这样编码后传给浏览器，浏览器就能够识别引号与空格了。如图 6-154 所示我们转换了“中国”，如图 6-155 所示是测试结果。

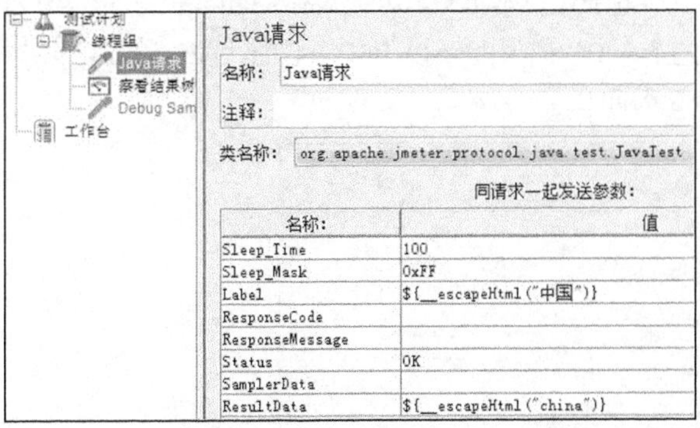

图 6-154 __escapeHtml

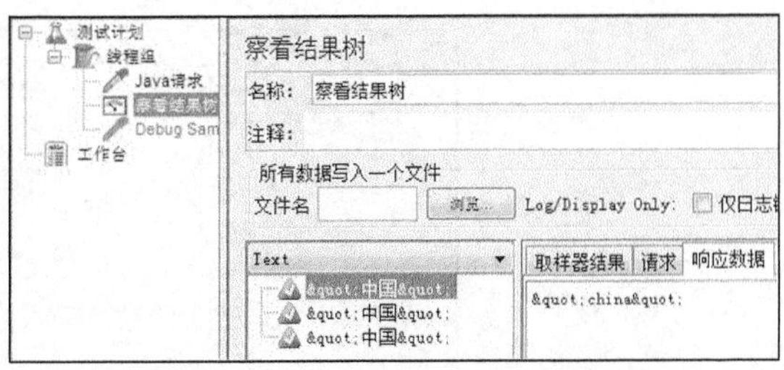

图 6-155 __escapeHtml 执行结果

6.8.6 __escapeOroRegexChars

帮我们把正则表达式转换成 Java 正则引擎能够识别的表达式，使用支持 Perl5 的 ORO 正则表达式库来编译。说得比较绕口，通俗点说就是把一些 Java 正则表达式引擎不识别的正则式转换一下，这样就可以识别了；转换过程中使用了 ORO 正则表达式库，这个库也支持 Perl5 兼容的正则表达式语法。Perl 是一种高级、通用、直译式、动态的脚本语言，内部集成了正则表达式的功能。

还是来一个例子，图 6-156 中[^"].+?被 escapeOroRegexpChars 转换成\[\^\"\]\.\+\?然后存入 test 变量中，ResultData 域引用了此变量，在察看结果树（图 6-157）中可以看到其结果与 Label 取值一样。

${__escapeOroRegexpChars([^"].+?,test)}函数把[^"].+?转换后放到 test 变量中（${test}）。

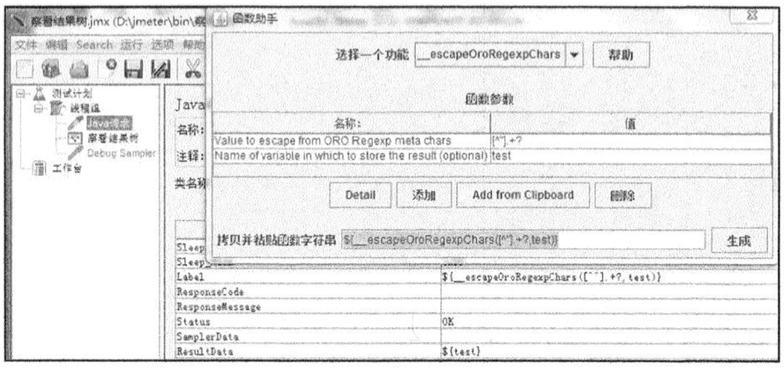

图 6-156 __escapeOraRegexpChars

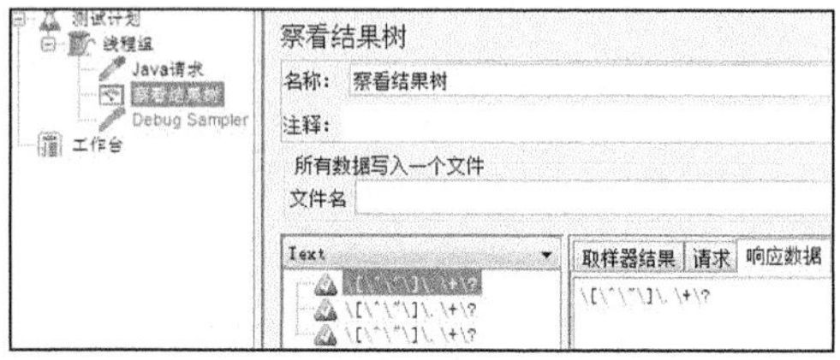

图 6-157 __escapeOraRegexpChars 结果

6.8.7 __eval

用来返回一个表达式的值，也就是可以用此函数表达式来嵌套引用表达式。官方例子如下：

```
name=Smith
column=age
table=birthdays
SQL=select ${column} from ${table} where name='${name}'
```

那么可以用${__eval（${SQL}）}来引用 SQL 变量，得到的结果就是：

select age from birthdays where name='Smith'。

在图 6-158 中我们用__eval()来引用 6.8.6 节中的${__escapeOroRegexpChars([^"].+?,test)}函数表达式，其结果就是\[\^\"\]\.\+\?，返回${__escapeOroRegexpChars（[^"].+?,test）}计算出来的值，__eval 告诉 JMeter eval()里面的是表达式而已。

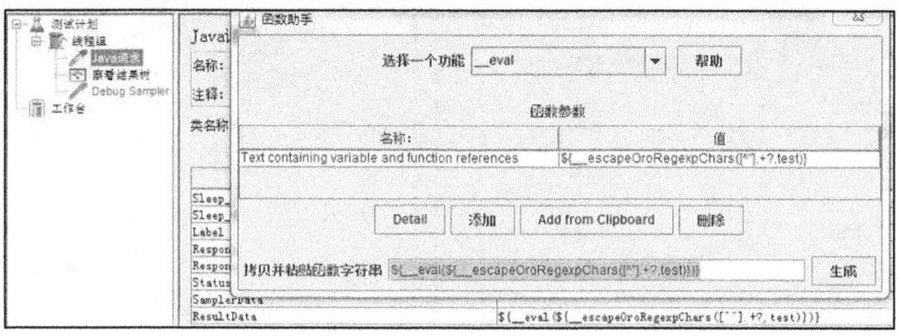

图 6-158 __eval

6.8.8 __evalVar

用来返回表达式的结果，并把结果存入一个变量，供 Sampler 引用。图 6-159 中定义了一个变量 userName，在 Java 请求中我们通过__evalVar（username）来调用它（如图 6-160 所示），于是在图 6-161 中我们可以看到取值是 road，正是我

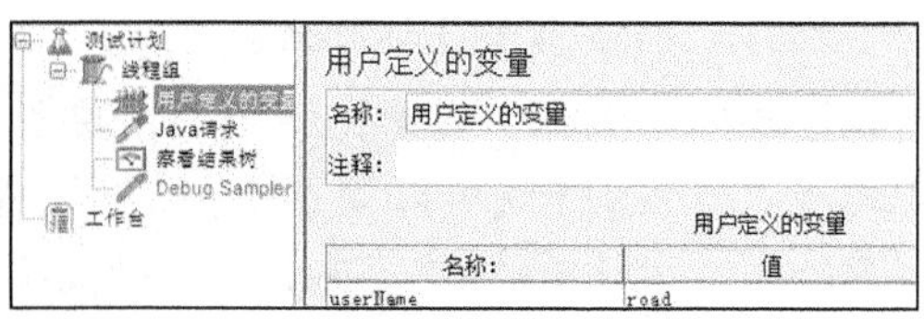

图 6-159 定义变量

们定义的 userName 对应的值。官方例子如下：

```
Query = select ${column} from ${table}; 当 column = name, table = cutomers 时
${_evalVar(query)} = select name form customers。
```

也就是__evalVar 支持嵌套表达式。

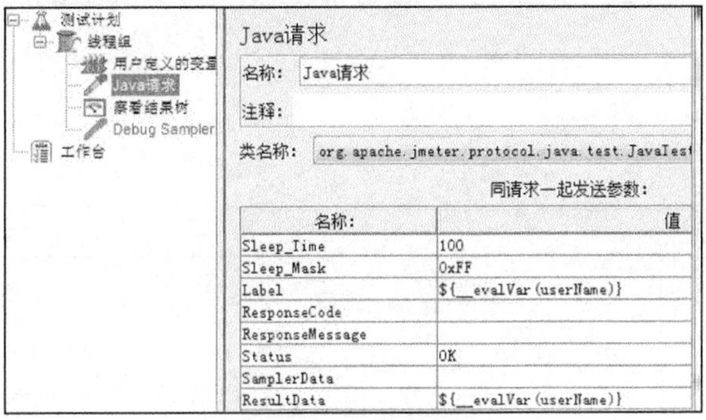

图 6-160 引用自定义的变量

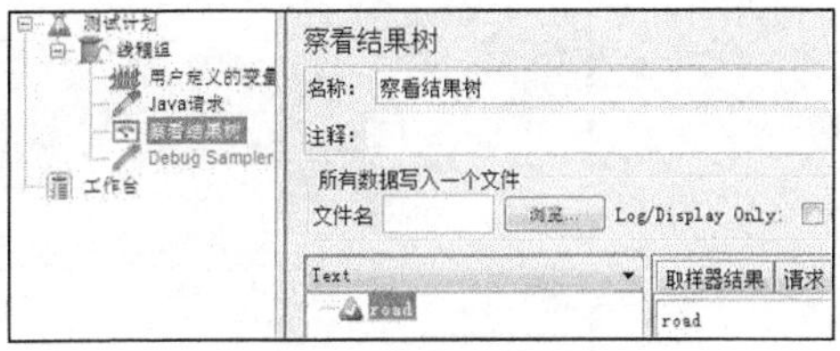

图 6-161 查看结果

6.8.9 __FileToString

用来读取文件，它可以一次性读取文件内容，然后保存到变量；此变量之后可以由其他 Sampler 引用。

如图 6-162 所示从 d:\testvalue.txt 读取文件内容，存入 firstV 变量中，在 Java 请求中参数化 Label，引用方式：${__FileToString（d:\testvalue.txt,utf-8,firstV）}；然后引用 firstV 这个变量，如图 6-163 所示是正确的调用结果。

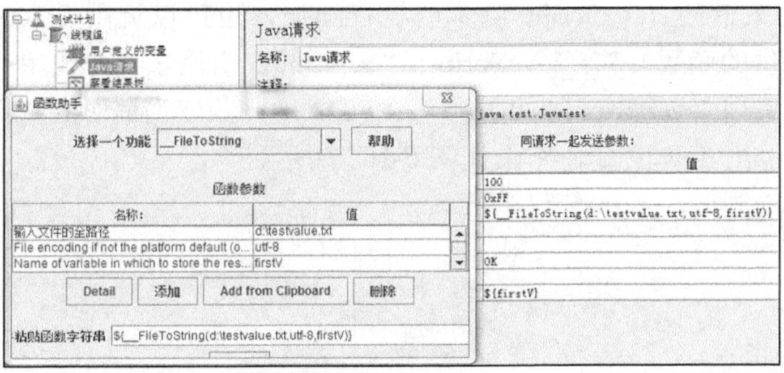

图 6-162 __FileToString

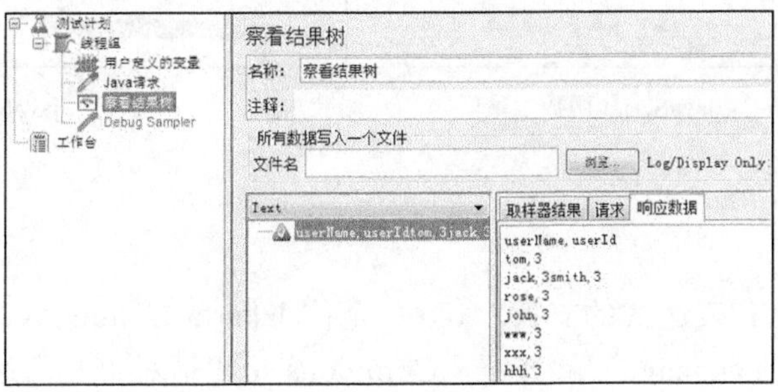

图 6-163 __FileToString 查看结果树

6.8.10 __intSum

用来对整数求和，支持多个整数累加，多个数之间用逗号分隔。

如图 6-164 所示，我们求 1 到 5 之和，那么在结果树中 label 就应该是 15，ResultData 也应该是 15（如图 6-165 所示）。

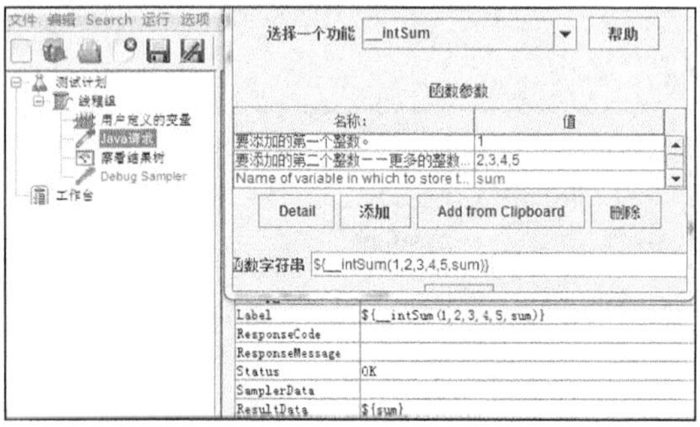

图 6-164 __intSum

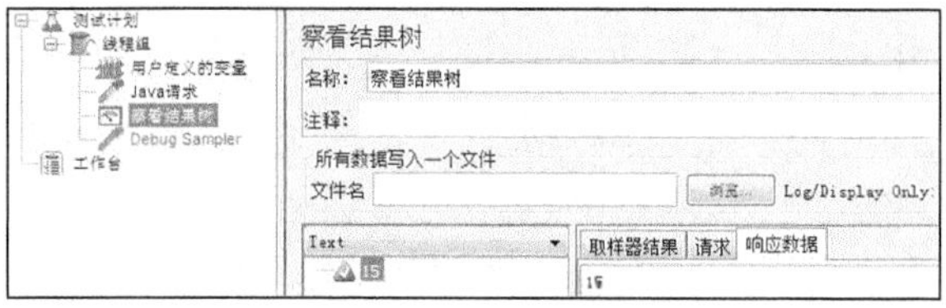

图 6-165 __intSum 结果树

6.8.11 __longSum

与_intSum 类同，只不过把整数变成了长整型，在此不述。

6.8.12 __javaScript

此函数可以用来返回 JavaScript 脚本的执行结果，也可以调用 JavaScript 中的库函数（JavaScript 类库提供的函数）。${__javaScript(3*10,sum)}，引用了一个简单的 javaScript(3*10) 语句。图 6-166 中引用 JavaScript 时间函数（new Date()）获取当前时间，然后保存到 now 变量中，ResultData 引用 now 变量，结果如图 6-167 所示。

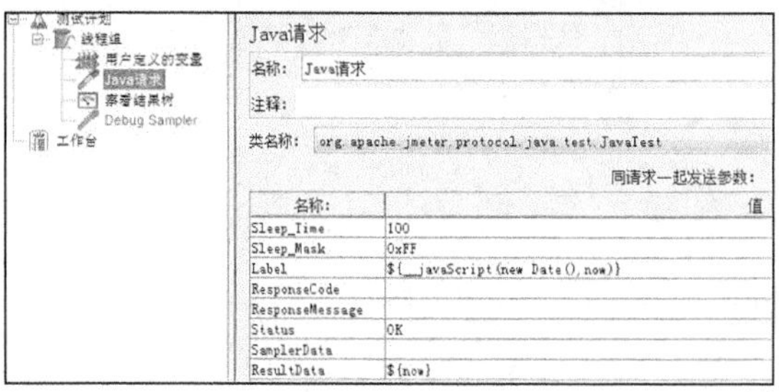

图 6-166 __javaScript 函数

图 6-167 __javaScript 查看结果树

6.8.13 __jexl

JMeter 提供对 JEXL 表达式的支持，JEXL 全称 Jakarta Commons Jexl，它是一种表达式语言（Java Expression Language）解释器，Commons Jexl 是对 JSP 表达式语言的一种扩充，并不依赖于 Servlet API，所以它可以被集成到任何需要表达式语言的应用程序中。

__jexl 是 JEXL1.0 的版本，_jexl2 是 JEXL2.0 的版本。

下面我们来看一个实例如图 6-168 所示，算术运算：3*10；结果如图 6-169 所示。

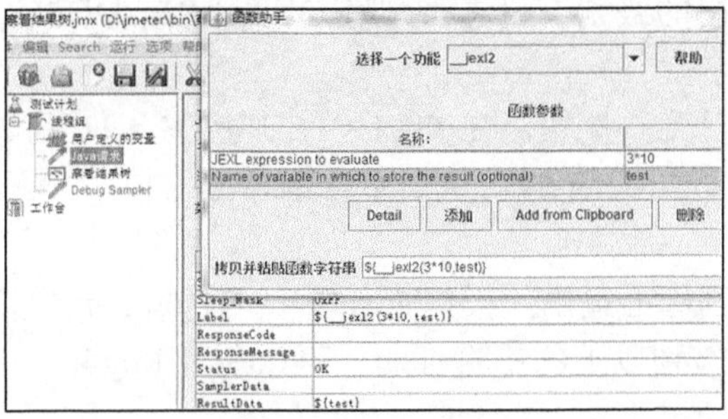

图 6-168 __jexl 示例

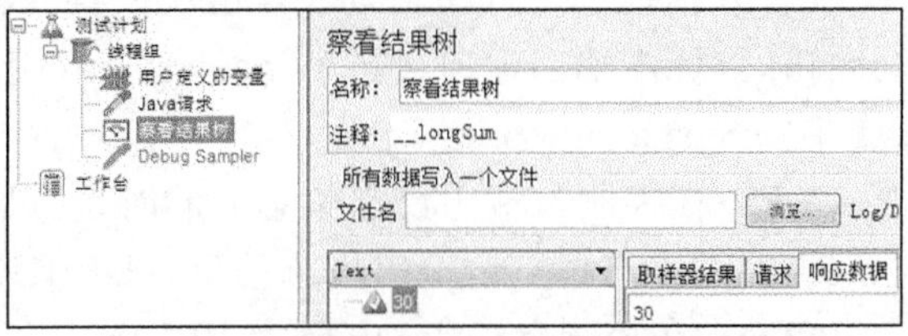

图 6-169 __jexl 察看结果树

JMeter 中部分变量能够被 jexl 直接访问。

log:直接调用 logger 函数。

ctx:获取 JMeterContent 对象。

vars:获取 JMeter 定义的变量。

props:获取 JMeter 配置属性。

threadName:获取 JMeter 线程名。

sampler:获取 Sampler 实例。

sampleResult：获取 SamplerResult 实例。

OUT:类似 System.out.println，OUT.println()。

下面我们从 vars 中来获取一下其中的变量属性，JMeter vars 默认变量有 START.YMD（执行开始时间），我们可以通过${__jexl2（vars.get("START.YMD"）,test）}来获取，值存入 test 变量。图 6-170 中是 JMeterVariables 类的部分代码，从中可以看到 START.YMD，如图 6-171 所示是对 test 变量的引用，图 6-172 是结果树显示的结果。

```
/**
 * Class which defines JMeter variables.
 * These are similar to properties, but they are local to a single thread.
 */
public class JMeterVariables {
    private final Map<String, Object> variables = new HashMap<String, Object>();

    private int iteration = 0;

    // Property names to preload into JMeter variables:
    private static final String [] PRE_LOAD = {
      "START.MS",     // $NON-NLS-1$
      "START.YMD",    // $NON-NLS-1$
      "START.HMS",    //$NON-NLS-1$
      "TESTSTART.MS", // $NON-NLS-1$
    };
```

图 6-170 JMeterVariables 源程序片段

名称:	值
Sleep_Time	100
Sleep_Mask	0xFF
Label	${__jexl2(vars.get("START.YMD"),test)}
ResponseCode	
ResponseMessage	
Status	OK
SamplerData	
ResultData	${test}

图 6-171 JMeterVariables 变量获取

图 6-172 __jexl 获取变量结果显示

6.8.14 __log

日志方法，返回输入的字符串信息，如图 6-173 所示输入字符串是“testing”，那么正常返回即是“testing”。

String to be logged：将会被日志输出的字符串，如上面的 testing。

当然 log 不仅仅是这个功能，它可以写日志。

Log level or OUT or ERR：用来指定日志输出的级别，日志级别有 OUT, ERR, DEBUG, INFO （default）, WARN or ERROR。

OUT：在控制台打印出来（点击快捷菜单栏的 按钮，在 GUI 中打开控制台），另外也会打印到标准输出窗口（在 Windows 下我们运行 JMeter 时会有一个标准输出窗口），类似 Java 中的 System.out.print()。

ERR：在控制台输出日志信息，同时也打印到标准输出，类似 Java 中的 System.err。

DEBUG：在控制台输出日志信息，DEBUG 级别以上的都将打印，可以参考 Log4j。

INFO：在控制台打印 INFO 及 ERROR 级别的日志。

WARN:在控制台打印 WARN、INFO、ERROR 级别的日志。

ERROR：在控制台仅打印 ERROR 日志。

另外对于 DEBUG、INFO、WARN、ERROR 级别的日志还可能会写入 JMeter 的运行时日志（这要看是否已经配置，主要通过配置 jmeter.properties 文件中的日志选项）。

Throwable text：抛出的异常信息。

Additional comment：附加的备注信息。

下面我们来看下实例，图 6-174 中我们 4 个域都填写了，其中 testing 的错误信息会在结果树与标准输出窗口打印。

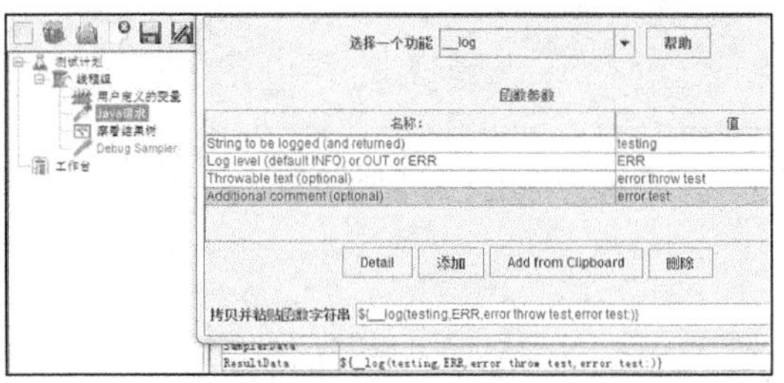

图 6-173 __log 函数

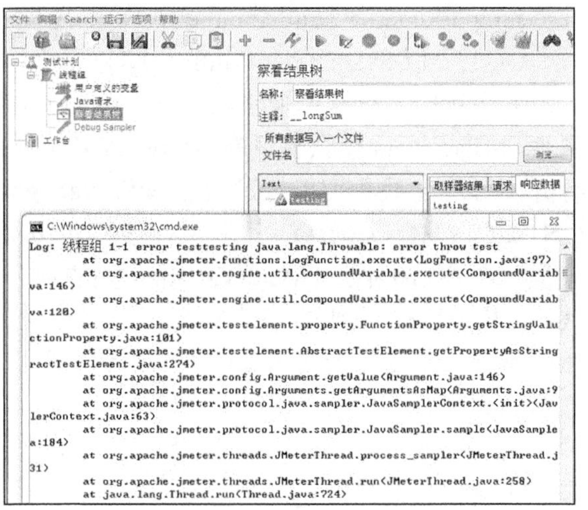

图 6-174 __log 输出

6.8.15 __logn

与_log 类似，不过它只记录一条日志，不返回值而已。

6.8.16 __machineIP

该函数引用返回本机 IP，如图 6-175 所示我们在 Java 请求中引用此函数，引用方式有两种，一种带参数名一种不带参数名，都可以返回本机 IP。如果带参数名，此参数还可以被其他的 Sampler 引用。

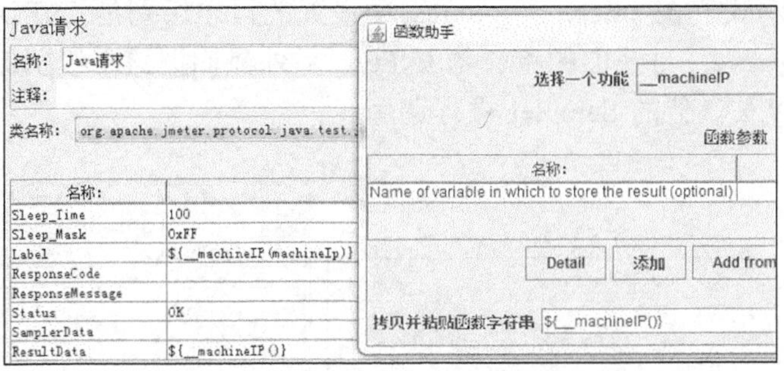

图 6-175 __machineIP

6.8.17 __machineName

该函数返回本机的机器名，如图 6-176 所示，引用时可以带参数名也可以不带，如果带参数名，此参数还可以被其他的 Sampler 引用。

6.8.18 __P

获取属性的函数，可以获取命令行中定义的属性，默认值为 1。如图 6-177 所示，我们在命令窗口打开 JMeter 且设置 group1.threads=7，我们在打开的 JMeter GUI 中可以获取到此参数。在非 GUI 方式运行测试计划时这个函数可用来做参数化，由运行命令动态指定参数值，方便我们与 Jenkins、Maven 或者 Ant 进行集成来完成性能测试自动化工作。

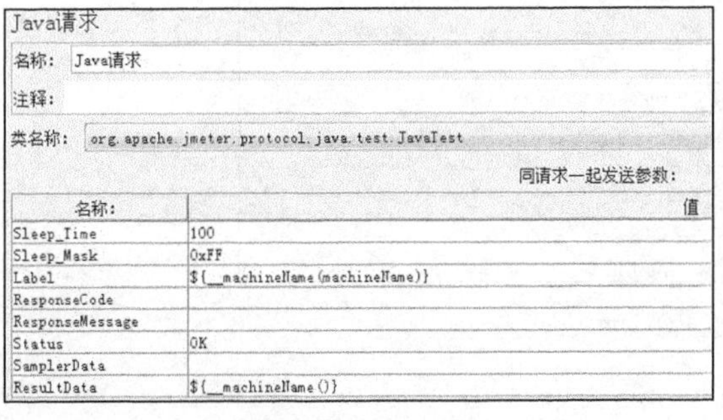

图 6-176 __machineName

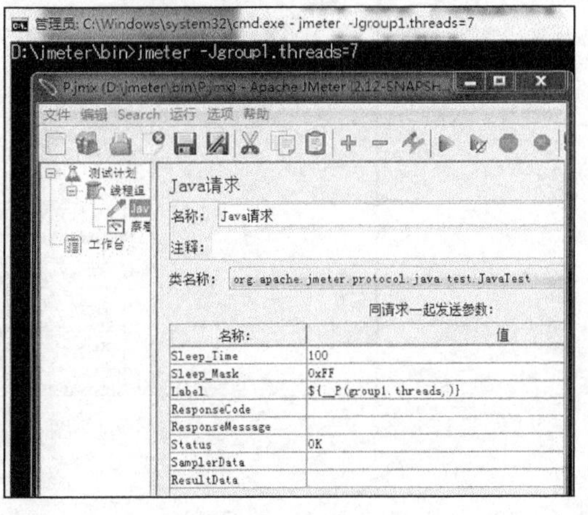

图 6-177 __P

6.8.19 __property

该函数用来获取 JMeter 的属性，我们打开%JMETER_HOME%\bin\jmeter.properties，在

此我们已设置 JMeter 的各项属性，通过这个函数我们可以获取到在此设置的属性值。在图 6-178 中我们用来获取 JMeter 的日志级别。

如图 6-179 所示我们在 jmeter.properites 中设置的日志级别是 INFO，所以${__property（log_level.jmeter,logLevel,）}获取的将会是 INFO，另外我们把日志级别保存到了 logLevel 变量中，此变量也可以被其他的 Sampler 进行调用。

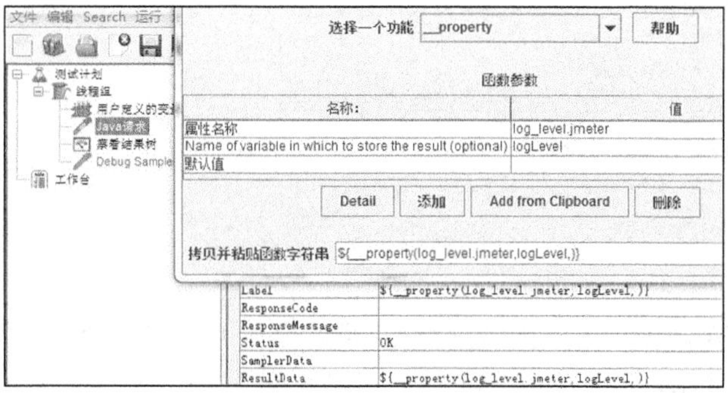

图 6-178 __property

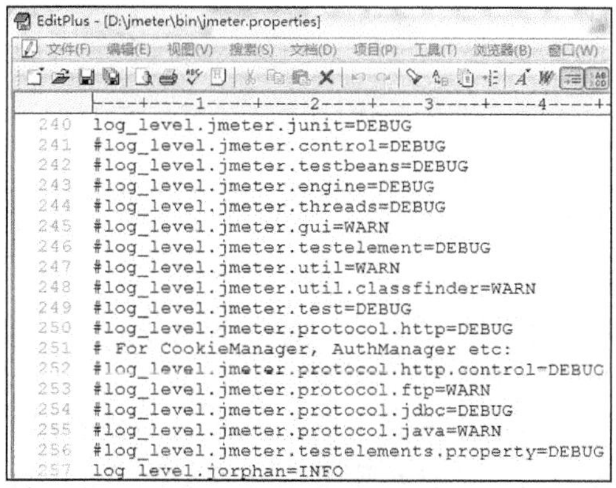

图 6-179 jmeter.properties

6.8.20 __Random

随机数函数（如图 6-180 所示），用此函数我们可以生成一个一定范围内的随机数并保存到指定变量，此变量可以被其他的 Sampler 引用。

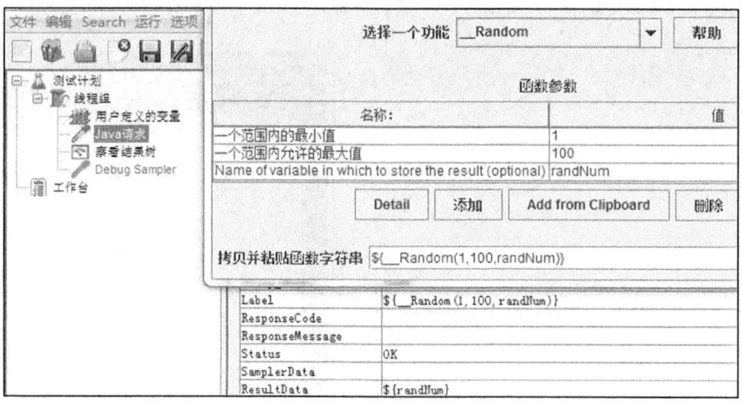

图 6-180 __Random

6.8.21 __RandomString

随机字符串函数（如图 6-181 所示），支持中文。用此函数我们可以生成指定长度的随机字符串并保存到指定变量，此变量可以被其他的 Sampler 引用。

图 6-181　__RandomString

6.8.22　__regexFunction

正则表达式提取函数，此函数用来正则匹配上一个 Sampler 的返回值，如图 6-182 所示 Java 请求 1 返回 road111china，我们用正则式 road（.*）china 来匹配 111，在 Java 请求 2 中如此引用：${__regexFunction（road（.*）china,1,1,,,,）}（如图 6-183 所示），在结果树中（如图 6-184 所示）我们可以看到 Java 请求 2 的 Label 即是 111。

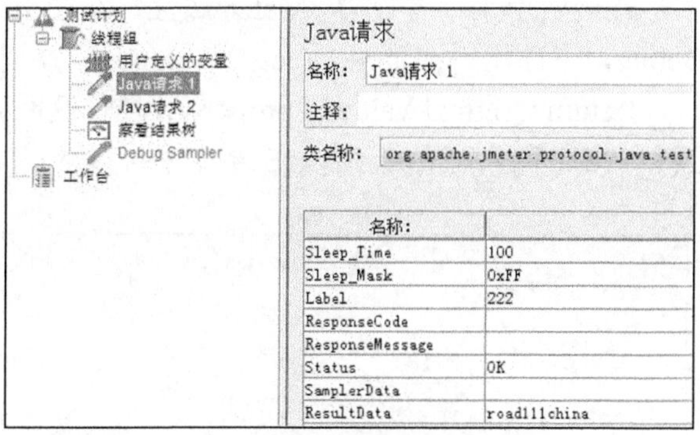

图 6-182　Java 请求 1

__regexFunction 函数的用法类似于后置处理器中的正则表达式提取器，具体用法请参照第四章节中讲到的正则表达式提取器。

具体选项请参照

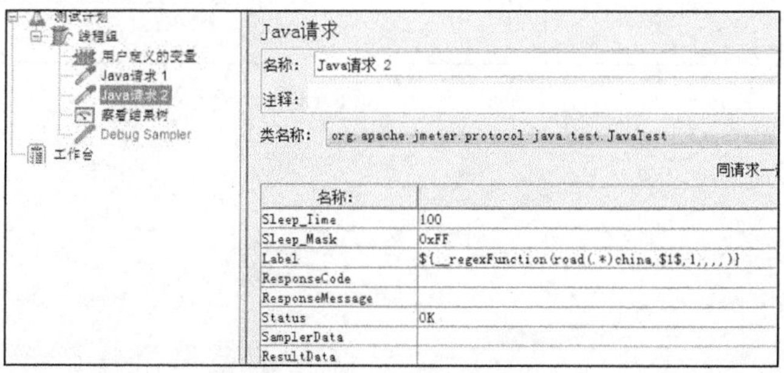

图 6-183　Java 请求 2 引用

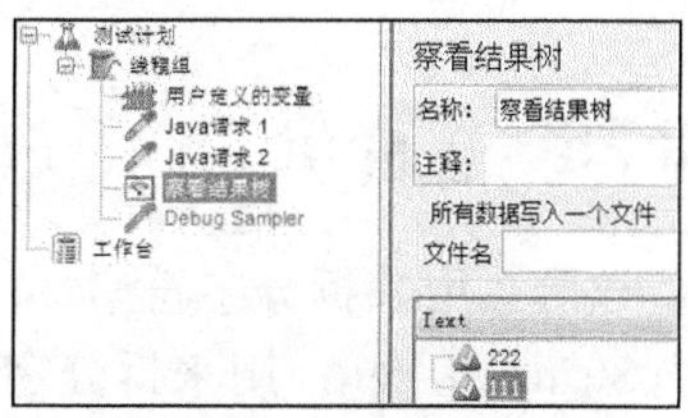

图 6-184　察看结果树

6.8.23　__samplerName

该函数用来获取当前 Sampler 的名称，如图 6-185 所示，当前 Sampler 的名称是“Java 请求”，${__samplerName（smpName）}即可以获取到当前 Sampler 的名称并保存到 smpName

变量中，此变量可以被其他的 Sampler 引用。

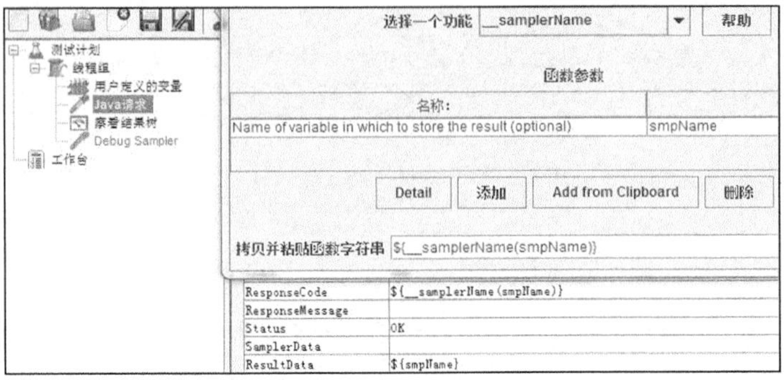

图 6-185　__samplerName

6.8.24　__setProperty

该函数用来动态设置 JMeter 属性，在图 6-186 中设置 JMeter 的 log_level.jmeter 属性为 Debug，下面用__property（log_level.jmeter,,）来获取刚才设置的属性。

Return Original Value of property：是否返回函数结果，默认为否。如果填入 true，则返回，图 6-186 中填入了 true，所以在结果树中 Java 请求的 Label 被设置成 Debug（如图 6-187 所示）。

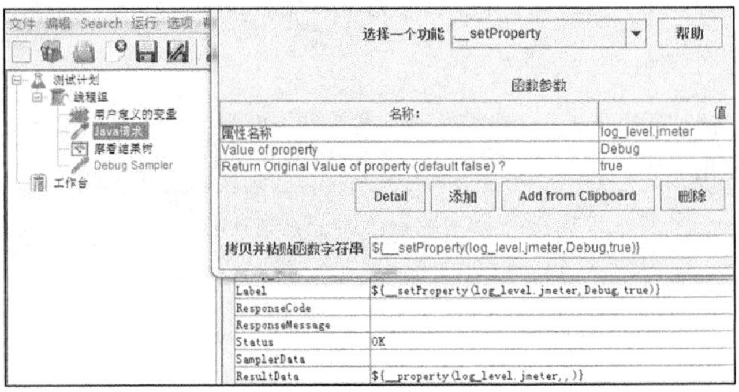

图 6-186　__setProperty

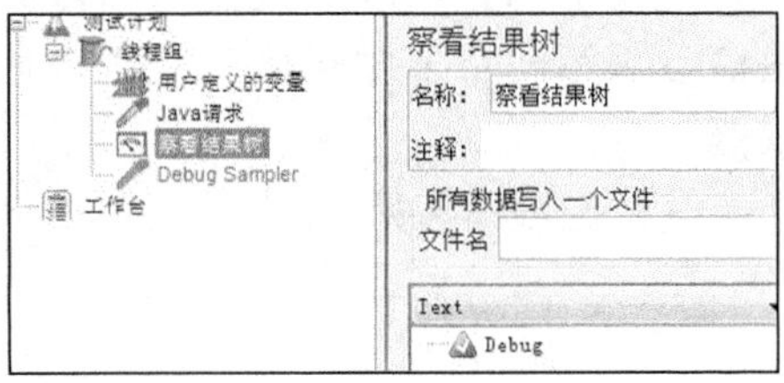

图 6-187　察看结果树

6.8.25　__split

该函数用来拆分字符串。

String to split：用来拆分字符串；

函数名称，用于存储在测试计划中其他的方式使用的值：拆分的字符串引用的变量名。

String to split on. Default is ,（comma）：分隔字符，默认是逗号。

拆分后的字符存入变量中，此变量类似一个字符串数组，如我们的例子，变量名为 para。

我们用 para_1（如图 6-188 所示）来访问拆分后的第一个字串，如果没有匹配到字符则用?代替。

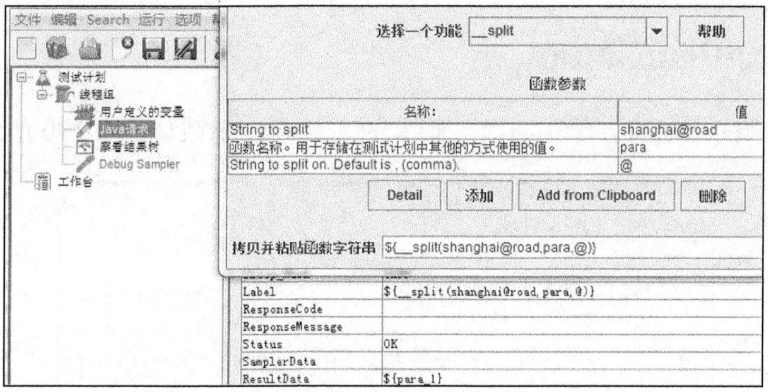

图 6-188 __split

6.8.26 __StringFromFile

该函数从文件中读取内容，一行一行地读取，类似于 CSV Data Set Config 元件；当读完以后会重头开始。每调用此函数一次将打开一次文件，这样效率似乎不太高。

输入文件的全路径：被访问的文件绝对路径。

Name of variable in which to store the result（optional）：把读取的内容放入变量，这种适用于有多处需要引用文件中的数据的场景，先在这里把读取的数据放入参数，后面再引用。

Start file sequence number （opt）：比如在绝对路径下有如下文件名

D:\testvalue1

D:\testvalue2

D:\testvalue3

需要读取，可以设置 Start file sequence number（opt)为 1，Final file sequence number（opt）为 3，这样就可以顺序读取这 3 个文件中的内容。

我们可能会有如下参数化要求：

比如 QQ 登录，每一个账号只能有一个在线，两个用户用同一个账号登录时会冲突，在性能测试时为了避免这种冲突我们就可以用这个函数来做参数化。但是我个人觉得这种方式还是太麻烦，所以后面我们会扩展 CSV Data Set Config 来满足这种要求。其界面如图 6-189 所示。

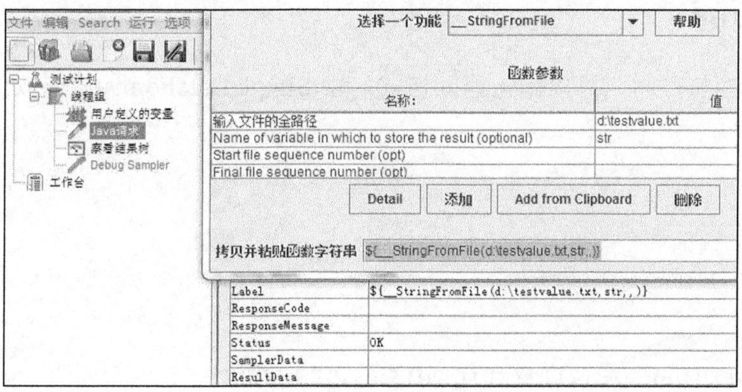

图 6-189 __StringFromFile

6.8.27 __TestPlanName

该函数返回测试计划的名称，即当前脚本的文件名，函数如图 6-190 所示。

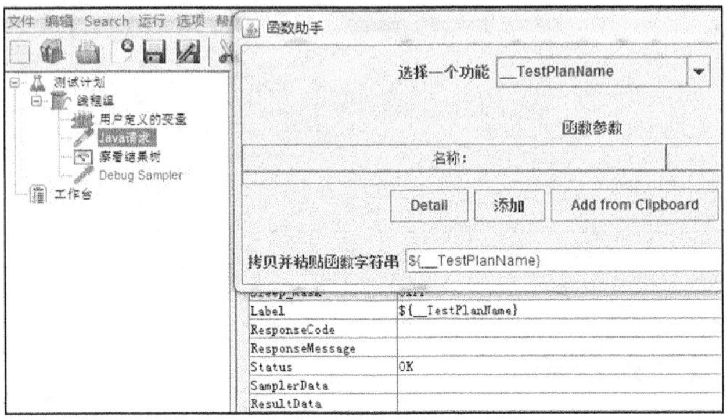

图 6-190 __TestPanName

6.8.28 __threadNum

返回当前线程号，函数设置如图 6-191 所示。

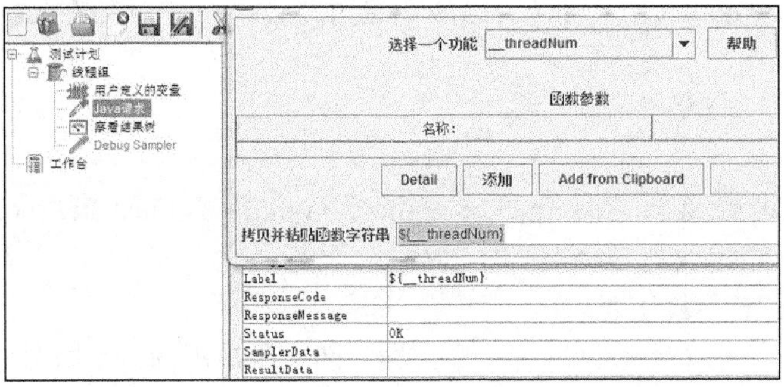

图 6-191 __threadNum

6.8.29 __time

该函数返回当前时间，可以指定返回格式，由 SimpleDateFormat 类来处理函数格式。

年：yyyy

月：MM

日：dd

时：hh

分：mm

秒：ss

yyyy-MM-dd HH:mm:ss 返回格式如 2015-02-03 17:30:27。

图 6-192 中返回格式如 20150203。

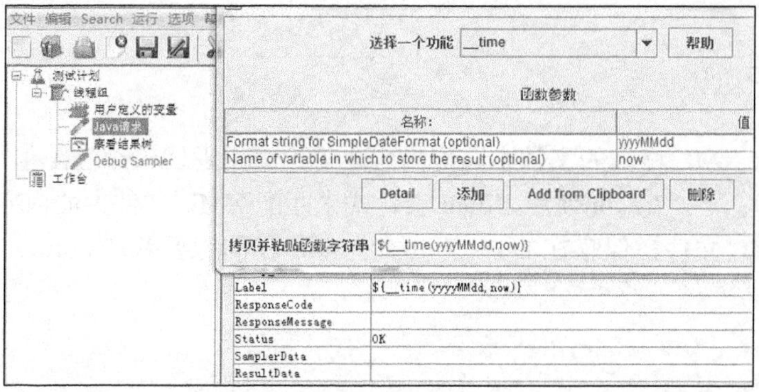

图 6-192 __time

6.8.30 __unescape

返转 escape 字符，如\r\n 转成 CRLF。

6.8.31 __unescapeHtml

该函数反转 URL 链接中的 Unicode 编码字符，如 转成空格。

6.8.32 __urldecode

该函数反转 URL 链接中的 Unicode 字符，如 Word+%22school%22 反转成 Word "school"。

6.8.33 __urlencode

该函数把 URL 链接中的 escap 字符转成 Unicode 编码，如 Word "school"转成 Word+%22school%22。

6.8.34 __UUID

在参数化时有时候我们希望能够生成一个唯一的字串，UUID 能帮我们实现，它能保证生成的字符串是唯一存在的。

6.8.35 __V

该函数用来执行变量表达式并返回结果，如果我们需要嵌套的使用变量时，就可以用到它。

比如我们先定义了一个变量 a1=2，b1=1；${a1} ${b1}都可以调用成功，但${a${b1}}就不能成功，事实上我们是想调用${a1}，只不过 a1 的 1 是由${b1}引用得来的。这时我们就可以用到__V，可以这样调用${__V（a${b1}）}，结果是：${__V（a${b1}）}=${__V（a1）}=2。

6.8.36 __XPath

该函数可以从 XML 格式的文件中匹配内容，每次调用返回一个匹配值，到达尾部从头开始。匹配不到返回空。__XPath 使用 XPath 表达式来匹配 XML 文件中的内容。先看一个实例。

有下面的 XML 文件，保存在 D:\eg.xml 文件中，我们想要获取 address 对应的属性。

```
<?xml version="1.0" encoding="utf-7"?>
<company>
<name>
<address>shanghai</title>
<englishName>road</price>
<title type="train">测试培训</title>
</name>
</company>
```

可以这样写 XPath 表达式：/company/name/address/text()

/ 开头表示根节点，顺着根节点 company 到 name 节点再到 address 节点，text()用来取 address 节点对应的文本内容，于是${__XPath（D:\eg.xml,/company/name/address/text()）}可以取得 shanghai 这串字符。

下面简单列举一下 XPath 的语法供参考。

"/"：表示选择根节点。

"//":表示选择任意位置的某个节点。

"@":表示选择某个属性。

"*"表示匹配任何元素节点。

"@*"表示匹配任何属性值。

company ：选取 company 元素的所有子节点。

/company：选取根节点 company，/开头是绝对路径。

company /name ：选取所有属于 company 的子元素的 name 元素，相对路径写法。

//name ：选择所有 name 子元素，而不管它们在文档中的位置。

company//address ：选择所有属于 company 元素的 address 元素，而不管它们位于 company 之下的什么位置。

//@type ：选取所有名为 type 的属性，此例中可取到“train”字符串。

本部分内容来自于 W3C School，需要更详细了解 XPath 表达式的读者可以参考 W3C School 网站中的内容。

6.9 本章小结

本章我们通过实例学习了大多数的 JMeter 元件，不同种类的元件有不同作用；同一目标也可以由不同元件来完成，大家要活学活用。

比如 WebServices 接口的结果断言，我们可以用响应断言，也可以用 XPath Assertion。比如我们可以用 ForEach Controller 配合正则表达式提取器来做猴子测试，自动帮我们遍历页面所有链接。掌握这些元件将有助于大家熟练开发 Jmeter 测试脚本。

下面我们再回顾一下 JMeter 多个种类的元件。

（1）逻辑控制器

帮助我们控制逻辑，控制流量。

（2）配置元件

帮助我们设置参数，设置默认值。

（3）定时器

帮助我们设置定时，模拟并发场景。

（4）前置处理器

帮助我们在取样器运行前作好数据准备工作。

（5）后置处理器

帮助我们对取样器结果进行分析，截取等操作。

（6）断言

帮助我们验证结果的正确性。

（7）监听器

帮助我们监控测试结果。

（8）函数助手

帮助我们进行参数化。

6.8.4 节留下一个思考题，加${__CSVRead（D:\testvalue.txt,0）}的原因是开始读取参数文件，就如初始化游标一样，后面用${__CSVRead（D:\testvalue.txt,next()）}才可以往后移。${__CSVRead（D:\testvalue.txt,next）}等价于${__CSVRead（D:\testvalue.txt,next()）}，next 与 next()一样。

第 7 章 JMeter 常用脚本开发

从本章你可以学到：

- BeanShell Sampler
- DebugSampler
- FTP 请求
- Java 请求
- JDBC 请求
- JUnit Request
- SOAP/XML-RPC Request

7.1 BeanShell Sampler

前面我们有学习过BeanShell定时器、BeanShell前置处理器，这里的BeanShell Sampler也与它们具有共性，脚本语言一样，仅仅配置项有变化。既然是 Sampler，那么就是用来模拟向被测试系统发起请求的，JMeter会记录取样结果，也就是统计TPS、响应时间等性能指标。BeanShell支持Java对象的调用，所以我们可以直接通过BeanShell来调用Java接口程序，这不就是接口测试吗？

下面我们看一个BeanShell调用Java接口的例子。

1. 先编写两个简单的Java类

BeanUtil接口和它的实现类BeanShellEg，代码如图7-1所示。

BeanShellEg.java

```java
package com.seling.test;

public class BeanShellEg implements BeanUtil{

    private String userName;
    private String address;

    public BeanShellEg(String name){
        this.userName = name;
    }

    public BeanShellEg(String name,String address){
        this.userName = name;
        this.address = address;
    }

    public String getUserName() {
        return userName;
    }

    public void setUserName(String userName) {
        this.userName = userName;
    }

    public String getAddress() {
        return address;
    }

    public void setAddress(String address) {
        this.address = address;
    }

    public int mul(int i){
        return i*i;
```

```java
package com.seling.test;

public interface BeanUtil {

    public String getUserName();
    public String getAddress();
    public int mul(int i);
}
```

图7-1　示例Java程序

2. BeanShell脚本编写

在BeanShell中直接实例化BeanShellEg类：

- UserName与Address值分别为road与shanghai。
- 通过log.error()方式打印出userName与address的值（笔者习惯设置JMeter日志输出级别为ERROR，在日志中查看时会比较明显，方便调试，纯属个人偏好）。
- 把userName与address的值放入变量，这样其他的元件就可以引用到此值。

在图7-2中可以看到日志中记录的Error消息正是我们预计的，下面Java请求的Label用${userName}来参数化，执行过后在察看结果树中就可以看到Java请求的Label是road（如图7-3所示）。

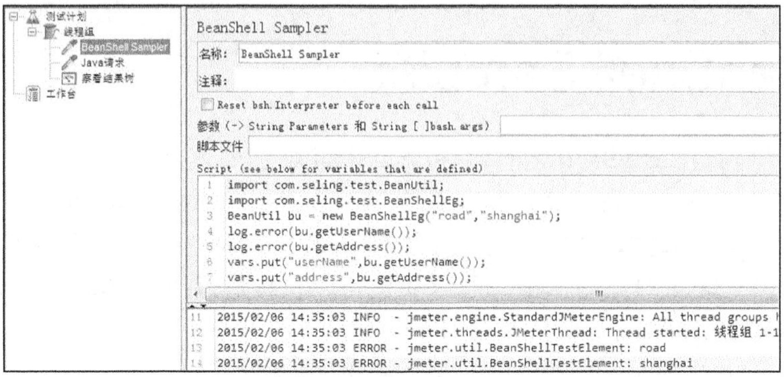

图 7-2 BeanShell 脚本编写

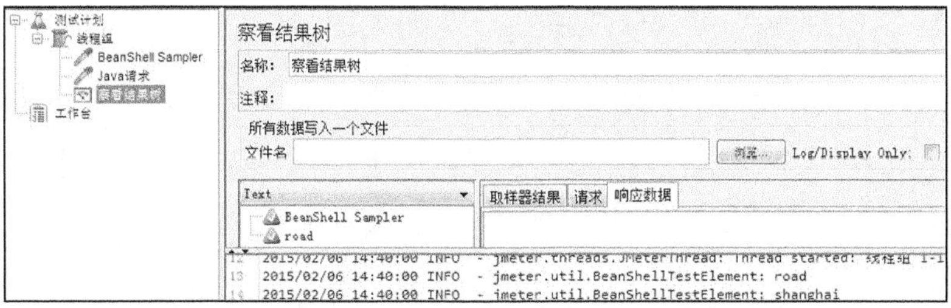

图 7-3 结果查看

3. 被引用类加入到类加载路径

大家如果按照前面两点来编写 Java 程序与 BeanShell 脚本，在 JMeter 中运行一定是会报错的，为什么呢？

BeanShell 找不到类，解决办法就是把 Java 程序加入到类路径（在加入到类路径之前先要打成 jar 包，如何把程序打包呢？请参照 7.4 节 Java 请求），这里我们介绍两种方法：

（1）测试计划中导入，如图 7-4 所示。

（2）引用包及依赖包放到 JMeter 默认的包加载路径，即%JMETER_HOME%\lib 目录。那么什么叫引用包？什么叫依赖包呢？

为了把测试过程说清楚，特意引入了引用包与依赖包的概念，这里说的引用包是 BeanShell 程序调用的 Java 类所在的包；我们示例中就是 BeanShell.jar。如果 BeanShell 包中的类又依赖于其他包中的类，这个包是 BeanShell.jar 的依赖包，也需要发布到类加载路径。综合起来就是直接引用或间接引用的包都需要发布到类加载路径，建议使用第二种方式来引入依赖包。

4. BeanShell 入参

图 7-5 中我们实例化了 BeanShellEg 类，构造方法有两个入参，入参可以由 BeanShell Sampler Parameters 来传入，我们输入了两个变量值 seling china，中间用空格分开；图 7-5 中用 bsh.args 来引用（bsh.args[0]代表取第一个值），执行时一切正常输出图 7-5 所示的结果。当然 BeanShell 参数也支持引用变量，也就是我们可以把下图中的 seling 替换成一个存在变量，以${}的方式来引用。

5. 下面来看一下 BeanShell 支持访问哪些属性与变量

我们在 6.3.7 节中讲解了 BeanShell Timer，其中也讲到 BeanShell 能够访问哪些属性与变量，那么 BeanShell Sampler 也匹配这些功能，但是它还多出了 4 个项目，毕竟它是 Sampler。

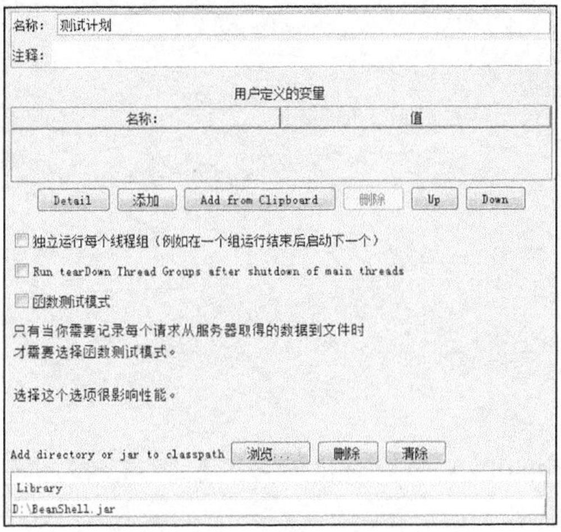

图 7-4 引用包及依赖包导入

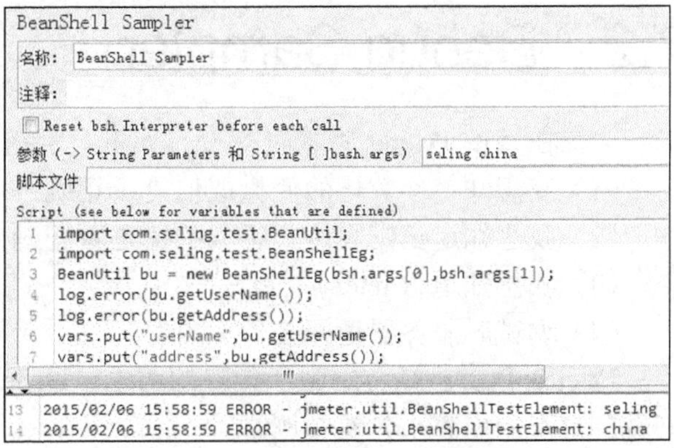

图 7-5 BeanShell 入参&日志查看

选项如下。

SampleResult：可以访问 Sampler 对应的结果对象，也就是能够让你查询与编辑其中的属性。

ResponseCode ：可以引用此属性自行设置 Sampler 的返回码，一般 Http 请求成功会设置成 200，当然在这里就是读者自己做主了，你可以任性地设置为 500 也是没问题的。

ResponseMessage ：可以引用此属性自行设置响应消息内容，默认为 OK，你可以改成你想看到的任意内容。

IsSuccess ：引用它来决定 Sampler 产生的事务是否成功，如果设置为 false，恭喜您，在结果树中您会看到 Sampler 已经是红色了，事务失败；当然在聚合报告中也是失败的，这就给了我们根据业务逻辑来确定事务是否成功的渠道。

还是来看一个示例程序，在图 7-6 的日志中我们可以看到 ResponseMessae 默认值是 OK，我们修改 ResponseMessage=Success 也是成功的。

我们看一下结果树（如图 7-7 所示），BeanShell Sampler 是红色的，代表失败，是因为我们在 BeanShell 中设置了 IsSuccess=false。另外 Resonse Code=300，正是我们设置的值。

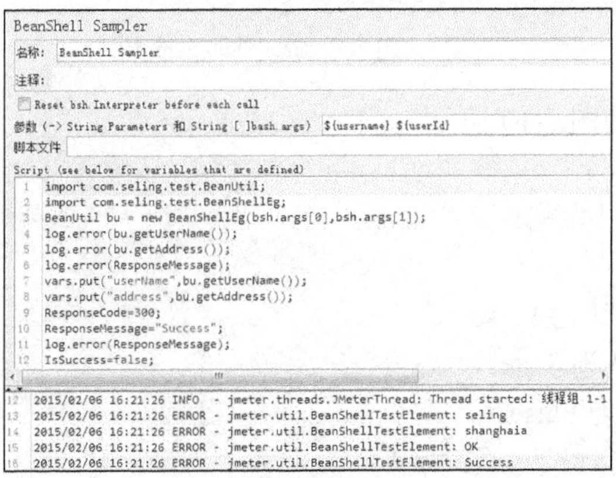

图 7-6 BeanShell 示例

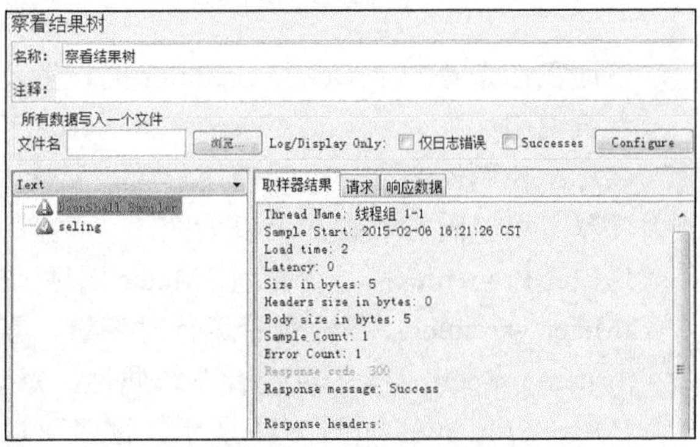

图 7-7 BeanShell 示例

综上，BeanShell 还是比较方便用来测试 Java 接口程序的，如果您不想对 Java 接口测试程序进行扩展的话，BeanShell 是一个不错的选择。

具体 BeanShell 语法可以参考 Beanshell 官网。

7.2 Debug Sampler

大家在调试 JMeter 脚本时有没有如下几种需求：

（1）我想知道参数化的变量取值是否正确!

（2）我想知道正则表达式提取的值是否正确!

（3）我想知道 JMeter 属性!

（4）调试时服务器返回些什么内容！

JMeter 其实已经考虑到了大家的需求，Debug Sampler 与察看结果树元件组合就能让我们看到想看的内容，先看实例。

图 7-8 所示的结果树中我们切换到 Debug Sapmler，其中响应数据中我们可以看到 JMeter 的变量，诸如 JMeterThread.last_sample_ok=true（表示最后一个 Sampler 运行成功）、START.HMS=200655（Sampler 开始运行时间，这里是精确到秒）、START.MS=1423224415480（开始运行时间，精确到毫秒）；这都是 JMeter 中 SampleResult 对象记录的，我们用它来计算响应时间。address=shanghai、userId=shanghai 是我们在 BeanShell 脚本中定义的变量。这些运行过程中的变量值我们都可以看到，方便我们调试。BeanShell 脚本如图 7-9 所示。

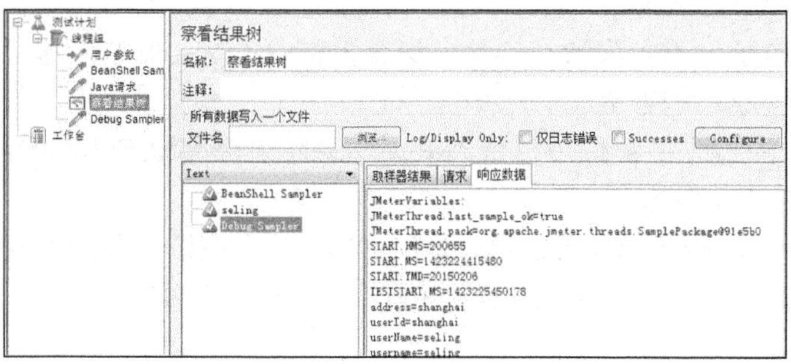

图 7-8 结果树查看

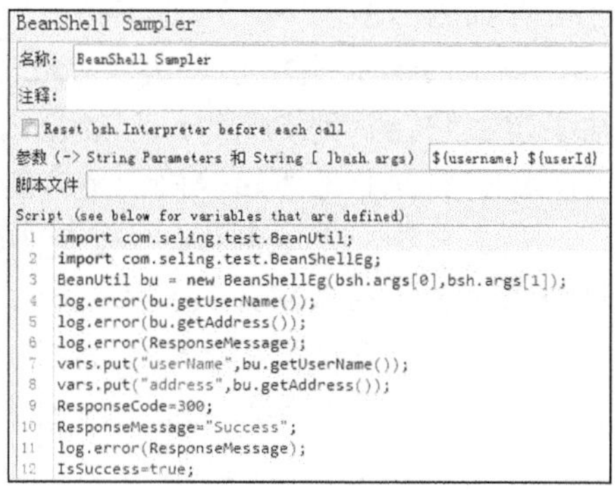

图 7-9 BeahShell Sampler

下面我们来看一下 Debug Sampler 的设置，如图 7-10 所示。

参数说明如下。

名称：控制器名称，可以随意设置，甚至可以为空。

注释：可以随意设置，可以为空。

JMeter Properties：是否查看 JMeter 属性，默认为 False。

JMeter Variables：是否查看运行时变量，默认为 True。

System properties：是否查看系统属性，默认为 False。

JMeter Properties 如图 7-11 所示，读者可以自行试一试。

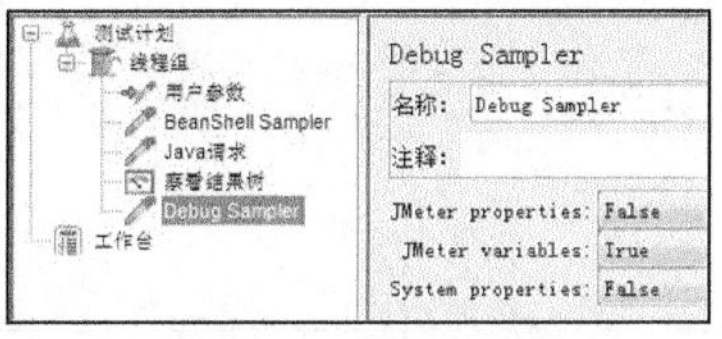

图 7-10 Dubug Sampler

图 7-11 Dubug Sampler 显示 JMeter Properties

7.3 FTP 请求

FTP（File Transfer Protocol 文件传输协议）用于 Internet 上文件的双向传输。作为一个应用程序不同的操作系统也有不同的实现，为了保证可以跨平台，FTP 程序都要遵循相同协议，FTP 有上传与下载两种功能。JMeter 提供对 FTP 上传与下载的测试支持，与 FTP 请求默认值设置基本一样，只是多了用户名与密码。

参数说明如下。

名称：控制器名称，可以随意设置，甚至可以为空。

注释：可以随意设置，可以为空。

服务器名称或 IP：上传或者用来下载的服务器地址（即被测试对象）。

端口号：指定的 FTP 传输端口号。

Remote File：远程 FTP 服务器文件路径。

LocalFile：本地文件路径。

Local File Contents：本地文件内容。

Get（RETR）：下载文件选项。

Put（STOR）：上传文件选项。

Use Binary mode?：是否以二进制方式传输。

Save File in Response?：文件内容是否保存到响应中去，如果选择，且运行 FTP 请求成功后我们可以在“察看结果树——响应数据”中看到内容。

用户名：如果是匿名登录，也请填入 anonymous 账号，不然有可能下载不成功。

密码：有则填写。

图 7-12 是上海交大提供的免费 FTP 资源，我们从上面下载一个文件 robots.txt。大家可以利用此资源进行脚本开发，但请不要进行压测，公共资源分享请大家注意保护。

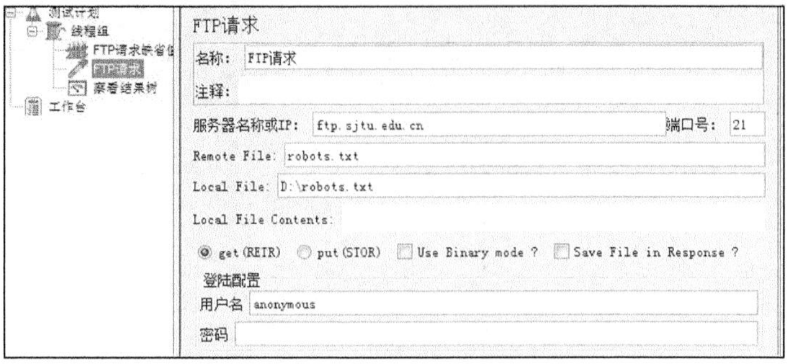

图 7-12 FTP 请求

7.4 Java 请求

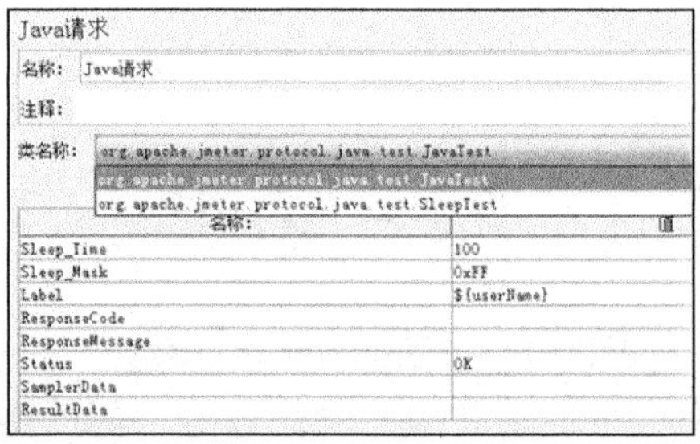

图 7-13 Java 请求

JMeter 取样器上自带了两个 Java 请求类 JavaTest 与 SleepTest，一般来说这两个类对我们测试没有实际作用，但是我们可以模仿它们来扩展 Java 请求元件，用来做接口测试。下面我们开始模仿。

这里我们不再新写 Java 接口，沿用 7.1 节 BeanShell 中的 BeanUtil 接口。

（1）先看一下 JavaTest 源码（去掉了包引用部分及注释部分）。

```
public class JavaTest extends AbstractJavaSamplerClient implements Serializable {
    private static final Logger LOG = LoggingManager.getLoggerForClass();
    private static final long serialVersionUID = 240L;
    /** The base number of milliseconds to sleep during each sample. */
    private long sleepTime;
    /** The default value of the SleepTime parameter, in milliseconds. */
    public static final long DEFAULT_SLEEP_TIME = 100;
    /** The name used to store the SleepTime parameter. */
    private static final String SLEEP_NAME = "Sleep_Time";
    /**
     * A mask to be applied to the current time in order to add a semi-random
     * component to the sleep time.
     */
    private long sleepMask;
    /** The default value of the SleepMask parameter. */
    public static final long DEFAULT_SLEEP_MASK = 0xff;
    /** Formatted string representation of the default SleepMask. */
    private static final String DEFAULT_MASK_STRING = "0x" + (Long.toHexString
   (DEFAULT_SLEEP_MASK)).toUpperCase(java.util.Locale.ENGLISH);
    /** The name used to store the SleepMask parameter. */
    private static final String MASK_NAME = "Sleep_Mask";
    /** The label to store in the sample result. */
    private String label;
    /** The default value of the Label parameter. */
    // private static final String LABEL_DEFAULT = "JavaTest";
    /** The name used to store the Label parameter. */
```

```
private static final String LABEL_NAME = "Label";
/** The response message to store in the sample result. */
private String responseMessage;
/** The default value of the ResponseMessage parameter. */
private static final String RESPONSE_MESSAGE_DEFAULT = "";
/** The name used to store the ResponseMessage parameter. */
private static final String RESPONSE_MESSAGE_NAME = "ResponseMessage";
/** The response code to be stored in the sample result. */
private String responseCode;
/** The default value of the ResponseCode parameter. */
private static final String RESPONSE_CODE_DEFAULT = "";
/** The name used to store the ResponseCode parameter. */
private static final String RESPONSE_CODE_NAME = "ResponseCode";
/** The sampler data (shown as Request Data in the Tree display). */
private String samplerData;
/** The default value of the SamplerData parameter. */
private static final String SAMPLER_DATA_DEFAULT = "";
/** The name used to store the SamplerData parameter. */
private static final String SAMPLER_DATA_NAME = "SamplerData";
/** Holds the result data (shown as Response Data in the Tree display). */
private String resultData;
/** The default value of the ResultData parameter. */
private static final String RESULT_DATA_DEFAULT = "";
/** The name used to store the ResultData parameter. */
private static final String RESULT_DATA_NAME = "ResultData";
/** The success status to be stored in the sample result. */
private boolean success;
/** The default value of the Success Status parameter. */
private static final String SUCCESS_DEFAULT = "OK";

/** The name used to store the Success Status parameter. */
private static final String SUCCESS_NAME = "Status";
public JavaTest() {
    LOG.debug(whoAmI() + "\tConstruct");
}
private void setupValues(JavaSamplerContext context) {
    sleepTime = context.getLongParameter(SLEEP_NAME, DEFAULT_SLEEP_TIME);
    sleepMask = context.getLongParameter(MASK_NAME, DEFAULT_SLEEP_MASK);
    responseMessage = context.getParameter(RESPONSE_MESSAGE_NAME, RESPONSE_MESSAGE_DEFAULT);
    responseCode = context.getParameter(RESPONSE_CODE_NAME, RESPONSE_CODE_DEFAULT);
    success = context.getParameter(SUCCESS_NAME, SUCCESS_DEFAULT).equalsIgnoreCase("OK");
    label = context.getParameter(LABEL_NAME, "");
    if (label.length() == 0) {
        label = context.getParameter(TestElement.NAME); // default to name of element
    }
    samplerData = context.getParameter(SAMPLER_DATA_NAME, SAMPLER_DATA_DEFAULT);
    resultData = context.getParameter(RESULT_DATA_NAME, RESULT_DATA_DEFAULT);
}
@Override
public void setupTest(JavaSamplerContext context) {
    if (LOG.isDebugEnabled()) {
        LOG.debug(whoAmI() + "\tsetupTest()");
        listParameters(context);
    }
}
```

```
    @Override
    public Arguments getDefaultParameters() {
        Arguments params = new Arguments();
        params.addArgument(SLEEP_NAME, String.valueOf(DEFAULT_SLEEP_TIME));
        params.addArgument(MASK_NAME, DEFAULT_MASK_STRING);
        params.addArgument(LABEL_NAME, "");
        params.addArgument(RESPONSE_CODE_NAME, RESPONSE_CODE_DEFAULT);
        params.addArgument(RESPONSE_MESSAGE_NAME, RESPONSE_MESSAGE_DEFAULT);
        params.addArgument(SUCCESS_NAME, SUCCESS_DEFAULT);
        params.addArgument(SAMPLER_DATA_NAME, SAMPLER_DATA_DEFAULT);
        params.addArgument(RESULT_DATA_NAME, SAMPLER_DATA_DEFAULT);
        return params;
    }
    @Override
    public SampleResult runTest(JavaSamplerContext context) {
        setupValues(context);
        SampleResult results = new SampleResult();
        results.setResponseCode(responseCode);
        results.setResponseMessage(responseMessage);
        results.setSampleLabel(label);
        if (samplerData != null && samplerData.length() > 0) {
            results.setSamplerData(samplerData);
        }
        if (resultData != null && resultData.length() > 0) {
            results.setResponseData(resultData, null);
            results.setDataType(SampleResult.TEXT);
        }
        // Record sample start time.
        results.sampleStart();
        long sleep = sleepTime;
        if (sleepTime > 0 && sleepMask > 0) {
            long start = System.currentTimeMillis();
            // Generate a random-ish offset value using the current time.
            sleep = sleepTime + (start % sleepMask);
        }
        try {
            // Execute the sample. In this case sleep for the
            // specified time, if any
            if (sleep > 0) {
                TimeUnit.MILLISECONDS.sleep(sleep);
            }
            results.setSuccessful(success);
        } catch (InterruptedException e) {
            LOG.warn("JavaTest: interrupted.");
            results.setSuccessful(true);
        } catch (Exception e) {
            LOG.error("JavaTest: error during sample", e);
            results.setSuccessful(false);
        } finally {
            // Record end time and populate the results.
            results.sampleEnd();
        }
        if (LOG.isDebugEnabled()) {
            LOG.debug(whoAmI() + "\trunTest()" + "\tTime:\t" + results.getTime());
            listParameters(context);
```

```
        }
        return results;
    }
    private void listParameters(JavaSamplerContext context) {
        Iterator<String> argsIt = context.getParameterNamesIterator();
        while (argsIt.hasNext()) {
            String name = argsIt.next();
            LOG.debug(name + "=" + context.getParameter(name));
        }
    }
    private String whoAmI() {
        StringBuilder sb = new StringBuilder();
        sb.append(Thread.currentThread().toString());
        sb.append("@");
        sb.append(Integer.toHexString(hashCode()));
        return sb.toString();
    }
}
```

- JavaTest 类继承了 AbstractJavaSamplerClient 类，那么我们也需要继承 AbstractJava SamplerClient 类。此时我们必须实现 public SampleResult runTest(JavaSamplerContext context) 这个方法，这个方法中放入我们需要测试的接口。

下面这段程序即是 Java 请求执行的部分，统计响应时间及 TPS 就是针对这一段代码。

只有继承 AbstractJavaSamplerClient 类，在 Java Sampler 请求中才可以看到我们模仿的 Java 请求。

```
public SampleResult runTest(JavaSamplerContext context) {
        setupValues(context);
        SampleResult results = new SampleResult();
        results.setResponseCode(responseCode);
        results.setResponseMessage(responseMessage);
        results.setSampleLabel(label);
        if (samplerData != null && samplerData.length() > 0) {
            results.setSamplerData(samplerData);
        }
        if (resultData != null && resultData.length() > 0) {
            results.setResponseData(resultData, null);
            results.setDataType(SampleResult.TEXT);
        }
        // Record sample start time.
        results.sampleStart();
        long sleep = sleepTime;
        if (sleepTime > 0 && sleepMask > 0) { // / Only do the calculation if
              // it is needed
            long start = System.currentTimeMillis();
            // Generate a random-ish offset value using the current time.
            sleep = sleepTime + (start % sleepMask);
        }
        try {
            // Execute the sample. In this case sleep for the
            // specified time, if any
            if (sleep > 0) {
                TimeUnit.MILLISECONDS.sleep(sleep);
            }
```

```
            results.setSuccessful(success);
        } catch (InterruptedException e) {
            LOG.warn("JavaTest: interrupted.");
            results.setSuccessful(true);
        } catch (Exception e) {
            LOG.error("JavaTest: error during sample", e);
            results.setSuccessful(false);
        } finally {
            // Record end time and populate the results.
            results.sampleEnd();
        }
        if (LOG.isDebugEnabled()) {
            LOG.debug(whoAmI() + "\trunTest()" + "\tTime:\t" + results.getTime());
            listParameters(context);
        }
        return results;
    }
```

- 我们在执行过程中为了效率会把一些准备工作独立出来，这部分工作可以放在 public void setupTest（JavaSamplerContext context）方法中来实现。下面这段代码检查是否要与 Debug 级别的日志，在 Debug 日志中打印所有参数信息。

```
    public void setupTest(JavaSamplerContext context) {
        if (LOG.isDebugEnabled()) {
            LOG.debug(whoAmI() + "\tsetupTest()");
            listParameters(context);
        }
    }
```

- 如果执行完成后有收尾工作可以放在 public void teardownTest（JavaSamplerContext context）方法中来实现。
- 在测试过程中我们想要方便地进行参数化，可以暴露出参数表供用户进行参数化，这部分工作放在 public Arguments getDefaultParameters()中来完成。下面程序将会在页面生成如图 7-14 的效果。

```
    public Arguments getDefaultParameters() {
        Arguments params = new Arguments();
        params.addArgument(SLEEP_NAME, String.valueOf(DEFAULT_SLEEP_TIME));
        params.addArgument(MASK_NAME, DEFAULT_MASK_STRING);
        params.addArgument(LABEL_NAME, "");
        params.addArgument(RESPONSE_CODE_NAME, RESPONSE_CODE_DEFAULT);
        params.addArgument(RESPONSE_MESSAGE_NAME, RESPONSE_MESSAGE_DEFAULT);
        params.addArgument(SUCCESS_NAME, SUCCESS_DEFAULT);
        params.addArgument(SAMPLER_DATA_NAME, SAMPLER_DATA_DEFAULT);
        params.addArgument(RESULT_DATA_NAME, SAMPLER_DATA_DEFAULT);
        return params;
    }
```

同请求一起发送参数：

名称：	值
Sleep_Time	100
Sleep_Mask	0xFF
Label	
ResponseCode	
ResponseMessage	
Status	OK
SamplerData	
ResultData	

图 7-14 Java Sampler 参数表

（2）下面是我们的示例程序。

我们在 setupTest()方法中实例化了 BeanShellEg 类，在 runTest 方法中就不需要再次实例化了，这样我们运行多次时对一个线程来说只实例化了一次，这样就省去了每次需要实例化。这种方式适用于实例化时较慢，比较影响性能的时候，如我们与服务器建立一个 Socket 连接，这个连接是长连接，而且连接一次耗时较长，在实际业务场景中也是只连接一次，多次发送与接收数据包，那么我们就应该把建立连接的部分放在 setupTest()方法中。我们在 runTest 方法中调用了 BeanShellEg 的 mul()方法，这个方法是我们需要测试的，在运行 mul()方法时我们用 SampleResult 中的 sampleStart（程序中的 sr.sampleStart()）方法开启事务，在 mul()方法运行完成后用 sampleEnd 来结束事务，大家可以看到这两个方法紧邻 mul()方法，就是为了减少别的程序对结果的影响，结束事务后我们设置了事务是否成功（sr.setSuccessful（true）），在这里我们还可以根据业务需要来做验证，比如在此 mul()结果要等于或者大于多少才算成功，也就是加上一个断言。当然在此也可以不用判断，可以在 Java Sampler 后面加上一个断言元件来判断事务是否成功。

```
package com.seling.test;
import java.io.Serializable;
import org.apache.commons.logging.Log;
import org.apache.commons.logging.LogFactory;
import org.apache.jmeter.config.Arguments;
import org.apache.jmeter.protocol.java.sampler.AbstractJavaSamplerClient;
import org.apache.jmeter.protocol.java.sampler.JavaSamplerContext;
import org.apache.jmeter.samplers.SampleResult;
public class BeanUtilTest extends AbstractJavaSamplerClient implements Serializable {
     private static final long serialVersionUID = -5002930172848461734L;
     private static final Log log = LogFactory.getLog(BeanUtilTest.class);
     private BeanUtil bu;
     /**
      * Java Sampler 界面中展示用来指导用户输入变量
      */
     public Arguments getDefaultParameters() {
          Arguments args = new Arguments();
          // 可以在 Java 请求的参数表中看到
          args.addArgument("i", "i.value");
          return args;
     }
     /**
      * 执行 runTest()方法前会调用此方法
      */
     public void setupTest(JavaSamplerContext context) {
          bu = new BeanShellEg("road","shanghai");
     }
     /**
      * 在此方法中调用需要测试的接口
      * @param context JavaSampler 上下文
      * @return    SampleResult 返回对象用来记录取样器结果
      */
     public SampleResult runTest(JavaSamplerContext context) {
          //获取用户输入的变量值
          int i = Integer.valueOf(context.getParameter("i"));
          //实例化 SampleResult，用来记录运行结果
```

```
        SampleResult sr = new SampleResult();
        //定义事务的开始
        sr.sampleStart();
            int mul = bu.mul(i);
        sr.sampleEnd();//设置事务结束
        sr.setSuccessful(true);//设置事务成功
        sr.setSampleLabel("mul");//设置 Java Sampler 标题
        sr.setResponseOK();//设置响应成功
        sr.setResponseData("mul result :"+String.valueOf(mul));//设置响应内容
        return sr;
    }
    /**
     * 执行 runTest()方法后会调用此方法
     */
    public void teardownTest(JavaSamplerContext context) {
    }
}
```

（3）打包我们写的 BeanUtilTest 类。

笔者是用 Eclipse 进行开发的，右键 BeanUtilTest 所在的类，选择【Export】（见图 7-15）进入图 7-16 所示界面，选择 JAR file 进入图 7-17 所示界面，给程序取个包名，包名遵循 Java 程序取名规范即可，我们把包存放到了 D 盘。

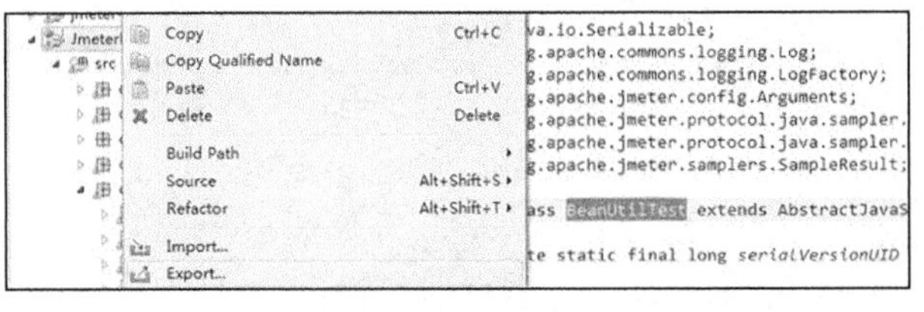

图 7-15 打包步骤一

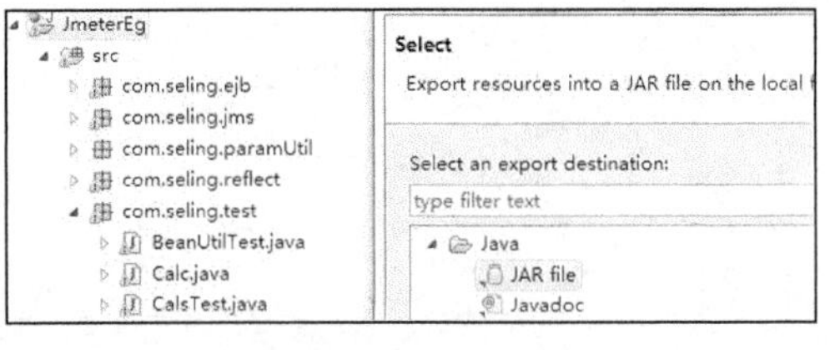

图 7-16 打包步骤二

（4）把打好的包放到%JMETER_HOME%\lib\ext 目录下，由于我们的程序依赖于 BeanShell.jar 包，所以 BeanShell.jar 包需要放入%JMETER_HOME%\lib\目录。注意两个包放的位置不一样，BeanShellTest.jar 是 JMeter 启动时会加载到 Java Sampler 元件中的，属于扩展包，必须放在%JMETER_HOME%\lib\ext 目录，而 BeanShell.jar 是被依赖的包，所以放在%JMETER_HOME%\lib\目录，当然 BeanShell.jar 也可以在测试计划中加入，个人建议还是直接复制到%JMETER_HOME%\lib\目录。

（5）重新启动 JMeter，我们在类名称的下拉列表（如图 7-18 所示）可以看到我们扩展的 BeanUtilTest 类。下拉列表中的其他项是笔者扩展的其他类，可以忽略，当然这些程序大家可以从咱们官网下载到。

（6）调试脚本，我们把 i.value 替换成想要计算的数，比如 100，结果如图 7-20 所示响应结果 mul result :10000，我们在下面添加一个断言 mul result :20000，显然与我们结果不一样，此时再运行，Java 请求会被列为失败（如图 7-22 所示）。所以一方面可以在程序中进行判断，另外还可以运用断言来进行判断事务是否成功，选择哪种方式全看个人喜好。

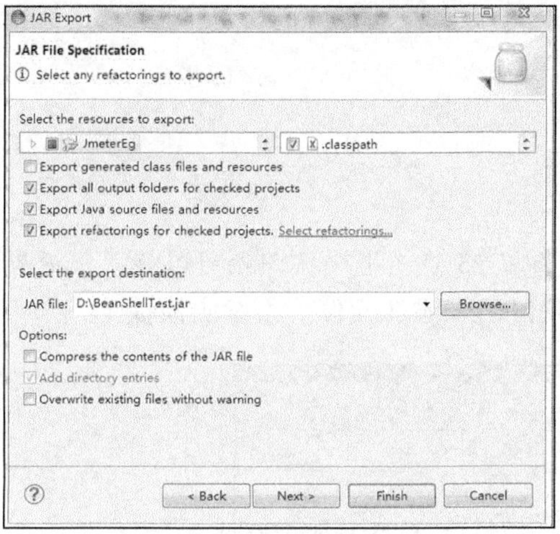

图 7-17 打包步骤三

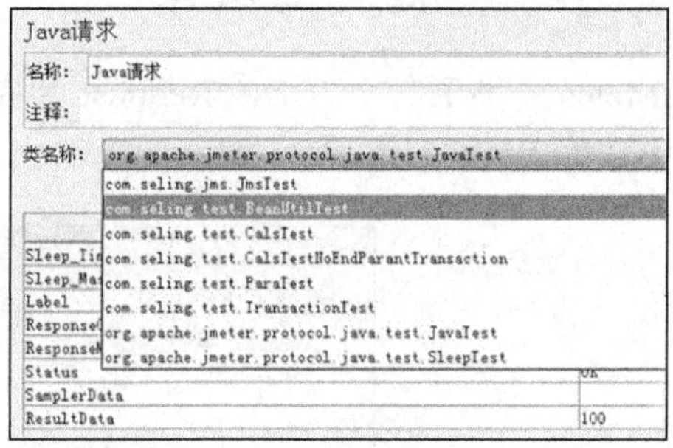

图 7-18 测试类列表

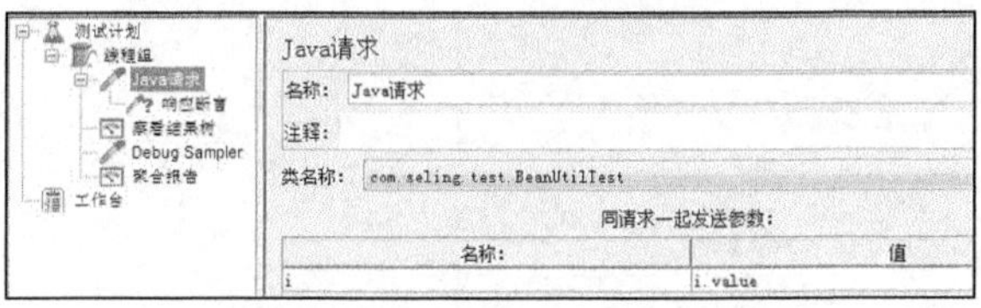

图 7-19 JMeter Sampler BeanUtilTest

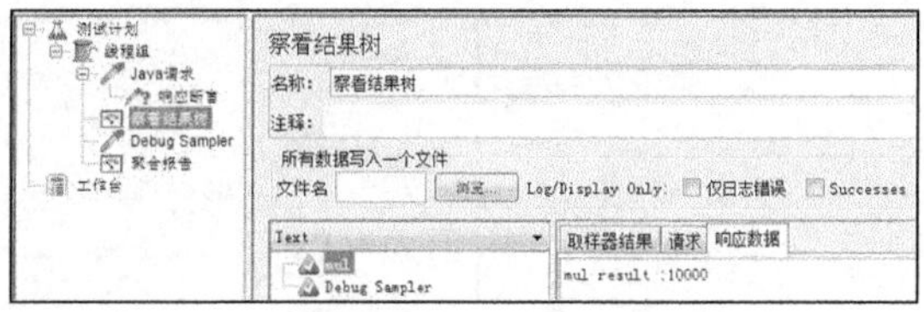

图 7-20 JMeter Sampler BeanUtilTest Result

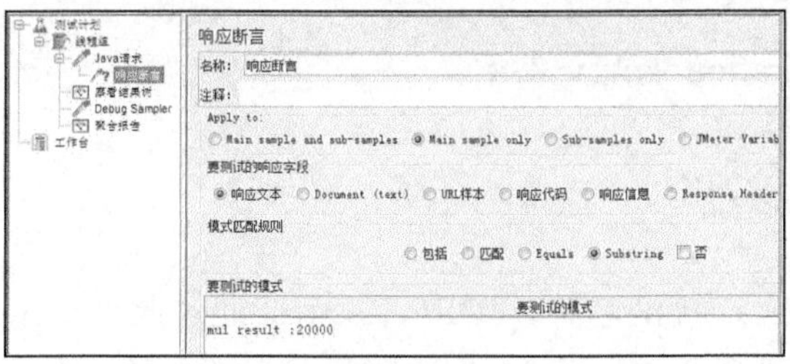

图 7-21 JMeter Sampler BeanUtilTest 断言

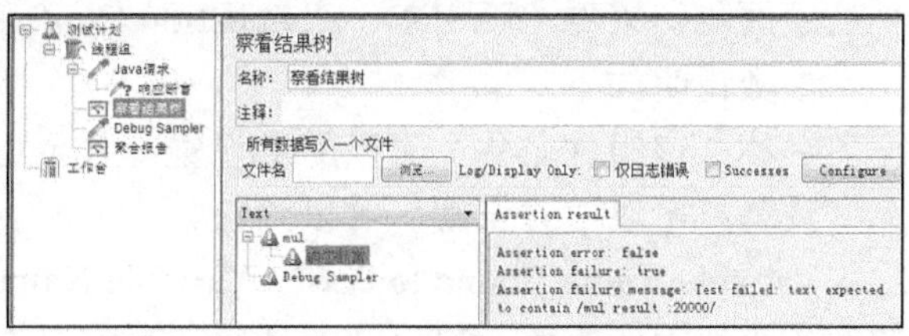

图 7-22 JMeter Sampler BeanUtilTest 断言结果

到此一个简单的 Java 请求扩展就完成了，例子虽然简单，但要素都已经具备，读者可以根据工作中的业务需要来进行扩展，再次强调注意扩展的组件包放入%JMETER_HOME%\lib\ext\目录，依赖包（包括扩展的组件所依赖的包）放入%JMETER_HOME%\lib\目录。

7.5 JDBC 请求

在工作中我们有时候需要对数据库进行测试，比如想看一下这个 SQL 的性能怎么样？这个存储过程性能怎么样？JMeter 提供了这方面的支持。说到底就是 JMeter 提供程序帮我们建立了连接池，连接池的配置由我们设置；然后又提供程序来执行我们给出的 SQL 语句，同时提供参数化的功能，唯一遗憾的是一个 JDBC Request 只能执行一条语句（想想也正常，执行多条 SQL 时如何收集各条 SQL 的响应时间呢）。

在 Jmeter 中建立一个 JDBC Request 测试计划主要分两步。

（1）设置 JDBC 连接池（在 JDBC Connection Configuration 元件中进行设置）；

（2）添加 JDBC Request。

其他就是设置参数化、断言、监听结果。

7.5.1 JDBC 连接池设置

JMeter 提供了一个 JDBC Request 的模板，图 7-23 点击框中按钮就可以载入模板界面，列表中选择 JDBC Load Test 即可，当然你也可以自己来添加元件，不参照模板。

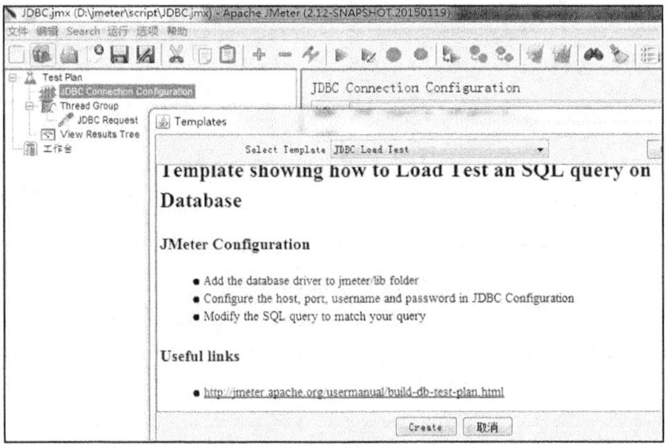

图 7-23 JDBC Load Test

下面我们来看一下 JDBC Connection Configuration 的配置参数。

参数说明如下。

名称：该组件名称，可以随意设置，甚至可以为空。

注释：可以随意设置，可以为空。

Variable Name Bound to Pool—Variable Name：连接池名称，JDBC Request 通过此名称来获取连接池中的连接；可以随意填写，最好具有业务意义，至少让你能够秒懂。还有一条，在整个测试计划中这个名称最好唯一，如果有多个 JDBC Connection Configuration，且名称重复，你让 JMeter 如何去做选择呢？

Max Number of Connections：连接池的最大连接数。

Pool TimeOut：连接超时设置。

Idle CleanUp Interaval：空闲连接清理时间间隔。

Auto Commit：事务是否自动提交选项，比如 Oracle 执行一条更新操作，不 Commit 一下，数据是不会更新到库中的，这个选项帮我们自动提交。

Transaction Isolation：JDBC 事务控制选项，在此就啰嗦一下数据库事务。

说起数据库事务大家脑海里闪现的应该是 ACID 这个词吧？

（1）A 原子性（atomicity）：事务是数据库的逻辑工作单位，对于其数据修改，要么全部执行，要么全部不执行。

（2）C 一致性（consistency）：事务在完成时，必须是所有的数据都保持一致状态。在相关数据库中，所有规则都必须应用于事务的修改，以保持所有数据的完整性。

（3）I 隔离性（isolation）：一个事务的执行不能被其他事务所影响。

（4）D 持久性（durability）：一个事务一旦提交，事物的操作便永久性地保存在数据库中。即使此时再执行回滚操作也不能撤消所做的更改。

为了保证维护事务的 ACID 属性，就产生了锁这种机制，用来做事务隔离，隔离级别有几种呢，就是我们在 Transaction Isolation 下拉列表中看到的。

TRANSACTION_NONE：不支持事务，TRANSACTION_NONE = 0

TRANSACTION_READ_UNCOMMITTED：允许脏读、不可重复读和幻读。

TRANSACTION_READ_UNCOMMITTED = 1

TRANSACTION_READ_COMMITTED：禁止脏读，但允许不可重复读和幻读。

TRANSA CTION_READ_COMMITTED = 2

TRANSACTION_REPEATABLE_READ：禁止脏读和不可重复读，允许幻读。

TRANSACTION_ REPEATABLE_READ = 4

TRANSACTION_SERIALIZABLE：禁止脏读、不可重复读和幻读，TRANSACTION_SERIALIZABLE = 8

另外还有一个选项 DEFAULT，这是 JMeter 加上去的，默认值是-1，其实是 TRANSACTION_READ_COMMITTED，即禁止脏读，但允许不可重复读和幻读。

上面提到了脏读，下面来解释一下脏读。

脏读：一个事务读取了另外一个事务未提交的数据。

不可重复读取：一个事务再次读取之前的数据时，这个数据已经被另外一个事务修改。

幻读：一个事务重新执行一个查询，返回的记录包含了其他事务提交的新记录。

Keep-Alive：是否保持与数据库的连接。

Max Connection age：连接的生存时间，超过这个时间的连接将由连接池自动断开丢弃。当然正在使用的连接不会马上断开，而是等待它 close 再断开，配置为 0 的时候则不会对连接的生存时间进行限制，单位毫秒。

Validation Query：验证 SQL 语法。

Database URL：JDBC 连接字符串，读者一定会问，我怎么知道这个连接字符的格式？JDBC 连接字符的格式是固定的，我们在此用的与程序员用的也是一样；为了省去大家找这些字符串的麻烦，下面列出常用的连接串，驱动包大家可以自行下载。

```
MySQL:
   Driver="com.mysql.jdbc.Driver";
   URL="jdbc:mysql://localhost:{端口} /{数据库名}";
Oracle(用 thin 模式):
  Driver="oracle.jdbc.driver.OracleDriver" ;
  URL="jdbc:oracle:thin:@loaclhost:{端口}:{SID}";
Microsoft SQL Server
   Driver="com.microsoft.sqlserver.jdbc.SQLServerDriver" ;
   URL="jdbc:microsoft:sqlserver://localhost: :{端口}; DatabaseName={数据库名}";
Sysbase:
   Driver="com.sybase.jdbc.SybDriver" ;
   URL="jdbc:Sysbase:// localhost:{端口} /{数据库名}";
PostgreSQL:
  Driver="org.postgresql.Driver" ;
  URL="jdbc:postgresql://localhost/db_name" ;
DB2:
  Driver="com.ibm.db2.jdbc.app.DB2.Driver" ; //装有 DB2 客户端
```

```
 Driver="com.ibm.db2.jdbc.net.DB2.Driver"; //未装 DB2 客户端
 URL="jdbc:db2://localhost:{端口}/{数据库名}" ;
JDBC-ODBC:
 Driver="sun.jdbc.odbc.JdbcOdbcDriver" ;
 URL="jdbc:odbc:{数据源名}" ;
```

JDBC Driver class：驱动类名，上面的 Driver 对应的内容即是。

Username：连接数据库的用户名。

Password：连接数据库的密码。

参照上面的说明，读者应该能够配置好 JDBC Connection Configuration，注意端口、用户名别出错；另外还有一个重要工作，需要把驱动包放到%JMETER_HOME%\lib 目录下（如图 7-25 所示），笔者使用的 MySQL JDBC 驱动包是 5.0.7 版本。

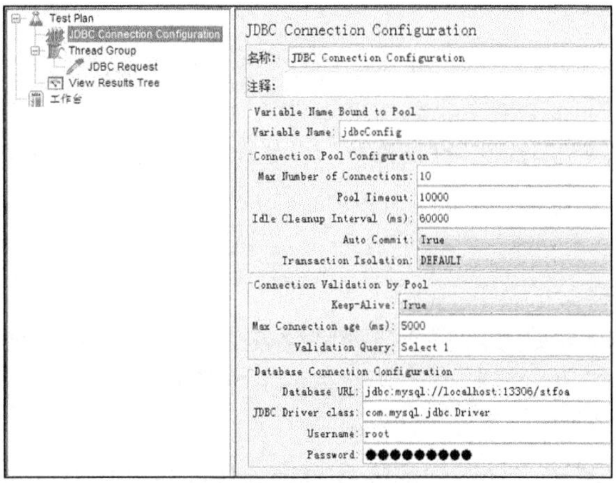

图 7-24 JDBC Connection Configuration

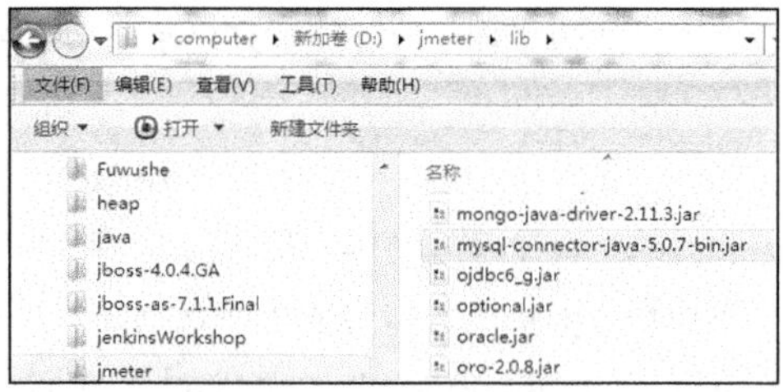

图 7-25 Mysql Driver

大家可以查看 C3p0 连接数官方网站，熟悉一下配置，C3p0 连接池的配置调优就全靠它。

7.5.2 添加 JDBC Request

我们可以在取样器中找到 JDBC Request，其执行结果能够被监听器记录。如图 7-26 所示是 JDBC Request 界面，我们先来讲一下参数。

名称与注释随意填写，最好具有业务意义。

Variable Name：即是我们在 JDBC Connection Configuration 中设置的 Variable Name，JDBC Request 通过这个名称来获取连接池上下文。

Query Type：可以看到 Query Type 有很多种，那么这些种类又有什么作用？用在哪些场景呢？

Select Statement：当然是咱们在需要执行查询语句的时候用到。

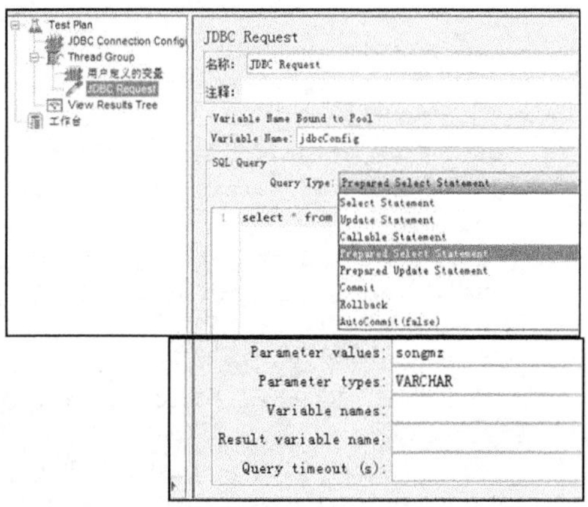

图 7-26 JDBC Request

Update Statement：执行更新操作的时候用到，包括插入与修改。

Callable Statement：对应 JDBC 规范中的 CallableStatement 对象，它为所有的 DBMS 提供了一种以标准形式调用存储过程的方法，白话就是可以调用存储过程，也就是可以有入参，有占位符，后面实例详述。

Prepared Select Statement：预编译查询语句，大家应该听说过绑定变量这个词，咱们在 Oracle 中为了减少数据库在 SQL 上的硬编译资源消耗，提倡大家用绑定变量，这样相同的 SQL 只会被编译一次。上面的 Callable Statement 是对 Prepared Select Statement 的扩展。

Prepared Update Statement：只是把上面的 Select 换成了 Update，意义相同。

Commit：当前连接状态中的内容提交。

Rollback：当前连接状态中的内容回滚。

AutoCommit（false）：指明不需要自动提交。

Parameter values：参数值，用来参数化 Sql Query 中的 Sql 语句。

Parameter types：上面参数值对应的参数类型，类型请参考 java.sql.Types 类，图 7-27 中帮大家截取了部分。

Variable names：SQL 执行后得到的结果往往是一个数据集，我们可以把它保存到变量中来，供后面的元件调用。下面是一个 Prepared Select Statement 类型的查询（如图 7-28 所示），返回的结果是一个结果集，如图 7-29 有多条记录，我们想要取结果集的内容，就可以把它先存入变量然后取出。可以看到我们定义了 A，C 两个变量用来对应两列结果，A，C 分别又是一个数组，分别存储一列数据。A1=宋明珠、C1=4；A2=sale20071Name、C2=20071；我们在 Java 请求中调用一下（如图 7-30 所示），在结果树（如图 7-31 所示）中可以看到运行结果，帮我们取到了第三行（A2=sale20071Name、C2=20071）的两列数据。

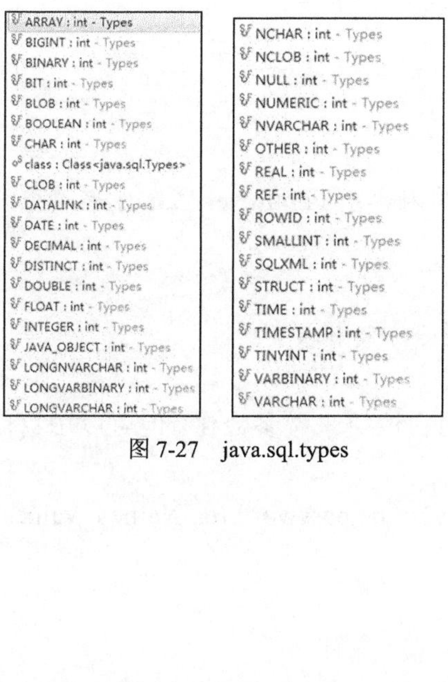

图 7-27 java.sql.types

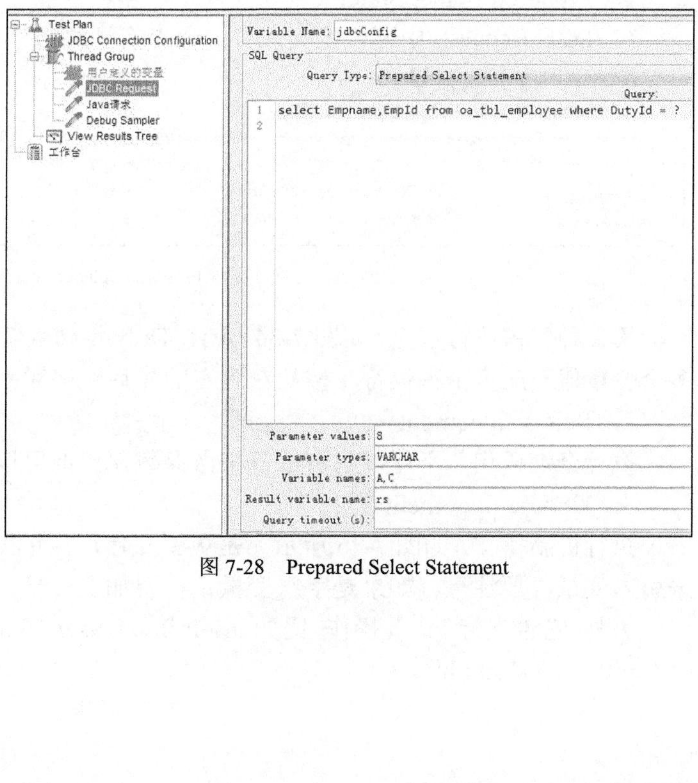

图 7-28 Prepared Select Statement

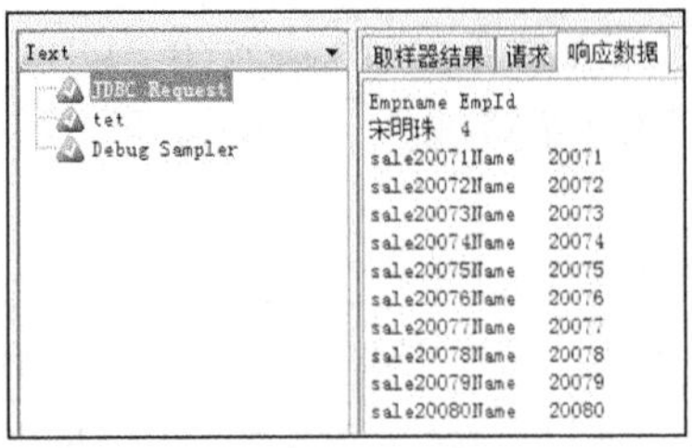

图 7-29 Prepared Select Statement Result

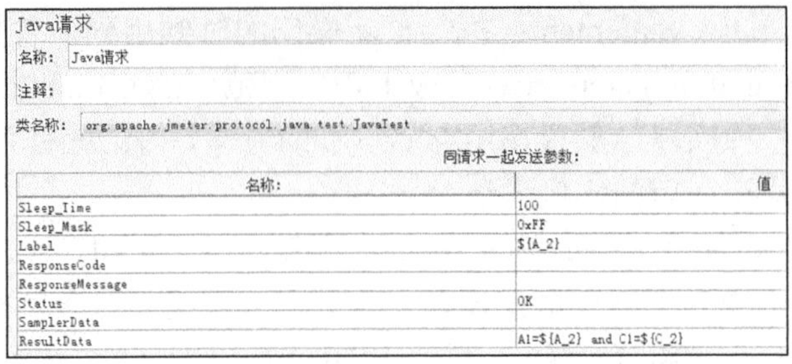

图 7-30 Java Request

Result variable name：上面 Variable names 中的变量是个数与列数对应的，Result Variable Name 是把整个结果存在一个数组中。图 7-28 中我们定义了 rs 变量，Debug Sampler 中我们可以看到 rs 的值（如图 7-32 所示），有点类似于 Json 字符串。

图 7-31 Java Request Response

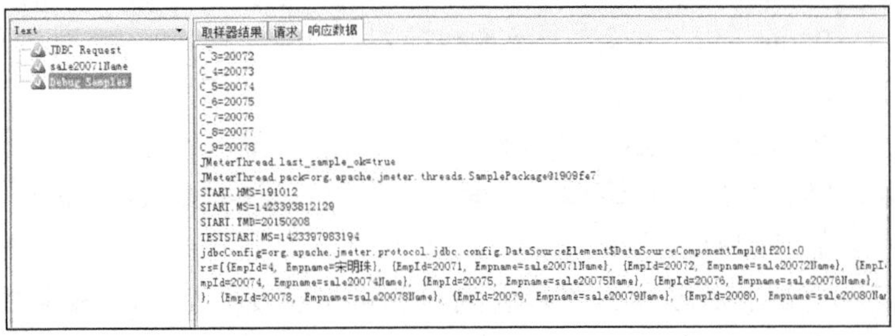

图 7-32 Java Request Response

Query timeout：定义查询超时时间。

下面来看一下 JDBC Request 实例。

1. Prepared Select Statement

在 JDBC Request 中可以定义入参，入参有两种方式。

第一种${}引入变量。

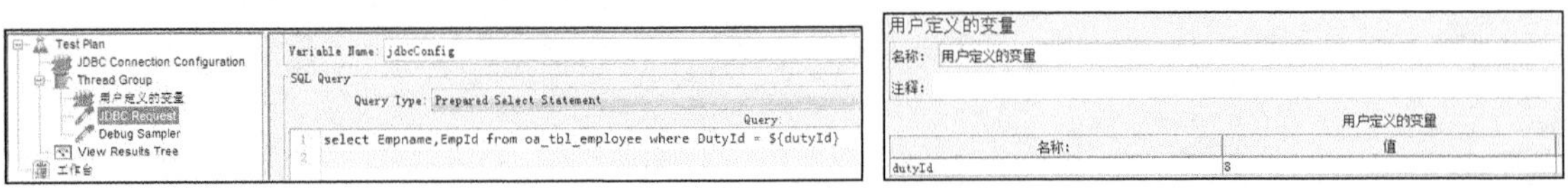

图 7-33 Prepared Select Statement

第二种？占位符填充，如图 7-34 所示，DutyId =？，？的内容由 Parameter Values 来填充，多个变量值对应多个占位符，按从左到右的先后顺序对应。

2. Select Statement

执行查询语句，不可以用占位符来做参数化，但可以由${}来引入变量。

3. Update Statement

执行更新操作，如图 7-36 所示为是更新操作，不可以用占位符来做参数化，但可以由${}来引入变量，要注意，如果是字符变量记得要加上引号。

另外，它也支持 Insert 操作，比如 insert into t_user（id,userName,password,realName）values（5,'smith','1234','smith'）。

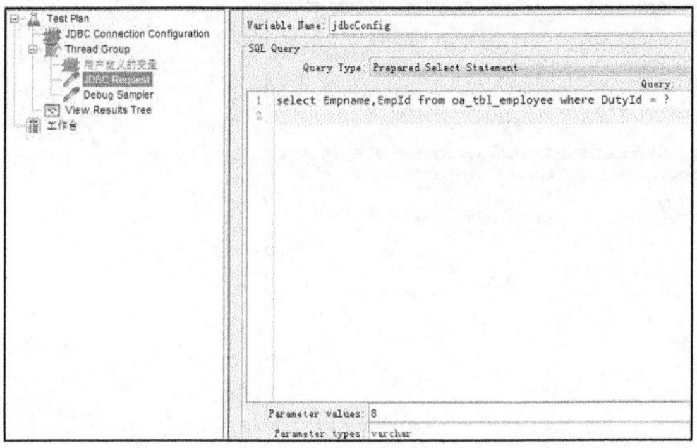

图 7-34 Prepared Select Statement 占位符

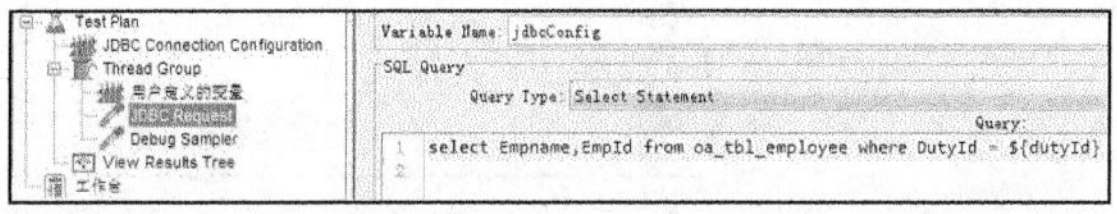

图 7-35 Select Statement

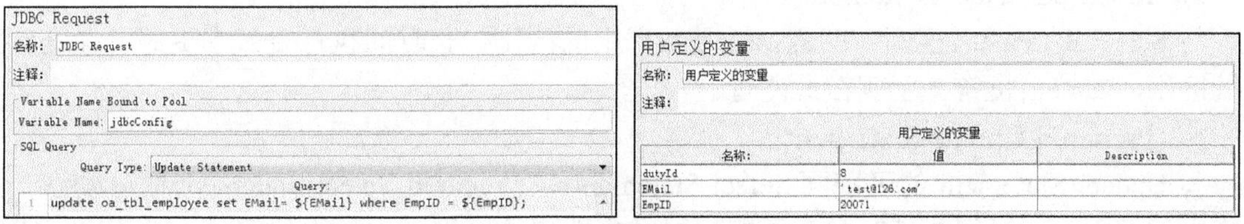

图 7-36 Update Statement

4. Callable Statement

支持占位符来做参数化，也可以由${}来引入变量。

上面例子都是 Sql 语句，现在我们用存储过程做示例，如图 7-37 所示，我们调用了存储过程 ForJMeter，其有一个入参，我们用占位符代替。存储过程如图 7-38 所示，仅仅是一个插入操作，i 为入参。但是它不直接支持插入操作，如果我们用 insert into t_user（id,userName, password,realName）values（5,'smith','1234','smith'）来测试的话会失败，不过只要我们在存储过程中写好插入操作，然后调用就可以了。

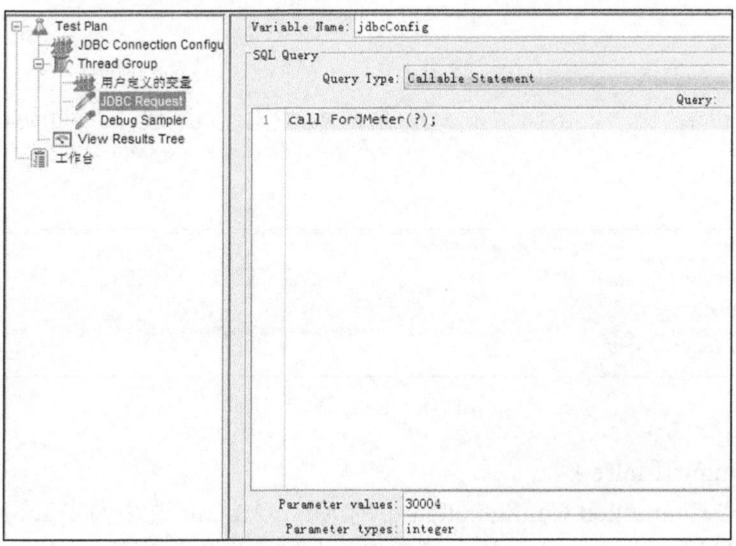

图 7-37 Callable Statement

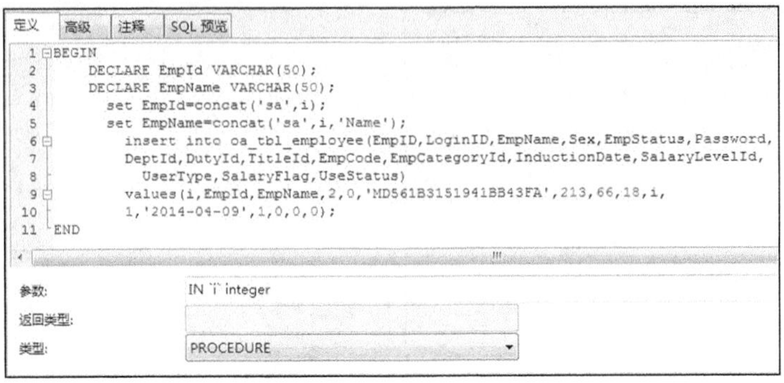

图 7-38　示例存储过程

5. Prepared Select Statement

与 Select Statement 区别有两点，一是效率上的区别，长时间执行时效率更好；二是参数化的区别，支持占位符，示例在此略过。

6. Prepared Update Statement

与 Update Statement 的区别同 Select Statement 与 Prepared Select Statement 的区别。一是效率上的区别，长时间执行时效率更好；二是参数化的区别，支持占位符。

7. Commit

SQL Query 中的 SQL 执行完成后将马上提交，使用这个选项时 JDBC Connection Configuration 中的 Auto Commit 选项为 False。

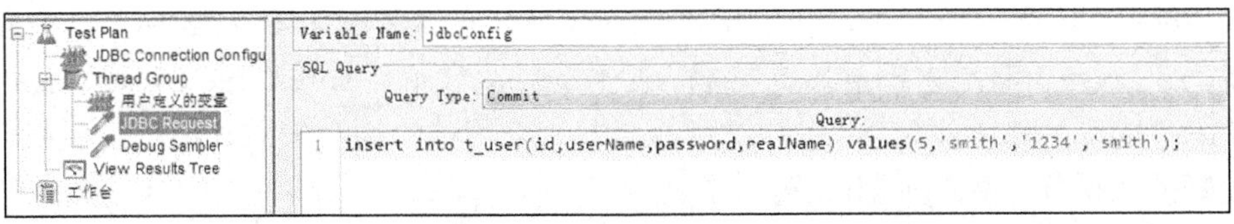

图 7-39　Commit 示例

8. Rollback

用 Commit 相同的例子，下面这条 SQL 是插入数据，如果选择 Rollback，那么数据将不会插入数据库。

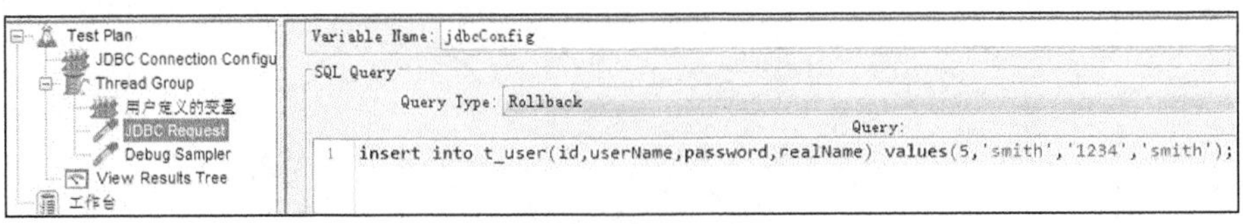

图 7-40　Rollback 示例

9. AutoCommit（false）

如果在 JDBC Connection Configuration 中的 Auto Commit 选项为 True，现在这种情况下将会覆盖前面的设置，图 7-41 中的插入操作将不会把数据插入到数据库。

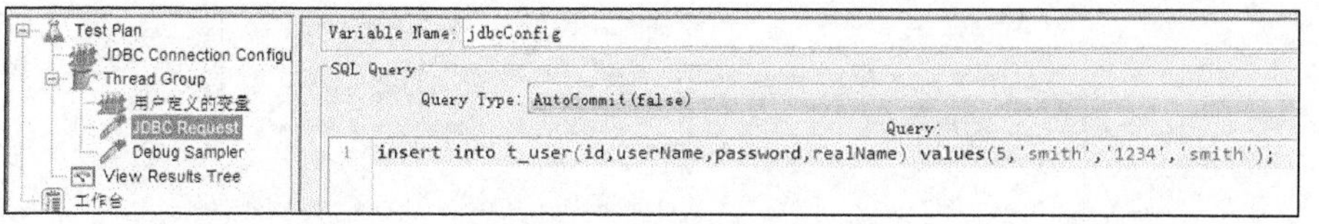

图 7-41 AutoCommit 示例

上面我们讲了多种 QueryType 的应用，大家可以根据自己的实际情况进行组合应用，参数化也比较方便，都支持${}方式变量引用，还有部分支持占位符的方式。

7.6 JUnit Request

大家知道在软件开发过程中会要求程序员进行单元测试，对于 Java 程序的单元测试，往往大家都是用 JUnit 来完成。JMeter 提供了对 JUnit 支持，可以在 JMeter 中运行 JUnit 程序。JMeter 同时支持 JUnit3 与 JUnit4；目前多数程序员用 JUnit4 版本，在此我们就直接讲解 JUnit4 在 JMeter 中的运用。在讲 JUnit Request 之前先了解一下 JUnit4。

7.6.1 JUnit 简介

JUnit 是一个 Java 单元测试框架，多数 Java 集成开发环境都已经集成了 JUnit 作为单元测试工具，比如 Eclipse。由于 JUnit 能够测试程序，所以我们可以利用它作为性能测试脚本进行性能测试。

JUnit4 全面引入了注解，更加方便进行用例开发，常用注解如下。

（1）@Before 注解：在每个测试方法之前执行。

（2）@After 注解：在每个测试方法之后执行；注意@Before 和@After 标示的方法只能各有一个。

（3）@BeforeClass 注解：在所有方法执行之前执行。

（4）@AfterClass 注解：在所有方法执行之后执行。

（5）@Test（timeout = xxx） 注解：当前测试方法执行时间超时设置，否则返回错误；在遇到死循环时用这个注解是不错的选择，可以帮助中断执行。

（6）@Test（expected = Exception.class） 注解：设置被测试的方法是否有异常抛出，抛出异常类型为：Exception.class。

（7）@Ignore 注解：注释掉一个测试方法或一个类，被注释的方法或类将不执行。

下面看一个例子，图 7-42 中是在 Eclipse 中新建了一个 JUnit 测试类。其中@Before 与@After 方法中都无内容，@Test 注解的 test 方法打印“Is test!!!”到控制台。如果运行成功就能看到下面的绿色条。

笔者机器上用到的 JUnit 版本是 4.11，大家在使用时记得加上 hamcrest-core-XX.jar 包（XX 是对应的版本号），笔者的组合是 hamcrest-core-1.3.jar 与 junit-4.11.jar。

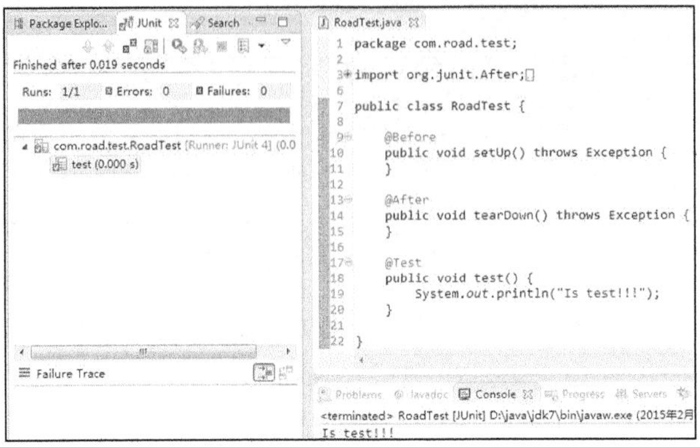

图 7-42 JUnit 示例

7.6.2 JUnit 参数

在测试时可能会需要用多组参数来测试程序是否正确，这就需要 JUnit 能够支持参数化功能。当然 JUnit4 支持这个功能。

如图 7-43 所示是一个 JUnit 参数示例。

（1）在 JUnit 测试类中定义了一个静态的方法 initData()来组装参数值，返回 Collection 对象。

（2）定义了两个成员变量 name 与 address，然后用构造方法来对这两个成员变量赋值。

（3）在执行时即可以正常读到参数（图 7-43 Console 中打印的内容）。

不知道大家注意到没有，程序中多了几个注解。

@RunWith 注解：指定用 RunWith 运行器，JUnit 有多个运行器，RunWith 支持读取参数，表明此测试类要读取参数。

@Parameters 注解：定义此方法进行参数组装，注意此方法是 Static 的，并且返回的是集合，可以用来循环遍历的；而且这个集合至少要是一个二维数组。那么，我们只需要一个参数怎么办呢？图 7-44 中我们不给数组的第二个维度赋值即可。可以看到，运行成功后 Test 方法执行了两遍（图 7-43 左侧的 test[0]和图 7-44 左侧的 test[1]）。

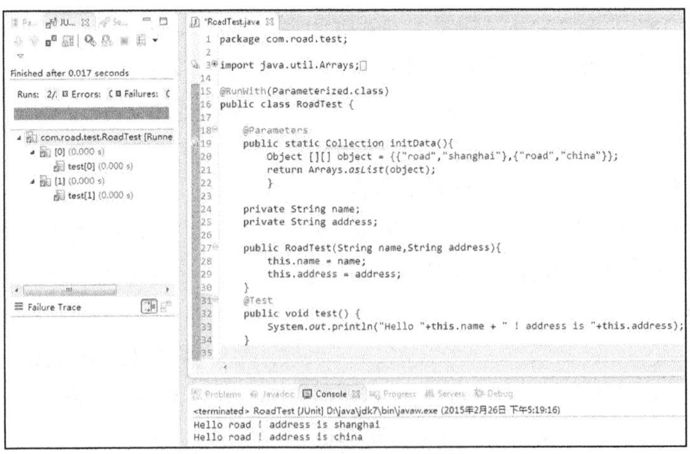

图 7-43 JUnit Parameter

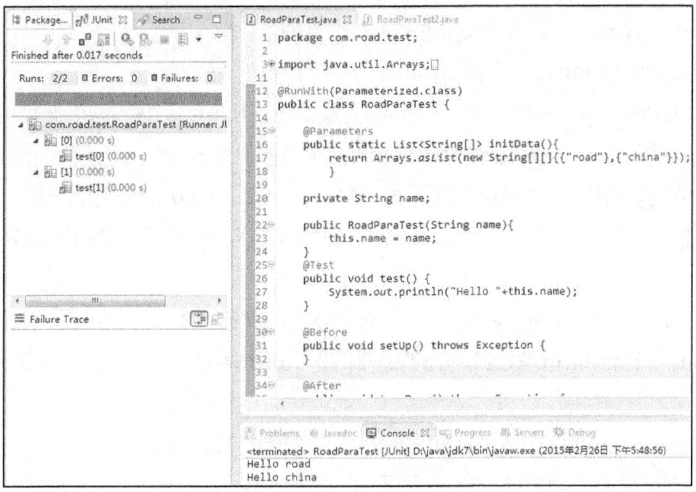

图 7-44　JUnit Parameter2

7.6.3 JMeter JUnit Request

如图 7-45 所示为 JUnit Request 界面，先介绍一下参数。

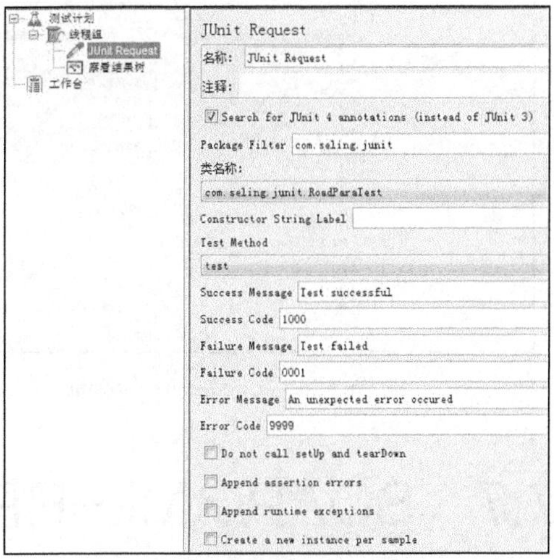

图 7-45　JUnit Request

参数说明如下。

名称：控制器名称，可以随意设置，甚至可以为空。

注释：可以随意设置，可以为空。

Search for JUnit4 annotations（instead of JUnit 3）：查找运用 JUnit4 注解开发的 JUnit 测试程序，查找路径为%JMETER_HOME%/lib/junit/目录下的.jar 包文件。

Package Filter：查找 JUnit4 注解方式的 JUnit 测试程序时可以用包名来过滤。

类名称：JMeter 自动查找到 JUnit 测试程序，在此以下拉列表的方式显示测试程序的名称。

Constructor String Label：如果 JUnit 测试程序有非默认的构造方法，此属性可以用来初始化带参的构造方法，如果此属性不设置则默认是 org.apache.jmeter.protocol.java.sampler. JUnitSampler。

Test Method：被测试的 JUnit 程序中可以测试的方法列表。

Success Message：设置 JUnit 运行成功后返回的消息。

Success Code：运行成功后返回的 Code。

Failure Message：运行失败后返回的消息。

Error Message：运行错误返回的消息。

Error Code：错误 Code。

Do not call setUp and tearDown：不调用 setup 与 tearDown。

Append assertion errors：是否添加断言错误响应消息。

Append runtime exceptions：是否添加运行时异常消息。

Create a new instance per sampler：是否创建新的 JUnit 实例为每个请求，默认值为 false 不创建；这样实例可以复用，执行效率要高一点，建议选择。

经过了上面的准备工作，下面我们开始 JMeter JUnit Request 的开发。

（1）我们把 10.6.2 节中开发的 JUnit 程序打包成 jar 包放到%JMETER_HOME%/lib/junit 目录下。

（2）启动 JMeter，添加 JUnit Request；选择 Search for JUnit 4 annotations，即可以看到图 7-45 所示内容（com.seling.junit.RoadParaTest 即是 Junit 用例）。不出意外运行成功即可以看到图 7-46 所示内容。

如果我们在 Constructor String Label 中设置“ShangHai road”，运行后在控制台可以看到“Hello ShangHai road”，如图 7-47 所示；如果不设置则看到“org.apache.jmeter.protocol.java.sampler.JUnitSampler”。

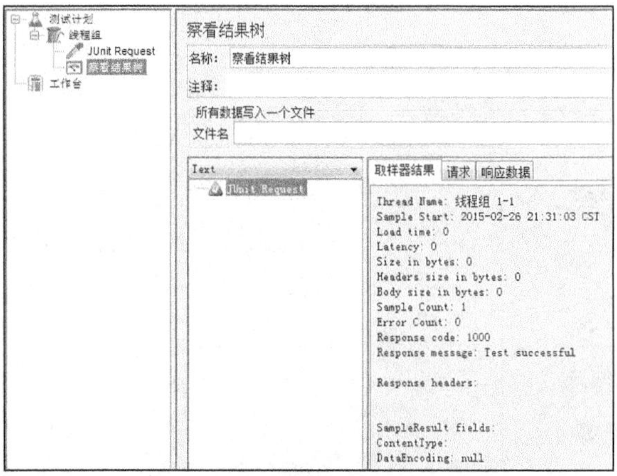

图 7-46 JUnit Request Result

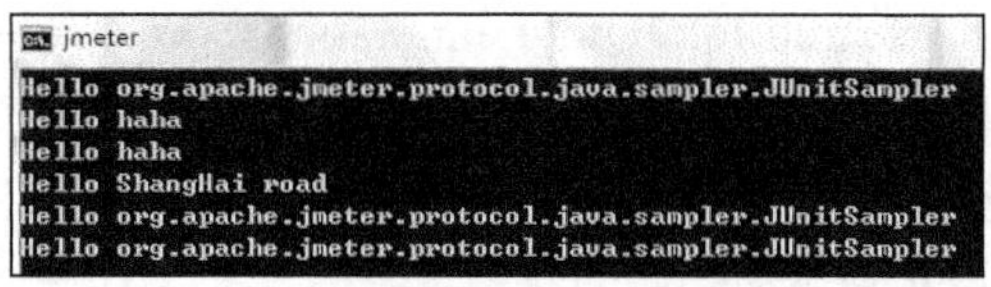

图 7-47 JUnit Request Console

7.7 SOAP/XML-RPC Request

WebServices 目前主流的实现方案有 3 种，REST、SOAP 及 XML-RPC。

REST：表征状态转移（Representational State Transfer），是 Roy Fielding 博士在 2000 年他的博士论文中提出来的一种软件架构风格。它是一种针对网络应用的设计和开发方式，可以降低开发的复杂性，提高系统的可伸缩性。目前在 3 种主流的 Web 服务实现方案中，因为 REST 模式的 Web 服务与复杂的 SOAP 和 XML-RPC 对比来讲明显地更加简洁，越来越多的 web 服务开始采用 REST 风格设计和实现。对于性能测试来讲，我们关注的是它的协议，REST 还是使用 Http 协议来传输内容，虽然 JMeter 没有针对 REST 的 WebService 取样器，但是我们可以通过 Http Request Sampler 来模拟。

SOAP：简单对象访问协议（Simple Object Access Protocol）是一种标准化的通信规范，主要用于 Web 服务（web service）中。使用 SOAP 协议来传输 XML 格式的文本内容，由于文本内容决定了它有较好的跨平台性，所以在企业运用中系统之间的信息传输多用到 WebServices 接口，SOAP 又分为 SOAP1.1 与 SOAP1.2 两个版本，JMeter 对这两个版本都支持。

XML-RPC：远程过程调用（remote procedure call，RPC）分布式计算协议，通过 XML 将调用函数封装，并使用 HTTP 协议作为传送机制。在新功能不断被引入的情况下，这个标准慢慢演变成为今日的 SOAP 协议。在 JMeter2.11 的版本中已经把 SOAP 与 XML-RPC 两个协议合到一个取样器中了，JMeter2.9 版本有专门针对 XML-RPC 协议的取样器。

下面我们以中国气象网提供的免费 WebServices 接口为例来讲解 JMeter WebServices 接口的测试。接口的链接地址是：http://www.webxml.com.cn/WebServices/WeatherWebService.asmx

我们选取 getWeatherbyCityName（根据城市名称获取天气情况）这个接口来进行测试。

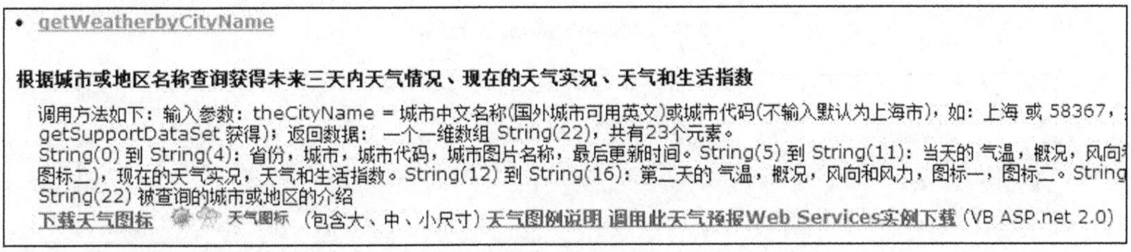

网站提供了接口调用示例，Soap1.1 的调用格式是：

```
POST /WebServices/WeatherWebService.asmx HTTP/1.1
Host: www.webxml.com.cn
Content-Type: text/xml; charset=utf-8
Content-Length: length
SOAPAction: "http://WebXml.com.cn/getWeatherbyCityName"

<?xml version="1.0" encoding="utf-8"?>
<soap:Envelope xmlns:xsi="http://www.w3.org/2001/XMLSchema-instance"
 xmlns:xsd="http://www.w3.org/2001/XMLSchema"
 xmlns:soap="http://schemas.xmlsoap.org/soap/envelope/">
<soap:Body>
<getWeatherbyCityName xmlns="http://WebXml.com.cn/">
<theCityName>string</theCityName>
</getWeatherbyCityName>
</soap:Body>
</soap:Envelope>
```

那么我们可以直接引用此内容，如图 7-48 所示。直接复制到 Soap/XML-RPC Data 中，其中${cityName}是引用的参数。URL 域填写 Post 部分的全路径，即 http://www.webxml.com.cn/WebServices/WeatherWebService.asmx。至于 Send SoapAction 可以省略，因为下面的 Soap/XML-RPC Data 中已经包括了访问的接口名，如果要填写请填写 http://WebXml.com.cn/getWeatherbyCityName；此部分对应上面示例中的 SOAPAction：http://WebXml.com.cn/getWeatherbyCityName。

我们把 cityName 赋值为 BUSAN（釜山），运行脚本，不出意外我们可以看到如图 7-49 所示的结果。

如上，我们可以看到 JMeter 对于 WebServices 接口的调用十分简单，组装 Soap/XML-RPC 请求即可。

图 7-48 Soap/xml-rpc Request

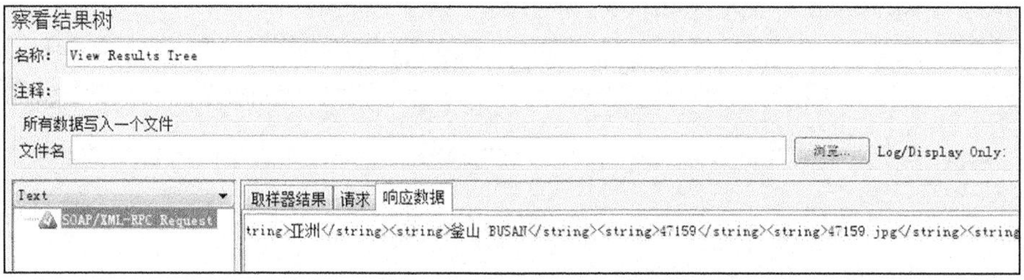

图 7-49 Soap/xml-rpc Request Result

7.8 本章小结

本章我们主要学习了常用的 JMeter 取样器，BeanShell Sampler 与 BSF Sampler、 JSR223 Sampler 取样器过程相似，通过它们可以直接调用 Java 程序。Debug Sampler 能够帮助我们调试脚本，获取调试所需的参数信息。Java 请求实际上是在扩展 JMeter Java Request 测试元件，使用 Java 请求需要大家进行 Java 代码的编写，需要一定的 Java 基础，它的好处是对于复杂的 Java 接口测试更容易胜任，使用 Java 程序来处理参数与逻辑会更方便。JDBC 请求我们以 Mysql 为例进行了讲解，不仅可以调用 Sql 语句，还可以执行存储过程，并且可以进行参数化。JUnit Request 能够复用程序员写好的 JUnit 单元测试用例程序，降低测试脚本的开发工作量。SOAP/XML-RPC Request 调用简单，只需要我们组装好 Soap 请求即可，也很方便进行参数化。

第 8 章 JMeter 开源测试组件

从本章你可以学到：

- 线程组
- 逻辑控制器
- 配置元件
- 定时器
- 监听器
- 服务器监控

虽然 Jmeter 功能已经比较完善，基本能够解决常用的性能测试需求，但 Jmeter 也没有停止进步，作为开源性能测试工具，第三方团队能够很方便地进行扩展。在使用商业性能测试工具时我们习惯了可视化的配置界面，在使用 JMeter 时不免会把它与商业工具进行对比，总觉得 JMeter 不够友好，配置功能再多点就完美了，正是有这些需求，JMeter 的插件应运而生。本章我们介绍一下 Jmeter 第三方插件 JMeter Plugins，如图 8-1 所示为 Jmeter Plugins 官网首页，我们按照 JMeter 菜单顺序来讲解。

图 8-1 JMeter Plugins 首页

可以看到，JMeter Plugins 提供了五类组件，Standard Set、Extras Set、Extras with Libs Set、WebDriver Set、Hadoop Set。

Standard Set：对线程组进行扩展，吸收了商业工具的场景配置功能；扩充了监听器，更丰富的图表展示；可以用 Jmeter 来监控服务器（尽管笔者并不赞成大家这样做）。

Extras Set：监听器进一步扩展，支持远程监控，图表展示更加丰富。

Extras with Libs Set：提供了对 JSON 的支持；新增了 JMS 取样器。

WebDriver Set：与 WebDriver 进行了集成，使 JMeter 更方便用来进行自动化测试。

Hadoop Set：提供 Hadoop 测试组件。

组件比较多，为了减少大家学习成本，我们仅讲解一些常用功能，有兴趣的读者可以仔细研究官网文档与源代码。

JMeter Plugins 安装过程如下。

（1）官网下载 JMeter Plugins 二进制包；

（2）解压下载的二进制包复制到%JMETER_HOME%\lib\ext 目录下；

（3）启动 Jmeter 即可以开始使用扩展功能。

8.1 线程组

JMeter 中我们使用线程组来控制测试场景，原线程组无法设计复杂测试场景，如浪涌。JMeter Plugins 提供了两个线程组元件 Ultimate Thread Group 与 Stepping Thread Group。我们先看 Ultimate Thread Group。

8.1.1 Ultimate Thread Group

Ultimate Thread Group 中可以设置多条线程作业计划，如图 8-2 所示，我们设置了 3 条线程作业计划。

第一条，10 个线程立刻在 10 秒内启动，持续运行 600 秒，然后 10 秒内停止。

第二条，10 个线程等待 620 秒之后在 10 秒中内启动完成，持续运行 600 秒，然后 10 秒内停止。

第三条，10 个线程等待 1240 秒之后在 10 秒中内启动完成，持续运行 600 秒，然后 10 秒内停止。

这正好是一个浪涌场景，也可以组成一个稳定性测试场景，图 8-2 中的曲线完整地显示了线程作业任务，作业分 3 段。

参数说明如下。

Start Thread Count：开始线程数量。

Initial Delay，Sec：线程延迟多长时间开始运行。

Startup Time，Sec：线程加载多长时间。

Hold Load For，Sec：线程持续运行多长时间。

Shutdown Time：线程停止时长，在多长时间内停止下来。

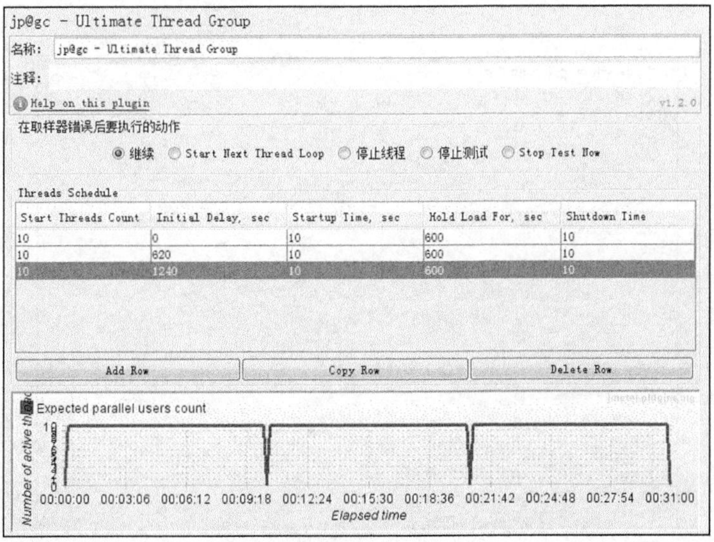

图 8-2 Ultimate Thread Group

下面我们设计一个负载不继增大的场景（如图 8-3 所示），下面有 3 条线程任务作业，每一个持续时间是 600 秒，10 个线程运行 600 秒后再加 10 个，共有 30 个线程。在设计时唯一麻烦的是要计算 Initial Delay 时间，但比起 Jmeter 原生的场景设计要丰富不少。

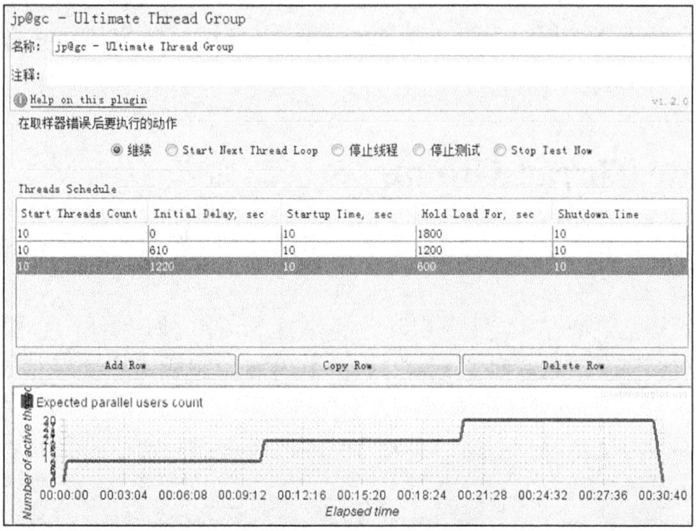

图 8-3　Ultimate Thread Group 阶梯场景

8.1.2　Stepping Thread Group

Stepping Thread Group 的设置比 Ultimate Thread Group 更为简单，不需要我们计算 Initial Delay 时间。图 8-4 中的场景是 100 个线程按阶梯状递增运行，每 5 秒内加载 20 个线程直到 100，每个阶梯是 600 秒，最后一个阶梯是 1000 秒（并发 100 线程时运行 1000 秒），最后每秒停止 10 个线程。这是一个典型的负载场景，持续增加负载，检验服务在不同负载下的性能（TPS、RT 等）。

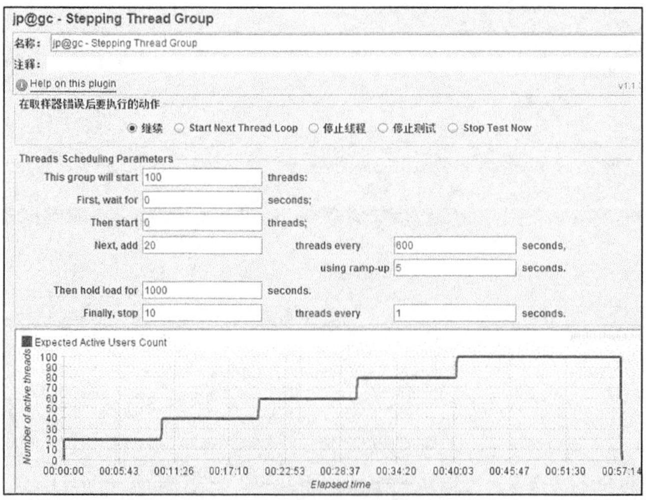

图 8-4　Stepping Thread Group

参数说明如下。

This group will start：加载多少线程，图 8-4 中是 100。

First,wait for：等待多长时间开始加载线程（第一个线程延迟多少秒开始加载）。

Then start：初次加载多少个线程，图 8-4 中是 0 个。

Next,add：下一次加载多少个线程，图 8-4 中是 20 个。

Threads every：当前运行多长时间后再次加载线程。图 8-4 中是 600 秒。

Using ramp-up：加载线程时间，图 8-4 中是 5 秒，也就是 20 个线程在 5 秒内加载完成。

Then hold load for：线程全部加载完成后运行多长时间，图 8-4 中是 1000 秒。

Finally,stop /threads every：多长时间停止多少个线程，图 8-4 中是 1 秒停止 10 个线程。

8.2 逻辑控制器

复杂的 JMeter 测试脚本中，有时候我们会碰到一些重复脚本片段。比如列表显示页面，我们进入时会查询一次然后显示列表，新增一条记录后还是会回到列表页面，还是会再查询一次。在程序开发中对于重复片段我们会封装成方法（或者函数）来提供引用，有时候还会提供入参，比如查询当前用户能够看到的记录列表，我们要传入当前用户 ID。所以在 JMeter 中我们也需要这种功能，JMeter 对于封装重复操作可以由 Module 来解决，但是对于传参却无法解决。JMeter Plugins 提供了元件来支持，即 Parameterized Controller。

Parameterized Controller

下面是官方提供的示例，公共（重复）操作部分封装在 Modules 线程组下面，不过是被禁用了，这样在迭代时线程组不会运行它（除非用引用）。Parameterized Controller 1 中设定的参数如图 8-5 所示。Parameterized Controller 2 中设定的参数如图 8-6 所示，可以看到两次传参不一样，都引用了 Modules 封装的请求。引用是通过 Module Controller 来完成的（如图 8-7 所示），大家是否还记得我们录制 Http 协议脚本时用到了 Module Controller 呢？

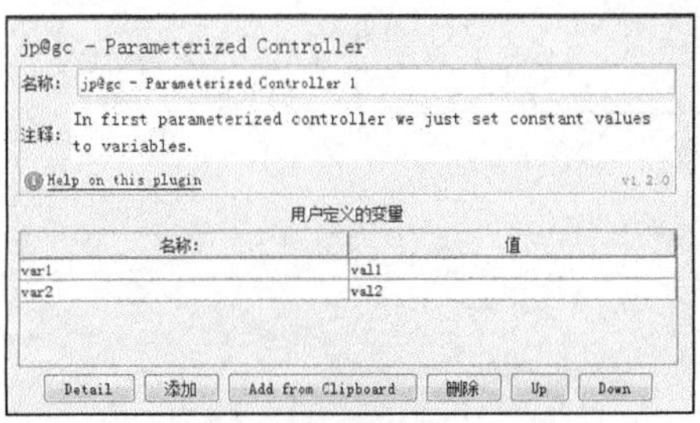

图 8-5 Parameterized Controller 1

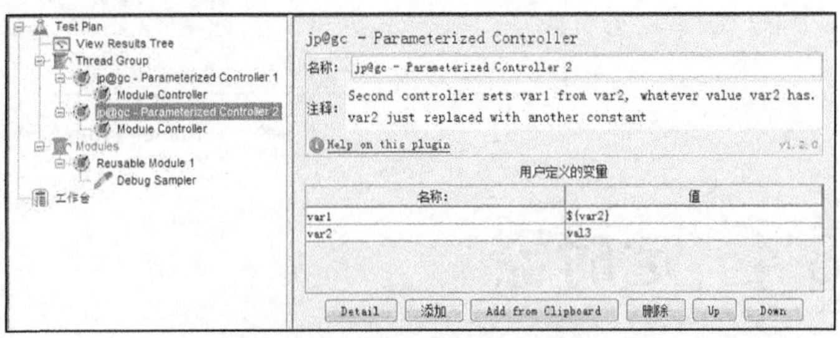

图 8-6 Parameterized Controller 2

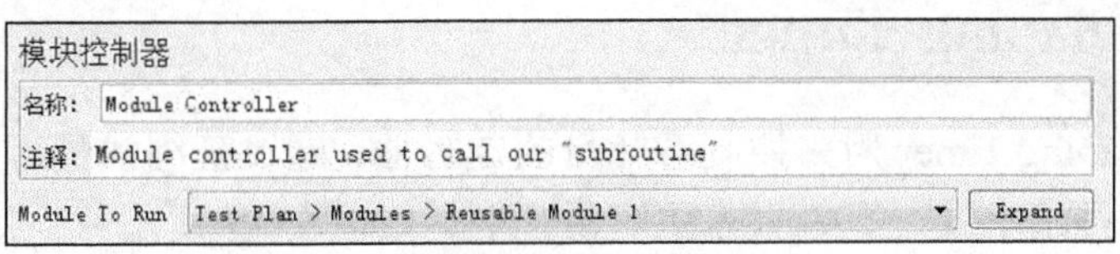

图 8-7 Module Controller

8.3　配置元件

Variables From CSV File

Variables From CSV File 可以一次参数化多个参数。有如下参数（如表 8-1 所示）利用 Variables From CSV File 来取值，将会参数化成四个变量（如表 8-2 所示）。

表 8-1

```
111,road,seling
222,shanghai,tom
333,shanghai,smith
444,road,rose
```

参数说明如下。

CSV File：参数文件地址。

Variable prefix：变量前缀。

Separator：从文件中取出一行参数用此分隔符来分隔参数。

Store variables also in System Properties：是否把变量作为系统属性存储，大量变量时不建议勾选。

Test CSV File：测试元件取值，可以看到参数文件被解析成了四个变量。

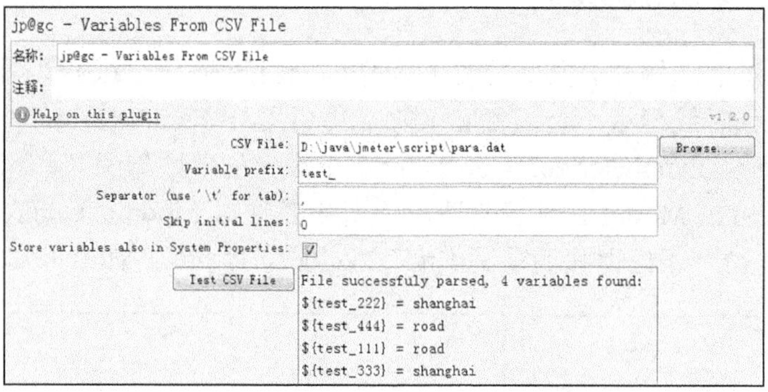

图 8-8　Variables From CSV File

8.4　定时器

Throughput Shaping Timer

Throughput Shaping Timer 用来控制吞吐量的定时器，通过延缓线程运行来整体控制取样器产生的 RPS（每秒请求数，TPS 大家更容易理解）。如图 8-9 所示我们定义了三条 RPS 作业，RPS 分别为 10、20、30，分别在此 RPS 水平上运行 60 秒。此元件可以运用在稳定性测试时帮我们自动调整负载，保持稳定的负载。

参数说明如下。

Start RPS：开始运行 RPS，开始后马上加载此数量的请求。

End RPS：结束时 RPS，以此数为 RPS 最高控制点，目标是不超过此值，一般来说会在此值附近浮动。

Duration,sec：线程运行时长。

注意：End RPS 设置了 RPS 上限，但要达到此值是需要线程（虚拟用户）来执行的，所以我们先要预设够多的线程，不然 RPS 目标没法达到，JMeter 线程组在运行过程中是不会自动增加线程数的，只能一次性设置。下面有个计算线程数的公式。

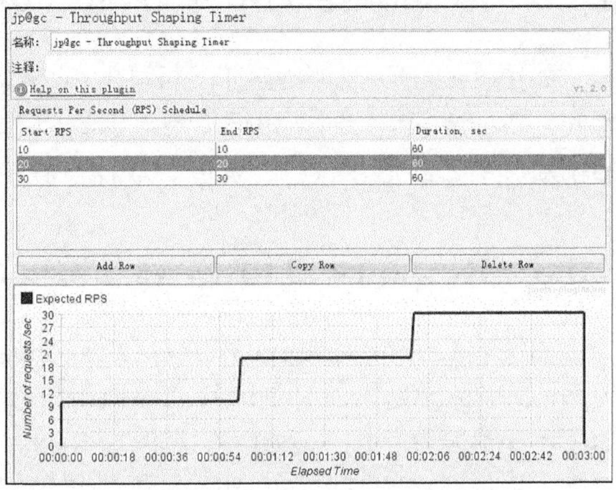

图 8-9 Throughput Shaping Timer

比如一个请求响应时间为 2 秒，END RPS 为 30，那么线程数=2*30=60（响应时间*TPS）。即大约要 60 个线程，考虑到运行时诸多影响因素（线程数增加后响应时间增加了），我们还需要预备更多的线程，也许我们加到 70 个线程才能满足要求，这只是一个估算值。不用担心线程数太多时 RPS 会超 End RPS，此元件会自动延迟线程的运行来稳定 RPS。

8.5 监听器

8.5.1 Transactions per Second

图 8-10 显示了每秒事务数，即 TPS。x 坐标轴是测试执行持续时间，y 坐标轴是当前时刻事务数，支持结果保存到文件。多个请求运行时，如果不想显示其中的一个事务，可以在 Rows Tab 中进行勾选。图表的刷新频率、线形、颜色、宽度、取样点数量可以在 Settings 中进行设置。

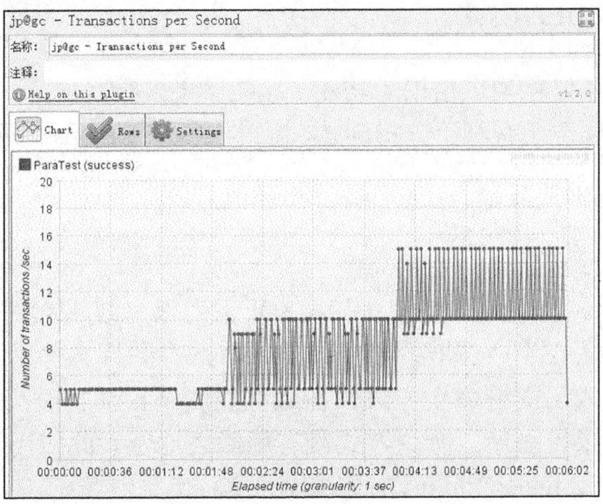

图 8-10 Transactions per Second

8.5.2 Response Times Over Time

如图 8-11 所示为响应时间过程图，*x* 坐标轴是测试执行持续时间，*y* 坐标轴是事务响应时间。多个请求运行时，如果不想显示其中的一个事务，可以在 Rows Tab 中进行勾选。图表的刷新频率、线形、颜色、宽度、取样点数量可以在 Settings 中进行设置。

8.5.3 Response Times vs Threads

如图 8-12 所示为 Response Times vs Threads 展示事务响应时间与虚拟用户数之间的对应关系，*x* 坐标轴是当前时刻运行的虚拟用户数，*y* 坐标轴是事务响应时间。多个请求运行时，如果不想显示其中的一个事务，可以在 Rows Tab 中进行勾选。图表的刷新频率、线形、颜色、宽度、取样点数量可以在 Settings 中进行设置。

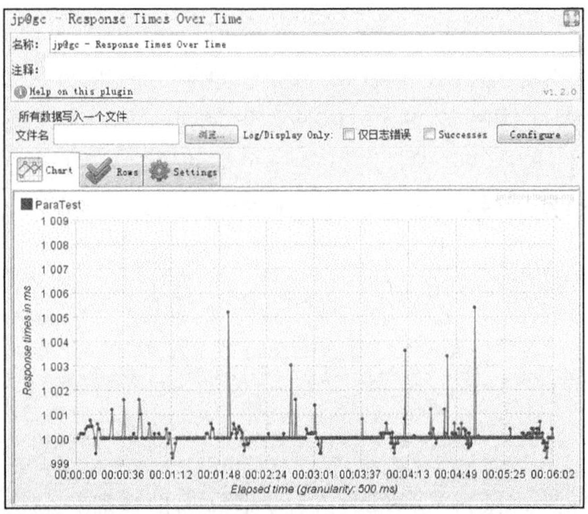

图 8-11 Response Times Over Time

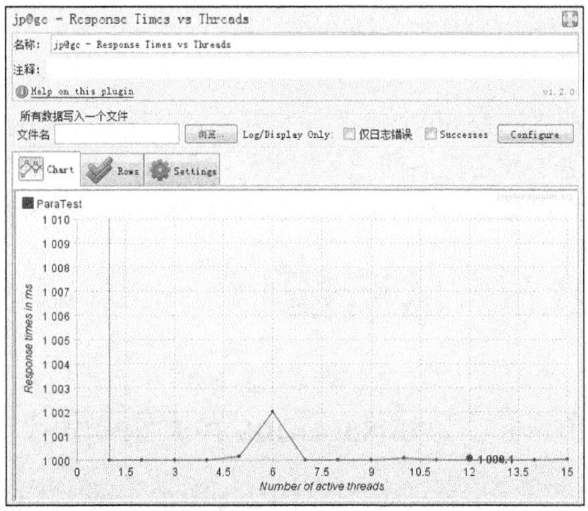

图 8-12 Response Times vs Threads

8.5.4 Graphs Generator

多数监听器都提供了保存测试结果的功能，这些结果多数是文本。有时候我们希望把这些文本数据以图形的方式展现，有利于分析问题、报告结果，Grahps Generator 用来完成此需求。

使用方法如下。

（1）新建测试计划；

（2）加入线程组，线程数 1，运行次数 1；

（3）添加 Graph Generator 元件，如图 8-13 所示为填写结果文件地址及存入地址，其他参数可以默认，如果默认会生成图 8-14 所示的 PNG 格式图片文件。

对于结果图片的生成还支持命令方式，在做性能测试自动化时会用到。我们希望测试计划执行完成后自动生成报告显示，命令方式就有用武之地了。此应用可参照 14.6 章节（报告自动化），另外可以参考 Jmeter-Plugins 官方指导文档。

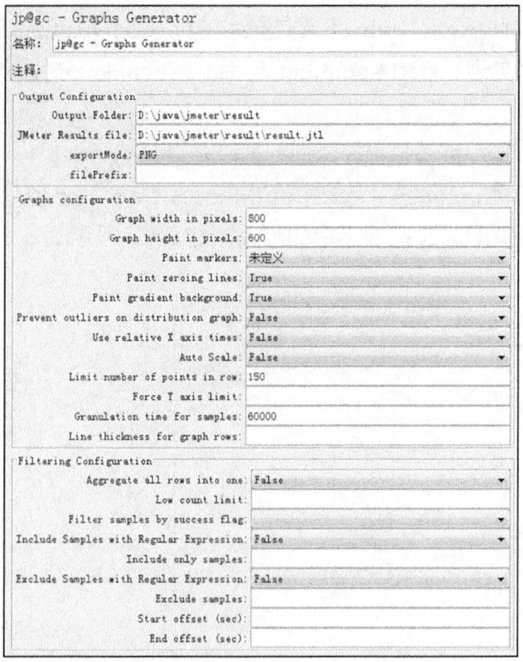

图 8-13 Generator Graphs

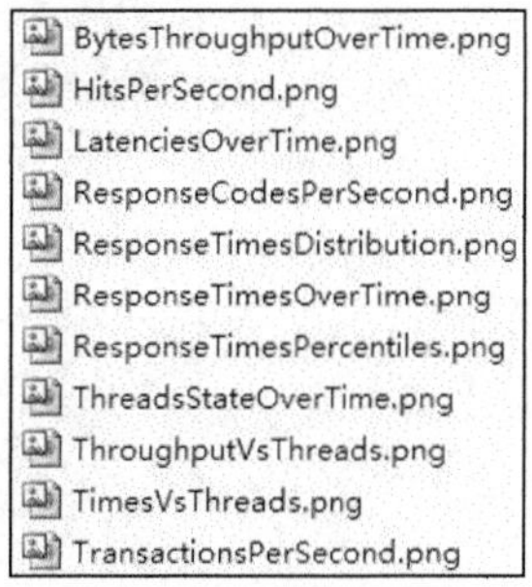

图 8-14 PNG LIST

8.6 服务器监控

商业性能测试工具一般都提供了对被测服务器进行性能监控的功能，虽然我们并不建议大家在执行性能测试时使用这些功能（如大负载、负载机器有限、远程网络、带宽有限时从服务器反馈监控信息到负载机会消耗资源，势必会影响测试结果，当然低负载时可以忽略）。但一些普通场景（负载小）还是可以利用测试工具来监控服务器性能指标的，这样监控结果集中，利于分析与形成报告。

这些监控功能是由 Standard Set 包中的程序来实现的，这些数据通过 JMeter Plugins 提供的 ServerAgent 远程回传 Jmeter Master。ServerAgent.jar 包大家可以到 JMeter Plugins 官网进行下载，如图 8-15 所示。

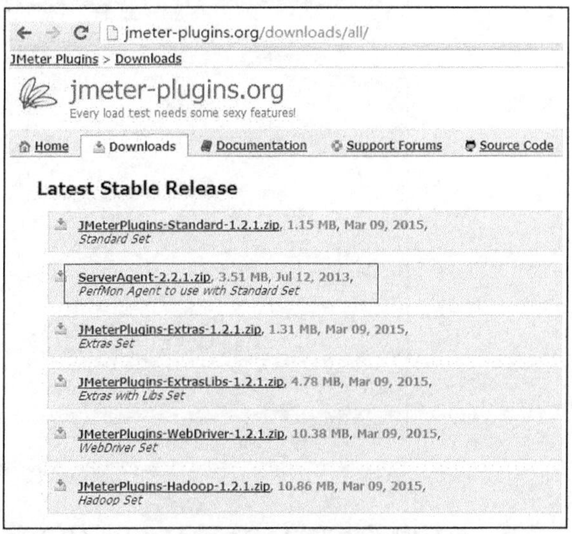

图 8-15 ServerAgent download

下面来看一个例子，我们来监控本机（Win7 系统）的性能。

（1）解压下载的 ServerAgent 二进制包放在%JMETER_HOME%\serverMonitor 目录（大家可以个人意愿指定其他目录，只要是在被监控的服务器上，笔者是监控 JMeter 所在的本机性能，又正好放在%JMETER_HOME%\

serverMonitor 目录下)。目录结构如图 8-16 所示，lib 目录是依赖包，CMDRunner.jar 是命令行工具，ServerAgent.jar 是远程数据传输实现，startAgent.bat 与 startAgent.sh 分别是 Windows 与 Linux 开启监控的快捷启动方式。

（2）双击 startAgent.bat（startAgent.sh）启动监控，默认端口是 4444。

（3）新建测试计划，在测试计划中添加 jp@gc - PerfMon Metrics Collector 监听器，然后在 Servers to Monitor 表格中添加被监控的机器信息及监控项，如图 8-17 所示。

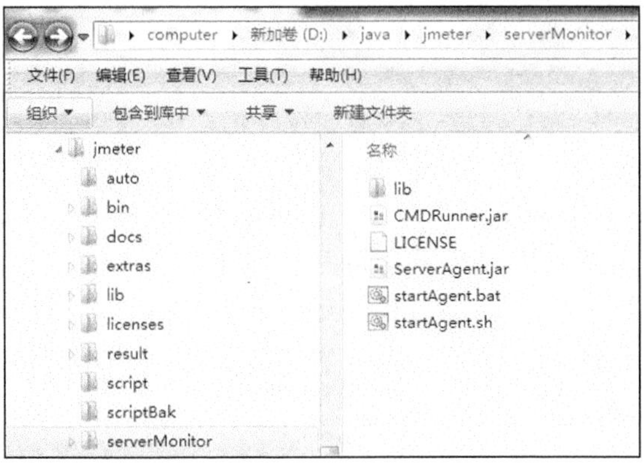

图 8-16 ServerAgent Directory

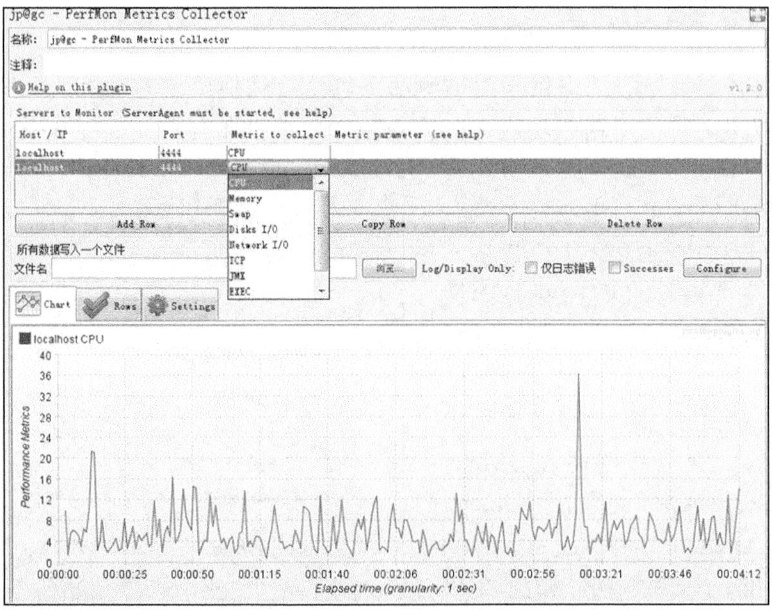

图 8-17 PerfMon Metrics Collector

（4）运行测试，在 PerfMon Metrics Collector 即可以看到监控数据，图 8-17 中我们仅监控了 CPU 信息，图 8-18 中我们对 CPU 与内存信息进行了监控。

有关 PerMon Metrics Collector 的设置相对简单，在此不再赘述。服务器其他硬件性能监控功能请参考 JMeter Plugins 官网。

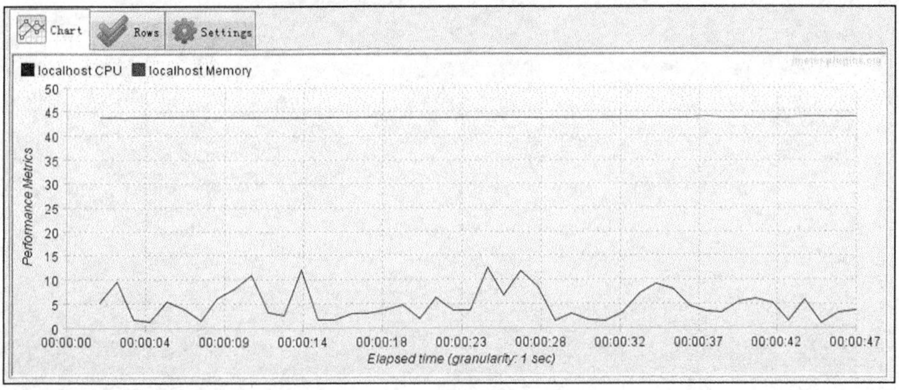

图 8-18 PerfMon Metrics Collector view

8.7 本章小结

本章我们简单介绍了常用的 JMeter Plugins 功能，扩展后的 JMeter 功能更加完善，用户体验更好，更方便监控、分析及报告。

线程组的扩展让场景设计更丰富，基本实现了主流商业工具的功能，让测试执行更方便高效。

逻辑控制器中的 Parameterized Controller 让脚本模块化（封装）更容易，支持逻辑与业务分离，最大限度的脚本复用。

配置元件中的 Variables From CSV File 可以批量参数化，读取的参数表用户体验更好，参数文件是变量名+变量值，执行人员修改测试数据时能看名意。

定时器 Throughput Shaping Timer 在做稳定性测试时帮助我们对服务器施加稳定的负载。

监听器丰富了原生态 JMeter 的图表功能，提供了常用的性能图表，方便分析与报告。

服务器监控组件为想要使用 JMeter 监控服务器的小伙伴提供了支持，报告更方便了。不过在大型的性能压测试时还是不建议大家使用此功能。

实战篇

Chapter 9

第 9 章 性能监控诊断

从本章你可以学到：

- 操作系统性能分析介绍
- 系统性能分析思路
- 瓶颈阈值分析思维导图与手册
- Linux 系统性能分析思路和实践
- Windows 系统性能分析思路和实践
- Nagios 监控分析工具实践
- Tomcat 监控之 Probe
- MySQL 监控之 MONyog
- JVM 监控命令及工具

9.1 操作系统性能分析介绍

操作系统是管理和控制计算机硬件与软件资源的计算机程序，是直接运行在“裸机”上的最基本的系统软件，任何其他软件都必须在操作系统的支持下才能运行。

它的功能包括管理计算机系统的软件、硬件及数据资源，控制程序运行，改善人机界面，为其他应用软件提供支持，让计算机系统所有资源最大限度地发挥作用，提供各种形式的用户界面，使用户有一个好的工作环境，为其他软件的开发提供必要的服务和相应的接口等。

一个用户程序的执行离不开操作系统，操作系统就像一个提供各种资源的后勤人员，它需要分配调度在它平台上的各类运行程序向它申请的资源。如一个应用程序在运行的时候，操作系统需要根据用户的需求来进行分配和调度，需要把内存、CPU、网络、磁盘等资源分配给对应的应用程序以便让它执行，以及在程序执行结束的时候回收它的资源以便再使用。但操作系统所能提供的资源是一定的，从性能测试的角度而言，我们需要监控分析系统各类资源的使用情况，使系统所有的资源得以最大程度的发挥作用，以最低廉的成本达到各应用的最佳性能，实现资源最大利用。

2015 年春运火车票售卖的最高峰日出现在 2014 年 12 月 19 日，当天开售腊月二十八的火车票（2 月 16 日）。12306 网站访问量（PV 值）达到破纪录的 297 亿次。当天共发售火车票 956.4 万张，其中互联网发售 563.9 万张，占比 59%，均创历年新高。

放票时间一到，用户开始不停地刷新网页，可惜每次都是，网站一直无响应，出票一直失败，每次都是一票难求，这是为什么？

针对一个应用而言，用户角度不需要了解系统复杂的架构设计和业务流向，他们关注的仅仅是该应用的业务是否可用，以及服务质量体验是否满意。以 12306 网站而言，用户的响应时间比较慢，响应时间可以简单地理解为系统从输入到输出的时间间隔，这里只是一个比较广泛的概念。但作为一名性能测试工程师，我们需要了解系统的架构和设计。

从系统层面来说，用户的响应时间由两部分组成，分别是服务器响应时间和网络时间。我们可以通过下面的公式和图 9-1 中的响应时间分析图中看出

用户响应时间 ＝ 服务器响应时间 ＋ 网络时间

RT（Response Time）可以简单地理解为系统从输入到输出的时间间隔，系统可以指一个网站或者一个其他类型的软件应用，也可以指某个设备，比如手机界面也有响应时间。如图 9-1 所示，对于服务器的响应时间来说，它的含义是指从服务器接收到请求到该请求的响应处理完毕，并把对应的数据全部发往客户端。而客户端的响应时间很明显是服务端的响应时间加上网络损耗时间，如不同地域的网络供应商，网络之间有延迟、拥塞等都可能导致整个用户体验的响应时间很慢。

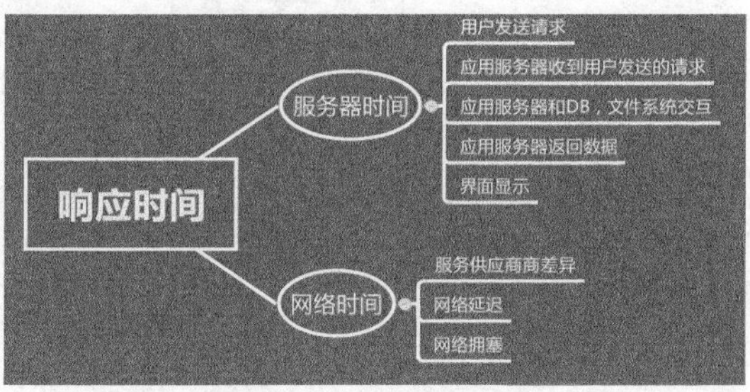

图 9-1 响应时间分析

除此之外，系统的可靠性、稳定性也是我们需要考虑的内容，系统管理员可能经常会遇到系统不稳定，响应速度慢等问题。以上面 12306 的例子不难看出，仅仅只是抱怨表面的网页无法打开，响应速度慢等表面现象似乎是不够的。系统完成一次请求或者响应任务时，还与硬件设备，系统设计，网络拓扑图，内部网络连接设备如交换机、路由器等接入设备，以及路由的处理策略，网络线路等多方面有关。任何一个环节出了问题，都是会影响到我们的系统性能。当系统出问题时，我们需要从应用程序、操作系统、服务器设备、网络环节、系统资源等多方面综合排查，定位分析问题，然后集中解决问题。

9.2 系统性能分析思路

针对操作系统而言，我们不能只关注部署在系统上的应用不可用，访问慢等问题。这些仅仅是一个表面现象，我们应该系统地去分析我们的应用在什么样的负载条件下，系统上运行了多少应用，系统的资源分配是否合理，系统是否超负荷运行，能否优化系统的资源来让系统和应用程序耦合度更高，这是我们通过后面操作系统的学习需要掌握的内容。

如图 9-2 所示是当前常见的服务器组成框架，系统日益复杂的工作负载中的性能受许多因素影响，处理器速度、内存容量、网络或磁盘 I/O 控制器的数量以及磁盘的容量和速度显然是所有工作负荷的重要性能特征组件。其他主要的组件还包括应用程序自身的性能特征、工作负荷的特性、应用程序间的通信行为、磁盘或网络上的数据访问模式，当然还包括终端用户对应用程序的使用模型。对特定工作负荷调优时，常常首先要假定许多物理环境特征，例如处理器数量、处理器类型、磁盘数量等保持不变。性能分析的主要目标是识别出工作负荷中哪些组件是当前提高性能和整体吞吐率的瓶颈，以及当工作负荷已经导致硬件能力饱和时，哪些硬件配置的改进会提高该工作负荷的吞吐率和性能。

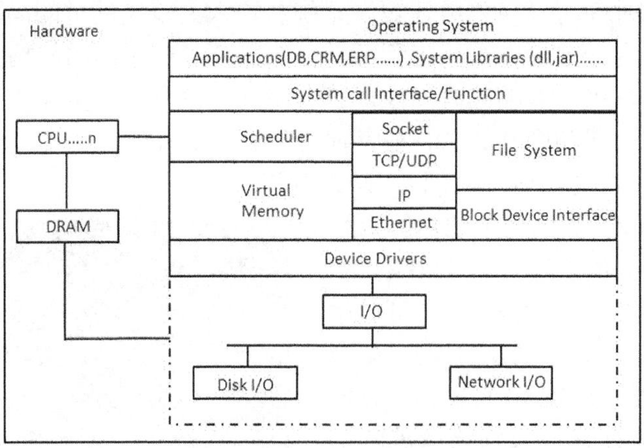

图 9-2 系统资源细化分析思路

总体来说，系统提供了比较多的有用信息分析工具，我们会从以下几块来进行分析。

（1）整体系统 CPU 利用率。

（2）内存利用率。

（3）磁盘 I/O 的利用率和延迟。

（4）网络利用率。

9.2.1 系统性能分析因素-CPU

CPU 在操作系统中是运行的根本，CPU 的执行速度与性能好坏在很大程度上决定了系统整体的性能的快慢，最开始大部分任务都是单线程调度，CPU 在同一时间内只能运行一个线程，但随着多处理器技术的成熟，软件架构的深入和复杂度的提升，单处理器系统逐渐在往多处理器系统转变，这些都是利用处理器的多核心处理能力的特性来提升系统性能。在做系统性能分析前，首先我们要了解系统处理器的情况，如逻辑处理器、处理器型号、主频率、cache 大小、是否支持超线程技术等信息，在知道这些的情况下，才能更好地进行我们系统的性能分析。

除此之外，目前而言，CPU 的使用率也是我们需要关注的很重要的指标，当 CPU 处于满负载状态时，很多时候我们要结合系统附带的一些监控分析工具，检查相关的系统日志，web 服务器应用日志，DB 日志等，结合辅助的一些命令如 top、free、uptime、sar 等辅助分析为什么系统 CPU 会被完全占用，以及后续的解决优化方法等。

如图 9-3 所示，从该图我们可以看出当前 CPU 的闲置率只有 8.5%，我们会制定一个可用 CPU 的阀值，一般我们会期望系统平均可用的 CPU 不少于 20%。这时候系统应该进行告警，我们应该分析当前 CPU 使用率这么高的原因。从下面的截图其实不难看出，当前的应用程序 java 和 mysqld 占用的 CPU 百分比分别是 1276.5%和 943.1%，Java 程序我们可以通过 JVM 自带的命令工具（jstat、jmap、Jvisualvm、JConsole）来分析，MySQL 我们可通过数据库监控工具（Spotlight、Monyog、及命令行工具）来分析，以及考虑是否需要做负载均衡或者加强机器性能。

```
top - 00:56:52 up 23 days, 23:51,  8 users,  load average: 1.72, 1.93, 1.36
Tasks: 633 total,   1 running, 632 sleeping,   0 stopped,   0 zombie
Cpu(s): 84.6%us,  4.7%sy,  0.0%ni,  8.5%id,  0.0%wa,  0.0%hi,  2.2%si,  0.0%st
Mem:  32963960k total, 13628996k used, 19334964k free,   334172k buffers
Swap:  4095992k total,        0k used,  4095992k free,  9415332k cached

  PID USER      PR  NI  VIRT  RES  SHR S %CPU %MEM    TIME+  COMMAND
21206 root      20   0 24.0g 2.5g 9808 S 1276.5  8.0 788:40.60 java
 4766 mysql     20   0 12.4g 257m 6040 S 943.1  0.8   1242:43 mysqld
21652 root      20   0 15488 1696  952 R  0.7  0.0   0:04.63 top
   13 root      20   0     0    0    0 S  0.3  0.0   0:01.25 ksoftirqd/2
   53 root      20   0     0    0    0 S  0.3  0.0   0:00.82 ksoftirqd/12
    1 root      20   0 19400 1564 1256 S  0.0  0.0   0:02.05 init
    2 root      20   0     0    0    0 S  0.0  0.0   0:00.00 kthreadd
    3 root      RT   0     0    0    0 S  0.0  0.0   0:00.00 migration/0
    4 root      20   0     0    0    0 S  0.0  0.0   0:00.45 ksoftirqd/0
```

图 9-3　top CPU 资源

9.2.2 系统性能分析因素-内存

在系统性能因素中，内存的大小也是影响系统性能的一个非常核心的指标。当可用的内存太小，系统进程会被阻塞中，应用也将会变得非常缓慢，有时候会失去响应，严重的甚至可能会触发系统的 OOM（内存溢出）从而引起应用程序被系统给杀死，更严重的情况可能会引起系统重启；当机器的内存太大的时候，有时候也是一种浪费，这时候我们可以考虑做一些缓存服务器去提升系统性能。关于内存的分析，一般情况下我们希望内存一定要足够大，尤其是现在基本内存大部分都是 8G 以上的，但假如我们的系统是 32 位处理器的操作系统，由于系统在 32 位的系统寻址范围有限，会导致系统无法使用那么“大”的内存。这也是为什么现在大部分服务器会使用 64 位操作系统的原因，64 位的系统没有这类问题。

虚拟内存也是在内存里面我们需要考虑的性能指标，在系统的设计中，当系统的物理内存不够用的时候，就需要将物理内存中的一部分空间释放出来，以供当前运行的程序使用。那些被释放的空间可能来自一些很长时间没有什么操作的程序，这些被释放的空间被临时保存到虚拟内存空间中，等到那些程序要运行时，再从虚拟内存中恢复保存的数据到物理内存中。这样，系统总是在物理内存不够时，才进行内存之间的交换。有时可以越过系统性能瓶颈，节省系统升级费用。在做性能分析的时候，我们也要考虑系统有无设置虚拟内存，以及虚拟内存的使用情况。就虚拟内存的设定而言，因为以前的系统内存普遍偏小，所以有很多数据会建议是物理内存的两倍，但随着物理内存的增大，很多服务器的 RAM 已经可以到 64GB、128GB 的时候，虚拟内存再设置成它的两倍就有点浪费磁盘空间了。

```
Mem:   232600k total,  224688k used,    7912k free,    8508k buffers
Swap: 2097144k total,   62052k used, 2035092k free,   46264k cached
```

如表 9-1 所示是系统内存的使用数据，我们可以通过命令 top、free 等命令获取，从这可以看出当前系统的物理内存量大约 230MB，使用了 224MB。可以看出当前的物理内存已经不够，好在系统有划分 2GB 的虚拟内存空间，有一部分数据已置换到 swap 分区，从而保证系统的正常运行。

表 9-1 内存分析

Mem: 232600k total,	物理内存总量
Mem: 224688k used,	使用的物理内存总量
Mem: 7912k free,	空闲内存总量
Mem: 8508k buffers	用作内核缓存的内存量
Mem: 46264k cached	缓冲的交换区总量
Swap: 2097144k total	交换区总量
Swap: 62052k used,	使用的交换区总量
Swap: 2035092k free	空闲交换区总量

9.2.3 系统性能分析因素-网络

系统应用之间的交互，尤其是跨机器之间的，都是要基于网络的，因此网络带宽、响应时间、网络延迟、阻塞等都是影响系统性能的因素。假如应用在不稳定、不安全的网络下会导致应用程序的超时、丢弃、阻塞、波动率大，这些在系统中都是不能接受的。我们需要一个可靠的、稳定的、能满足我们的应用程序在机器 A-B 之间畅通无阻地运行。这些需要测试工程师、网络管理员、系统管理员等一起合作把系统的网络完善。

在系统中，我们要考虑对应的网络是否可达、防火墙是否开启、端口的访问、带宽是否有被限制、路由的寻址、网络的时延等问题。

9.2.4 系统性能分析因素-I/O

访问应用离不开系统的磁盘数据的读写，I/O 读写的性能直接会影响系统程序的性能，磁盘 I/O 是系统中最慢的部分。主要是 CPU 处理频率较磁盘的物理操作快几个数量级，如果拿读取磁盘和内存的时间作比较就是分钟级到毫秒的区别。I/O 比较频繁的（读或者写）时候，如果 I/O 得不到满足会导致应用的阻塞。针对 I/O 的场景模型，我们要考虑的有 IO 的 TPS、平均 I/O 数据、平均队列长度、平均服务时间、平均等待时间、IO 利用率（磁盘 Busy Time%）等指标，后面讲具体时间分析的时候我们会进一步做介绍。

9.2.5 系统性能分析因素-总结

前面我们介绍了系统的子系统的一些因素，但很多时候，这些因素彼此之间是相互依赖的，任何一个处于高负载状态，都可能导致其他的资源受到影响。比如：

（1）大量的网络吞吐量会导致占用 CPU 的资源增大，此时系统要分出部分资源去进行软件中断的处理。

（2）大量的 CPU 开销会尝试更多的内存使用。

所以在进行系统优化时查找瓶颈的真正所在是十分关键的，有时候看似是某一个资源出现问题，其实很有可能最终的原因是其他的资源导致的。

如图 9-4 所示，这里是通过 vmstat 命令进行资源的监控分析，可以看出当前出现瓶颈的地方有内存，I/O，CPU。源头是因为物理内存不够，大量的内存置换到 SWAP 空间，从而引起了 CPU 和 I/O 的瓶颈。

procs		-----------memory----------				---swap--		-----io----		--system--		-----cpu------				
r	b	swpd	free	buff	cache	si	so	bi	bo	in	cs	us	sy	id	wa	st
3	1	244208	10312	1552	62636	4	23	98	249	44	304	28	3	68	1	0
0	2	244920	6852	1844	67284	0	544	5248	544	236	1655	4	6	0	90	0
1	2	256556	7468	1892	69356	0	3404	6048	3448	290	2604	5	12	0	83	0
0	2	263832	8416	1952	71028	0	3788	2792	3788	140	2926	12	14	0	74	0
0	3	274492	7704	1964	73064	0	4444	2812	5840	295	4201	8	22	0	69	0

图 9-4 vmstat 资源分析

如图 9-5 所示，在我们进行系统性能分析的时候，首先最重要的一点是，我们需要确定应用类型，理解并分析当前系统的特点，多数系统所对应的应用类型主要分为以下两种。

IO Bound（IO 范畴）：在这个范畴中的应用，一般都是高负荷的内存使用以及存储系统，IO 范畴的应用就是一个大量数据处理的过程。IO 范畴的应用不对 CPU 以及网络发起更多请求（除非类似 NAS 这样的网络存储硬件），IO 范畴的应用通常使用 CPU 资源都是为了产生 IO 请求以及进入到内核调度的

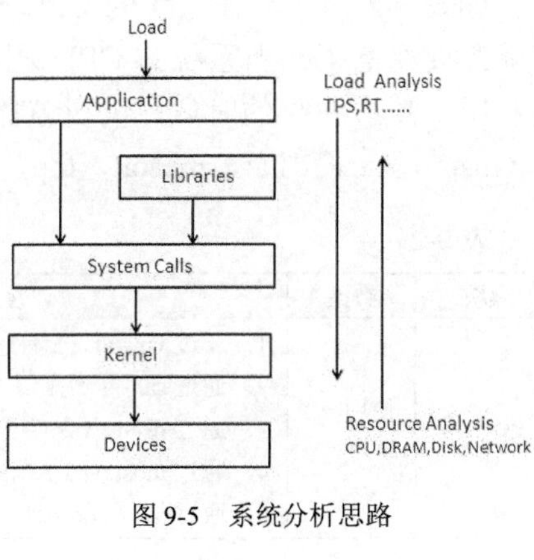

图 9-5 系统分析思路

sleep 状态。通常数据库软件（例如 mysql，oracle 等）被认为是 IO 范畴的应用类型。

CPU Bound（CPU 范畴）：在这个范畴中的应用，一般都是高负荷的 CPU 占用。CPU 范畴的应用就是一个批量处理 CPU 请求以及数学计算的过程。通常 web server，mail server，以及其他类型服务被认为是 CPU 范畴的应用类型。

不管是什么类型，系统的分析思路无非两种，如图 9-5 所示，一种是自顶向下，由应用程序（系统）往下分析；另一种是由底向上，从操作系统资源往上分析到应用程序。

9.3 瓶颈阈值分析思维导图与手册

前面我们介绍了许多关于系统的分析思路，下面我们来讲述下对应系统资源阈值瓶颈的监控分析相关的内容。

如图 9-6 所示，在系统的场景中，我们可以按照系统性能资源因素分为 CPU，内存，网络，IO 等四块区域来进行监控分析定位。主要的命令如图 9-6 所示，包括类似 top，sar，dstat，mpstat 等。

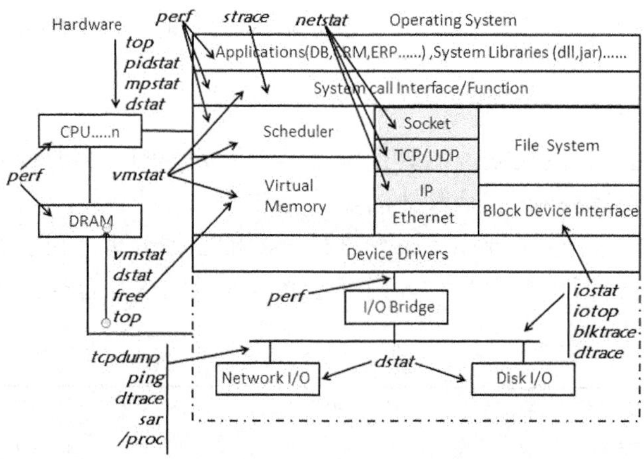

图 9-6 系统监控思维导图

9.3.1 CPU 定位分析

如表 9-2 所示，在系统的 CPU 分析定位过程中，当系统的 CPU 利用率大于 50%时，我们就需要注意了；当系统的 CPU 利用率大于 70%的时候，就需要密切关注；当系统的 CPU 的利用率高于 90%的时候，情况就比较严重了。通过这些监控分析情况，我们可以用的命令有 vmstat，sar，dstat，mpstat，top，ps 等命令来进行统计分析。

表 9-2 系统 CPU 定位分析

模块	类型	度量方法	衡量标准
CPU	使用情况	1．通过 vmstat 统计 1-id 的计数 2．通过 sar –u 统计 1-%idle 的计数 3．通过 dstat 命令 统计 1-idl 的计数 4．通过 mpstat –P ALL 统计 1-%idle 的计数 5．通过 ps 命令统计 cpu 的计数	注意>=50% 告警>=70% 严重>=90%

续表

模块	类型	度 量 方 法	衡 量 标 准
CPU	满载	6. vmstat 的 r 计数 > CPU 逻辑颗数 7. sar -q, "runq-sz" > CPU 逻辑颗数 8. dstat -p, "run" >CPU 逻辑颗	运行的队列大于 1 时，证明已经有一定的负载了，不过这个计数也不绝对，需进一步分析其他的资源情况来断定是否 CPU 已经满负荷运作
CPU	错误	9. 通过 perf 工具去捕获处理器的错误信息，需处理器支持	需处理器支持

9.3.2 内存定位分析

如表 9-3 所示，在系统的内存分析定位过程中，当系统内存的利用率大于 50%的时候，我们就需要注意了；当系统的内存利用率大于 70%的时候，就需要密切关注；当系统内存的利用率高于 80%的时候，情况就比较严重了。通过这些监控分析，我们可以用 vmstat，sar，dstat，free，top，ps 等命令来进行统计分析。

表 9-3　　系统内存定位分析

模块	类型	度 量 方 法	衡 量 标 准
内存	使用情况	1. free 命令 查看使用情况 2. vmstat 命令 查看使用情况 3. sar –r 命令 查看使用情况 4. ps 命令 查看使用情况	注意>=50% 告警>=70% 严重>=80%
内存	满载	5. vmstat 的 si/so 比例辅助 swapd 和 free 6. sar –W 查看次缺页数 7. 查看内核日志有无 OOM 机制 kill 进程 8. dmesg | grep killed	1. so 数值大，且 swapd 已经占比很高，内存肯定已经饱和 2. Sar 命令 次缺页多意味已经在不停地和 swap 打交道，证明内存已经饱和 3. 当内存不够用会触发内核的 OOM 机制
内存	错误	9. 查看内核有无 physical failures 10. 通过工具如 valgrind 等进行检查	有计数

9.3.3 网络定位分析

如表 9-4 所示，衡量系统网络的使用情况，我们可以使用的命令有 sar，ifconfig，netstat 以及查看 net 的 dev 速率，通过查看发现收发包的吞吐速率达到网卡的最大上限，网络数据报文有因为这类原因而引发的丢包、阻塞等现象都证明当前网络可能存在瓶颈。在进行性能测试时为了减小网络的影响，一般我们都是在局域网中进行测试执行。

表 9-4　　系统网络定位分析

模块	类型	度 量 方 法	衡 量 标 准
网络	使用情况	1. sar -n DEV 的收发计数大于网卡上限 2. ifconfig RX/TX 带宽超过网卡上限 3. cat /proc/net/dev 的速率超过上限 4. nicstat 的 util 基本满负荷	1. 收发包的吞吐速率达到网卡上限 2. 有延迟 3. 有丢包 4. 有阻塞

续表

模块	类型	度 量 方 法	衡 量 标 准
网络	满载	5．ifconfig dropped 有计数 6．netstat –s "segments retransmited"有计数 7．sar -n EDEV rxdrop txdrop 有计数	统计的丢包有计数证明已经满了
网络	错误	8．ifconfig, "errors" 9．netstat -i, "RX-ERR"/"TX-ERR" 10．sar -n EDEV, "rxerr/s" "txerr/s" 11．ip -s link, "errors"	错误有计数

9.3.4 IO 定位分析

如表 9-5 所示，衡量系统 IO 的使用情况，我们可以使用 sar，iostat，iotop 等命令进行系统级的 IO 监控分析。当发现 IO 的利用率大于 40%时候，就需要注意了；当使用率大于 60%则处于告警阶段；大于 80%时 IO 就会出现阻塞了。

表 9-5 系统 I/O 定位分析

模块	类型	度 量 方 法	衡 量 标 准
IO	使用情况	1．iostat –xz , "%util" 2．sar -d, "%util" 3．iotop 的利用率很高 4．cat /proc/pid/sched | grep iowait	注意>=40% 告警>=60% 严重>=80%
IO	满载	5．iostat -xnz 1, "avgqu-sz" >1 6．iostat await > 70	IO 已经有满载嫌疑
IO	错误	7．dmesg 查看 io 错误 8．smartctl /dev/sda	有信息

9.4 Linux 系统性能分析思路和实践

Linux 是一种自由和开放源码的类 Unix 操作系统，目前在服务器以及其他移动设备（如智能手机、平板电脑等）领域应用相当广泛。

简单地说，Linux 是一套免费使用和自由传播的类 Unix 操作系统。正是由于该款系统初始程序是开源的，因此每个懂编程的人都可以在其基础上进行开发，从而衍生出众多版本 Linux 系统。Linux 可安装在各种计算机硬件设备中，从手机、平板电脑、路由器和视频游戏控制台，到台式计算机、大型机和超级计算机，正是由于其拥有强大的后期开发能力，因此在各个领域都会出现不同版本的 Linux 系统，但它们都是使用了 Linux 内核。

Linux 进入市场的主要推动力来自众多认识到 Linux 在小型服务器上的性价比优势的人士。Linux 在这个市场空间中是非常有效的，并已成为一种日渐流行的可用于更广阔的企业级市场的操作系统。这种流行性促使硬件厂商将 Linux 移植到拥有更多处理器数量、更多处理器类型、更多物理内存以及更大型 I/O 配置的平台上。软件开发商也已意识到将更复杂的软件移植到 Linux 之上的优点，而终端用户所搭建的系统配置也越来越复杂。随着这些工作负荷的复杂度不断提高，终端用户开始期待着与专用系统相同或更高的性能水平。这些日益高涨的性能期望转化为对操作系统调度器、内存管理、磁盘以及网络 I/O 子系统的扩展性加以性能分析和改进。

本节主要围绕图 9-6 系统监控思维导图里面的工具来进行系统相关利用率的信息监控分析，我们不会一一介绍，只介绍几种常见的工具，并提供一些监控分析思路让读者能快速上手于实践中操作。但需要注意的是，有时候这些高级工具单一使用是无法进行全局系统调优分析的，需组合使用。具体读者可以参考图 9-6 进行选择分析，后面我们也会介绍一些工具，使读者能够更深入地分析存在的问题，以便更好地理解应用的运行特征及其与操作系统的交互。

9.4.1 系统负载监控分析实践

在 Linux 系统中，系统的负载是个很重要的指标，它的多少决定了系统是否处于忙碌状态。在系统开始运行的时候，CPU 处理颗数已经是个恒定值，它的大小决定了同一时刻，系统可以承受的最大负载。当超过这个负载的系统调用就会出现阻塞；我们可以通过类似 uptime、top、w 等命令帮我们分析系统的负载，这里我们就以命令 uptime 为例，做一个具体介绍。

uptime 命令主要用于获取主机运行时间和查询 Linux 系统负载等信息，uptime 命令可以显示系统已经运行了多长时间，以及有多少个用户登录，快速获知服务器的负荷情况，它信息显示依次为：现在时间、系统已经运行了多长时间、目前有多少登录用户、系统在过去的 1 分钟、5 分钟和 15 分钟内的平均负载。

```
# uptime
 14:22:04 up 3 days, 20:54,  4 users,  load average: 0.51, 0.13, 0.04
```

内容说明如下。

```
14:22:04              : 系统当前时间
up 3 days, 20:54      : 主机已运行的时间
4 users               : 当前有多少登录用户数
load average
0.51                  : 过去一分钟的平均负载
0.13                  : 过去五分钟的平均负载
0.04                  : 过去十五分钟的平均负载
```

通过 uptime 可以总结的经验如下。

（1）uptime 的系统存活时间越长，意味着系统越稳定，我们可以通过 uptime 查看系统这一段时间有无重启，这也是一种常见分析系统是否稳定的命令。

（2）通过 uptime 命令可以得知当前有多少登录用户数，但相对来说用 w 命令会更好地显示当前登录用户数的信息，具体如图 9-7 所示。

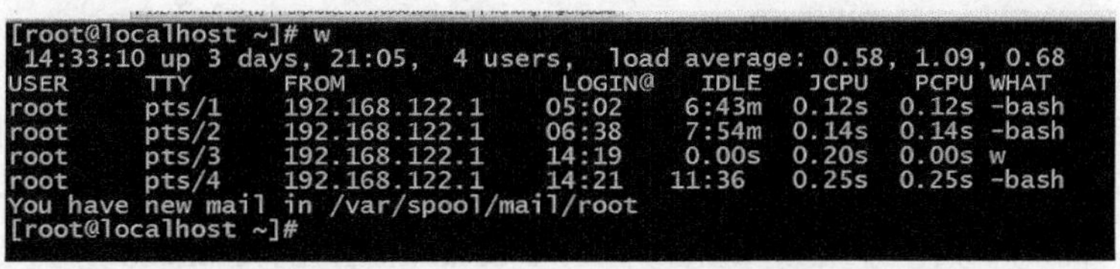

图 9-7　w 命令获取各用户信息

（3）系统的平均负载的意思是指在特定时间间隔内运行队列中的平均进程数，如果一个

进程满足以下条件则其就会位于运行队列中：

- 它没有在等待 I/O 操作的结果；
- 它没有主动进入等待状态（也就是没有调用“wait”）；
- 没有被停止（例如：等待终止）。

需要注意的是，一般系统建议每个 CPU 内核的当前活动进程数最好不大于 0.8，证明系统是空闲的，大于 1 且不大于 3 的时候，如果系统的其他资源都很正常，那么系统的性能也是可以接受的。但如果任务数大于 5 的话，那证明系统的性能有问题了。以一个四核 CPU 的主机为例，当 uptime 的输出结果超过 15，那就意味着当前系统负载非常严重，需要分析当前的进程调度策略，是否有阻塞等，估计此时可能打开运行脚本都会非常缓慢的。

（4）系统负载的 3 个值表示的是系统过去一分钟，五分钟，十五分钟的一个平均值。通过这 3 个数值的信息，我们可以分析出系统负载的趋势：是否增加，稳固，降低等。如这 3 个值的信息分别是 3.5，5.8，8.9，可以很明显地看出从过去十五分钟到过去五分钟之间的平均负载要远远高于过去五分钟的负载。因 8.9 大于 5.8，且这是一个平均负载，可以很明显得出这个结论。依此类推过去五分钟到过去一分钟之间的负载要远远大于过去一分钟的。

（5）在这里最后一个要强调的是 uptime 的负载描述是一个平均值，它取的是过去某段时间的平均信息，如要分析当前的负载情况最好用别的命令，如 ps, top 等，然后获取对应状态的信息以便我们进行排查定位问题。

（6）uptime 是从文件/proc/loadavg 文件里面读取的，在写程序读取进程负载时，可以读取这个文件，它分别表示的是在过去一分钟、五分钟、十五分钟、正在运行的进程数占进程总数的比值、最近运行的进程 ID。

常用小技巧

常用统计过去一分钟，过去五分钟，过去十五分钟的负载命令：

```
# uptime | awk '{print $(NF-2)}'
0.00,

# uptime | awk '{print $(NF-1)}'
0.02,

# uptime | awk '{print $NF}'
0.12
```

9.4.2 系统监控分析实践

在 Linux 操作系统中，top 命令是使用最频繁，也是比较全的一个命令，top 命令类似于 Windows 系统的任务管理器工具。它对于所有正在运行的进程和系统载荷提供不断更新的概览信息，包括系统负载、CPU 利用分布情况、内存使用、每个进程的内存使用情况等信息。除了 top 以外，类似的可以参考还有 htop、dstat、nmon、glances 等命令都能系统地从各个维度帮用户进行系统资源分析。本节主要介绍 top 命令，让读者对 linux 的系统任务有个大致的了解。

小提示

top 也提供了负载平均值的快照，它相当于 uptime 的命令；此外还有其他的一些参数。

- top 命令详解：

如图 9-8 所示，top 命令其实给予了用户很多的信息，下面我们把 top 每行的返回信息做一个细化，让读者能更好地理解 top 的各字段含义，以及系统的一些情况。

```
top - 00:56:52 up 23 days, 23:51,  8 users,  load average: 1.72, 1.93, 1.36
Tasks: 633 total,   1 running, 632 sleeping,   0 stopped,   0 zombie
Cpu(s): 84.6%us,  4.7%sy,  0.0%ni,  8.5%id,  0.0%wa,  0.0%hi,  2.2%si,  0.0%st
Mem:  32963960k total, 13628996k used, 19334964k free,   334172k buffers
Swap:  4095992k total,        0k used,  4095992k free,  9415332k cached

  PID USER      PR  NI  VIRT  RES  SHR S %CPU %MEM    TIME+  COMMAND
21206 root      20   0 24.0g 2.5g 9808 S 1276.5  8.0 788:40.60 java
 4766 mysql     20   0 12.4g 257m 6040 S 943.1  0.8   1242:43 mysqld
21652 root      20   0 15488 1696  952 R  0.7  0.0   0:04.63 top
   13 root      20   0     0    0    0 S  0.3  0.0   0:01.25 ksoftirqd/2
   53 root      20   0     0    0    0 S  0.3  0.0   0:00.82 ksoftirqd/12
    1 root      20   0 19400 1564 1256 S  0.0  0.0   0:02.05 init
    2 root      20   0     0    0    0 S  0.0  0.0   0:00.00 kthreadd
    3 root      RT   0     0    0    0 S  0.0  0.0   0:00.00 migration/0
    4 root      20   0     0    0    0 S  0.0  0.0   0:00.45 ksoftirqd/0
```

图 9-8　top 命令详解

- 任务队列信息：

```
top - 02:24:22 up 13:57,  2 users,  load average: 0.06, 0.60, 0.48
```

从表 9-6 可以得出当前的系统时间是 02:24:22，当前系统运行了 13:57，可以看出系统运行时间不长，可能之前有被重启过的可能，需进一步排查。当前有 2 个登录用户，此时的系统负载平均长度分别为 0.06，0.6，0.48. 可以看出系统的负载不是很大。

表 9-6　　top 命令详解-任务队列信息

02:24:22	当 前 时 间
up 13:57	系统运行时间
2 users	当前登录用户数
load average: 0.06, 0.60, 0.48	系统负载平均长度。3 个数值分别为　1 分钟、5 分钟、15 分钟前到现在的平均值.

小提示

top 给出的系统运行时间，反应了当前系统存活多长，对于某些应用而言，系统需要保证 7*24 小时的高可用性，这个字段信息就能很好地衡量系统的高可用性。

- 进程状态信息:

Tasks: 160 total,　 1 running, 159 sleeping,　 0 stopped,　 0 zombie

top 命令第二行显示的是进程状态信息的汇总。在 Linux 操作系统中，一般我们可以见到如下五种状态的进程信息（见表 9-7）。

表 9-7　　top 命令详解-进程状态信息描述

D	不可中断的睡眠态	Uninterruptible sleep，通常出现在 IO 阻塞
R	运行态	Running or runnable
S	睡眠态	Interruptible sleep
T	被跟踪或已停止	Stopped
Z	僵尸态	process

关于进程状态间的切换和轮转，在 Linux 系统中的切换如图 9-9 进程状态切换所示。

（R）运行状态睡眠变成不可中断的睡眠状态。

（D）可中断的睡眠状态。

（S）睡眠状态（S/D）被某个任务触发从而再次变成就绪状态以及变成运行状态。

（R）运行状态被暂停从而变成暂停状态。

（T）当暂停状态的进程收到继续的指令后，就会变成就绪状态（R）。

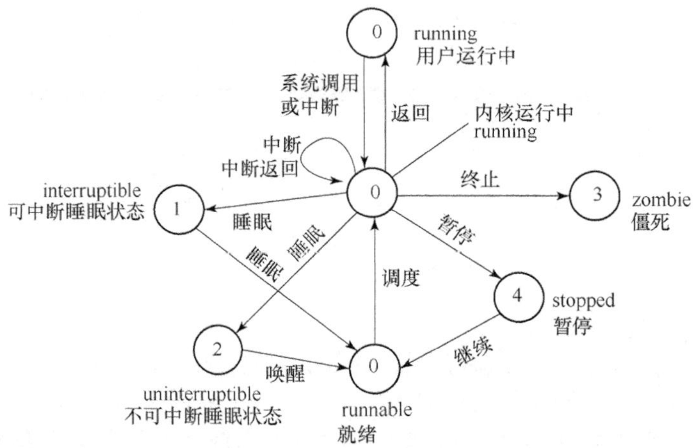

图 9-9　top 命令详解-进程状态切换示意图

- CPU 信息：

```
CPU(s): 0.1%us, 0.5%sy, 0.0%ni, 98.0%id, 1.2%wa, 0.0%hi, 0.1%si, 0.0%st
```

top 命令第三行显示的是系统 CPU 状态信息的汇总。每个字段表示的含义如表 9-8 所示。

表 9-8　　top 命令详解-CPU 状态描述信息

0.1%us	用户空间占用 CPU 百分比
0.5%sy	内核空间占用 CPU 百分比
0.0%ni	用户进程空间内改变过优先级的进程占用 CPU 百分比
98.0%id,	空闲 CPU 百分比
1.2%wa	等待输入输出的 CPU 时间百分比
0.0%hi	硬中断占用 CPU 百分比
0.1%si	软中断占用 CPU 百分比

一般我们关注多的是 us、sy、hi、si、id、wa 这 6 个数值，其中 id 表示系统目前空闲的 CPU 的百分比，在这里我们需要注意的指标如下。

（1）CPU（s）：表示当前 CPU 的平均值，默认的 top 命令配置是显示平均的 CPU 使用情况，如果按下键盘 1 可以显示各颗逻辑 CPU 的使用情况会如图 9-10 所示，读者在使用过程中应了解如何进行各颗 CPU 的使用情况和平均 CPU 使用情况间的切换。

```
top - 20:23:53 up 15 days,  4:16,  2 users,  load average: 1.18, 1.35, 2.21
Tasks: 154 total,   2 running, 152 sleeping,   0 stopped,   0 zombie
Cpu0  :  0.0%us,  0.0%sy,  0.0%ni, 94.3%id,  0.0%wa,  0.0%hi,  5.7%si,  0.0%st
Cpu1  :  0.0%us,  0.0%sy,  0.0%ni,  0.0%id,  0.0%wa,  0.0%hi,100.0%si,  0.0%st
Cpu2  :  0.0%us,  0.0%sy,  0.0%ni,100.0%id,  0.0%wa,  0.0%hi,  0.0%si,  0.0%st
Cpu3  :  0.0%us,  0.3%sy,  0.0%ni, 97.7%id,  0.0%wa,  0.0%hi,  2.0%si,  0.0%st
Cpu4  :  0.0%us,  0.0%sy,  0.0%ni, 99.7%id,  0.0%wa,  0.0%hi,  0.3%si,  0.0%st
Cpu5  :  0.0%us,  0.0%sy,  0.0%ni,100.0%id,  0.0%wa,  0.0%hi,  0.0%si,  0.0%st
Cpu6  :  0.0%us,  0.0%sy,  0.0%ni,  0.0%id,  0.0%wa,  0.0%hi,  0.0%si,  0.0%st
Cpu7  :  0.0%us,  0.0%sy,  0.0%ni,  0.0%id,  0.0%wa,  0.0%hi,  0.0%si,  0.0%st
Mem:  24739640k total,  1263700k used, 23475940k free,   166824k buffers
Swap:  8388600k total,        0k used,  8388600k free,   337176k cached
```

图 9-10 top 命令详解-各颗 CPU 利用分布情况

（2）统计空闲的 CPU 利用率我们直接统计%id 的计数即可，当 id 持续过低的时候，表示系统迫切需要解决 CPU 资源问题。

（3）统计使用的 CPU 利用率需要通过 1-%id 获取。

（4）wa：使用率过高时，我们要考虑 IO 的性能是否有瓶颈，可以再用 iostat，sar 等命令做进一步分析。

（5）hi：使用率过高时，表示当前硬件中断占用很大的百分比。一般硬件中断我们可以分析文件/proc/interrupts、/proc/irq/pid/smp_affinity、服务 irqbalance 是否配置、以及 CPU 的频率设置，通过这些可以帮系统打散优化系统的硬件中断。

（6）si：Linux kernel 通过一种软件的方法（可延迟函数）来模拟硬件的中断模式，通常叫做软中断。常见的软件中断一般都是和网络相关。如表 9-9 所示，从网卡到 IP 层的数据报文收发都是由软件中断来处理的。除此之外，长时间地写日志也可能产生软件中断。

表 9-9　　软件中断描述

软　中　断	说　　明
NET_TX_SOFTIRQ	把数据包传送到网卡
NET_RX_SOFTIRQ	从网卡接收数据包

当软件中断出现瓶颈的时候，系统有个进程叫 ksoftirqd，每个 CPU 都有自己对应的 ksoftirqd/n（n 为 CPU 的逻辑 ID），每个 ksoftirqd 的内核线程都会去运行对应的 ksoftirqd()函数来处理自己的中断队列上的软件中断。所以当网络出现阻塞的时候，软件中断程序 ksoftirqd 肯定会出现瓶颈。此时，我们可以通过 ps 命令查看进程 ksoftirqd 的使用信息“ps aux | grep ksoftirqd”。具体 top 对应的软件中断和使用信息，可以参考图 9-11。

```
Tasks: 221 total,  11 running, 210 sleeping,   0 stopped,   0 zombie
Cpu0  :  0.0%us,  0.0%sy,  0.0%ni, 12.5%id,  0.0%wa,  0.0%hi, 87.5%si,  0.0%st
Cpu1  :  0.0%us,  0.0%sy,  0.0%ni,  1.0%id,  0.0%wa,  0.0%hi, 99.0%si,  0.0%st
Cpu2  :  0.0%us,  0.0%sy,  0.0%ni, 13.7%id,  0.0%wa,  0.0%hi, 86.3%si,  0.0%st
Cpu3  :  0.0%us,  0.0%sy,  0.0%ni,  1.0%id,  0.0%wa,  0.0%hi, 99.0%si,  0.0%st
Cpu4  :  0.0%us,  0.0%sy,  0.0%ni, 15.1%id,  0.0%wa,  0.2%hi, 84.6%si,  0.0%st
Cpu5  :  0.0%us,  0.2%sy,  0.0%ni, 11.0%id,  0.0%wa,  0.0%hi, 88.8%si,  0.0%st
Cpu6  :  0.0%us,  0.0%sy,  0.0%ni, 19.1%id,  0.0%wa,  0.0%hi, 80.9%si,  0.0%st
Cpu7  :  0.0%us,  0.0%sy,  0.0%ni,  1.0%id,  0.0%wa,  0.0%hi, 99.0%si,  0.0%st
Cpu8  :  0.0%us,  0.0%sy,  0.0%ni, 14.5%id,  0.0%wa,  0.0%hi, 85.5%si,  0.0%st
Cpu9  :  0.0%us,  0.2%sy,  0.0%ni, 12.7%id,  0.0%wa,  0.0%hi, 87.1%si,  0.0%st
Cpu10 :  0.0%us,  0.0%sy,  0.0%ni, 17.6%id,  0.0%wa,  0.0%hi, 82.4%si,  0.0%st
Cpu11 :  0.2%us,  0.0%sy,  0.0%ni, 22.1%id,  0.0%wa,  0.0%hi, 77.7%si,  0.0%st
Cpu12 :  0.0%us,  0.0%sy,  0.0%ni, 20.7%id,  0.0%wa,  0.0%hi, 79.3%si,  0.0%st
Cpu13 :  0.0%us,  0.0%sy,  0.0%ni, 15.1%id,  0.0%wa,  0.0%hi, 84.9%si,  0.0%st
Cpu14 :  0.0%us,  0.0%sy,  0.0%ni, 11.5%id,  0.0%wa,  0.0%hi, 88.5%si,  0.0%st
Cpu15 :  0.0%us,  0.0%sy,  0.0%ni, 12.0%id,  0.0%wa,  0.0%hi, 88.0%si,  0.0%st
Mem:  24731744k total,   713980k used, 24017764k free,     5692k buffers
Swap:  8388600k total,        0k used,  8388600k free,    54104k cached

  PID USER      PR  NI  VIRT  RES  SHR S %CPU %MEM    TIME+  COMMAND
   13 root      20   0     0    0    0 R 96.3  0.0   1:28.39 ksoftirqd/3
   25 root      20   0     0    0    0 R 90.7  0.0   1:25.95 ksoftirqd/7
   10 root      20   0     0    0    0 R 81.1  0.0   1:12.48 ksoftirqd/2
   46 root      20   0     0    0    0 R 78.7  0.0   1:09.09 ksoftirqd/14
   49 root      20   0     0    0    0 R 77.3  0.0   1:21.75 ksoftirqd/15
    7 root      20   0     0    0    0 S 84.4  0.0   1:18.86 ksoftirqd/15
```

图 9-11 top 命令详解-软件中断瓶颈

（7）Ni：优先级（priority）为操作系统用来决定 CPU 分配的参数，Linux 使用（round-robin）的算法来做 CPU 排程，优先序越高，所可能获得的 CPU 时间就越多。但是我们可以通过 nice 命令以更改过的优先序来执行程序，如果未指定程序，则会打印出目前的排程优先序，内定的 adjustment 为 10，范围为-20（最高优先序）到 19（最低优先序）。

（8）如图 9-12 中的场景所示，该系统的 CPU 利用率不是 84.6%us，我们需要加上 4.7%sy，以及 2.2%si 的信息。一般来说监控分析时获取系统 CPU 使用情况应该是用 1-%id 的数据即该系统使用的 CPU 利用率是 91.5%。

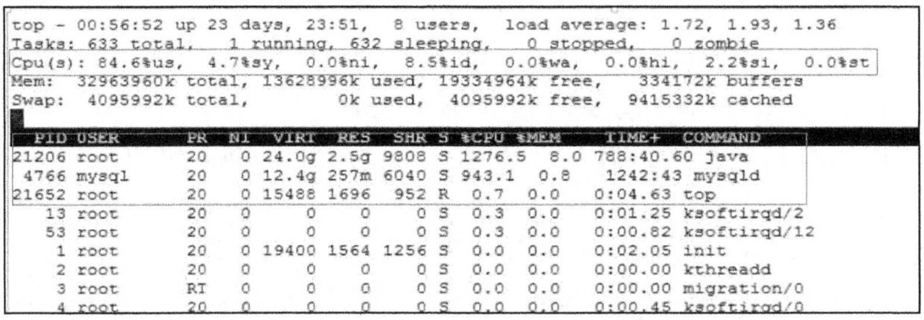

图 9-12 top 命令详解-top 监控场景

- 内存信息：

```
Mem:    232600k total,   224688k used,     7912k free,     8508k buffers
Swap:  2097144k total,    62052k used,  2035092k free,    46264k cached
```

表 9-10 top 命令详解-top 内存数据展示

Mem: 232600k total,	物理内存总量
Mem: 224688k used,	使用的物理内存总量
Mem: 7912k free,	空闲内存总量
Mem: 8508k buffers	用作内核缓存的内存量
Mem: 46264k cached	缓冲的交换区总量
Swap:2097144k total	交换区总量
Swap: 62052k used,	使用的交换区总量
Swap: 2035092k free	空闲交换区总量

如表 9-10 所示，top 命令显示了内存相关的使用情况，除了显示物理内存的使用情况以外，它还显示了虚拟内存的使用情况，能帮助用户很好地了解系统内存 RAM+SWAP 的资源。这里我们可以得出下面的一些结论帮助读者进行分析。

（1）buffer 和 cache 的作用是缩短 I/O 系统调用的时间，比如读写等。一般一个系统而言，如果 cache 的值很大，说明 cache 住的文件数多。如果频繁地访问文件都能被命中，很明显会比读取磁盘调用快，磁盘的 IO 必定会减小。

> **小提示**
>
> cache 的命中率很关键，如果频繁访问的文件不能被命中，对 cache 而言是个比较大的资源浪费，此时应考虑 drop cache 并且提升对应的 cache 命中率。

（2）从字面的意义来说系统的 mem.free 表示的是空闲内存总量，但需要注意的是，虽然

buffer/cache 会占用一定的物理内存，但是当系统需要内存的时候，这些内存可以立即释放出来，也就是说 buffer/cache 可以看成可用内存。具体 drop cache 的操作如图 9-13 所示。

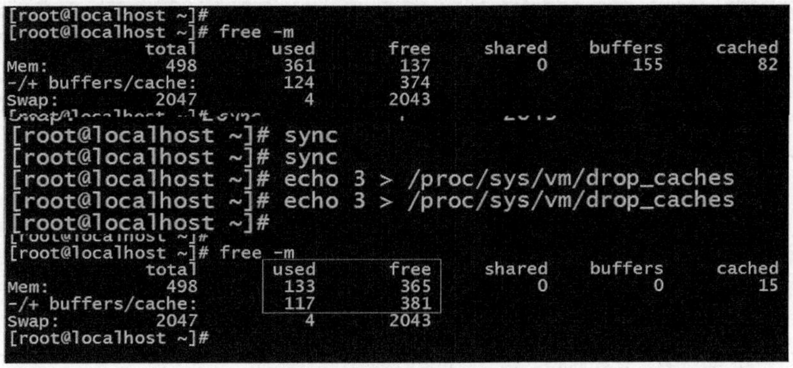

图 9-13　drop cache 释放内存

如图 9-13 操作所示，最开始的时候，系统使用了物理内存 361M，剩余可用的物理内存只有 137M，当执行内核同步和 drop_cache 内核调用后，再次通过 free 命令查看发现使用的内存只有 133M 了，剩余的有 365M。通过对比可以发现 buffer 的内存释放了 155M，cache 也释放了 67M。一般监控内存我们习惯通过 free 命令来监控，这里我们总结对应的公式如下。

公式

物理内存总数

Mem_total = Mem_used+Mem_free

实际使用的物理内存数

-buffers/cache = used-buffers-cache

实际可用的物理内存数

+buffers/cache = free+buffers+cache

交换分区对应的内存总数

Swap_total = swap_used+swap_free

（3）在做清理 cache/buffers 的时候是一个把物理内存的数据同步到磁盘的过程，为了保证在执行完 drop cache 的过程不丢失数据，需要执行 sync 命令，sync 命令执行同步避免丢失数据。

- 进程信息

```
PID USER  PR  NI  VIRT  RES  SHR S %CPU %MEM    TIME+  COMMAND
1    root    20   0  2900  1088   924 S  0.0  0.5          0:03.48   init
```

如表 9-11 所示，在进程信息中，top 命令给出了对应的进程号、进程所有者、进程优先级、进程使用的虚拟内存、实际物理内存、共享内存、CPU、命令行等信息，帮助读者进行监控分析。在这里我们需要注意的地方如下。

（1）在 top 命令中，第 6 和 7 显示的是所有进程有关的信息，它默认显示的是进程的信息，如要显示线程级的信息，可以通过 ps 命令获取。

（2）进程实际使用的内存是查看 RES 那一列的信息，VIRT 表示的是进程使用的虚拟内存的数据，SHR 表示共享内存的数据。

表 9-11 top 命令详解-top 进程信息资源

PID:	进程 id
USER	进程所有者的用户名
PR:	优先级
NI:	nice 值，负值表示高优先级，正值表示低优先级
VIRT	进程使用的虚拟内存总量，单位 kb，VIRT=SWAP+RES
RES	进程使用的、未被换出的物理内存大小，单位 kb，RES=CODE+DATA
SHR	共享内存大小，单位 kb
%CPU	上次更新到现在的 CPU 时间占用百分比
%MEM	进程使用的物理内存百分比
TIME+	进程使用的 CPU 时间总计，单位 1/100 秒
COMMAND:	命令名/命令行

（3）TIME+ 表示的是进程使用的 CPU 时间的总计，而非进程的存活时间，且 TIME+默认精确单位到 1/100 秒。由于 TIME+显示的是 CPU 时间，所以可能存在 TIME+大于程序运行时间，也可能小于程序运行时间，这两个没有必然的关系，完全取决于该程序所能分配到的 CPU 时间而定。

（4）%CPU 表示的是进程所占用的 CPU 的百分比，通过这个可以得出进程的 CPU 利用率。

（5）默认情况下系统不会显示进程分布在哪几颗逻辑 CPU 上，如想分析各颗 CPU 对应的应用程序，可以修改 top 的默认配置，添加字段 Last used CPU 即可。

（6）上面几行信息分别描述了 top 命令各字段的含义，但默认的 top 命令配置并不能满足我们日常的需求，我们可以自定义一些 top 配置，来更好地帮我们分析系统。下面我们一起来看看常见的一些 top 配置。用户输入 top 命令后，按下 H 可以看到对应的 top 配置帮助页（如图 9-14 所示）：

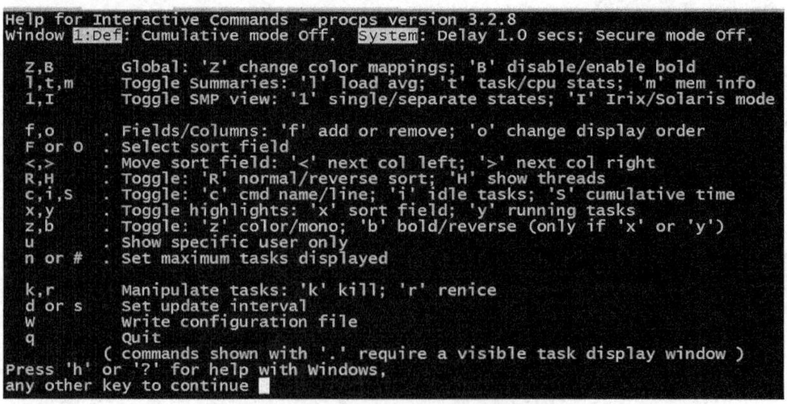

图 9-14 top 命令详解-top 帮助

如图 9-14 所示，我们常用的修改 top 的配置包括修改刷新间隔时间、添加字段、删除字段、排序、保存等功能。下面我们列举几种常用的配置给读者参考。

小技巧

top 间隔刷新

操作方法：输入 top 命令后，按下 d 进入间隔刷新配置，输入间隔秒数即可，具体如图 9-15 所示。

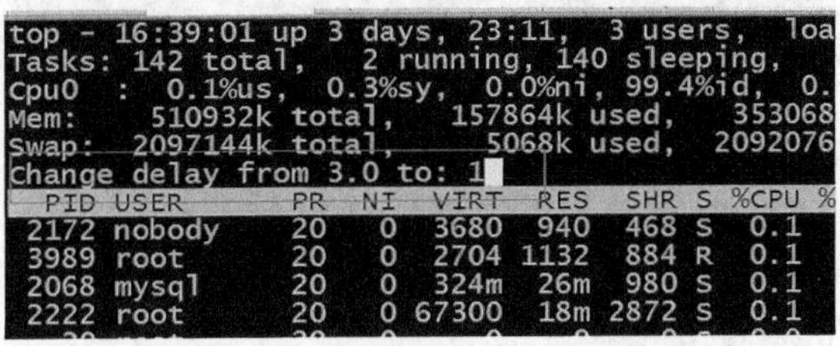

图 9-15 top 命令详解-top 间隔刷新

小技巧

添加进程字段显示列

操作方法：当默认情况的进程信息不能满足的时候，我们可以考虑下添加一些额外的配置，此时可以在输入完 top 命令后，按下字母 f，进入列配置页面。如图 9-16 所示，此时再按下 A 以后，系统不会再显示 PID 这一列，用户如输入字母 d，则会在 top 命令后加入 UID 那一列。

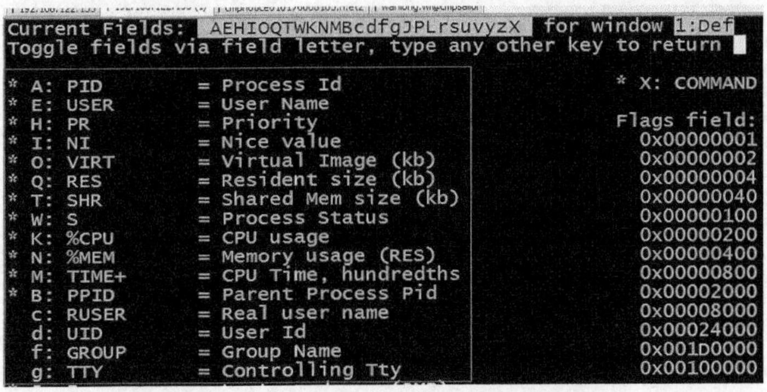

图 9-16 top 命令详解-top 设置进程列信息

小技巧

显示平均/各颗 CPU 的利用率信息

操作方法：默认情况下，系统是显示平均 CPU 的利用情况，但很多时候，用户会关心各颗 CPU 的利用情况时，我们可以进入 top 命令后，输入数字 1。就可以看到对应的各颗 CPU 的利用情况，图 9-17 中因为截取的是一个单核 CPU 的系统，所以只有 CPU0，读者可以尝试操作一台多核的机器，这样可以更好地理解这个操作。当再次按下数字 1 后，系统又会从显示各颗 CPU 的资源变成平均的 CPU 信息。

小技巧

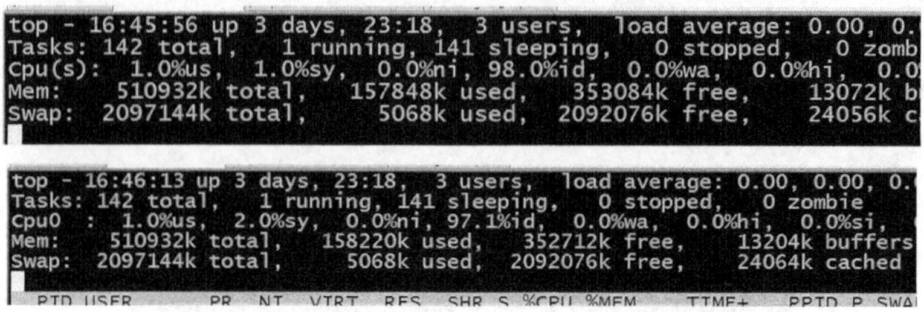

图 9-17 top 命令详解-top CPU 利用率设置显示

需要注意的地方是，上面几种技巧因为没有加 W 保存配置，所以当用户退出 top 交互界面后，下次登录又会重新加载，所以需要在 top 界面输入字母 W 保存，当看到如图 9-18 所示的提示时，则表示你的 top 配置保存进了环境变量中，下次读取可以生效。

图 9-18 top 命令详解-top 配置保存

除了 top 的配置以外，下面我们来看看 top 写脚本需要注意的问题，一般来说我们会持续性地监控系统的资源信息，所以了解脚本是一项不错的技能，下面来看下 top 对应的几个参数的含义。

-b: 批处理模式

-c: 命令/程序名 触发

-d: 设置延迟间隔

-n: 设置迭代数量

-p: 监控特定的 PID

-u 或 -U:用户名 或者 UID

在这几个参数的使用过程中，我们需要注意以下几个问题。

（1）top 监控的日志如需重定向到文本中的话，一定要带上–b 参数，当你想要在文件中保存输出时是很有用的，否则通过 vim 打开会乱序。我们可以通过下面这个实例加深印象。

```
# top  -d 1 -n 3 > top.log
```

然后通过 vim 编辑可以看到的内容如下（如图 9-19 所示）。

当带上-b 参数后的结果，我们可以再通过 vim 进行编辑查看（如图 9-20 所示）。

```
# top  -b -d 1 -n 3 > top.log
```

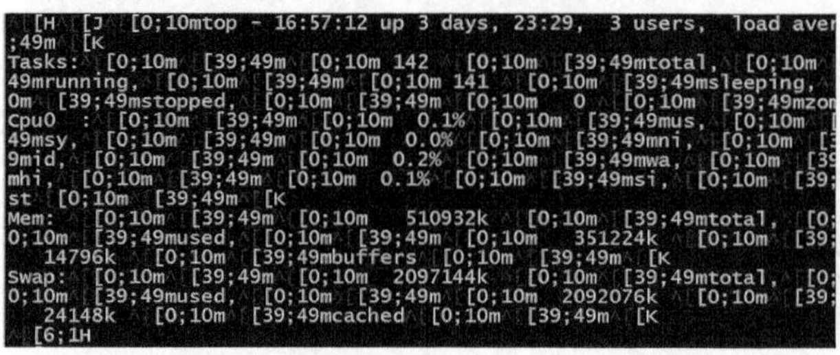

图 9-19 乱序结果

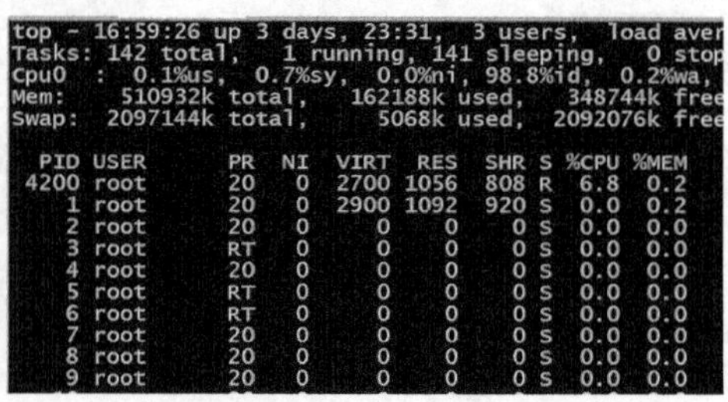

图 9-20 有序结果

（2）一般来说监控都会有一个时间频率，默认是 3 秒， 我们可以通过 –d 参数来设置刷新频率，如 top –d 5 表示的是每五秒刷新一次结果。

（3）top –n 参数表示的是退出前监控的次数。如想监控三次退出的话，可以输入命令 top –n 3

小技巧

下面我们具体来看一个可以用来监控、分析的脚本。

● 监控脚本

```
#!/bin/bash
Basic_Top_Cmd() {
delay_time=$1
top -b -d $delay_time &
}
Check_Status() {
#status_file=$1
  while true; do
    status_info=`cat $status_file`;
    if [ $status_info != "stop"  ]; then
        sleep $delay_time;
    else
        kill -9 `cat top.pid  | grep pid | awk '{print $2}'`
        break;
    fi
  done
}
Start_Monitor() {
delay_time=$1
result_file=$2
status_file=$3
   Basic_Top_Cmd $delay_time  >> $result_file 2>&1
   #-- get monitor pid ---
   monitor_pid=$!
   echo monitor_pid: $monitor_pid > top.pid
   #-- set status to start ---
   echo start > $status_file
   echo status_file: $status_file >> top.pid
   Check_Status > /dev/null 2>&1  &
}
Stop_Monitor() {
echo stop > `cat top.pid | grep status_file | awk '{print $2}'`
ps aux | grep top | awk '{print $2}' | xargs kill -9
}
input_value=$@
case_mode=$1
echo $input_value | awk -F start '{print $2}'
case $case_mode in
  start) Start_Monitor `echo $input_value | awk -F start '{print $2}'`
  ;;
  stop ) Stop_Monitor
esac
./top_cpu.sh start 5 /root/cpu_result  /root/status_file
```

这个脚本实现了通过 top 命令每 5 秒监控一次系统资源并把它写入文件/root/cpu_result

里面，并会把状态以及监控的 top 进程号写入/root/status_file 中。这个脚本其实最核心的就是 top -b -d 5，对于初学脚本的读者可以用这条命令简化： top -b -d 5 > /root/cpu_result 。

- 分析脚本

分析系统的 CPU 利用率情况

```
    result_file=/root/cpu_result
    free_cpu_info="idle_1:2"
    used_cpu_info="user_1:3 sys_1:4 hi_1:5 si_1:6"
    filter_string="print NR,\$5,\$2,\$3,\$7,\$8"
    sys_cpu_info=System_cpu.raw_data
    grep Cpu $result_file  | awk "{$filter_string}" | sed  "s|\%\([a-z]\)\([a-z]\)\,||g" >
$sys_cpu_info
```

这段脚本会去分析监控日志/root/cpu_result 里面对应 CPU 的相关信息，并把结果保存到文件 System_cpu.raw_data。

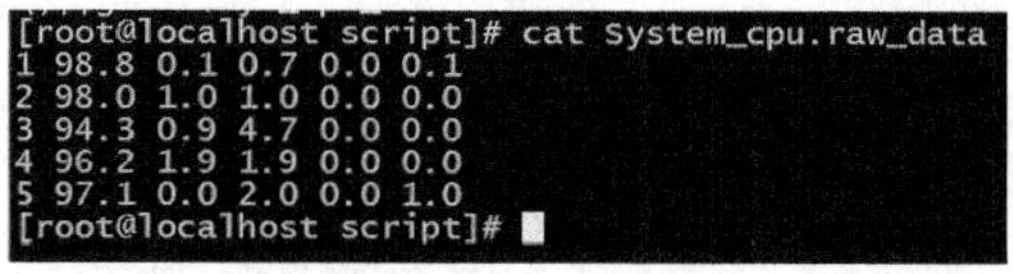

图 9-21 CPU 分析结果

具体结果如图 9-21 所示，第一列表示的是监控的第几次，第二列表示的是空闲的 cpu 占比，第三列表示的是用户空间的 CPU 利用率，第四列表示的是内核空间的 CPU 利用率，第五列表示的是硬件中断的 CPU 利用率，第六列表示的是软件中断的 CPU 利用率。后期我们可以通过 gnuplot，或者 EXCEL 把结果导入成图片或者表格，更好地显示相关的性能数据。如图 9-22 所示，只需要用户安装好 gnuplot 命令，就可以绘制对应的图表，附上一个 gnuplot 的脚本，供读者参考：

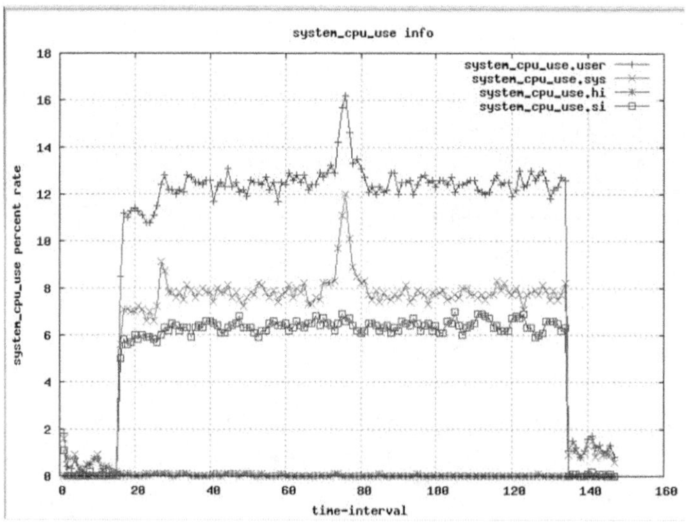

图 9-22 Gnuplot CPU 利用率图表

```
    [root@localhost script]# cat plot_cpu.sh
    #!/usr/local/bin/gnuplot
    set terminal png                              #设置对应的终端类型是 png
    set xlabel "time-interval"                    #设置 x 轴输出的标信息
    set ylabel " system_cpu_use : % "             #设置 y 轴输出的标信息
    set title " system_cpu_use info"              #设置图片标题内容
    set output "system_cpu_use.png"               #设置输出文件名
```

```
set style data lines                                #设置绘图风格
set grid
plot \
"System_cpu.raw_data" using 1:3 title "system_cpu_use.user" with lp,\
"System_cpu.raw_data" using 1:4 title "system_cpu_use.sys" with lp,\
"System_cpu.raw_data" using 1:5 title "system_cpu_use.hi" with lp,\
"System_cpu.raw_data" using 1:6 title "system_cpu_use.si" with lp
```

绘制四条对应的数据图线，第一条从文件 System_cpu.raw_data 中，取第一列、第三列分别作用点于 *x* 轴和 *y* 轴点，并通过线性的方式把它们串联起来，这条数据线取名为"system_cpu_use.user"。以此类推，绘制数据图"system_cpu_use.sys"，"system_cpu_use.hi"，"system_cpu_use.si"。

9.5 Windows 系统性能分析思路和实践

在上章我们有讲解 Linux 相关的监控分析工具和命令，但平时工作中也有许多应用和软件部署在 Windows 服务器上，以及 Windows 和 Linux 混搭的场景，所以我们除了要知道 Linux 下的监控分析外，还需要了解对应 Windows 的监控分析工具。本章我们会介绍 Windows 相关的分析监控工具，帮助大家在 Windows 平台使用工具进行性能监控分析。

在 Windows 平台中，除了我们经常用的任务管理器外，其实系统有自带的一个性能监控工具叫做 Performance Monitor，我们只需要在开始-运行中输入“perfmon”，然后按下回车即可启动运行界面。需要注意的地方是：Performance Monitor 本身也是一个进程，运行起来也会占用一定的系统资源，所以我们看到的资源使用率会比实际的要略微高一点，但总体上这个工具在帮助我们分析系统瓶颈的时候非常有用。使用 Windows 性能监视器，可以跟踪应用程序和服务的性能影响，并且可以在超过用户定义的最佳性能阈值时生成警报或执行操作。

本章节会着重分析 Windows 系统中性能监视器的使用。Windows 性能监视器是一个 Microsoft 管理控制台 （MMC） 管理单元，提供用于分析系统性能的工具。仅从一个单独的控制台，即可实时监视应用程序和硬件性能，可以自定义日志收集哪些数据，定义警报和自动操作的阈值，生成报告以及以各种方式查看过去的性能数据。

9.5.1 性能监视器综述

如图 9-23 所示，当我们敲入命令 perfmon 后就可以进入性能监视器，可以使用性能监视器查看实时的性能数据，也可以从日志文件中查看。Windows 性能监视器可以创建数据收集器集，配置和计划性能计数器、事件跟踪和配置数据收集，以便可以分析结果和查看报告。

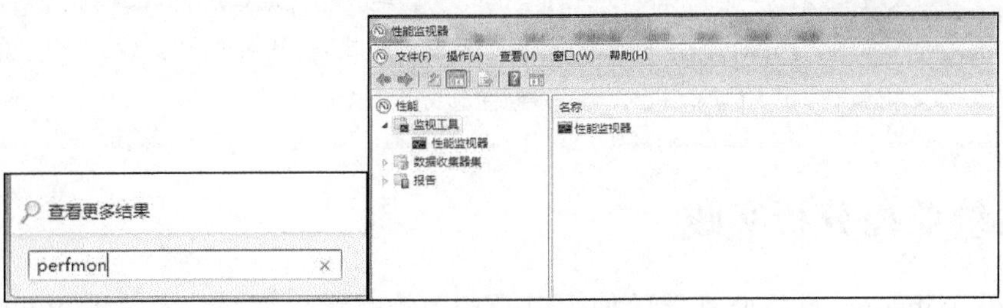

图 9-23　性能监控工具视图

若要开始，可以展开“监视工具”并单击“性能监视器”，或者展开“数据收集器集”或“报告”。使用性能监视器，可以查看有关操作系统、服务和运行的应用程序正在使用的硬件资源（CPU、磁盘、网络和内存）和系统资源（包括句柄和模块）的详细的实时信息。另外，可以使用资源监视器停止进程，启动和停止服务，分析进程死锁，查看线程等待以及标识进程锁定文件。

9.5.2 性能监视器工具介绍

在 Windows 性能监视器中，使用最多的工具有以下三个，它包括了性能计数器、事件跟踪数据、配置信息。

- 性能计数器

性能计数器主要是用来衡量系统状态或活动情况的度量单位，它们可以包含在操作系统中或作为个别应用程序的一部分，Windows 性能监视器以指定的时间间隔请求性能计数器的当前值。

- 事件跟踪数据

事件跟踪数据是从跟踪提供程序收集到的，这些跟踪提供程序是操作系统或者用于报告操作或事件的个别应用程序的组件，可将多个跟踪提供程序的输出合并到一个跟踪会话中。

- 配置信息

配置信息是从 Windows 注册表项值收集到的，Windows 性能监视器可以在指定时间或间隔记录注册表项值作为日志文件的一部分。

除此之外，Windows 性能监视器组合了以前独立工具的功能，包括性能日志和警报（PLA）、服务器性能审查程序 （SPA） 和系统监视器。它提供了自定义数据收集器集和事件跟踪会话的图表界面。性能监视器以实时或查看历史数据的方式显示了内置的 Windows 性能计数器。可以通过拖放或创建自定义数据收集器集将性能计数器添加到性能监视器。其特征在于可以直观地查看性能日志数据的多个图表视图，可以在性能监视器中创建自定义视图，该视图可以导出为数据收集器集以便与性能和日志记录功能一起使用。

小提示

关于使用性能监控工具，有以下几点是需要注意的地方。

（1）关于权限的问题，本地管理员组的成员或同等身份的用户可以使用 windows 性能监视器的所有功能，其他的类似 User 组的成员，Performance Monitor Users 组的成员，Performance Log Users 组的成员等可能无法创建修改数据收集器或查看性能监视器中的实时性能数据。

（2）关于防火墙问题，性能监视器提供远程访问的功能，若要查看远程计算机中的性能计数器，必须在远程计算机上启用“性能日志和警报”防火墙。此外，Performance Log Users 组的成员还必须为远程计算机上的事件日志读取器组的成员。

9.5.3 系统监控分析实践

本节介绍 Windows 性能监视器的使用以及相关的配置，帮助读者熟悉 Windows 操作系统下的监控分析。

- 性能监视器使用介绍

点击开始，输入 perfmon 后，导航树中，展开“监视工具”，然后单击“性能监视器”。就能看到如图 9-24 所示的计算机上的实时性能数据。一般来说默认点击展开性能监视器，显示的是当前系统的平均 cpu 使用情况。

按照图 9-24 所给出的信息，我们可以看出当前时间是 0:03:15，最新的系统 CPU 使用率是 25.514%，监控采样平均持续时间是 1 个小时 40 分钟，平均的 CPU 利用率是 33.779，在监控的期间内最小的 CPU 利用率是 12.644%，最大的利用率是 72.701%。如果我们还需要更精确的数据信息，可以在后面的监控中增加每个进程或服务相关的 CPU 使用信息，帮助我们定位和分析问题。

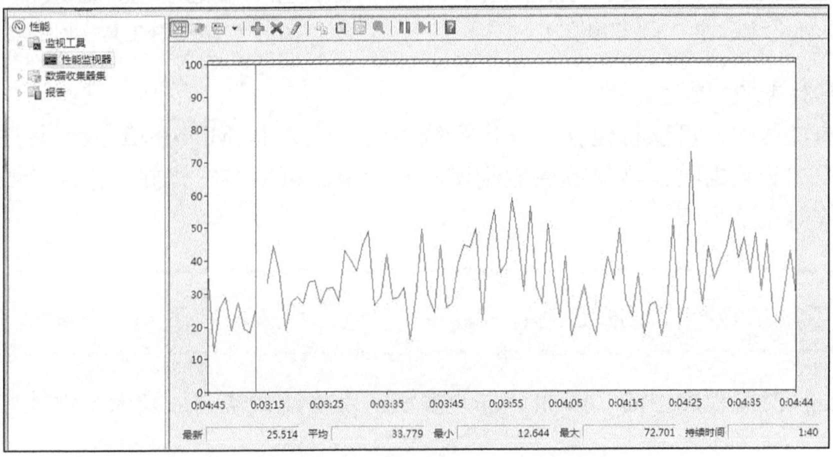

图 9-24　性能监控工具实时数据图

- 性能监视器显示属性的配置

在默认属性的基础上，我们可以通过修改监视器的属性达到相关的定制信息，具体的操作步骤是如下。

第一步，在性能监视器显示区域中单击右键，然后单击“属性”。

第二步，进行所需的配置更改。

第三步，若要查看更改效果而无需重新打开“属性”对话框，可以在进行任何修改后单击“应用”。

第四步，完成后，请单击“确定”。

通常来说，显示器的属性我们会定制修改监控数据的显示元素、数据实时的显示值、采样模式、间隔、持续时间、数据监视器、颜色、比例、数据颜色、图标比例等，很直观地显示我们的实时数据信息。具体可以参考图 9-25、图 9-26 和图 9-27 对应的监视器属性的修改配置。

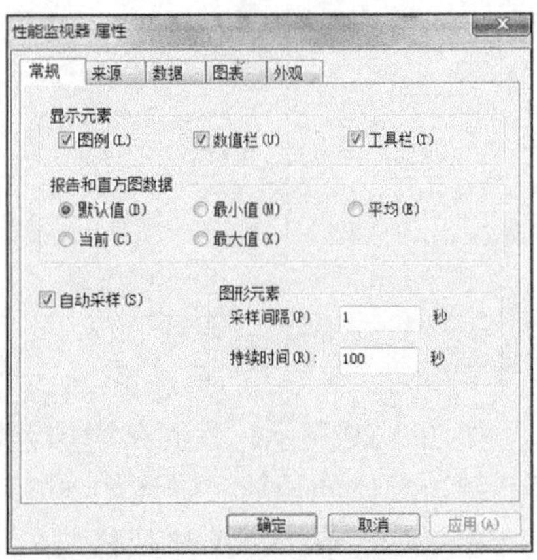

图 9-25　性能监控工具常规属性的修改

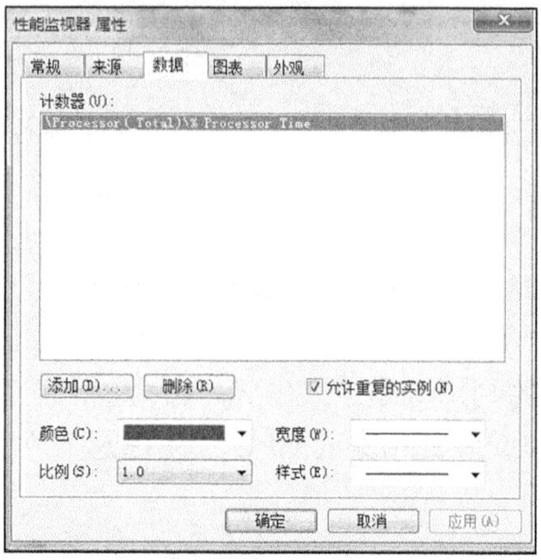

图 9-26 性能监控工具数据图修改

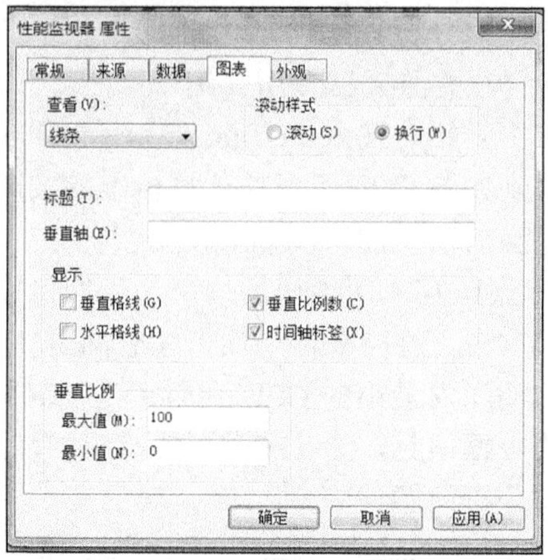

图 9-27 性能监控工具数据图表配置

- 计数器添加和配置

在监控的过程中，可以将包含在操作系统中或安装为非 Microsoft 应用程序的一部分的性能计数器添加到数据收集器集或性能监视器会话中。可以右击访问“添加计数器”对话框中提供的计数器完整列表。

小技巧

打开“添加计数器”对话框的步骤

（1）单击性能监视器中的“添加”（+）按钮，以将计数器添加到当前性能监视器的显示区域中。

（2）右键单击性能监视器显示区域，并选择“添加计数器”，如图 9-28 所示。

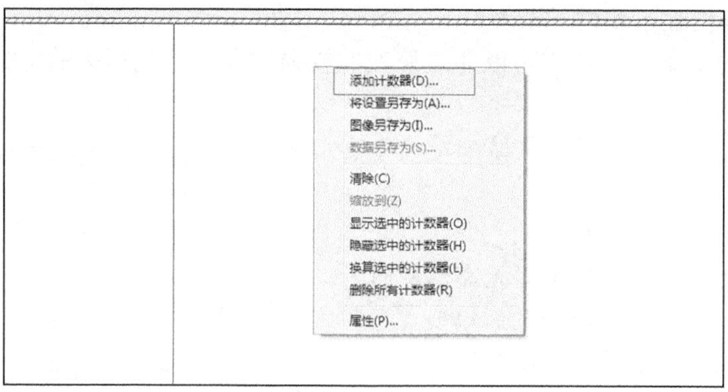

图 9-28 添加计数器

如图 9-29 所示，我们在添加计数器的对话框任务中，有以下功能对应的过程，在这一步很关键，具体的功能和描述如下。

1. 从计算机选择计数器

从下拉列表选择计算机或单击“浏览”以查找其他计算机。可以从本地计算机或者具有访问权限的网络上的其他计算机添加计数器。

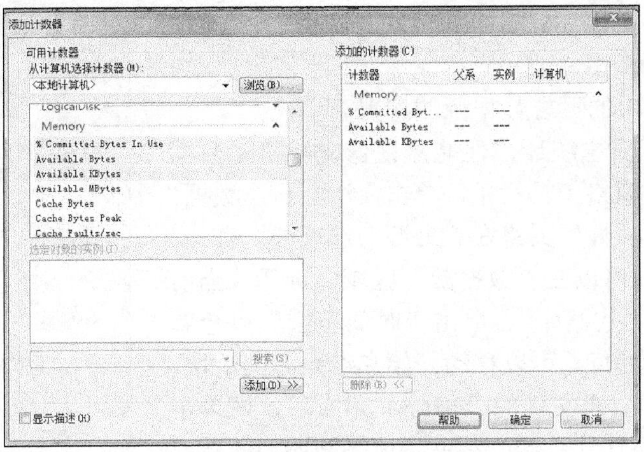

图 9-29 添加计数器任务

2. 显示描述

选择页面左下角的“显示描述”。当您选择其他组时描述将更新，通过这里的描述，我们可以了解对应的计数器的具体含义是什么（如图 9-30 所示）。

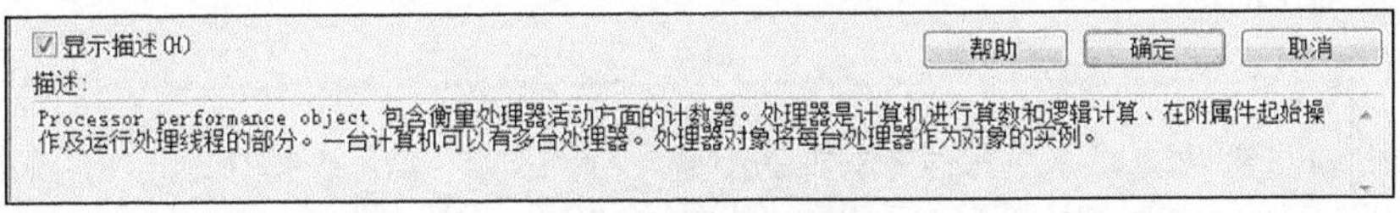

图 9-30 计数器描述信息

3. 添加一组计数器

突出显示组名并单击“添加”。突出显示组名之后，可以单击向下箭头以查看包含的计数器。如果单击“添加”之前突出显示列表中的一个计数器，则将仅添加该计数器。

4. 添加个别计数器

单击向下箭头展开组，突出显示计数器，然后单击“添加”。可以通过按住 Ctrl 键并单击列表中的名称从组中选择多个计数器。选择所有要从该组添加的计数器之后，单击“添加”。

如图 9-31 所示，选中的是 Processor，则操作的功能是添加 Processor 相关的组的监控，如果我们选中的是%C1 Time，就如当前所选中的一样，则表示的是仅添加该计数器。

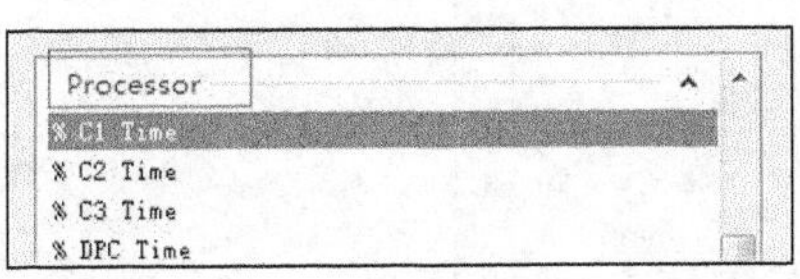

图 9-31 单个和一组计数器的选择

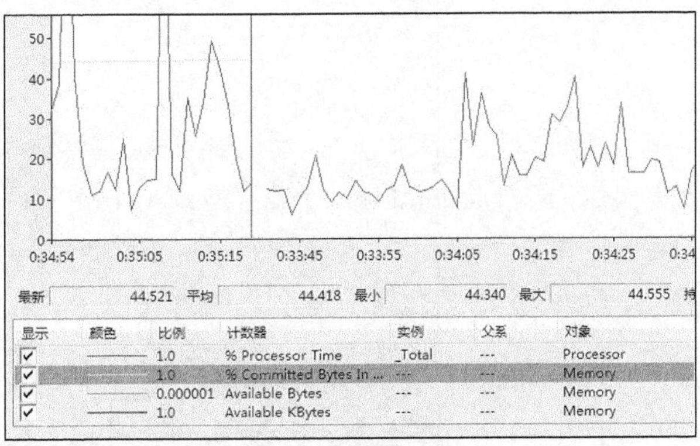

图 9-32 计数器监控

如图 9-32 所示，当添加好对应的性能计数器后，我们可以对所有计数器是否显示、颜色、比例等进行定制满足测试需要。

- 性能监视器中的日志数据源的配置

为了更好地进行日志统计，性能监视器支持日志数据源的配置，在控制台窗格工具栏中，单击“添加日志数据”按钮。性能监视器“属性”页将在“来源”选项卡上打开。

如图 9-33 所示，可以在“数据源”区域，选择“当前活动”、“日志文件”“数据库”。单击“时间范围”以查看包含在所选日志中的时间。可以移动开始和结束时间滑块，只查看性能监视器中日志文件的一部分。完成后，请单击“确定”即可。有关添加计数器的帮助，请参阅添加计数器对话框。此外，也可以通过按住 Ctrl 键并单击组名或计数器名同时选择多个计数器组或计数器，然后单击“确定”按钮。

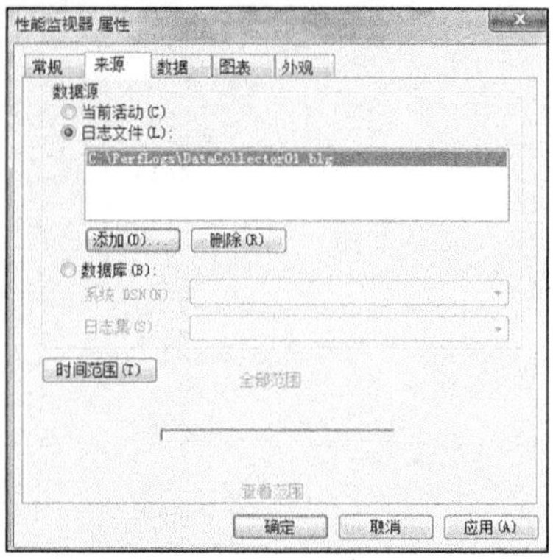

图 9-33 数据源配置

- 信息的保存

当前性能监视器显示区域中的信息支持保存为网页或图像两种模式（图像如图 9-34 所示）。具体的步骤如下。

小技巧

将当前性能监视器显示区域保存为网页的步骤

（1）在性能监视器显示区域中右键单击，然后单击“将设置另存为”。

（2）选择要保存文件的目录。

（3）为保存的显示文件键入名称，然后单击“确定”按钮。

小技巧

将当前性能监视器显示区域保存为图像的步骤

（1）在性能监视器显示区域中右键单击，然后单击“将图像另存为”。

（2）选择要保存文件的目录。

（3）为保存的显示文件键入名称，然后单击“确定”按钮。

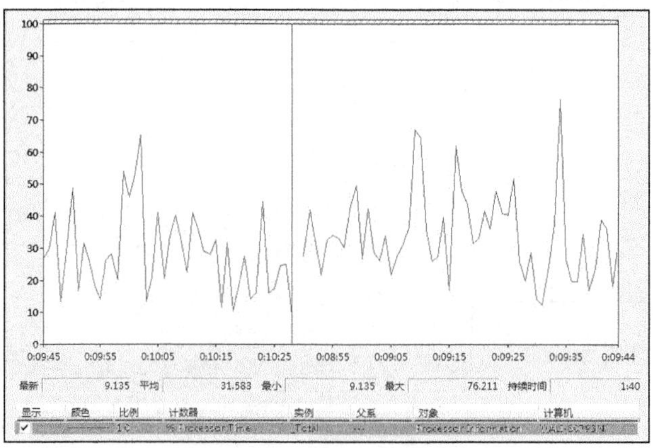

图 9-34 数据保存配置

- 数据收集器集的配置

数据收集器集是 Windows 性能监视器中性能监视和报告的功能块。它将多个数据收集点组织成可用于查看或记录性能的单个组件。可以创建数据收集器集，然后执行下列操作：逐个记录，与其他数据收集器集组合而且并入到日志中，在性能监视器中查看，配置为达到阈值时生成警报，或者由其他非 Microsoft 应用程序使用。可以将其与在特定时间收集数据的计划规则关联起来。可将 Windows Management Interface （WMI） 任务配置为在数据收集器集收集完成之后运行。

用户可以从模板、性能监视器视图中现有的数据收集器集，或者通过选择单个数据收集器并设置数据收集器集属性中的每个单独选项来创建数据收集器集。

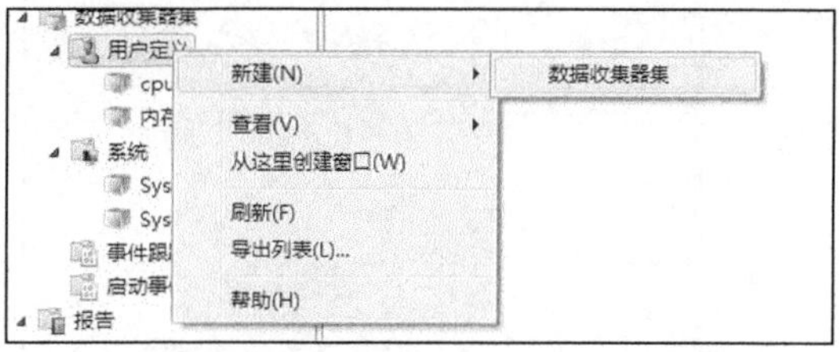

图 9-35 新建数据收集器集

在 Windows 性能监视器导航窗格中，展开“数据收集器集”，右键单击“用户定义”，指向“新建”，然后单击“数据收集器集”。如图 9-35 所示，将启动创建新数据收集器集向导。然后，输入数据收集器集的名称。选择“手动创建”并单击“下一步”。再选择“创建数据日志”如图 9-36 所示。选中要使用的数据收集器类型旁边的复选框按钮，并单击“下一步”。根据您选择的数据收集器类型，系统会显示向数据收集器集添加数据收集器的对话框按钮。单击“添加”按钮以打开“添加计数器”对话框。完成添加性能计数器时，单击“下一步”继续配置，完成后如图 9-37 所示。然后依次配置对应的角色，保存路径，最后点击“完成”按钮。

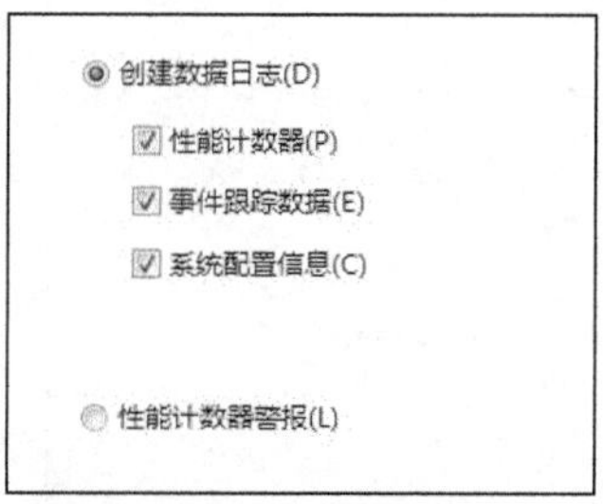

图 9-36 数据日志创建

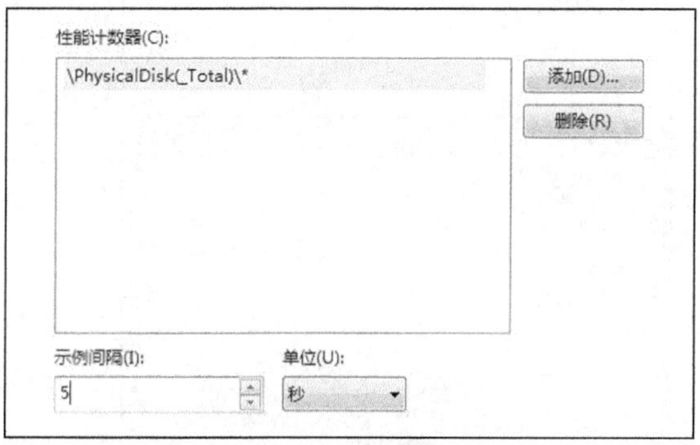

图 9-37 性能计数器的配置

小技巧

在创建数据日志的步骤过程中 3 个记录的含义。

（1）“性能计数器” 提供有关系统性能的度量数据。

（2）“事件跟踪数据” 提供有关活动和系统事件的信息。

（3）“系统配置信息” 使您可以记录注册表项的状态及对其进行的更改。

在性能计数器的配置页，可以选择采样时间的配置，默认是 15s，这里可以修改。数据集的搜集需确认对应的身份角色有对应的权限。日志的保存路径支持手动输入，如果手动输入目录名称，则不得在目录名结尾处输入反斜杠。

- 收集器集的任务管理

数据收集器集创建过程中，可以通过在创建新数据收集器集向导结束时选择“打开该数据收集器集的属性”来配置计划。通常我们会进行修改的有“一般”下面的身份角色，具体如图 9-38 所示；以及产出的日志根目录，子目录的名称等文件信息，具体可以参考如图 9-39 所示的配置；任务的启动，停止策略配置可参考图 9-40 和图 9-41。

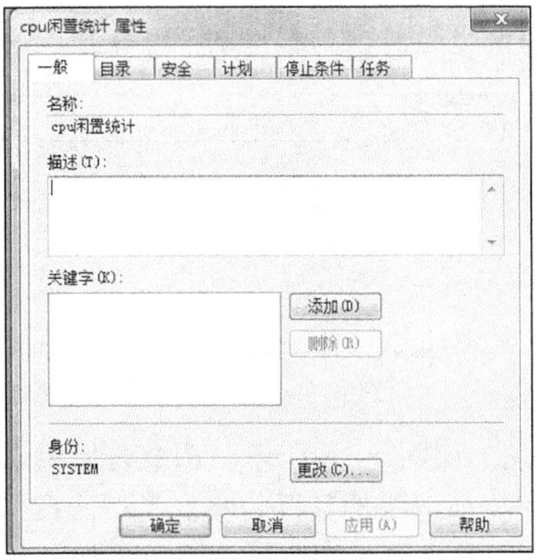

图 9-38　数据保存配置

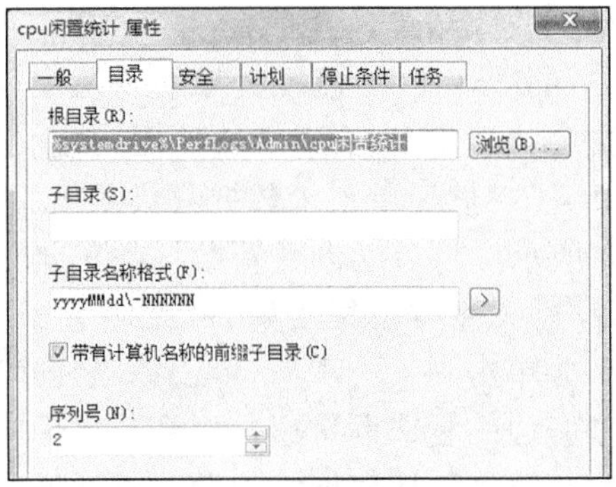

图 9-39　数据保存日志配置

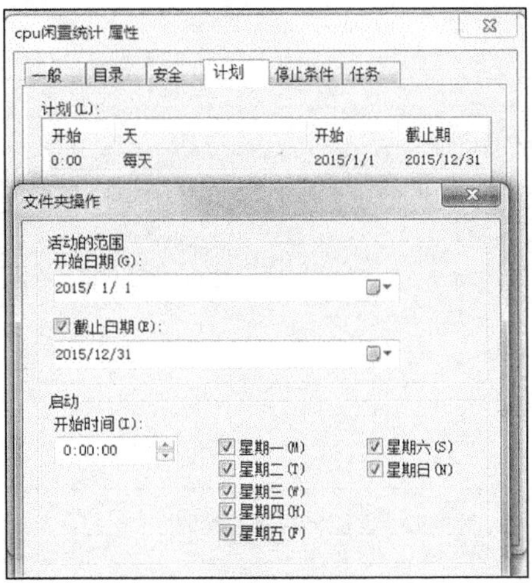

图 9-40　数据任务启动策略

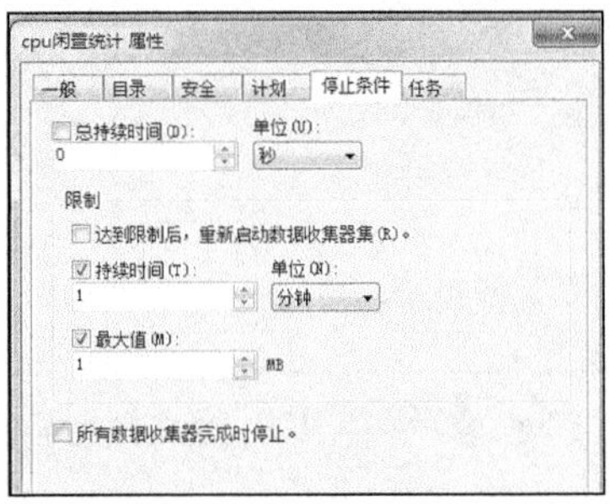

图 9-41　数据任务停止策略

小技巧

（1）如果已将数据收集器集配置为以其他用户身份运行，则每次修改数据收集器集属性时系统会提示键入用户名和密码。

（2）计划调度任务中，选择截止日期不会停止该日期当天正在进行的数据收集，它将从截止日期之后开始阻止数据收集的新实例。必须使用“停止条件”选项卡配置停止数据收集的方式。

- 配置数据收集器集的数据管理

除了创建可选报告文件之外，数据收集器集还会创建原始日志数据文件。借助“数据管理”，可以配置每个数据收集器集的日志数据、报告和压缩数据的存储方式。

具体的操作步骤是：在 Windows 性能监视器中，展开“数据收集器集”并单击“用户定义”按钮。在控制台窗格中，右键单击要配置的数据收集器集的名称，然后单击“数据管理器”按钮。

在“数据管理器”选项卡（如图 9-42 所示）上，如果选择“最小可用磁盘”或“最大文件夹数”，则达到限制时，将根据选择的“资源策略”（“删除最大”或“删除最旧”）删除以前的数据。完成更改后，单击“确定”按钮就能生效。

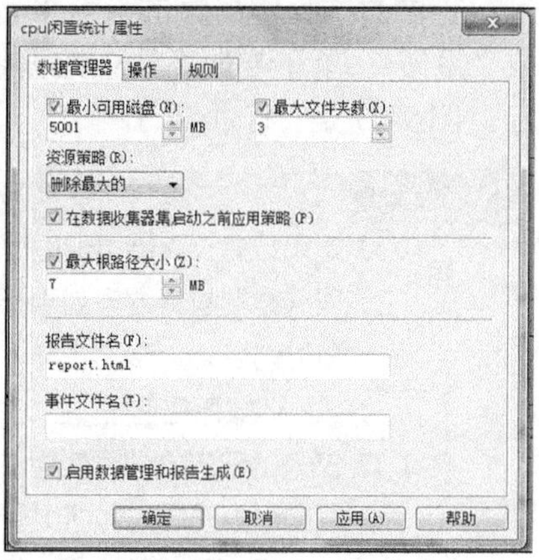

图 9-42 数据管理器

字段含义

数据管理器属性

（1）**最小可用磁盘**：存储日志数据的驱动器上必须具备的可用磁盘空间大小。如果选择该项，则达到限制时，将根据选择的资源策略删除以前的数据。

（2）**最大文件夹数**：数据收集器集数据目录中可包含的子文件夹数量。如果选择该项，则达到限制时，将根据选择的资源策略删除以前的数据。

（3）**资源策略**：指定达到限制时是否删除最旧或最大的日志文件或目录。

（4）**最大根路径大小**：数据收集器集（包括所有子文件夹）数据目录的最大大小。如果选择该选项，此“最大路径大小”将替代“最小可用磁盘”和“最大文件夹数”限制，当达到限制时，将根据选择的资源策略删除以前的数据。

字段含义

操作属性

（1）**存留期**：数据文件以天或周为单位的存留期。如果该值为 0，则不使用此标准。

（2）**大小**：存储日志数据的文件夹大小（MB）。如果该值为 0，则不使用此标准。

（3）**Cab**：一种存档文件格式的 Cab 文件。可从原始日志数据创建 Cab 文件，并在以后需要时进行提取。根据存留期或大小的标准选择创建或删除操作。

（4）**数据**：数据收集器集收集的原始日志数据。创建 Cab 文件之后可删除日志数据，以便在仍然保留原始数据备份的同时节约磁盘空间。

（5）**报告**：Windows 性能监视器从原始日志数据生成的报告文件。即使在已删除原始数据或 Cab 文件之后，也可以保留报告文件。

- 监控报告的查看

在数据收集器采集数据完成后，我们可以在报告信息那里查看对应的报告信息，具体的操作步骤是在 Windows 性能监视器中，展开报告并单击“用户定义”或“系统”。在导航窗格中，展开要作为报告查看的数据收集器集。单击要从报告列表中查看的报告，报告将在控制台窗格中打开。

查看数据收集器集的最新报告的另一种方法是依次展开“数据收集器集”、“用户定义”或“系统”，单击导航窗格中数据收集器集的名称，然后单击工具栏中的“查看最新报告”图标。图9-43是一个报告示例。

注意

（1）如果数据收集器集未运行，将没有可用的报告。

（2）如果数据收集器集当前正在运行，则控制台窗格将显示有关数据收集器集被配置为运行多长时间的信息。

（3）数据收集停止之后，生成报告时会有一段延迟。这段时间期间，控制台窗格将显示工作图标。

（4）较大的日志文件将使生成报告的时间较长。如果频繁检查日志以查看最新数据，建议使用限制以自动分段日志。可以使用 relog 命令对长日志文件进行分段或合并多个短日志文件。有关 relog 命令的详细信息，请在命令提示符处键入 relog /?。

（5）报告的时间可以通过拖拉选择自己需要的那一段区间的日志。

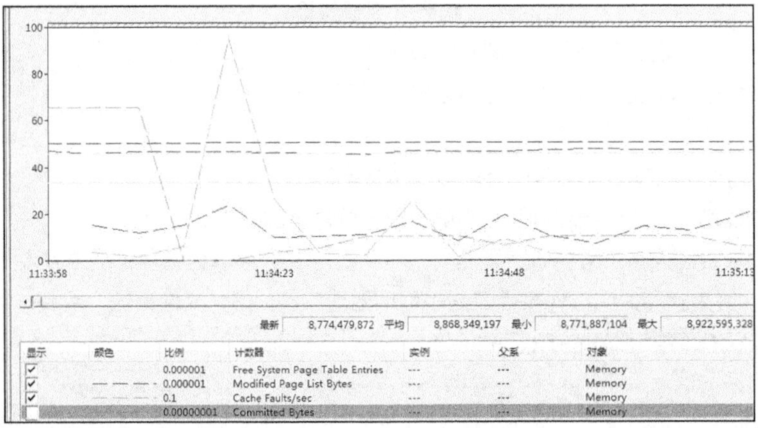

图9-43 报告示例

9.5.4 资源监视器介绍和实践

Windows 资源监视器是一个功能强大的工具，用于了解进程和服务如何使用系统资源。除了实时监视资源使用情况外，资源监视器还可以帮助分析没有响应的进程，确定哪些应用程序正在使用文件，以及控制进程和服务。

Windows 资源监视器是一个系统工具，用于实时查看有关硬件（CPU、内存、磁盘和网络）和软件（文件句柄和模块）资源使用情况的信息。您可以按照要监视的特定进程或服务来筛选结果。此外，还可以使用资源监视器启动、停止、挂起和恢复进程和服务，并在应用程序没有按预期效果响应时进行故障排除。

9.5.4.1 资源监视器的基本操作

1. 启动资源监视器的步骤

单击「开始」，在“开始搜索”框中单击，输入 resmon.exe，然后按下回车键即可看到如图9-44所示的资源信息。

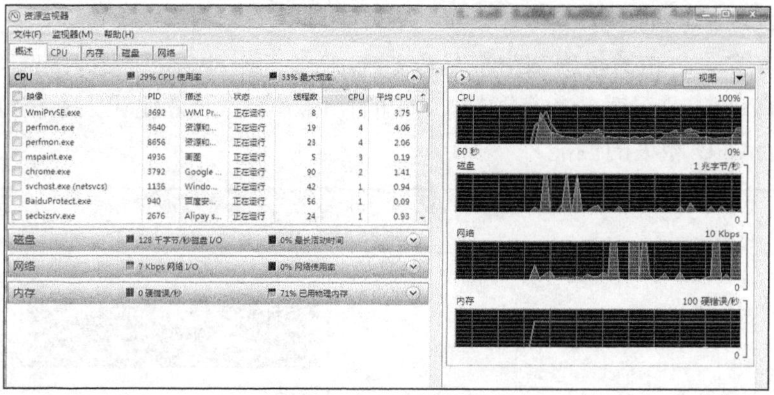

图 9-44 资源监视器

2. 暂停或恢复资源监视器的步骤

要暂停数据收集并查看当前数据，单击“监视器”，然后单击“停止监视”。准备重新开始收集数据时，单击“监视器”，然后单击“开始监视”。

资源监视器始终会在同一位置并使用前一会话中相同的显示选项进行启动。但是，您可以随时保存显示状态，包括窗口大小、列宽度、可选列、扩展的表，以及活动选项卡。然后，可以打开配置文件，以使用保存的设置。

9.5.4.2 资源监视器分析实践

资源监视器包括五个选项卡：“概述”、CPU、“内存”、“磁盘”和“网络”。下面我们来一一介绍。

- 资源监视器-概述

“概述”选项卡显示基本系统资源使用信息；包括了系统的 CPU、磁盘、网络，内存等 4 大块概述信息，我们通过概述可以对系统的性能有个整体的认知，如图 9-45 所示，当前系统的 CPU 利用率是 18%，监控依赖最大的 CPU 是 34%，可以看出 CPU 还是比较空闲，不是处于忙碌状态；同样的道理，通过概述我们可以得出结论，磁盘和网络都不是瓶颈，需要注意的地方是内存，当前已经使用的内存已经有 76%，快要达到我们的一个 warning 级别的范围。这里我们就不过多地介绍，后面对 CPU、内存、网络、磁盘时再对每个功能做介绍。

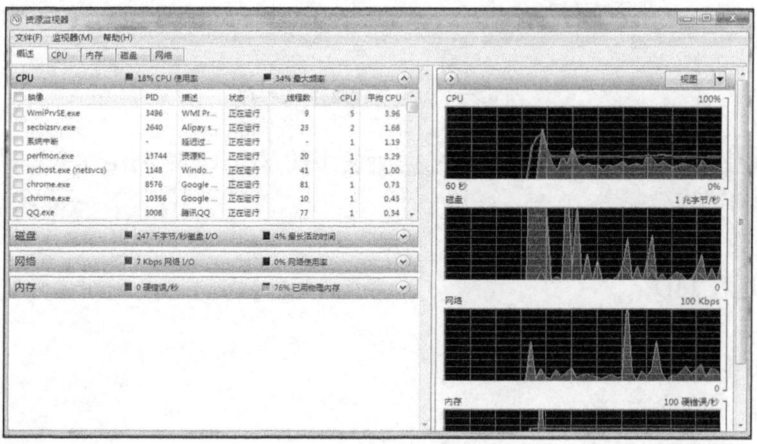

图 9-45 资源监视器-概述

（1）资源监视器-CPU&进程

如图 9-46 所示，资源监视器列出了对应 CPU 相关的一些资源信息，包括了进程、服务，以及系统级别的 CPU 使用率，各个逻辑 CPU 的使用率等等。方便让大家在测试过程中能很好地识别自己的 CPU 相关的性能。

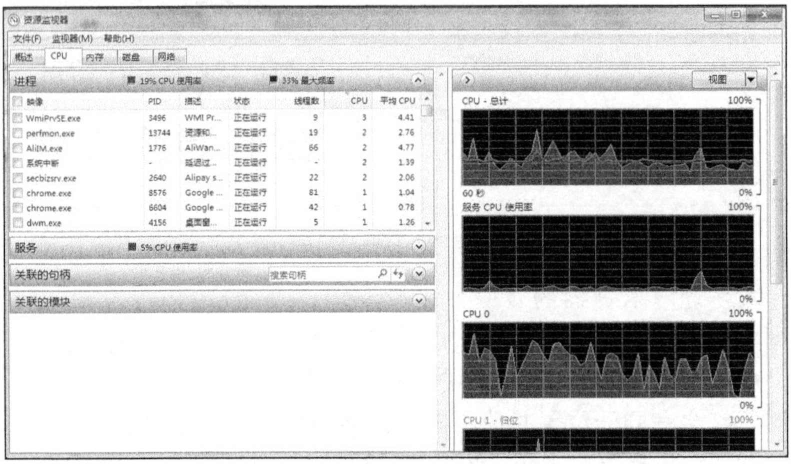

图 9-46 资源监视器-CPU

照功能划分，我们可以更进一步地把它分为进程管理、服务管理、句柄关联查询、模块查询、系统 CPU 使用视图等几块。

（2）进程管理

如图 9-47 所示，单击 CPU 以便按照当前 CPU 资源的消耗情况对进程进行排序确定当前 CPU 使用率最高的进程。通过排序，我们可以看出“映像”的第一个进程就是我们 CPU 使用最大的进程。

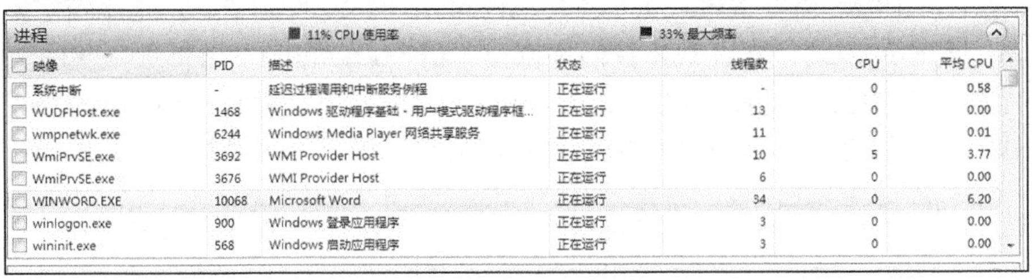

图 9-47 资源监视器-进程管理

当前进程所使用的 CPU 利用率以及进程所使用的最大 CPU 利用率？

字段含义如下。

- 映像：进程可执行文件名
- PID：进程 PID
- 描述：可执行文件的描述
- 状态：进程执行状态
- 线程数：活动线程数
- CPU：进程所使用的 CPU 当前百分比

- 平均 CPU：60 秒内进程所使用的 CPU 的百分比

我们可以在这里结束进程，结束进程数，挂起进程，分析等待链。如果挂起进程的话，该进程的显示为蓝色条目，如图 9-48 所示。

（3）服务管理

如图 9-49 所示，是服务进程管理相关的监控，通过这里我们可以找到 CPU 占用最大的进程。单击 CPU 以便按照当前 CPU 资源的消耗情况对服务进程进行排序，确定当前 CPU 使用率最高的进程。通过排序，我们可以看出“映像”的第一个进程服务就是我们 CPU 使用最大的进程服务。

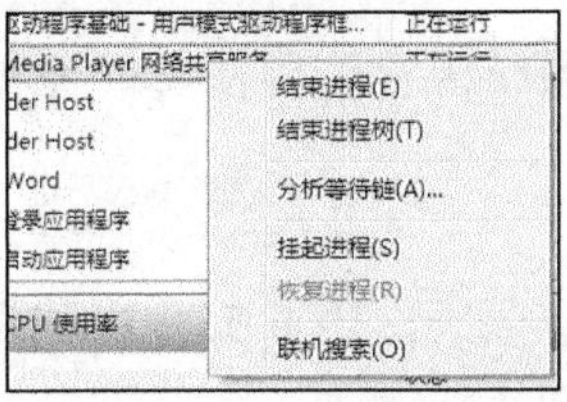

图 9-48　资源监视器-进程操作

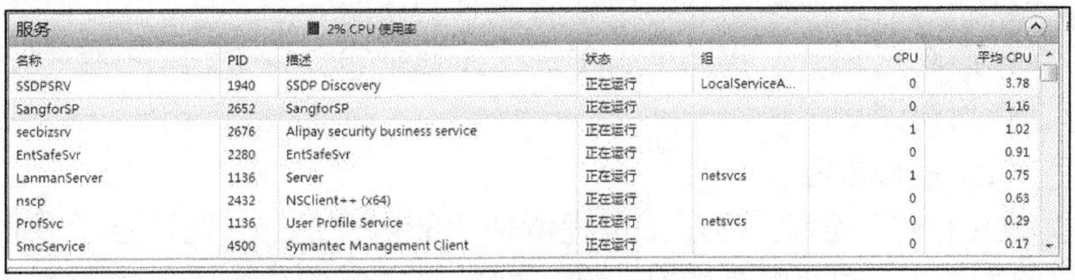

图 9-49　资源监视器-服务管理

另外可以查看“服务”中的数据，可看到选定服务托管的进程列表，并查看其 CPU 使用情况。

字段含义如下。

- 名称：服务名称
- PID：服务进程 PID
- 描述：服务的描述
- 状态：服务进程执行状态
- 组：服务组
- CPU：该进程这些服务当前所使用的 CPU 百分比
- 平均 CPU：60 秒内这些服务在进程所使用的 CPU 的百分比

（4）关联句柄查询

如图 9-50 所示，是通过文件查询相关联的进程，通过这里我们可以在“搜索句柄”框中单击，键入要搜索的文件名称，然后单击搜索按钮，查看结果从而确定使用该文件的进程。

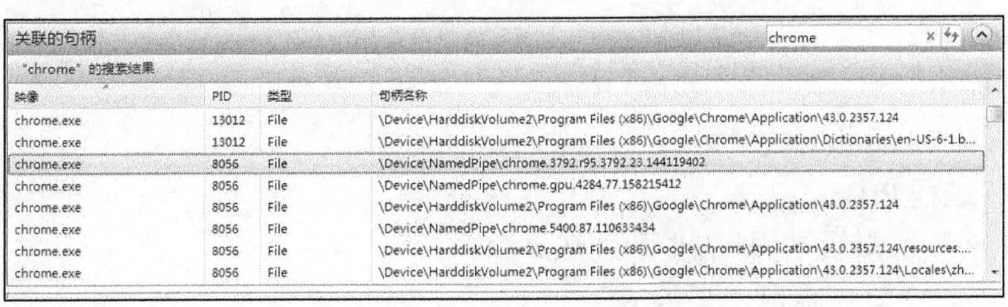

图 9-50　资源监视器-关联句柄查询

字段含义如下。

- 映像：进程可执行文件名
- PID：进程 PID

- 类型：句柄类型
- 句柄名称：与所选进程相关联的句柄名称

（5）CPU 总计视图

在 CPU 总计分析视图（如图 9-51 所示），我们可以看出单颗 CPU 的使用情况，以及平均 CPU 的使用情况，通过这些可以帮我们看出当前 CPU 有没到达瓶颈，是否需要进行性能优化。

- 资源监视器-内存

同理，资源监视器列出了对应内存相关的一些资源信息，包括了进程内存使用情况，以及系统级别的内存使用率、内存使用趋势图等。方便让大家在测试过程中能很好地识别自己的内存相关的性能以及评估内存是否有到达瓶颈。

按照功能划分，我们可以更进一步地把它分为进程内存管理、系统内存使用情况、系统内存使用视图三大块。

（1）进程内存

如图 9-52 所示，显示了进程所使用的内存信息，通过这里我们可以看出当前哪些进程所使用的虚拟、物理内存情况、缺页情况等，帮助分析当前内存有无到达瓶颈。

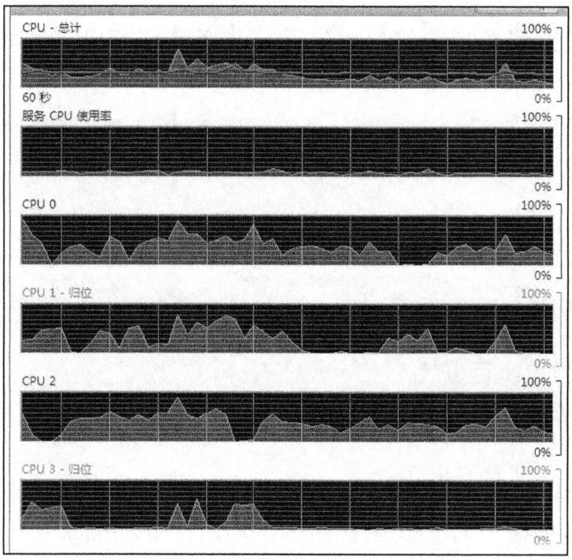

图 9-51 资源监视器-CPU 总计趋势分析

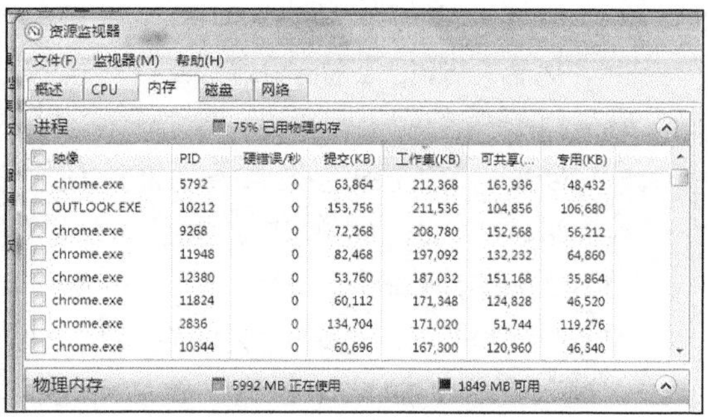

图 9-52 资源监视器-进程内存分析

字段含义如下。

- 映像：进程可执行文件名
- PID：进程 PID
- 硬错误/秒：最近 60 秒的平均硬缺页数
- 提交内存：所需虚拟内存数 KB
- 工作集内存：正在使用的物理内存数 KB
- 可共享内存：进程之间可共享内存数 KB
- 专用内存：专用内存数 KB

硬错误也叫硬缺页中断，当程序访问的内存数据不在物理内存中，而是被交换到磁盘分区时，处理器就会产生一个硬缺页中断。如果硬缺页中断比较多，则表明物理内存资源紧张，系统不得不去频繁地进行内存的 swap，这也意味着我们的内存不够用的迹象。

工作集内存表示的是进程正在使用的物理内存数。

（2）系统内存

如图 9-53 所示，在“物理内存”中，查看“可用于程序”值。可用内存是备用内存和空闲内存的合计总量。

（3）系统内存视图

在内存总计分析视图（见图 9-54）中，我们可以看出当前内存的使用情况、最近可用内存的情况、有无硬缺页数等指标，从而帮助我们分析系统内存有无到达瓶颈。

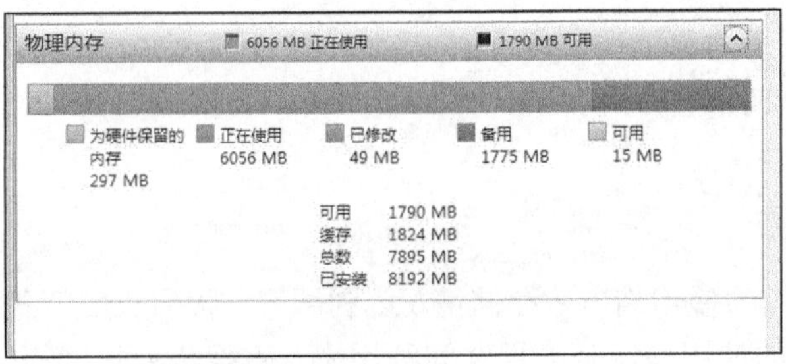

图 9-53 资源监视器-系统内存分析

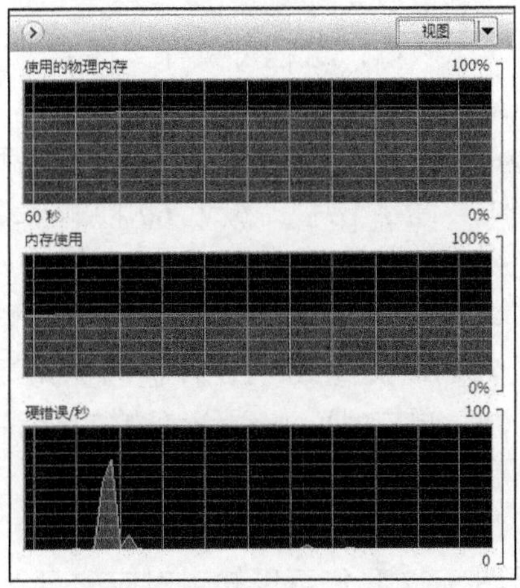

图 9-54 资源监视器-内存总计趋势分析

- 资源监视器-磁盘

同理，资源监视器列出了对应磁盘 IO 相关的一些资源信息，包括了读写 IO 相关进程的分析、存储使用情况、磁盘 IO 使用趋势图等。方便让大家在测试过程中能很好地识别自己的磁盘读写相关的性能以及评估 IO 是否有到达瓶颈。

按照功能划分，我们可以更进一步地把它分为磁盘活动进程、IO 使用情况、磁盘存储情况、系统磁盘存储，IO 使用趋势视图四大块。

（1）磁盘活动进程

如图 9-55 所示，显示了进程所对应读写的情况，通过这里我们可以看出当前哪些进程有进行读写情况分析。

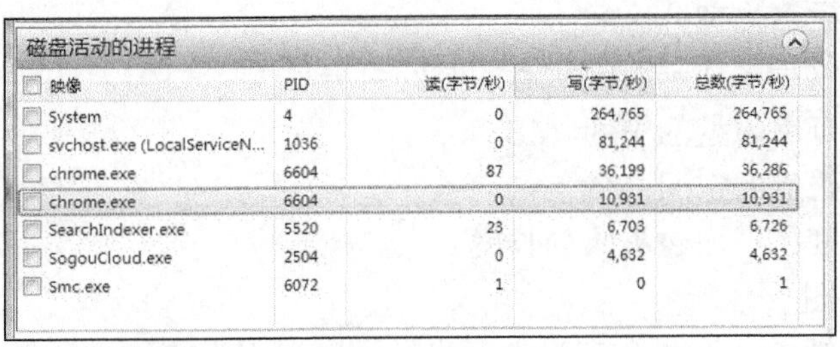
磁盘活动的进程

映像	PID	读(字节/秒)	写(字节/秒)	总数(字节/秒)
System	4	0	264,765	264,765
svchost.exe (LocalServiceN...	1036	0	81,244	81,244
chrome.exe	6604	87	36,199	36,286
chrome.exe	6604	0	10,931	10,931
SearchIndexer.exe	5520	23	6,703	6,726
SogouCloud.exe	2504	0	4,632	4,632
Smc.exe	6072	1	0	1

图 9-55 资源监视器-磁盘活动的进程分析

字段含义如下。

- 映像：进程可执行文件名
- PID：进程 PID
- 读字节/秒：最近 60 秒的平均读统计
- 写字节/秒：最近 60 秒的平均写统计
- 总字节/秒：最近 60 秒的平均读写统计

（2）磁盘活动进程

如图 9-56 所示，显示了进程所对应读写的情况，通过这里我们可以看出当前哪些进程它对应的读写文件、读写响应时间、IO 情况等。

字段含义如下。

- 映像：进程可执行文件名
- PID：进程 PID
- 文件：进程所使用的文件名称
- 读字节/秒：最近 60 秒的平均读统计
- 写字节/秒：最近 60 秒的平均写统计
- 总字节/秒：最近 60 秒的平均读写统计
- IO 优先级：IO 传输的优先级
- 响应时间 ms：读写响应时间毫秒

（3）磁盘存储

如图 9-57 所示，显示了磁盘层面对应的使用情况、存储情况、利用率、队列长度等信息。通过图 9-57 我们可以知道对应磁盘存储的使用情况，可用空间利用率，磁盘队列长度等信息从而评估磁盘的忙碌情况。

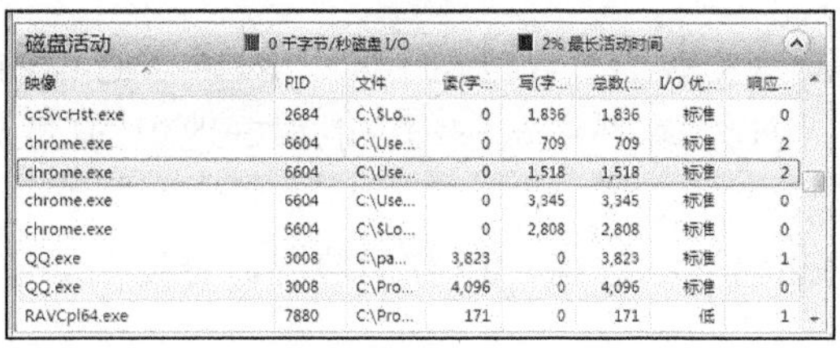

图 9-56 资源监视器-磁盘活动的进程分析

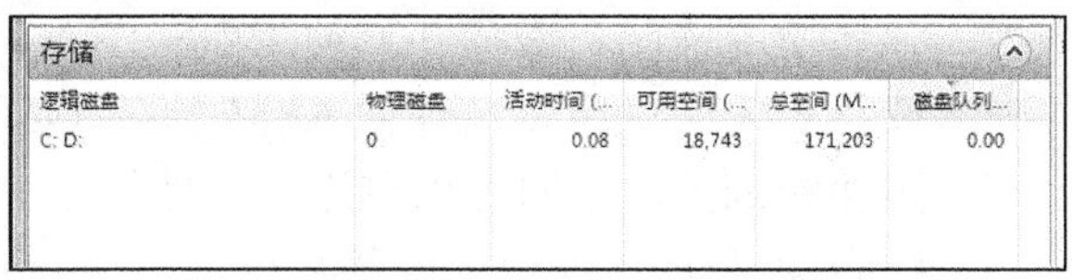

图 9-57 资源监视器-磁盘存储活动的分析

字段含义：

- 逻辑磁盘：磁盘逻辑分区号
- 物理磁盘：磁盘物理分区号
- 活动时间：磁盘未处于空闲状态的时间百分比
- 可用空间：可用磁盘的空间 MB
- 总空间：总磁盘的空间 MB
- 磁盘队列长度：平均磁盘队列长度

（4）系统磁盘视图

在磁盘总计分析视图（见图 9-58）中，我们可以看出当前磁盘的最近一段时间读写使用情况、磁盘的队列长度等信息，从而帮助我们分析系统磁盘读写有无到问题。

- 资源监视器-网络

资源监视器列出了对应系统网络相关的一些资源信息，包括了哪些进程的网络情况，地址，收发包计数、tcp 连接、监听端口、网卡计数等功能。帮助我们更好地梳理和监听系统网络相关的问题。

按照功能划分，我们可以更进一步地把它分为网络活动进程、网络 IO 使用情况、TCP 连接情况、监听端口、系统网络趋势图。

（1）进程网络信息

如图 9-59 所示，显示了进程对应的网络收发包计数统计。

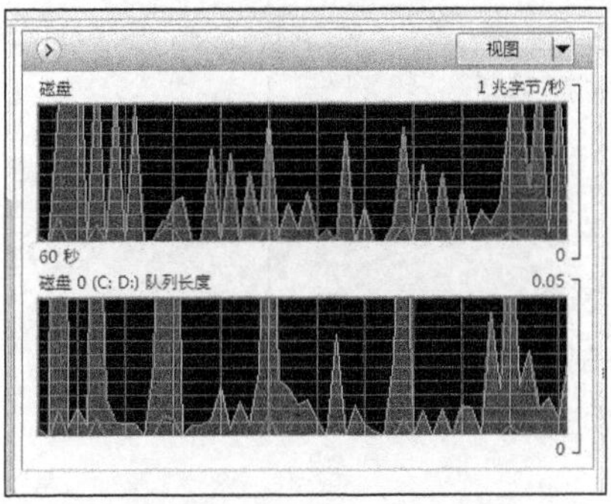

图 9-58 资源监视器-磁盘读写情况，队列长度

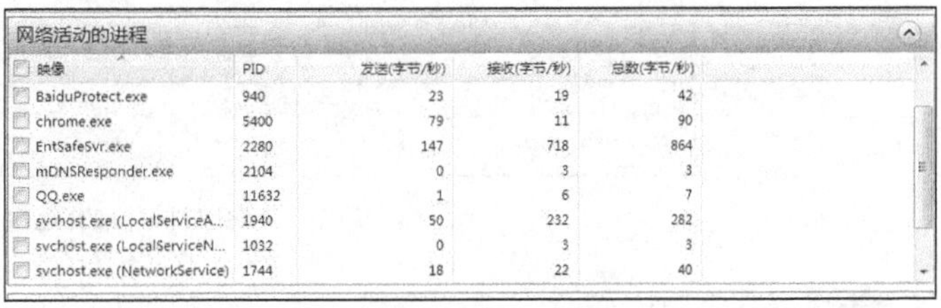

网络活动的进程

映像	PID	发送(字节/秒)	接收(字节/秒)	总数(字节/秒)
BaiduProtect.exe	940	23	19	42
chrome.exe	5400	79	11	90
EntSafeSvr.exe	2280	147	718	864
mDNSResponder.exe	2104	0	3	3
QQ.exe	11632	1	6	7
svchost.exe (LocalServiceA...	1940	50	232	282
svchost.exe (LocalServiceN...	1032	0	3	3
svchost.exe (NetworkService)	1744	18	22	40

图 9-59 资源监视器-进程网络活动信息分析

字段含义如下。

- 映像：进程可执行文件名
- PID：进程 PID
- 发送字节/秒：最近 60 秒的平均发送统计
- 接收字节/秒：最近 60 秒的平均接收统计
- 总字节/秒：最近 60 秒的平均收发包统计

（2）进程网络 IO 信息

如图 9-60 所示，显示了进程对应的网络收发包计数统计。和进程活动网络信息相比，它多了系统级的网络 IO 使用率、网络吞吐量、进程所连接到的地址等信息。从这个可以看出当前网络的一个 IO 利用率、有无满载等信息。

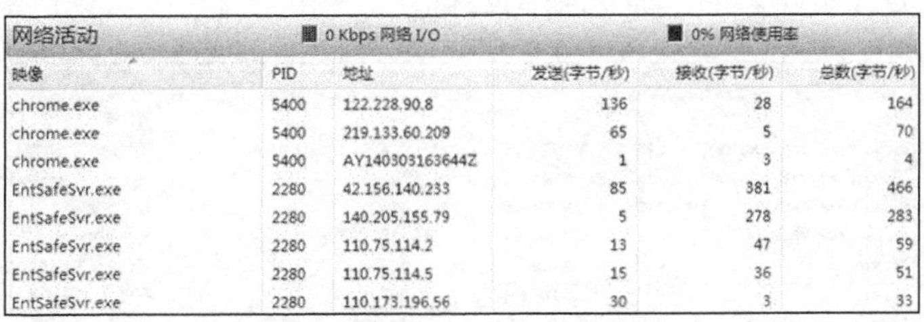

网络活动　0 Kbps 网络 I/O　0% 网络使用率

映像	PID	地址	发送(字节/秒)	接收(字节/秒)	总数(字节/秒)
chrome.exe	5400	122.228.90.8	136	28	164
chrome.exe	5400	219.133.60.209	65	5	70
chrome.exe	5400	AY140303163644Z	1	3	4
EntSafeSvr.exe	2280	42.156.140.233	85	381	466
EntSafeSvr.exe	2280	140.205.155.79	5	278	283
EntSafeSvr.exe	2280	110.75.114.2	13	47	59
EntSafeSvr.exe	2280	110.75.114.5	15	36	51
EntSafeSvr.exe	2280	110.173.196.56	30	3	33

图 9-60 资源监视器-进程网络收发信息

字段含义如下。

- 映像：进程可执行文件名

- PID：进程 PID
- 地址：进程所连接到的地址
- 发送字节/秒：最近 60 秒的平均发送统计
- 接收字节/秒：最近 60 秒的平均接收统计
- 总字节/秒：最近 60 秒的平均收发包统计

（3）TCP 连接信息

图 9-61 显示了进程 TCP 连接对应的网络关系，这里包括了连接的网络五元素：源 IP、源端口、目的 IP、目的端口，以及对应的数据包的丢包率、延迟等信息。通过这些信息，当数据包丢包率较大，且延迟时间很长时，我们就可以判断出系统网络存在瓶颈。

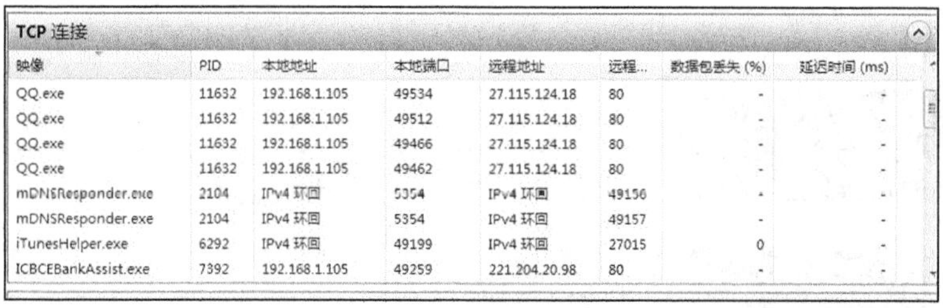

TCP 连接

映像	PID	本地地址	本地端口	远程地址	远程...	数据包丢失 (%)	延迟时间 (ms)
QQ.exe	11632	192.168.1.105	49534	27.115.124.18	80	-	-
QQ.exe	11632	192.168.1.105	49512	27.115.124.18	80	-	-
QQ.exe	11632	192.168.1.105	49466	27.115.124.18	80	-	-
QQ.exe	11632	192.168.1.105	49462	27.115.124.18	80	-	-
mDNSResponder.exe	2104	IPv4 环回	5354	IPv4 环回	49156	-	-
mDNSResponder.exe	2104	IPv4 环回	5354	IPv4 环回	49157	-	-
iTunesHelper.exe	6292	IPv4 环回	49199	IPv4 环回	27015	0	-
ICBCEBankAssist.exe	7392	192.168.1.105	49259	221.204.20.98	80	-	-

图 9-61 资源监视器-TCP 连接信息

字段含义如下。

- 映像：进程可执行文件名
- PID:进程 PID
- 本地地址：进程所连接到的本地地址
- 本地端口：进程所连接到的本地端口
- 远程地址：进程所连接到的对端地址
- 远程端口：进程所连接到的对端端口
- 数据包丢失%：数据包丢失率
- 延迟时间 ms：延迟时间

（4）端口监听

图 9-62 显示了进程监听的端口、IP、协议、防火墙等信息。通过这些信息可以看出进程对应的 IP、port、协议等，帮助用户分析进程网络流转。此外防火墙也是经常需要注意的地方，要确认防火墙是否允许访问，有无限制拦截。

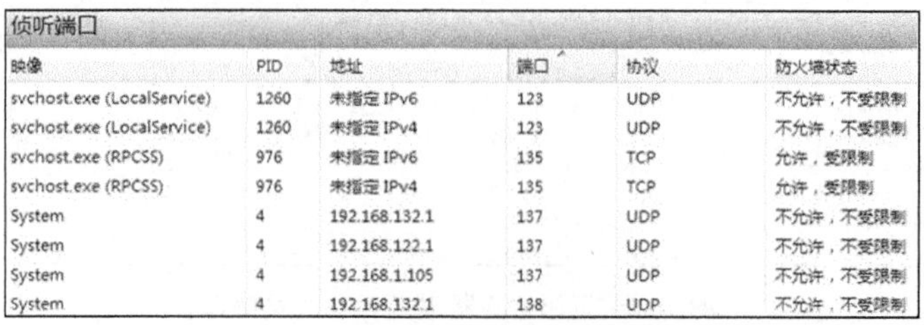

侦听端口

映像	PID	地址	端口	协议	防火墙状态
svchost.exe (LocalService)	1260	未指定 IPv6	123	UDP	不允许，不受限制
svchost.exe (LocalService)	1260	未指定 IPv4	123	UDP	不允许，不受限制
svchost.exe (RPCSS)	976	未指定 IPv6	135	TCP	允许，受限制
svchost.exe (RPCSS)	976	未指定 IPv4	135	TCP	允许，受限制
System	4	192.168.132.1	137	UDP	不允许，不受限制
System	4	192.168.122.1	137	UDP	不允许，不受限制
System	4	192.168.1.105	137	UDP	不允许，不受限制
System	4	192.168.132.1	138	UDP	不允许，不受限制

图 9-62 资源监视器-端口监听信息

字段含义如下。

- 映像：进程可执行文件名
- PID：进程 PID
- 地址：进程所监听的本地地址
- 端口：进程所监听的本地端口
- 协议：进程所使用的协议
- 防火墙状态：进程所对应到防火墙状态

（5）系统网络视图

在系统网络视图如图 9-63 所示，我们可以看出最近网络的一个波动情况，以及对应 TCP 连接数等信息，从当前的数据来看网络数量较小，TCP 连接平稳，未发现网络相关的问题。

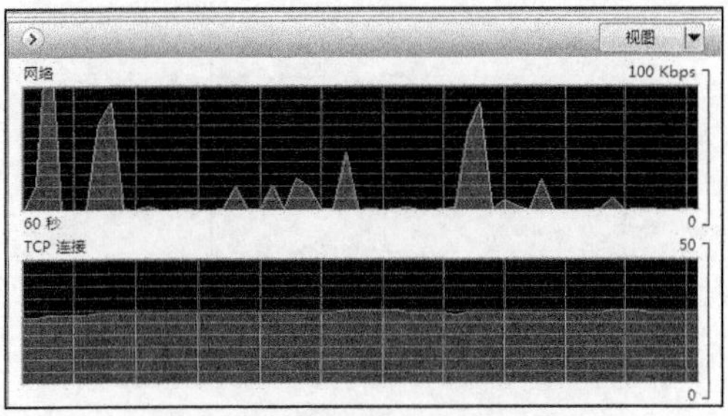

图 9-63　资源监视器-系统网络视图

9.6　Tomcat 监控之 Probe

目前采用 Java 进行系统开发的系统居多，这些系统运行在 Java 容器之中，通过对容器的监控可以了解到 Java 程序的运行状况，分析 Java 程序问题。目前市面上流行的中间件有很多（Tomcat、Jetty、Jboss、Weblogic、WebSphere 等），基本原理相似，都遵循 Servlet 规范。对容器的监控实际上是对 JVM 的监控，容器运行在 JVM 之上。JVM 的监控分析工具有很多（JvisualVm、Jconsole、Jprofiler、Zabbix、Nagios、Cacti 等），下面我们介绍一个 Tomcat 的监控工具 Probe，Probe 只需要一个 War 包就可以完成监控任务，完全不用设置，表 9-12 是 Tomcat 的常规监控项。

表 9-12　　监控项

类别	计 数 器	描　　述
Tomcat	JVM 内存	关注 GC 回收频率，Full GC 次数越少越好
	最大线程数	线程池连接数长期大于 80%以上，建议优化
	数据库连接数	活动连接数长期大于 80%以上，建议优化连接池
	请求数 请求状态	线程数、线程状态、大量 Blocked 状态线程可以 Dump 线程栈信息进行分析

下面我们开始 Probe 的安装、配置及监控。

1. Probe 安装

大家可以到 **psi-probe.googlecode** 网站进行下载，下载完成后直接解压到%TOMCAT_HOEM%/webapps/目录下面（如图 9-64 所示），Tomcat 启动时自动发布 Probe 监控服务。

2. Probe 相关配置

修改%TOMCAT_HOME%/conf/tomcat-users.xml 文件，如图 9-65 所示给 tomcat 用户加上 manager、manager-gui 等权限。

修改%TOMCAT_HOME%/bin/catalina.bat 文件，加上-Dcom.sun.management.jmxremote，意思是开启 JMX 远程监控（如图 9-66 所示）。

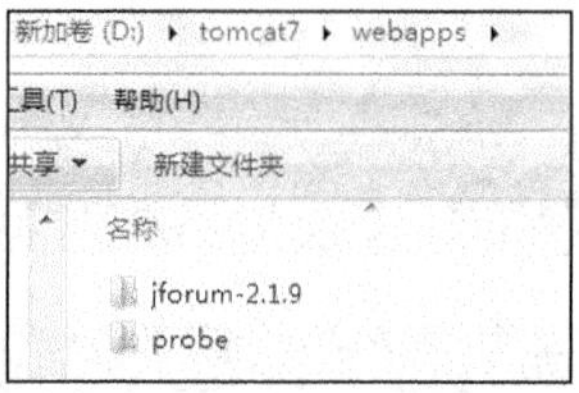

图 9-64 probe 安装

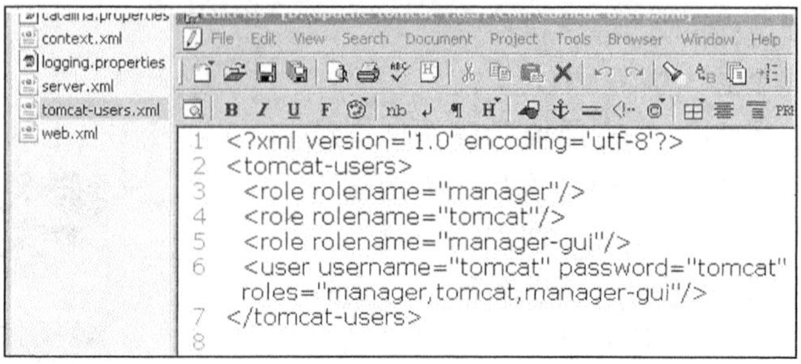

图 9-65 Tomcat 控制台访问权限设置

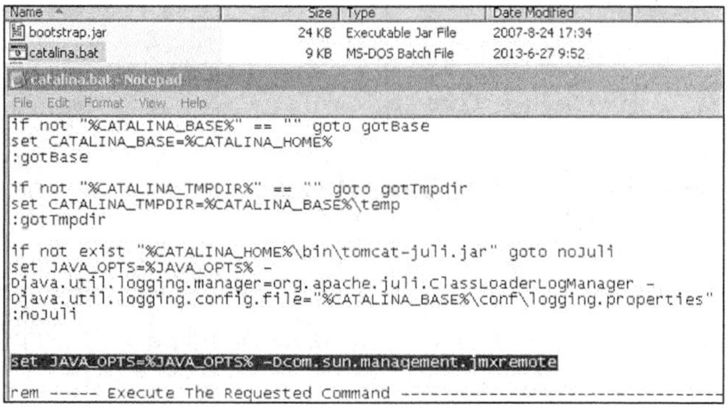

图 9-66 Tomcat Jmx 开启

3. *启动* Tomcat

图 9-67 所示浏览器中即可以访问 Probe。

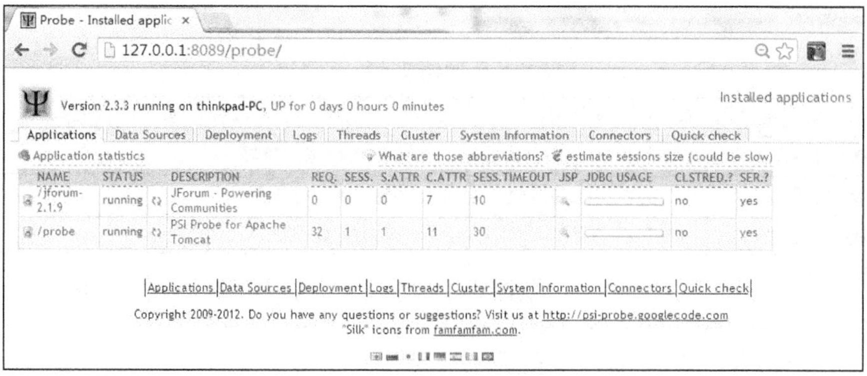

图 9-67 probe 监控首页

图 9-68 所示为线程池的监控。

CURRENT_THREAD_COUNT 代表当前线程池中 Ready 好的数量，有的在运行状态，有的在等待状态。

CURRENT_THREADS_BUSY 代表当前是活动状态的线程数量，正处在活动状态。

MAX_THREADS 代表最大线程数量。

MAX_SPARE_THREADS 代表最大空闭线程数量。

MIN_SPARE_THREADS 代表最小空闭线程数量。

我们首先要关心的是 CURRENT_THREADS_BUSY 与 CURRENT_THREAD_COUNT 是

否接近 MAX_THREADS，如果是，则需要加大 MAX_THREADS 数量；如果服务器硬件支撑不了更多的线程数，就需要换更强的硬件或者做集群来分担负载。

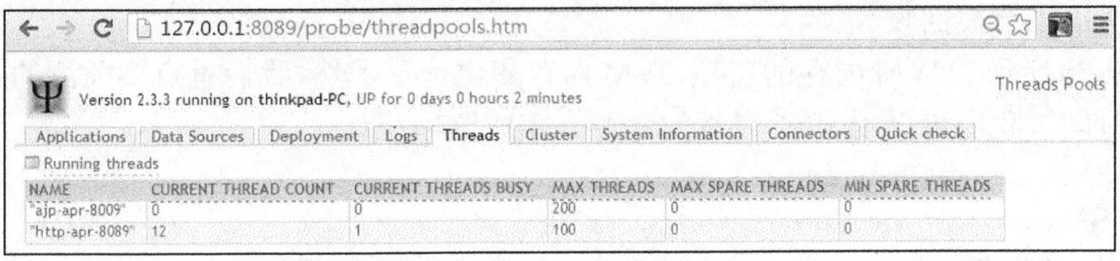

图 9-68 probe 线程监控页面

如图 9-69 所示为是线程明细，可以看到 http-apr-8089-exex-X，一共是 10 个，而 Tomcat 初始线程池数量也就是 10 个，线程状态在 TIME_WAITING、WAITING、RUNNABLE、BLOCKED、TERMINATED 几个状态下切换，说明一下线程状态。

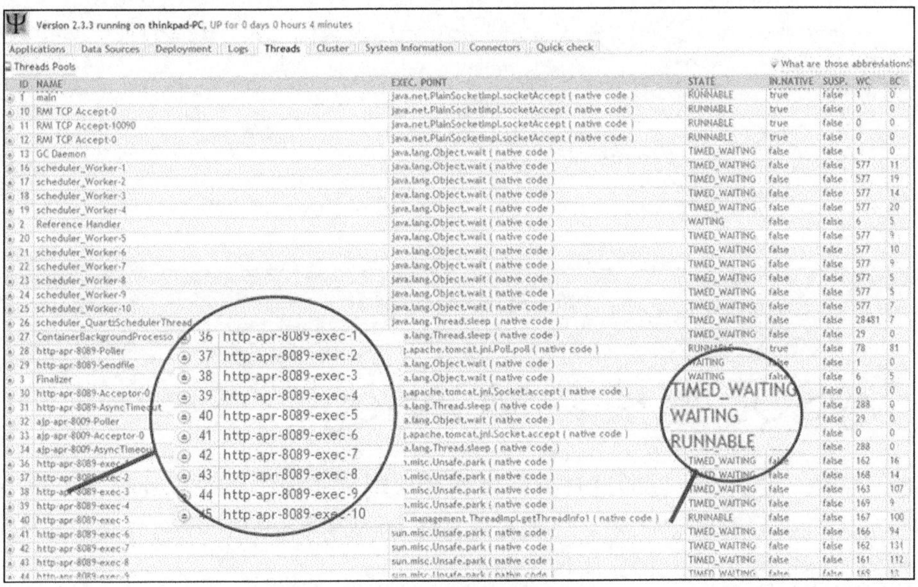

图 9-69 probe 线程监控明细页面

RUNNABLE：正在正常运行中，此状态不用过多担心。

WAITING：此状态指线程拥有了某个锁之后，调用了 wait 方法，等待其他线程/锁拥有者调用 notify/notifyAll 唤醒该线程继续下一步操作，典型例子是生产者消费者模型。

TIME_WAITING：有限制的 WAITING，一般出现在调用 wait（long）、 join（long）等情况，另外线程 sleep 后，也会进入 TIMED_WAITING 状态。

BLOCKED：阻塞状态，代表线程繁忙正在执行中，可能有资源等待情况。比如我们常说的多个线程同步操作的场景，一个线程正在等待另一个线程的同步块释放；我们要关注长期的 BLOCKED 状态线程，Dump 线程栈就以找到程序，从而分析出在做什么操作，等待哪些资源，这是分析问题、解决问题的常用方法。

BLOCKED 和 WATING 的区别，BLOCKED 是在临界点外面等待进入（等待获取锁占用资源），WATING 是在临界点里面等待别人 notify（唤醒），线程调用了 join 方法加入了另外的线程的时候，也会进入 WAITING 状态，等待被它 join 的线程执行结束，然后自己往下继续执行。

TERMINATED：表示该线程的 run 方法已经执行完毕，进入死亡状态，如果线程被长时间持有则可能不会被回收。

如图 9-70 所示为 JVM 内存的监控，JVM 内存变化一目了然，我们重点要关注的是 Full GC 的频率与时间。我们可以用 JDK 自带的命令来完成这项统计。

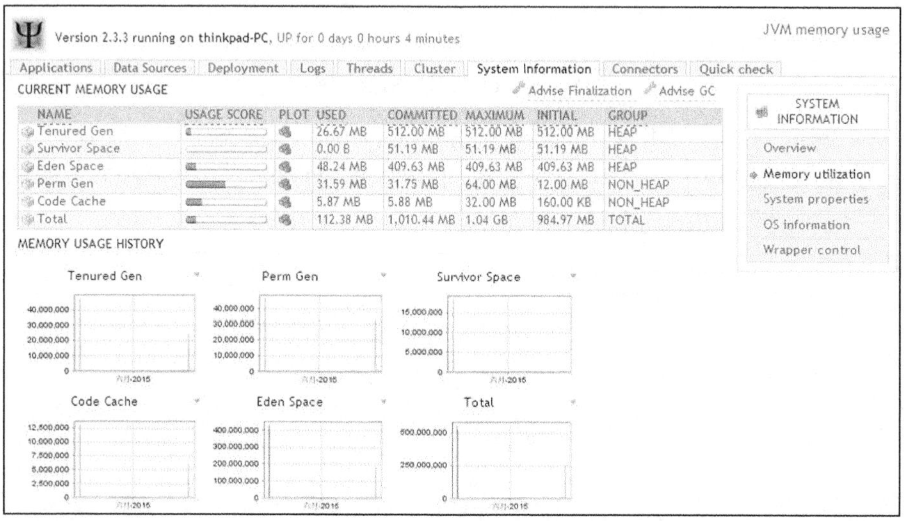

图 9-70 probe 内存页面

9.7 MySQL 监控之 MONyog

MySQL 监控一般我们可以通过官方提供的客户端来实现，也可以通过命令或者 SQL 来完成监控任务。考虑到每个测试人员对数据库的掌握程度不一样，我们介绍一下 MONyog，这是一个性能监控诊断工具，它让监控诊断变得简单。

（1）请至 webyog 官方网站下载（如图 9-71 所示）。

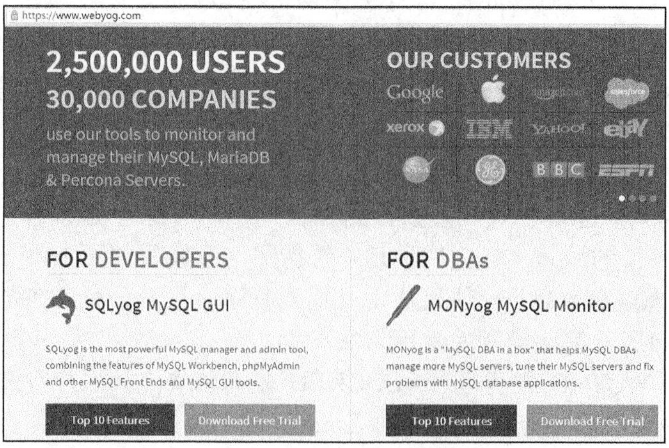

图 9-71 MONyog 官网

（2）安装完成后启动 MONyog 进行连接配置（如图 9-72 所示）

如图 9-72 所示是监控本地的 MySQL 服务器，当然也可以监控远程的 Mysql 服务器，记住在 MySQL 服务器上增加一个 MySQL 用户，绑定 MONyog 的 IP 地址。

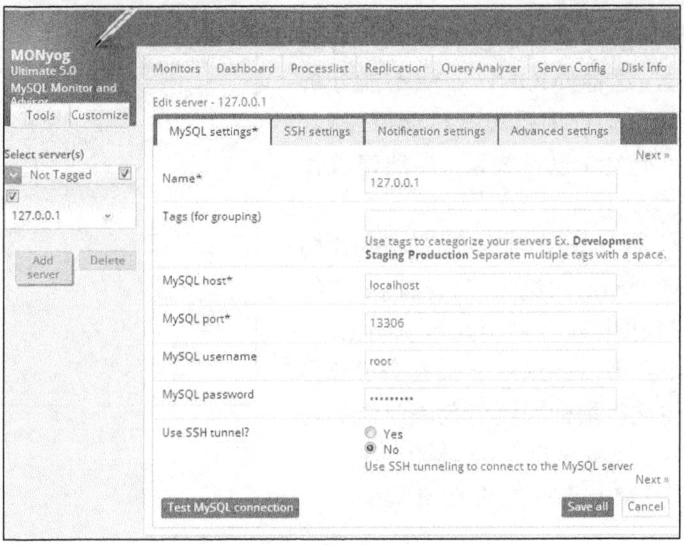

图 9-72　MONyog 连接 DB 配置

（3）连接成功进入默认页面，显示了经常会关注的性能指标（如图 9-73 所示）。

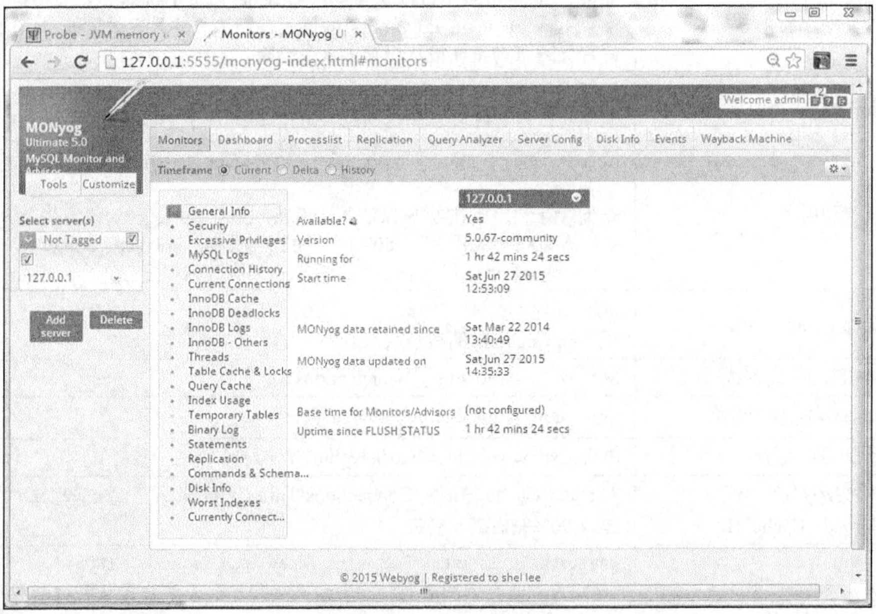

图 9-73　MONyog 监控面板

进入到每一项都会有提示，告诉你指标应该在什么范围内才是正常的，图 9-74 关注的是 InnoDB Cache，可以看到前面有一个绿色的圆点，表示此项指标现在没有问题，如果是黄色或者红色就要关注它。

图 9-74 中有 3 项是红色，都是与安全有关的，我们在程序中用 root 账号建立线程池，在实际应用中却不建议这样，所以 Security 会发生红色报警。

Excessive Privileges 的红色报警也是由于权限问题，我们乱用 root 账号导致。

MySQL Logs 红色报警是我们没有让 MONyog 接手 Mysql 的日志，这样 MONyog 就不能分析 Mysql 的日志文件（包括查询日志、错误日志），所以在此就报警了，不关注也没关系，当然建议使用，可以省不少事。

图 9-74　MONyog 监控面板

可以看到图 9-74 中 InnoDB Cache 指标的说明比较详细，实际上 MONyog 对绝大多数指标都进行了详细说明，鼠标移到指标项目就会显示说明信息，而且多数都给了一个参考值，这对于懒人来说算是巨大福音，不用记住这些指标的阀值范围就能够评判性能好坏。读者可以下载 MONyog 体验一把。

表 9-13 中列出了 Mysql 常见的监控项目。

表 9-13　　Mysql 监控项目

类别	计 数 器	描 述
Mysql	查询缓存	SQL:show variables like '%Query_cache%';
	Qcache_free_blocks	如果 Qcache_free_blocks 大致等于 Qcache_total_blocks/2，则说明碎片非常严重。如果 Qcache_lowmem_prunes 的值正在增加，并且有大量的自由块，这意味着碎片导致查询正在被从缓存中永久删除
	缓存碎片率	缓存碎片率 = Qcache_free_blocks / Qcache_total_blocks * 100% 如果查询缓存碎片率超过 20%，可以用 FLUSH QUERY CACHE 整理缓存碎片
	缓存利用率	缓存利用率 =（query_cache_size － Qcache_free_memory）/ query_cache_size * 100% 查询缓存利用率在 25%以下的话说明 query_cache_size 设置值过大，可适当减小，查询缓存利用率在 80%以上而且 Qcache_lowmem_prunes > 50 的话说明 query_cache_size 可能有点小，要不就是碎片太多
	thread_cache_size	SQL:show variables like 'thread%'; 缓存在 Cache 中的线程数量
	DB 已连接线程数	SQL:show status like 'Connections';
	当前连接线程状态	SQL:show status like '%thread%';
	索引缓存大小	SQL：show variables like 'key_buffer_size';
	连接缓存命中率 Threads_Cache_Hit	Threads_Cache_Hit=（Connections-Threads_created）/Connections*100% 建议 90%左右甚至更高
	索引缓存未命中率 key_cache_miss_rate	key_cache_miss_rate = Key_reads / Key_read_requests * 100% 1%即每 100 个索引中有 1 个在缓存中找不到，要直接从硬盘读取 SQL:show global status like 'key_read%'; 建议<0.1%
	索引缓存命中率	key_buffer_read_hits=（1-Key_reads/Key_read_requests）*100% key_buffer_write_hits=（1-Key_writes/Key_write_requests）*100% 当然是越大越好。SQL：show global status like 'key_%';

续表

类别	计 数 器	描 述
Mysql	索引读取统计 key_blocks	Key_blocks_unused 表示未使用的缓存簇（blocks）数，Key_blocks_used 表示曾经用到的最大的 blocks 数，如果缓存都用到了，要么增加 key_buffer_size，要么就是过渡索引了，把缓存占满了。比较理想的设置： Key_blocks_used / （Key_blocks_unused + Key_blocks_used） * 100% ≈ 80% SQL:show global status like ‘key_blocks_u%’
	并发连接数	max_connections：允许的最大连接数，一般来说 500 到 800 左右是一个比较合适的参考值，SQL：show variables like ‘max_connections';
		Max_used_connections：服务器响应的最大连接数 SQL:show global status like ‘Max_used_connections'; Max_used_connections/max_connections<=85%
		Connections:当前连接数， SQL:show global status like ‘Connections';
		max_user_connections：每个用户允许的最大连接数；是针对于单个用户的连接限制，不常用。
		back_log：类似于线程队列，当无法响应请求时，就让线程排队，这个值就是队列长度。 SQL:show variables like ‘back_log'; 越小越好
		max_connect_errors：默认值为 10，如果受信账号错误连接次数达到 10 则自动堵塞，需要 flush hosts 来解除
	临时表 TmpTable	SQL:show global status like ‘created_tmp%’； 临时表比较大无法在内存中完成时就不得不使用磁盘文件。如果 Created_tmp_tables 非常大 ，则可能是系统中排序操作过多，或者是表连接方式不是很优化。如果是 Created_tmp_disk_tables 与 Created_tmp_tables 的比率过高，如超过 10%，则我们需要考虑 tmp_table_size 这个系统参数是否设置的足够大。当然，如果系统内存有限，也就没有太好的解决办法了 Created_tmp_disk_tables/Created_tmp_tables<25%
	MySQL 服务器对临时表的配置	SQL:show variables where Variable_name in （‘tmp_table_size’，‘max_heap_table_size’） 当临时表空间小于 max_heap_table_size 时，才能全放入内存
	表扫描情况	SQL:show global status like ‘handler_read%’； show global status like ‘com_select’； 表扫描率 = Handler_read_rnd_next / Com_select 如果表扫描率超过 4000，说明进行了太多表扫描，很有可能索引没有建好，增加 read_buffer_size 值会有一些好处，但最好不要超过 8MB

9.8 JVM 监控

9.6 节中讲到了 Tomat 的第三方监控工具 Probe，除去这些第三方工具 JDK 也自带了一些监控工具，这些工具随 JDK 一起发布，随时可以用它们监控 JVM，完全不用担心没有安装，而且这些工具也比较好用，下面讲解几个常用的监控命令和一个可视化监控工具（JvisualVM），JDK 以 Jdk1.7 版本为例，有关 JDK 的相关基础知识读者可以从网上获取，限于篇幅在此不详述。

9.8.1 jps

我们要知道机器上运行的 JVM 进程号时可以由 jps 得到，jps 命令返回当前系统中的 Java

进程号（如图 9-75 所示）。

参数：

-l：返回 Java 进程全路径。

-q：仅显示进程 ID。

-v：返回 JVM 参数，比如堆大小，此命令方便我们查看 JVM 大小，不用去找配置文件。

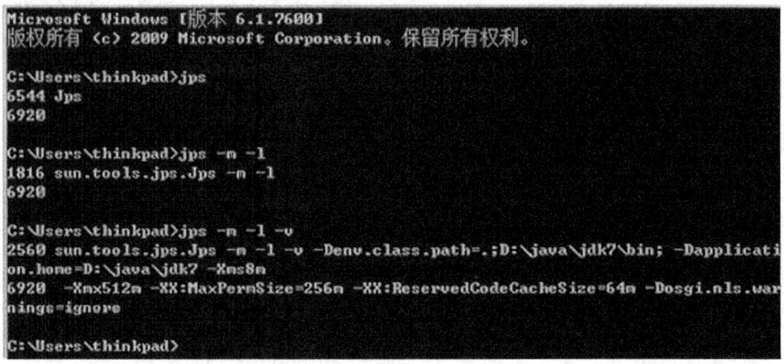

图 9-75 jps

jps [ip]：列出远程机器上的 Java 进程信息，不过这需要安全授权，在远程机器%JAVA_HOME%/bin/目录下存储 jstatd.all.policy 文件，内容如下：

```
grant codebase "file:${java.home}/../lib/tools.jar" {
    permission java.security.AllPermission;
};
```

然后在远程机器下启动命令（如图 9-76 所示）进行注册：

```
jstatd -J-Djava.security.policy=jstatd.all.policy
```

为了方便我们可以做一个批处理文件 jstatd.bat，内容如下：

```
%JAVA_HOME%\bin\jstatd -J-Djava.security.policy=jstatd.all.policy
```

然后在本地机器就可以使用 jps 访问远程机器上的 JVM（如图 9-77 所示）。

图 9-76 开启 jstat

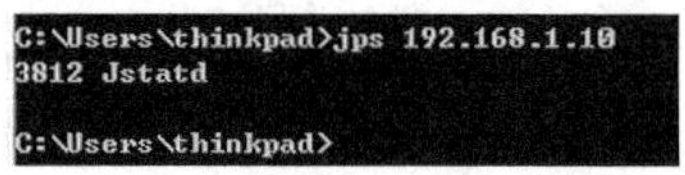

图 9-77 jps 访问远程机器

远程机器 jstatd 启动后，也可以使用 JVisualvm 在本地机器对远程 JVM 进行监控，操作界面如图 9-78 和图 9-79 所示是 JVisualvm 连接上远程机器的 Tomcat。

有关 jps 其他详细情况读者可以查阅官方文档。

问题：

机器上有多个 JVM 进程时如何确定自己访问的服务对应哪一个 Java 进程？

答案：

在访问服务器时 URL 中会有端口号（默认为 80），linux 下可以通过 ps 命令得知进程号与端口号。

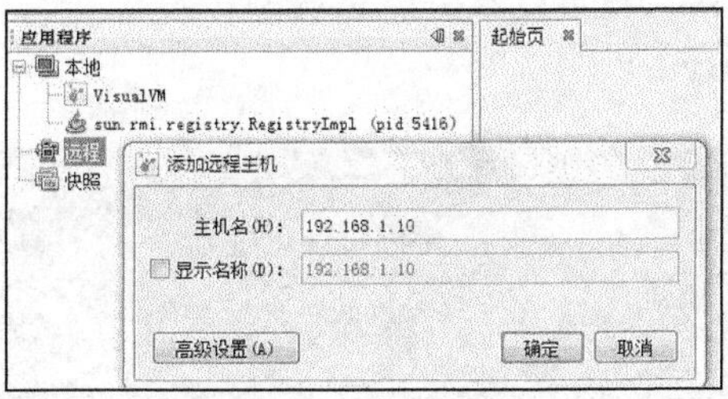

图 9-78 Jvisualvm

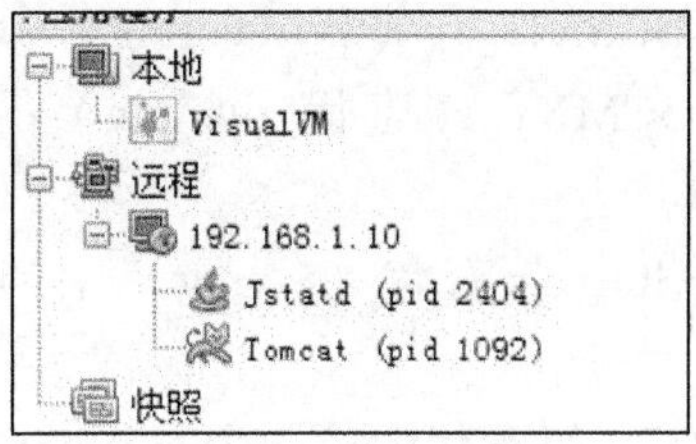

图 9-79 JVisualvm Connection

9.8.2 jstat

JVM 内存不够用、内存溢出是通过监控 JVM Heap 信息来进行分析的，jstat 可以用来查看 JVM 堆的统计信息，命令格式如下：

jstat [generalOption | outputOptions vmid [interval[s|ms] [count]]

generalOption 代表选项，常用选项有以下几项。

class：用于查看类加载情况的统计

compiler：用于查看 HotSpot 中即时编译器编译情况的统计。

gc：用于查看 JVM 中堆的垃圾收集情况的统计。

gccapacity：用于查看新生代、老生代及持久代的存储容量情况。

gccause：最后一次及当前正在发生垃圾收集的原因。

gcnew：用于查看新生代垃圾收集的情况。

gcnewcapacity：用于查看新生代的存储容量情况。

gcold：用于查看老生代及持久代发生 GC 的情况。

gcoldcapacity：用于查看老生代的容量。

gcpermcapacity：用于查看持久代的容量。

Printcompilation HotSpot：编译方法的统计。

gcutil：GC 统计。

outputOptions 代表输出格式，参数 interval 和 count 代表查询间隔和查询次数。

图 9-80 中先通过 jps 获取到 java 进程号，然后由 jstat 来统计 JVM 中加载的类的数量与 Size。

```
PS C:\Users\thinkpad> jps
6972 Jps
11048

PS C:\Users\thinkpad> jstat -class 11048
Loaded  Bytes  Unloaded  Bytes    Time
 8757 11450.3        0    0.0    26.88
```

图 9-80 jstat 统计类信息

Loaded：加载类的数目。

Bytes：加载类的 Size，单位为 Byte。

Unloaded：卸载类的数目。

Bytes：卸载类的 Size，单位为 Byte。

Time：加载与卸载类花费的时间。

jstat -gccapacity [java 进程号]。

jstat -gccapacity -h5 [java 进程号] 1000。

-h5：每 5 行显示一次表头。

1000：每一秒钟显示一次，单位为毫秒。

图 9-81 中用 gccapcity 统计 JVM 垃圾回收信息，下面是表头信息说明。

NGCMN：年青代（young）中初始化大小（Byte）

NGCMX：年青代（young）的最大容量（Byte）

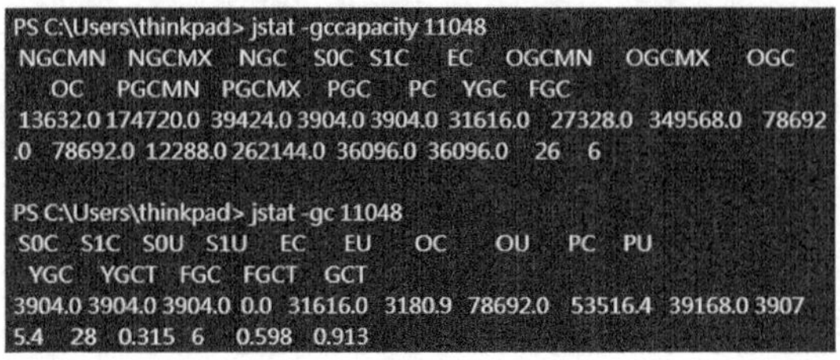

图 9-81 jstat -gccapacity

NGC：年青代（young）中当前的容量（Byte）

S0C：年青代中第一个 survivor（幸存区）的容量（Byte）

S1C：年青代中第二个 survivor（幸存区）的容量（Byte）

EC：年青代中 Eden（伊甸园）的容量（Byte）

OGCMN：old 代中初始化大小（Byte）

OGCMX：old 代的最大容量（Byte）

OGC：old 代当前大小（Byte）

PGCMN：perm 代中初始化大小（Byte）

PGCMX：perm 代的最大容量（Byte）

PGC：perm 代当前新生成的容量（Byte）

S0U：年青代中第一个 survivor（幸存区）目前已使用空间（Byte）

S1U：年青代中第二个 survivor（幸存区）目前已使用空间（Byte）

EU：年青代中 Eden（伊甸园）目前已使用空间（Byte）

OC：Old 代的容量（Byte）

OU：Old 代目前已使用空间（Byte）

PC：Perm（持久代）的容量（Byte）

PU：Perm（持久代）目前已使用空间（Byte）

YGC：JVM 启动到采样时年青代中 gc 次数

YGCT：JVM 启动到采样时年青代中 gc 所用时间（s）

FGC：JVM 启动到采样时 old 代（Full gc）gc 次数

FGCT：JVM 启动到采样时 old 代（Full gc）gc 所用时间（s）

GCT：JVM 启动到采样时 gc 用的总时间（s）

OGCMN：老年代最小值

Full gc 会暂停用户响应，也就是不处理用户请求，等待 Full gc 完成后响应用户请求，这个等待时间过大就会影响用户体验，所以 Full gc 是 JVM 调优的重点。

图 9-82 中用-gcutil 统计 GC 情况，表头信息说明如下。

S0：年青代中第一个 survivor（幸存区）已使用的占当前容量百分比

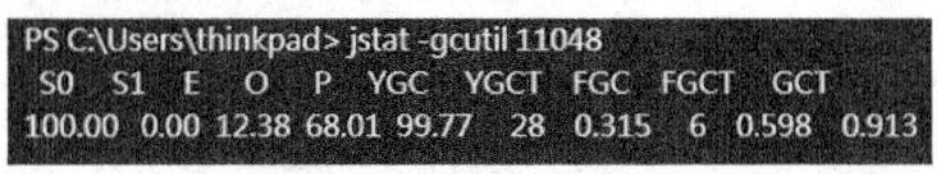

图 9-82 jstat -gcutil

S1：年青代中第二个 survivor（幸存区）已使用的占当前容量百分比

E：年青代中 Eden（伊甸园）已使用的占当前容量百分比

O：old 代已使用的占当前容量百分比

P：perm 代已使用的占当前容量百分比

YGC：JVM 启动到采样时年青代中 gc 次数

YGCT：JVM 启动到采样时年青代中 gc 所用时间（s）

FGC：JVM 启动到采样时 old 代（全 gc）gc 次数

FGCT：JVM 启动到采样时 old 代（全 gc）gc 所用时间（s）

GCT：JVM 启动到采样时 gc 用的总时间（s）

如图 9-82 所示可以看到 FGCT 有 6 次，用时 598 毫秒，平均 99 毫秒一次，结合 JVM 运行时长来看这个 Full GC 是否合理。比如一天才 6 次，且 99 毫秒一次，对于平均响应时间 1 秒的应用来说这完全没问题；1 小时 6 次，响应时间几十毫秒的应用，这个就有影响了，GC 的时间消耗是否合理是相对的。

与 jps 一样 jstat 也支持远程监控（如图 9-83 所示），同样的也需要开启安全授权，方法参照 jps。

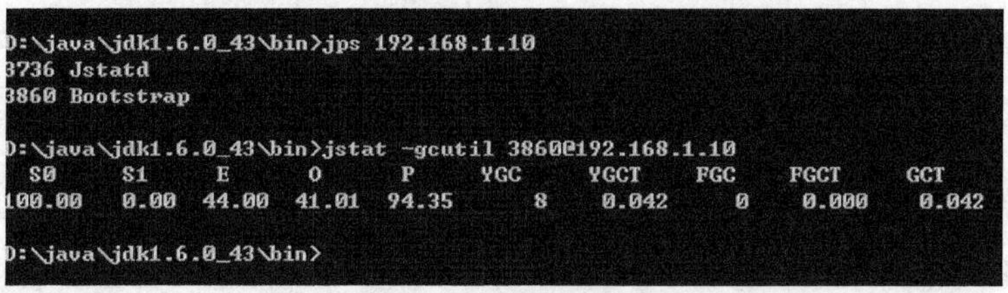

图 9-83 jstat 远程监控 1

每一秒种获取一次（如图 9-84 所示），后面的时间是以毫秒为单位的，1000 就是 1 秒。

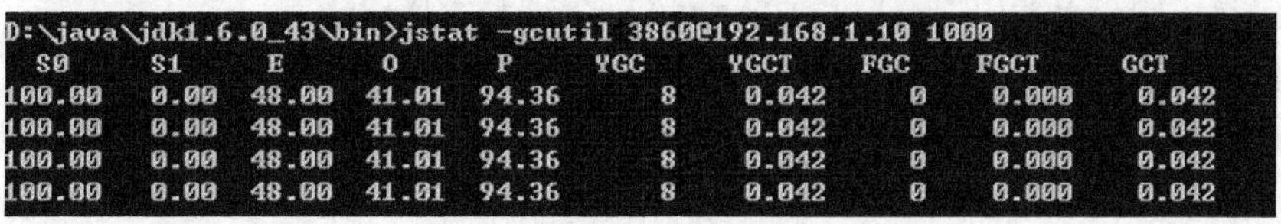

图 9-84 jstat 远程监控 2

上面我们只是简单地讲解了 jstat 的相关用法，有兴趣的读者可以参考 Oracle 官方文档。

9.8.3 jmap

分析程序内存占用实际上是分析堆（Heap）内存，堆快照使用 jmap 获取（如图 9-85 所示）。

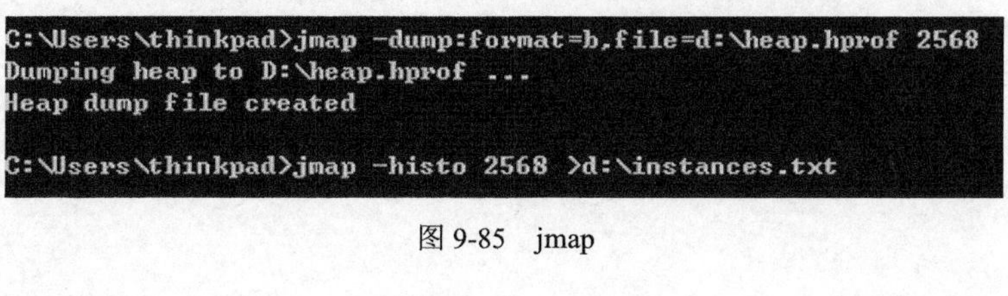

图 9-85 jmap

典型获取方式是：

```
jmap -dump:format=b,file=d:\heap.hprof [pid]
```

heap.hprof 是堆快照文件，此文件打开需要特定的工具，为了方便我们使用 JVisualvm 来打开（JDK 自带不用安装），下面讲解 Jvisualvm 如何查看堆快照。

在%JAVA_HOME%/bin 下找到 Jvisualvm 双击打开，选择[文件（F）]→ [装入（L）]，文件类型是 hprof；然后选择刚才 Dump 的文件即打开（如图 9-86 所示）。

在“类”视图中（如图 9-87 所示），可以找到笔者的示例程序 cn.seling.www.outMem.PermGen。

图 9-86 Jvisualvm 打开堆快照

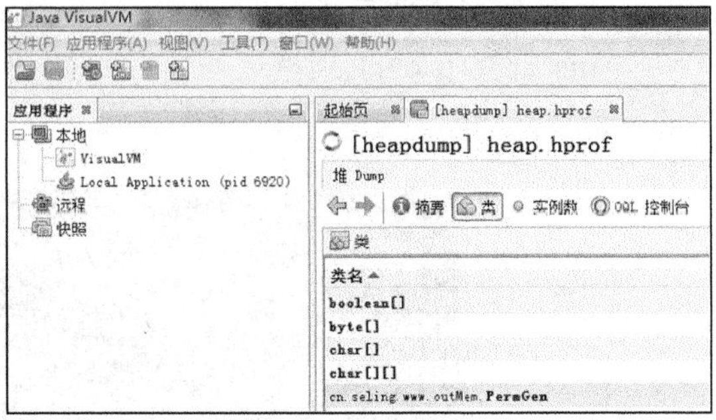

图 9-87 Jvisualvm 类视图

选中 cn.seling.www.outMem.PermGen，然后右键选择【在实例视图中显示】，如图 9-88 所示，就可以看到 PermGenClass 在堆中的具体信息（如图 9-89 所示），PermGen 对象持有一个 List 对象，一般来说内存溢出往往都是因为大对象不能回收造成的，这些大对象往往就是集合对象，比如 PermGen 对象中的 list，如果 List 中的对象足够多就会造成内存溢出。

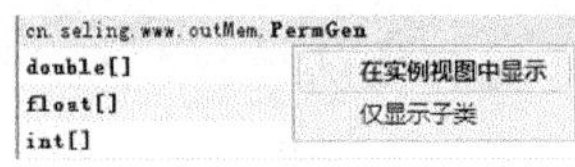

图 9-88 关联到实例视图

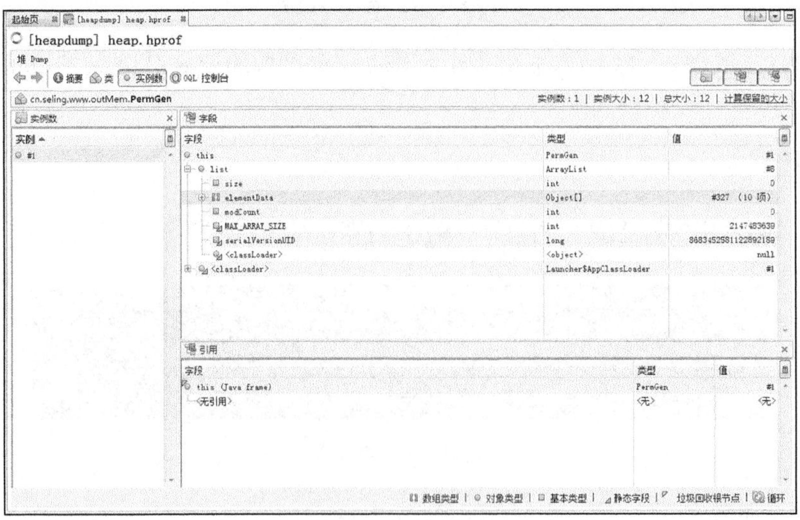

图 9-89 堆信息分析

在【实例数】视图中可以统计出实例化的对象数目，分组统计排序一下就能够知道哪些对象实例化的多，然后分析对象的引用就可以找到是谁在实例此对象，从而找到产生大对象的原因，这就是寻找大对象、分析内存溢出的方法。

9.8.4 JVisualVM

JVisualVM 是 JDK 自带的 JVM 可视化监控工具，它能为您提供强大的分析能力，可以使用 JVisualVM 监控堆内存变化情况、线程状态、CPU 使用情况、分析线程死锁等。JVisualVM 可以监控本地 JVM 也可以监控远程的 JVM，本地监控无需进行配置，远程监控一般以 JMX 的方式进行。下面主要讲解远程监控，这也与实际运用相符合（在测试或者运营中基本都是远程监控）。

9.8.4.1 *启动远程监控*

（1）在远程中间件的启动文件中配置如下字串。

-Djava.rmi.server.hostname=[自己填] （这句可选，不填访问时直接用 IP）

-Dcom.sun.management.jmxremote

-Dcom.sun.management.jmxremote.port=9008

-Dcom.sun.management.jmxremote.authenticate=false

-Dcom.sun.management.jmxremote.ssl=false

如果你使用的中间件是 Tomcat 那么要修改的文件是%TOMCAT_HOME%\bin\catalina.bat/sh 文件，如图 9-90 所示是 Windows 系统下 Tomcat 启动文件中的 jmx 配置示例。

```
rem Execute Java with the applicable properties
SET CATALINA_OPTS= -Xms128m -Xmx800m
set JAVA_OPTS = %JAVA_OPTS% -Djava.rmi.server.hostname=192.168.1.10 -Dom.sun.management.jmxremote -
Dcom.sun.management.jmxremote.port=9008 -Dcom.sun.management.jmxremote.authenticate=false  -
Dcom.sun.management.jmxremote.ssl=false
```

图 9-90 Tomcat catalina.bat jmx 配置

上面是 jmx 的连接方式，另外一种就是利用 jstatd 来进行远程监控，jstatd 配置启动参照 9.8.1 节内容，这种方式不能监控 JVM 中的 CPU 使用情况，一般来说 JVM 的 CPU 使用情况也不用监控，通常是监控系统层面的用户 CPU 使用情况。

（2）启动远程服务，以 Tomcat 为例就是启动 Tomcat 服务，即运行 catalina.bat 或者是 startup.bat。

（3）JVisualVM 配置 JMX 连接（如图 9-91 所示），在%JAVA_HOME%\bin 目录下找到 jvisualvm.exe，然后双击启动，在图 9-91 中的“连接”框中填写远程主机 IP，注意端口号是刚才在 catalina.bat 中配置的 9008 端口，然后单击“确定”按钮，即可连接成功。

9.8.4.2 *监控界面*

（1）Summary View 在此可以查看到 JVM 的启动参数及系统属性，可以对 JVM 的运行环境有个了解，图 9-92 中可以看到 JVM：JavaHotSpot（TM） Server VM（21.0-b16,mixed mode），这表明 Tomcat 是以 Server 方式在运行，如果你测试的 Java 应用不是以 Server 方式运行请修改，通常情况下 Sever 方式较 Client 方式性能好。

（2）Monitor View

在此显示了 JVM CPU 利用率，堆与非堆内存使用情况，加载了多少类，有多少线程数，可以做 Dump 操作，查看堆内存明细。堆的回收曲线能够直观反映堆内存回收频率，是否有内存溢出等问题。图 9-93 中可以看到堆经历了 3 次回收，类加载不到 10000，CPU 使用率几乎为零，线程数也不到 100，所以 JVM 还是比较空闲的。

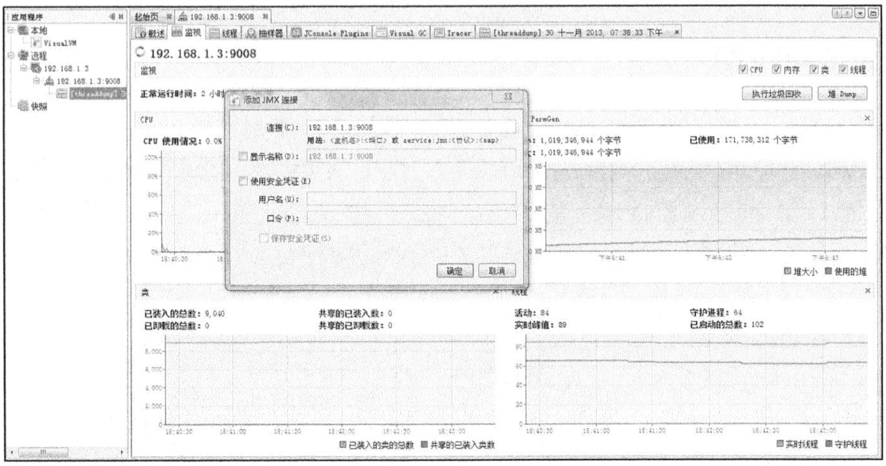

图 9-91　配置 jmx 连接

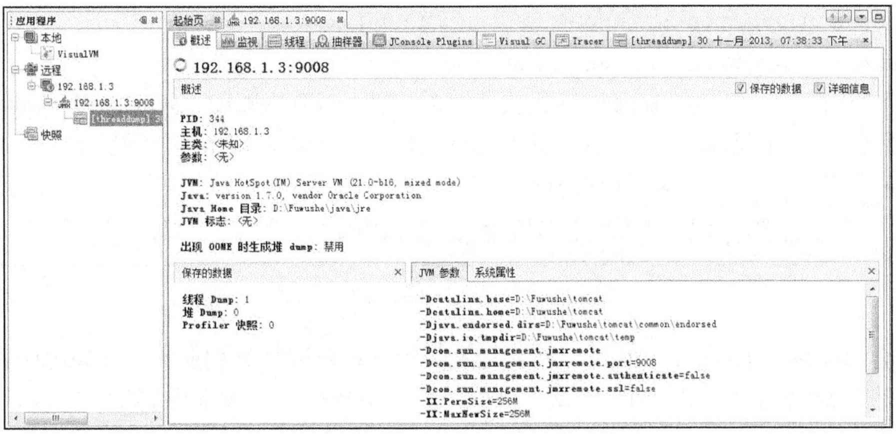

图 9-92　Summary View

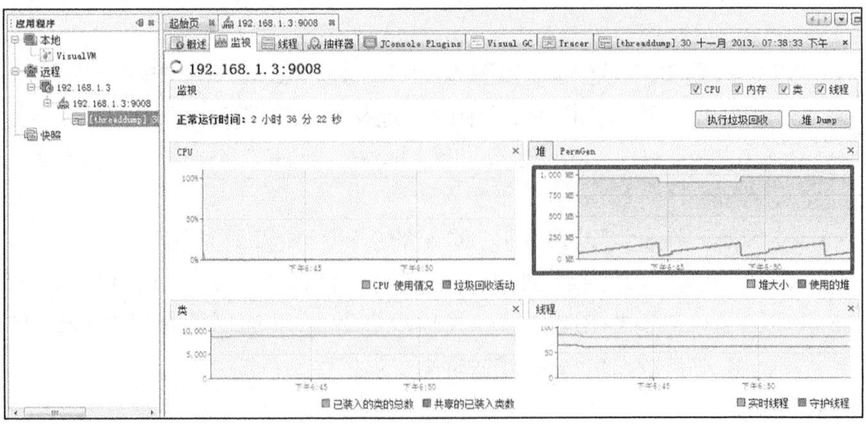

图 9-93　监控窗口

（3）Thread View

如图 9-94 所示，在此监控线程状态，查看哪些线程有风险，对于 Blocked（监控状态）线程可以在 Dump 后分析线程活动，确定是否有性能问题。在此视图中我们主要关心的是那些“监视”状态的线程，点击“线程 Dump”可以导出 JVM 当前的线程栈信息，通过分析这些信息来定位到程序问题。

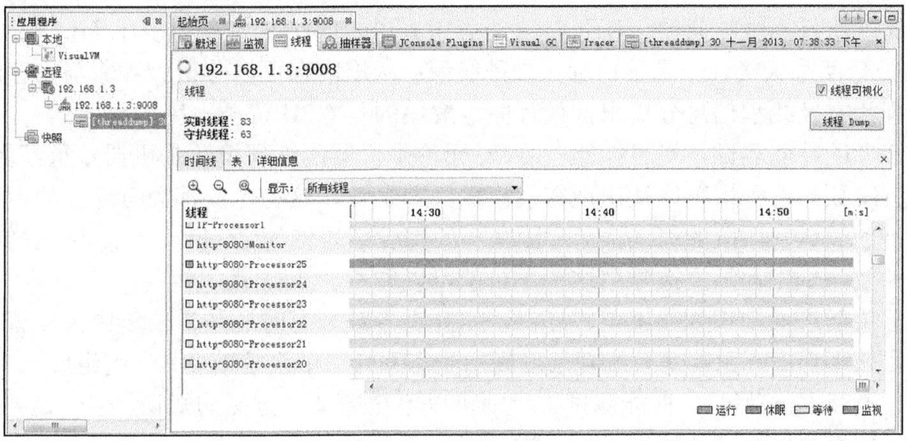

图 9-94　线程监控

（4）堆快照视图

分析大对象的产生、分析内存溢出需要分析堆信息，一般步骤是 Dump 堆信息，然后在堆快照视图中进行分析，分析方法请参照 9.8.3 节的部分。如图 9-95 所示是在堆快照中查看对象具体信息，可以看到此对象的属性，PermGen 对象持有一个 list 对象，这个对象并没有引用对象。

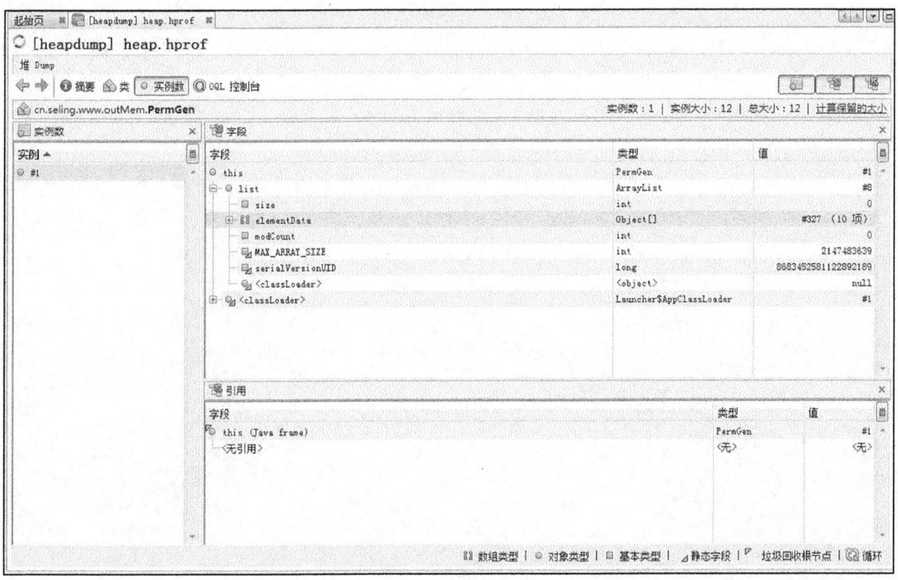

图 9-95　堆快照分析

9.9 本章小结

本章主要讲解性能测试时需要监控哪些指标？用什么工具或者命令去监控？如何从这些指标分析性能问题？涉及系统硬件、操作系统、中间件、JDK、数据库等多方面，性能测试工程师要对操作系统内核有一定了解，明白CPU、内存、磁盘、网络之间的联动关系，通过监控数据的本质反推性能问题。对于Java的应用来讲，JVM的性能反映了Java程序的性能，JVM的监控分两个大类，一是堆内存，二是线程；从堆内存可以分析大对象与内存溢出等问题，从线程状态及线程信息分析出低效程序，解决的是CPU资源占用的问题。

有些读者的性能测试环境可能比较复杂，无论是机器网络环境还是机器数量都会比较多，监控会比较麻烦。这种情况往往出现在规模较大的企业，这种企业都会有专业的运维团队，所以可以借助于运营团队的帮助，运营团队一般都会部署诸如Zabbix、Nagios这样的监控平台，咱们性能测试工程师直接复用这个平台就可以省不少工作量。

性能分析要求的知识体系不但广还深，术业有专攻，有时还是需要集中大家智慧的，团队协作工作效率更高，尤其是系统复杂度高的生态系统（子系统繁多，一起组成一个生态链，比如支付、电商、金融等）。性能测试工程师可以不精通某一方面的知识，但一定要了解，正如我们要了解需要监控哪些性能指标一样。

实战篇

Chapter 10

第 10 章 性能分析调优

从本章你可以学到：

- 性能分析方法
- 单机性能分析与调优
- 业务流程优化
- 结构优化

高可用性、高可靠性、可扩展性及运维能力是高并发系统的设计要求（当然也要顾及成本），也就是系统必须具备一定服务能力、运行稳定、方便运维、方便扩展提高服务能力。可扩展性希望服务能力（或者容量）的增长与添加的硬件数是线性关系；比如一台服务器服务能力是 100QPS 的话，增加一台同样的机器后容量应该接近 200QPS，这种线性的容量伸缩方式就是大家常听到的水平伸缩。大家最为熟悉的电商（天猫、京东等）、网络支付（支付宝、微信等）、即时通讯（QQ、微信等）都具备良好的水平扩展能力。前不久微信朋友圈相片红包的功能就很好地演示了可运维性，线上公测收放自如。微信具备高可用性、高可靠性、可扩展性；2016 年除夕当日微信红包的参与人数达到 4.2 亿人，收发总量达 80.8 亿个。最高峰发生在 00：06：09，每秒钟收发 40.9 万个红包，系统依然稳定运行，不愧是顶尖公司得意之作。另外在高峰时段依然还是有服务产生了性能问题，短暂的访问出错，这就是性能问题了。互联网巨头们现在拼的不仅仅是商业模式，也在拼技术，性能已经是系统设计首要考虑的问题了。

性能分析与调优旨在帮助把系统打造成一个高可用、高可靠的系统；性能分析的目的是找出性能瓶颈与风险在哪里？性能调优就是用更少的资源提供更好的服务，成本利益最大化。

随着业务规模的扩大，传统的单机服务已经不能够满足性能要求，单机性能总有上限（就好比一个人的能力再强，也无法什么事情都自己一个人做），于是就出现了集群方案，传统的集群方案后来也不能满足互联网的高并发要求，阿里开展的去 IOE（IBM 服务器、Oracle 数据库、EMC 的专业存储设备）化正是基于成本与性能的考虑。一方面是 IOE 的成本高、另一方面是成本高还不能满足性能要求；分而治之成为必然选择，分布式集群方案开始大行其道，其水平扩展能力是传统架构无法比拟的。围绕分布式主题也诞生不少分布式的框架与产品（比如 dubbo、dubbox、jd-hydra、memcache/redis、mariadb）。相应的性能分析与调优也面临着调整，不仅要关注单个系统的性能还要关注整个分布式框架体系下的各组成部分的性能。

说到性能调优多数人都会觉得是一个高深的话题，其实本质并不复杂。我们可以从很多的生活实例中得到启发。比如一根绳子拉不起重物时，我们可以用多根绳子，这就是集群思想。比如火车分班次运行而不是来一个客人就运行一个班次，而是集齐一车人之后才运行一个班次，这就是批处理。所以性能调优的手段并不新鲜，性能调优的常规手段有：

（1）空间换时间，内存、缓存就是典型的空间换时间的例子。利用内存缓存从磁盘上取出的数据，CPU 请求数据直接从内存中获取，从而获取比从磁盘读取数据更高的效率。

（2）时间换空间，当空间成为瓶颈时，切分数据分批次处理，用更少的空间完成任务处理。上传大附件时经常用这种方式。

（3）分而治之，把任务切分，分开执行，也方便并行执行来提高效率，Hadoop 中的 HDFS、mapreduce 都是这个原理。

（4）异步处理，业务链路上有任务时间消耗较长，可以拆分业务，减少阻塞影响。常见的异步处理机制有 MQ（消息队列），目前在互联网应用中大量使用。

（5）并行，用多个进程或者线程同时处理业务，缩短业务处理时间，比如我们在银行办业务时，如果排队人数较多时，银行会加开柜台。

（6）离用户更近一点，比如 CDN 技术，把用户请求的静态资源放在离用户更近的地方。

（7）一切可扩展，业务模块化、服务化（同时无状态化）、良好的水平扩展能力。

分布式架构的运用给性能带来了革命性的提升，业务流程的调整也会显著提升系统性能，单系统的调优能够压榨出更高的处理能力，接下来我们分四部分来讲解性能分析调优。

（1）性能分析方法。

（2）基于单机的性能分析与调优。

（3）基于业务流程优化的性能调优。

（4）基于结构（分布式、业务拆分）的性能分析与调优。

注意

高可用性：通常来描述一个系统经过专门的设计，从而减少停工时间，而保持其服务的高度可用性。

高可靠性：产品在规定的条件下、在规定的时间内完成规定的功能的能力。

可扩展：易于扩大规模，尤其是具有良好的水平扩展能力，处理能力与机器数量呈线性关系。

下面的所有讲解都是针对 Java 应用 。

10.1 性能分析方法

性能分析是一个大课题，不同的架构、不同的应用场景、不同的程序语言分析的方法若有差异，抽象一下大致分为两类。

（1）自底向上：通过监控硬件及操作系统性能指标（CPU、内存、磁盘、网络等硬件资源的性能指标）来分析性能问题（配置、程序等问题）。因为用户请求最终是由计算机硬件设备来完成的，做事的是 CPU。

（2）自顶向下：通过生成负载来观察被测试的系统性能，比如响应时间、吞吐量；然后从请求起点由外及里一层一层地分析，从而找到性能问题所在。

不管是自底向上还是自顶向下，关键点就是生成负载、监控性能指标。与医生诊断类似，先检查，再下药。一些经验丰富的医生往往是通过病人的症状来进行诊断，此时经验表现出了高效；另外一些医生会要求查体温、化验血等检查然后才能确诊。表 10-1 演示了两种不同诊断方式（可能不严谨，只为说明问题）。

表 10-1 诊断方式

诊断方式	诊 断 手 段	结 论
自底向上	白细胞太高、体温 39.2 度	感冒发烧
自顶向下	头晕、头烫、鼻塞、有痰、没味口	感冒发烧

但是有些病人需要留院观察，这是为什么呢？多数是因为病症复杂，症状及化验结果不足以确诊（存在多种病症的化验结果或者症状相同的情况）；说的通俗点就是没把握，也就只有进行医疗尝试（尝试不同的药物不同的手段，观察是否有效）。这就类似于我们分析一些复杂性能问题，对一些怀疑的部分进行试验性修改，看能否提高性能，一一排除可疑之处。

上面我们说了两种方法，大家会问哪一种方法更好呢？哪种方法更简单一点呢？我想说的是方法无所谓好坏，只是一个思路。对于没有经验的性能测试工作者，提倡自底向上；对于经验丰富的性能测试工作者，先用自项向下的方式解决掉明显性能问题，再结合自底向上的方式分析更深层次的问题。

10.2　单机性能分析与调优

如图 10-1 所示为我们常见的系统架构，可以看到，问题出处大体分 3 部分，web 服务、App（应用）服务或者 DB。我们要分析性能无非就是分析这 3 部分了，我们的 Web 服务、App 服务一般运行在中间件上；中间件与 DB 运行在操作系统之上，操作系统来管理计算机硬件设备（CPU、内存、磁盘、网卡等设备），以上这些就是我们分析的对象。

下面我们用一个典型流程来讲解性能分析过程。

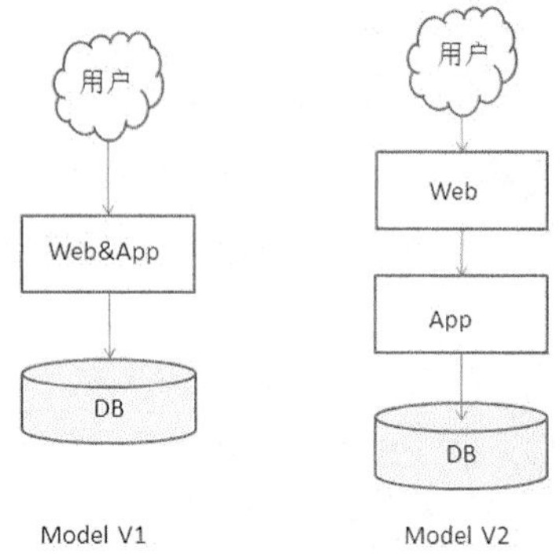

图 10-1　传统架构

10.2.1　性能分析流程

我们以 J2EE 应用为例来进行分析，如图 10-2 所示是我们常见的 J2EE 应用架构，一般分为 Web 层（请求接入、负载均衡、页面渲染等）、应用层（业务逻辑实现）、持久化层（数据记录）。图 10-2 虚线框中列出了在性能测试时我们需要关注的指标。

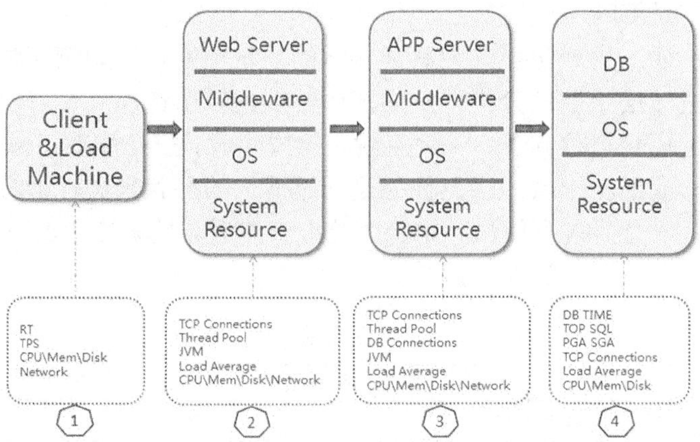

图 10-2　典型 J2EE 应用

Client：客户浏览器，比如 IE、Chrome 等访问 Web 页面。

Load Machine：是生成负载的机器，即我们的压测机器用来模拟用户负载。

Web Server：提供 Web 服务的服务器，即我们访问的 Web 页面由此服务器提供服务；一般部署在 Nginx、Apache 等中间件上。

Middleware：中间件，比如 Tomcat、Jboss、WebLogic 等。

OS：操作系统，Windows 或者 Linux。

System Resource：系统资源，比如 CPU、内存、磁盘、网络等。

App Server：应用服务，实现业务逻辑，比如生成订单，生成统计报表。

DB：数据库服务器，比如 Oracle、Mysql、SqlServer 等。

①：

RT：响应时间，一笔业务的完成时间。

TPS：每秒完成的事务数。

CPU：CPU 性能指标，比如 CPU 利用率、CPU 负载。

Mem：内存性能指标，比如可用物理内存、虚拟内存使用率。

Diks：Disk 性能指标，比如 Disk Time、IO 等待。

Network：网络指标，如带宽使用率，任务队列长度。

②：

TCP Connections：指 TCP 连接数，可以用 netstat 命令统计得到。

Thread Pool：中间件建立的线程池，监控线程状态。

JVM：JVM 性能指标，比如 GC 情况，Heap 使用情况。

Load Average：CPU 负载队列长度。

③：

DB Connections：中间件与数据库之间建立的连接数及连接状态。

④：

DB Time：消耗在数据库操作上的 CPU 时间。

TOP SQL：按内存占用由多到少排序 SQL，按 CPU 占用由多到少排序 SQL。

PGA、SGA：PGA\SGA 内存使用情况。

表 10-2 从性能测试工程师的角度讲解了通常的性能分析过程（操作系统以 Linux 为例）。

表 10-2 性能分析过程

序号	步骤名称	说　明
1	检查 RT	模拟用户发起负载后，采用自顶向下的方式首先分析 RT（响应时间）
2	检查 TPS	TPS 大时 RT 小，说明性能良好
3	检查负载机资源消耗	检查 CPU 使用率，CPU 负载（Load Average）确认是用户 CPU 占用高还是系统 CPU 占用高？ 前提：确认测试脚本没有性能问题，不会造成结果统计的不准确 检查内存使用情况，确认并发内存泄露风险，不会造成结果统计的不准确
4	判下负载机是否有性能问题	排除负载机的性能问题，确保测试结果可参考
5	检查 Web 服务器的资源消耗	（1）检查 CPU 使用率，确认用户 CPU 与系统 CPU 占用情况 （2）检查内存使用情况 （3）检查磁盘使用情况 （4）检查占用的带宽 （5）分析 Web 页面响应的时间组成，确认是什么请求影响了性能
6	确认是否 Web 服务器瓶颈	标判断是否是 Web 服务器硬件性能瓶颈。
7	检查中间件配置	确认是否是此配置问题
8	检查 APP 服务器资源消耗	关注 CPU、内存、磁盘、IO，判断是否是 App 服务器硬件性能瓶颈

续表

序号	步骤名称	说 明
9	数据库服务器资源消耗分析	（1）CPU 消耗，CPU 负载 （2）内存消耗 （3）IO 繁忙程度 （4）数据库监控 对 DB 不熟悉的读者可以找 DBA 帮忙监控分析
10	是否是 DB 性能问题	由监控结果来判断是否是 DB 性能问题
11	是否 SQL 问题	（1）定位最不合理的 SQL 占比 （2）索引是否正常引用 （3）检查共享 SQL 是否合理范围 （4）检查解析是否合理。 （5）检查数据 ER 结构是否合理 （6）检查数据热点问题 （7）检查数据分布是否合理 （8）检查碎片整理等
12	其他	比如网络阻塞、磁盘 IO 瓶颈、热点等

表 10-2 中列举了一种典型的分析思路，可以看到性能测试结果分析是一个考验综合知识的活动，涉及了多方面的知识，包括但不限于下面 7 部分。

（1）硬件知识（CPU、RAM、Disk、Net 等）。

（2）系统知识（OS——Linux、Windows）。

（3）中间件知识（JVM、Tomcat、Jboss、WebLogic、WebSphere 等）。

（4）数据库知识（Mysql、Sql Server、Oracle、DB2、Sysbase 等）。

（5）网络知识（比如截包分析）。

（6）程序知识，比如 Java 程序，如何让程序更高效。

（7）架构知识，比如 SSH 架构。

不过大家不用担心，现在都是团队协作，大型系统的复杂度已经不是一个人力所能及的事情；大型系统分工会比较详细，专职负责某一部分。上面提到的 7 个部分就可以是多个岗位（运维、程序员、架构师、DBA 等），每个岗位又配置专业人员，类似医院中的各科室医生，各类化验室等。性能分析时从他们那里获取性能指标数据，这些信息汇总后用来判断是否有性能问题。对于性能测试工程师来说我们首先要做到的事情是要知道监控哪些指标？这些指标反映什么问题？什么时候去关注这些监控信息？在性能测试执行与分析时你就是总设计师，负责协调这些事项。有关监控部分大家可以参考第 9 章，分别对 Linux 与 Windows 的监控分析做了讲解，同时也讲解了 JVM 的监控。这些内容是性能分析的基础，必须掌握。

10.2.2 系统性能关注点

下面我们针对图 10-2 的典型架构讲解一下性能关注点。

10.2.2.1 System Resource（系统资源）

系统资源包括 CPU、内存、存储介质等，这些是我们系统运行的基石，不同的应用系统业务不同，但是对系统资源的索求都是一样无度的，这些硬件资源的利用也相互影响。

一般硬件瓶颈的表现如下。

（1）CPU 利用率过高，CPU 利用率又分为系统 CPU（Linux 系统为例，操作系统占用的 CPU）与用户 CPU（用户程序占用的 CPU，比如我们运行的应用系统），过高原因常见有：

- 计算量大，比如运算、连接查询、数据统计。
- 非空闲等待，比如 IO 等待、资源争用（同一资源被不同线程请求，而此资源又需要保持一致性，只能前一个释放后一个再访问，这样导致的等待）。
- 过多的系统调用，系统调用即调用操作系统提供的程序接口，比如 Java 项目中写日志，会调用系统接口进行日志写操作；这样会导致系统 CPU 使用率比较高。
- 过多的中断，中断是 CPU 用来响应请求的机制，比如键盘的输入、鼠标的点击等都会产生中断，中断是通知 CPU 有任务需要响应，CPU 停下正在执行的程序来响应当前的中断。

（2）内存吃紧，内存吃紧的原因就比 CPU 要简单得多，多数是过多的页交换与内存泄露。什么是页交换呢？

我们知道内存是用来缓解磁盘与 CPU 之间的同步差，在内存中我们会缓存一些数据，但内存的容量是有限的，内存不够用来存储需要的数据时，操作系统会把原内存中的部分内容释放掉（移除或者存入磁盘），然后把需要的内容载入，这个过程就是页交换。比如读取一个大文件，比如我们常见的大文件下载功能。

Java 程序运行在 JVM 之上，JVM 的内存设置也是有限制的，有时候 JVM 堆内存中有些对象无法回收，久而久之就没有空间来容纳新的对象，最后导致 JVM 崩溃，这就是内存溢出，回收不了的这种现象就是内存泄露，这往往是由于程序原因引起的。

Windows 与 Linux 系统的内存管理机制会有差别，Windows 需要保留一定的物理内存供系统使用，Windows 为了缓解内存不足的情况设计了一个虚拟内存机制，把部分物理磁盘空间虚拟成内存使用。如果已经开始使用虚拟内存，多数是物理内存吃紧了。

Linux 则是尽可能地利用上所有的内存，比如开辟内存空间用来缓存数据。但是对于 Linux 来说，如果已经开始频繁地使用虚拟内存，也说明物理内存吃紧了。简单粗暴的方式就是加内存、加机器。最根本的方法是减少不必要的调用，减少内存资源占用。

（3）磁盘繁忙，数据读写频繁。我们知道，磁介质磁盘的读写是物理动作，所以速度受限。如果频繁地对磁盘进行读写，因为磁盘的瓶颈导致的 CPU 等待的情况会激增。虽然现在有了 SSD，但 SSD 相当昂贵，所以磁盘的瓶颈问题是相对突出的问题。

（4）网络流量过大。高并发系统由于访问量大，带宽需求会比较大，导致网络拥堵。比如一个 PV（访问一个页面的单位）100K，同一时刻 10 万用户在访问，那么此时占用带宽大约就是：100K*100000=977MB，换算成 bit/s 是 7.8Gbit/s。

10.2.2.2 OS（操作系统）

操作系统是管理系统资源的管理平台，不同的操作系统对运行的应用系统会产生不同的影响。我们简单地把系统分为 Linux 与 Windows 两个阵营。Windows 操作系统倾向于将更多的功能集成到操作系统内部，并将程序与内核相结合；而 Linux 不同于 Windows，它的内核空间与用户空间有明显的界限。

Windows 与 Linux 在内存分配上面有区别，Linux 将尽可能地利用可用内存，所以在 Linux

系统中我们一般不讨论内存利用率，需要考虑 Buffer 与 Cache 内存及可用内存；在 Windows 中我们只看一个可用内存就够了。内存够不够用，不能只看上述这些方面，我们还要结合其他的参数：页交换、中断、缺页中断等来分析是内存不够用还是磁盘有性能瓶颈。

另外操作系统对线程数量一般都是有控制的，这个也会影响到服务器提供服务的一个水平，随着 64 位系统的普及，这方面的影响将变得较小，我们也可以手动去调整这个限制。

我们在分析系统性能时，多数是通过事务的响应时间来倒推找出性能瓶颈出现的位置，同时也会监控硬件平台及中间件，通过这些监控信息，我们能够确认硬件平台的性能瓶颈在哪里。比如过多的 CPU 中断及等待很有可能就是内存与磁盘有瓶颈；磁盘与内存已经够快够大，那么问题就可能出现在上一层，比如是程序低效，程序读取或者写入了大量的数据，导致内存中页交换频繁，磁盘读写量大。

操作系统要关注的是：

（1）系统负载：Windows 是 Processor Queue Length，Linux 是 load average。意思就是 CPU 的任务队列长度。CPU 任务队列是由操作系统来控制的，所以是操作系统层面的监控项。现在多数系统都已经是多 CPU 多核的服务器了，在计算这个 load average 时要考虑 CPU 的个数与核数，建议 CPU 使用率 70%以下。

（2）系统连接数的控制，操作系统为了安全会限制外部及内部建立 TCP 连接的数量，在服务器环境我们需要提供大量的服务，TCP 连接数量会很大，此时需要修改这个 TCP 连接数的限制。

（3）缓存：一般操作系统都会有缓存机制，内存不够时还会有虚拟内存机制，这些都是用来提高 IO 效率的手段。

10.2.2.3　DB（数据库）

当前我们绝大多数应用系统都离不开关系型数据库的支持，系统性能的好坏很大一部分是由数据库系统、应用系统数据库设计及如何使用数据库来决定的。简单地把这些应用系统分为 OLTP（On-Line Transaction Processing 联机事务处理系统）与 OLAP（联机分析处理 On-Line Analytical Processing，OLAP）两种，不同的系统应用决定了不同的设计方法，不同的设计方法将表现出不同的性能。表 10-3 为 OLTP 与 OLAP 的粗略比较：

表 10-3　OLTP&OLAP

	OLTP	OLAP
用户	普通用户（员工、客户）	高级管理人员（决策人员）
功能	日常操作	统计分析
DB 设计	面向应用	面向主题
数据	当前数据、面向细节	过程数据、多维分析
存取	少量读与写	大量读
工作单位	简单事务	复杂分析查询统计
用户数	多	少
DB 大小	MB 到 GB	GB 到 TB

对于 OLTP 类型常规办法是：

（1）优化业务过程，尽量减少数据请求，不管是读还是写。

（2）优化 SQL 语句提高效率。

对于 OLAP 类型常规办法是：

（1）预处理，比如物化、多维数据，先把数据放在后台统计，生成一个较小的数据集，然后程序对物化后的数据进行访问来减小系统压力。

（2）分而治之，比如并行查询。

（3）优化语句提高效率。

当前我们面对的系统大多数都是 OLTP 类型，经常要关注的是：

（1）慢查询

（2）大事务

（3）死锁

（4）DB Time 高

（5）磁盘 IO 等待时间

（6）对于一些热点数据，可以置入内存，提高响应速度，常见的缓存如 memcache、redis 等，Hibernate 这种 ORM 模型的框架也提供了二级缓存支持。

10.2.2.4 Middleware（中间件）

J2EE 架构的程序多数运行在 Tomcat、Jboss、WebLogic、WebSphere、Jetty 等中间件上。作为 Java 应用程序容器，中间件有其特定的指标项。

JVM：中间件是运行在 JVM 之上，我们需要监控 JVM 堆内存使用情况。包括 GC 频率，线程状态等。Full GC 操作是对堆空间进行全面回收，此时是停止响应用户请求的，所以频繁地 Full GC 会影响响应时间。监控线程运行状态可以帮助我们了解到线程的繁忙程度，一般我们要关注状态是 Blocked 状态的线程，此状态说明当前线程运行相对较慢，长时间的 Blocked 可能是因为线程阻塞（任务繁重或者响应慢），甚至造成死锁。

Thread pool：中间件在接收用户请求时为了节省建立连接、销毁连接的资源消耗，设计建立线程池，需要监控其使用情况，一般当超过一定的使用率时可以考虑加大连接池数量。

DB Connections pool（数据库连接数）：为了节省程序与 DB 建立连接、释放连接的资源消耗，设计了数据库连接池，在测试执行过程中也需要监控其使用情况，当超过一定的使用率时可以考虑加大连接数数量。

不管是 ThreadPool 还是 DB Connections Pool，我们都可以通过 netstat 命令统计到其连接数。

10.2.2.5 App Server（应用程序）

当前的系统都采用分层开发的方式，各层分别完成不同工作；分层不但用来简化工作的复杂度，还用工程思想来组织系统开发运作，方便协作，不同的人员各司其职完成自己善长的部分，层次清晰，方便维护及管理。

不同的架构当然也存在着不同的性能短板，抽象层次越高（底层封装程度越高），开发效率越高，对开发人员要求越低（基础功能底层已经实现，开发人员专注业务实现），性能风险越大。往往性能风险都会集中在这一层次。我们常见的 SSH（Spring Struts Hibernate）架构是 MVC 模型，结构如图 10-3 所示。

展现层 View（V）负责展现内容，Controller（C）负责请求接收，前台逻辑跳转；Model（M）层实现业务逻辑，返回数据；数据层负责与数据库打交道。这里我们把业务逻辑与数据访问归类到应用程序部分，展现层归到 Web 服务层（Web Server）。

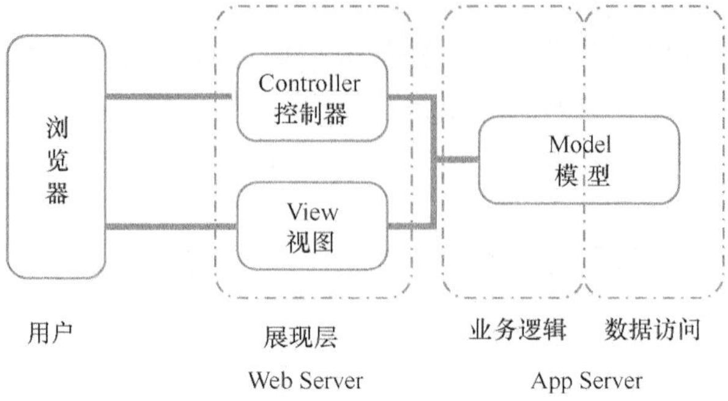

图 10-3 系统分层

在应用程序这一层我们的性能问题多数表现在程序逻辑混乱，调用复杂，甚至是设计不合理。言而总之就是低效程序或者是相对低效程序。

比如 App Server 提供了 I 接口，性能测试时我们可以直接调用这个接口进行测试，自然可以精确衡量其响应时间，然后分析其性能，不过一般我们并不需要这样做。我们可以通过排除法来分析是否是 App Server 的问题。

如图 10-3 所示，展现层不参与业务逻辑处理，性能问题基本不在此层（当然现在流行用大量 JS 来构造前端页面，性能也是一个不可忽视的部分，读者可以参考第 13 章，其中提到了部分关于前端性能的分析），如果事务的响应时间长，我们可以先看下 DB 的情况，如果 DB 响应较快，那业务层或者是数据层的性能嫌疑就比较大；此时分析线程栈的信息来找出问题程序。

10.2.2.6 Web Server（Web 服务）

按照分层开发的理论来讲，这一层仅仅是页面跳转控制与结果的渲染（图 10-3 中的展现层）。当前前端技术的多样化，展现的内容也更加丰富，内容多也导致了一些前端性能问题。

关注的问题如下。

（1）页面 Size：动态数据、CSS、JS、图片等的大小。

（2）隐藏的，无用的数据传输：开发过程中为了方便，我们会继承一些基类，我们需要考虑成本，最好不要有大对象生成。还有我们在做 SQL 查询时，只查询需要的字段，对于无用字段排除掉，避免不必要的数据传输。

对于 Web 服务性能优化的方向一般是：

（1）页面静态化，比如新浪的新闻，先进行静态化然后提供访问，减小 DB 负担。

（2）减小页面 Size；

图片变得更小；

CSS 合并；

JS 精减等；

压缩页面，从图 10-4 中可以看到 Accept-Encoding:gzip，这就是对页面内容进行了压缩。

客户端缓存图片、样式及 JS。

（3）砍掉无用请求，无用数据传输。

（4）对数据做异步处理，事情分为多步，先完成优先级高的事情。这就是异步的好处，体验提高，用户停留时间更长，刺激更多消费。大家可以试用下去哪儿网站，我们查询机票都是一部分一部分加载的，采用了动态加载方式（后台以 JSON 的方式传输数据，前台使用 JS 动态加载渲染这些数据），尽量只传输动态数据，尽量异步处理请求（多个请求分开传输）。

（5）智能 DNS 及 CDN 加速，让响应数据离用户更近，回避缓解网络瓶颈。

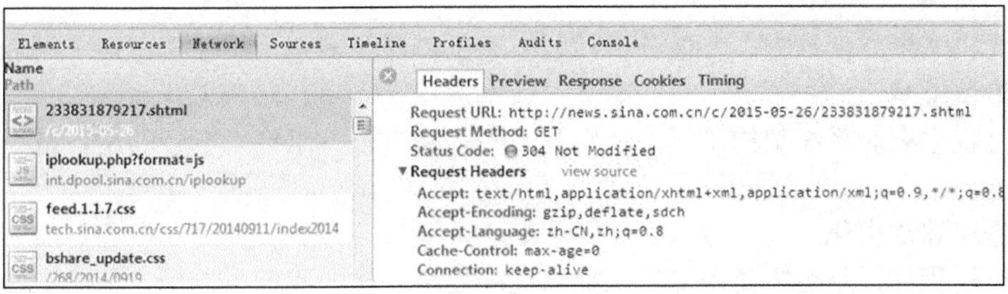

图 10-4 系统分层

10.2.3 程序优化

程序调优是治本的手段，当前性能测试往往都是在 SIT 测试完成后进行，性能问题暴露得太晚，这个时候去修改代码，风险较大，关联业务的相互影响是我们需要考虑的事，那么我们需要重新进行 SIT 测试，性能回归测试等一长串的测试工作，势必会加长项目周期。时间成本又是不能逃避的现实，在时间就是金钱的社会，我们给不了项目团队过多的时间，尤其是敏捷开发，实时性很强的系统，诸多的不确定性导致了我们不敢、不能、不提倡去做伤筋动骨的程序调整，也只能局限在小范围之内。但是随着对问题的深入研究，甚至可能推翻先前的设计，以及对业务实现的改动，这就摊上大事了，所以性能往往要提前规化，先架构后程序（先整体后个体）。

系统框架选择

SSH（Struts、Spring、Hibernate）架构是当下最流行的 MVC 模型。SSH 架构为我们提供了明晰的层次结构，各层协同完成业务实现，简化了程序设计过程，加快了程序交付进程。架构丰富的组件虽然给我们带来了便利，但也有它的短板。

比如对于大型的业务系统，特别是大数据量的分析计算过程，我们如果把大量的数据从数据库取出然后利用应用程序（Java）来进行分析计算，势必会增加网络的传输，而且在程序中进行处理可能并不是最佳实践；如果换成是在数据库中进行处理，我们可以进行连接查询、批处理等操作，不断会减少网络传输，性能也会得到提升。所以我们不能为了遵循架构，为了开发方便而唯架构论，我们应该根据不同的应用场景选择更合适的处理方式。

程序优化

低效代码优化，这里说的低效代码排除上面说到的架构问题，纯粹是程序逻辑及算法低效。比如逻辑混乱、调用继承不合理、内存泄漏等。常用的解决方法如下。

（1）表单压缩

压缩表单，减少网络的传输量达到提高响应速度的效果。

（2）局部刷新

页面中采取局部内容获取的方式，减少向服务器的请求，服务器由于负载小当然就能更快地响应，或者说客户的体验会更好。

（3）仅取所需

只向服务器请求必要的内容，只向客户端发送必要的表单内容，减少网络传输，减轻服务器负担。

（4）逻辑清淅

程序逻辑清晰方便维护，方便分析问题；不做错误及多余调用，资源请求后能够释放。

（5）谨慎继承

开发过程中要对系统架构了解，特别是一些基类、公共组件，合理利用，减少大对数像产生的可能。

（6）程序算法优化

试着分析程序，是否需要用算法来提高程序效率，比如我们可以用二分法来做物料计划（不用扫描整个库存数据与物料需求做对比，我们只需要找到满足需要的库存数据即可以停止遍历，一般来说这样效率至少可以提高一个数量级，当然这也取决于库存数量与需求的物料种类及数量）。

（7）批处理

对于大批量的数据处理，最好能够做成批处理，不会因为单次操作而影响系统的正常使用。

（8）延迟加载

对于大对象的展示可以采用延迟加载的方式，层层递进的显示明细。比如我们分页显示列表内容，往往我们只显示主表的内容，附表的内容在查看明细时才去请求。

（9）防止内存泄露

内存泄露是由于对象无法回收造成的，特别是一些长生命周期的对象风险较大。比如用户登录成功后，系统往往会把用户的状态保存在 Session 中，如果同一用户再次登录时（前一次并没登出）我们会在 Session 中检查一下此用户是否已经在线，如果是就更新 Session 状态，不是就记录 Session 信息。另外我们还会做一个过滤器，对于长时间不活动的用户进行 Session 过期处理。笔者以前就碰到系统不做这样的处理，最后导致内存溢出。

（10）减少大对象引用

防止在程序中声明及实例化大对象，不能为了方便而设计出大对象。比如有些工程师为了图方便，会把用户的功能权限、数据权限、用户信息统统都放在一个对象中，而实际上系统中多数用户并不一定都要用这些信息，所以这个对象中存放这么多信息就是浪费，自然占用的堆空间就大；我们可以拆分成多个更小的类。

（11）防止争用死锁

一般出现在线程同步的场景，不同线程对同一资源的争用通常会导致等待，处理不当会导致死锁。可以适当采用监听器、观察者模式来处理这类场景，核心思想就是同步向异步转化。如果是 OLTP 系统，在程序优化的背后还有数据库的优化，涉及表结构、索引、存储过程及内存分配等。

（12）索引：编写合理的 SQL，尽量利用索引；

索引是大家通常都会注意的性能点，但往往是有心注意，无心使用。

（13）存储过程：为了减少数据传输到应用程序层面，一般会在数据库层面利用存储过程来完成数据的逻辑运算，只需要回传少量结果给应用层。当然现在分布式数据库并不主张用存储过程，数据库仅仅用来做存储，从物理设计、并发处理方面来提升性能。

（14）内存分配：合理地分配数据库内存，比如 PGA 与 SGA 的设置；当然我们在操作数据库的同时也要避免冲击内存的底限，比如我们对于大数据不提供 Order by 的操作，避免 PGA 区域被占满，即使允许排序，也要限定查询条件来减小数据集的范围。

（15）并行：使用多个进程或者线程来处理任务，比如 Oracle 中的并行查询，Tomcat 的线程池。当然也要避免并行时的数据争用而导致的死锁；OLTP 类型系统并行及数据争用的机率比较大，尤其要注意提高程序效率，减少争用对象的等待；程序要防止互锁（甲需要资源 A、B，乙需要 B、A；此时甲占有 A 等待 B，正好乙占有 B 等待 A，此时就容易互锁）。

（16）异步：比如用 MQ（消息中间件）来解藕系统之间的依赖关系，减少阻塞。

（17）使用好的设计模式来优化程序，比如用回调来减少阻塞，使用监听器来阻塞依赖。

（18）选择合适的 IO 模式，比如 NIO、AIO 等。

10.2.4 配置优化

提起配置优化，大家应该在脑子里立即闪现 JVM、连接池、线程池、缓存机制、CDN 等优化手段，这些优化提高了资源利用率，最大限度地压榨出服务器性能。

JVM 配置优化：合理地分配堆与非堆的内存，配置适合的内存回收算法，提高系统服务能力。

连接池：数据库连接池可以节省建立连接与关闭连接的资源消耗。

线程池：通过缓存线程的状态来减少新建线程与关闭线程的开销，一般是在中间件中进行配置，比如在 Tomcat 的 server.xml 文件中进行配置。

缓存机制：通过数据的缓存来减少磁盘的读写压力，缩小存储与 CPU 的效率差。

10.2.5 数据库连接池优化

数据库连接池存在的意义是让连接复用，通过建立一个数据库连接池（缓冲区）以及一套连接使用、分配、管理策略，使得该连接池中的连接可以得到高效、安全的复用，避免了数据库连接频繁建立、关闭的开销。

连接池的好处及如何建立我们就不多述，直接进入大家最关心的问题：

（1）连接池的配置参数。

（2）连接池配置多少连接合适。

（3）监控连接池。

连接池原理大同小异，在此我们以 C3P0 为例来进行讲解。

10.2.5.1 连接池配置参数

在实际运用中我们常利用数据库线程池来提高连接的效率，C3P0 是常见的连接池实现。表 10-4 是典型的 Spring+Hibernate+C3P0 的配置，具体含义也进行了注释，同时大家也可以参照 Mchange 官网的说明来加以认识。

表 10-4 C3P0 连接池配置示例

```
<bean id="dataSource" class="com.mchange.v2.c3p0.ComboPooledDataSource" destroy-method="close">
<property name="driverClass" value="oracle.jdbc.driver.OracleDriver"/>
<property name="jdbcUrl" value="jdbc:oracle:thin:@localhost:1521:ORCL"/>
<property name="user" value="selling"/>
<property name="password" value="seling"/>
<!-- 连接关闭时默认将所有未提交的操作回滚。默认为 false -->
<property name="autoCommitOnClose" value="true"/>
<!-- 连接池中保留的最小连接数-->
<property name="minPoolSize" value="2"/>
<!-- 连接池中保留的最大连接数。默认为 15 -->
<property name="maxPoolSize" value="15"/>
<!-- 初始化时获取的连接数，默认为 3 -->
<property name="initialPoolSize" value="3"/>
<!-- 最大空闲时间，超过空闲时间的连接将被丢弃。为 0 或负数则永不丢弃。默认为 0 秒 -->
<property name="maxIdleTime" value="60"/>
<!-- 当连接池中的连接用完时，C3P0 一次性创建新连接的数目。默认为 3 -->
<property name="acquireIncrement" value="3"/>
<!-- 定义在从数据库获取新连接失败后重复尝试获取的次数，默认为 30 -->
<property name="acquireRetryAttempts" value="3"/>
<!-- 当连接池用完时客户端调用 getConnection()后等待获取新连接的时间，超时后将抛出 SQLException，如
设为 0 则无限期等待。单位毫秒，默认为 0 -->
<property name="checkoutTimeout" value="10000"/>
</bean>

<bean id="sessionFactory" class="org.springframework.orm.hibernate3.LocalSessionFactoryBean">
<property name="dataSource" ref="dataSource" />
<property name="mappingDirectoryLocations">
    <list>
    </list>
</property>
<property name="hibernateProperties">
    <props>
        <prop key="hibernate.dialect">org.hibernate.dialect.OracleDialect</prop>
        <prop key="hibernate.show_sql">true</prop>
        <prop key="hibernate.format_sql">false</prop>
        <prop key="hibernate.generate_statistics">true</prop>
        <prop key="hibernate.connection.release_mode">auto</prop>
        <prop key="hibernate.autoReconnect">true</prop>
        <prop key="hibernate.transaction.flush_before_completion">true</prop>
        <prop key="hibernate.cache.use_second_level_cache">false</prop>
        <prop key="hibernate.cache.use_query_cache">false</prop>
    </props>
</property>
</bean>
```

10.2.5.2 配置多少个连接数

上面我们列出了 C3P0 连接池的相关配置，那么到底配置多少个连接呢？

原则：按需分配，够用就好。

公式：没有精确的公式进行计算，可以通过测试来估算。比如以单位时间的业务量或者并发数为单位，监控使用了多少连接数，再以此为单位进行放大。一般来讲数据库连接池的数量要小于中间件线程池的连接数量。

10.2.5.3 数据库连接池监控

通过对中间件的监控来监控数据库连接池，图 10-5 中我们通过 Probe（有兴趣的读者可以从 Google Code 获取）来监控连接池，图 10-5 中 3 个连接都是 BLOCKED，说明此时连接正忙，如果长时间不释放，后续的请求就拿不到连接，直到等待超时。

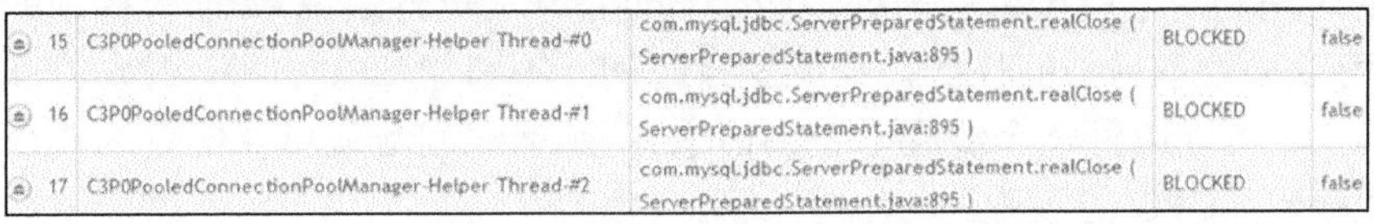

图 10-5 线程监控

监控工具有多种，比如 Probe，PL/SQL 等。我们既可以用命令进行查询，也可以用监控工具监控其状态，下面我们直接用命令来查询 MySQL 的连接状态。

MySQL 用语句查询如图 10-6 所示。

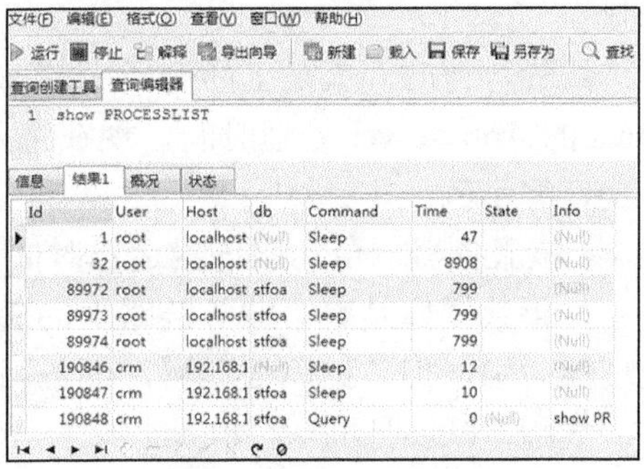

图 10-6 MySQL 线程监控

如果 Command 行一直是 Execute 的话代表连接一直在执行任务，如果连接数全占满，后续请求就只有等待，要么等到释放后有空的线程，要么超时报错。读者可到 MySQL 官方网站搜索有关 MySQL 线程状态的知识。

10.2.6 线程优化

线程的优化本来属于配置的优化，把线程优化作为一个章节是为了清楚说明线程优化方法。

10.2.6.1 线程池优化

为什么要有线程池?

线程池是为了减少创建新线程和销毁线程的系统资源消耗。

系统性能差一般有以下两种明显的表现：

第一种是 CPU 使用率不高，用户感觉交易响应时间很长；

第二种是 CPU 使用率很高，用户感觉交易响应时间很长。

对于第一种情况，可能是由于系统的某一小部分造成了瓶颈，导致了所有的请求都在等待。比如，线程池的数量开的太小，导致所有的请求都在排队等待进入线程池，因为没有可用的线程使用，所以这个交易请求一直在排队，导致交易响应时间很长。

对于第二种情况，比较复杂。可能是硬件资源不够，也可能是应用系统中产生了较多的大对象，还可能是程序算法等问题。

10.2.6.2 CPU 处理能力

线程池配置多少与 CPU 处理能力相关，比如 CPU 一核心每秒能处理 10 个任务（请求），那么一颗 4 核心的 CPU 每秒理论上能处理 40 个任务。在同一时刻 CPU 最多只能处理 4 个任务（只有 4 个核心），所以理论上线程池配置 4 个连接。

但现实往往与理论的想法是有差距的，比如一个查询请求传送到 App Server，然后到数据库。在 App Server 中我们配置线程池时要受制于数据库的处理能力。比如 App Server 处理请求 CPU 耗时 20ms，数据库处理耗时 40ms，那么就是说整个查询请求至少耗时 20+40=60ms（这里不考虑网络传输的耗时）。也就是说在整个 60ms 过程中 CPU 可以有 40ms 的闲时，如果这 40ms 的时间利用上就可以用来处理两个查询请求（也就是说 CPU 等待别的资源返回数据的过程中可以去处理另外的任务，统筹安排时间，不考虑 CPU 中断切换的耗时）。所以当前的情况下 CPU 可以应付 3 个线程（查询请求）；那么线程池就可以配置为 3 个，这样线程池的 Size 就大于了 CPU 的数量。

所以服务器端最佳线程数量=((线程等待时间+线程 CPU 时间)/线程 CPU 时间)* CPU 数量

线程等待时间就是上面例子中的 40ms（数据库处理请求的耗时），线程 CPU 时间就是 20ms 的 App Server 处理时间，现在都是多核 CPU，所以还要乘 CPU 数量。

计算示例：

4 核服务器一台，服务器运算时间为 20ms，DB 查询产生 IO 的时间为 40ms。

如果数据库是整个业务链路上的瓶颈，App Server 要等待数据库返回结果（App Server 处理能力强，但数据库处理慢，任务阻塞在数据库，间接导致 App Server 阻塞），按木桶原理，线程 CPU 时间就是 40ms。

线程数计算如下：

线程数量=4*（40+20）/40 =6。原先线程 CPU 时间为 20 时，线程数=4*（40+20）/20=12。

可以看到，数据库瓶颈的线程数量要减小一半，此时我们性能调整首要从数据库开始。

IO 开销较多的应用其 CPU 线程等待时间会比较长，所以线程数量可以多一些，CPU 可以腾出时间来处理别的线程任务，相反则线程数量要少一些。

CPU 开销较多的应用一般来讲只能开到 CPU 个数的线程数量。似乎这种应用的 TPS 就不高，但如果计算相当快，此应用的 TPS 也可以很高。下面我们来分析一下 TPS 与线程的关系：

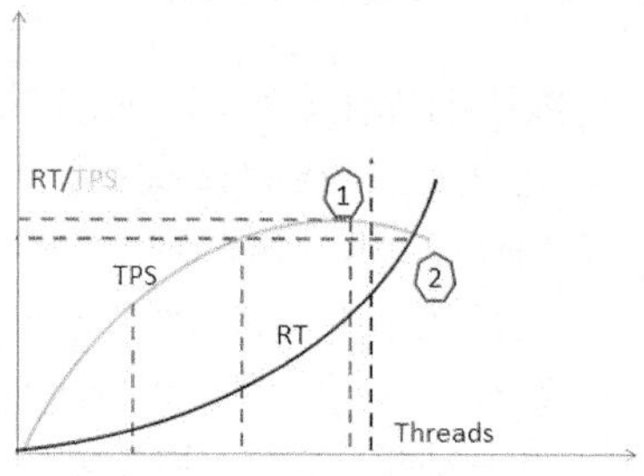

图 10-7 线程与 TPS 关系图

TPS 和线程数的关系如图 10-7 所示。

（1）在最佳线程数量之前，TPS 和线程数是互相递增的关系，线程数量到了最佳线程之后，TPS 持平，不在上升，甚至略有下降，同时响应时间持续上升。

（2）同一个系统而言，支持的线程数越多（最佳线程数越多而不是配置的线程数越多），TPS 越高。

①TPS 线：随着线程数的增加（未达到最大线程数时）TPS 增加；到达最佳点时不再增加。

②RT（响应时间）线：随着线程数及 TPS 的增加响应时间也会往上增加，线程数越大，TPS 越大，系统越繁忙，响应时间也会增大。

10.2.6.3 内存容量

每一个线程的实例都会占用一定的内存（栈空间）空间，这个值是可以累加的，我们可以很快计算出服务器到底能支持多少线程。

比如：一个线程如果需要开辟 256K 内存（Heap 栈的大小）来保存其运行时状态，那么

1G 内存就可以支持 4096 个线程。

笔者进行了一个实验，验证在 Java 环境下不同堆空间时能够开启的线程数，如表 10-5 所示，我们指定线程栈的大小为 1M，在本机上可以开启 1801 个线程；把线程栈大小设为 128K，则可以开启 13401 个线程（注意有的操作系统对线程数会有限制）。

表 10-5　　线程实验

```
-Xms32M -Xmx64M -Xss1M -XX:+HeapDumpOnOutOfMemoryError
counts: 1801
Exception in thread "main" java.lang.OutOfMemoryError: unable to create new native thread

//把 Xmx 设大可以建立的线程数反而变小
-Xms64M -Xmx128M -Xss1M -XX:+HeapDumpOnOutOfMemoryError
counts: 1601
Exception in thread "main" java.lang.OutOfMemoryError: unable to create new native thread

//把 Xss 设小线程数反而更多
-Xms16M -Xmx32M -Xss128K -XX:+HeapDumpOnOutOfMemoryError
counts: 13401
Exception in thread "main" java.lang.OutOfMemoryError: unable to create new native thread
```

也就是说，内存对于线程数的影响我们可以通过加大内存容量及调整 JVM 堆空间大小来调节。那为什么会与 JVM 相关呢？

是因为在 JVM 内存空间每开辟一个线程时，操作系统相应地也开辟一个线程与之对应，所以有下面的计算公式：

```
Number of threads = (MaxProcessMemory-JVMMemory-ReservedOsMemory)/ThreadStackSize
```

MaxProcessMemory：系统识别的最大内存，比如 32 位系统识别 2G 内存空间，64 位系统识别基本无上限。

JVMMemory：JVM 内存。

ReservedOsMemory：保留给操作系统运行的内存大小。

ThreadStackSize：线程栈的大小，Jdk6 默认是 1M。

图 10-8 所示为 SQL Server 官方对于线程数的推荐配置，可以作为参考。

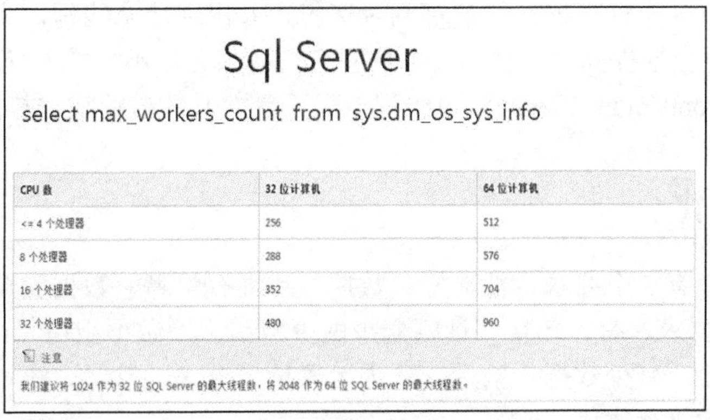

Sql Server

select max_workers_count from sys.dm_os_sys_info

CPU 数	32 位计算机	64 位计算机
<= 4 个处理器	256	512
8 个处理器	288	576
16 个处理器	352	704
32 个处理器	480	960

注意

我们建议将 1024 作为 32 位 SQL Server 的最大线程数，将 2048 作为 64 位 SQL Server 的最大线程数。

图 10-8　Sql Server 线程数

10.2.6.4　系统线程数限制

Linux 下查看线程：

```
ps -efL | grep [进程名] | wc -l
```

Linux 查看系统限制：

```
/proc/sys/kernel/pid_max
/proc/sys/kernel/thread-max
max_user_process(ulimit -u)
/proc/sys/vm/max_map_count
```

Window 下查看线程：

最简单的方式就是在任务管理器中查看（图 10-9），注意有一个“线程数”列。如果无法看到，大家可以到“选择进程页列”中勾选一下线程数选项。也可以用命令行的方式查询，比如 tasklist（需要下载安装）。

Window 线程数限制

在注册表中查找这个键：TcpNumConnections，现在 Win7 已经没有限制了。

线程调整总结

线程数的控制基本就是一个漏斗模型（见图 10-10），我们要从漏斗模型的每一个关节加以分析，上层开口大，下层开口小，当下层有瓶颈处理不了时就会造成业务阻塞。在经过了上面的各项计算与预想后，我们还得进行实际的测试，以验证线程数是否合适。

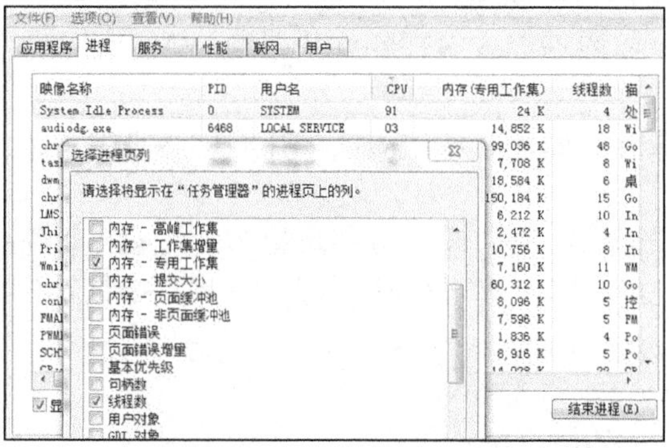

图 10-9　Windows 线程数查看

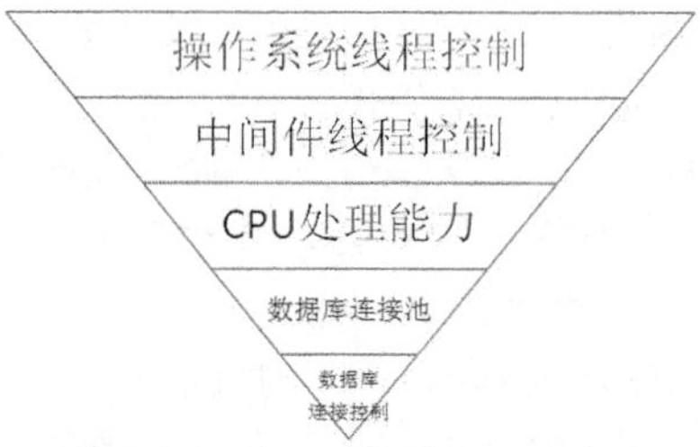

图 10-10　线程限制模型

如果觉得实验来确定线程数的设置太复杂，可以使用经验值来进行配置，后期密切监控。

比如，如果你有 8 个处理器，它们都同时运行，并出现堵塞线程，为了提高效率你就要降低线程数，为了适当地提高客户体验（不响应客户请求总是不好的），你可以容忍部分线程排队，也就是让 acceptCount（Tomcat 中线程池配置参数）数量的线程排队。

10.2.7　DB 优化

通常使用数据库有 3 个要求，性能好、数据一致性有保障、数据安全可靠；数据库优化的前提也是这 3 个要求。有一句玩笑话叫着少做少犯错，不做不犯错。DB 优化的思路就是少做，减少请求次数，减少数据传输量，减少运算量（查询、排序、统计）。以 Oracle 为例大体从下面几个方向进行优化。

（1）优化物理结构，数据库逻辑设计与物理设计要科学高效，比如分区、索引建立、字段类型及长短、冗余设计等。

（2）共享 SQL、绑定变量、降低高水位。

共享 SQL、绑定变量旨在减少 SQL 语句的编译分析时间；

降低高水位旨在减少遍历范围，提高查询效率。

（3）查询器优化，特殊情况调整执行计划。指定的执行计划加快查找速度。比如连接查询时指定驱动表，减少表的扫描次数。

（4）单条 SQL 优化，对单条 SQL 进行优化分析，比如查询条件选择索引列。

（5）并行 SQL，对数据量巨大的表的数据遍历，用多个线程分块处理任务。

（6）减少资源争用（锁、闩锁、缓存），可以提高 IO 效率减小响应时间从而提高吞吐量来缓解争用，比如用缓存；可以物理拆分把热点数据分布在不同表空间。

（7）优化内存、减少物理 IO 访问。

- SGA（缓存高频访问数据），比如我们把客户信息载到内存中。
- PGA（排序、散列）。
- AMM（自动内存管理）人工干预。

（8）优化 IO，进行条带化、读写分离、减少热点等。

> **注意**
>
> 单系统性能分析的思路是通过现象结合监控锁定性能问题（程序、配置、IO 等）。
>
> 单系统性能调优的思路是减少资源占用，减少请求。

10.3 业务流程优化

准确地说是业务架构调整，业务架构是整个系统好坏成败的关键，对此处做调整就是推翻先前的设计，风险比较大。架构调整伴随着程序修改、系统测试、性能测试，对于即将上线的项目是不能承受之重（就如房子搭好了你告诉我框架有问题，需要推倒重来）。如果我们要做这些调整，最好是在业务架构设计之初就考虑这些问题。IT 巨头们（IBM、SAP、Oracle、HP……）在业务分析这块几乎垄断了整个市场，侧面证明了业务架构之重。

对于架构师的要求很明确，不仅要具备强大的业务分析能力，做出优秀的业务架构，天马行空的想法最终还是要落实到程序实现上，还得结合程序实现来做出一个高效的程序架构。显然这不是一件容易的事情。我们只有期望在架构设计阶段，不管是业务架构还是程序架构都能够重点考虑性能。现实往往是残酷的，反过来想一下，正是因为这种矛盾的存在才导致了性能测试及性能调优的存在。

10.4 结构优化

业务增长导致的性能问题推动着架构的发展，下面我们沿着系统架构的演变过程来分析系统性能与调优方式。

10.4.1 单机结构

如图 10-11 所示是常见的传统架构，Model V1 模型中 Web 服务与 App 服务在一台服务器上（Web 服务做页面渲染；App 应用程序执行业务逻辑），随着业务的增长，单节点的 Web 服务或者 App 服务不堪重负，毕竟机器硬件水平是有限的。在程序无法优化（基于成本）的情况下最直接的办法就是增强机器性能，或者如 Model V2 模型，把 Web 服务与 App 服务拆分。同样的随着业务的快速增长继续会出现性能瓶颈，尤以 DB 的性能瓶颈最常见。比如 DB 承受的 IO 压力大，导致 IO 等待，从而影响客户体验；对于 Web&App 服务频繁读写文件也会导致 IO 瓶颈，比如日志（业务日志、访问日志等）写，实际上多数性能瓶颈最终都落到磁盘瓶颈上。

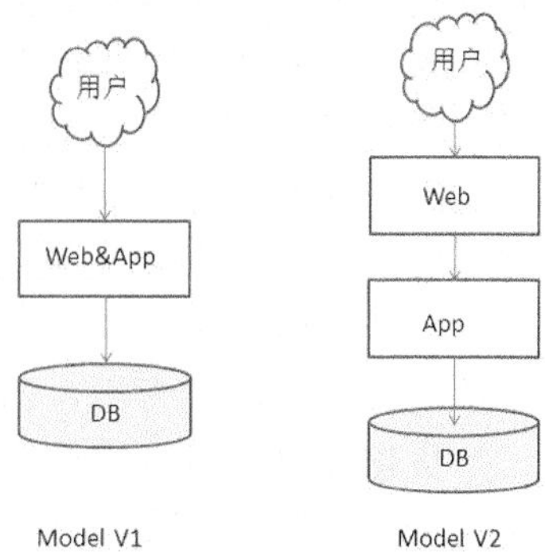

图 10-11 传统架构

为了满足性能要求，通常我们会进行性能优化，当我们进行单系统性能调优后仍然无法满足性能要求（假设暂时没有有效的性能优化手段，或者已经优化到极致）时，我们就只有采用分而治之的办法，于是集群方案就产生了。

10.4.2 集群结构

如图 10-12 所示 Model V3 结构 Web&App 服务都可以用多台机器来进行负载分担，DB 的瓶颈也可以采用分区、分库、分表的方式来缓解；分库、分区、分表宗旨是减小遍历范围，提高响应速度。

还可以采用读写分离的方式来减轻单台服务器的 IO 负担，相当于增加了机器的处理能力。读写分离比较适合以读操作为主的应用，可以减轻写服务器压力，但是读服务器会有一定的延迟。当一些热点数据过多时，我们还可以对这些热点数据进行缓存（Model V4）。

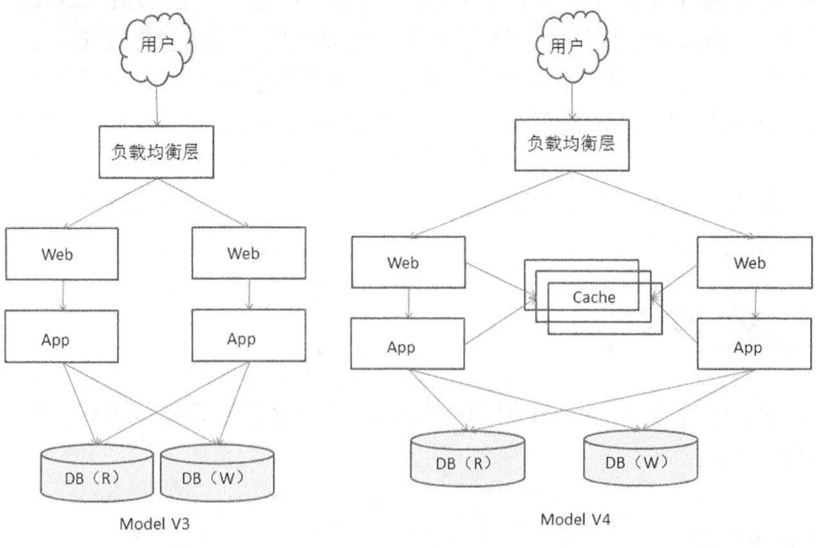

图 10-12 集群架构

对于负载均衡层，目前主要是在 TCP\IP 协议的四层与七层进行负载分发，四层负载流行的有 LVS（LVS 集群采用 IP 负载均衡技术和基于内容请求分发技术，目前互联网公司大量使用，如阿里、京东等）、F5（强大的商业交换机，好处是快、但就是贵），七层流行的有 Tengine、Nginx、Haproxy、Vanish、ATS、Squid 等。目前互联网企业多采用 LVS+Tengine/Nginx 的组合来进行负载均衡。

Model V3、Model V4 的集群架构基本能够解决多数企业的性能问题，但缺点也比较明显。多个 Web 服务器之间的用户请求状态（Session）需要同步（为保证高可用，如果其中一台宕机，另一台服务器能够正常处理用户请求，专业术语叫 Session 黏滞），这会消耗不少 CPU 资源。另外数据库实现读写分离后，数据同步（数据一致性保证）成为一个性能问题，大量数据的同步 IO 会面临瓶颈。另外业务量大以后，数据的安全保障机制也受到挑战，备份问题凸显，也催生了分布式的发展。

10.4.3 分布式结构

系统分层、系统服务化（SOA 架构、微服务化等）、服务分布式、DB 分布式、缓存分布式及良好的水平扩展能力是当前分布式架构的典型特征；哪一个服务性能不佳直接增加机器即可，性能与机器数量呈线性增长关系，从而解决前面架构遇到的问题。下面先关注以下四个问题：

（1）为什么要服务化；

（2）DB 分布式的好处；

（3）为什么要使用缓存，缓存哪些数据；

（4）怎样具有良好的扩展性。

- 为什么要服务化

采用 Model V4 的架构基本能够解决多数企业的业务性能需求，但是如果换成 BAT 这样量级企业的系统，以他们的 QPS（QPS 每秒请求数）来说，这样的架构支撑就比较勉强了。

首先是业务复杂度变高，导致程序实现难度增加，出错率也大大增加，不利于代码的维护与管理；大量业务融合在一个系统中藕合度太差，运营管理也比较麻烦；也会存在一些业务相互影响，其中一部分出问题时很可能导致另一部分也出问题。解决这个问题我们自然会想到进行业务隔离，把系统中若干主要功能拆分成多个子项目，降低开发难度，更方便维护。使用不同的 War 包不同的服务器进行发布，每个服务器完成特定的业务功能，这就是服务化。

另外我们也会遇到一些较长的业务链路，往往性能问题是由于某一个功能的性能低下导致，在运维及分析时都极不方便。如果把长的业务链路拆成多个子业务，在分析时就方便了。比如一个业务即有复杂计算又有简单操作，我们可以把复杂计算拆分出来部署在运算能力较强的服务器上，简单操作部署在普通服务器上。

业务拆分后将会面临着系统间的集成，业务链路上如果有一个服务比较耗时，如果请求是阻塞式，那么我们要一直等待响应结果，这样用户体验并不好，可以使用消息机制来解藕，上游系统请求发送到消息中间件，下游系统从消息中间件获取消息然后处理，解放上游系统，节省上游系统在等待时浪费的资源，从而利用上这些资源来提高业务处理能务。

- DB 分布式的好处

Modle V3/V4 的结构最终都会面临庞大的数据存储及运算问题，存储在 DB 中的数据与类别越来越多，DB 设计会变得异常复杂，管理将是一件十分头痛的事，想想要是有几千张表，几十 T 的数据备份都是个难题。DB 主从服务器的数据同步问题也是一个突出问题。总之大数据会导致性能低下，维护成本高等问题；还有不要忘记业务关联复杂也会导致表的物理设计也提升了难度等级。性能自然高不到哪儿去。

如果当表的数据够多时能够自动水平扩展（分片、分表），自动维护一个有序的索引，在查询时直接可以落到所在分片上进行遍历，而不用整张表遍历，那效率将会提高不少。分布式 DB 就可以完成这个场景，数据存放时经过 Hash 算法存到指定片区，这个片区可能是某一台机器上的某一个库的某一个表分区，查询时直接 Hash 一下就可以得到数据所在机器、所在的库、所在的表分区。

现在许多公司都基于 Mariadb 来开发自己的分布式数据库架构。在 Mariadb 的上层建立一个数据访问层，通过 Hash 算法对数据进行分片，均匀打散数据的存储，查询时多任务执行来提高效率。阿里 2015 年双 11 期间吸金 900 多亿，坊间及官方都流传出他们支持异地多活能力，异地多活的首要难题就是数据的同步，再就是数据访问，分布式 DB 能够提供更快的访问速度，因为只取所需，从少量的数据中找到目标。读者可以了解一下阿里开源的 OceanBase，OceanBase 是阳振坤博士领导的一个开源的分布式数据库项目。

- 为什么要使用缓存？缓存哪些数据？

我们知道从磁盘读取数据相比从内存中读取数据慢很多，所以在实际业务中大量使用缓存，一般缓存的数据以读居多。以 Linux 为例，我们用 vmstat 命令可以看到 buff、 cache 的监控信息。

```
[root@node1 opt]# vmstat 2
procs -----------memory---------- ---swap-- -----io---- -system-- ------cpu-----
 r  b   swpd   free   buff  cache   si   so    bi    bo   in   cs us sy id wa st
 1  0      0 2593644   1868 1075992    0    0     6    11   18   24  0  0 98  1  0
 0  0      0 2593576   1868 1075992    0    0     0     0   81  116  0  0 100 0  0
 0  0      0 2593576   1868 1075992    0    0     0     0   58   84  0  0 100 0  0
 0  0      0 2593576   1868 1075992    0    0     0     0   70  101  0  0 100 0  0
```

buff 对块设备的读写进行缓冲来缓解 CPU 与块设备的速度差，CPU 非空闲等待时间会更少。

cache 给文件做缓冲，直接把内容放在内存，CPU 访问时更快，减少 CPU 的 IO 等待。

比如客户信息、产品信息等，我们在应用系统中可以缓存到内存，不用每次都从 DB 中查询。用过 hibernate 的应该知道其支持二级缓存。对于缓存产品目前流行的、成熟的有 Redis、memcache 等；一些秒杀场景直接使用 Redis 作为数据持久化介质。

另外，缓存也用来保存用户请求状态，Web 服务器之间再也不用同步用户 Session 状态。

- 怎样具有良好的扩展性？

如果一个项目能够很方便地进行部署，比如直接增加一台机器放上 War 包，启动中间件即可以加入集群提供服务，服务挂掉后能够从集群节点上自动删除，这无疑是具备良好的可扩展性。Dubbo 就是这样一个高效的分布式服务框架，使用 Dubbo 框架开发的应用可以通过注册中心（zookeeper）注册服务，用户请求通过注册中心查找到服务，后然发送请求到目的服务器，用户不用关心是哪台服务器在处理；注册中心能够感知服务是否存活（服务器是否可以提供服务），服务挂掉就从注册中心抹掉。

参照 Dubbo 要具备良好的可扩展性，系统需要服务化，业务处理需要无状态。什么叫无状态呢？比如请求被接收后在任何一台提供相同服务的服务器上处理后的结果都是一致的，不会依赖于请求的某种状态（必须在某一台机器上处理）而产生不同的结果；比如我们在任何一台计算机上用计算器算出的 2+2 都是等于 4。

图 10-13 所示为当前流行的分布式架构（简化后的，实际项目中比这复杂），接下来对此架构简单说明一下。

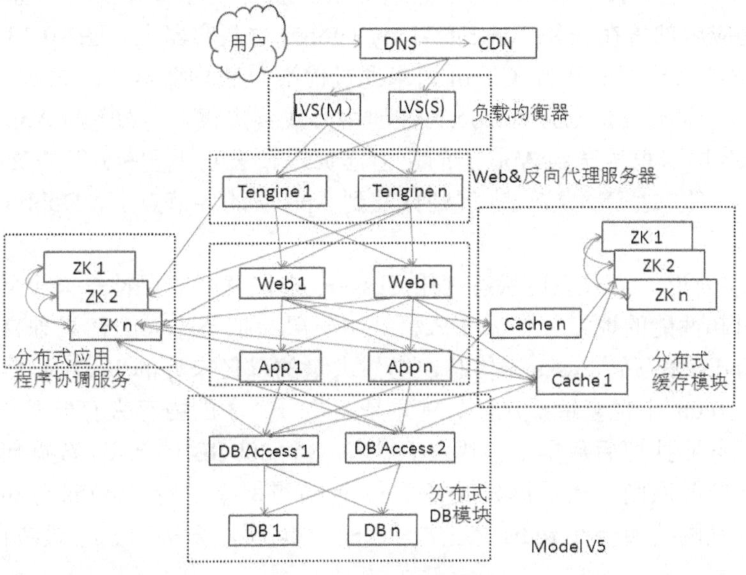

图 10-13　分布式架构

10.4.3.1　DNS&CDN 静态加速

DNS：智能 DNS，用户请求进入后，域名解析服务器智能判断用户请求的线路，如果是电信用户就解析到电信 IP，联通用户就解析到联通 IP。

CDN：用户访问 Web 页面时往往会有很多静态资源（图片、样式、JS 等），而这些资源都是比较耗时的，我们希望把这些资源放得离用户更近一点，响应用户就更快一点，这是 CDN 的职责。CDN 就是多台静态资源服务器加智能 DNS 的结合体，CDN 服务其实就是把静态页面缓存到不同地区很多台专门的缓存服务器上，然后根据用户线路所在的地区通过 CND 服务商的智能 DNS 自动选择一个最近的缓存服务器让用户访问，以此提高速度，这种方案对静态页面效果非常好，同时它也需要智能 DNS 的帮助才能实现把用户引导到离自己最近的缓存服务器上。

10.4.3.2　负载均衡器

负载均衡器的作用是把用户请求按一定规则分发到不同的服务器进行处理，在使用负载均衡集群时，分发负载是一件性能要求极高的事情，流行的产品有 LVS、nginx、apache、F5 等。

LVS：LVS 集群采用 IP 负载均衡技术和基于内容请求分发技术，也就是能够在 TCP/IP 层的第四层进行请求分发。LVS 调度器具有很好的吞吐率，将请求均衡地转移到不同的服务器上执行，且调度器自动屏蔽掉服务器的故障，从而将一组服务器构成一个高性能的、高可用的虚拟服务器。整个服务器集群的结构对客户透明，无需修改客户端和服务器端的程序。为此，在设计时需要考虑系统的透明性、可伸缩性、高可用性和易维护性。关键一点是 LVS 开源而且效率高，相比商业负载工具 F5 赢在免费，而且效率达到 F5 的 60%。

Tengine：Tengine 是一个强大的高性能反向代理服务器，Tengine 是由淘宝网发起的 Web 服务器项目，它在 Nginx 的基础上针对大访问量网站的需求，添加了很多高级功能和特性。

目前很多公司采用 LVS+Tengine/Nginx 的负载架构来构建自己的负载均衡部分。

10.4.3.3 Web 服务分布式集群

Web：Web 服务层，按照 MVC 的设计理念 Web 服务层主要是进行页面渲染，Session 保持等工作。这些应用部署在诸如 Tomcat、Jetty、Jboss 这些容器上。图 10-13 所示为一个典型的分布式 Web 结构（已经简化），Client 请求通过前端负载均衡器（比如 LVS+Tengine）分发到 Web 层，Web 层通过 ZK（Zookeeper）注册中心找到提供业务处理（App 层中的某一个节点）的节点。Web 层请求传送到 App 层的路由器负载算法（用程序实现的负载路由）来实现，通常叫软路由，它能够把请求按一定规则分发到 App 层的各节点上，Dubbo 框架中就内置了这样的软路由。

对于 Web 层来说，请求会话状态（用 Session 来代替）的保持是一个问题， Session 同步是一个容易引起性能的地方，在分布式框架中一般会把 Session 信息独立出来放到缓存设备中，比如用 redis 来存储 Session 信息，当然大量的以亿来计的 Session 信息如果保存在一台或者少量几台 redis 中也会造成风险，首先是需要一个大的内存来存储数据，另外要考虑到数据安全，当服务器挂掉后数据如何恢复？想想一个 200GB 的 redis 数据集想恢复得花多长时间，本着风险分散原则，还是拆分成多个 redis 节点保险，所以 redis 分布式集群也变得很有必要。不少互联网公司会在 redis 之上加上一个中间层，来构建分布式缓存服务。

注意

Zookeeper：开放源码的分布式应用程序协调服务，是 Hadoop 和 Hbase 的重要组件，为分布式应用提供一致性服务，比如配置维护、域名服务、分布式同步、组服务等。

10.4.3.4 App 服务分布式集群

App：应用服务层，实现主要的业务逻辑。

应用服务不仅在单机上要具备更优的性能，在结构上要易于水平扩展，功能服务化且服务无状态。比如我们网购，选择商品准备结算时，如果没有登录会跳出登录框，提交登录请求会调用会员系统进行身份验证，这是一个服务；会员系统调用账务系统查询余额是另一个服务。这些服务部署多个，任意一台处理请求返回结果都一样，这样就具备良好的水平扩展能力。当遇到某一类服务性能吃紧时直接增加机器就可以了。Dubbo 就是经过实践验证的使用广泛的分布式服务框架，具备良好的水平扩展能力，每天为 2000+个服务器提供 3000000000+次访问量支持。实际上很多互联网企业都做到了水平自动扩展，有兴趣的读者可以了解一下 Docker，基于 Docker 来进行服务水平扩展是一个不错的选择。

10.4.3.5 分布式缓存

Cache：缓存数据到内存，解决热点数据问题。比如 redis，memcache 等缓存产品。

在内存中存储数据时不可忽视的问题是数据的安全性与存储量，当前解决数据安全性的方法主要是数据持久化与数据冗余（主从缓存服务器结构，为了性能会进行读写分离）；解决存储量的问题主要是分而治之，进行分布式存储，每一个存储节点我们叫做分片，比如 100GB 的数据我们分 5 个片区来存储，每个分片就是 20GB。

图 10-14 所示常见的分布式缓存架构，Cache1 与 Cache n 构成分布式缓存集群，以 redis 为例（比如 Cache1 由 redis 担当），Cache1 是一个分片（物理节点），Cache n 是第 n 个分片（物理节点），redis 以（Key，Value）结构存储数据（有关 redis 的知识请自行查阅相关资料）。

Web/App 服务先从 Zookeeper 中心取得缓存服务器访问地址（比如 Cache 1 地址），然后向缓存服务器发起请求（读、写、修改）。缓存服务器由 Zookeeper 来提供一致性服务，这样很方便对缓存服务器数据进行冗余（读写分离），保证数据安全，提高访问效率。当缓存数据过多时，可以水平扩展来提高服务能力。

问题来了：

（1）如何把数据有序存放到各分片呢？

（2）如何访问这些分片呢？怎么知道我要的数据在这个分片上？

Hash 算法，将数据映射到具体的节点上，如 key%n，key 就是数据，n 是机器节点数。这种简单的 Hash 算法有个问题，如果一个机器加入或退出这个集群，则所有的数据映射都无效了。当然我们可以持久化数据，失效后重新载入，但这是要花时间的，Hash 一致性算法用来解决这个问题。

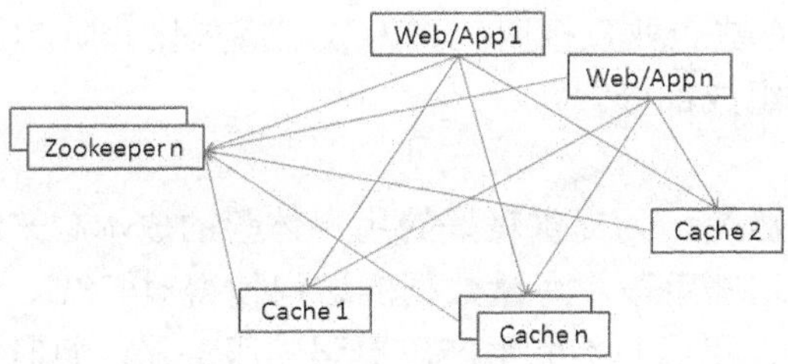

图 10-14 分布式缓存

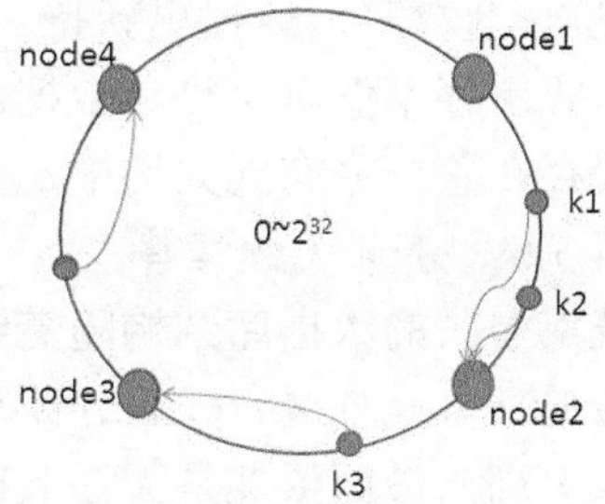

图 10-15 Hash 一致性算法

（1）Hash 算法将机器映射到环中（见图 10-15），node1、node2、node3、node4。

（2）Hash（Key1）=k1，Key1 经过 Hash 后值为 k1；k1 沿着顺时针方向找到离它最近的节点 node2，Key1 即存入 node2，同理 k2 存入 node2，k3 存入 node3。

（3）当 node2 节点挂掉或者删除掉，k1、k2 则存入 node3 节点（顺时针方向找最近的节点），这时 node1、node4 不受影响，如图 10-16 所示。

（4）当增加一个节点时（数据量太多，加节点分担），k3 就迁移到 node5 节点（见图 10-17），其他 Key 保持原有存储位置。一致性哈希算法在保持了单调性的同时还使数据的迁移更小，完成速度更快。

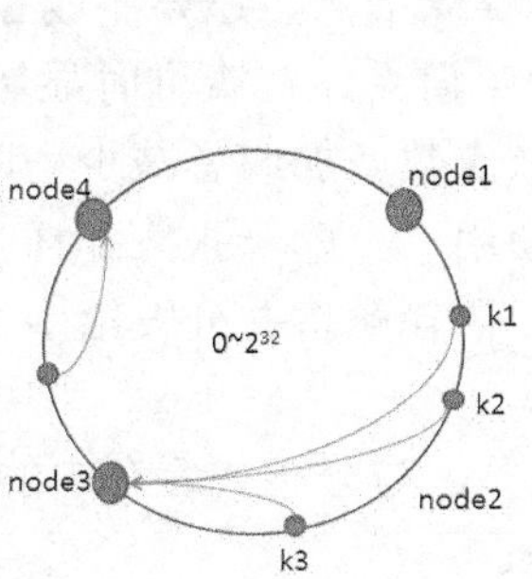

图 10-16 删除节点 node2

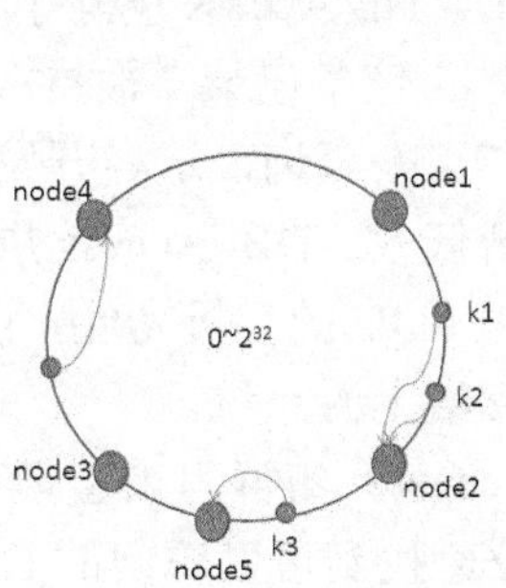

图 10-17 添加节点

（5）如果 node2、node3 都挂掉时，存在 node2、node3 上的 key 都要迁移到 node4，node4 上存储的数据会激增，相比 node1 来说要多很多，这样 node1、node4 就不平衡了，性能也会有差异。在实际应用中 node4 的风险会很大。这在个背景下就产生了虚节点这个方案（见图 10-18）。Node 1-1、Node 1-2 实际对应物理节点 Node1，Node 2-1、Node 2-2 实际对应物理节点 Node2，Node 3-1、Node 3-2 实际对应物理节点 Node3，Node 4-1、Node 4-2 实际对应物理节点 Node4；基中一个物理节点删除或者挂掉，其影响被分散，整体性能影响会减小。读者可能会问，这样看来物理节点越多，虚拟节点越多，影响应该越小？是的，理论上是这样，但是物理节点的增多也增加了管理负担，所以还得综合考虑。

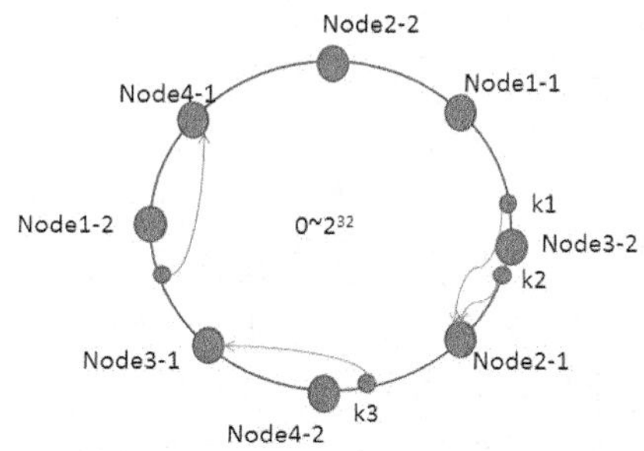

图 10-18 虚拟节点

以上是分布式缓存的实现原理，基于 redis、zookeeper 来开发的分布式缓存架构的服务能力在普通 PC（2core，16G 内存）轻松可达 2 万 TPS（每秒请求数），实践上 redis 在普通 PC 机上的服务能力轻松可达 10 万 TPS。当然，在实际企业运用中不仅仅是这么简单，相应地要开发监控管理平台，自适应功能（自动收缩），数据更新持久化策略、安全策略等功能。

分布式缓存不仅解决热点数据问题，有些企业直接用其作为数据持久化介质，比如秒杀。分布式缓存在整个分布式架构中是重要的组成部分。

10.4.3.6 分布式数据库

传统集中式的数据库结构随着数据的激增，为提供良好的用户体验的成本越来越高。对于海量数据基本是分区、分表、读写分离这些手段，海量数据的访问使得对 CPU、内存、磁盘的要求更高，最后依然是无法突破瓶颈，我们并不能生产出更强的服务器，暂时办不到，也没必要，就像我们搬不动一堆东西时，我们可以分开搬，也可以几个人一起搬。所以我们可以分而治之，用普通的 PC 来做高端服务器的工作。

分布式数据库是一种趋势，用廉价的普通 PC 设备堆叠出具备高可用性、高扩展性的服务集群，正如本章开篇中说到的去 IOE 化，摆脱对大型设备的依赖，减少运营成本，提高服务能力。

类似 10.4.3.5 节中的分布式缓存，在存储数据时通过 Hash 算法把数据均匀分散到各数据库节点，如图 10-19 所示，数据在 DB Access 层经过 Hash 处理，然后找到相应的 DB 存储节点（DB1、DB2、DBn 中的一个节点），DB Access 层的服务又是可以水平扩展的，也就不用担心它的性能了。DB Access 层除了在持久时帮助找到存储节点，还要完成 SQL 的解析。比如一张客户表有 5 亿条记录，被持久化到 10 个节点，上游系统在查询时显然不能够启用 10 个连接，每个节点去查询，这样开发难度加大，一旦节点数增加或者减少程序都得修改，这个设计显然弱智低效。DB Access 层要让上游系统像使用一个库一张表那样方便，所以在这一层就需要实现 SQL 的解析功能，收到上游系统 SQL 语句解析并分发给多个节点进行，最后合并结果返回给上游系统。

ZK（Zookeeper）集群用来管理 DB Access 层的服务，与分布式缓存中的 ZK 作用一样，上游系统通过 ZK 找到可以访问的 DB Access 服务节点。

实际运用过程中分布式数据库远比笔者讲述复杂。比如每个节点还要实现冗余功能，读写分离；热点数据缓存功能；谁也保不准不出现问题，必须要有问题跟踪机制；运营需要运维，运维功能不可或缺。总之不但要具备高可用性、高可靠性、可扩展性，还要可运维。

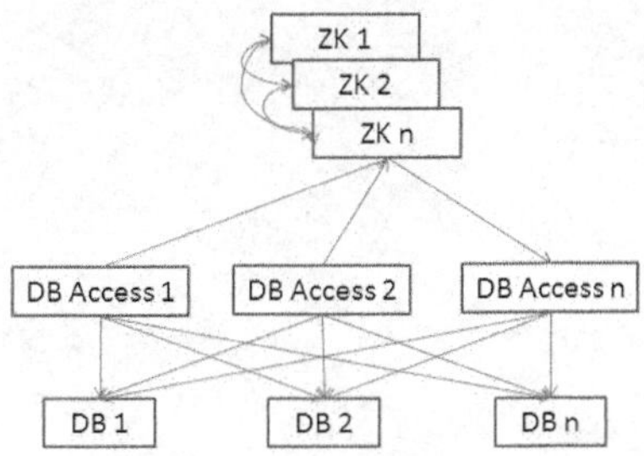

图 10-19 分布式数据库存

目前使用广泛的分布式持久化工具有 HDFS、HBase、Mariadb 等；HDFS 取自 Hadoop 中的分布式文件存储；HBase 也是 Hadoop 下的一个子项目，是一个适合于非结构化数据存储的数据库；Mariadb 是 Mysql 的开源版本。有兴趣的读者可以关注一下 Sharding-JDBC，Sharding-JDBC 是当当应用框架 ddframe 中的组成部分，从关系型数据库模块 dd-rdb 中分离出来的数据库水平分片框架，实现透明化数据库分库分表访问。建议读者了解这些产品，扩展知识面，不断学习新知识是 IT 从业人员的基本要求。

注意

Dubbo：阿里出品的分布式服务框架，众多互联网公司在使用。另外还有一个叫 HFS。

Memcache：支持分布式的缓存产品，实际可以当数据库用。

Redis：支持分布式的缓存产品，实际可以当数据库用，众多秒杀系统中经常用到。

Mariadb：开源的分布式数据库产品。

10.5 本章小结

性能调优是一个复杂课题，关联 IT 领域各个技术，由于篇幅所限，这里只给大家一个思路。本章我们主要讲述了性能分析的常规方法，通过现象到本质地进行分析，像剥洋葱一层一层地往底层分析，分析前先排除额外影响的干扰（比如负载机的性能导致的测试结果不理想等）。性能分析涉及的知识面比较广，导致性能分析难。对于从事工作（性能测试）时间不长的读者来说，性能分析会比较困难。这个问题不要太纠结，按照流程，取得团队支持，这些工作多数都是可以顺利完成的。

在讲解分析调优过程中我们提到了 LVS、Tengine、Tomcat、Jetty、Jboss、HDFS、Mariadb、HBase 等开源免费的项目，开源是主流趋势，志在性能调优方面发展的读者，建议大家多学习一些开源项目开拓一下思路；多数企业也是基于这些开源的项目来建立自己的分布式架构的。

讲了这么多，最后总结一句话：调优就是减少资源占用，没办法减少就只能是增加资源。

实战篇

Chapter 11

第 11 章 综合实践之诊断分析与调优

从本章你可以学到：

- 需求分析
- 测试模型
- 测试计划
- 环境搭建
- 脚本开发
- 数据准备
- 场景设计
- 测试监控
- 测试执行
- 结果分析
- 测试报告

性能测试是一项综合性的工作，致力于暴露性能问题，评估系统性能趋势。性能测试工作实质上是利用工具去模拟大量用户操作来验证系统能够承受的负载情况，找出潜在的性能问题，分析并解决；找出系统性能变化趋势，为后续的扩展提供参考。显然不是录制脚本那么简单的事情（而且现在很多系统还无法录制脚本）。

前面章节我们介绍了 JMeter 的各种元件，估计大家会觉得元件太多，不知道什么时候用什么元件来完成工作。本章我们以 Jforum 论坛作为被测系统来讲解性能测试过程。JForum 是著名的开源论坛，支持数十种语言，当然也包括简体中文。JForum 功能强大，界面美观，代码结构清晰，采用 BSD 授权（不必担心不必要的版权纠纷，是论坛二次开发的绝佳选择）。JForum 是用 Java 语言来开发的，采用当下流行的 MVC 框架（非 SSH 框架，是自己定义的框架）。

做事情我们会讲究方法，注重效益，比如生产企业会有流水线；做性能测试也有规范的流程，完全符合项目管理流程，图 11-1 所示为性能测试常规流程。

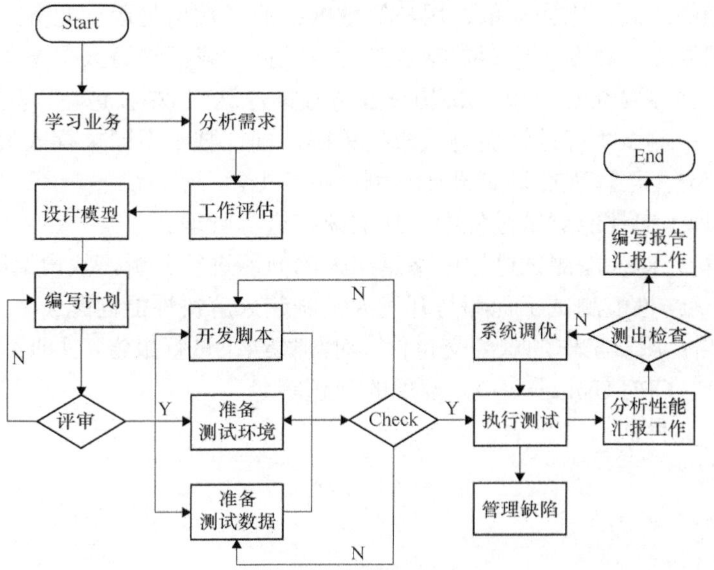

图 11-1 性能测试流程

（1）业务学习：通过查看文档，手工操作系统来了解系统功能。

（2）需求分析：分析系统非功能需求，圈定性能测试的范围，了解系统性能指标。

（3）工作评估：工作量分解，评估工作量，计划资源投入（即需要多少人力，多少工作日来完成性能测试工作）。

（4）设计模型：圈定性能测试范围后，把业务模型映射成测试模型。

什么是测试模型呢？根据真实业务需求和用户习惯来制作模拟的性能测试交互模型。比如一个支付系统需要与银行的系统要进行交互（充值或者转出），由于银行不能够提供支持，我们会开发程序去代替银行系统功能（这就是挡板程序，Mock 程序），保证此功能的性能测试能够开展；这个过程就是设计测试模型。

再比如，我们测试对象是 Jforum 论坛，根据需求我们了解到一般大家要发帖或回帖时都会先登录再回帖，那么我们在开发脚本时就要把登录与发帖或回帖场景绑定在一起进行测试；这就是测试模型。通俗点说就是性能测试用例设计加性能测试实现方案，用例只关注业务，模型还需关注如何实现，是否具有可操作性，可验证性，最后我们还得根据不同的测试目的组合成不同的测试场景。

（5）计划编写：计划测试工作，在文档中明确列出测试范围、人力投入、持续时间、工作内容、风险评估、风险应对策略等。

（6）脚本开发：录制或者编写性能测试脚本（现在很多被测系统都是无法录制脚本的，我们需要手工开发脚本），开发测试挡板程序，开发测试程序等。有时候如果没有第三方工具可用，甚至需要开发测试程序或者工具。

（7）测试环境准备：性能测试环境准备包括服务器与负载机两部分，服务器是被测系统的运行平台（包括硬件与软件，比如应用服务器需要 8Core，32G 内存，中间件是 Jboss7 等），负载机是我们用来产生负载的机器，用来安装负载工具，运行测试脚本。注意，生产环境和测试环境的硬件架构和配置需要进行估算，否则结果会有很大的偏差。

（8）测试数据准备：根据数据模型来准备被测系统的主数据与业务数据（主数据是保证业务能够运行畅通的基础，比如菜单、用户等数据；业务数据是运行业务产生的数据，比如订单；订单出库需要库存数据，库存数据也是业务数据。我们知道数据量变会引起性能的变化，在测试的时候往往要准备一些存量/历史业务数据，这些数据需要考虑数量与分布）。

（9）测试执行：测试执行是性能测试成败关键，同样脚本不同执行人员得出的结果可能差异较大。这些差异主要体现在场景设计与测试执行上。

（10）缺陷管理：对性能测试过程中发现的缺陷进行管理。

（11）性能分析：对性能测试过程中暴露出来的问题进行分析，找出原因。

（12）性能调优：性能测试工程师与开发人员一起来解决性能问题。

（13）测试报告：测试工作的重要交付件，对测试结果进行报告，主要包括常见的性能指标说明（TPS、RT、CPU Using……），发现的问题等。

性能测试主要交付件：

- 测试计划；
- 测试脚本；
- 测试程序；
- 测试报告或者阶段性测试报告。

如果性能测试执行过程比较长，换句话说性能测试过程中性能问题比较多，经过了多轮的性能调优，需要执行多次回归测试，那么在这个过程中需要提交阶段性测试报告。

（14）评审：对性能报告中的内容进行评审，确认问题、评估上线风险。有些系统虽然测试结果不理想，但基于成本及时间的考虑也会在评审会议中通过从而上线。

下面我们顺着流程来讲解性能测试过程。

11.1 需求分析

性能测试需求分析要完成下面两项工作。

（1）采集性能测试需求：采集对象包括业务交易、业务量、业务量趋势、用户信息、系统架构、业务指标、系统硬件指标等。

（2）分析性能测试需求：确定性能测试范围，分析出哪些业务纳入性能测试范围及性能指标是什么，另外要分析用户使用行为，业务分布，分析业务量；估算出 TPS 与并发用户数等性能测试执行依据。

性能测试指标我们分为两类。

（1）业务指标（TPS、RT（ART）、事务成功率等）。

（2）硬件性能指标（CPU 使用率、内存利用率、磁盘繁忙率等）。

性能测试需求从哪里获取呢？

一般的获取途径是从需求文档，在需求文档中有一部分章节描述的是非功能性需求（一部完整的需求文档一般会包含行为需求、数据需求与非功能需求），但是实际现状是只有极少数的需求文档中能够把这些非功能性需求描述完整，多数需求文档对于性能需求的说明都比较笼统抽象，通常需要性能测试工程师主动向 BA（业务分析师）了解性能需求。

性能需求的主要采集内容有哪些呢？

（1）系统架构（物理架构与逻辑架构，包括中间件产品与配置、数据库配置），在测试环境建立时我们需要参考。

（2）采集业务并量化业务；我们在计算 TPS 及并发用户数时要用到。

（3）了解业务扩展趋势，比如业务年增长率是多少？未来业务量是多少？比如系统的需求中说到要满足未来三年的业务增长需求（即 3 年后此系统的性能还要能够满足性能要求），我们在测试时就可能需要生成三年的存量业务数据。对于关系性数据库来说，数据量大时对性能的影响还是比较明显的。

（4）了解系统是否会有归档机制？大家知道数据库中数据量大时对性能是有影响的，如果有归档机制，可以把一些无用或者过时的信息移到归档库，这样就减少了当前库中的数据，有利于提高系统性能。

（5）采集业务发生时段，比如一天产生 20000 订单，而高峰时 1 小时就能完成 10000 单，而不是平均到每小时。主要在估算 TPS 与并发用户数时用到。

（6）采集在线用户数，活动用户数，业务分布。有些系统用户量特别大，会对系统造成性能瓶颈，可以通过分析活动用户数和业务分布来分析负载情况。

（7）系统是否与第三方系统有关联关系？这决定在测试时我们是否要做挡板（Mock 程序，用程序来代替第三方系统功能，不依赖于第三方系统）。

（8）采集业务性能指标，比如响应时间、吞吐量（每秒支持多少业务）等。

（9）采集系统硬件指标，比如 CPU 利用率、内存利用率或者可用内存等。

为了方便大家开展性能测试需求的采集工作，在本书也提供了性能测试需求采集模板（请到 Pbook.testroad.org/或者 QQ 群（257887726）下载），表 11-1 是其中的一个业务需求采集示例表格。其中我们对业务、业务量、业务量趋势、响应时间、事务成功率都进行了采集。

表 11-1 业务需求

业务名称（描述）	业务量	未来业务量	响应时间	事务成功率
客户管理-新增客户	500 万笔/年	1000 万笔/年	<3 秒	>99%
客户管理-客户跟进	2000 万笔/年	4000 万笔/年	<3 秒	>99%
客户管理-提交意向	100 万笔/年	300 万笔/年	<3 秒	>99%
订单管理-提交订单	100 万笔/年	300 万笔/年	<3 秒	>99%
财务管理-生成发票	100 万笔/年	300 万笔/年	<3 秒	>99%
统计报表-订单统计	20 次/年	20 次/年	<10 秒	=100%
……				

如何采集性能测试需求呢？

我们把被测试的系统分为 3 类。

（1）新应用类（NP 全新立项系统，没有原型系统）。

（2）升级改造类（CIP，旧系统重构）。

（3）需求变动类（RFC，基于现有业务系统需求变更）。

其中 RFC 有可能存在于新应用中，也可能存在于 CIP 中，所以实际上我们只讨论新应用类与 CIP 两类。不同类别的系统我们的分析方法会有不同，对于新业务（NP 类）系统我们从需求文档中采集性能需求，对于不完善的内容进行补充。对于升级类系统我们分析原型系统业务数据即可，最直接的办法就是分析原型系统的数据、统计业务量、业务分布等信息。

11.1.1 需求采集

下面我们以 JForum 论坛为例进行需求采集，首先要了解系统物理架构与逻辑架构。

物理架构指导我们进行测试环境的建立，一般我们会尽量让测试环境与生产环境的架构趋于一致；这样测试结果可比较性会较强，而且比较时相对容易且可靠。

逻辑架构让我们对系统的逻辑组成有所了解，进行测试时能够清楚地划分问题出现的区域。

11.1.1.1 系统架构

物理架构如图 11-2 所示。

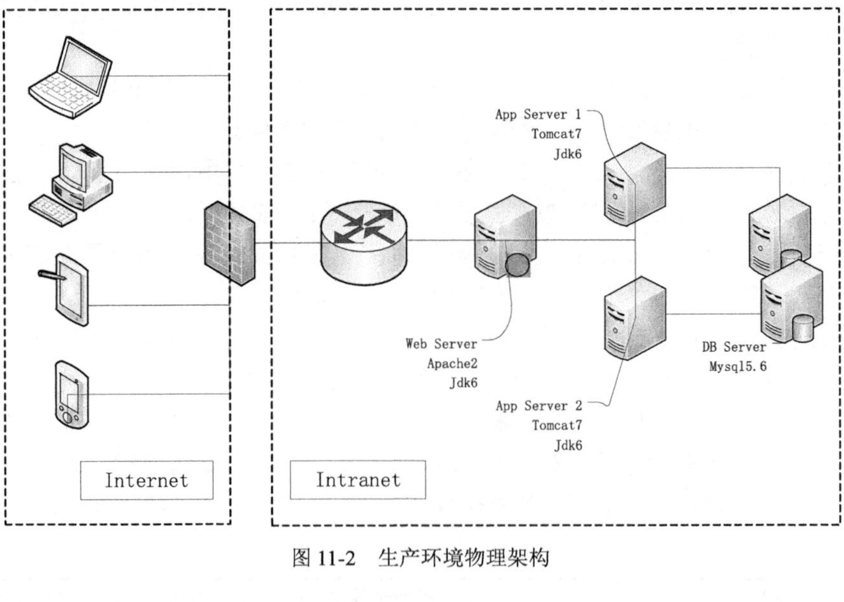

图 11-2 生产环境物理架构

WebServer 负责反向代理，静态请求处理。

Tomcat7 负载动态请处理。

Mysql5.6 做双机热备。

物理架构规定了组成软件系统的物理元素（各种硬件设备）、这些物理元素之间的关系，以及它们部署到硬件上的策略。在建立测试环境时需要参考物理架构来进行配置部署。为了更准确地模拟生产环境负载，在物理架构上建议尽量保持与生产同步。而实际上往往测试环境不能够完全与生产环境匹配，一方面是成本问题（生产环境机器众多），另一方面是区域位置问题（比如生产环境面向全国或者全球）。这并不矛盾，我们的建议是尽量架构同步，在机器配置及数量上，我们可以缩小比例。这就衍生出另外一个课题，如何由测试环境来推算生产环境的性能。由于侧重点不同，篇幅所限在此不展开分析，读者可以参考 TPC-E 的标准进行测评。

逻辑架构：

逻辑架构展现的是软件系统中元件之间的关系，比如用户界面，数据库，外部系统接口等等。图 11-3 是 App（应用服务）的逻辑结构，列出了系统服务组件、邮件服务、权限管理、业务服务（对于 Jforum 就是发帖、回帖、浏览帖子）。Web 层是通过 JSP 与 Velocity Freemark 来展现的。

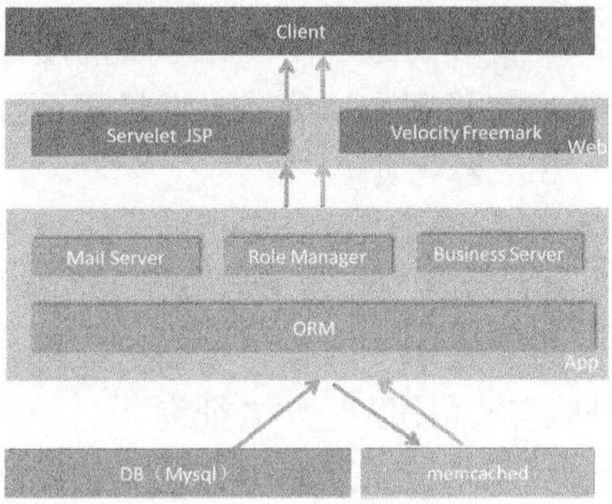

图 11-3 逻辑架构

通过逻辑架构我们能迅速地了解到系统的主要功能与服务，并且知道其逻辑关系，有助于我们设计测试场景。

11.1.1.2 业务流程

确定系统的主要业务流程，方便我们写性能测试用例。我们可以从需求文档（SRS）中获取，图 11-4 所示为 Jforum 的主要业务流程。

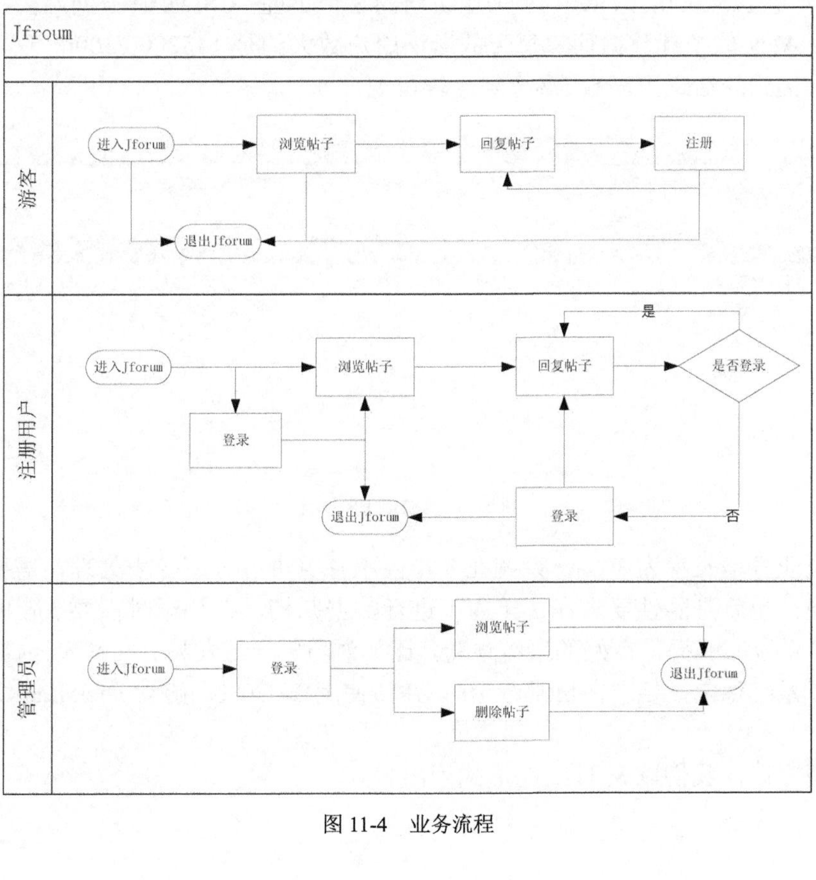

图 11-4 业务流程

1. 游客

可以直接浏览各类帖子，如果要回复或者发帖，会定向到登录/注册页面；登录或注册完毕再回到回复或者发帖页面。

2. 注册用户

已经注册过的用户，可以直接浏览各类帖子，如果要回复或者发帖，会定向到登录页面；登录完毕再回到回复或者发帖页面。

3. 管理员

管理员可以浏览审核帖子，对于不健康的帖子可以删除。

11.1.1.3 业务相关性能需求

业务需求一般来自于需求文档，在需求不明确的情况下，我们一般会向需求提供方（BA 团队、产品团队等）去征询。

以下是需求文档中有关非功能性需求的说明。

（1）此论坛为一个技术讨论性质的论坛，注册用户规模预计是 10 万，每日活跃用户数预计为 5%，即 5 千（每天至少访问 Jforum 一次）。

（2）用户在论坛中的活动以浏览、发帖及回帖为主，日 PV 预计为 2 万 PV。其中浏览、发帖、回帖的比例大约为 7:1:2。

PV 即是 Page View，用户每访问一个页面统计为一个 PV。图 11-5 所示为从 Alex 获取的 CSDN 论坛的 PV 统计信息。在 2015 年 6 月 24 日前后近一周时间内平均 PV 是 4486680；有效 IP 平均每天是 1452000；即每个 IP 平均访问约 3 个页面。CSDN 官方网站公布的注册会员为三千万，按 Alex 的统计数据估算每天的活跃用户数大约是 1452000/3000 万≈4.84%，所以上面第 1 条采集到的活跃用户数 5%已经比较可观。

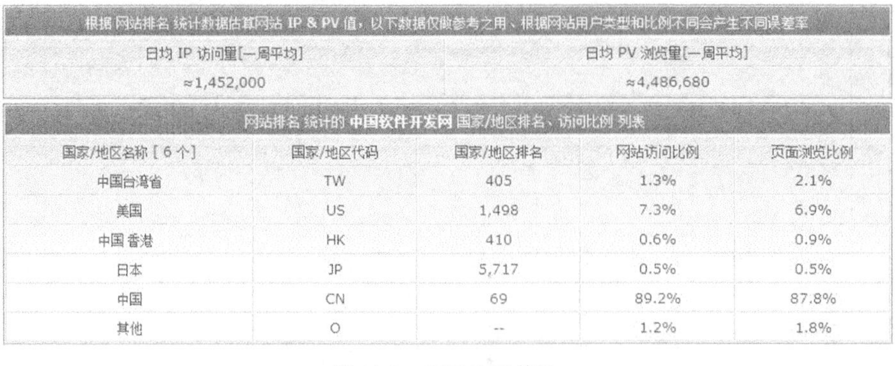

根据网站排名 统计数据估算网站 IP & PV 值，以下数据仅做参考之用、根据网站用户类型和比例不同会产生不同误差率	
日均 IP 访问量[一周平均]	日均 PV 浏览量[一周平均]
≈1,452,000	≈4,486,680

网站排名 统计的 **中国软件开发网** 国家/地区排名、访问比例 列表

国家/地区名称 [6 个]	国家/地区代码	国家/地区排名	网站访问比例	页面浏览比例
中国台湾省	TW	405	1.3%	2.1%
美国	US	1,498	7.3%	6.9%
中国香港	HK	410	0.6%	0.9%
日本	JP	5,717	0.5%	0.5%
中国	CN	69	89.2%	87.8%
其他	O	--	1.2%	1.8%

图 11-5 CSDN PV 统计

（3）系统业务增长率为 30%，系统在 3 年内不打算进行分库分表处理，需要系统在性能上能够支撑住，也就是隐性要求在 3 年内不进行数据归档，在测试时需要 3 年的存量数据。

（4）要求系统能够提供良好的系统体验，比如浏览帖子、发帖、回帖应该控制在 3 秒内。

（5）为了系统稳定，要求在日常营运时 CPU 使用率<70%，磁盘 Disk ime<70%且无网络瓶颈。

为了方便阅读，我们以表 11-2 的形式列出。

表 11-2 Jforum 业务量统计

业务名称（描述）	业务量	业务增长率	响应时间	事务成功率
登录	0.6 万 PV/天	≈30%	<3 秒	>99%
浏览帖子	1.4 万 PV/天	≈30%	<3 秒	>99%
发新帖	0.2 万 PV/天	≈30%	<3 秒	>99%
回复帖子	0.4 万 PV/天	≈30%	<3 秒	>99%

11.1.1.4 系统硬件指标

系统硬件指标对象是硬件资源，比如 CPU、内存、磁盘、网络带宽等。表 11-3 中列出了主要的性能指标及阀值，这些指标比较抽象，在监控分析时应该进一步细化；比如 CPU 的性能指标在 Linux 中分为用户利用率、系统利用率及平均负载等重要指标。读者实际工作中性能指标可能不同，这里仅作示例不代表统一标准，这些指标来源于非功能需求、组织要求（公司运维总结出来的可行性指标）或者行业建议标准。具体监控分析请参考第 9 章。

表 11-3 系统硬件指标阀值

指标名称	阀　值	指标说明
CPU 使用率	<70%	过大会导致服务不稳定
内存利用率	<70%	同上
Disk Time	<70%	过大导致 IO 等待时间变长，服务水平降低
网络带宽	<70%	过大导致网络阻塞，网络延时变长，响应时间变长

11.1.2 需求分析

需求分析的目的是确定性能测试范围，分析出哪些业务纳入性能测试范围及性能指标是什么？另外要分析用户使用行为、业务分布、分析业务量；估算出 TPS 与并发用户数等性能测试执行依据。

11.1.2.1 圈定测试范围

如何圈定测试范围呢？

（1）确定高频次的业务。

（2）确定性能影响大的业务。

（3）确定此功能的可验证性。比如我们使用支付宝来支付商品费用，如果余额不够，会让我们选择使用银行卡（借记卡、信用卡）来支付。这样支付宝会调用银行（银行网关系统）的接口来完成银行账户的扣减。那问题来了，银行的接口不提供支持时，支付宝性能测试工程师得想办法模拟银行网关这个过程（一般采用挡板程序来模拟，这个挡板程序又叫 Mock 程序），这就是一个可验证性分析及解决方案，最终采用 Mock 程序来配合测试。

回到咱们实例项目 Jforum，从需求采集的数据来看业务量集中在登录、浏览帖子、发新帖、回复帖子 4 个业务上，我们圈定这些业务参与性能测试。

11.1.2.2 明确性能指标

（1）吞吐量（PV、TPS）：

日 PV 是 2 万，3 年 30%的增长，日 PV=2*（1+30%）^{2}≈3.38 万。

（2）响应时间：要求 3 秒以内。

（3）成功率：99%以上。

（4）稳定波动正常范围。

（5）其他各项硬件等性能指标，参照表 11-3。

11.1.2.3 分析业务量

我们知道测试数据的多少对测试结果会有影响，特别是数据成千万上亿条后，性能影响明显。我们可以想像一下在 10 个人中找出一个人很容易，但如果让你在 10000 个人中找到一个人就没那么容易了。

在性能测试时，我们除了需要做足一定数量的历史数据，还得关注业务量的增长。我们的实例系统 Jforum 需求中说到年业务增长率是 30%，可以理解成年 PV 也会增加 30%。所以在测试时我们要以第三年的业务量为标准来测试，避免错过积累一定数据后性能变差的情况，把问题提前暴露出来。读者应该见到过系统上线后运行效率不错，一年二年后越来越慢的情况。

11.1.2.4 计算 TPS

TPS 的意思是每秒平均事务数，比如在我们的实例系统中发一个新帖即是一个事务，回一个帖子也是一个事务，为了方便衡量系统的吞吐量，我们在性能测试时常用 TPS 来表示吞吐量。

上面分析业务量的数据是以 PV 来统计的，现在我们要计算 TPS，需要把 PV 转化成 TPS。实际上一个 PV 即是对服务器的一次请求，我们把一个请求放在一个事务中来统计服务器的响应耗时，响应完成即是一次事务完成，这么说一个 PV 即是一个事务（PV 并不能直接等同于 TPS，PV 代表了一次客户请求，这次请求可能请求了很多信息，比如图片、样式、JS 信息等，发新帖时我们通常只关心发帖的动作耗时，并不关心页面刷新时 JS、样式的耗时，此时我们就把 PV 等同于 TPS）；比如一个功能页面（浏览帖子）一秒会有 10 个 PV，那么此功能的 TPS 即为 10。

既然讲到 PV 了，下面插播一段关于 PV 的知识。大家知道访问一个页面会有许多资源，比如图片、样式、JS、文字等；而我们的浏览器多数都拥有资源缓存功能，会帮我们把访问的图片、样式、JS 等静态资源存储下来，下次访问同样资源时将不会再从远程的服务器上下载，这大大加快了响应速度，也提高了用户体验。另外，如果我们在使用代理服务器访问外网资源时，多数代理服务器也会缓存这些静态内容。也就是每次浏览器与服务器之间实际的交互数据是动态的（不同请求不同响应数据）。而往往动态数据的 Size 会小于静态数据，所以浏览器是否缓存了静态数据对性能测试影响明显。我们在做性能测试时，需要模拟大量的用户请求，其中就有许多的用户可能是新用户，在它们的浏览器上还没有缓存这些静态数据，为了更准确地模拟用户请求，我们有必要不缓存这些静态内容；所以性能测试中是否缓存访问的静态资源要根据业务情况而定。

TPS 我们一般要取系统业务高峰期的值，虽然系统不是总处在高峰期，但高峰 TPS 才能代表系统的实际处理能力。就比如一只木桶，它的最大容积就是装满水的体积，虽然平时我们不一定都装满水。要是木桶有一块短板，那么这只木桶最多就只能装到短板处，整个装水体积就受限于短板，这就是我们常打比喻的木桶理论，软件的性能也遵循这个理论。

要得到高峰期的 TPS 我们需要分析业务发生时间，图 11-6 所示为百度推广官方网站的访问量统计信息，可以看到上午 9 到 10 点，下午 14 点到 15 点是业务高峰期。图 11-7

所示为近一月的流量统计，可以看到基本是在上午 10 点与下午 15 点附近一小时业务量处于最高峰。

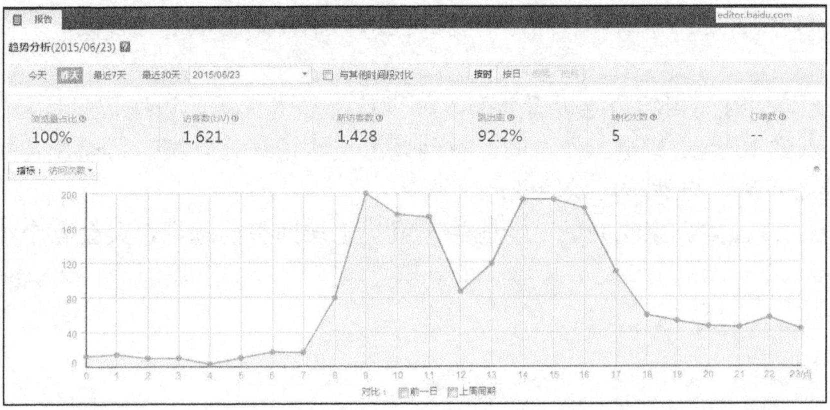

图 11-6　2015/6/23 号流量

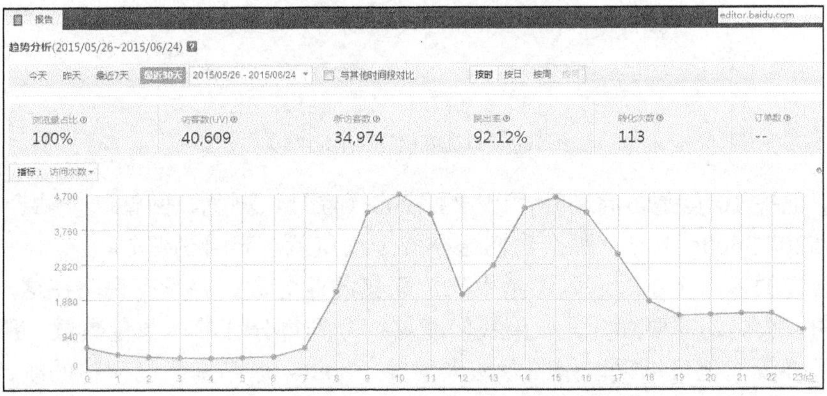

图 11-7　2015/6 近一月流量

解释下 UV，一天之内网站独立访客数（以 Cookie 为依据），一天内同一访客多次访问网站只计算 1 个访客（小于等于 PV）。

回到实例项目 Jforum，我们要找出日高峰。表 11-4 是高峰日 Jforum 论坛的 PV 数据统计（业务量单位为 PV）。

表 11-4　　　日高峰统计（单位 PV）

功能	高峰日业务分布																合计	占比
	8	9	10	11	12	13	14	15	16	17	18	19	20	21	22	23		
登录系统	100	1000	1300	960	500	100	1150	1250	960	400	350	380	700	650	200	100	10100	24.8
浏览帖子	200	2010	2706	1800	1009	200	2265	2450	2000	850	750	780	1450	1350	350	200	20370	50.1
发送新帖	86	201	526	468	66	56	568	645	318	56	63	78	89	94	63	23	3400	8.35
回复帖子	101	378	676	568	368	260	787	793	507	164	136	125	893	856	135	53	6800	16.7

用折线图表示（见图 11-8），可以看到业务量最高的时间段在上午 10 点与下午 15 点，晚上 8 点到 9 点还有一个小高峰。根据访问习惯来推理一下。

早上 8：30 到 9：00 上班，先看看新闻，所以不会访问技术性质的论坛。

10 点到 11 点正是工作高峰时间，不会的技术问题会到论坛上找答案，所以此时论坛访问高峰。

12 点后，午休时间当然是吃饭看新闻，刷微信，技术性质的论坛访问者当然比较少。

下午 14 点到 15 点是黄金工作时间，有问题上技术论坛找答案，访问量升高。

5 点后准备下班，自然访问量较低。

晚上 20 到 21 点回到家吃完饭，一些牛人就上论坛回答问题了，又会有个小高峰。

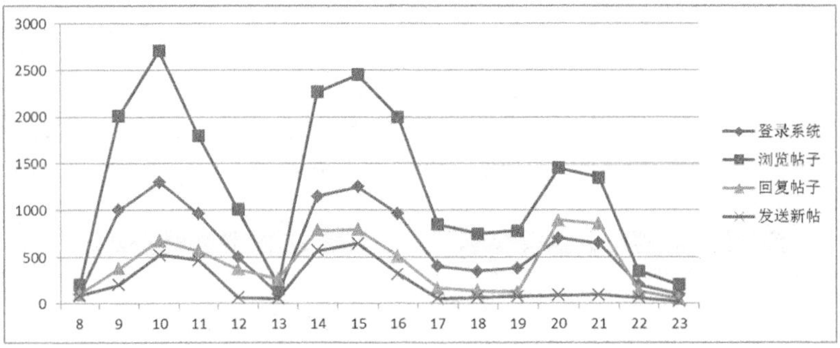

图 11-8　日高峰统计（单位 PV）

综合一下上午 10 点是访问高峰，PV 约 5208（登录、浏览、回帖、发帖合计），那么这个时段 TPS=5208/3600≈1.45。那么我们这样取平均值就一定合适吗？

答案是否定的，一个小时间隔还是太长，采集的业务数据并没有说明在这一个小时中吞吐量是平均的，我们还需要细分。如果我们能够细分到每分钟的业务量数量，那 TPS 的估算就越准确，另外我们也可以采取别的办法来估算。80/20 原则是广为流传的统计理论，经济学家说 20%的人拥有了社会 80%的财富。那么在性能测试中可以这样理解，20%的时间做了 80%的事情。80/20 原则计算 TPS=5208*80%/（3600*20%）≈5.8，具体见表 11-5。

表 11-5　　TPS 估算

功　能	高峰业务量	TPS	响应时间
登录系统	1300	1.44	<3 秒
浏览帖子	2706	3	<3 秒
发送新帖	526	0.58	<3 秒
回复帖子	676	0.75	<3 秒

计算 TPS 不但帮我们量化了系统性能指标，它还有另外一个用处，我们可以用它来计算并发用户数。并发用户数计算参见 11.1.3 节。

11.1.2.5　分析系统协议

分析完了上述内容，我们要开始规划性能测试脚本的实现方式，一般性能测试的脚本可以采取录制或者手动开发的方式来完成。录制方式对协议的依赖性相当强，因为录制的方式多数是针对协议来开发的。

一般我们是先分析被测系统协议，再评估用什么辅助工具来完成。比如 Http 协议我们可用 JMeter 进行录制，也可以手动开发，当然很多人也会选择 LoadRunner（简单、易用但费用高）。Java 接口我们可以运用 JMeter JavaRequest 元件与 JUnit 元件进行测试。

如何分析呢？

（1）我们可以向开发团队咨询，了解程序的架构与协议。

（2）我们可以进行截包分析，常用的截包工具有 Wireshark、Omnipeek、HttpWatch 等，这些工具都比较方便，甚至无需专门学习，打开即用。HttpWatch 在第 12 章有讲解，主要是对 Http 协议进行分析。通讯行业的读者对于 Wireshark 是相当熟悉的，Wireshark 是目前全世界最广泛的网络封包分析软件之一，支持市面上大多数的协议（Http、Https、TCP、UDP 等）。Omnipeek 能够侦听多种网络通讯协议，执行管理、监控、分析、除错及最佳化的工作。

至于如何截包，在此就不详细叙述了，对于简单的工具软件大家应该能够即装即用，IT 从业人员尤其是开发与性能测试人员对于工具应该能够很快上手。

11.1.3 并发数计算

首先要明白为什么要计算并发用户数？

性能测试的本质是模拟大量用户的负载来验证系统的性能，那模拟多少并发用户呢？计算并发用户数即是打算用多少模拟用户来代替实际用户数，是参照业务模型来计算的。

并发数的计算说到底还是一个估算，在性能测试执行时需要根据实际情况调整。衡量性能指标还是要参照 TPS 实际达到了多少，响应时间是多少，系统硬件（CPU、内存等）指标是否在限定范围内等要求。

业内常用的并发数计算方法有以下 3 种：

（1）由 TPS 来估算并发数；

（2）由在线活动用户数来估算并发数；

（3）根据经验来估算并发数。

我们在此用第一种计算方法示范。

TPS 反映了系统在每秒可以执行成功的事务数，是由事务数除时间得来，事务由用户完成，所以可以总结出如下公式：

Vu（业务名称）=TPS（业务名称）*（RunTime+ThinkTime）。

注：Vu（业务名称）表示此业务的虚拟用户数。

RunTime 是测试程序/脚本运行（迭代）一次所消耗的时间；包括事务时间+非事务时间。

下面是一个脚本的伪代码（T1、TT、AT 代表时间，单位为秒）。

在测试计划（见图 11-9）中。

Login 事务时间=T2，方便记录我们用 T（login）表示。

Sender topic 发新帖事务时间=T6，我们用 T（sender Topic）表示。

```
Login
    Enter login page(进入登录页面)  T1=0.2
    ThinkTime  （思考时间）  TT1=2
    Declare login transaction（声明登录事务）  ┐ T2=2
    Commit  form（提交登录表单）                │
    Assert login（检查登录是否成功）AT1         ┘
    Enter default page(进入登录成功后的默认页) T3=0.2
Sender topic
    Enter topic list（进入论坛列表）T4=0.2
    Enter new page for topic（进入新帖编辑页面）T5=0.2
    ThinkTime  （思考时间）TT2=2
    Declare newTopic transaction（声明新帖事务） ┐ T6=2
    Commit  form（提交新帖）                     │
    Assert commit(检查发帖是否成功) AT2          ┘
    Enter topic list（提交新帖后进入论坛列表）T7=0.2
```

图 11-9　示例测试计划

其中断言检查事务是否成功消耗的时间分别为 AT1、AT2，这个时间是包含在事务时间中的，一般都是非常小的，可以忽略。

ThinkTime 是运行过程中的思考时间（模拟用户思考或者填写表单消耗的时间），这里 ThinkTime=TT1+TT2。

Runtime 是迭代一次运行脚本消耗的时间，Runtime=T1+…+T7；ThinkTime 是脚本消耗外的时间，所以不包含在内；迭代一次的总时间就为 Runtime+ThinkTime。每迭代一次，事务只发生一次，而迭代一次的时间会大于事务的响应时间；所以在估算时我们会把这个非事务消耗的时间加入进去。

我们计算一下 Vu，设 TPS 为 5.8（11.1.2.4 中计算出的 TPS）。

（1）不包括非事务时间（ThinkTime 与程序消耗时间）情况下计算 VU。

Vu=TPS*T2=5.8*2≈12

（2）包括非事务时间情况下计算 VU。

Vu=TPS*（Runtime+ThinkTime）=5.8*（0.2+2+0.2+0.2+0.2+2+0.2+2+2）≈53

可以看到两者之间的 Vu 数量相差巨大，如果我们不把 Runtime 与 ThinkTime 加进去，计算出来的 12 个并发用户在测试执行时很有可能无法达到 TPS=5.8 的目标。

业内一般把 Think Time 设为 3 秒，3 秒刚好符合用户在页面的停留平均时间。那么我们把上面的 Think Time 时间换成 3 秒。测试需求中要求响应时间小于 3 秒，那么我们以 3 秒为阀值。

VU=TPS*（Runtime+ThinkTime）=5.8*（T1+TT1+T2+T3+T4+T5+TT2+T6+T7）=5.8（0.2+3+3+0.2+0.2+0.2+3+3+0.2）≈76。

表 11-6 把 76 个并发用户按比例分配到各业务。

表 11-6　　并发数估算

业务名称（描述）	高峰业务量	TPS	并发数	响应时间	事务成功率
登录	1300PV/小时	1.44	20	<3 秒	>99%
浏览帖子	2706 PV/小时	3.0	40	<3 秒	>99%
发新帖	526PV/小时	0.58	7	<3 秒	>99%
回复帖子	676PV/小时	0.75	10	<3 秒	>99%
合计：		5.8	77		

注意：

实际分配时由于有小数点，所以向上取整，所以 76 个并发用户分配后是 77 个。

此时估算出来的 Vu 数量，仅仅是一个估算值，在进行基准测试时，我们会得到相对准确的 Runtime 时间，同时响应时间可能会小于指标中指定的最大响应时间 3 秒，也可能大于 3 秒，此时再计算（调整）Vu 数量会更合理。

另外根据 TPS 估算并发用户数还流传有另外一个公式：

Vu（业务名称）= TPS*响应时间

实际上是把 RunTime+ThinkTime 全部归为响应时间，虽然公式写法不一样，但表达的意思没有变。

下面请大家思考一个问题，如果我们估算出来的 TPS 比较小，导致计算出来的 Vu 数量为 1（有小数点时向上取整，所以不会小于 1），那该怎么办？

11.2 测试模型

先了解以下 3 个名词。

业务模型：业务流程，业务系统在某个时间段内运行的业务种类及其业务占比，即哪些业务在哪个时间段在运行，业务量是多少。

测试模型：从业务模型中分析整理出来的进行测试的业务，通常是高频业务、高资源占用业务，这些业务需要具有可测性、可验证性。测试模型作为性能测试场景的依据，通常会继承业务模型大多数业务功能，有时也会因为特殊原因无法测试（比如第三方非开源加密程序，测试程序无法模拟），测试模型中将会去掉这部分业务，或者设计替代等价方案，比如第三方系统可以用挡板程序实现。

性能测试场景：参照用户使用习惯设计负载场景，比如哪些业务的测试脚本一起运行，哪些业务有先后顺序，运行多少并发用户等。

实践项目 Jforum 的测试模型如图 11-10 所示，与业务模型无异。

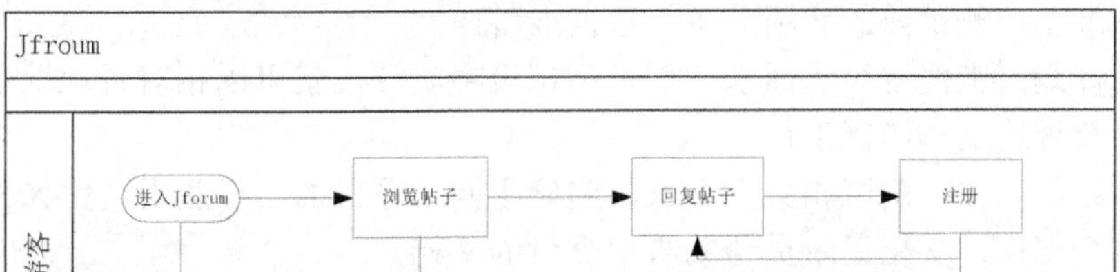

图 11-10 测试模型

11.3 测试计划

测试计划用来规划测试工作，那么测试计划考虑哪些内容呢？

（1）系统概述：简述系统使命、系统功能，计划往往会有一些非专业人士来审核，因此我们需要讲清楚系统是做什么的。

（2）测试环境：系统生产环境、系统测试环境、测试执行环境（就是测试负载机，我们这里是运行 JMeter 的机器）。测试环境对测试结果有直接影响，我们需要告诉非专业人士，这个测试结果是基于什么环境来进行测试的。比如同样是户外跑 100 米，晴天当然比雨天要跑的快，晴天你不用担心摩擦力不够而滑倒，性能得以全力释放，雨天你就得收着跑，小心滑倒。

（3）需求分析：采集系统性能需求，确认性能测试需求范围。

（4）测试策略：表明此次性能测试我们将用什么样的手段来进行测试，比如我们可以采用 JMeter 来模拟用户大并发操作，对于第三方系统（系统集成第三方系统，如上面提到的要与银行系统对接，得不到支持时，我们可以开发挡板来代替）我们采用挡板程序。实际上是做测试可实施性分析。

（5）测试场景：如何组合业务场景进行性能测试，比如交通部门测试街道的流量，十字路口作为一个场景进行测试时，我们需要把行人流量与车辆流量都纳入场景，通过调整红绿灯时长间隔来提高通过率。如果有高架桥，我们就不用考虑行人流量了，已经人车分离了。

（6）测试准备：测试前的环境准备，数据准备。

（7）时间计划：上面进行了需求分析、测试策略制订，就可以相对合理地估算测试资源及耗时，从而合理地安排测试工作。

（8）测试组织架构：测试相关干系人，明确不同干系人的工作职责。比如性能测试工程师通常是做执行工作，文档记录员帮助整理交付的文档。

（9）交付物清单：性能测试计划、性能测试报告、性能测试脚本等交付物。

（10）系统风险：对测试过程中可能涉及的风险加以评估，确定风险应对策略。比如，人力风险可以通过加强人力储备来完成，测试人员相互备份（相互熟知对方工作范围内的工作，一人负主要责任，一个负次要责任，不会因为其中一方离职导致工作无人能够顶替）。

示例测试计划见附录 1，其中部分内容不理解时可暂时忽略，直接往下看，待阅读完后面的内容之后自然会理解。

11.4 环境搭建

笔者 Jforum 实践环境搭建在 Win7 64 位系统之上，具体配置见表 11-7，数据库与 Web 服务在一台机器上，中间件选用 Tomcat7。

表 11-7 Jforum 测试环境 List

硬件名称	数量	硬 件 配 置	软 件 配 置	备 注
DB Sever	1	CPU： i5-3230 2.6GHz RAM： 8G DDR3 1600MHz Disk： HGSH 500G 7200 转/分 Network：Intel（R） 82579LM Gigabit Network Connection 1000M	Win7 64Bit Jdk1.7 32Bit Mysql5.6.11	

续表

硬件名称	数量	硬 件 配 置	软 件 配 置	备 注
Web Server	1	CPU： i5-3230 2.6GHz RAM： 8G DDR3 1600MHz Disk： HGSH 500G 7200 转/分 Network：Intel（R） 82579LM Gigabit Network Connection 1000M	Win7 64Bit Jdk1.7 32bit Tomcat7	

（1）到 Jforum 官网下载安装包，笔者下载的是 jforum-2.1.9.zip 这个版本。

（2）解压下载的压缩包到%TOMCAT_HOME%/webapps/目录（%TOMCAT_HOME%是你机器上 Tomcat 的安装目录），如图 11-11 所示，笔者安装在 D:\tomcat7\webapps 目录（Tomcat 请读者自 Tomcat 官网下载，笔者下载的是 Tomcat7 32 位版本。JDK 请自官网下载，笔者下载的是 JDK1.7 32 位版本）。

（3）启动 Tomcat（见图 11-12），%TOMCAT_HOME%/bin/startup.bat。

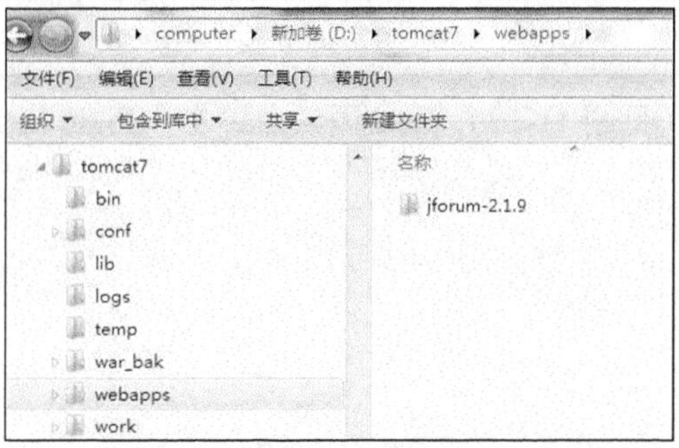

图 11-11 安装目录

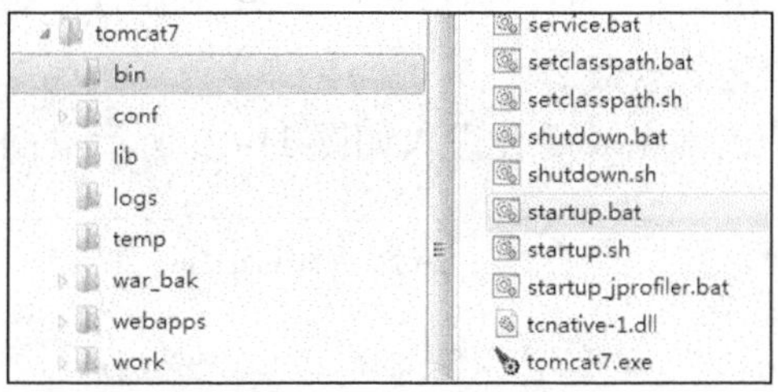

图 11-12 Tomcat 启动目录

（4）进入安装页面（见图 11-13），在浏览器地址栏键入 http://127.0.0.1:8080/jforum-2.1.9/install.jsp，我的机器修改了端口号，访问端口是 8089。

（5）进入安装页面（图 11-13），在浏览器地址栏键入 http://127.0.0.1:8080/jforum-2.1.9/install.jsp，我的机器修改了端口号访问端口是 8089。端口可以从%TOMCAT_HOME%/conf/server.xml 文件中获取，打开 server.xml 文件找到"<Connector port=8080"这一截字符串，port=后的数字即是端口号，一般默认是 8080。

注意

请先保证要使用的库是已经存在的，意思是你先在 DB 中建立一个库（笔者建立的库名是 jforum，MySQL 安装请到 MySQL 官网下载安装，笔者安装的是 5.6.11 64 位版本），然后用此安装向导来安装，安装过程中选择的库就是你建立的库（我的是 jforum），安装程序会访问这个库，然后自动生成表结构及初始化数据。如图 11-14 所示，我选择用 JDBC 来访问 MySQL 中的 jforum 库，账号是 root 账号（这个一般不推荐用管理员账号，我们是测试之用暂且用管理员账号）。数据库端口号默认是 3306，笔者改动了端口号到 13306。数据库密码填入自己机器上设置的 MySQL 密码。

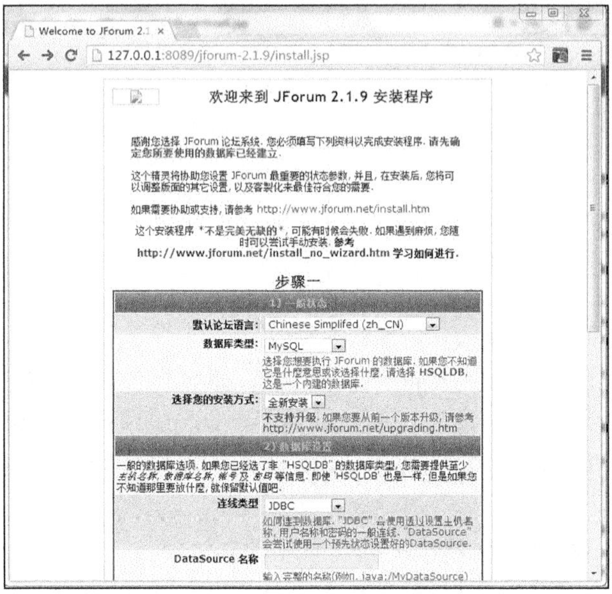

图 11-13 JForum 安装界面 1

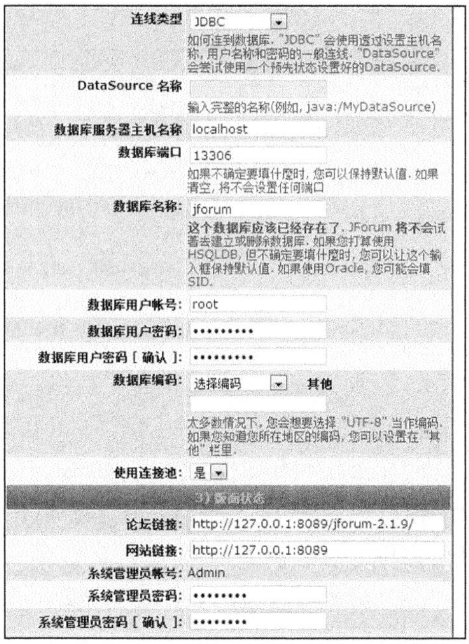

图 11-14 JForum 安装——DB 设置

填写完上面内容后"下一步"到确认配置页面（见图 11-15），确认无误后单击"Begin Install"开始正式安装。

正常完成后会进入如图 11-16 所示页面。

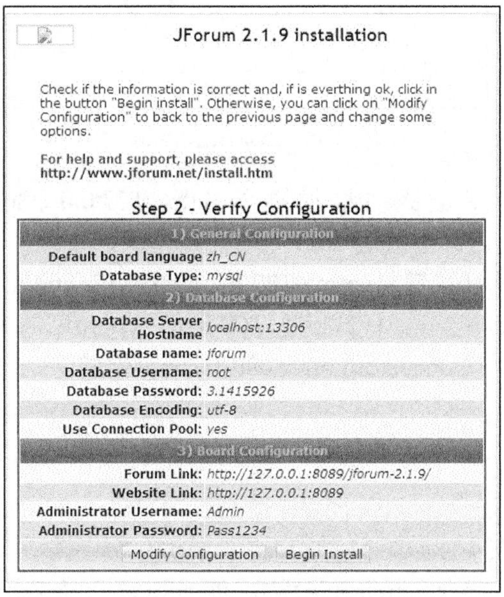

图 11-15 JForum 安装界面 2

图 11-16 JForum 安装界面 3

直接单击 Click here to access the forum 即进入论坛（见图 11-17）。

为了模拟测试，笔者新增了一些论坛版块，加了一些帖子（SQL 语句生成）如图 11-18 所示，Logo 也进了修改，至此测试环境建立完毕。

图 11-17 JForum 初始界面 1

图 11-18 JForum 初始界面 2

11.5 脚本开发

前面我们已经规划了测试工作，现在需要我们来开发模拟脚本。我们将按照计划中规划好的测试模型来编写测试脚本，Jforum 遵循 HTTP 协议，在第 4 章我们已经带领大家用录制的方法完成了登录与发帖的操作，下面我们手工来开发浏览帖子、回复帖子的脚本。

11.5.1 浏览帖子

流程如下：

登录→随机选择论坛板块→选择帖子→查看帖子（见图 11-19）。

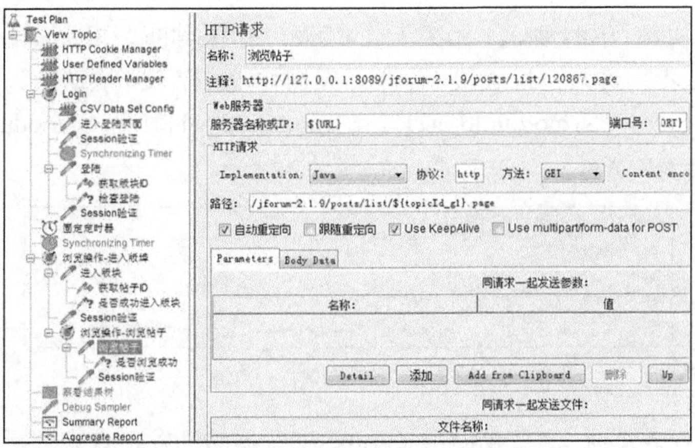

图 11-19 Jforum 查看帖子

其中登录操作复用第 4 章的登录部分，然后我们增加了部分元件。

增加了固定定时器（见图 11-20）来模拟 ThinkTime。

增加了断言（见图 11-21）用来验证是否登录成功，登录成功后会重定向到版块列表页面，失败会停留在登录页面。

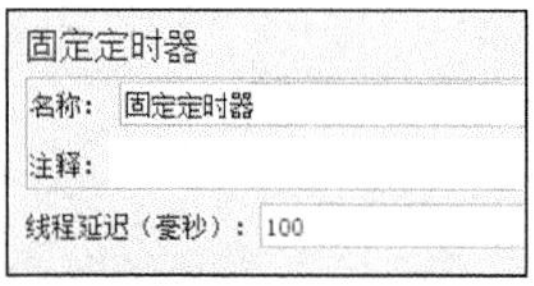

图 11-20 固定定时器

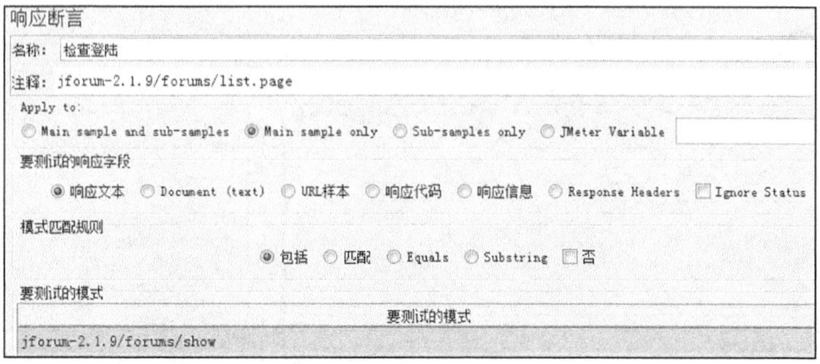

图 11-21 断言登录是否成功

当登录成功后会有一个重定向请求，图 11-22 中可以看到定向到了/jforum-2.1.9/forums/list.page，然后我们验证此请求的响应内容“jforum-2.1.9/forums/show/*page”，其中*代表的就是版块 ID。

增加了同步定时器（见图 11-23）用来模拟集合点。

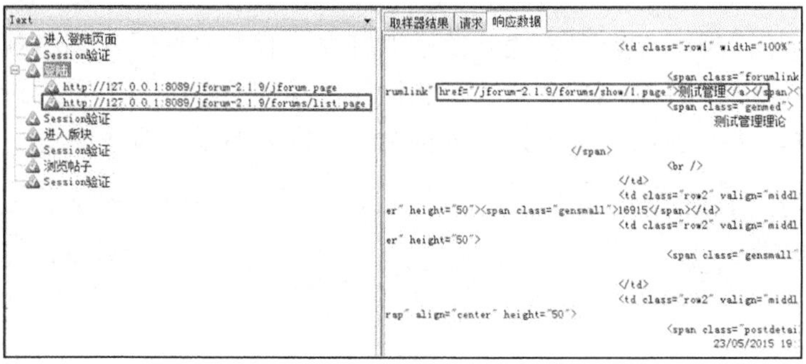

图 11-22 登录后的响应内容

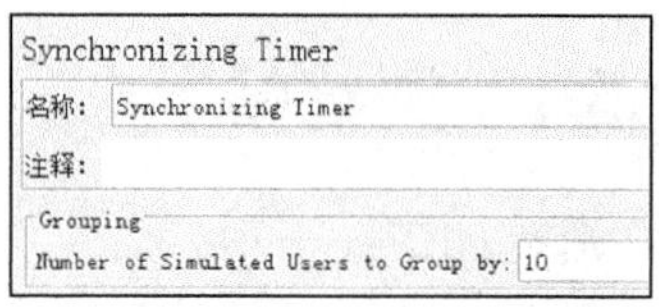

图 11-23 同步定时器模拟集合点

增加了条件控制器（IF 控制器，如图 11-24 所示）用来判断逻辑，如果没有取到 moduleId（论坛版块的 ID）则不用进入论坛版块（停止后续操作，进行下一次迭代）。当${moduleId_g1}取不到值时会返回字符串"${moduleId_g1}"，${moduleId_g1} != "\${moduleId_g1}"用来排除无法取到值，“\”是转义字符。

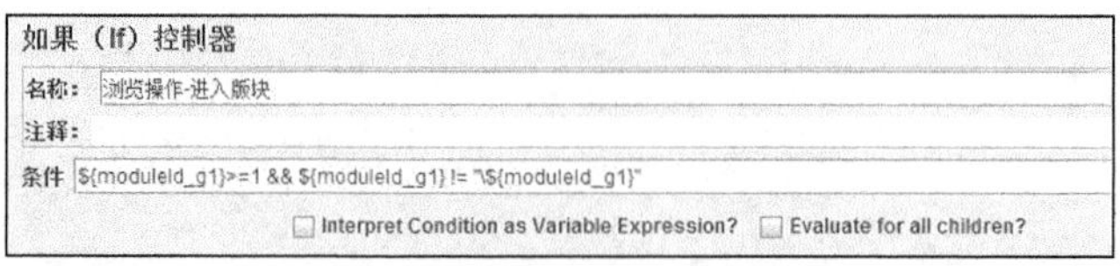

图 11-24 If 控制器控制逻辑

下面进入帖子列表页面，这里我们用 chrome 浏览器的开发工具来分析请求链接及传送的表单数据。按 F12 键，会调出开发者工具界面，从图 11-25 可以看到帖子列表的链接是：

http://127.0.0.1:8089/jforum-2.1.9/forums/show/1.page，其中 1 是版块在数据库中的 ID，上面我们通过后置处理器（正则表达式提取器）获取到。

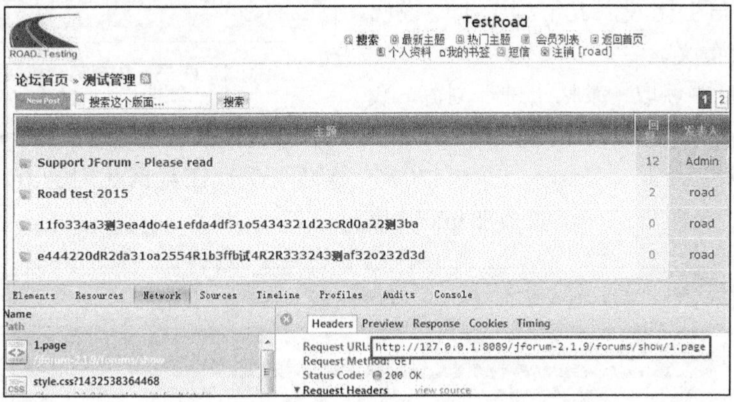

图 11-25 Chrome 工发工具分析 Headers 信息

在上面的“测试管理”版块页面增加后置处理器用来获取帖子列表，我们先分析上面请求响应的内容，如图 11-26 所示，我们要匹配“<a href="/jforum-2.1.9/posts/list/2.page">”，从中获取.page 前的数字，这个数字是帖子的 ID。比如“Support Jforum –Please Read”的 ID 是 2，这些 ID 就是我们要关联的数字。

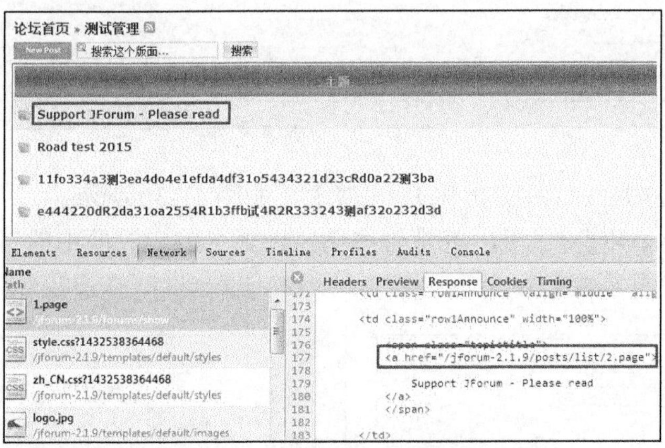

图 11-26 分析需要匹配的内容

继续使用正则表达示提取器来提取（正则表达式提取器的讲解请参考 4.4.2 节），如图 11-27 所示。

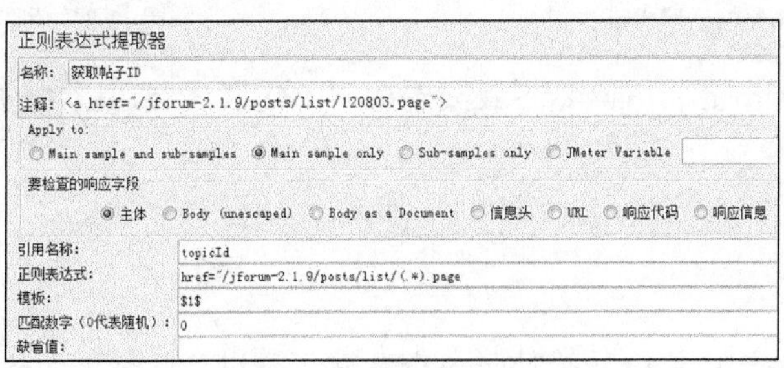

图 11-27 正则表达式进行关联

检查列表获取是否成功，顺便用 IF 控制器来控制是否浏览。图 11-28 ${topicId_g1}获取到 topicId 值，然后与 1 比较，大于等于 1 则说明取到的 topicId 有意义。

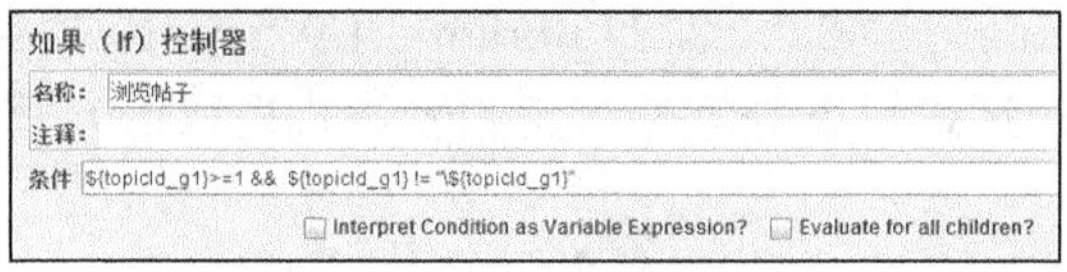

图 11-28 If 控制器访问关联变量

然后从 topicId 中获取一条帖子进行浏览，我们用 chrome 浏览器来查看一个帖子，从图 11-29 中可以看到请求链接地址是：http://127.0.0.1:8089/jforum-2.1.9/posts/list/120769.page，其中 120769 是帖子保存在数据库中的 ID 值。那么我们需要关联此 ID，ID 来自于上一步获取 TopicId 值。

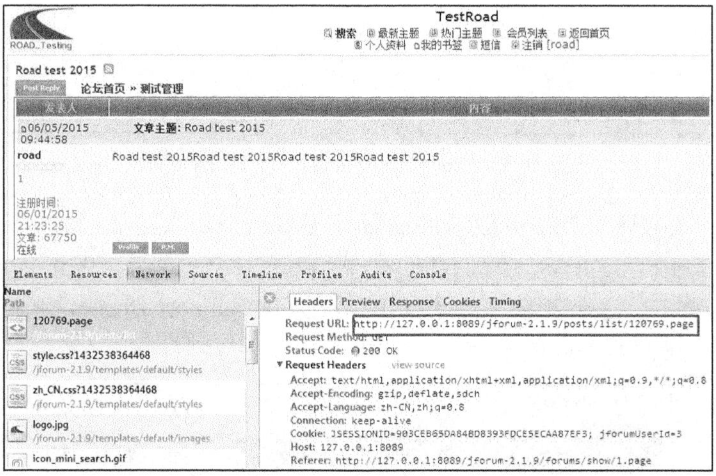

图 11-29 分析请求

于是我们用${topicId_g1}来参数化 Http 请求，如图 11-30 所示。

最后检查（见图 11-31）一下浏览是否成功，选择了响应页面中的链接来验证。图 11-31 中正则式“([1-9]\d*)”匹配数字。

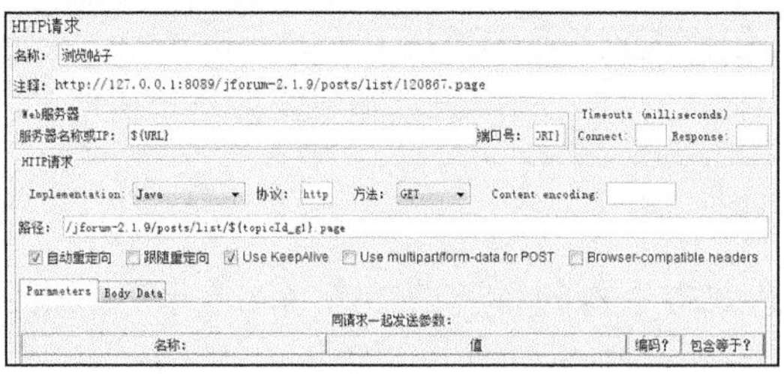

图 11-30 浏览帖子请求模拟

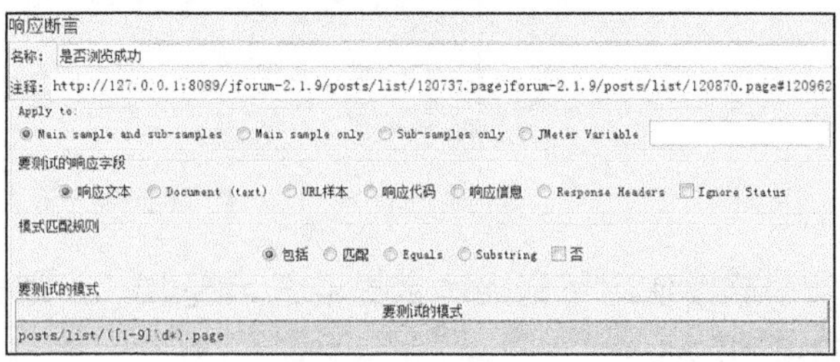

图 11-31 断言结果

完整脚本请到 Testroad 官方网站下载或者访问 QQ 群（257887726）得到。

11.5.2 回复帖子

流程如下：

登录→随机选择论坛板块→选择帖子→查看帖子→进入回帖页面→回帖。

进入回帖页面之前的操作复用 11.5.1 节，查看帖子脚本的部分内容，我们只需要手工编写“进入回帖页面”与“回帖”两个请求。

1. 进入回帖页面

同样我们用 chrome 浏览器来查看请求链接地址及传输内容，如图 11-32 所示。

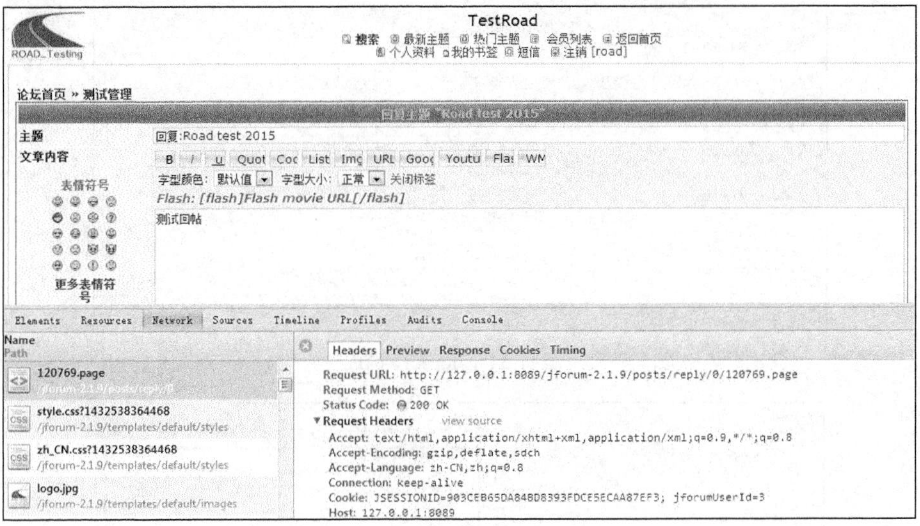

图 11-32 Jforum 回复帖子表单

可以看到链接地址是 http://127.0.0.1:8089/jforum-2.1.9/posts/reply/0/120769.page（见图 11-33），而且是 get 请求，需要参数化 120769 这个 topicId。

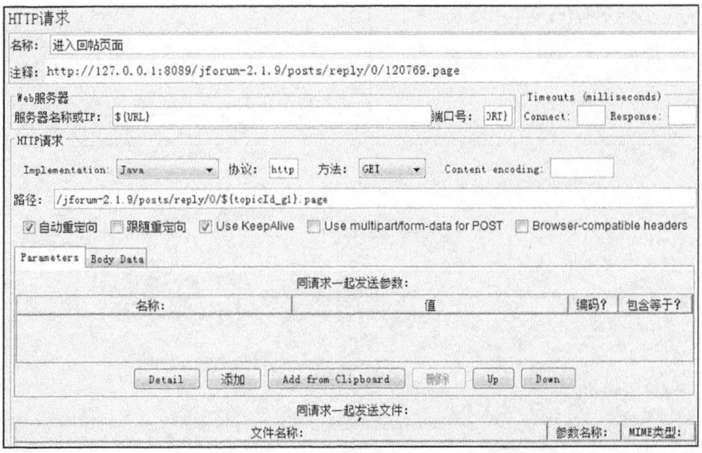

图 11-33 Jforum 进入回帖页面

2. 回帖操作

如图 11-34 所示，下面继续用 Chrome 来分析表单，可以看到是 Post 请求，并且重定向到 127.0.0.1:8089/jforum-2.1.9/posts/list/0/120769.page#121078 页面，这其实就是显示回帖内容的链接。

图 11-35 是从 Chrome 中截取到的回帖表单内容，可以看到 name=“action”，“insertsave”，

意思就是 action=insertsave，即调用保存回帖的方法。

图 11-34 Jforum 回帖

图 11-35 Jforum 回帖表单分析

参照 Chrome 中回帖的表单内容，填入到 Http 请求的 Parameters 中，如图 11-36 所示。

3. 检查回帖是否成功（见图 11-37）

当提交回帖表单后，成功则转到帖子明细页面，可以看到刚才回复的内容，下面响应断言用正则表达式来匹配内容，此内容匹配的是一个链接，此链接在 127.0.0.1:8089/jforum-2.1.9/posts/list/0/120769.page#121078 的响应数据中。

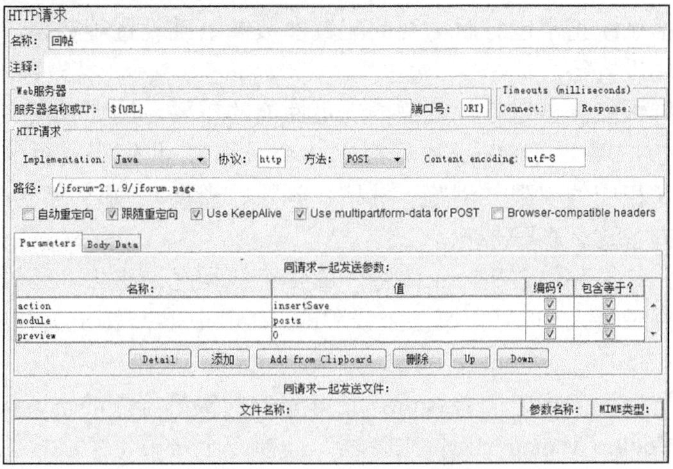

图 11-36 Jforum 回帖模拟

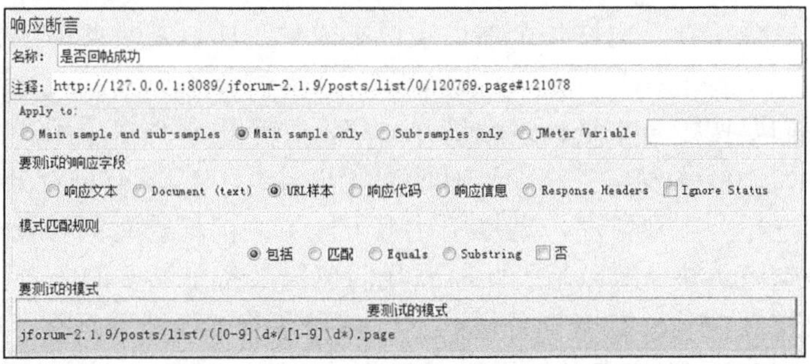

图 11-37 Jforum 回帖断言

完整脚本请到 Testroad 官方网站下载或者访问 QQ 群（257887726）获取。

11.5.3 发帖

在第 4 章我们模拟 Http 请求时，实现了发帖操作，完整脚本请到 Testroad 官方网站下载或者访问 QQ 群（257887726）获取。

11.6 数据准备

上节我们开发脚本过程中用到了用户信息，登录进系统我们看到了论坛版块列表；这些是主数据，保证我们能够正常运行系统。我们进入某一个版块，然后进行发帖，产生的是业务数据。

下面我们来讨论一下数据准备要注意那些事项。

11.6.1 主数据准备

主数据主要包括系统正常运行时需要的配置参数及基础设置等数据，比如功能菜单、角色、账号、论坛版块设置等。

基础数据要支持性能测试运行，就需要满足性能的需要。比如我们在需求分析中计算出来需要并发 100 个虚拟用户（JMeter 中开启 100 个线程），我们需要至少准备 100 个以上账号，并且对账号赋予相应的权限（浏览、发帖、删除、查询），那么问题来了：

（1）为什么要准备这么多账号呢？

我们设想一下，如果你仅仅用一个账号，第 1 个线程登录进去，还没开始发帖；第 2 个线程使用相同账号登录进来，正好把第 1 个线程的 Session（客户浏览器与服务器信任的标记，有的叫 sessionId，有的叫 jsessionid，有的叫 tokenId。我们的实例脚本中加有 HTTP Cookie Manager 元件，就是为了存储这个 session，正好我们的实例程序的 jsessionid 存储在 Cookie 中，我们用 HTTP Cookie Manager 元件来管理）冲掉，于是第 1 个线程就无法发送帖子了，因为它发送的 jsessionid 已经在服务器上不受信任，服务器上存储的是第 2 个线程登录时产生的 jsessionid。此时如果第 3 个线程以相同的账号登录进来，第 2 个线程的 jsessionid 也会被冲掉。周而复始，机缘巧合，也许一个帖也发送不成功，所以基于此原因我们就得准备足够多的账号。

另外，如果我们要按账号来统计发帖量并排序，一个用户与多个用户之间还是有比较大的性能差距的。比如 100 人发帖，在统计时要对 100 个用户的发帖进行分组排序统计；而 1 个用户发帖则不用进行分组及排序，直接统计就可以了；消耗的时间与资源当然会少很多，用户直观感觉就是响应更快。所以基于此原因我们也得准备足够多的账号。表 11-8 是准备账号的参考 SQL，直接在 Mysql 的查询分析器上保存为存储过程然后运行；直接生成 400 个账号（多少大家可以修改），用户名类似于 test001、test400。

表 11-8

```
BEGIN
        DECLARE userName VARCHAR(20);
        DECLARE userMail VARCHAR(20);
        DECLARE i INT DEFAULT 1;
        WHILE i<= 400 DO
        set userName = CONCAT('test',LPAD(i,3,'0'));
        set userMail = CONCAT(userName,'@test.com');
        INSERT INTO jforum_users VALUES (i, '1', userName,
'823da4223e46ec671a10ea13d7823534', '0', '0',
   null, '2015-05-06 09:33:18', null, '0', '', null, '', '%d/%M/%Y %H:%i', '0', '0', null, null, '0', '1',
   '0', '1', '1', '1', '1', '1', '1', '0', '0', '1', '1', '0', null, '0',userMail, null, null, null,
   null, null, null, null, null, null, null, null, null, null, null, null, '1', null, null, null);
        INSERT INTO jforum_user_groups VALUES(3,i);
        SET i = i+1;
        END WHILE;
END
```

jforum_users 为用户表，记录账号信息。

jforum_users_groups 为权限组表，记录账号对应的权限组；权限组中包括权限（功能菜单及论坛版块），拥有相应权限才可以查看相应的论坛版块。

（2）那准备多少数据够用呢？

图 11-38 所示为一个 RT、TPS 与线程数的变化趋势图，往往性能测试需求会要求我们对系统性能进行定容定量，所以我们在测试过程中会经历如图 11-38 所示的测试过程；我们需要跨过③这个点直到④这个点，也就是至少要准备④这个点对应数量的用户账号。

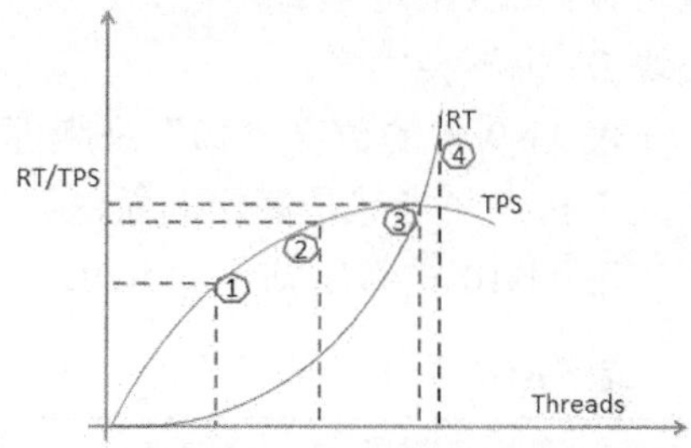

图 11-38 RT&TPS&Thread 趋势图

另外，为了更形象地模拟用户使用情况，我们会希望使用尽可能多的模拟用户，通过 ThinkTime 来调节这些模拟用户产生的负载（可以说是控制请求数量，从而调整 TPS 大小）大小，用户越多越好。

11.6.2 数据制作方法

测试数据准备过程中可以使用工具，也可以使用 SQL 或者存储过程来完成。个人建议初学者运用 SQL 或者存储过程来生成数据，一方面加强 SQL 积累，另一方面通过直接操作数据库来熟悉数据库的物理设计（索引、字段、范式、反范式等）和 ER 关系。

先来看一下表结构，图 11-39 所示为 Jforum 的主要数据表。

jforum_forums：是记录论坛版块。

jforum_topic：记录发帖标题（帖子 ID，多少人浏览，第一次回帖 ID，最后一次回帖 ID 等）。

jforum_posts：记录发帖及回帖状态。

jforum_posts_text：记录发帖及回帖内容。

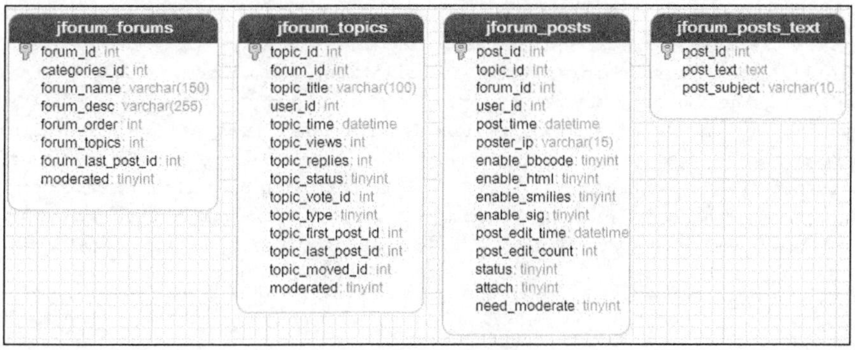

图 11-39 Jforum 表结构

下面是 SQL 脚本示例：

表 11-9

```
-- 版块添加（需要授权并重启 Jforum 系统）
INSERT INTO jforum_categories VALUES (5,'持续集成',5,0);
-- 增加版面（需要授权并重启 Jforum 系统）
INSERT INTO jforum_forums VALUES (10,5,'Test Forum','This is a test forum',10,1,1,0);
```

表 11-9 中的数字“5”是 categories_id（版块 ID，就是大的论坛类别 ID），可以人工指定也可以由 MySQL 自动分配，建议人工指定（比较懒惰的做法，方便在其它地方引用），一般版块 ID 也不会太多。

表 11-9 中的数字“10”是版面 forum_id，可以人工指定也可以由 MySQL 自动分配，建议人工指定（当然是懒惰的做法）。

表 11-10 是新增帖子的 SQL。

表 11-10

```
BEGIN
        DECLARE topicId INT;
        DECLARE postId INT;
        DECLARE topicCount INT;
    DECLARE userId INT;
    DECLARE forumId INT;
        DECLARE createDate datetime;
        DECLARE i INT DEFAULT 1000053; -- 定义开始生成的帖子 TopicID
        WHILE i<=1000055 DO  -- 定义帖子结束的 TopicID，当前循环 3 次
        /*--插入用户 ID,我们生成的 ID 是 1 到 400 之间，下面是 13——373 之间的 ID*/
        set userId = 13+ceil(rand()*360);
        set createDate = DATE_ADD(now(),INTERVAL -3 DAY); -- 构造一个时间
        set createDate = DATE_ADD(now(),INTERVAL -3 HOUR);
          set forumId =1+ceil(rand()*9);
        SET topicId=i;
        SET postId=i;
    -- 增加帖子 topic_id,forum_id=10,topicTitle,user_id,topic_time,topic_views
    -- forum_id 是帖子版块 ID，版块数量可以直接从基础表中获取，我们测试库中是 1～10
    INSERT INTO jforum_topics VALUES (topicId, forumId ,CONCAT(topicId,'Welcome to
JForum'),userId,createDate,1,0,0,0,0,i,i,0, 0);
    -- 帖子信息  postId,topicId,forum_id,user_id,postTime,posterIP
    INSERT INTO jforum_posts VALUES (postId,topicId,
forumId,userId,createDate,'127.0.0.1',1,0,1,1,null,0,1,0,0);
    -- 帖子内容 postId,postText,postSubject
    INSERT INTO jforum_posts_text VALUES (postId,'[b][color=blue][size=18]Congratulations :!:
[/size][/color][/b]\nYou have completed the installation, and JForum is up and running. \n\nTo
start administering the board, login as [i]Admin / <the password you supplied in the installer>[/i]
and access the [b][url=/admBase/login.page]Admin Control Panel[/url][/b] using the link that shows
up in the bottom of the page. There you will be able to create Categories, Forums and much more  :D
\n\nFor more information and support, please refer to the following pages:\n\n:arrow: Community forum:
http://www.jforum.net/community.jsp\n:arrow: Documentation: http://www.jforum.net/doc\n\nThank you for
choosing JForum.\n\n[url=http://www.jforum.net/doc/Team]The JForum Team[/url]\n\n','Welcome to JForum');
        SET i = i+1;
        END WHILE;
    END
```

表 11-10 中我们编写了一个简单的存储过程来生成测试数据，可以看到我们定义了多个变量，它们用来动态生成数据。

i 用来控制循环生成多少帖子。

```
DECLARE topicId INT
```

topicId 是帖子 ID，实际是用 i 的值填充的，为了让读者看得清楚，我们特别定义了这个变量，Set topicId=i 用来对它赋值。

```
DECLARE postId INT
```

postId 是回帖 ID，实际是用 i 的值填充。

```
DECLARE topicCount INT;
```

WHILE i<=1000055 DO 用来控制循环多少次，1000055 减 i 的初始值来控制循环的次数。

```
DECLARE userId INT;
```

userId 是发帖人 ID，在用户表中查询到 ID 是 1 到 400 之间，所以随机获取这些 ID。即 userId = 13+ceil（rand()*360），我们取 13 到 373 之间的 ID。

```
DECLARE createDate datetime;
```

createDate 是提交时间。createDate = DATE_ADD（now(),INTERVAL -3 DAY）用来设置天，createDate = DATE_ADD（now(),INTERVAL -3 HOUR）用来设置小时。

postSubject 中的内容比较杂乱，实际上内容是图 11-40 中的内容。

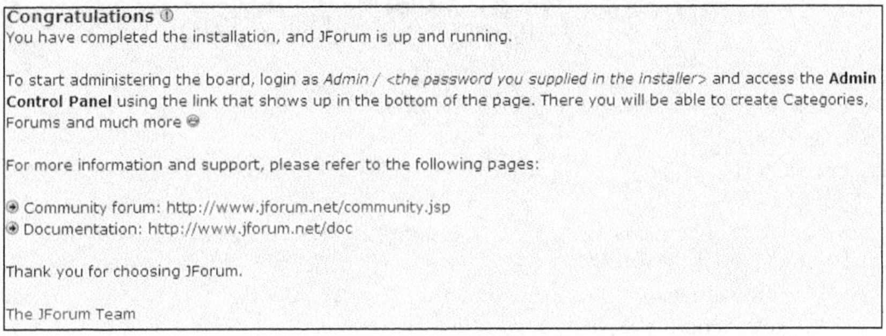

图 11-40　发帖内容

这样就可以随机生成帖子信息了，重启一下 Jforum 论坛，然后进入到版块中，此时会出现一个非常奇怪的问题，页面上新增加的帖子数量仅仅只有 20 个，手动增加第 21 个，看不到翻页链接。为什么呢？

因为 jforum_forums 中有 forum_topics 与 forum_last_post_id 两个字段（见图 11-41），forum_topics 记录帖子总量，后者记录最大的帖子 ID，翻页的计算与之有关。读者会问是如何知道的？当然是分析出来的，由于看不到翻页，逆向分析数据库表就得到了；当然还可以通过分析程序源代码来知道，实际项目中就不用分析了，找相关开发人员了解即可。这个时候我们就只有修改 forum_topics 与 forum_last_post_id 这两个字段了。

图 11-42 中的 SQL，统计出每个论坛版块的帖子数量及最大的 topic_id，回写到图 11-42 的表中，然后重启 Jforum 就可以正常看到帖子并且翻页正常。

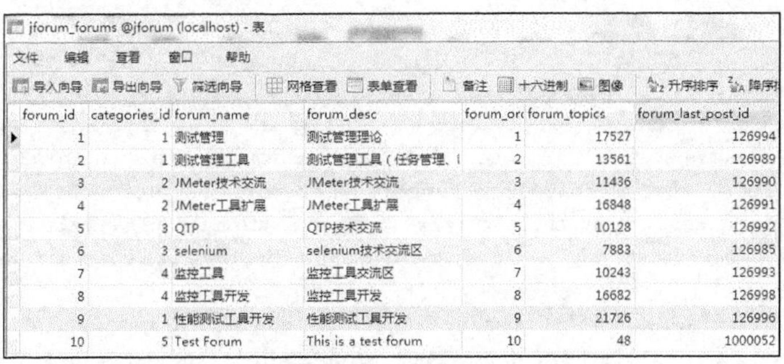

forum_id	categories_id	forum_name	forum_desc	forum_or	forum_topics	forum_last_post_id
1	1	测试管理	测试管理理论	1	17527	126994
2	1	测试管理工具	测试管理工具（任务管理、	2	13561	126989
3	2	JMeter技术交流	JMeter技术交流	3	11436	126990
4	2	JMeter工具扩展	JMeter工具扩展	4	16848	126991
5	3	QTP	QTP技术交流	5	10128	126992
6	3	selenium	selenium技术交流区	6	7883	126985
7	4	监控工具	监控工具交流区	7	10243	126993
8	4	监控工具开发	监控工具开发	8	16682	126998
9	1	性能测试工具开发	性能测试工具开发	9	21726	126996
10	5	Test Forum	This is a test forum	10	48	1000052

图 11-41　论坛版块表

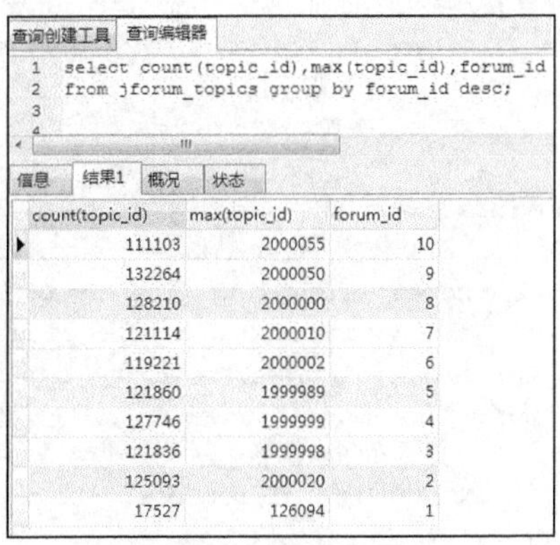

count(topic_id)	max(topic_id)	forum_id
111103	2000055	10
132264	2000050	9
128210	2000000	8
121114	2000010	7
119221	2000002	6
121860	1999989	5
127746	1999999	4
121836	1999998	3
125093	2000020	2
17527	126094	1

图 11-42　最大帖子数量统计

这样就满足数据制作要求了吗？

没有，我们只生成了发帖的数据，似乎忘记了回帖的数据，从前面的需求可知，平均回帖数量是发帖数量的 2 倍。那么我们就简单点，每个新帖 2 个回帖，修改一下上面的脚本。

```
BEGIN
        DECLARE topicId INT;
        DECLARE postId INT;
        DECLARE topicCount INT;
        DECLARE userId INT;
        DECLARE forumId INT;
        DECLARE createDate datetime;
        DECLARE i INT DEFAULT 1000053; -- 定义开始生成的帖子 TopicID
        WHILE i<=1000055 DO  -- 定义帖子结束的 TopicID，当前循环 3 次
         /*--插入用户 ID,我们生成的 ID 是 1 到 400 之间，下面是 13～373 的 ID*/
        set userId = 13+ceil(rand()*360);
        set createDate = DATE_ADD(now(),INTERVAL -3 DAY); -- 构造一个时间
        set createDate = DATE_ADD(now(),INTERVAL -3 HOUR);
      set forumId = 1+ceil(rand()*9);
        SET topicId=i;
        SET postId=i;
-- 增加帖子 topic_id,forum_id=10,topicTitle,user_id,topic_time,topic_views
-- forum_id 是帖子版块 ID，版块数量可以直接从基础表中获取，我们测试库中是 1～10
INSERT INTO jforum_topics VALUES (topicId, forumId ,CONCAT(topicId,'Welcome to
JForum'),userId,createDate,1,0,0,0,0,i,i+2,0, 0);
-- 帖子信息  postId,topicId,forum_id,user_id,postTime,posterIP
INSERT INTO jforum_posts VALUES (postId,topicId,
forumId,userId,createDate,'127.0.0.1',1,0,1,1,null,0,1,0,0);
-- 第一个回帖
INSERT INTO jforum_posts VALUES (i+1,topicId,
forumId,userId,createDate,'127.0.0.1',1,0,1,1,null,0,1,0,0);
-- 第二个回帖
INSERT INTO jforum_posts VALUES (i+2,topicId,
forumId,userId,createDate,'127.0.0.1',1,0,1,1,null,0,1,0,0);
-- 帖子内容 postId,postText,postSubject
INSERT INTO jforum_posts_text VALUES (postId,'[b][color=blue][size=18]Congratulations :!:
[/size][/color][/b]\nYou have completed the installation, and JForum is up and running. \n\nTo start
administering the board, login as [i]Admin / <the password you supplied in the installer>[/i] and
access the [b][url=/admBase/login.page]Admin Control Panel[/url][/b] using the link that shows up
in the bottom of the page. There you will be able to create Categories, Forums and much more  :D  \n\nFor
more information and support, please refer to the following pages:\n\n:arrow: Community forum:
http://www.jforum.net/community.jsp\n:arrow: Documentation: http://www.jforum.net/doc\n\nThank you for
choosing JForum.\n\n[url=http://www.jforum.net/doc/Team]The JForum Team[/url]\n\n','Welcome to JForum');
-- 第一个回帖内容
INSERT INTO jforum_posts_text VALUES (i+1,'[b][color=blue][size=18]Congratulations :!:
[/size][/color][/b]\nYou have completed the installation, and JForum is up and running. \n\nTo start
administering the board, login as [i]Admin / <the password you supplied in the installer>[/i] and
access the [b][url=/admBase/login.page]Admin Control Panel[/url][/b] using the link that shows up
in the bottom of the page. There you will be able to create Categories, Forums and much more  :D  \n\nFor
more information and support, please refer to the following pages:\n\n:arrow: Community forum:
http://www.jforum.net/community.jsp\n:arrow: Documentation: http://www.jforum.net/doc\n\nThank you for
choosing JForum.\n\n[url=http://www.jforum.net/doc/Team]The JForum Team[/url]\n\n','Welcome to JForum');
-- 第二个回帖内容
INSERT INTO jforum_posts_text VALUES (i+2,'[b][color=blue][size=18]Congratulations :!:
[/size][/color][/b]\nYou have completed the installation, and JForum is up and running. \n\nTo start
administering the board, login as [i]Admin / <the password you supplied in the installer>[/i] and
```

```
access the [b][url=/admBase/login.page]Admin Control Panel[/url][/b] using the link that shows up
in the bottom of the page. There you will be able to create Categories, Forums and much more  :D  \n\nFor
more information and support, please refer to the following pages:\n\n:arrow: Community forum:
http://www.jforum.net/community.jsp\n:arrow: Documentation: http://www.jforum.net/doc\n\nThank you for
choosing JForum.\n\n[url=http://www.jforum.net/doc/Team]The JForum Team[/url]\n\n','Welcome to JForum');

        SET i = i+3;
        END WHILE;

    END
```

可以看到上表中粗体部分，“第一个回帖”“第二个回帖”“第一个回帖内容”“第二个回帖内容”部分。

多了一个 i+1 与 i+2，分别是第一个回帖与第二个回帖的 post_id，在 jforum_topics 表中要记录回帖的 id，分别是 topic_first_post_id，topic_last_post_id。如果没有回帖，这两个字段中填写 post_id，如果有回帖，topic_last_post_id 字段填最后一次回帖的 post_id（如图 11-43 所示，topic_first_post_id，topic_last_post_id 被记录）。

图 11-43 jforum_topics 查询

是不是很简单？制作数据并不是一件难事。大家可以自行编写你认为简单高效的 SQL 来制作数据。

11.7 场景设计

11.7.1 场景设计

在建立测试模型时已经确定了测试的业务种类，场景设计是组织虚拟用户、组合业务种类到一个测试单元，根据测试模型与测试目标，整理出如表 11-11 所示测试场景。

表 11-11 测试场景

场景编号	测试类型	涉及业务	业务占比	运行时间	并发数	目的
Sec_101	基准测试	登录	N/A	N/A	1	验证测试环境、验证脚本、性能基准
		浏览帖子	N/A		1	
		发新帖	N/A		1	
		回复帖子	N/A		1	

续表

场 景 编 号	测试类型	涉及业务	业务占比	运行时间	并发数	目　　的
Sec_102	配置测试	登录	36%	N/A	20	优化配置
		浏览帖子	41%		40	
		发新帖	10%		7	
		回复帖子	13%		10	
Sec_103	负载测试	登录	36%	N/A	20/40/60	分析性能变化趋势 分析性能问题 帮助定容定量
		浏览帖子	41%		40/80/120	
		发新帖	10%		7/14/21	
		回复帖子	13%		10/20/30	
Sec_104	稳定性测试	登录	36%	>12 小时	116	验证系统稳定性
		浏览帖子	41%			
		发新帖	10%			
		回复帖子	13%			

Sec_101 基准测试：

主要用来验证测试环境、验证脚本正确性、得到系统的性能基准，为后续的测试执行提供参考。基准测试采用单业务场景、单用户的方式来执行脚本；执行时长视响应时间调整，测试结果采样样本尽量大（比如响应时间 1 秒，1000 个事务就需要运行 1000 秒以上；响应时间 200 毫秒，运行 600 秒就可以完成 3000 个事务的采样）。

Sec_102 配置测试：

帮助分析系统相关性能配置，确保系统配置适合于当前性能需求，一般场景为混合场景（多个业务同时执行）。测试过程是一个实验过程，先是找出不合理配置，然后进行修改，最后进行验证；周而复始到配置满足要求。

Sec_103 负载测试场景：

负载测试的目的是帮助我们找出性能问题与风险，对系统进行定容定量，分析系统性能变化趋势；为系统优化、性能调整提供数据支撑。负载测试在执行时又分为单场景与混合场景；单场景有利于分析性能问题，因为排除了其他业务的干扰；混合场景更贴近于用户实际使用习惯，是一个综合的性能评估。建议读者先做单场景的性能执行工作，后做混合场景的执行工作。可以看到表 11-11 中的负载场景有多个不同负载量。

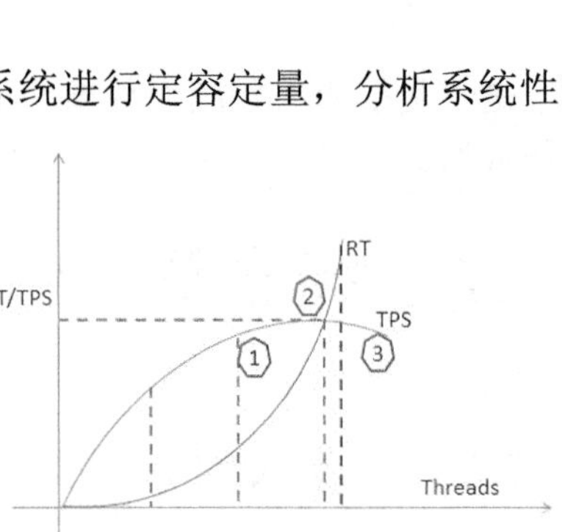

图 11-44　性能变化趋势图

如图 11-44 所示，曲线是常见的性能变化趋势图，①这个点，通常就是我们估算的满足性能需求的点，②这个点达到系统最大吞吐量，通常是系统拐点（之后性能变差），③这个点是系统已经过载，吞吐量已经开始减小；负载测试原则上需要找出这 3 个点。在负载测试执行时找出这 3 个点还是比较麻烦的，常常会因为一些配置、程序问题而受到干扰；通常找出这 3 个点需要很多次的执行，所以测试执行也是一个耗时的工作。

Sec_104 稳定性测试：

稳定性测试的目的是验证在当前软硬件环境下，长时间运行一定负载，确定系统在满足性能指标的前提下是否运行稳定，执行时采用混合场景。按惯例要求执行时间不低于 8 小时，在此我们计划运行 12 小时。稳定性测试原则上是时间越长越好，有些隐藏较深的诸如内存溢出的问题是需要长时间运行才能反映出来的。

注：实例 Jforum 系统场景比较简单，直接把多个业务组织一起即可；实际工作中会遇到一些场景复杂的业务。比如 WMS（仓库管理系统）系统，WMS 中都会有盘点功能，此功能就不应该与日常功能混合在一起，因为盘点通常都是一月一次，所以组织场景时尽量要与实际业务情况一致。

11.7.2 场景实现

上节规划好测试场景后，下面我们尝试在 JMeter 中来设置。以配置测试为例笔者提供两种方式来实现上面的场景。

（1）只运行一个线程组实现基准测试场景

可以计算得到登录/浏览帖子/发新帖/回复帖子的比例为20 : 40 : 7 : 10，约为3 : 6 : 1 : 1.5，差不多每 3 次登录会浏览 6 个帖子，发送一次新帖，回复 1.5 次帖子。这个 1.5 次就不好控制了，我们需要用点小技巧来完成。如图 11-45 所示，用 If 控制器配合线程迭代记数来控制每迭代 3 次发送一个新帖，即${_counter（true,）}%3==0，_counter 是迭代计数器，6.8.3 节中讲到了_counter 函数，支持多线程（大家可以理解成多用户），这个计数器可以分开记录线程迭代的次数，我们就是用它来记录迭代次数，然后与 3 取余，如果是 3 的整数倍则运行一次发帖，也就是 3 次迭代发一次帖。

同样，是否回帖也用此方法来控制，如图 11-46 所示，每迭代 3 次产生 1.5 个回帖操作（就是 2 : 1 的关系）。这种情况比较简单，那大家思考一下，如果是每迭代 3 次会产生 2 次回帖，如何控制？

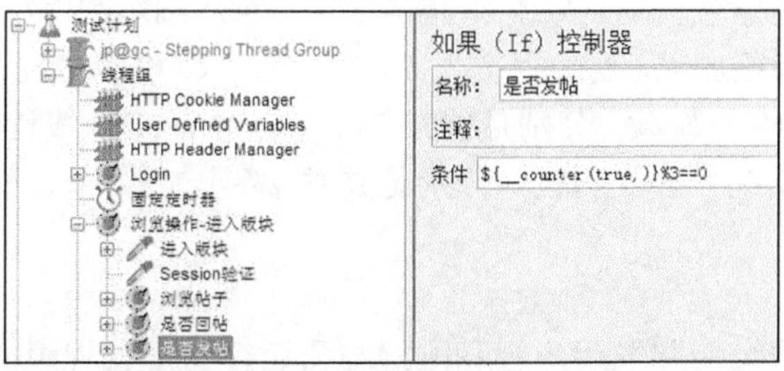

图 11-45 是否发帖控制

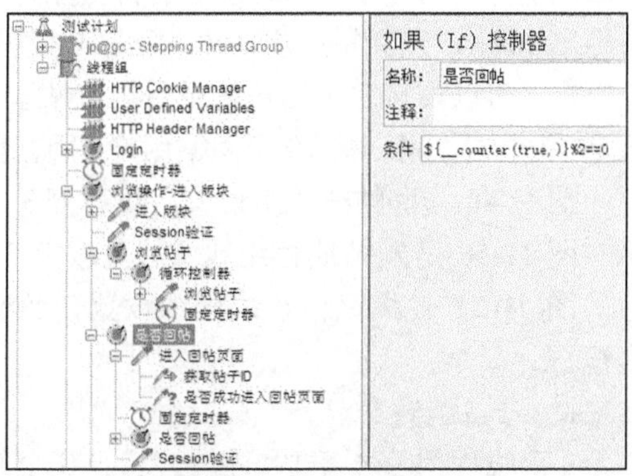

图 11-46 是否回帖控制

每迭代 3 次有 2 次回帖我们可以用${__counter(true,)}%2==1||${__counter(true,)}%3==0 来控制，一个条件无法满足，我们用组合的方式来完成，刚好是每 3 次迭代产生 2 次回帖。

此方式的优势：

采用这种方式的好处是参数化容易，在我们的实践 Jforum 项目中，登录账号是有限制的，每个账号只能有一个 Session 在线，所以要控制虚拟用户（线程）与账号要一一对应，不能两个线程共用同一个账号登录；此时用一个线程组来控制就相对容易。不过遗憾的是即使这样，JMeter 也无法保证登录账号的唯一性，所以笔者扩展了 CSV Data Set Config 元件，大家可以到 Road Testing 官网下载。添加此元件可以看到“Unique”选项，此选项取值“True”时用来保证每个线程取不同的参数，且能够循环取值，如图 11-47 所示。

此方式劣势：

脚本是顺序执行，相互之间有影响；脚本的复杂度高。

脚本请至 Road Testing 官方网站下载。

（2）运行多个线程组实现配置测试场景

图 11-48 中设计了多个线程组，分别是查看帖子、回复帖子、发送新帖操作。由并发数计算我们知道他们并发数不等，所以要分开设计场景。

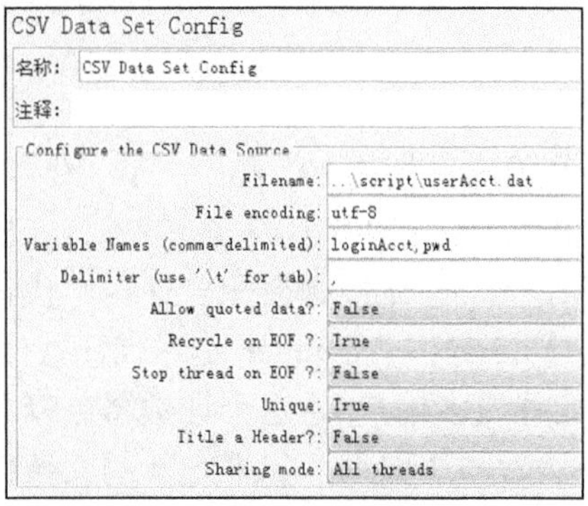

图 11-47 参数化

图 11-48 多个线程组

在实现场景之前先搞清楚业务关联关系（登录/浏览帖子/发新帖/回复帖子的比例为 20:40:7:10），发帖与回帖时需要登录，回帖之前会浏览帖子，浏览帖子是可以不用登录的，发帖与回帖的并发数小于登录，所以有部分用户是登录后只浏览帖子。按 20:40:7:10 的比例来算，回帖用户 10 个，发新帖用户 7 个，回贴与发帖都需要登录，这样登录已经有 17 个用户，还需要 3 个用户，可以安排 3 个用户登录后浏览帖子，最后还需要 27 个浏览帖子的用户。27 个用户的来源是 40 个浏览用户减 10 个回帖用户（回帖前会登录及浏览帖子），再减 3 个登录后浏览的用户。

图 11-49 是回帖线程组设置，负载分 3 个阶段加载，分别是并发 10 个、20 个、30 个线程。

图 11-50 是发帖线程组设置，负载分 3 个阶段加载，分别是并发 7 个、14 个、21 个线程。

图 11-51 是浏览帖子线程组设置，负载分 3 个阶段加载，分别是并发 27 个、54 个、81 个线程。

此方式优势：

3 个线程组互不干扰，独立设置（3 个线程组的并发用户之和刚好与只运行一个线程组的场景相等），简单明了，易于维护。

此方式劣势：

由于 3 个线程组分开设置，相当于 3 个不同的脚本，所以参数化都需要分开，而且登录账号同样也不能有冲突，所以可以把用户的参数文件分成 3 份，每个线程组一份。虽然 JMeter 也支持多个线程组共用一份参数文件，但是不能保证每个线程取到的参数唯一性。所以在此还是建议大家分开做参数化。

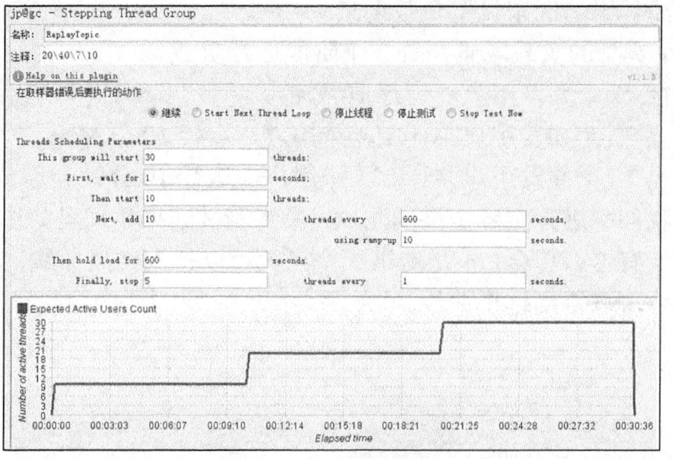

图 11-49 回帖线程组设置

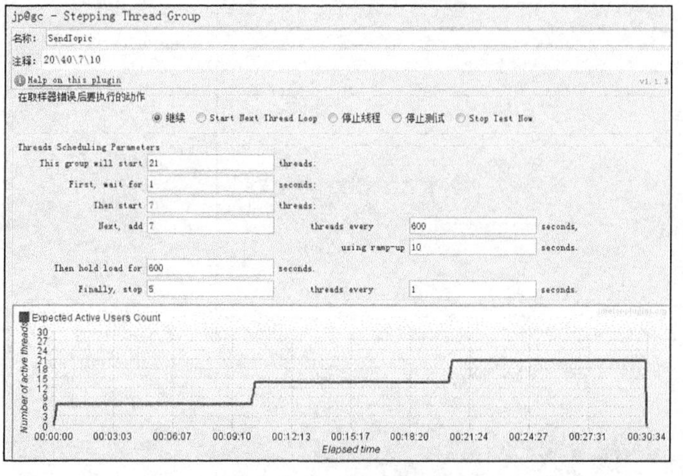

图 11-50 发帖线程组设置

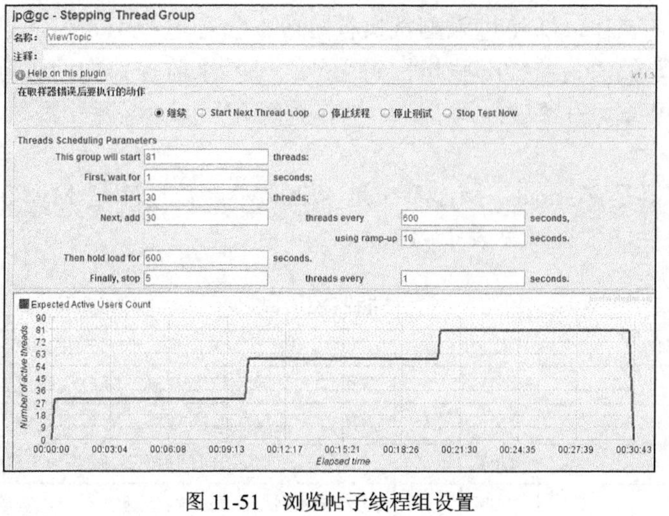

图 11-51 浏览帖子线程组设置

（3）负载场景设计

以只运行一个线程组为例来设置负载场景。

图 11-52 是一个典型的负载场景，分 3 个阶段运行负载。

第一阶段只运行 77 个并发用户，运行 10 分钟。

第二阶段再加上 77 个并发用户共计 154 个用户，运行 10 分钟。

第二阶段再加上 77 个并发用户共计 231 个用户，运行 10 分钟。

这种场景帮助我们来进行定容定量的测试，最终测试结果整理呈如图 11-53 所示。当然，在测试执行过程中没有这么巧合，不是测试 3 个点就可以得到结果曲线，常常是不断的试验，切换不同的并发数才可以得到这个曲线。

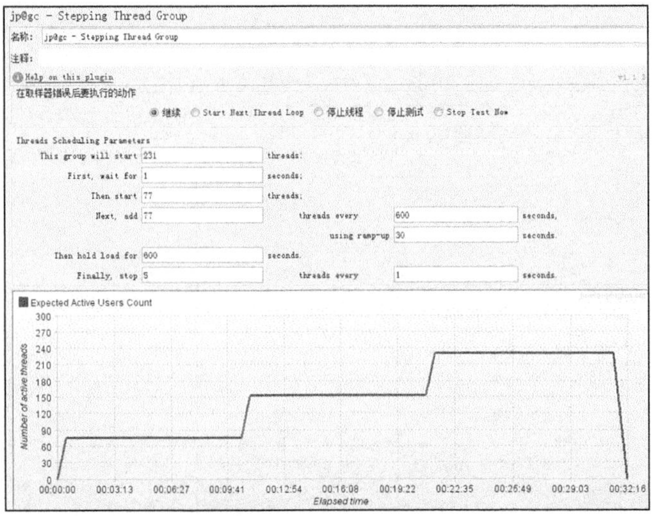

图 11-52 负载场景

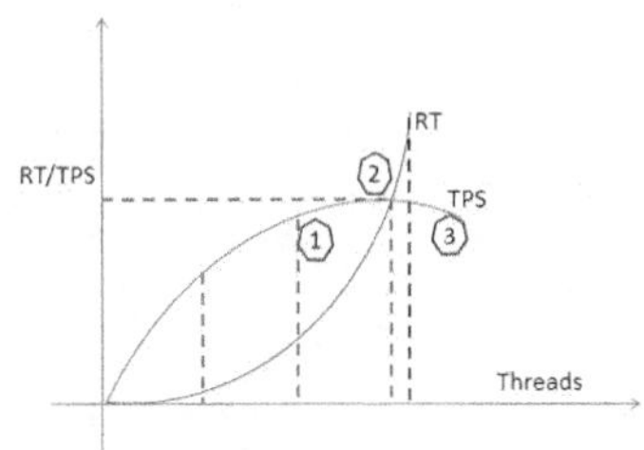

图 11-53 性能变化趋势

11.8 测试监控

经过漫长的准备工作，即将进入测试执行阶段，执行过程中我们通过监控结果来分析系统性能。首先我们要搞清楚监控哪些指标？用什么工具来监控？如何进行分析？这些内容笔者系统整理放在第 9 章。内容涉汲到 Linux 操作系统、Windows 操作系统、Tomcat、MySQL、JVM 等。

Jforum 部署容器是 Tomcat，操作系统是 Windows，数据库是 MySQL，Jdk 是 1.7 版本 32 位。需要关注的性能项有（见表 11-12）。

表 11-12 性能监控项目

指 标 名 称	阈 值	指 标 说 明
CPU 使用率	<70%	占用过大会导致响应变慢，服务不稳定
内存利用率	<70%	占用过大会导致响应变慢，服务不稳定
Disk Time	<70%	过大导致 IO 等待时间变长，服务水平降低
网络带宽	<70%	过大导致网络阻塞，网络延时变长，响应时间变长

续表

指标名称	阈值	指标说明
Mysql 慢查询 CPU、内存等占用率		检查有无慢 SQL 和 MYSQL 资源状态
JVM GC		内存回收效率
Tomcat 连接数、线程状态		连接数、线程

11.9 测试执行

前面我们都是在做测试执行的准备工作，现在我们要开始测试执行。一般第三方性能测试会有一个测试准入条件的验证（一般做成 CheckList，检查各项准备工作是否 Ready）。如果是项目组内的性能测试执行就没有这么严格了，但基本内容不会变。

基本内容包括但不限于下面这些项目。

（1）检查网络环境

确保环境独立，不会对生产系统、外部系统等的使用造成影响。

确保环境可靠，不会因为生产系统、外部系统等而影响测试结果。

为了方便分析问题排除网络 IO 的影响，测试会在局域网中进行。

（2）检查测试数据

确保基础数据完整，能够支持性能测试脚本对业务功能的覆盖。

确保基础数据量，能够支持性能测试脚本的参数化要求。

确保存量数据量，能够尽量真实反映系统数据环境。

确保存量数据分布，能够对结果施加有意义的影响。

（3）检查监控设备

监控工具是否已经准备完毕可用。

（4）脚本检查

确认脚本能够模拟业务场景。

确认脚本无性能风险不影响测试结果。

下面我们根据测试场景来进行性能测试执行。

11.9.1 基准测试

11.9.1.1 测试场景

表 11-13 所示的基准测试我们采用的是单业务场景单用户的方式来执行脚本，用户思考时间设置为 200 毫秒。基准测试目的在于验证测试环境、验证脚本，得到一个性能基准。

业内通常大家会把用户思考时间设计为 3 秒，用户查看业面内容大约停留的时间；笔者设计 200 毫秒是考虑在有限时间内尽量完成更多的业务，同时又要模拟用户思考状态；读者可以根据实际情况调整思考时间大小。另外测试执行时间尽可能长，目的是统计响应时间时取样更多，测试结果越准确。

表 11-13　　基准测试场景

场景编号	测试类型	涉及业务	业务占比	运行时间	并发数	目　　的
Sec_101	基准测试	登录	25%	5 分钟	1	验证测试环境 验证脚本 性能基准
		浏览帖子	25%		1	
		发新帖	25%		1	
		回复帖子	25%		1	

11.9.1.2　测试执行&测试结果

一般来说单个线程执行性能不会差，如果正好遇到基准测试时响应时间较长的业务就要进行分析。基准测试尽量执行多次，取相对稳定的结果。通常建议执行 3 次以上，下面是基准测试的结果。

（1）聚合报告（聚合报告各字段的含义请参考 6.7.2 节 Aggregate Graph）（见图 11-54）。

Label	# Samples	Average	Median	90% Line	Min	Max	Error %	Throughput	KB/sec
进入版块	170	21	19	21	16	366	0.00%	9.9/min	6.1
Session验证	846	3	3	4	2	205	0.00%	49.3/min	.2
浏览帖子	170	30	22	53	19	76	0.00%	9.9/min	4.2
进入回帖页面	170	21	21	22	16	32	0.00%	9.9/min	4.1
回帖	169	185	155	212	114	1464	0.00%	9.9/min	4.2
进入新帖编辑页面	169	19	19	20	17	30	0.00%	9.9/min	4.1
发帖	169	155	150	195	101	378	0.00%	9.9/min	2.8
进入登陆页面	169	5	6	6	4	13	0.00%	9.9/min	.9
登陆	169	33	32	33	28	329	0.00%	9.9/min	4.2
总体	2201	37	19	144	2	1464	0.00%	2.1/sec	30.7

图 11-54　聚合报告

（2）响应时间（RT）

从图 11-55 中可以看到各业务的响应时间都比较小，响应时间 90%都能控制在 200 毫秒以下；TPS 为 0.2（12.5/分）；从图 11-55 中可以看到“回帖”操作的响应时间有异常点，这些异常呈周期性分布；通常我们要分析这些异常点，如果呈周期性或者偶然出现且不影响 TPS 时是可以接受的，如果异常点比较多，直接影响到 TPS 就需要进行分析了，为什么如此不稳定？对于周期性出现的异常通常都是一些作业任务造成的，如果你对程序不熟悉那就请开发团队告诉你系统有哪些作业任务，这些作业任务的频度是否适中。基准测试中 jforum 响应时间出现异常的原因是 jforum 要构建全文搜索索引，此时会进行大量的文件 IO。

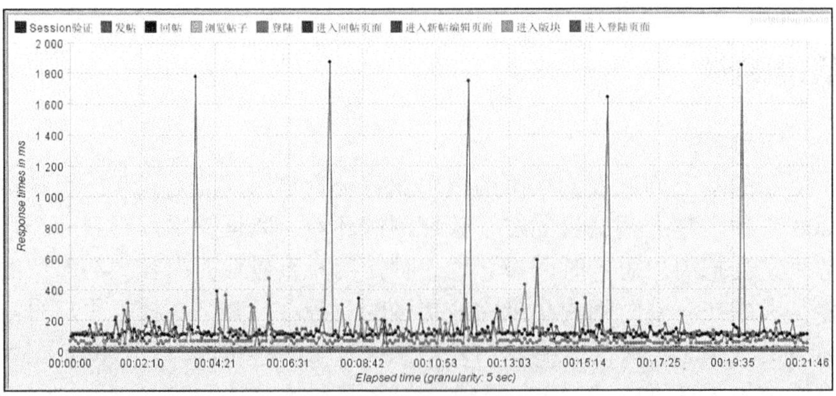

图 11-55　响应时间图

从整个基准测试结果来看单用户响应时间较快，事务成功率 100%，测试环境检查通过，脚本检查通过。建议大家并发 2 个或 2 个以上用户运行一下，有些脚本的问题在并发时才显现出来。

11.9.2 配置测试

11.9.2.1 测试场景

下面先确定配置测试目标方向（见表 11-14）。

（1）JVM 配置：优化 JVM 配置。

（2）Tomcat 线程池配置：确定一个较合理的 Tomcat 配置。

（3）数据库连接池配置：确定一个合理的连接池配置。

（4）MySQL 数据库的一些配置。

补充说下思考时间的设置，通常设置成 3 秒。为尽量模拟用户实际操作笔者设计 100ms 出于多方面的考虑。

表 11-14　　配置测试场景

场景编号	测试类型	涉及业务	业务占比	运行时间	并发数	目　的
Sec_102	配置测试	登录	36%	N/A	20	优化配置
		浏览帖子	41%		40	
		发新帖	10%		7	
		回复帖子	13%		10	

11.9.2.2 测试执行、分析及调优

由于配置测试是不断尝试的过程，且为了减少偶然性每个场景会运行多次，取相对平稳的一次结果为准（也可以综合多次结果进行算术平均），针对场景要求配置场景又可以分为多个子场景。

（1）JVM 配置测试，JDK1.7 版本。

（2）Tomcat 线程池配置测试。

（3）数据库连接池配置测试。

（4）MySQL 数据库优化配置测试。

1. JVM 配置测试

考虑到系统是 32 位，JVM 配置测试时 Heap 内存分为 512MB、768MB、1024MB 三种情况。

Tomcat 的 Heap 内存设置一般通过修改 TOMCAT_HOME%/bin/catalina.bat 文件来实现，如表 11-15 的粗体部分。

-Xms：初始化 Heap 内存大小 1024MB。

-Xmn：年青代最大大小 512MB。

-Xmx：最大 JVM 内存大小 1024MB，初始堆大小与最大堆大小相同是为了减少扩充 Heap 大小时数据转移的资源消耗。JVM 在启动时初始化堆大小由-Xms 决定，当-Xms 大小的 Heap 被占满后就需要扩充，扩充时原先 Heap 中的数据对象就要换个地，换个地是要成本的，所以大家就想要不一次性就初始化到-Xmx 数量，这样就不用扩充了，于是就有了这个提前规划方案。

表 11-15 配置一

```
set JAVA_OPTS=%JAVA_OPTS% %LOGGING_CONFIG%
set JAVA_OPTS=%JAVA_OPTS% -Xms1024m -Xmn512m -Xmx1024m
```

设置完成后开始执行测试场景，注意按我们的目的来执行，我们现在关心的是哪个 JVM 配置下性能更好？以 TPS 与 RT 来衡量，表 11-16 是不同 JVM 配置下的测试结果。

表 11-16 JVM Heap 大小不同时测试结果

业务名称	RT/ART			TPS		
	512M	768M	1024M	512M	768M	1024M
登录	103	101	101	14.3	14.5	14.6
浏览帖子	53	51	50	28.7	28.8	28.9
回帖	1231	1178	1166	9.4	9.5	9.6
发帖	1070	1035	1028	7.2	7.3	7.3

可以看到 JVM Heap 为 1024MB 时 TPS 要大，增加 JVM Heap 大小对性能的确有提升，但 768MB 与 1024MB 时的性能差距已经较小，不到一个误差的距离，说明 Heap 不管是 512MB、768MB 还是 1024MB，相同负载情况下性能差别不大，保险起见建议 Heap 设置 1024MB，防止业务量突增时对 Heap 的需要。

JVM 的配置参数还有很多，除了上面的 Heap 大小及不同代的大小指定以外，还有 Heap 回收算法的选择，限于篇幅在此不打算系统讲解，做个抛砖引玉的尝试，图 11-56、图 11-57 是不同配置的监控，可以看到图 11-57 的回收曲线要平缓一些，相对来说服务会平稳一点。

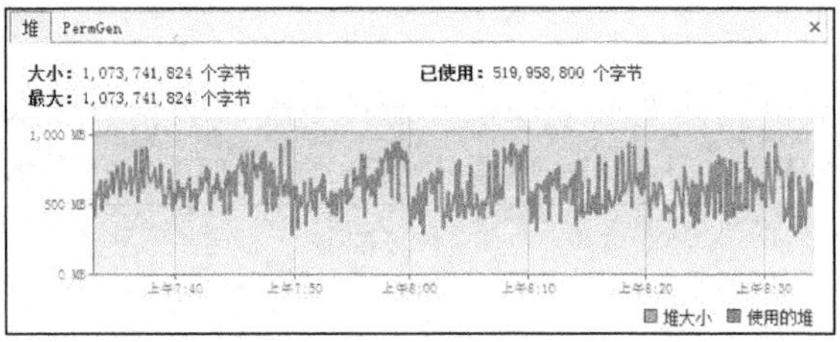

图 11-56 JVM 监控一

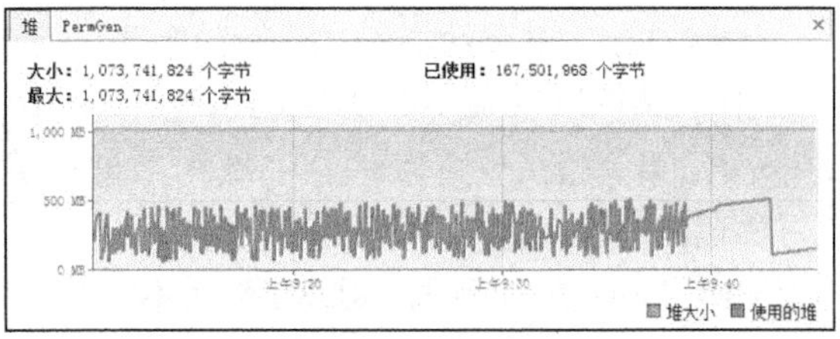

图 11-57 JVM 监控二

在执行过程中监控分析到占 CPU 资源多的程序是 LuceneIndexer 类中的 create 方法，分析发现是在构建全文搜索的索引（jforum 提供的功能），这个动作太频繁（发帖与回帖都会操作此过程），监控 IO 可以发现图 11-58 的索引缓存文件在读写，图 11-59 是索引文件列表。基于性能考虑就需要讨论索引更新的频率，从而减小 IO 提高效率。

映像	PID	文件	读(字...	写(字节/秒)	总数(字节/秒)	I/O ...	响应...
System	4	D:\tomcat7\webapps\jforum-2.1.9\WEB-INF\jforumLuceneIndex\...	0	26,214,400	26,214,400	标准	22
mysqld.exe	10460	D:\$LogFile (NTFS 卷日志)	0	1,422,782	1,422,782	标准	3
mysqld.exe	10460	D:\Oracle\mysql-5.6.11-winx64\data\ibdata1	0	1,405,243	1,405,243	标准	7
System	4	D:\tomcat7\webapps\jforum-2.1.9\WEB-INF\jforumLuceneIndex\...	0	1,048,576	1,048,576	标准	33
System	4	D:\tomcat7\webapps\jforum-2.1.9\WEB-INF\jforumLuceneIndex\...	0	717,447	717,447	标准	45
System	4	D:\tomcat7\webapps\jforum-2.1.9\WEB-INF\jforumLuceneIndex\...	0	425,098	425,098	标准	74
mysqld.exe	10460	D:\Oracle\mysql-5.6.11-winx64\data\jforum\jforum_topics.ibd	0	217,420	217,420	标准	4
mysqld.exe	10460	D:\Oracle\mysql-5.6.11-winx64\data\jforum\jforum_posts.ibd	0	196,165	196,165	标准	2
mysqld.exe	10460	D:\Oracle\mysql-5.6.11-winx64\data\jforum\jforum_topics_watch...	0	168,711	168,711	标准	2
WINRDLV3.EXE	1016	C:\Windows\SysWOW64\OutlookCtrlX.dll	0	129,812	129,812	标准	33
System	4	D:\tomcat7\work\Catalina\localhost\probe\stats.xml	0	125,806	125,806	标准	1
System	4	D:\$Extend\$UsnJrnl:$J	0	123,044	123,044	标准	2
mysqld.exe	10460	D:\Oracle\mysql-5.6.11-winx64\data\ib_logfile0	0	32,715	32,715	标准	8

图 11-58 IO 监控

图 11-60 是对 Jfroum 服务器硬件指标的监控（这里贴出的是一个代表性的监控图），可以看到 CPU 利用率在需求指标（70%）范围内，接合业务的响应时间来看（表 11-16 中响应时间都小于 3 秒）当前的负载不算过载，性能表现能够满足需求，系统性能瓶颈风险在 CPU。

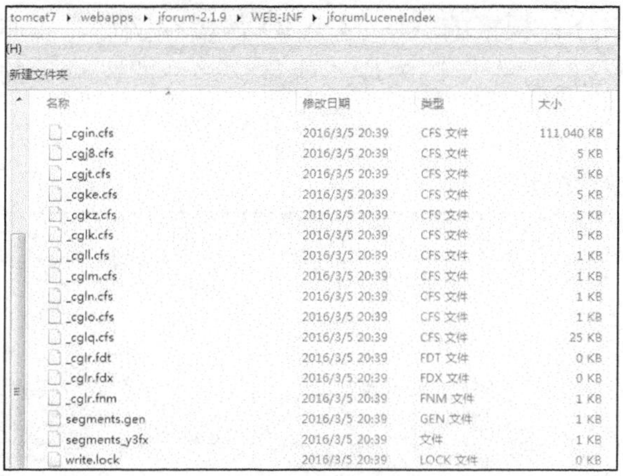

图 11-59 索引缓存文件

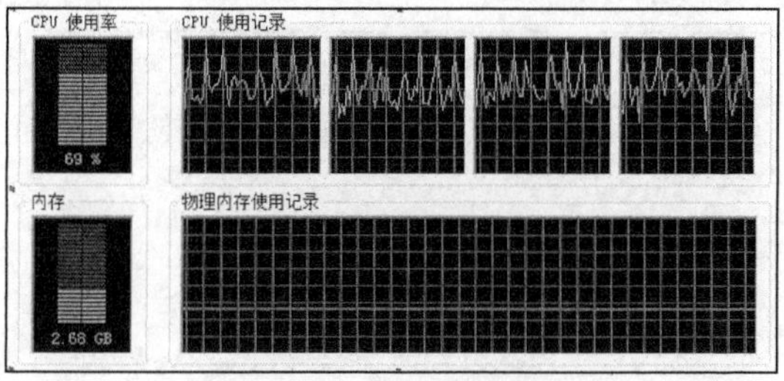

图 11-60 jforum 服务器监控

2. Tomcat 线程数配置测试

Tomcat 的连接在 TOMCAT_HOME%/conf/server.xml 文件中进行配置，见表 11-17：

表 11-17 Tomcat 连接数配置

```
<Connector port="8089" protocol="HTTP/1.1"
           connectionTimeout="20000" maxThreads="200" keepAliveTimeout="60000"
         acceptCount = "100"
           redirectPort="8443" />
```

实际上 maxTheads 不配置时默认是 200 个连接，acceptCount 是 Tomcat 允许在繁忙时排队的请求数量，排的越长接受请求越多，CPU 需要耗费时间管理请求，用户响应时间会越来越长，所以配置太多也不好，需要根据测试情况或者线上运行情况来调整队列长度。图 11-61 是对 Tomcat 连接数进行监控，可以看到当前线程最大是 84，所以此时这个配置绰绰有余，按理论来说过多的无用线程也会占用内存，大家不用担心，可以配置 maxSpareThreads。

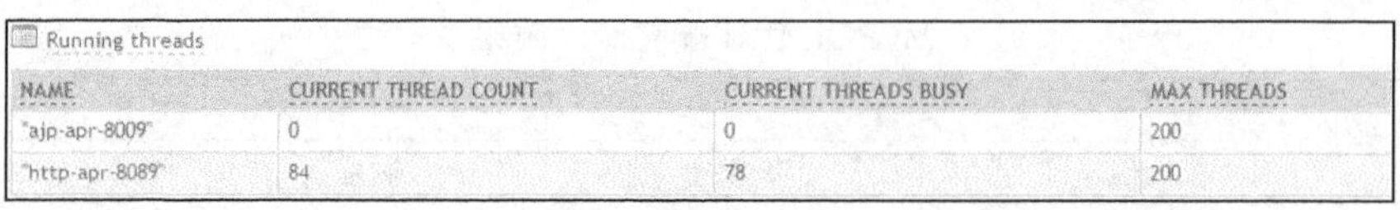

图 11-61 Tomcat 连接数监控

3. MySQL 数据库优化配置测试

MySQL 的运行状况通常有下面几个影响因素。

（1）优化配置，好的配置能够提高 MySQL 的运行效率，比如缓存、临时表空间等。

（2）业务设计，良好的业务过程能够提高系统的效率，MySQL 的负担更轻。

（3）物理设计，良好的业务数据库物理实现能够减少 IO，提高响应效率；比如大表的水平切分。

（4）物理架构，MySQL 的部署方式对 MySQL 的效率也会有提升，比如主从结构、读写分离，另外主从备份、主主备份也用来保障数据的安全。

笔者对 jforum 进行了简单的优化配置，优化项目见表 11-18 所示（具体请参考 MySQL 官方网站）。表 11-19 是配置前后的性能对比，可以看到浏览帖子、回帖、发帖的响应时间轻微减小，这说明 MySQL 调整有性能提升；但是提升并不明显，这是因为耗性能的部分建立在全文搜索索引功能的基础上，而这部分有频繁的 IO，这个 IO 是缓存文件，而非 MySQL 数据库，所以性能提升不明显，在调优时首先应该关注的就是这些性能影响大的操作。

表 11-18　　MySQL 优化配置

```
sort_buffer_size=32M
read_buffer_size=1M
read_rnd_buffer_size=4M
thread_cache_size=64
query_cache_size=32M
thread_concurrency=4
innodb_buffer_pool_size=1024M
innodb_additional_mem_pool_size=20M
innodb_flush_log_at_trx_commit=1
innodb_log_buffer_size=8M
innodb_log_file_size=150M
innodb_thread_concurrency=4
innodb_support_xa=0
innodb_max_dirty_pages_pct=60
max_prepared_stmt_count=32768
key_buffer_size=256M
tmp_table_size=4M
max_heap_table_size=64M
flush_time=0
expire_logs_days =2
join_buffer_size=256M
max_connections=500
long_query_time=1
slow_query_log=ON
slow_launch_time=2
wait_timeout=50
```

表 11-19　　MySQL 优化配置测试结果

业务名称	ART		TPS	
	优化前	优化后	优化前	优化后
登录	101	101	14.6	14.6
浏览帖子	50	45	28.9	29.2
回帖	1166	1163	9.6	9.6
发帖	1028	1019	7.3	7.3

有关 MySQL 的优化配置读者可以参照 9.7 节 Monyog 对 MySQL 的监控，根据 Monyog 的提示对 MySQL 进行优化配置，也可以借助 DBA 同事的帮忙来优化 MySQL 配置，毕竟术业有专攻，你擅长性能理论、负载生成、性能综合分析等这些全局性能知识，能够把问题划分到小的部分，这些小的部分（数据库部分、中间件部分、程序部分等）再由专业人员来解决效率会

更高。

下面总结一下配置测试结果，从上面多个角度实验来看，下面配置信息能够较好地完成性能需求：

（1）Heap 内存设置（见表 11-20）：

表 11-20 JVM 设置

```
 JAVA_OPTS= -Xms1024m -Xmn512m -Xmx1024m -XX:MaxPermSize=128M -XX:PermSize=64m
-XX:MaxTenuringThreshold=15 -XX:+UseConcMarkSweepGC -Xloggc:D:\gc.log
-XX:+PrintGCTimeStamps -XX:+PrintGCDetails
```

（2）Tomcat 线程池保持默认设置。

（3）数据库连接池保持默认设置。

（4）Mysql 配置参考表 11-19。

11.9.3 负载测试

11.9.3.1 测试场景

负载测试的目的是帮助我们找出性能问题与风险，对系统进行定容定量；为系统优化、性能调整提供数据支撑。负载测试在执行时又分为单场景与混合场景；单场景有利于分析性能问题，因为排除了其他业务的干扰；混合场景更贴近于用户实际使用习惯，是一个综合的性能评估。建议读者先做单场景的性能执行工作，后做混合场景的执行工作。

基于上面的配置测试已经帮我们找出了相对合适的配置，在负载测试开始之前我们把配置调整到建议配置，在测试执行时密切关注与这些配置相关的监控数据，可以针对影响性能的配置再次调整。

负载测试时我们需要变化负载量来对 jforum 服务器进行压测，表 11-21 列出了 3 种不同的负载当量，这仅是参考，在执行时可以根据实际性能表现进行并发数的调整，并不一定我们估算的并发数就能够测试出系统性能拐点。我们的目标是要得到图 11-62 所示的性能变化趋势图，要知道系统性能拐点（图 11-62 中的标记①），通常要变换不同的负载当量进行尝试。

表 11-21 负载场景

场景编号	测试类型	涉及业务	业务占比	运行时间	并发数	目 的
Sec_103	负载测试	登录	36%	N/A	20/40/60	分析性能变化趋势 分析性能问题 帮助定容定量
		浏览帖子	41%		40/80/120	
		发新帖	10%		7/14/21	
		回复帖子	13%		10/20/30	

11.9.3.2 单场景测试执行、分析及调优

并发 231 个线程时 TPS 曲线如图 11-63 所示，可以看到 TPS 相当不稳定，并报出大量的 SocketException 错误（见表 11-22），监控到大量的 TIME_WAIT 状态的 TCP/IP 连接（netstat -an|findstr “TIME_WAIT”），失败事务增多，jforum 无法访问等现象。

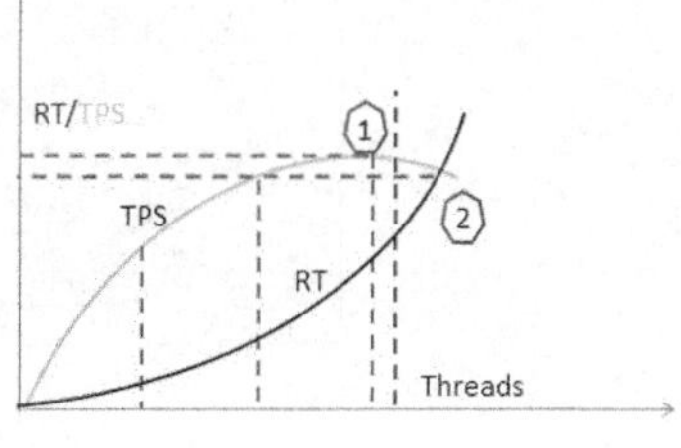

图 11-62 性能变化趋势示意图

表 11-22　　　　连接异常信息

```
    java.net.SocketException: No buffer space available (maximum connections reached?):
connect
        at java.net.DualStackPlainSocketImpl.connect0(Native Method)
        at java.net.DualStackPlainSocketImpl.socketConnect
(DualStackPlainSocketImpl.java:79)
```

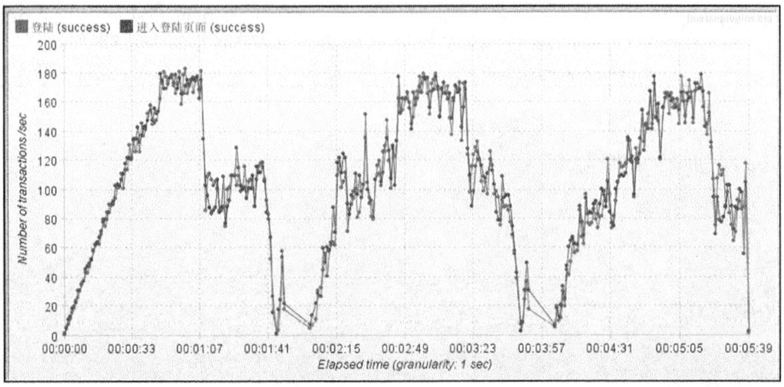

图 11-63　TPS 不稳定

图 11-63 中 TPS 不稳定的原因是请求多，由于 TCP 连接释放慢导致连接不够用，请求被迫排队，此时有部分连接失败；解决办法是减小 TIME_WAIT 连接释放时间，让 TCP 连接释放更快，具体操作是修改注册表。启动注册表找到 HKEY_LOCAL_MACHINE/SYSTEM/CurrentControlSet/Services/Tcpip/Parameters，在 Parameters 目录下建立二个 DWORD 值，如图 11-64 所示，建立 TcpTimedWaitDelay，十进制值 30，表示等待 30 秒释放；MaxUserPort 十进制值 65534，表示可用的 Socket 连接放大到最大 65534($2^{32}-2$)，如果想防止攻击可以限制 TCP 连接数，可以把 MaxUserPort 设置一个合适的值。

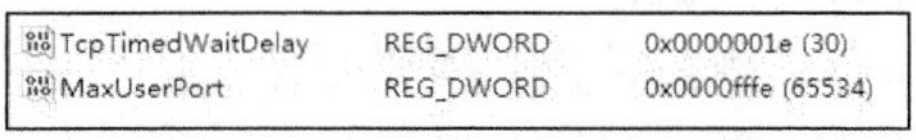

图 11-64　Time_wait 状态解决办法

当并发 231 个用户时，服务器 CPU 开始遇到瓶颈，图 11-65 中的红色线（最高的线）是 CPU 利用率，可以看到已经是 100%。

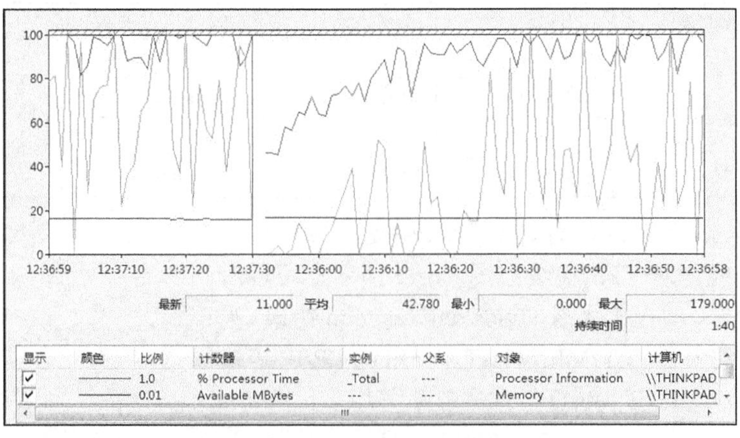

图 11-65　服务器硬件监控

在执行回帖操作时，响应时间较长，监控分析发现原因是新增帖子后进行全文搜索索引的建立导致的，此时会进行全表扫描（图 11-66 已经报警，有 44.6%的全表扫描），所以效率比较低，如果想要提高效率，可以从这一块入手，把索引建立作为周期性工作，由另一个作业线程来完成，比如 15 分钟一次。

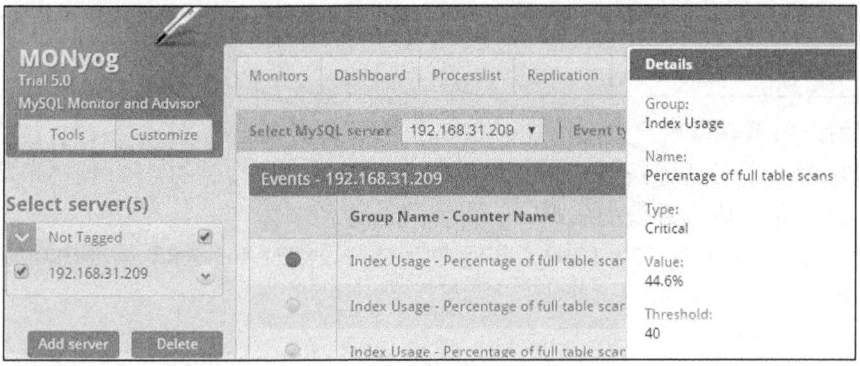

图 11-66 数据库监控

监控到多条慢 SQL（在此设置查询时间大于 1 秒的为慢查询），如表 11-23 所示，经查前面 4 条 SQL 都是可以利用上表索引的，基本无优化空间；第 5、6 条（加粗部分）是全表扫描，接合业务考虑能否优化，勉强的缓解方案是提高 Mysql 的硬件配置（即提高磁盘 IO）。

表 11-23 慢 SQL

```
    UPDATE jforum_topics SET topic_title = ?, topic_last_post_id = ? , topic_first_post_id
= ? , topic_type = 0, moderated = 0, topic_vote_id = 0 WHERE topic_id = ? ;

    SELECT p.post_id, topic_id, forum_id, p.user_id, post_time, poster_ip, enable_bbcode,
p.attach, enable_html, enable_smilies, enable_sig, post_edit_time, post_edit_count, status,
pt.post_subject, pt.post_text, username, p.need_moderate FROM jforum_posts p,
jforum_posts_text pt, jforum_users u WHERE p.post_id = pt.post_id AND topic_id = 464448 AND
p.user_id = u.user_id AND p.need_moderate = 0 ORDER BY post_time ASC LIMIT 0, 20;

    SELECT COUNT(pm.privmsgs_to_userid) AS private_messages, u.* FROM jforum_users u LEFT
JOIN jforum_privmsgs pm ON pm.privmsgs_type = 1 AND pm.privmsgs_to_userid = u.user_id WHERE
u.user_id = ?  GROUP BY pm.privmsgs_to_userid;

    SELECT SUM(points) / COUNT(post_id) AS points FROM jforum_karma WHERE post_id = ? ;

    SELECT t.*, p.user_id AS last_user_id, p.post_time, p.attach AS attach FROM jforum_topics
t, jforum_posts p WHERE p.post_id = t.topic_last_post_id AND p.need_moderate = 0 ORDER BY
topic_last_post_id DESC LIMIT 50;

    # Query_time: 2  Lock_time: 0  Rows_sent: 20  Rows_examined: 3230200
    SELECT t.*, p.user_id AS last_user_id, p.post_time, p.attach AS attach FROM jforum_topics t,
jforum_posts p WHERE (t.forum_id = ?  OR t.topic_moved_id = ? ) AND p.post_id = t.topic_last_post_id
AND p.need_moderate = 0 ORDER BY t.topic_type DESC, t.topic_last_post_id DESC LIMIT 0, 20;
    # Time: 160309 10:47:16  耗时到了 16 秒
```

下面是单场景的测试结果：

表 11-24 不同负载时测试结果

业务名称	ART（ms）			TPS		
	77	154	231	77	154	231
登录	32	359	805	53	160	150
浏览	82	366	792	75	81	80
回帖	2948	5367	5545	17	17	16
发帖	2407	3210	4503	30	29	26

可以看到，随着并发用户数的增加，TPS 呈增长趋势（见图 11-67～图 11-70），到了一个高点后 TPS 会下降，下降过程是过载后的正常现象，此时监控到的 CPU 使用率是 100%（见图 11-71），CPU 最先成为系统的瓶颈。

注：表 11-24 中表头行 77、154、231 等数字是并发线程数，ART 是平均响应时间，TPS 是每秒事务数。

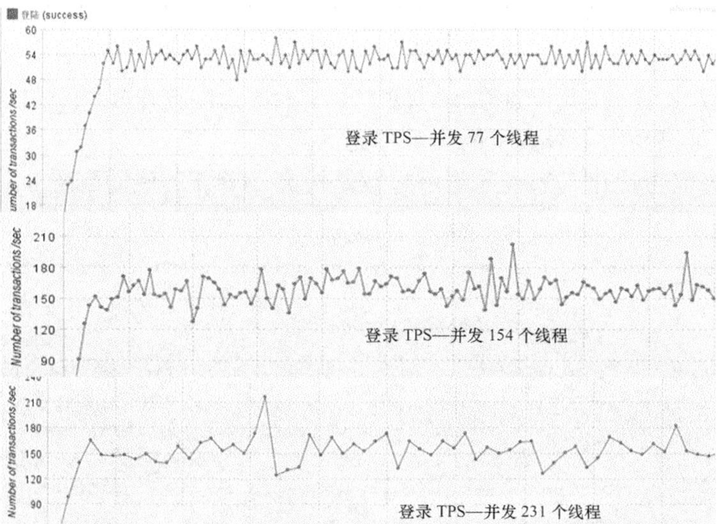

图 11-67 登录 TPS

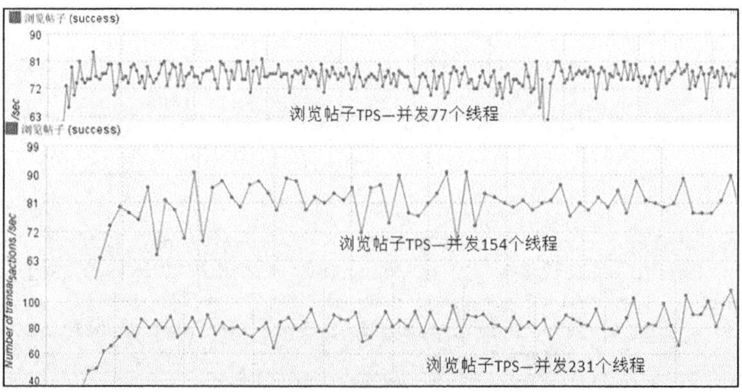

图 11-68 浏览帖子 TPS

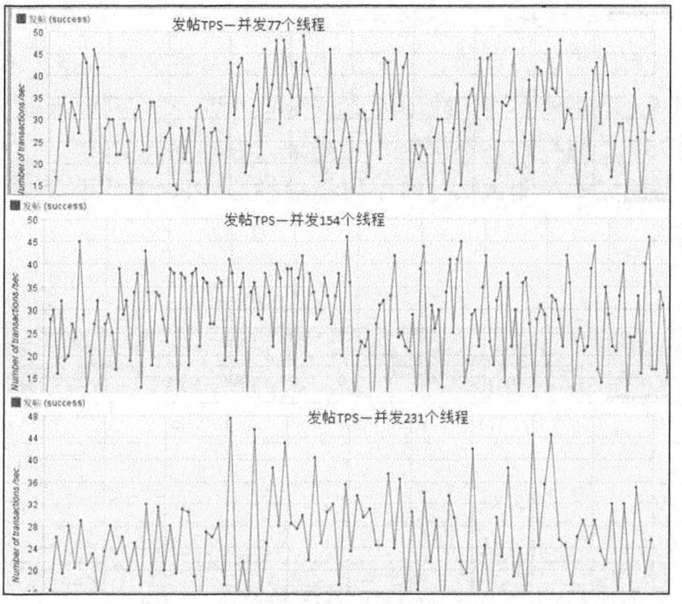

图 11-69 发帖 TPS

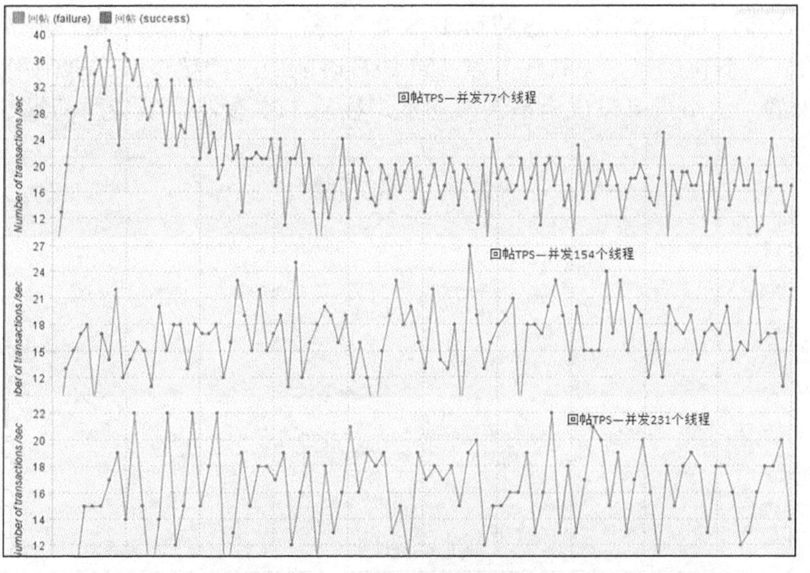

图 11-70 回帖 TPS

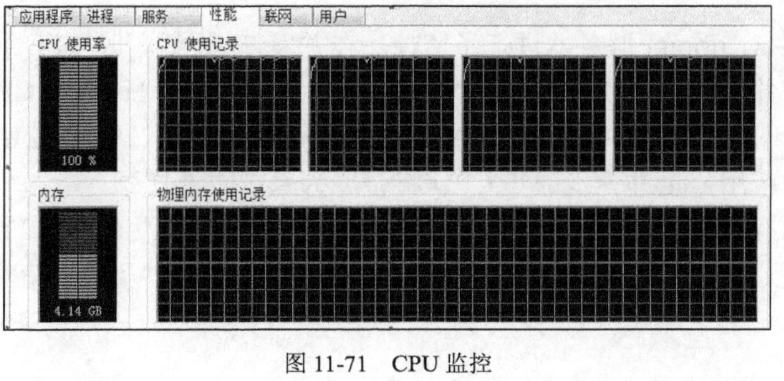

图 11-71 CPU 监控

11.9.3.3 混合场景测试执行、分析及调优

混合场景将按照测试需求采集的业务比例来模拟，考查的重点是在不同负载情况下系统的服务能力，表 11-25 是 3 种不同负载下的测试结果（选择了有代表性的 3 个不同当量的负载测试结果，并发 154 个线程时并不保证一定是最大吞吐量的负载点，有可能 160 这个点性能会高一点，由于时间成本在测试执行时不可能穷举），可以看到不管是 TPS 还是响应时间都能够满足性能需求。

表 11-25 不同负载测试结果

业务名称	ART（ms）			TPS		
	77	154	231	77	154	231
登录	101	131	919	14.6	15.4	14.7
浏览	50	106	787	28.9	30.6	27.7
回帖	1166	5189	7473	9.6	10	9.2
发帖	1028	4694	6534	7.3	7.5	7.0

注：在并发 231 个线程之前 Tomcat 最大连接数修改为 300。

利用 Excel 整理一下表 11-25 中的结果作一个趋势分析，如图 11-72 所示，可以看到随着并发线程数的增多，TPS 会增加，过载后 TPS 会下降，执行过程满足我们测试需求的要求，找到了系统的性能变化趋势，系统在并发 154 线程时响应时间超过了 3 秒，用户体验变差，但 TPS 是最大的，这个点可以认为是系统拐点，往后 TPS 变小，响应时间继续增大。

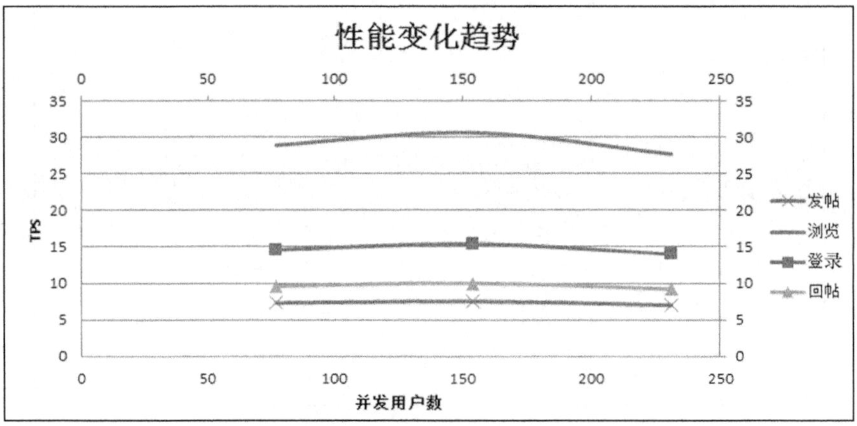

图 11-72 性能变化趋势分析

在执行过程中对 jforum 服务器进行了监控，在并发 77 个线程时 CPU 使用率平均为 70%（见图 11-73），在并发 231 个线程时 CPU 基本占满 100%（见图 11-74），CPU 成为系统瓶颈。再看图 11-75 中 Java 进程占了 63%的总 CPU 时间，Mysql 只占了 22%的 CPU 时间，说明 jforum 是一个耗 CPU 的应用，也进一步证实 CPU 将会成为系统首要瓶颈。

对 JVM 的内存回收情况也进行了跟踪，如图 11-76 所示，没有发生 Full GC 的情况，年青代的回收是 5 秒左右一次，目前为止不用担心 JVM Heap 大小及回收策略的设置。

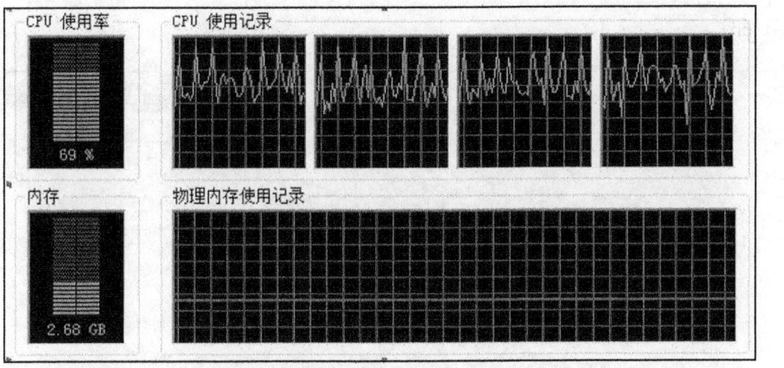

图 11-73 jforum 服务器 CPU 监控（并发 77 线程）

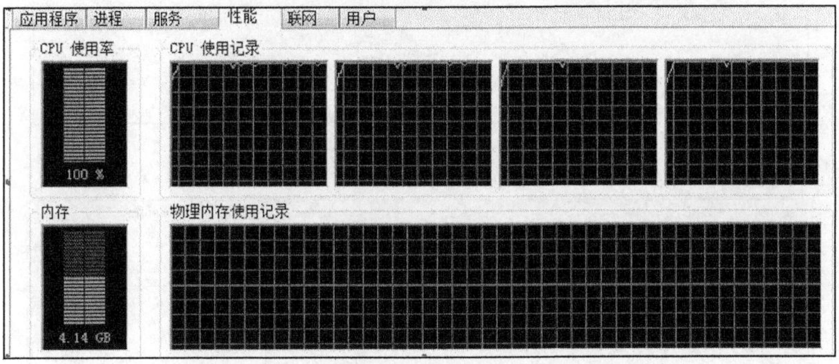

图 11-74 jforum 服务器 CPU 监控（并发 231 线程）

映像名称	用户名	CPU	内存(专用工作集
java.exe *32	chenzy	63	455,120
mysqld.exe	chenzy	22	173,816

图 11-75 JVM CPU 监控

35.02	0.00	67.51	41.90	32.42	490	12.662	0	0.000	12.662
41.06	0.00	21.94	41.93	32.42	492	12.714	0	0.000	12.714
0.00	39.37	82.86	41.95	32.42	493	12.742	0	0.000	12.742
0.00	45.60	46.87	41.97	32.42	495	12.802	0	0.000	12.802
37.17	0.00	57.06	41.99	32.42	496	12.840	0	0.000	12.840
0.00	45.64	97.27	42.00	32.42	497	12.875	0	0.000	12.875
0.00	50.00	47.26	42.03	32.42	499	12.940	0	0.000	12.940
36.29	0.00	86.43	42.04	32.42	500	12.964	0	0.000	12.964
34.18	0.00	60.40	42.07	32.42	502	13.018	0	0.000	13.018
44.32	0.00	21.76	42.09	32.42	504	13.075	0	0.000	13.075
0.00	36.53	95.02	42.10	32.42	505	13.100	0	0.000	13.100

图 11-76 JVM Heap 回收

下面分析一下数据库是否有性能问题，以并发 231 个线程时的监控数据为分析样本，此时响应时间超过 7 秒，数据分析更具代表性。图 11-77 中只对全表扫描部分进行了报警，在执行时开启了慢查询的记录，没有监控到慢查询，MySQL 慢查询的问题基本排除，所以时间还是消耗在 java 程序部分，在配置测试中我们找出了 java 程序耗时的原因（jforum 构建全文搜索索引，用来提高浏览帖子的吞吐量）。

测试执行环境是在局域网中，所以没有考虑网络的影响，在实际的性能测试执行过程中读者还是要关注的，图 11-78 是 JMeter 提供的聚合报告，最后一列 KB/sec 是网络传输的数据量。笔者负载测试执行时并发 154 个线程 TPS 最高，那么相应的网络流量也应该是最高，可以看到也不过 2.5Mbyte 左右，换算成 bit/s 就是 20Mbit/s 左右。读者家里带宽是多少呢？20M？50M？还是 100M？带宽的 M 单位就是 Mbit/s，而笔者的实例环境是 1000Mbit/s，所以网络带宽的瓶颈远远没到。

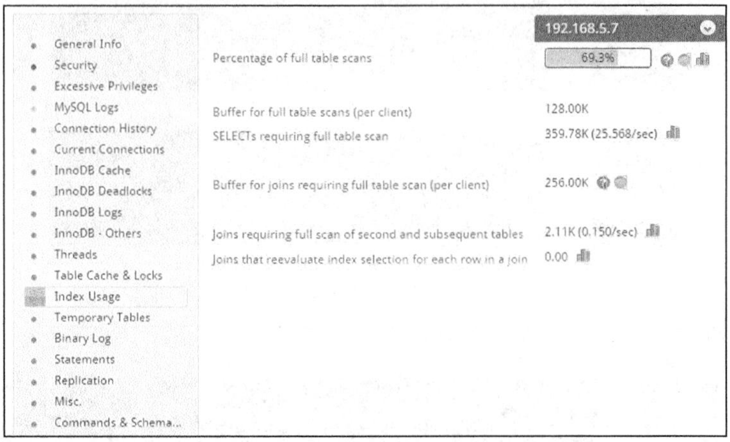

图 11-77 Monyog MySQL 监控

Label	# Samples	Average	Median	90% Line	Min	Max	Error %	Throughput	KB/sec
进入登陆...	5607	19	7	56	2	292	0.00%	15.4/sec	84.5
Session...	23072	16	4	52	0	293	0.00%	63.3/sec	18.7
登陆	5596	131	91	206	19	2874	0.05%	15.4/sec	574.6
进入版块	5592	95	26	175	9	2909	0.00%	15.4/sec	569.9
浏览帖子	11110	106	33	206	9	6332	0.02%	30.6/sec	567.8
进入回帖...	3671	97	29	190	10	2945	0.03%	10.1/sec	254.7
回帖	3606	5189	4965	9579	67	18176	0.03%	10.0/sec	222.5
进入新帖...	2729	81	27	128	10	3442	0.00%	7.6/sec	187.7
发帖	2688	4694	4554	8196	134	12385	0.00%	7.5/sec	125.9
总体	63671	547	24	869	0	18176	0.01%	174.7/sec	2591.0

图 11-78 聚合报告（并发 154 个线程）

表 11-26 中（单：单场景，混：混合场景）把单场景与混合场景结果进行了对比，可以看到 TPS 相差还是比较大的。混合场景是以一个完整的业务链路来模拟的，业务操作在测试脚本中是有先后顺序的，某个操作耗时较多都会对整个链路造成影响，自然 TPS 与单场景相差较大。

登录与浏览是只查询数据库所以 TPS 比较大；回帖与发帖都有写数据库操作，而且都会触发生成全文搜索索引，也会查询数据，同时要把数据写到缓存中，缓存文件目录如图 11-59 所示，所以 TPS 相对要小一些。

单场景与混合场景的运行目的要清楚，单场景方便我们分析性能问题，在单元测试阶段就可以介入，把性能测试提前，问题早发现早面对；混合场景模拟用户实际操作，测试结果更具可靠性，当然这要建立在测试模型可靠、数据量足够、执行充分的前提条件下。

表 11-26 单场景&混合场景结果对比

业务名称	ART（ms）						TPS					
	77		154		231		77		154		231	
	单	混	单	混	单	混	单	混	单	混	单	混
登录	32	101	359	131	805	919	53	14.6	160	15.4	150	14
浏览	82	50	366	106	792	787	75	28.9	81	30.6	80	27.7
回帖	2948	1166	5367	5189	5545	7473	17	9.6	17	10	16	9.2
发帖	2407	1028	3210	4694	4503	6534	30	7.3	29	7.5	26	7.0

负载测试执行完成前后对数据库文件大小进行了监控，每增加 10 万条发帖回帖记录，数据

文件增长约 115MB（排除附件），500 万条空间约为 5750MB（5.6GB），故数据库磁盘大小并无特殊要求，市场上销售的主流磁盘大小都可满足。

下面简单总结一下负载测试结果。

（1）jforum 在测试环境下能够满足性能需求。

（2）通过不同当量的负载测试反映了 jforum 在测试环境的性能变化趋势，系统拐点在并发 154 个线程时，提供的总吞吐量为 63.5（15.4+30.6+10+7.5）。

（3）CPU 是 jforum 系统首要风险，随着业务量的增加 CPU 将首先面临瓶颈。

11.9.4 稳定性测试

11.9.4.1 测试场景

稳定性测试的目的是验证在当前软硬件环境下（见表 11-27），长时间运行一定负载，确定系统在满足性能指标的前提下是否运行稳定，执行时依然是用混合场景，负载量参考负载测试结果选择并发 116 个线程，77 的 1.5 倍。这里有个问题明确一下，稳定性测试负载量一般设为多大？一般要求是在正常性能阀值下尽量加大负载量，何为阀值呢？比如响应时间要求 3 秒以下，3 秒就是阀值；比如 CPU 利用率 70%以下，70%就是阀值。设满足性能要求的负载是 B，稳定性测试时负载一般是 1.5B～2B（1.5 倍到 2 倍之间）。

表 11-27 稳定性测试场景

场景编号	测试类型	涉及业务	业务占比	运行时间	并发数	目的
Sec_104	稳定性测试	登录	36%	>12 小时	116	稳定性测试
		浏览帖子	41%			
		发新帖	10%			
		回复帖子	13%			

11.9.4.2 测试执行与分析

表 11-28 是稳定性测试结果与测试指标的对比，由结果可以看到系统在并发 116 个线程时响应时间够保持在 3 秒左右，事务成功率也是比较高的，吞吐量约是需求的 10 倍。从图 11-79 与图 11-80 可以看到响应时间还是比较平稳的。

表 11-28 稳定性测试结果

业务名称（描述）	需求 TPS	实测 TPS	响应时间	实际响应时间（ms）	事务成功率
登录	1.44	15.2	<3 秒	114	99.99%
浏览帖子	3	30.4	<3 秒	93	99.99%
回复帖	0.75	9.8	<3 秒	3005	99.99%
发帖子	0.58	7.4	<3 秒	2449	99.99%
合计：	5.77	62.8			

除了分析响应时间与 TPS 外，我们也要关注服务器硬件性能，JVM 内存回收情况，MySQL 有无慢查询。其中 jforum 所在的 Tomcat JVM Full GC 只发生了 2 次，共 0.189 秒，不管是频率还是时间都可以忽略对性能的影响，在慢查询日志文件中也没有发现慢查询语句，同时硬

件各项性能指标都在阀值范畴内，所以当前并发 116 个线程的情况下性能还是比较平稳的，能够提供约 10 倍于需求的吞吐量。

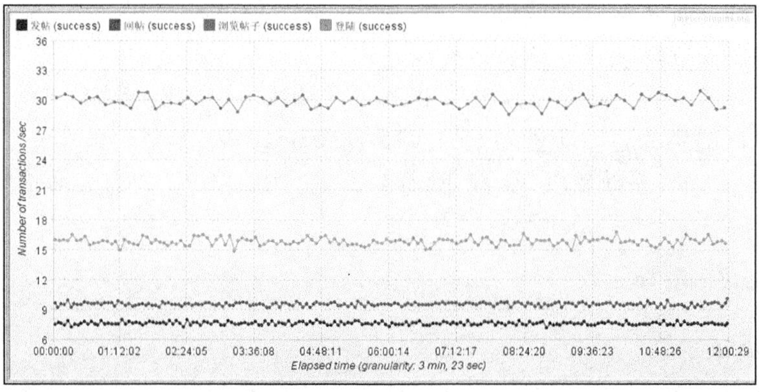

图 11-79 TPS

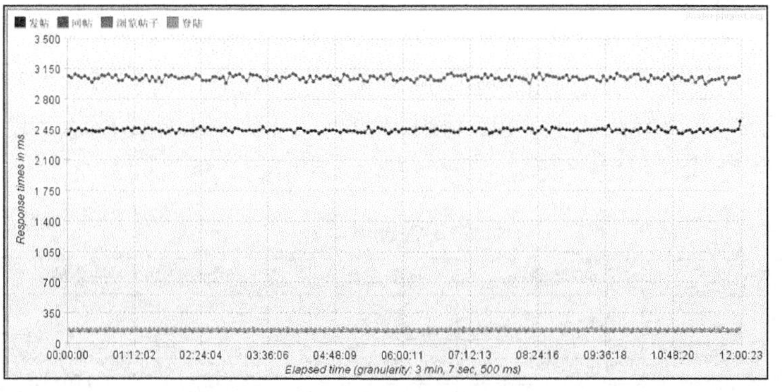

图 11-80 响应时间

11.10 结果分析

前面我们经过了不同目的的测试执行工作，对系统的性能有了相对全面的了解。

（1）系统在单机（参照测试环境软硬件配置信息）上已经能够满足当前及预估的未来三年的业务增长需求。

（2）对系统的性能变化趋势做了评估（见表 11-29），在当前环境最高可提供 10 倍于当前需求的吞吐量（以 TPS 来计），随着负载的增加 CPU 将最先遇到性能瓶颈。

表 11-29 性能趋势

业务名称	ART（ms）			TPS			
	77	154	231	77	154	231	需求 TPS
登录	101	131	919	14.6	15.4	14	1.44
浏览	50	106	787	28.9	30.6	27.7	3
回帖	1166	5189	7473	9.6	10	9.2	0.75
发帖	1028	4694	6534	7.3	7.5	7.0	0.58
合计				60.4	63.5	57.9	5.77

（3）进行了配置测试，在满足当前性能及未来业务增长的情况下，建议 JVM Heap 设置 1G，Tomcat 最大连接数保持默认 200；数据库连接池最大连接数保持默认为 100，建议在运营过程中监控到 Tomcat 活动线程数、数据库连接池活动连接数达到总数的 80%以上时可以适当增加（单机最好不要超过 150，如此多的数据库连接普通 PC 作为服务器支撑有困难，建议此时水平扩展）。

注：当前分布式架构流行用普通的 x86 架构的服务器代替小型机等昂贵的服务器设备，不提倡、不追求单机硬件性能（成本高），而是把任务分解，由多台普通 X86 服务器来处理，降低硬件成本，合理的架构设计来提高系统性能。

（4）进行了稳定性测试，执行了 12 小时以上，采用保守策略，执行时的负载是需求的 1.5 倍，完成的业务量相当于未来 10 天的业务量。从结果来看，不管是响应时间还是 TPS 都比较稳定，事务成功率近 100%，也没见有明显影响性能的现象。

（5）鉴于测试环境单机可以满足性能需求，对比生产环境部署架构完全可以满足性能要求，Tomcat 双机集群可以保证高可用，MySQL 双机热备保证数据安全性。

（6）数据库容量约在 5.6GB（500 万条空间约为 5750MB），普通磁盘大小就可以满足，运营时需要关注用户上传附件的大小，此为风险。

综上，JForum 论坛在生产环境能够满足性能要求，性能有保障。

11.11 测试报告

测试报告实际上是对整个测试过程的报告，对于决策层（报告相关干系人）来说关心的是结果，对于报告人来说，报告的是工作。为什么这么说呢？

决策层迫切要知道的是 Yes or No，系统能不能上线，如果不能上线，有什么问题？怎么能够尽快解决？

这两方面的需求决定了测试报告要说明测试原因、测试环境、测试需求（包括测试指标）、测试开发过程、测试执行过程、测试缺陷、测试结果、系统风险等内容，提纲如下：

（1）性能测试背景：结合系统简述一下性能测试开展的必要性。

（2）性能测试目标：此次性能测试的目标，我们要做哪些方面的测试？

（3）性能测试范围：列出测试范围，参考测试计划中的测试范围。

（4）名词术语：报告中涉及的专业名词解释，参考测试计划。

（5）测试环境：报告测试结果基于的环境，不同环境结果可能是大相径庭的，参考测试计划中列出的环境。

（6）测试数据：报告测试数据量，参考测试计划中估算的数量的测试。

（7）测试进度：报告测试过程，什么时候做什么工作，比如哪一天执行了哪些测试脚本。

（8）测试结果：全面多方位的报告测试结果，TPS、ART、事务成功率，硬件设备资源利用率（CPU、内存、网络、IO 等）。

（9）测试结论：分析给出测试结论，系统能否满足性能要求？存在什么问题？有哪些缺陷？解决了哪些问题？还有哪些问题没有解决？

（10）系统风险：报告系统可能存在的风险，帮助决策层应对风险。

限于篇幅，在此不详细的讲述报告的写法，读者可以参考附录 2 性能测试报告示例。

11.12 本章小结

本章我们用实例演示了常规的性能测试流程，对于关键点做了说明。在需求分析时我们要关注业务量、业务分布、用户规模、性能指标等信息。通过需求分析我们可以建立起测试模型，定义测试数据（主数据及业务数据），在制作测试数据时一要注意量，二要注意数据的分布。在脚本编写时要注意做断言，验证事务是否成功，可以看到脚本运行成功只是测试计划的一部分，在实现场景时我们还需要做调整，我们用实例演示教大家如何设置不同业务的比例，这些都是一些小技巧，只要对 JMeter 各元件功能熟悉，就可以利用他们来达到你想要的效果。

测试监控是性能测试重要的一环，性能的好坏会通过硬件性能反映出来，我们也是通过这些硬件指标来分析、推测问题所在。测试执行时我们针对不同的目的做了基准测试、配置测试、负载测试、稳定性测试；在执行过程中抛砖引玉地演示了部分常见性能问题。比如中间件线程池大小、数据库连接池大小、JVM 大小等。其实还有一些常见的如日志过多导致的 IO 瓶径，缺失关键索引或者没利用上索引导致的性能问题（数据库 IO 过大、CPU 利用率过高）也是我们要关注的。

附录中提供有测试计划与测试报告示例，报告要能够让非专业人士也能看懂，叙述清楚来龙去脉，做好指标对比、用图表表达性能变化趋势。这两份示例文档是比较典型的测试文档，如果工作流程不太规范，也可以进行修剪，去掉其中部分内容。要提醒的是，计划与报告可以不详细，但性能测试的过程不能省，性能测试是严谨的工作，不要因为时间紧而偷懒，不要因为时间紧而忽视重要工作项目。

在 11.1.3 中我们留下了一个思考问题：计算出来的 Vu 数量为 1 时，我们如何处理？大家知道性能测试要模拟并发的场景，如果 Vu 只有一个显然是不能模拟并发的场景，不能满足并发要求，此时我们可以加大 ThinkTime，运行更多的 Vu；同时设置集合点来满足并发的要求，这样在一段时间内，事务数平均后 TPS 还是可以回到需求水平。比如迭代一次需要 1 秒（事务响应时间 0.5 秒+Think Time 0.5 秒），那么 1TPS 只需要 1 个用户，如果 Think Time 变为 2.5 秒，1TPS 就需要 3 个（TPS*一次迭代时间=1*（2.5+0.5）=3）并发用户。

IT 领域是一个随着技术需求变化而变化的，性能测试的技术也是随之更新变化，所以本章讲解的技术会逐步更新变化。

注意：书中所涉及的脚本或工具及操作视频请到 ROAD_Testing 官方网站性能测试书籍脚本专栏下载

提升篇 Chapter 12

第 12 章 互联网测试必备知识——HTTP 协议

从本章你可以学到：

- HTTP 协议简介
- HTTP 工作原理
- HTTP 请求
- HTTP 应答
- HTTP 捕获
- HTTP WATCH

12.1　HTTP 协议简介

HTTP（Hypertext Transfer Protocol）协议，即超文本传输协议。所谓协议，是指计算机网络中进行数据交换而建立的规则、标准或约定的集合。说得简单些，就是协议定义了两台机算机之间的通信规则，通过协议，就可以达到相互通信的目的。作为万维网上应用最广泛的协议，HTTP 协议的发展是万维网协会（World Wide Web Consortium）和 Internet 工作小组 IETF（Internet Engineering Task Force）合作的结果，（他们）最终发布了一系列的 RFC，RFC 1945 定义了 HTTP/1.0 版本，其中最著名的就是 RFC 2616。RFC 2616 定义了今天普遍使用的一个版本：HTTP 1.1。

HTTP 协议的主要特点可以概括如下。

（1）简单：客户向服务器请求服务时，只需传送请求方法和路径。

请求方法常用的有 GET、HEAD、POST，每种方法规定了客户与服务器联系的不同类型。由于 HTTP 协议简单，使得 HTTP 服务器的程序规模小，因而通信速度很快。

（2）灵活：HTTP 允许传输任意类型的数据对象。正在传输的类型由 Content-Type 加以标记。

它的请求-响应模式为：客户端每次向服务器发起一个请求时都建立一个连接，服务器处理完客户的请求即断开连接。

（3）无状态：HTTP 协议是无状态协议。无状态是指协议对于事务处理没有记忆能力，缺少状态意味着如果后续处理需要前面的信息，则它必须重传，这样可能导致每次连接传送的数据量增大。

12.2　HTTP 工作原理

1. HTTP 协议在 TPC/IP 协议簇中的位置

在 Internet 中所有的传输都是通过 TCP/IP 进行的，HTTP 协议作为 TCP/IP 模型中应用层的协议也不例外，通常承载于 TCP 协议之上，有时也承载于 TLS 或 SSL 协议层之上，这个时候，就成了我们常说的 HTTPS。HTTP 在网络中的层次如图 12-1 所示。

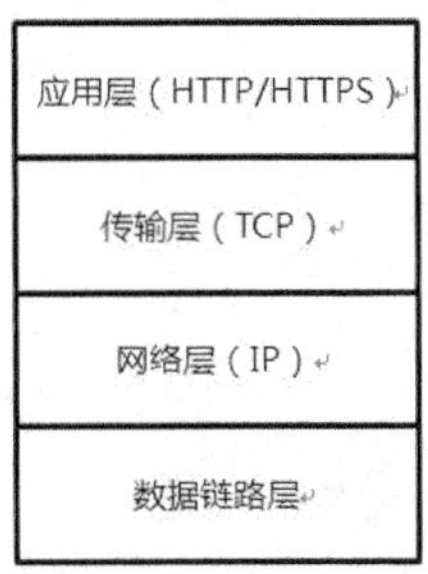

图 12-1　网络分层结构

通常情况下，HTTP 的保留端口是 80，HTTPS 的端口号为 443。

2. HTTP 工作原理

通过上面的知识可以看出，HTTP 是基于传输层的 TCP 协议，而 TCP 是一个端到端的面向连接的协议。所谓的端到端可以理解为进程到进程之间的通信。所以 HTTP 在开始传输之前，首先需要建立 TCP 连接，而 TCP 连接的过程需要所谓的“三次握手”。在 TCP 三次握手之后，建立了 TCP 连接，此时 HTTP 就可以进行传输了。下面我们通过一个例子来简单了解 HTTP 协议的通信过程。利用 Wireshark 工具，我们对访问 http://www.testroad.org 页面进行一次捕捉，可以清楚地看到一个网页访问的全过程，如图 12-2 所示（其中客户端的 IP 为：192.168.2.105，服务端的 IP 为：121.41.43.186）。

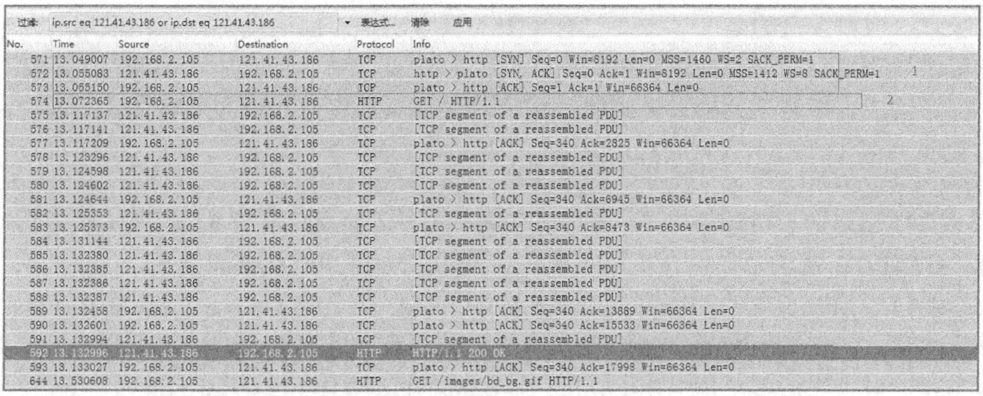

图 12-2

客户端浏览器向服务端发起一个 TCP 连接请求，状态为 SYN；

然后服务端向客户端浏览器做出回应，并要求确认，Seq=0，Ack=1；

客户端浏览器收到信息后，同样做出回应，并确认，此时 Seq=1，Ack=1，TCP 三次握手成功；

客户端浏览器向服务端发起一个 HTTP 页面请求，访问“/”根节点；

服务器向客户端浏览器发送数据及状态响应码 200（中间过程是其他 TCP 连接产生的请求，具体内容不在这里说明，有兴趣的同学可以查阅 TCP 的相关知识）。

12.3 HTTP 请求

知道了浏览器与服务器如何建立起连接后，下面我们要弄清楚的是 HTTP 协议如何传输内容的。在 HTTP 的请求报文中，主要由 3 个部分构成：

请求行；

请求头；

请求正文；

通过一个例子来说明：

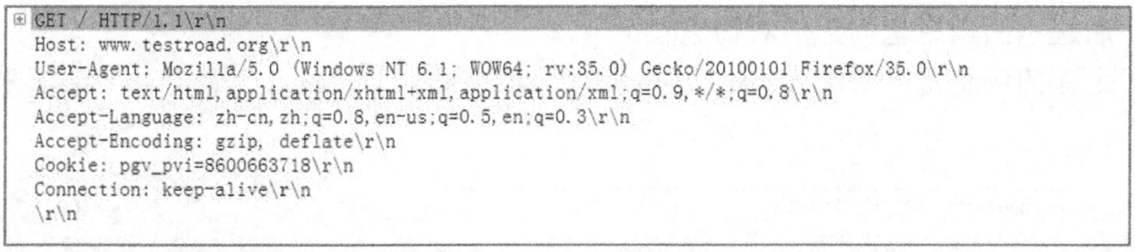

上面是一个典型的 HTTP 请求报文，第一行为请求行：

```
GET  /  HTTP/1.1
```

请求行写法是固定的，由 3 部分组成，第一部分是请求方法，第二部分是请求网址，第 3 部分是 HTTP 版本。“GET”表示请求方法，在 HTTP 1.1 的协议中，一共支持 7 种请求方法：GET、POST、HEAD、OPTIONS、PUT、DELETE 和 TRACE。其中最常用的就是 GET 及 POST。“/”表示访问 URL 的根目录，这里也可以是 HOST 所在 URL 下的其他相对路径，如“/images/bd_bg.gif”表示访问 HOST 中的 URL 下的一个 gif 图片。“HTTP/1.1”表示协议及对应版本，现在主流的是 1.1（2.0 也有相关的版本出来，但还没得到广泛应用）。

从第二行开始到结束都是请求头，通常也称为头域。每个头域由一个域名，冒号（:）和域值 3 部分组成。域名是大小写无关的，域值前可以添加任何数量的空格符。下面介绍一些常用的头域。

```
HOST : www.testroad.org
```

Host 头域指定请求资源的 Internet 主机和端口号，必须表示请求 url 的原始服务器或网关的位置。HTTP/1.1 请求必须包含主机头域，否则系统会以 400 状态码返回。

User-Agent: Mozilla/5.0 （Windows NT 6.1; WOW64; rv：35.0） Gecko/20100101 Firefox/35.0

User-Agent 标识请求者的一些信息，如什么浏览器类型和版本、操作系统等。例如本例中的内容我们可以知道客户是使用 Firefox 35.0 版本的浏览器，基于 windows 7 64 位的操作系统。这里的信息通常用来做数据收集，可以分析用户常用什么浏览器访问我们的服务。

```
Accept:  image/png, image/*;q=0.8, */*;q=0.5
```

Accept 用于指定客户端接受哪些类型的响应内容，也是能够在客户浏览器中直接打开的格式。

```
Accept-Language:  zh-cn, zh;q=0.8, en-us;q=0.5, en;q=0.3
```

Accept-Language：是指客户端的操作系统语言，我们通常情况下使用的中文操作系统，这个属性的值一般是 zh-cn。

```
Accept-Encoding: gzip, deflate。
```

Accept-Encoding：指客户端所能接受的编码规则或格式规范。

```
Referer: http: //www.testroad.org/css/css.css
```

Referer：可以理解为请求来源，即当前地址的上一个依赖地址。可以是绝对路径，也可以是相对路径。与 HOST 拼接成完整的 URL 地址。

```
Connection:  keep-alive
```

Connection：表示当 client 和 server 通信时对于长链接如何进行处理，在 HTTP 1.1 中，client 和 server 都是默认对方支持长链接的，如果 client 使用 HTTP 1.1 协议，但又不希望使用长链接，则需要在 header 中指明 connection 的值为 close；如果 server 方也不想支持长链接，则在 response 中也需要明确说明 connection 的值为 close。不论 request 还是 response 的 header 中包含了值为 close 的 connection，都表明当前正在使用的 TCP 链接在当前请求处理完毕后会被断掉。以后 client 再进行新的请求时就必须创建新的 TCP 链接了。

还有一些常见的头域内容如：Date、Poxy、Cache-Control，Cookies 等，在这里不一一做解释了，通过字面意思也大都能看懂它们的含义。

由于上面的例子是个 GET 请求，通常没有请求正文，我们通过一个 POST 请求来看看请求正文：

```
521 bytes sent to 192.168.32.18:7001
POST /login/verifylogin HTTP/1.1
Accept: text/html, application/xhtml+xml, */*
Referer: http://192.168.32.18:7001/login/index
Accept-Language: zh-CN
User-Agent: Mozilla/5.0 (compatible; MSIE 9.0; Windows NT 6.1; WOW64; Trident/5.0)
Content-Type: application/x-www-form-urlencoded
Accept-Encoding: gzip, deflate
Host: 192.168.32.18:7001
Content-Length: 53
Connection: Keep-Alive
Cache-Control: no-cache
Cookie: JSESSIONID=BCDA2F90583EDBBA70D12F8CD53D7DEC

username=chenk1001&pwd=111111&validCode=ydx4&check=on
```

上面示例中的方框部分就是请求正文了，通常情况下对应的就是 POST 提交的内容信息。

12.4 HTTP 应答

HTTP 应答报文与请求报文相类似，也是由三部分构成的：

应答行；

应答头；

应答正文；

我们通过上面的请求对应的应答报文来做说明：

```
⊞ HTTP/1.1 200 OK\r\n
  Cache-Control: private\r\n
  Content-Type: text/html; charset=utf-8\r\n
  Content-Encoding: gzip\r\n
  Vary: Accept-Encoding\r\n
  Server: Microsoft-IIS/7.5\r\n
  Set-Cookie: ASP.NET_SessionId=wgmkyzthw5alrqyxsch01o42; path=/; HttpOnly\r\n
  X-AspNet-Version: 4.0.30319\r\n
  X-Powered-By: ASP.NET\r\n
⊟ Content-encoded entity body (gzip): 17716 bytes [Error: Decompression failed]
```

```
HTTP/1.1 200 OK
```

应答行，类似于 HTTP 请求行，它表示通信协议用的是 HTTP 1.1 版本，“200”表示服务器已经成功地处理了客户端发出的请求。以下是常见的 HTTP 请求应答返回码列表：

200	OK	请求成功。一般用于GET与POST请求
300	Multiple Choices	多种选择。请求的资源可包括多个位置，相应可返回一个资源特征与地址的列表用于用户终端（例如：浏览器）选择
301	Moved Permanently	永久移动。请求的资源已被永久的移动到新URI，返回信息会包括新的URI，浏览器会自动定向到新URI。今后任何新的请求都应使用新的URI代替
302	Found	临时移动。与301类似。但资源只是临时被移动。客户端应继续使用原有URI
400	Bad Request	客户端请求的语法错误，服务器无法理解
401	Unauthorized	请求要求用户的身份认证
402	Payment Required	保留，将来使用
403	Forbidden	服务器理解请求客户端的请求，但是拒绝执行此请求
404	Not Found	服务器无法根据客户端的请求找到资源（网页）。通过此代码，网站设计人员可设置"您所请求的资源无法找到"的个性页面
405	Method Not Allowed	客户端请求中的方法被禁止
500	Internal Server Error	服务器内部错误，无法完成请求
501	Not Implemented	服务器不支持请求的功能，无法完成请求
502	Bad Gateway	充当网关或代理的服务器，从远端服务器接收到了一个无效的请求
503	Service Unavailable	由于超载或系统维护，服务器暂时的无法处理客户端的请求。延时的长度可包含在服务器的Retry-After头信息中
504	Gateway Time-out	充当网关或代理的服务器，未及时从远端服务器获取请求
505	HTTP Version not supported	服务器不支持请求的HTTP协议的版本，无法完成处理

应答头的内容与请求头也类似，几个需要注意的头域如下：

```
Content-Encoding: gzip
```

表示返回的内容经过了 gzip 压缩技术

```
Content-Length: 17716
```

表示返回的正文长度，确保页面传输的内容正确。

应答正文由于使用了压缩技术，这里就略过不提。通常情况下是基于 HTML 的页面信息。

当我们访问一个页面时，是否只产生了一个 HTTP 请求？当然不是，我们看到的一个完整的 Web 界面，通常情况下是由多个 HTTP 请求共同完成的，一般情况下，在浏览器对 HTML 解析的过程中，如果发现需要获取的内容（如 CSS，GIF，PNG 等），会再次发起 HTTP 请求去服务器获取，但只依靠一个 TCP 连接就够了，这就是所谓的持久连接，也是所谓的一次 HTTP 请求完成，现在一些浏览器会启动多个线程去进行资源下载，减短下载总时间提供更好的客户体验。

12.5 HTTP 捕获

在性能测试过程中，我们需要对业务系统的传输内容有一定的了解，需要捕捉到协议内容，才能更好地实现模拟用户行为。那么我们如何捕获在网络上传输的 HTTP 协议内容呢？目前主流的工具有下面这些。

Wireshark：Windows 下最常用的网络抓包工具，使用简单方便，上面的例子所用的工具就是这款。但是此工具捕获到的包通常都是十六进制的，不便于我们后期性能测试过程中对 HTTP 协议的传输内容进行二次加工。

Firefox 下的 Firebug：可以清楚地看到每个页面传输的内容，页面构成。使用也比较简单，在 Firefox 下工具－附加组件中搜索 Firebug 组件并安装即可，效果如图 12-3 所示。

图 12-3 Firefox Debug

chrome 不需要安装任何组件，直接按 Ctrl+Shift+I 组合键或者 F2 键，就可以调出相关的工具进行查看 HTTP 协议的请求内容，效果如图 12-4 所示。

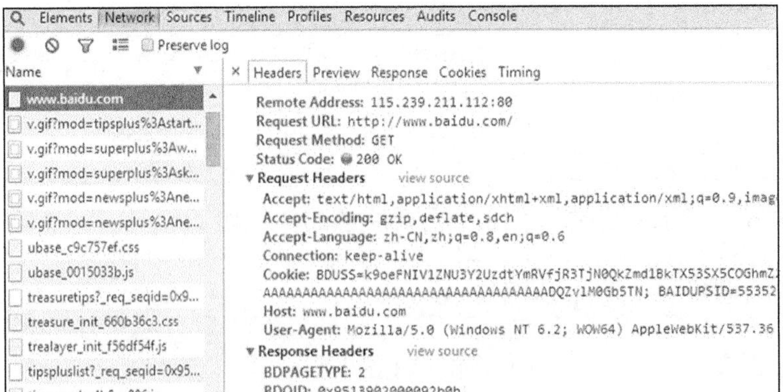

图 12-4 chrome Debug

IE 下也有个工具 Http Watch，在下面的章节我们将重点介绍此工具，并利用此工具进行简单的页面前端性能分析。

12.6 Http Watch

HttpWatch 是强大的网页数据分析工具，集成在 Internet Explorer 工具栏中，能够收集并显示 HTTP 协议交互的深层信息。只需要选择相应的网站，就可以对网站与 IE 之间的请求回复的通讯情况进行分析，并在同一界面显示其相应日志记录。每一个 HTTP 记录都可以详细地分析其 Cookies、消息头、字符查询等信息。支持 HTTPS 及分析报告输出为 XML、CSV 等格式。目前最新的版本是 10.0.5，最稳定的版本是 9.4。并且已支持火狐，但是在火狐下有更好的工具（Firebug），所以使用率并不高，主要还是在 IE 上的应用。大家可以通过其官方网站进行下载。

HttpWatch 安装比较简单，安装成功后，访问一个网站，在 IE 的工具选项上找到“HttpWatch Basic”选项，点击就可以在浏览器的下方出现 HttpWatch 的主界面，如图 12-5 所示。

图 12-5 HttpWatch

12.6.1 HttpWatch 录制

我们点击工具上的“Record”按钮，然后访问一个 URL，等界面完全展现后，单击“Stop”按钮，就可以生成一次 HTTP 的交互结果，如图 12-6 所示。

我们把整个 HttpWatch 面板划分成 3 个区域：菜单区、数据区、数据明细区。菜单区主要是一些常用的功能按钮，比如录制、停止、清除、查询、过滤等。数据区存放我们访问的 URL 及其相关资源（如图片、css 等）。数据明细区是针对某个 URL 进行详细的分析。

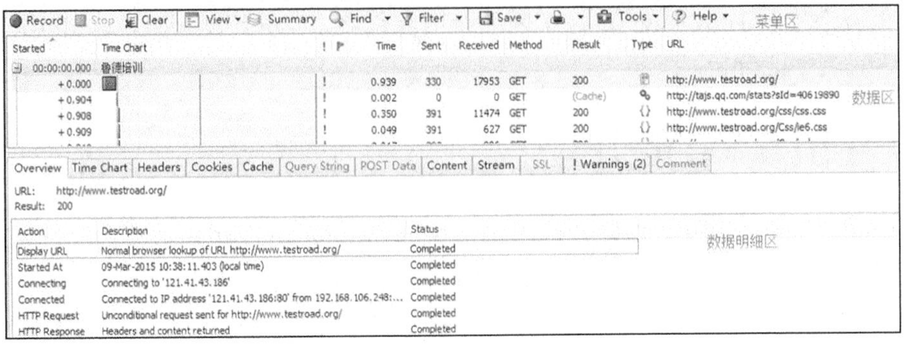

图 12-6 Record view

12.6.2 HttpWatch 数据分析

- 数据区

在数据区，我们可以看到一个界面是由多个 URL 请求组合而成。下面对这个区域的每个列做个简单的分析。

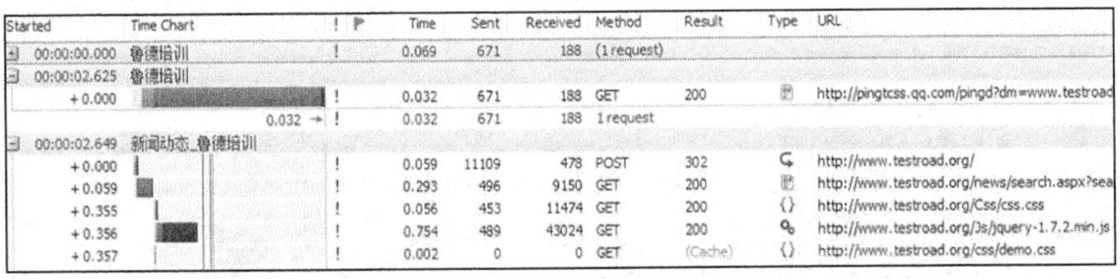

图 12-7 Http content

Started：这里的时间指的是相对于第一个请求，其他请求发出的时间偏移，在图 12-7 中，我们第二个请求中的“00：00：02.625”表示的是相对于第一个请求，这个请求是在 2625 毫秒后发起的，是一个相对值；

Time Chart：每个请求所花费时间的具体分布，这里的内容可以在数据明细区得到具体的展现，下文会再赘述，这里提取一个图中的细节，我们把这个列放大，可以看到几条线，如图 12-8 所示。

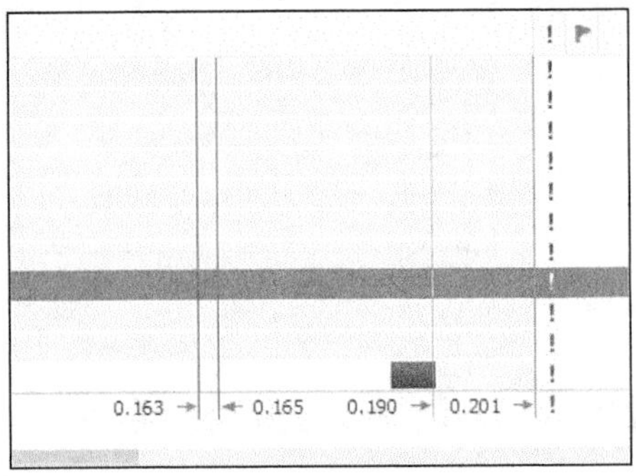

图 12-8 Time Chart

DOM Load 线（蓝色）表示：从 0.163S 时，开始加载页面 Dom， Page Load 线（红色）表示在 0.165S 时开始加载页面具体信息（文本、图片等）。HTTP Load（灰色）线表示在 0.190S 时，所有从服务器上下载的资源都已下载完成。Render Start（绿色）线表示在浏览器上显示的第一个内容。由于书是黑白的，读者没法看到蓝色、红色、请读者对照书本做实验，方便理解。

Time：每个 URL 请求所花费的具体时间，单位是秒。

Sent：每个请求发送出去的数据大小，包括 HTTP 请求头的大小和任何的数据，单位是 Bytes。

Received：服务器返回的数据总量，单位为 Bytes。

Method：HTTP 请求的方法，常见的就是 GET 和 POST。

Result：HTTP 请求应答返回码，当某个请求是通过缓存展现的，此处会显示为{Cache}，在这里要注意，如果列表中出现 404 等错误信息的返回码，需要让开发及时处理，有些错误在界面上是感知不到的。

Type：描述 URL 请求的类型，主要有以下几种：html、css、javascript、image、redirect。

URL：具体的 URL 请求地址。

在数据区的最下方，有一行统计的信息（见图 12-9）。相对而言，这里才是我们最需要关注的地方。

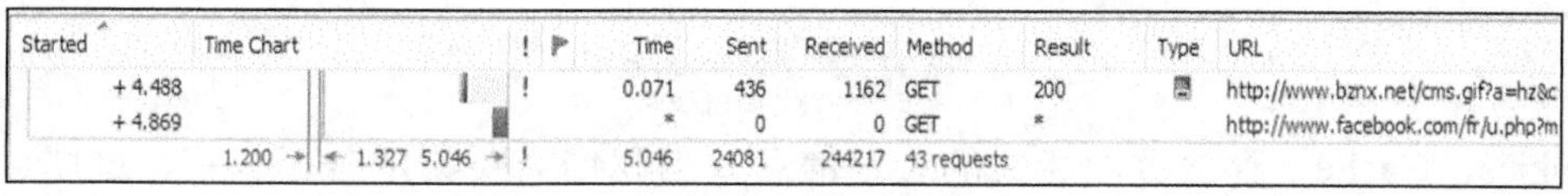

图 12-9　耗时统计

在这里，我们需要关注以下数据：Time 反映了整个界面加载完成的时间，也就是通常情况下的用户响应时间，这个值过大的话，会严重影响用户体验。Sent、Received 之和体现了单用户访问的网络流量。如果比较大的话，在多用户使用的情况下，网络带宽会成为瓶颈。在 Method 列的最下方统计的是请求的个数，当这个请求数过多的时候，我们就需要考虑是否需要对 CSS 做合并，对图片做些合并，以减少服务器资源开销。

● 数据明细区

当你选择一个 URL 或者资源时，就会在数据明细区展现与其相关的具体信息，分成多个标签页面，可以查看不同的内容（见图 12-10）。

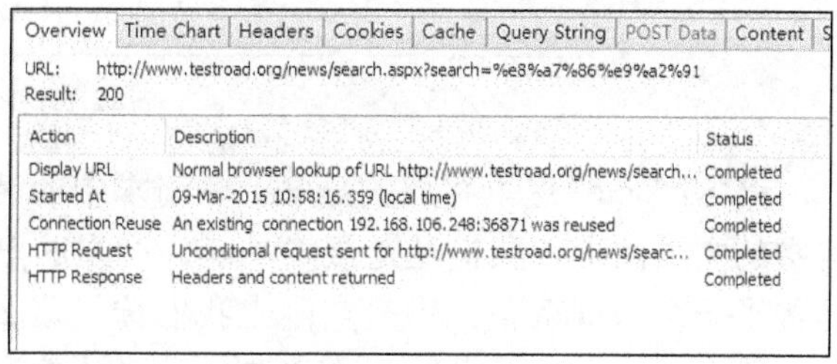

图 12-10　OverView

Overview：这里是某个 URL 的概述信息，展示访问的地址、时间、连接的 IP 及返回的状态信息等（见图 12-11）。

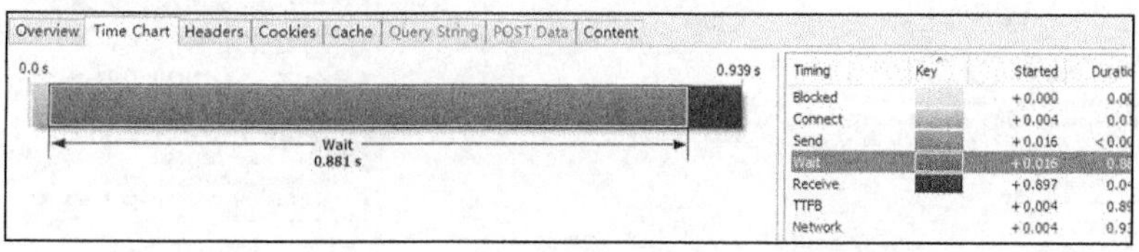

图 12-11　耗时细分

Time Chart：访问某个 URL 的所有时间花费，从建立连接到完全展现，通过不同的颜色进行区分，当你发现某个页面展现很慢的时候，可以通过排序查找到最耗时的界面，然后查看这个标签页面，简单地分析下时间花费在哪个节点上。每种颜色对应的说明可以在右下角的说明中查看到。

Headers：展现 HTTP 协议的头域信息（见图 12-12），包含发送的请求及接收到的应答，具体的字段说明可以参考前文 HTTP 协议请求和应答的相关章节，这里是我们分析报文的最主要来源。

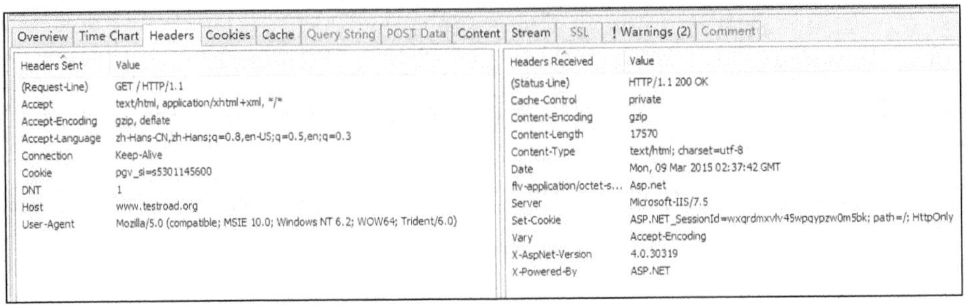

图 12-12 Header info

Cookies，Cache：存放页面相关的缓存信息，当我们需要测试缓存刷新、过期、缓存内容是否存放正确时，可以通过这个标签页进行查看。

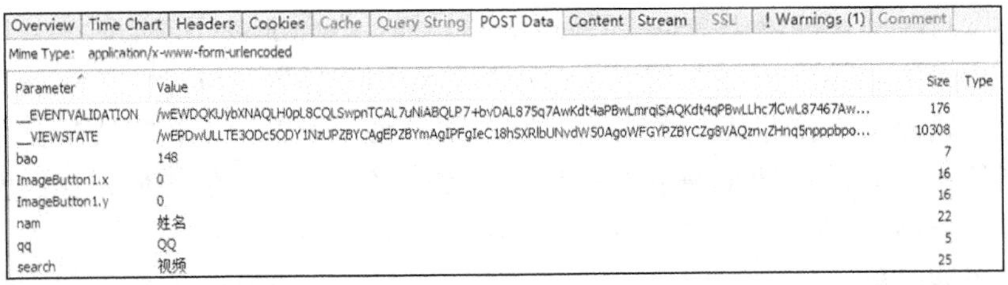

图 12-13 Post data

POST Date：这里存放的是 POST 请求中的请求正文，图 12-13 中的数据是在 Road Testing 官网的主页面上，我们通过搜索功能，产生的 POST 请求，可以看到，虽然我们在界面上只是传了一个 search 值，但是实际上我们传了这么多的参数。

Content：访问连接时，服务器返回的内容；

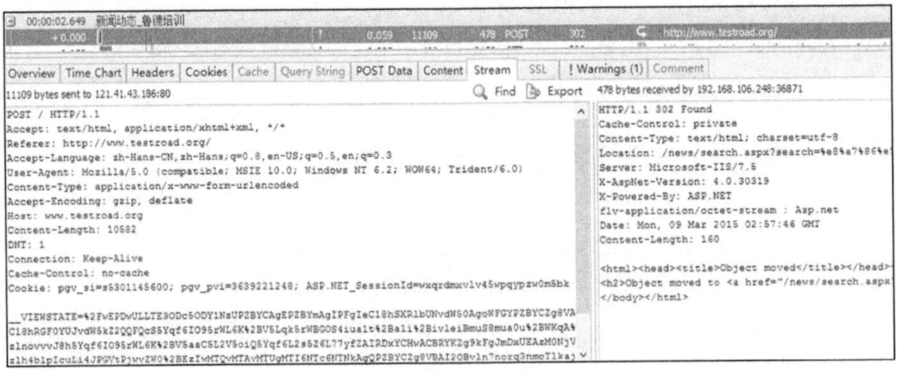

图 12-14 Response data

Stream：数据流，完整地展现了整个请求过程的数据（如图 12-14 所示）。在这里我们可以看到完整的数据请求，包含协议头及请求正文。在查看 POST 的请求时，我们还可以看到每个参数之间是通过什么组合在一起的，以及组合的顺序。

SSL：这个只在 HTTPS 请求下才会看得到，显示的是加密后的请求内容。

Warrings：告警（见图 12-15），HttpWatch 会自带一些安全校验、语法校验等内容，平常看看就可以，不需要过分的关注。当你希望下次不对内容做检查时，可以忽略告警，如图 12-15 所示。

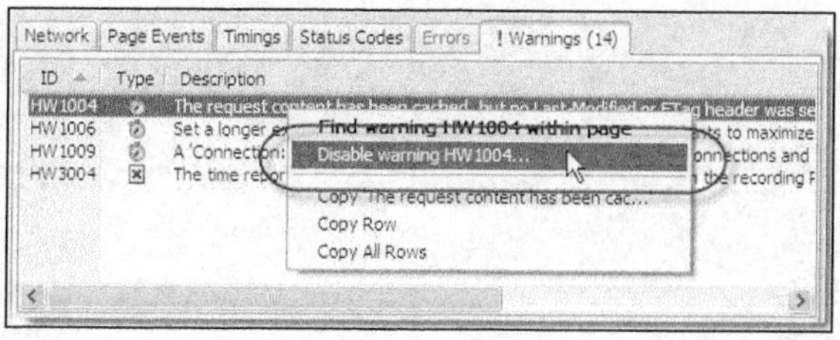

图 12-15　Warrings

以上就是这款工具的简单使用。整体而言，此工具在我们做 WEB 测试时，能够提供很多的帮助。首先，通过简单的录制，就可以捕获到所有的通信报文，比一般的抓包工具更方便。通过数据区的数据分析，我们可以知道页面的组成部分及一些黑盒测试不能感知的数据（请求数、请求返回状态等）。这些数据对我们优化整个系统有很大的帮助，也更直观。在数据明细区，我们可以观察每个请求的具体内容是什么，页面上缓存了哪些东西，这些缓存的有效期是否正确等等，让我们更深刻地了解 HTTP 协议。通过这些数据的查看，我们可以对传输的内容进行二次组装，来完成一些简单的自动化或者性能测试。关于 HttpWatch 的使用，更多的内容可以查看其自带的帮助文档 httpwatch.chm，在其安装目录下。

12.7　本章小结

本章主要对 HTTP 协议进行了介绍，希望加强大家对 HTTP 协议的认识，在编写 Web 类项目的测试脚本时不至于束手无策。对于当前流行的移动 APP 来讲，多数用到的也是 HTTP 协议，大家不方便录制，但是我们还是可以利用 JMeter 的 Http Request 请求来模拟。这就需要大家对 HTTP 协议熟悉，能够捕获传输的包数据，然后拼装成合法的表单。

提升篇

Chapter 13

第 13 章 端到端性能监控平台

从本章你可以学到：

- 为什么构建基于云的端到端性能监控平台
- 端到端监控的意义
- 前端监控常见策略
- 基于 Httpwatch 的自动捕获
- 基于 firebug 的自动捕获
- 构建基于 Showslow 的监控体系
- 本章小结

13.1 为什么构建基于云的端到端性能监控平台

从事性能测试的专业人士应该会有体会，性能测试并不能帮我们找到所有的性能问题，部分线上的性能问题在测试环境也不并不好复现，我们需要对线上的服务进行监控分析。这种监控分析以端到端（从客户端到服务端）为主。为了全面监听，我们需要在全国各个节点进行监听，于是基于云的端到端的性能分析开始大行其道。

通过基于云的端到端性能监控，我们可以简单有效地动态获取各地各个节点的客户端性能指标（终端响应时间、网络延迟、带宽、服务器处理时间等），正确有效地评估终端用户的真实用户体验，为性能问题的爆发提供一定的提前预警。

13.2 端到端监控的意义

在实际应用系统中，一个大的系统由多个小的系统构成，比如第 14 章中提到的支付系统就由几十个小系统组成，通常我们做性能测试时是基于接口来进行测试，并不会每次都对整个系统进行全面的压测，这样我们直接跳过了客户端来模拟客户端请求对服务器施压，得到服务器端的负载指标。这种性能测试策略往往是在实验室局域网中实现，得到的指标是在理想环境中的服务器处理能力的评估，但在生产环境中并没有那么简单。性能测试的结果可以提供作为生产环境的性能指标参考，但是由于条件和模型建立的偏差并不能完全代替生产环境。

如何动态地获得在线用户性能指标并监控生产环境的性能指标，成为降低性能测试成本、提高性能测试效果的关键。而基于云的端到端性能监控配合基于云的负载生成，即可将性能测试从实验室搬上生产环境。

13.3 前端监控常见策略

在谈具体的端到端性能测试前，我们需要先对常见的端到端监控体系有所了解和熟悉，这里我们集中谈一下前端性能的监控和分析调优。

所谓的前端其实就是在客户端（浏览器或终端应用），对于我们常见的 B/S 或 C/S 架构会有不同的前端特点。

1. C/S 架构

在 C/S 架构中，我们可以称客户端是一个胖客户端，它具备自身存储、处理的能力，可以利用客户端的资源完成相应的基本业务，而服务端的大量处理可以被客户端分解，所以 C/S 架构出现服务器端性能问题的情况相对来说较少，因为其客户端数量更容易被评估，而每个客户端对服务器的负载也会相对较低。

2. B/S 架构

在 B/S 架构中，特别是传统的 B/S 架构，是标准的瘦客户端模式，浏览器只负责基本的 HTML 回显和表单处理，所以所有的计算都在服务器端，而终端用户数量的无法评估也带来了峰值业务出现导致的系统处理能力不足的性能瓶颈。随着富媒体的技术涌现（JS 框架、FLEX、SilverLight 等），在浏览器中能做的事情也越来越多，同样也带来了浏览器端的性能瓶颈或调优空间。手机 APP 本质上来说应该算作 C/S 架构，但是这里还是把它算在了特殊的富媒体 B/S 架构，这是因为其所使用的协议和表现形式和传统的 B/S 更为接近。

前端监控工具一般都提供了协议捕获、请求拆分、请求跟踪等功能，部分工具还提供了解包、调试转发更为高级的功能。

13.4 基于 httpWatch 的自动捕获

HttpWatch 是一个非常好用的前端评估工具，支持 IE 和 Firefox。关于它的使用参考 12 章的内容，这里就不再介绍，简单说一下如何使用它的自动化框架体系来完成端数据的自动收集。

在 HttpWatch 中提供了一个完整的 Automation Architecture 自动化架构，在 HttpWatch 的帮助中可以看到相关架构，如图 13-1 所示。

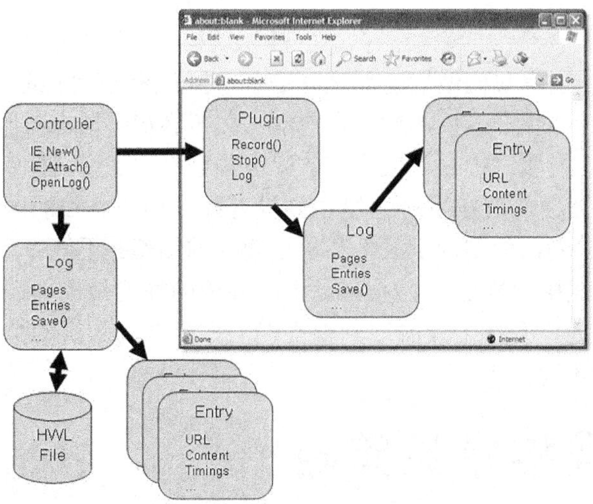

图 13-1 HttpWatch 捕获原理

在这个自动化对象模型中提供了使用 HttpWatch 完成地址导航，录制日志等功能，我们可以使用它完成自动化记录收集，请参考下面的代码：

```
Dim filename
filename=FormatDateTime(now,2)&FormatDateTime(now,3)
filename=replace(filename,":","")
filename=replace(filename,"-","")
filename=replace(filename,"/","")
Dim control
Set control = CreateObject("HttpWatch.Controller")
Dim plugin
Set plugin = control.IE.New
plugin.Record
plugin.GotoUrl("http://www.baidu.com")
control.Wait plugin, -1

' Stop recording HTTP
plugin.Stop
```

```
' Close down IE
plugin.CloseBrowser
'save  filename
plugin.Log.Save("c:\\"&filename&".hwl")

set plugin=nothing
set control=nothing
```

通过运行这个代码可以完成启动 IE 浏览器，跳转页面到百度首页并记录下百度首页的 hwl 文件。如果大家熟悉 QTP 可以使用 QTP 来扩展 HttpWatch 的捕获功能，甚至做到自动记录上传等功能，这里就不赘述。

HttpWatch 的功能和扩展相对来说比较简单点，虽然可以通过 C#来扩展支持 Selenium 体系，进一步配合 HttpWatch，但是仍然不如直接使用 Firebug 的该功能来的痛快，所以我们接着着重讲一下怎么用 firebug 来实现这个功能。

13.5 基于 firebug 的自动捕获

Firebug 基本上是每个使用 Firefox 的前端开发者必备的工具，在 Firebug 中提供了网络功能来统计页面访问的瀑布图，如图 13-2 所示。

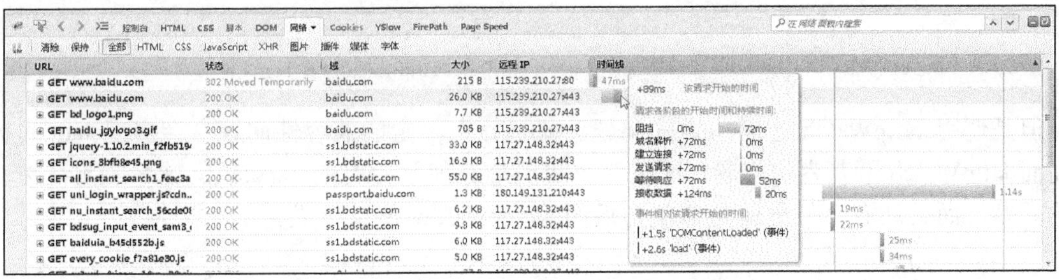

图 13-2 Firebug 捕获

但是 Firebug 并没有提供自动化模型一类的东西，帮助我们实现浏览器自动打开、地址导航、记录保存的功能。后面大多数功能都需要 Firebug 自动启动，所以请确保 Firebug 处于对所有页面启用状态。

13.5.1 自动导出瀑布图

Firebug 并没有提供导出瀑布图的功能，所以我们需要添加一个叫做 NetExport 的组件来实现。

在 Firefox 上选择工具菜单下的附加组件，搜索安装 NetExport，在安装完成后会发现 Firebug 中的网络标签下多了一个 Export 的菜单项，如图 13-3 所示。

通过 Export 功能，我们可以把当前的瀑布图导出成为 har 文件，点击 Export 选择 Save As.. 菜单，如图 13-4 所示。

在弹出的窗口中选择保存文件的地址及文件名即可。如果你电脑上正好安装了 HttpWatch，那么可以直接双击这个 har 文件进行预览，如图 13-5 所示。

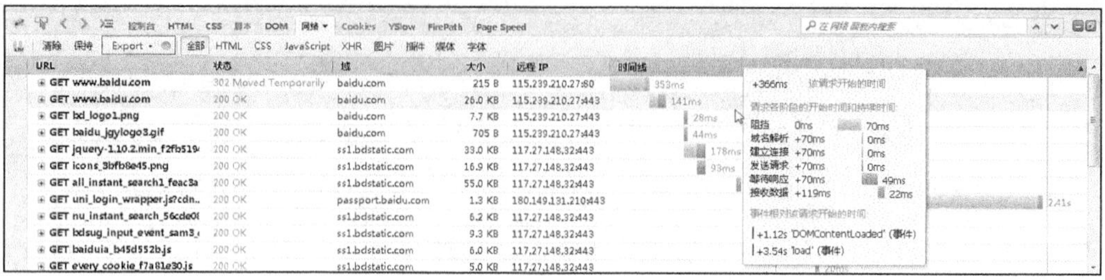

图 13-3　Firebug 捕获

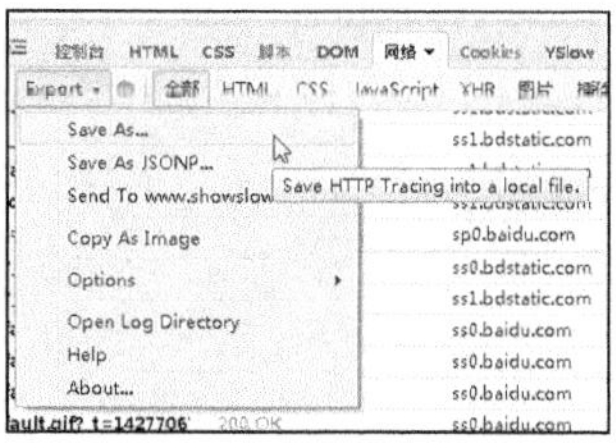

图 13-4　Firebug 导出

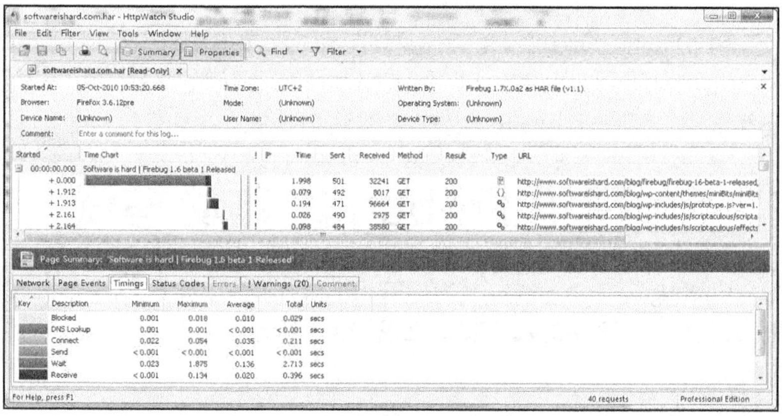

图 13-5　Httpwatch 查看 har 文件

但是使用 HttpWatch 也有一定的问题，就是存在一定的兼容性问题，会出现 har 的版本过高而 HttpWatch 不兼容的问题，所以这里我更推荐使用免费的 harviewer 来解决 har 文件预览的问题，而且还有个好处就是方便与后面的 showslow 体系集成。

13.5.2　HARViewer 部署

在官方网站下载 HARViewer 代码包，这里我使用的是 2.0.15 版本，HARViewer 默认是 PHP 版本也可以直接作为 HTML 模式运行，解压代码包后将 index.php 和 preview.php 的后缀都修改为 html，并删除 index.html 中的<?php include（"ga.php"） ?>这句引用。接着使用浏览器推荐使用 Firefox 或者 Chrome 打开 index.html，然后把需要看的 har 文件拖进浏览器即可看到效果，如图 13-6 所示。

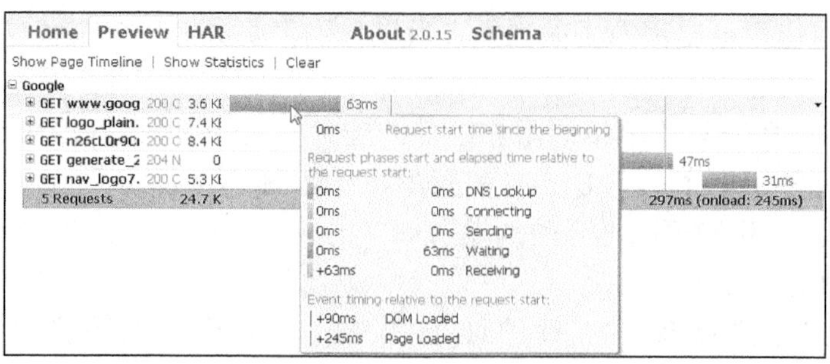

图 13-6　Preview

如果是在线的 HAR 文件可以通过使用 inputurl 参数来实现同样的效果，例如 http://127.0.0.1/harviewer?inputUrl=http://127.0.01/harviewer/examples/google.com.har 接着我们要将这个过程自动化，在 Firefox 浏览器地址栏中输入 about:config 回车，会弹出高级设置的提示框，点击“我保证会小心”按钮，如图 13-7 所示。

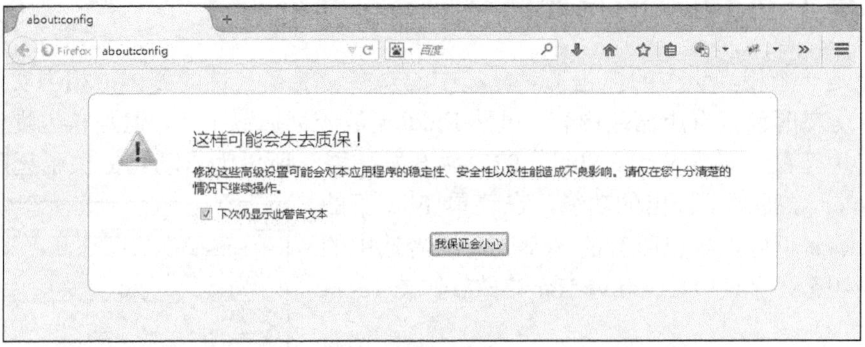

图 13-7　FireFox Config

在配置页面中的搜索中输入 netexport 过滤项，如图 13-8 所示。

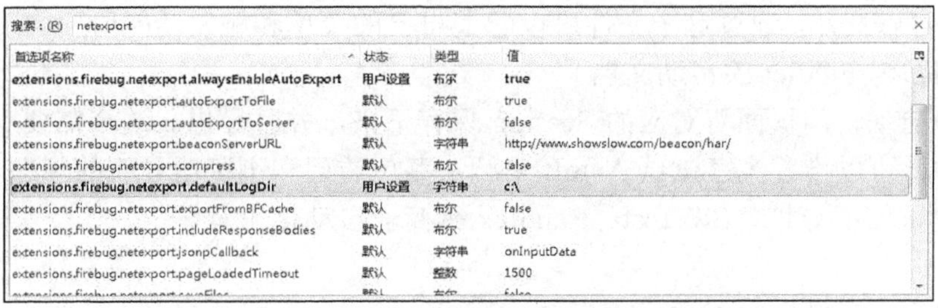

图 13-8　firefox config setting

这里我们需要修改几个配置项，在 Firefox 浏览网页时让 firebug 自动导出 har 文件。

（1）extensions.firebug.netexport.alwaysEnableAutoExport 选项需要修改为 true。

（2）extensions.firebug.netexport.autoExportToFile 选项需要修改为 true。

（3）extensions.firebug.netexport.defaultLogDir 需要修改为保存文件的地址。

修改完成后关闭 firefox 检查一下 netexport 插件是否正常激活为自动运行（绿色圆点），如图 13-9 所示。

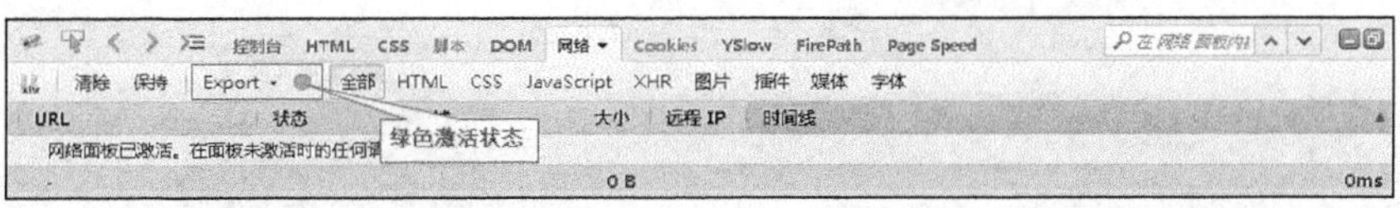

图 13-9　check export function

现在我们去地址栏输入个地址访问一下，就会在 C 盘根目录上生成一个访问的网站及对应的时间的 har 文件如图 13-10 所示。

图 13-10　har 文件生成

这样我们就实现了自动化保存 har 文件，但是地址访问还是手工的，如果我希望进一步要求页面访问也是自动的呢？这个时候我们就要引入自动化工具体系了，这里我推荐使用 Webdriver 来驱动 Firefox 完成业务操作。

13.5.3　基于 Fiddler 的自动捕获

Fiddler 是一个相当优秀的抓包工具，其中的众多功能都是性能测试中相当实用的，例如格式转化和动态解包查看压缩包内容。虽然 Fiddler 是一个抓包工具，但是它也提供了丰富的监控功能，并且它还支持 Visual Studio 的二次开发扩展，所以为自动化提供了无限的可能。

在 Fiddler 中提供了导出的功能，在菜单 File 下的 Export Sessions 下可以导出所有的 Sessions 或者选中的 Session，其中就支持 HTTPArchive Har 格式，如图 13-11 所示。

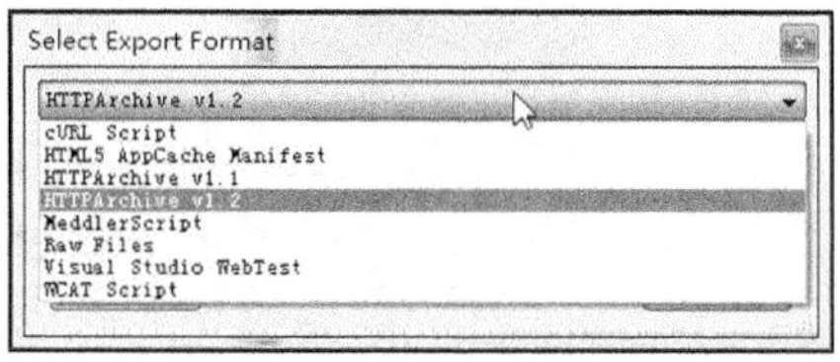

图 13-11　Fidder

那么这个过程还是手动的，怎么能够使其实现自动呢，这里要做两件事情：

（1）Fiddler 提供了自己的扩展开发文件 CustomRules.js 文件，在菜单 Rules 下的 Custom RuleS 菜单中可以打开，通过这个文件可以配置自己的菜单和触发功能所要实现的内容。（具体开发内容请参考 Fiddler 的帮助文档）

（2）如何自动访问页面将对应的 Session 保存下来，并且导出。这个需要对 GUI 自动化有一定的了解，可以推荐大家试试 AutoIt 来解决菜单访问和浏览器导航的问题，更高级的业务驱动可以尝试使用 QTP、SilkTest、Renorex 等商业自动化工具。

13.5.4　基于 YSlow 的前端评估体系

YSlow 是比较常见的一个性能监控插件，依赖于 Firebug，大家可以在 Firefox 附加组件中查询添加 YSlow 组件，如果需要其自动在页面刷新后运行只需要勾选 Autorun YSlow each time a web page is loaded 选项，如图 13-12 所示。

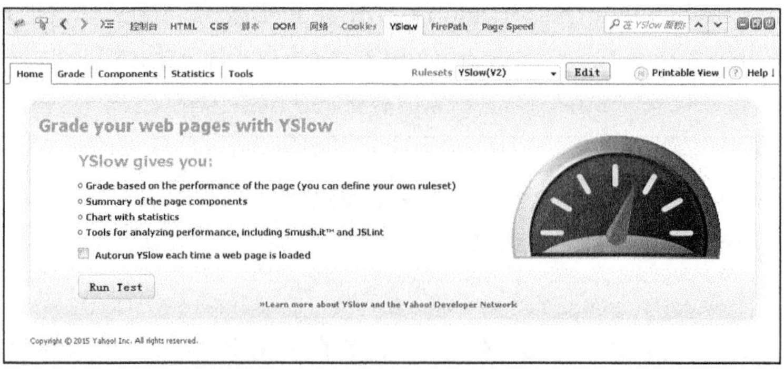

图 13-12　YSlow

YSlow 与前面说到的工具不同之处在于它并不是一个简单的记录网络瀑布图的工具，它更大的作用是根据它自身的前端规则来为被测网站进行评分，并且给出调优建议。

我们在地址栏中输入 www.baidu.com 然后点击 YSlow 的 Run Test 按钮，就可以看到 YSlow 对百度首页的评分栏目，如图 13-13 所示。

图 13-13 Yslow 对百度评分

大家首先可以看到的是总得分是 Grade A，也就是最好的评分标准，关于评分的内容规则我建议大家参考《High Performance Web Sites》中文名为《高性能网站建设》。

在 YSlow（V2）版本规则下有 23 个评分项，其中包括 Content、Cookie、CSS、Images、JavaScript、Server 六大类，主要都是针对前端可以优化的部分进行分析打分，最高为 A 最低为 F。在百度的首页中有一个 F 项评分，应该是部分内容没有通过 CDN 内容分发可能会比较明显地影响性能，而一个 B 评分项是针对页面中的某一个元素没有设置 Expires Headers 过期时间，导致每次访问都要刷新，会可能影响性能。

通过 YSlow 不但可以得到清晰的评分来对站点进行比较整体的一个性能评价，它还提供了 Commponents、Statistics、Tools 三个附属功能。

Commponents 页面提供了对页面整体组件的拆分，包括页面由哪几个分类元素组成，每个元素的大小、URL 地址、过期时间、响应时间等，如图 13-14 所示。

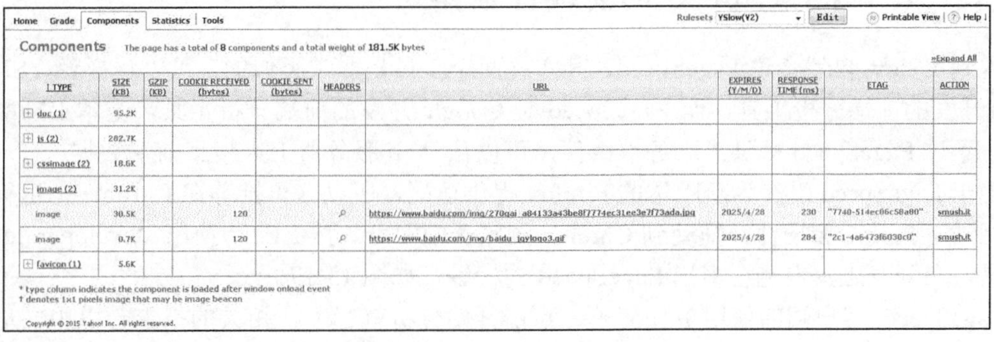

图 13-14 Yslow Commponents

而在 Statistics 页面中就更加直接地给出了页面所有请求中 Cache 使用的情况，便于分析有哪些内容可以使用本地缓存来降低对服务器的请求压力，如图 13-15 所示。

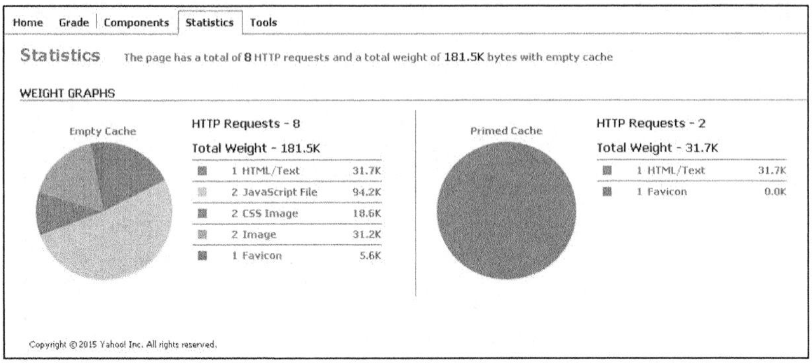

图 13-15 Yslow Statistics

在最后的 Tools 页面中提供了一些对于 JS 及 CSS 扩展的分析工具。

YSlow 并没有提供直接的导出功能，但是它提供了 Beacon 支持，通过配置 beaconUrl 可以将结果导入后面我们将会介绍的 ShowSlow 平台，如图 13-16 所示。

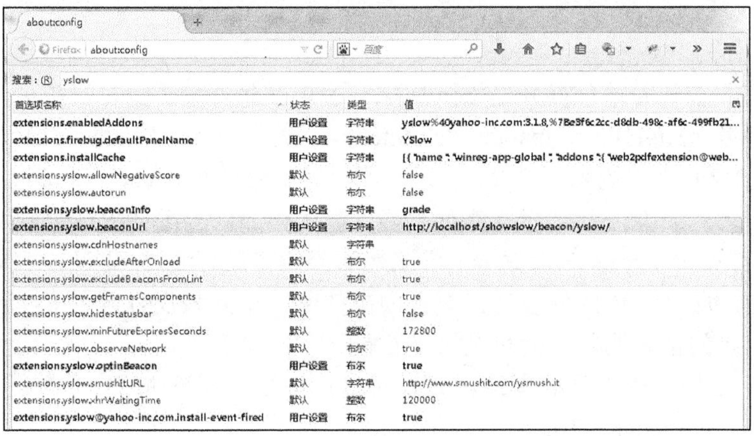

图 13-16 Yslow Tools

13.5.5 基于 PageSpeed 的前端评估体系

说到 YSlow 自然会说 PageSpeed，其实这两个工具是非常类似的，可以这样说 YSlow 是 yahoo 开发的前端分析工具，而 PageSpeed 是 Google 开发的前端分析工具，基本上功能是类似的，不过 PageSpeed 提供了服务端组件，可以从 Web 服务器上来搜集前端数据。

由于 PageSpeed 没有为新版本的 Firefox 提供适配，所以这里推荐在 Chrome 上运行，去官方网站下载其 Crx 插件，拖动到 Chrome 浏览器中即可。按 F12 切换出 Developer tools 开发工具，在开发工具右侧会多出 PageSpeed 的标签，如图 13-17 所示。

PageSpeed 客户端的使用更加简单，点击开始分析就行了，相关的报告会以中文形式展示出来，这里就不多作介绍。

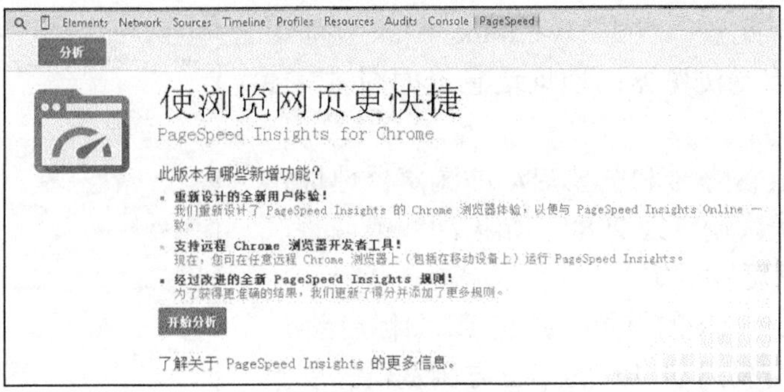

图 13-17 PageSpeed

另外一方面 PageSpeed 提供了基于 Web 服务器端的模块，可以通过编译加载到 Apache 或 Nginx 中，帮助网站进行动态提速，这将重写你的网页，让用户以更快的速度进行访问，重写的内容包括压缩图片、缩减 CSS 和 JavaScript、扩展缓存时间，同样还包括其他一些最佳实践：

- 优化缓存——整合应用程序的数据和逻辑
- 最小化 round-trip 次数——削减连续的请求/响应周期数
- 最小化请求开销——削减上传大小
- 最小化负载大小——削减响应、下载及缓存页面大小
- 优化浏览器渲染——改善浏览器页面布局
- 移动方面的优化——优化站点移动网络和设备方面的相关特性

如何安装配置大家可以自行查看 PageSpeed 官方文档，当配置正确后，通过服务器响应的内容会自动增加 X-Speed-Page 字段，说明 PageSpeed 已经正常工作。

13.5.6 基于 dynaTrace Ajax 的前端评估体系

除了前面我们见过的常见网络监控功能外，dynaTrace Ajax 最强大的功能是提供了前台 JavaScript 的监控功能，可以说该工具可以跟踪 JavaScript 从执行开始，经过本地的 XMLHttpRequest、发送网络请求，再到请求返回的全过程。

dynaTrace Ajax 是一个免费工具，但是要一直使用需要去社区注册一个账号，支持 IE 和 Firefox 两种浏览器代理模式，如图 13-18 所示。

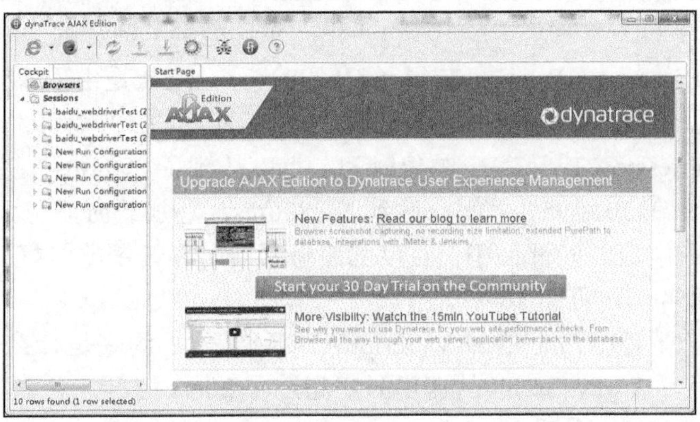

图 13-18 dynaTrace Ajax

首先我们先打开配置，点击 Dyantrace Ajax 界面中的齿轮图标，检查启动浏览器的地址信息，如图 13-19 所示。

其中可以配置社区账号和需要启动的浏览器地址，dynaTrace Ajax 的默认端口为 9988，如果冲突请调整，Proxy 代理也在这里可以设定。

回到 dynaTrace Ajax 的首页，点击 IE 图标启动 IE 浏览器（注意这里需要启动 IE 的第三方浏览器扩展支持，否则会导致捕获不到 IE 请求），在 IE 浏览器中访问对应的网站关闭浏览器即可看到 dynaTrace Ajax 完成相关报告生成，可以看到 Summary 总评分为 B，Caching 缓存使用评分为 A，Network 网络评分为 A，Server-Side 服务器端评分为 A，JavaScript/AJAX 评分为 C，如图 13-20 所示。

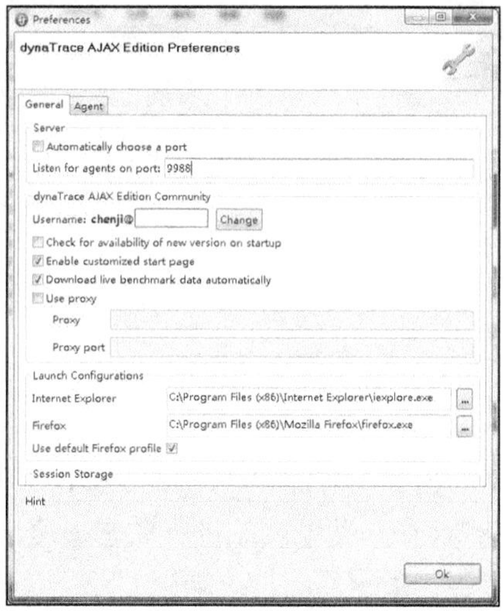

图 13-19 dynaTrace Ajax Preferences

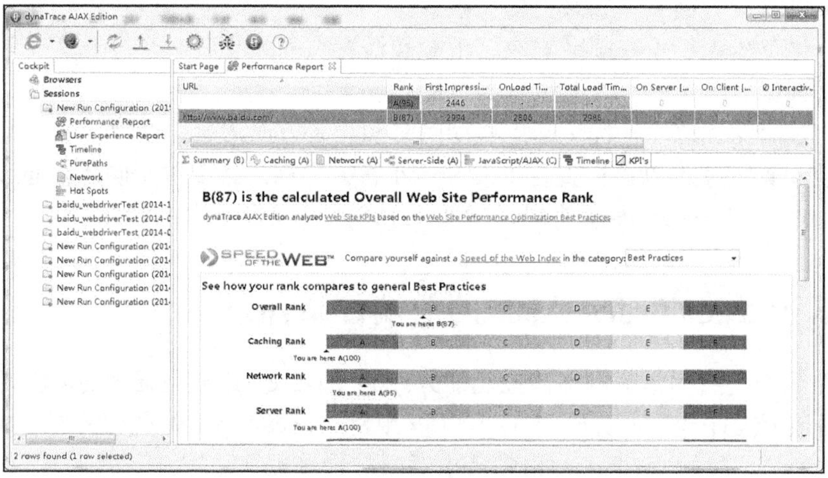

图 13-20 dynaTrace Ajax 评分

双击左侧生成的最新的 Sessions 下的 Performance Report，我们可以看到基于 dynaTrace Ajax 对百度首页的 B（87）（B 类 87 分）的评分，并且提供了评分的基准。

最低评分项是 JavaScript Rank 只获得了 C（79）分，应该是由于 JavaScript 的执行时间过长而导致了该评分欠佳。另一方面我们也可以看到后面的与 50%及 95%最佳加载时间的比较中，其中 First Impression Time 第一映象时间，百度达到了 2994ms，进入了 95%以外的档次；而 OnLoad Time 在 50%-95%之间，达到了 2806ms；总加载时间也大概处于中间偏后的阶段，为 2986ms。在响应时间评估中，百度的服务器端时间开销非常好，为 138ms；客户端时间也算不错，为 854ms，见图 13-21。

接着我们来看一下评分最低的 JavaScript/AJAX 部分，到底是什么问题让评分只有 C（79）。主要原因是有 9 个 JavaScript 的调用时间超过了 20ms 标准，并列出对应 JavaScript 的热点排序列表，如图 13-22 所示。

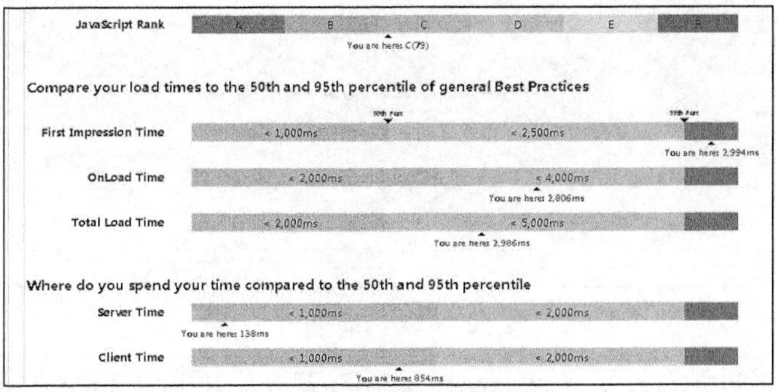

图 13-21　JavaScript Rank

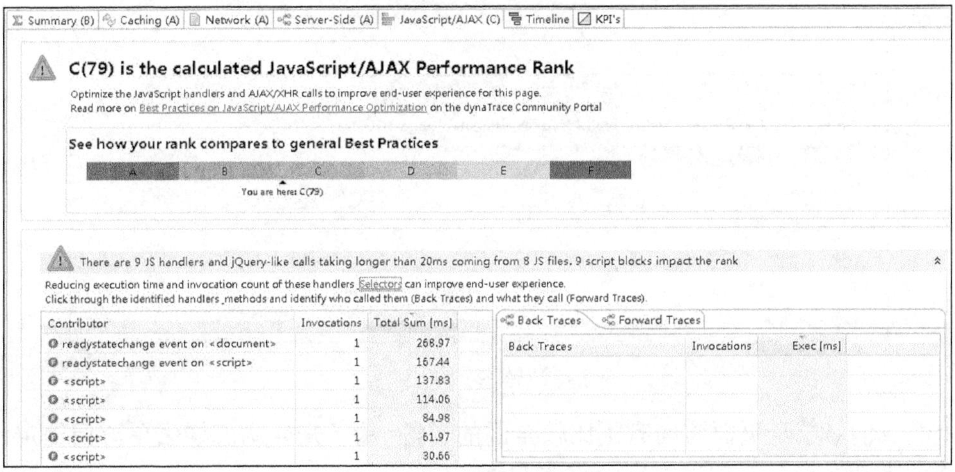

图 13-22　JavaScript/Ajax

在左侧点击需要分析的 Contributor 项，右侧会出现该 JavaScript 的详细跟踪，我们可以逐层展开，最终找到导致响应时间变长的罪魁祸首，如图 13-23 所示。

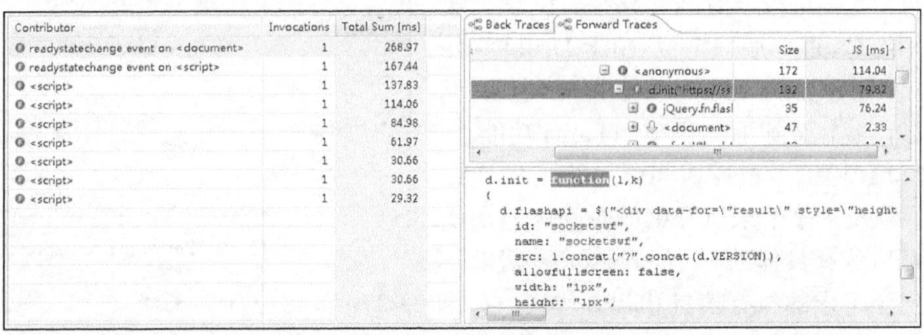

图 13-23　JavaScript/Ajax

在解决了 JavaScript 的问题后，我们来看看 dynaTrace Ajax 的 Timeline 功能。这里 dynaTrace Ajax 提供了包括浏览器 CPU 本地开销、JavaScript 调用跟踪及浏览器渲染开销的记录，让我们可以清楚地看到当页面被显示时，相关资源在本地是如何触发使用的，包含每一次 JavaScript 被触发的时间和执行时间，如图 13-24 所示。

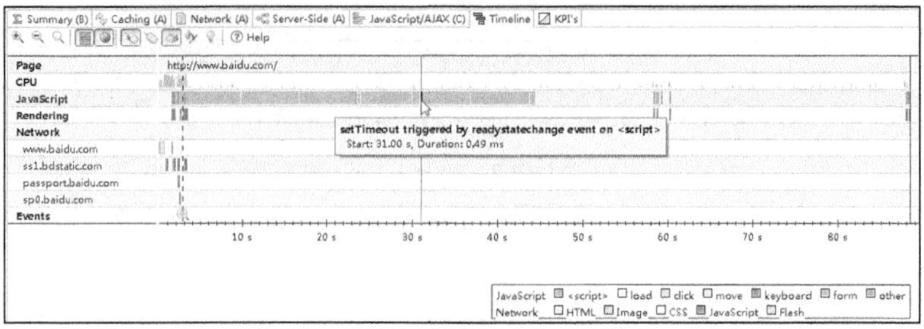

图 13-24 Timeline

KPI’S 中提供了关于所有主要指标的说明，并且在下方也说明了被缓存的内容说明，及其认为可以调整的内容，所有的请求来自于 4 个域名，其中两个域名只访问了一个资源，如图 13-25 所示。

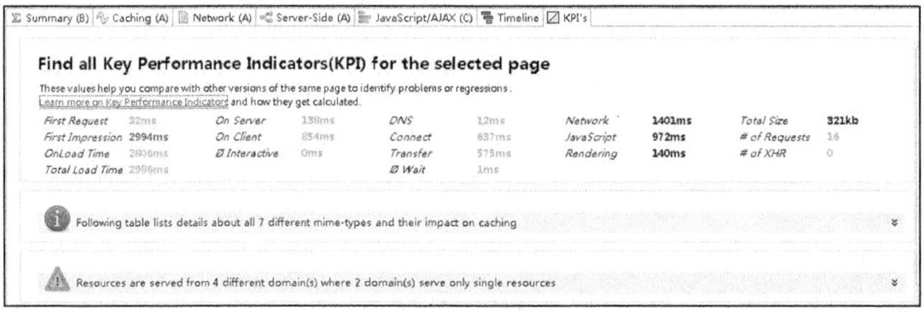

图 13-25 KPI’s

在上面我们对整个页面访问有了比较全面的了解，接下来介绍怎样去更方便地定位瓶颈，回到主页面上在需要分析的请求项上点击右键，如图 13-26 所示。

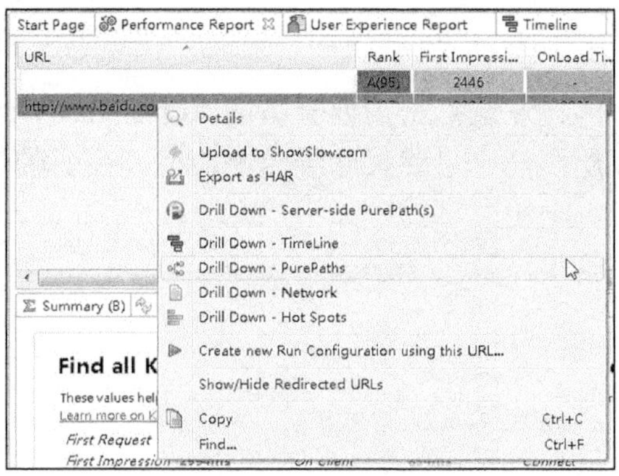

图 13-26 Performance Report

在这里我们可以看到 Drill Down 的 4 个选项还包括一个导出 HAR 文件的功能。通过 Drill Down 功能，我们可以从时间、路径、网络、热点四点分别细分，进行瓶颈定位。由于 Drill Down - TimeLine 和前面的 TimeLine 功能相同，这里就不介绍了，我们先来看一下 PurePaths 功能。

PurePaths 提供了根据访问顺序给出的详细请求列表，以及每个请求所开销的时间和所在状态，这里可以选择具体的一个 JavaScript 请求，下方会给出该请求的执行信息和相关代码，如图 13-27 所示。

Network 提供了类似于 HAR 瀑布图的列表，不过这里附带的信息会更加直接全面，同时下方会提供该请求的 Request 和 Response，还有该 Response 的具体内容。这里我们会发现一个可以调优的内容，在百度的这个请求返回中，并没有优化内容。确实返回中对变量进行了优化，但是空格和回车符并没有去掉，进一步优化返回文件大小，如图 13-28 所示。

最后我们来看一下 Hotspot，顾名思义就是热点的意思，也就是瓶颈的源头。这里按照开销时间长短列出了倒序排序，点击对应的元素，dynaTrace Ajax 会帮助我们列出该元素的细节组成，从而快捷地找到影响性能的各个要素，如图 13-29 所示。

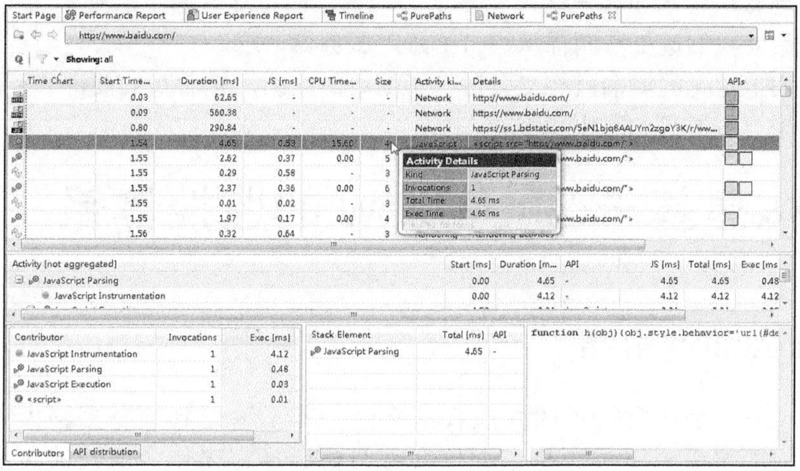

图 13-27 PurePaths

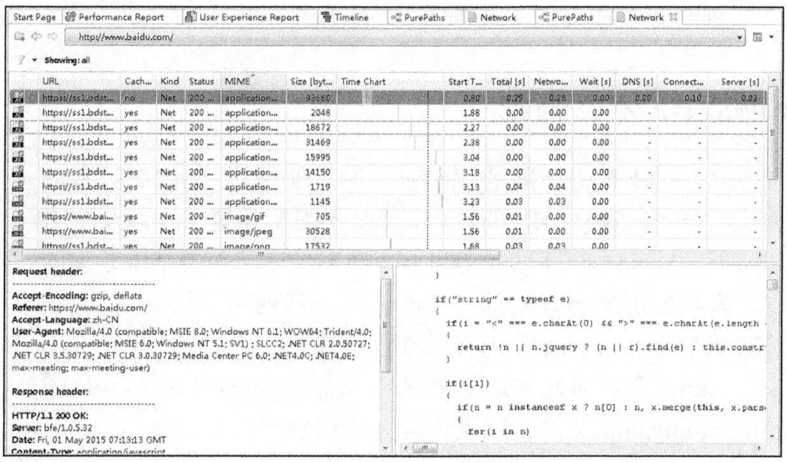

图 13-28 Network

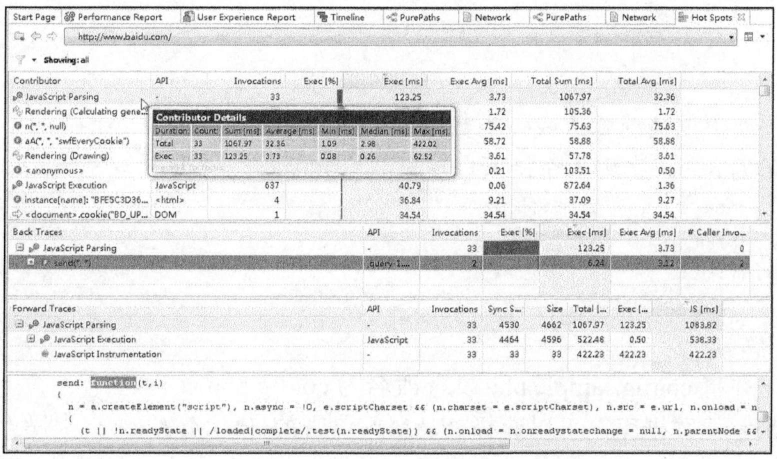

图 13-29 Hotspot

这里我们可以发现对比前面介绍的前端工具，dynaTrace Ajax 强大得有些可怕，可以从各个角度完整地跟踪请求在客户端及网络上的开销，而且还有基于服务器版本的 dynaTrace（商业工具），帮助我们进一步同样从细节上跟踪服务器请求。

到这里我们把常见的前端监控工具进行了简单的介绍，接着我们要讲一下怎么把这些数据收集到一个平台方便我们回顾和查看。

13.6 构建基于 Showslow 的监控体系

13.6.1 Showslow 介绍

Showslow 是一个非常优秀的性能收集平台，在不清楚到底有多强大前大家可以去 Showslow 官网上感受一下，这也是为什么我们要选择它来作为我们的监控体系平台的原因。

Showslow 支持 yslow、pagespeed、dynaTrace Ajax、WebPageTest 四个平台的数据收集支持。

13.6.2 Showslow 环境搭建

我们在其官方网站上下载最新版的代码包，这里使用的是 1.2.2 版本。

由于 Showslow 是一个基于 PHP 的平台，所以还需要配置一个基于 PHP 包含 Mysql 的平台。在平台的选择上，Windows 下我推荐使用 WAMP2.2，主要是由于 showslow 在 php5.3.x 版本上问题最少，太新的版本会导致部分功能无法正常使用。

WAMP 安装后将 Slowslow 压缩包解压放置于安装目录下的 www\showslow1.2.2 中（默认安装路径为 c:\wamp，所以对应的地址就是 c:\wapm\www\showslow1.2.2）。接着我们要去目录下编辑 config.sample.php 文件，这里包含 4 个内容可以修改：

```
# Database connection information
$db = 'showslow';
$user = 'showslow';
$pass = '... database-password ...';
$host = 'localhost';
$port = 3306;
```

这里我们需要根据情况修改我们的数据库名称、数据库用户名及密码，由于 WAMP 默认的数据库用户名为 root，密码为空，所以这里我修改配置文件为：

```
# Database connection information
$db = 'showslow122';
$user = 'root';
$pass = '';
$host = 'localhost';
$port = 3306;
```

然后保存，并将 config.sample.php 文件改名为 config.php 文件。

接着我们来新建数据库，可以选择 WAMP 自带的 PhpMyAdmin 来操作，也可以通过 MySQL 命令来实现。在 WAMP 的任务栏图片上单击左键，在弹出的菜单中选择 MySQL 下的 MySQL Console，直接回车进入 MySQL 命令行，输入命令：

```
Create database showslow122;
```

系统提示 Query Ok，1 row affected 说明数据库新建成功，最后我们在地址栏中访问数据库初始化页面 http://127.0.0.1/showslow_1.2.2/dbupgrade.php 完成数据库表初始化。

数据库初始化可以通过命令：

```
Use showslow122;
Show tables;
```

查看对应的表是否已经新建完成。

最后修改 php.ini 文件，将下面两个设置项配置，避免出现错误。

```
allow_call_time_pass_reference = On
display_error = off
```

在浏览器中输入 http://127.0.0.1/showslow1.2.2，就可以看到标准的 ShowSlow 站点了，如图 13-30 所示。

图 13-30 ShowSlow

13.6.3 ShowSlow 配置

在完成了前面 ShowSlow 平台的安装后，接着我们要将前面的 YSlow、PageSpeed、dynaTrace Ajax 以及 HARViewer 配置整合进入 ShowSlow 平台中。

配置信息可以查看 http://127.0.0.1/showslow_1.2.2/configure.php 这个页面，有详尽的说明。

13.6.4 YSlow 配置

进入 Firefox 配置页面，修改 YSlow 下面的几个配置项。

```
extensions.yslow.beaconUrl = http://127.0.0.1/showslow_1.2.2/beacon/yslow/
extensions.yslow.beaconInfo = grade
extensions.yslow.optinBeacon = true
```

主要是 YSlow 指向的 ShowSlow 页面地址是最关键的，如图 13-31 所示。

现在我们再用 Firefox 刷新一下页面试试（注意确保自动启动 YSlow），我们就可以在 ShowSlow 页面上看到刷新页面的性能数据了（这里已经整合了 PageSpeed、dynaTrace 和 WebPageTest），如图 13-32 所示。

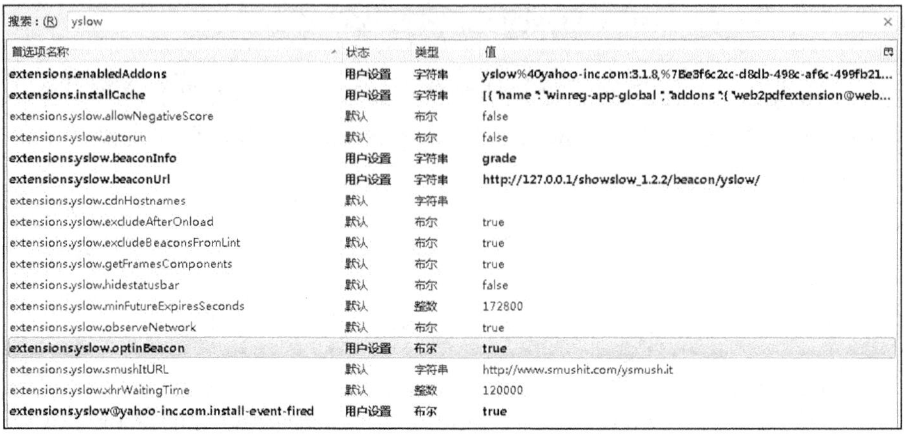

图 13-31 YSlow Setting

图 13-32 Yslow Run

点击链接信息可以看到更为详细的 YSlow 数据，这里就不赘述。

13.6.4.1 PageSpeed 配置

进入 Firefox 配置页面，修改 PageSpeed 的下面几个配置项。

```
extensions.PageSpeed.autorun=true
extensions.PageSpeed.beacon.minimal.url = http://127.0.0.1/showslow_1.2.2/beacon/pagespeed/
extensions.PageSpeed.beacon.minimal.enabled = true
```

主要是 PageSpeed 指向的 ShowSlow 页面地址是最关键的，如图 13-33 所示。

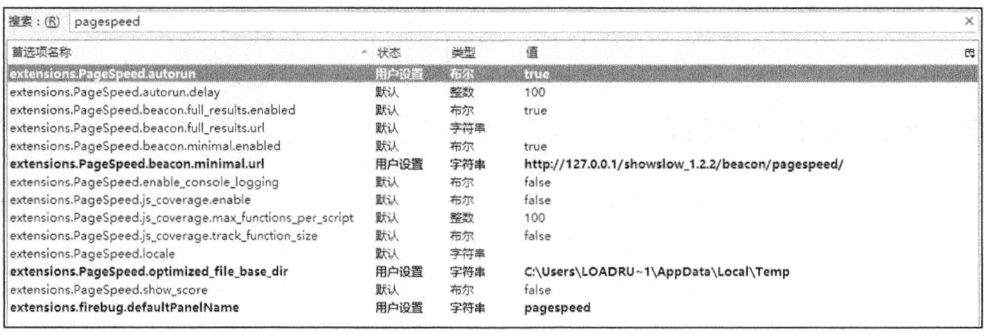

图 13-33 PageSpeed 配置

现在我们再用 Firefox 刷新一下页面试试（注意确保自动启动 Firebug），我们就可以在 ShowSlow 页面上看到刷新页面的性能数据了。

13.6.4.2 dynaTrace Ajax 配置

DynaTrace Ajax 的配置略微不同，找到其安装目录下的 dtajax.ini 文件，在该文件中添加以下三个配置选项。

```
-Dcom.dynatrace.diagnostics.ajax.beacon.autoupload=true
-Dcom.dynatrace.diagnostics.ajax.beacon.uploadurl=http://localhost/showslow_1.2.2/beacon/dynatrace/
-Dcom.dynatrace.diagnostics.ajax.beacon.portalurl=http://localhost/showslow_1.2.2/
```

然后就可以启动 DynaTraceAjax 刷新个页面，再回到 ShowSlow 上检查对应的数据。

13.6.4.3 NetExport 配置

在前面我们说了 NetExport 可以实现将 Firebug 的瀑布图导出的功能，而这个导出功能同样支持导出到 ShowSlow 平台上。

打开 NetExport 的配置，修改以下两项配置：

```
extensions.firebug.netexport.autoExportToServer=true
extensions.firebug.netexport.beaconServerURL=http://127.0.0.1/showslow_1.2.2/beacon/har/
```

接着我们可以在 Firefox 上重新刷新一下，在 ShowSlow 的具体请求明细中可以在最下面看到对应的 HAR 文件列表，如图 13-34 所示。

点击 view in HAR viewer 可以到远程站点上看到具体的网络瀑布图，不过这样很麻烦，所以我们可以重新配置 ShowSlow 来让这里的瀑布图从本地的 HAR viewer 中访问。

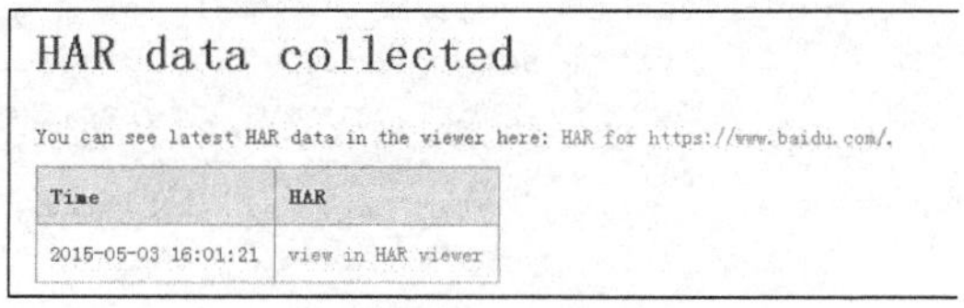

图 13-34 ShowSlow Har

13.6.4.4 支持 HARViewer 配置

ShowSlow 提供了对 HAR 文件扩展访问的配置，打开配置文件 config.php，找到对 HAR 配置的部分，取消变量配置的注释符#，修改默认指向地址为我们配置好的 HARViewer 地址：

```
# Enabling HAR beacon will allow storing HAR data for URLs and display graphically using HAR viewer
$enableHARBeacon = true;
# HAR Viewer base URL
$HARViewerBase = '/harviewer/';
```

接着在浏览器内输入 http://127.0.0.1/showslow_1.2.2/beacon/har/，访问这个配置页面地址，如果提示 This is HAR beacon entry point.说明配置正确。

现在再去刷新 ShowSlow 页面，查看 HAR viewer 就可以看到指向本地的解析页面了。

到这里我们就完成了整个 ShowSlow 的主要配置内容，接着下面将介绍如何自动完成固定业务访问并且将对应的性能数据收集到 ShowSlow 中。

13.6.5 WebDriver 驱动的定时监控体系

虽然前面我们已经完成了工具连接之间的自动化配置，但是整个页面的刷新以及操作都需要人工执行，而这一块的自动化我们需要使用 WebDriver 来提供支持。

关于 WebDriver 本身的一些概念这里就不多解释了，直接来说一下如何快速熟练使用 Webdriver 这个工具。

首先需要配置一个基本的 JAVA 环境，并且安装一个 Eclipse 开发工具，并下载 WebDriver 所需要的 selenium-server-standalone 的 JAR 包文件。

在使用 WebDriver 完成自动化驱动过程中需要注意以下两点：

（1）如何加载启动不同的浏览器；

（2）如何配置浏览器启动后的插件状态。

这里我们对这部分做一个详细的说明。

13.6.5.1 如何加载不同的浏览器

在 WebDriver 中只有 Firefox 浏览器无需插件就可以启动，Chrome 和 IE 的浏览器均需要去网站下载对应的启动驱动，驱动下载地址见 Seleniumhq.org 官网。

在 Eclipse 中新建一个 Java Project 并选择创建一个 Main 主方法，代码如下：

```
    public static void main(String[] args) {
         WebDriver driver = new FirefoxDriver();
         Navigation navigation=driver.navigate();
    navigation.to("http://www.baidu.com");
    }
```

该代码会启动 Firefox 浏览器，并且导航到百度首页。

如果需要启动 IE 浏览器，首先要区分 32 位或 64 位，下载对应的插件，并在代码中对应加载，代码如下：

```
    public static void main(String[] args) {
          System.setProperty("webdriver.ie.driver", "files/iedriver.exe");
          WebDriver driver=new InternetExplorerDriver();
          Navigation navigation=driver.navigate();
          navigation.to("http://www.baidu.com");
    }
```

启动 Chrome 浏览器的代码为：

```
    public static void main(String[] args) {
         System.setProperty("webdriver.chrome.driver", "files/chromedriver.exe");
         ChromeOptions options=new ChromeOptions();
         options.addArguments(new String[]{"--test-type"});
         WebDriver driver=new ChromeDriver();
         Navigation navigation=driver.navigate();
         navigation.to("http://www.baidu.com");
    }
```

注意，这里我使用的驱动都存放在代码目录下的 files 目录下。

13.6.5.2 如何配置浏览器启动后的插件状态

在前面我们提到过如何在 Firefox 通过配置完成自动化数据收集上传到 ShowSlow 的方法。那么在 WebDriver 中怎么来实现这个功能呢，最简单的方式就是通过加载配置项的方式来直接使用已经配置完整的 Firefox。

打开本机目录，找到 Users 目录下的当前用户名下的 AppData\Local\Local\mozilla\firefox\Profiles 目录，例如我的目录为“C:\Users\cloudchen\AppData\Local\Mozilla\Firefox\Profiles”。

在这个目录下会有一个由 8 个随机字母组成后缀为.default 的目录，这个目录就是当前 Firefox 的配置文件，将这个目录复制或者改名一份作为加载项。

接着编写代码加载这个配置项：

```
    public static void main(String[] args) {
      File profileDir = new File("Profiles/raphlnmz.default");
      FirefoxProfile profile = new FirefoxProfile(profileDir);
      WebDriver driver = new FirefoxDriver(profile);
      Navigation navigation=driver.navigate();
      navigation.to("http://www.baidu.com");
    }
```

现在再运行一下代码，是不是会发现浏览器自动启动，并且刷新了百度首页，而插件和相关自动提交都完成了。

对于某些特殊情况需要动态配置插件时，可以尝试下面的代码：

```
    public static void myfirefoxplug()
        {
            File file=new File("files/firebug-2.0.7.xpi");
            FirefoxProfile firefoxProfile=new FirefoxProfile();
            try{
                 firefoxProfile.addExtension(file);
```

```
        }
        catch (IOException e)
        {
            e.printStackTrace();
        }
        firefoxProfile.setPreference("extensions.firebug.currentVersion", "2.0.7");
        WebDriver driver = new FirefoxDriver(firefoxProfile);
        Navigation navigation=driver.navigate();
        navigation.to("http://www.baidu.com");
        driver.close();
        driver=null;
    }
```

上面的代码是在一个默认干净的 Firefox 上动态安装 firebug 插件，并且设置 firebug 的插件版本为 2.0.7。大家可以使用 firefoxProfile.setPreference 完成对 Firefox 中插件的属性名和对应值的配置工作。

关于对象操作由于涉及 Id、Xpath 或 Css 定位，这里限于篇幅就不细述了，简单留几个最常见的操作仅供大家入门参考。

超链接：

```
WebElement element = driver.findElement(By.xpath("//div[@id='link']/a"));
    element.click();
```

文本框：

```
WebElement element = driver.findElement(By.id("user"));
        element.sendKeys("test");
        element.clear();
```

按钮：

```
WebElement element = driver.findElement(By.className("button"));
        element.click();
```

当我们使用 WebDriver 能够完成页面业务驱动并且数据自动上传后，接着要做的事情就比较简单了，可以通过编译生成对应的 JAR 包，然后通过计划任务定时驱动即可。如果希望和每日构建集成也可以在 Jenkins 上添加任务，进一步可以将页面操作整合进 TestNG 框架。

13.7 本章小结

本章我们讲解了基于云的端到端的性能监控平台，这种监控方式随着互联网的蓬勃发展开始流行，商业公司越来越注重用户体验，尤其是性能，所以这种监控方式也变得不可或缺。

如果您要自己来建立监控平台，可以参考笔者提到的多个工具。读者也可以选择一些商业的监控平台，国内 BAT、360、testin 等都有相关的产品或服务。

提升篇

Chapter 14

第 14 章 性能测试自动化——Jenkins+Ant+JMeter

从本章你可以学到：

- 为什么要做性能测试自动化
- 如何做性能测试自动化
- Ant+JMeter 集成
- Jenkins+Ant 集成
- 如何运行复杂场景
- 报告自动化
- Jmeter 脚本拷贝自动化
- JmeterAgent 自动化

14.1 为什么要做性能测试自动化

自动化是当今各行各业都在投入的项目，性能测试工作中也有不少重复的工作，这些工作也可以进行自动化；通过自动化来减少我们在人工方面的投入，把人力投入到更有创造力的工作方面。下面我们探讨一下进行性能测试自动化的必要性。

如图 14-1 所示为一幅简化版的支付平台架构图，先了解一下这些平台完成一些什么工作。

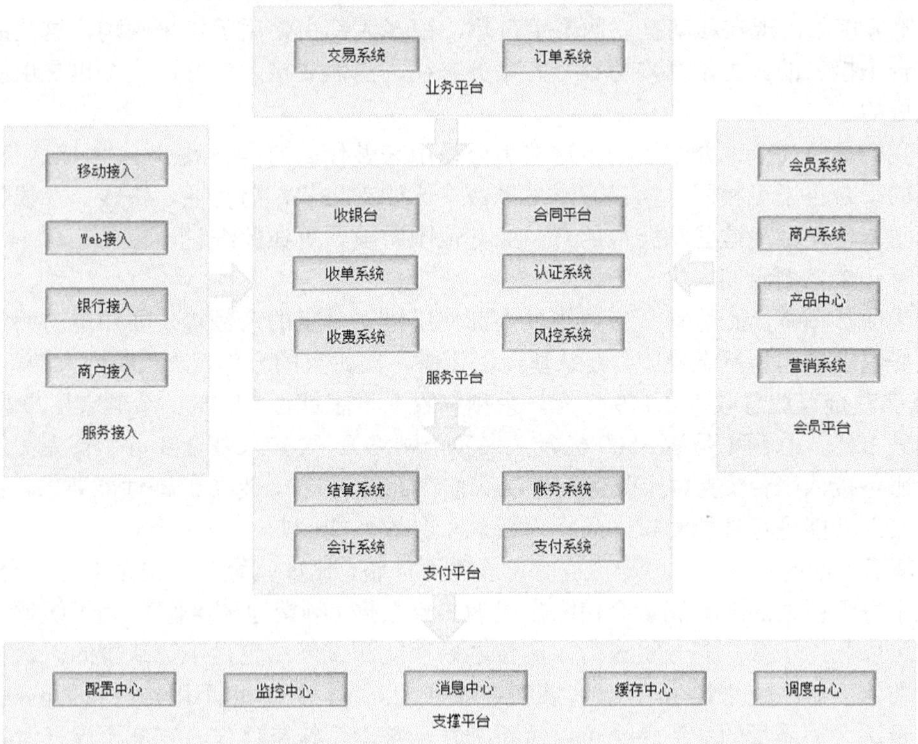

图 14-1 简化版的支付平台架构图

下面我们在叙述中会引用阿里集团的产品做例子，在此申明一下，支付宝、淘宝的业务模型与下面的叙述有出入，请不要对号入座，本人无意歪曲或侵犯阿里任何知识产权。

- 支付平台：所有与账务相关的操作集中在此完成，比如客户用银行账户中的资金进行支付，商户收款，商户退款给客户等。
- 支撑平台：抽象出的公共的辅助功能，比如要扣客户银行账户中的资金，需要发短信确认，就是调用支撑平台中的组件完成的。比如有些款项是 T+1 天来结算的，一般都是采取批结的方式，这个批结通常就是由调度中心发起的。
- 服务平台：我们大家都对淘宝的付款流程比较熟悉，在我们付款时需要选择以什么样的方式进行付款，我们选择付款的界面就是收银台。我们输入支付密码是为了验证真实性，这个就是认证系统做的事。我们用快捷支付的方式支付，在第一次使用时会提示我们是否确认一个协议，可以绑定银行卡，下次直接可以用快捷支付的方式支付，这个过程相当于签订了一个合同，是合同系统来操作的。我们在淘宝用信用卡付款时会有一个限额，这个是风险系统在控制。商户在淘宝的平台上收款，这个不是免费的，淘宝会向商户收取一定的佣金，这个是收费系统来完成的。我们在淘宝上购物，淘宝代卖家管理收支明细，这些数据会落地入库，这个是收单系统在做的事。

- 会员平台：商户信息的管理会在会员系统中完成，我们作为客户，客户的信息在会员系统中管理。另外还会用积分系统来管理客户的积分。商户的产品信息是在产品中心来管理维护的。在淘宝中我们经常能看到一些营销信息，这是营销系统做的事。
- 业务平台：商户与客户之前的订单及交易过程会在此平台来完成。
- 服务接入：现在移动互联网炙手可热，很多人都在使用手机来网购，这些服务是通过服务平台来接入的。由于商户与银行有账务来往，当然要接入银行，这个也是由服务接入平台来完成的。

上面我们只是简单地介绍了一下这些平台是用来做什么的，实际应用中要比这复杂的多，各大电商的平台也不尽相同，第三方支付平台（比如支付宝、财富通、快钱、壹钱包）也各有特色。基本也是围绕这些功能来展开。业务范围所限，不在此细说。

下面有几个案例我们来看一下。

（1）当前货币基金正流行，应该很多人都使用过支付宝的余额宝，要知道前两年还没有这种在互联网上的销售基金模式，天弘基金也凭借与支付宝的合作，一跃成为大的基金公司，2013 年天弘基金营业总收入 3.119 亿元，余额宝收入贡献就达 61.2%。余额宝用户量在 2014 年更是突破 1 亿，总额更是达 3500 亿元（来源于网络）。要接入基金业务，首先需要做出调整的就是服务接入平台（支付宝具体的做法我们在此不讨论），为了保证性能要求，我们不仅要对基金接入功能进行性能测试，还得对接入平台做性能回归。

（2）基于上面的业务，支付平台也有可能需要调整，比如基金公司也是支付平台的商户，账务系统中每天巨大的业务流量会使账户成为热点数据（频繁地被操作），为了缓解这种性能问题我们可以利用子账户来分担压力，调整之后性能测试当然也是不可缺少的。这种修改方案对于它的上下游系统来说是透明的，我们在做性能测试回归时也不用修改我们的测试脚本。当然，对于这么大流量的业务完全可以重新开发一整套系统来运作，在此不展开讨论。

（3）O2O 是现在各大网商必争之地，也是一种新的业务赢利模式，BAT 都有自己的 O2O 平台，对于 O2O 平台来说，导航（大家熟知的高德地图、百度地图、Google 地图）是不可缺少的一环，需要把其融入到业务系统中去，导航需要读取商户信息，这就会对商户系统造成流量，我们是否也要重新评估一下性能呢？集成 O2O 之后，其资金往来还是在支付平台来完成，O2O 导入的流量是否会对支付系统造成新的性能问题呢？这也需要性能评估。

（4）传统的 MIS（信息管理系统）已经成为我们工作中的一部分，ERP 是大型企业必备的，而且也不是一次上线就不再调整，不再新增功能的；这类软件的生命周期一般也相对较长，常常面临着业务的调整，功能的新增而需要重新评估性能，如果正好是业务底层的调整，我们甚至都不用修改性能测试脚本就直接可以进行回归。

（5）我们在做稳定性测试时，需要运行较长的时间，大家应该有碰到测试时间受限的情况吧？此时我们是不是希望能够有工具定时来执行性能测试？

如上面所讨论的，性能测试回归与稳定性测试还是比较常见的，为了节省人力，节省时间，我们有必要进行性能测试自动化。

14.2 如何做性能测试自动化

自动化测试是指使用工具或者程序来代替人力完成预定义的测试活动，通常在测试过程中也会自动地进行性能监控，测试执行完成后自动生成测试报告。

下面我们把性能测试自动化分解成三个步骤来讲解：

（1）定义测试活动，即设计测试场景。

（2）定义作业任务，即把测试场景托付给任务调度器来构建测试活动，驱动测试程序周期性运行。

（3）定义测试结果生成模板，测试执行完成后自动生成测试结果。

目前开源社区十分强大，性能测试自动化所需要的工具在开源社区都可以找到，我们可以借助开源工具来帮助我们完成性能测试自动化集成，不但学习成本低，而且能够帮我们减少工作量。让我们有更多精力去关注业务，关注性能分析与调优。在此我们选择 Jenkins+Ant+Jmeter 来完成性能测试自动化，当然也还有别的工具可以用来完成性能测试自动化，比如 Jenkins+Maven+Jmeter。

如图 14-2 所示为我们要讲解的性能测试自动化的逻辑图。大体逻辑如下：

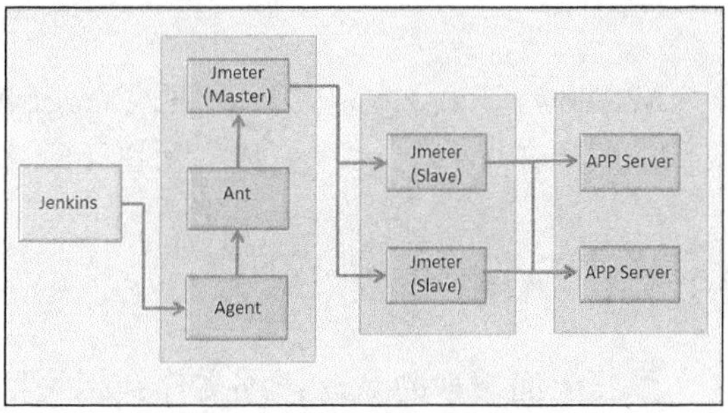

图 14-2　性能测试自动化逻辑图

（1）通过 Jenkins 来进行调度 Ant 构建，Jenkins 与 Ant 通过 Agent（Slave.jar）来关联。

（2）在 Jmeter（Master）上安装了 Ant，Ant 来做构建，构建 Jmeter 的执行、报告生成任务。

（3）Jmeter（Master，后面章节出现的 JmeterServer 与 Master 同一意思）运行测试脚本，如果是多个远程负载机（Jmeter Slave），那么 Jmeter（Master）通过 Agent 来控制远程负载机。

对应上面的性能测试自动化步骤我们来分解一下。

（1）使用 Ant 来定义测试活动，具体是使用配置文件来完成的。

（2）Jenkins 作为任务调度器通过 Agent（借助 slave.jar）来调用 Ant 构建测试。

（3）设置报告模板，利用 Ant 来解析测试结果。测试执行完成后，由 Jenkins 调用 Ant 生成报告。

> **小提示**
>
> Jenkins、Ant、Jmeter 都是由 java 开发的，所以此性能测试自动化方案具备良好的跨平台性。

14.3 Ant+JMeter 集成

Apache　Ant 是由 Apache 软件基金会提供的一个将软件编译、测试、部署等步骤联系在一起的自动化的工具，Ant 由 Java 语言开发，所以可以跨平台。

Apache Ant 是由一个内置任务和可选任务组成的，Ant 构建是通过 XML 文件（构建文件）来定义，Ant 通过解析这个 XML 文件，调用 target 树来执行各种任务。这里的任务就是我们预先定义好的执行测试脚本、监控测试指标及生成测试报告。限于篇幅，Ant 相关的知识不打算系统讲解，我们在集成过程中仅就集成方案进行讲解。

14.3.1 Ant 下载

下载地址为 Apache 官方网站，大家下载二进制包即可（如图 14-3 所示）。

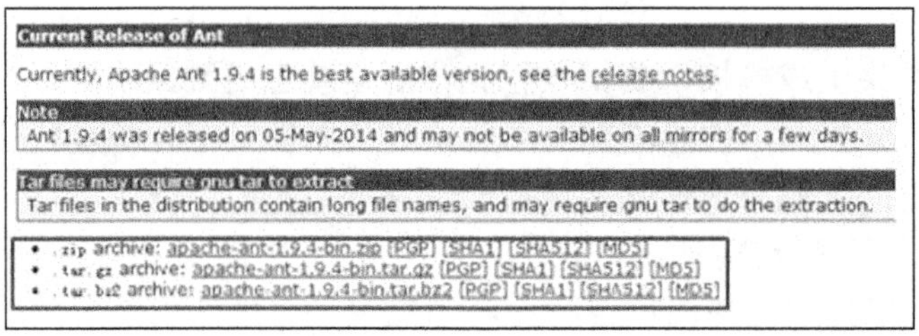

图 14-3 Ant 下载

Windows 下载 zip 包，Linux 下载 tar.gz 或者 tar.bz2 包，考虑到大家对 Linux 的熟悉程度，我们的集成在 Windows 下完成，所以下载 Zip 包。

14.3.2 Ant 安装

解压上面下载的 Ant 压缩文件到相关目录即可，Ant 目录的名称是可以自行修改的，如图 14-4 所示，我们把 ant 解压后放在 D:\java 目录下。

接下来我们要配置 JAVA_HOME 与 ANT_HOME，然后加入 path 环境变量中。

JAVA_HOME 配置我们在第一章中已经讲解过，ANT_HOME 的配置类似。

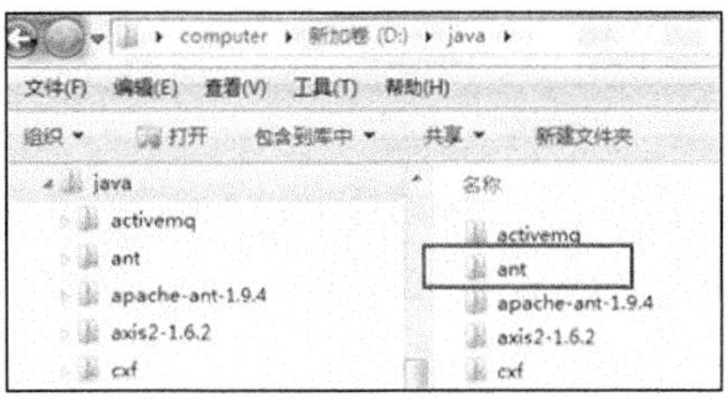

图 14-4 Ant 安装目录

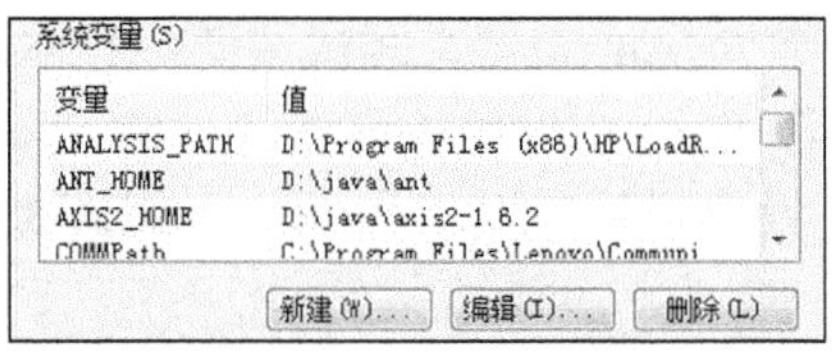

图 14-5 Ant 环境变量

如图 14-5 所示，建立了 ANT_HOME，下面（如图 14-6 所示）加入 path 变量中。

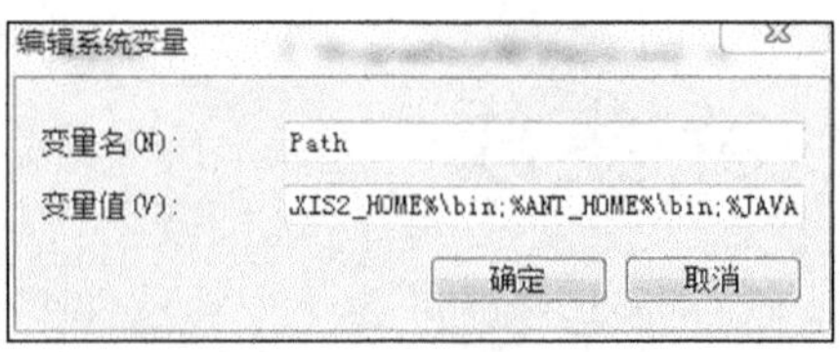

图 14-6 Ant 环境变量加入 Path 路径

14.3.3 JMeter 中配置 XML 文件来定义测试活动

Ant 采用 xml 格式来建立构建文件，默认名称是 build.xml，在此并不打算详细介绍 Ant 的使用，我们仅就 Jmeter+Ant 集成所需来讲。下面我们打开 Jmeter+Ant 集成的构建文件 build.xml，构建文件地址：%JMETER_HOME%\extras\build.xml，内容如下（已经做了小幅调整，在配置中我们已经加上了备注说明）：

```
<?xml version="1.0"?>
<project name="ant-jmeter" default="all">
<description>
       Jmeter+ant+Jenkins <!—文件描述，可选择项 -->
</description>
      <!-- 定义变量并赋值,能够减少配置工作量，后面会调用到 -->
      <!-- 定义 Jmeter 的工作目录，与%JMETER_HOME%指向同一个目录-->
      <!-- ${user.dir}当前目录的意思,在此指向%JMETER_HOME%目录-->
      <property name="jmeter.home" value="${user.dir}"/>
      <!-- 除了用 user.dir 我们还可以用 basedir 来指定目录，这个指定的是%JMETER_HOME%  -->
      <!-- property name="jmeter.home" value="${basedir}\.."/ -->
      <!-- 定义 Jmeter 的脚本存放目录，指向%JMETER_HOME%/script 目录-->
      <property name="script.dir" value="${user.dir}/script"/>
      <!-- 定义 Jmeter 的测试结果存放目录，指向%JMETER_HOME%/result 目录-->
      <property name="jmeter.result" value="${user.dir}/result"/>
      <!-- 定义测试报告的 Title-->
      <property name="report.title" value="Performance Test Summary Report"/>
      <!-- 定义测试测试结果名称 -->
<property name="test" value="Test"/>
<!-- 测试报告中是否显示失败事务，n 为不显示-->
      <property name="show-data" value="n"/>
      <!-- 定义样式版本，有更新时只需要修改此处即可，其他调用处不用更改-->
<property name="format" value="2.1"/>
<condition property="style_version" value="">
<equals arg1="${format}" arg2="2.0"/>
</condition>
<condition property="style_version" value="_21">
<equals arg1="${format}" arg2="2.1"/>
</condition>
<condition property="funcMode">
<equals arg1="${show-data}" arg2="y"/>
</condition>
<condition property="funcMode" value="false">
<not>
<equals arg1="${show-data}" arg2="y"/>
</not>
</condition>
<!-- 定义依赖包目录 -->
      <path id="jmeter.classpath">
      <!-- ${basedir}指向当前目录,此 build.xml 所在的目录 -->
<fileset dir="${basedir}">
      <!-- 把 ant-jmeter 字符开头的包.jar 结尾的包都引入进来,在此*一般是版本信息-->
      <!-- 在此*一般是版本信息,我们使用的 Jmeter 中是 ant-jmeter-1.1.1.jar -->
<include name="ant-jmeter*.jar"/>
</fileset>
      </path>
```

```
    <!-- 定义任务，即测试活动，依赖于 ant-jmeter.jar 包-->
<taskdef
      name="jmeter"
      classpathref="jmeter.classpath"
      classname="org.programmerplanet.ant.taskdefs.jmeter.JMeterTask"/>
    <!-- 定义任务，一个是 run，即运行脚本，一个是 report，即生成报告-->
<target name="all" depends="run,report"/>
    <!-- 定义 run 任务-->
    <target name="run">
    <!-- 显示上面定义的${show-data}取值-->
<echo>funcMode = ${funcMode}</echo>
    <!-- 删除前一次的测试报告，Html 格式的，上面有定义${test}变量的值-->
<delete file="${jmeter.home}/result/${test}.html"/>
    <!-- 删除前一次的测试报告，文本格式的，上面有定义${test}变量的值-->
       <delete file="${jmeter.home}/result/${test}.jtl"/>
       <jmeter
            jmeterhome="${jmeter.home}"
    <!-- 加载运行时设置，设置配置在 jmeter.properties 文件中-->
            jmeterproperties="${user.dir}/bin/jmeter.properties"
    <!-- 是否允许远程执行-->
            runremote="true"
    <!-- 测试结果保存目录-->
           resultlog="${jmeter.home}/result/${test}.jtl">
  <!-- 指定测试脚本或者测试脚本所在的文件目录-->
  <!-- 如果是单一脚本，直接指定脚本名称，如果是执行多个脚本，指定脚本所在的目录-->
  <!-- 下面定义的是一个单脚本，名称是 csveg1.jmx -->
            <testplans dir ="${script.dir}" includes="csveg1.jmx"/>
  <!-- 指定测试结果输出格式，在此指定的是 xml 格式，也可以指定成文本格式及 CSV 格式-->
  <!-- 先暂且指定成 xml 格式，后续会变换成文本格式-->
<property name="jmeter.save.saveservice.output_format" value="xml"/>
<!-- 是否记录错误信息，上面已经定义了${funcMode}=n -->
<propertyname="jmeter.save.saveservice.response_data.on_error" value="${funcMode}"/>
</jmeter>
</target>
  <!-- 定义依赖包目录-->
<property name="lib.dir" value="${jmeter.home}/lib"/>
<path id="xslt.classpath">
<fileset dir="${lib.dir}" includes="xalan*.jar"/>
<fileset dir="${lib.dir}" includes="serializer*.jar"/>
</path>
  <!-- 定义 report 任务，此任务依赖于 xslt-report，copy-images 这两个任务-->
  <!-- xslt-report 是使用 xslt 来把 xml 文件转换成 Html 格式来显示-->
  <!-- copy-images 用来 Copy 图片，xslt 模板中的图片由 copy-images 任务 Copy 到报告目录  -->
<target name="report" depends="xslt-report,copy-images">
<echo>Report generated at ${report.datestamp}</echo>
    </target>
    <!-- _message_xalan 被 xslt-reporxslt 依赖，由它生成报告  -->
    <!-- xslt 不在此展开讲解  -->
<target name="xslt-report" depends="_message_xalan">
<tstamp><format property="report.datestamp" pattern="yyyy/MM/dd HH:mm"/></tstamp>
<xslt
          classpathref="xslt.classpath"
          force="true"
    <!-- 测试结果作为输入  -->
          in="${jmeter.home}/result/${test}.jtl"
          out="${jmeter.home}/result/${test}.html"
```

```
    <!-- xslt 定义的模板文件地址 -->
    <!-- 即%JMETER_HOME%/extras/jmeter-results-detail-report_21.xsl -->
        style="${basedir}/jmeter-results-detail-report${style_version}.xsl">
<param name="showData" expression="${show-data}"/>
<param name="titleReport" expression="${report.title}"/>
<param name="dateReport" expression="${report.datestamp}"/>
</xslt>
</target>
<!-- 生成 Html 报告时需要 Copy 图标到报告目录,expand.png 展开图标, collapse.png 收起图标 -->
<target name="copy-images" depends="verify-images" unless="samepath">
<copy file="${basedir}/expand.png" tofile="${jmeter.home}/result/expand.png"/>
<copy file="${basedir}/collapse.png" tofile="${jmeter.home}/result/collapse.png"/>
</target>
    <!-- 判断${jmeter.home}与${basedir}是否是指向同一目录 -->
<target name="verify-images">
<condition property="samepath">
<equals arg1="${jmeter.home}" arg2="${basedir}" />
</condition>
</target>
<!-- 检查依赖-->
<condition property="xalan.present">
<and>
<!-- No need to check all jars; just check a few -->
<available classpathref="xslt.classpath" classname="org.apache.xalan.processor. TransformerFactoryImpl"/>
<available classpathref="xslt.classpath" classname="org.apache.xml.serializer. ExtendedContentHandler"/>
</and>
</condition>
<target name="_message_xalan" unless="xalan.present">
<echo>Cannot find all xalan and/or serialiser jars</echo>
<echo>The XSLT formatting may not work correctly.</echo>
<echo>Check you have xalan and serializer jars in ${lib.dir}</echo>
    </target>
    <!-- 仅仅打印前面定义的变量的值，检查是否如你所愿，在定义变量时作调试用，可以去掉-->
        <echo>basedir = ${basedir}</echo>
        <echo>jmeter.home = ${jmeter.home}</echo>
</project>
```

到此配置完成，我们定义了两个主要的任务，一个是 run，即运行测试脚本；一个是 report，即生成测试报告。

注意

<property name="jmeter.home" value="${user.dir}"/> 中的 ${user.dir} 为什么指向的是 %JMETER_HOME%而不是% JMETER_HOME %/extras 呢？因为我们在%JMETER_HOME%目录定义了一个批处理文件 run.bat（后面会讲解到），运行时是由 run.bat 来启动 Ant，Ant 来解析此 build.xml 文件，run.bat 刚好是放在% JMETER_HOME%目录下面，此时%{user.dir}就是 run.bat 的当前目录。

14.3.4 运行测试计划

1. 先来看一下目录结构

如图 14-7 所示构建文件 build.xml 放在此目录（%JMETER_HOME%\extras）。

图 14-8 中测试脚本 csveg1.jmx 放在此目录（%JMETER_HOME%\script），建议大家专门

为测试脚本建立一个目录，有条理也容易管理。

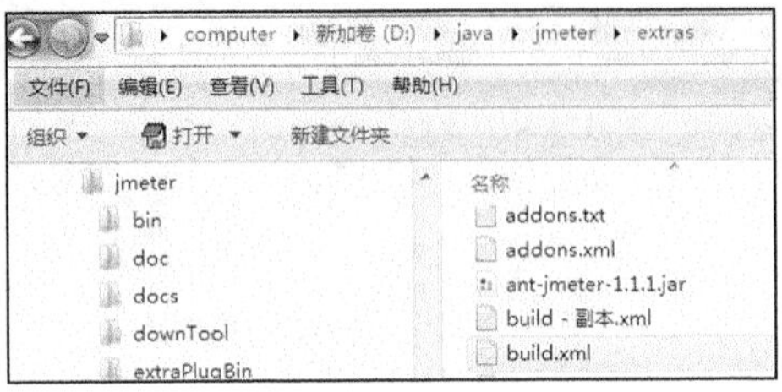

图 14-7 extras 目录

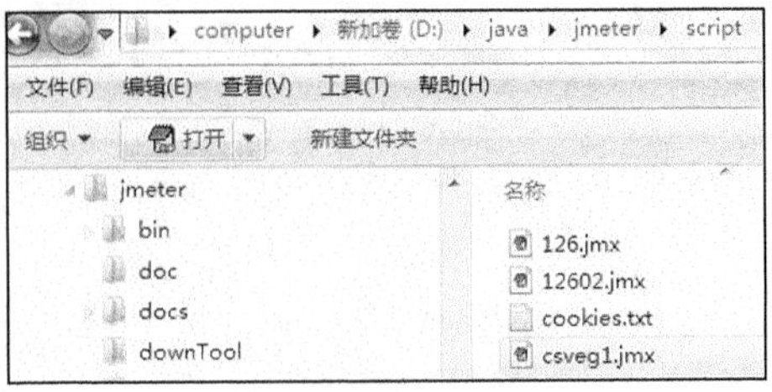

图 14-8 脚本存放目录

图 14-9 中的测试结果文件 Test.jtl 放在此目录（%JMETER_HOME%\result），同样建议大家专门为测试结果建立一个目录。

如图 14-10 我们在%JMETER_HOME%目录建立一个批处理文件 run.bat。内容是：

%ANT_HOME%\bin\ant -f %JMETER_HOME%\extras\build.xml。由 Ant 来解析此构建文件，执行其中定义的任务，可以看到我们用的是绝对路径，当然相对路径也可以，因为定义了环境变量且加到了 Path 路径中。其中 ant -f 的意思是指定 ant 获取构建文件。

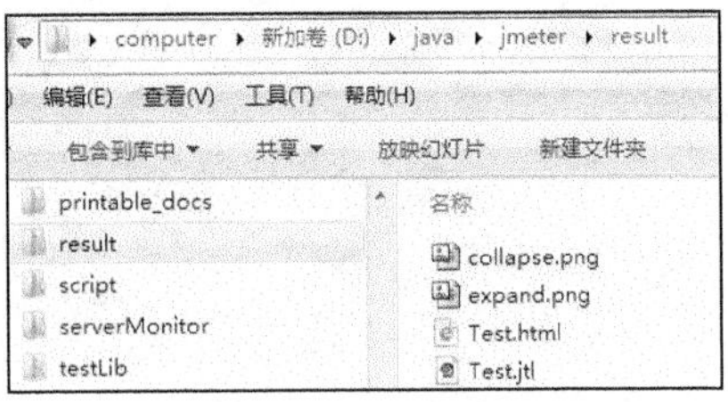

图 14-9 脚本存放目录

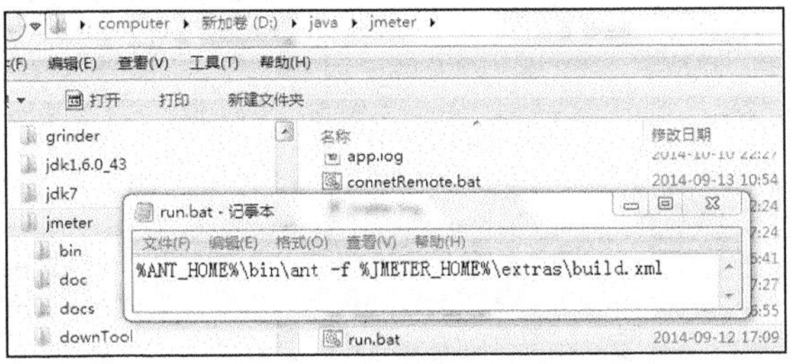

图 14-10 run.bat

如图 14-11 所示，我们可以在 CMD 窗口键入如下命令查看帮助，具体大家可以参考官方说明。

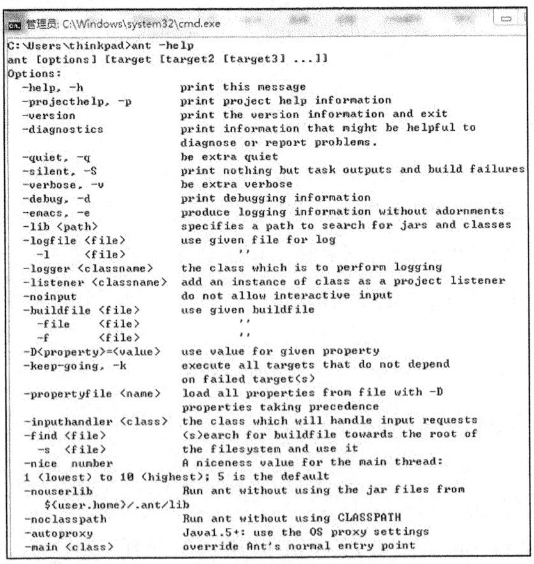

图 14-11 CMD 窗口查看帮助

2. 运行测试计划

双击我们在%JMETER_HOME%目录建立的批处理文件 run.bat 即可，一切正常的话会开始测试计划的运行，运行完成后自动生成测试报告，结果文件在%JMETER_HOME%\result 目录下（如图 14-12 所示）。

打开 Html 格式的报告（如图 14-13 所示）。

打开文本结果 Test.jtl（如图 14-14 所示）。

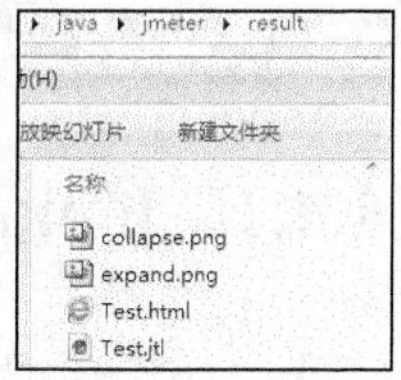

图 14-12　测试结果

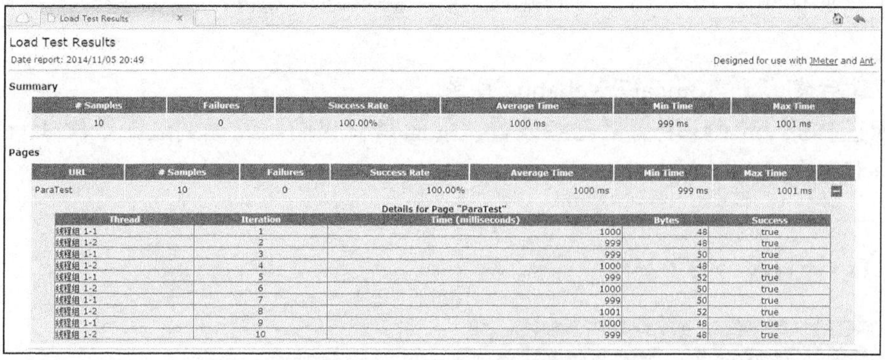

Load Test Results

Date report: 2014/11/05 20:49　　Designed for use with JMeter and Ant.

Summary

# Samples	Failures	Success Rate	Average Time	Min Time	Max Time
10	0	100.00%	1000 ms	999 ms	1001 ms

Pages

URL	# Samples	Failures	Success Rate	Average Time	Min Time	Max Time
ParaTest	10	0	100.00%	1000 ms	999 ms	1001 ms

Details for Page "ParaTest"

Thread	Iteration	Time (milliseconds)	Bytes	Success
线程组 1-1	1	1000	48	true
线程组 1-2	2	999	48	true
线程组 1-1	3	999	50	true
线程组 1-2	4	1000	48	true
线程组 1-1	5	999	52	true
线程组 1-2	6	1000	50	true
线程组 1-1	7	999	50	true
线程组 1-2	8	1001	52	true
线程组 1-1	9	1000	48	true
线程组 1-2	10	999	48	true

图 14-13　HTML 展示测试结果

```
1415191758610,1000,ParaTest,,name is road,线程组 1-1,,true,48,2,2,0
1415191759106,999,ParaTest,,name is road,线程组 1-2,,true,48,2,2,0
1415191759723,999,ParaTest,,name is road,线程组 1-1,,true,50,2,2,0
1415191760106,1000,ParaTest,,name is road,线程组 1-2,,true,48,2,2,0
1415191760723,999,ParaTest,,name is road,线程组 1-1,,true,52,2,2,0
1415191761108,1000,ParaTest,,name is road,线程组 1-2,,true,50,2,2,0
1415191761724,999,ParaTest,,name is road,线程组 1-1,,true,50,2,2,0
1415191762109,1001,ParaTest,,name is road,线程组 1-2,,true,52,2,2,0
1415191762724,1000,ParaTest,,name is road,线程组 1-1,,true,48,2,2,0
1415191763111,999,ParaTest,,name is road,线程组 1-2,,true,48,1,1,0
```

图 14-14　文本格式测试结果

结果文件是以文本方式保存的，不是前面章节见到的 XML 的格式。

3. 远程运行测试计划

远程运行需要修改 JmeterServer 中的%JMETER_HOME%\bin\jmeter.properties，配置如下：

```
# Remote Hosts - comma delimited 多个 IP 用逗号隔开
remote_hosts=127.0.0.1
#remote_hosts=192.168.1.3,192.168.1.8
```

在 remote_hosts 后面加上远程负载机的 IP 即可，多个 IP 用逗号隔开，不用加端口号。然后在远程负载机上启动 Agent（%JMETER_HOME%\bin\jmeter-server.bat）。

小知识

如果我们把 run.bat 加入到 Windows 的计划任务中也可以定时构建测试。具体做法大家可以参考 Windows 计划任务设置，我们不打算用此方式来调用，在此不述。

14.4　Jenkins+Ant 集成

Jenkins 是一个开源的持续集成平台，Jenkins 先前叫做 Hudson，估计大家也早有耳闻，或许大家所在企业已经在运用 Jenkins 进行持续构建，比如版本发布。Jenkins 由 Java 语言开发，所以也具备了良好的跨平台特性。

14.4.1 Jenkins 安装

请大家移步至 Jenkins 官网进行下载，如图 14-15 所示为官网首页。Jenkins 提供了 war 包进行下载，可以运行在诸如 Tomcat 之类的中间件上，同时也提供了针对不同操作系统的安装版本（不需要依赖于中间件）。我们选择下载 Java Web Archive（.war），然后在 Tomcat7 上发布。

1. 下载后发布到 Tomcat7\webapps 目录

另外保证你的 Java 环境变量已经设置，前面章节我们已经提到过无数次 Java 环境变量了，接下来我们就可以启动 Tomcat 了。

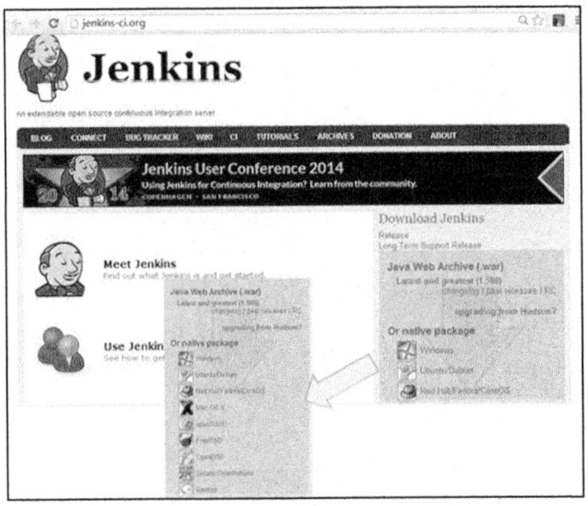

图 14-15 Jenkins 官网首页

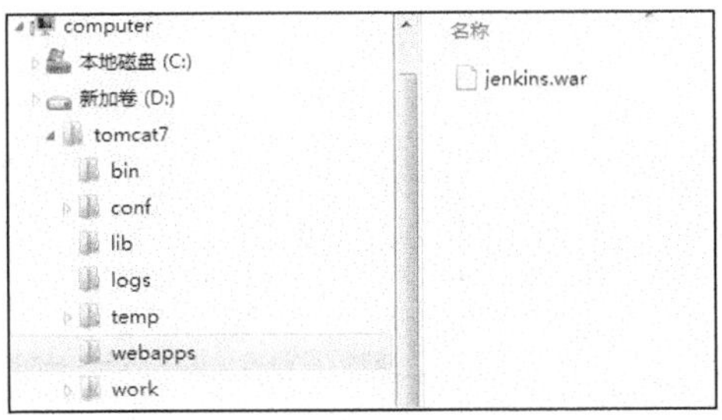

图 14-16 Jenkins 安装目录

2. 启动 Tomcat，验证是否发布成功

- 启动 Tomcat

下面用%TOMCAT_HOME%来代替 Tomcat 的安装目录，Tomcat 启动快捷方式在%TOMCAT_HOME%\bin\startup.bat 目录下。双击 startup.bat 后会弹出一个命令窗口，启动完成后命令窗口内容如图 14-17 所示，同时我们在%TOMCAT_HOME%\webapps 目录下可以看到 war 包已经自动解压，如图 14-18 所示。

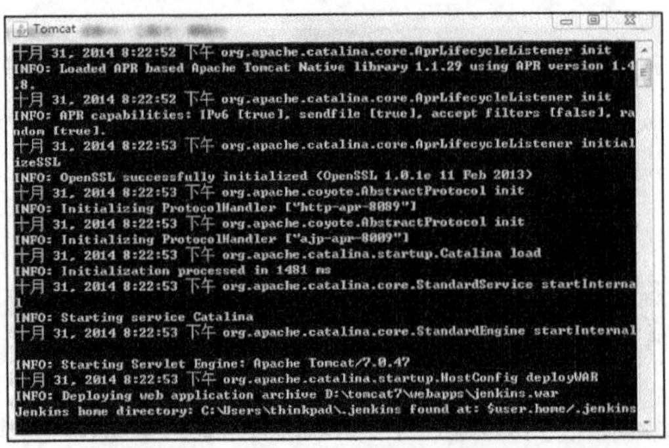

图 14-17 Tomcat 中启动 Jenkins

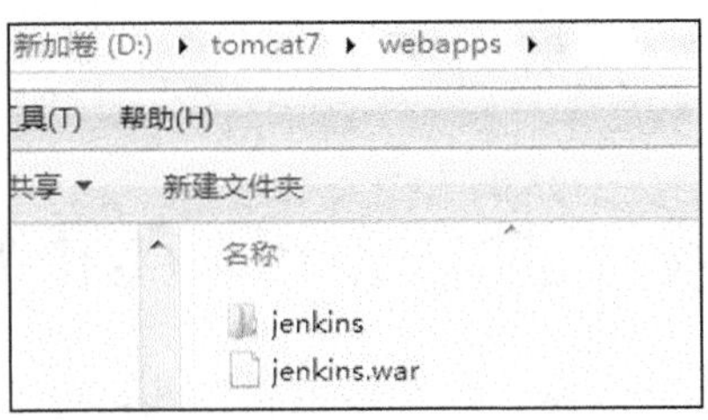

图 14-18 Jenkins 发布目录

- 浏览器访问 Jenkins

打开浏览器键入：http://localhost:8080/jenkins，一切正常即进入如图 14-19 所示的页面，恭喜你 Jenkins 安装成功。

图 14-19　Jenkins 首页

- 安装 Performance Plugin

在首页点击【系统管理】进入如图 14-20 所示页面。

在图 14-20 所示页面中，单击【管理插件】，选择“可选插件”tab，进入如图 14-21 所示页面中。

图 14-20　Jenkins 系统管理页面

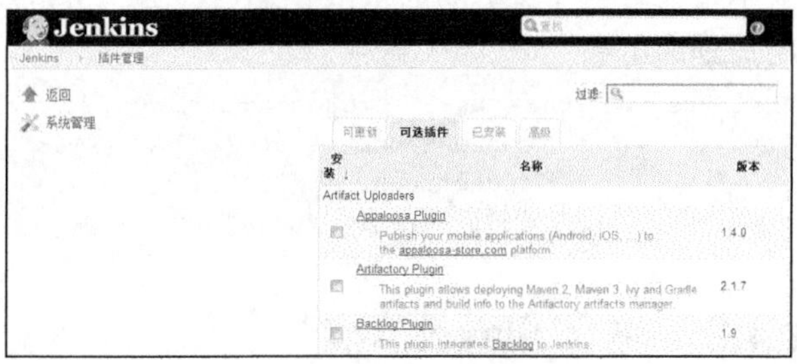

图 14-21　Jenkins 可选插件页面

然后，查找到 Performance Plugin（如图 14-22 所示），选择后进行安装。

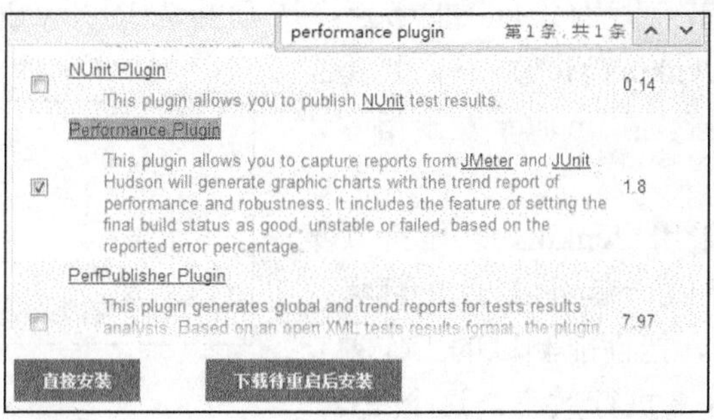

图 14-22　Jenkins 插件安装

由于现在我们不方便访问 Google，下面介绍手动安装过程。请 jenkins-ci 网站并选择版本进行下载。我们选择最新的 1.11 来进行下载，下载的文件名是：performance.hpi。然后放入 %JENKINS_HOME%\plugin 目录，在此教材环境中 %JENKINS_HOME%\plugin 对应 %TOMCAT_HOME%\webapps\jenkins\WEB- INF\plugins 目录，然后重启 Tomcat。这样我们在插件管理中就可以看到插件已经安装，在图 14-23 中看到 Performance Plugin 就表示我们已经安装成功。

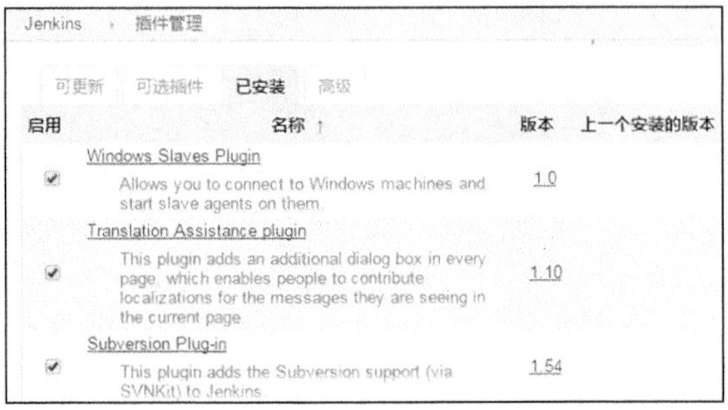

图 14-23 Jenkins 插件已安装页面

- 简单调整 Tomcat 配置

也许有的读者用上面的地址无法进入 Jenkins 的首页，除了可能是启动失败以外，还有可能是端口号不对。前面我们在实践章节有提到过 Tomcat 中的 server.xml 配置文件，大家可以打开 %TOMCAT_HOME%\conf\server.xml，找到类似<Connector port="8089"protocol= "HTTP/1.1"/>的部分，这里的 8089 就是访问 Jenkins 要用到的端口。一般默认端口是 8080，其他配置的意思就不重复叙述了。下面的示例把端口改为了 8089，修改此端口需要重启 Tomcat（关闭然后再次启动即可）。

```
<Connector port="8089" protocol="HTTP/1.1"
           connectionTimeout="20000"  maxThreads="20" keepAliveTimeout="60000"
           acceptCount = "25"
           redirectPort="8443" />
```

14.4.2 建立 Slave 节点

Slave 节点是什么？为什么要配置呢？

我们默认安装的 Jenkins 为 master 模式，当有大量的任务需要执行时，分布式的架构将会提高执行效率，Slave 节点即为分布式的节点。庆幸的是 Jenkins 的分布式任务并不需要在 slave 节点上也部署一套 Jenkins 环境，只需要建立 master 与 slave 之间的连接，由 master 发出指令让 slave 节点执行即可。

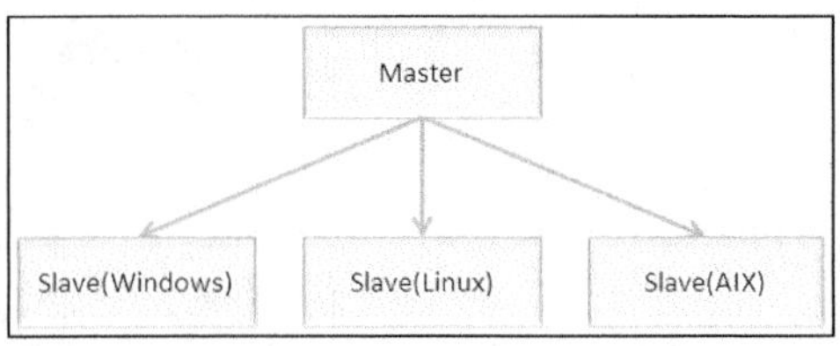

图 14-24 Jenkins 分布式架构

当前大多数公司都采用 Jenkins 来做持续集成，我们也不需要再重新做一套 Jenkins 的环境，配置一个 Slave 节点即可，把性能测试的工作独立成一个节点便于管理及提高执行效率。这个 Slave 节点就是你的 JmeterServer（Jmeter 控制机，用来控制场景的运行），当然不配置 Slave 也可以。下面是一个简单的 Jenkins 分布式架构图。

下面我们开始建立一个 Slave 节点。

（1）在 Jenkins 首页点击 系统管理 链接，进入系统管理页面，可以看到 管理节点 添加、删除、控制和监视系统运行任务的节点。 链接，点击进入如图 14-25 所示，本机是 Windows7 系统。

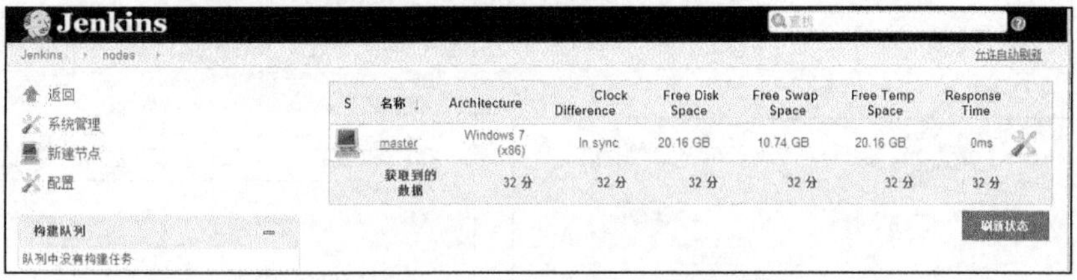

图 14-25　Jenkins 分布式架构

（2）单击【新建节点】，并填写节点名称（如图 14-26 所示），然后确认。

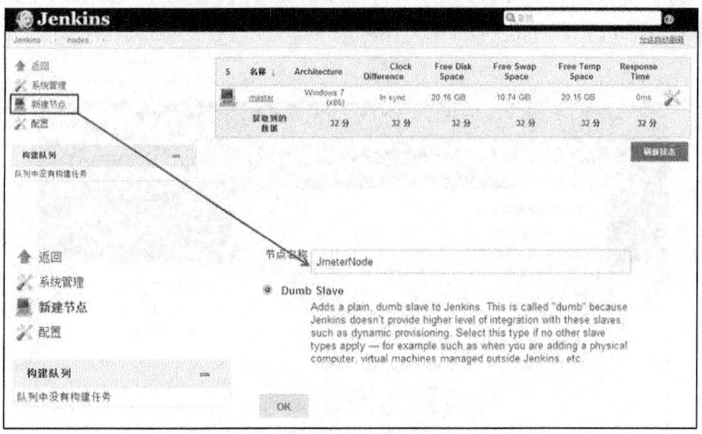

图 14-26　建立节点步骤 1

（3）填写节点的具体信息（如图 14-27 所示）。

图 14-27　建立节点步骤 2

（4）Slave 连接 Master。在 Slave 节点机器上用浏览器访问 Jenkins，地址：{ip :port} computer，

本机地址是：http://192.168.1.3:8089/jenkins/computer/。进入后可以看到 Slave 是没有连接上 Master 的。图 14-28 中的 JmeterNode 节点上有小红叉就代表没连接上。

点击 JmeterNode 进入图 14-29 所示页面，其中告诉我们有 3 种连接方式，任选一种都可以，我们选择“Run from slave commandline”。

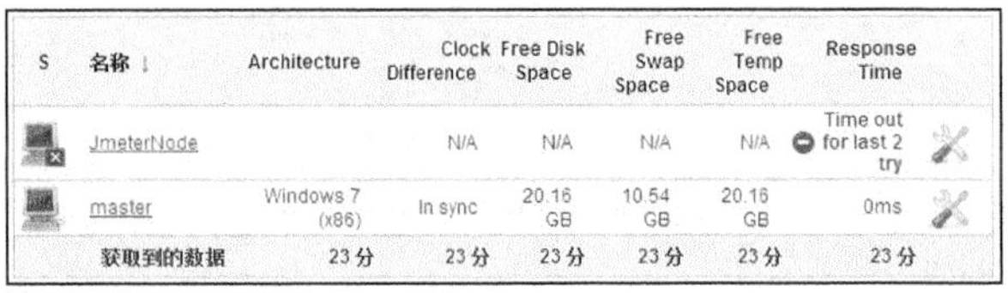

图 14-28 节点列表

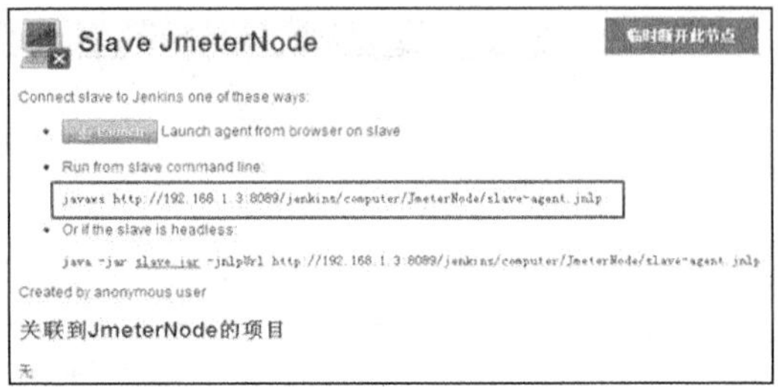

图 14-29 节点启动

打开一个命令窗口，运行图 14-29 中框住的命令，会自动下载依赖包及配置，我们要做的就是点击【运行】就可以了（如图 14-30 所示）。

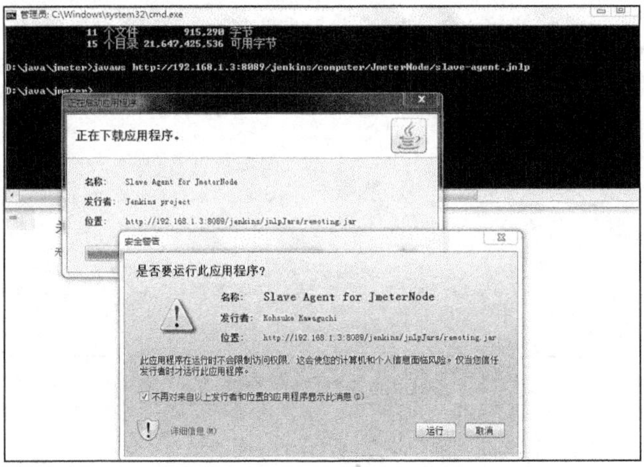

图 14-30 节点启动

稍等片刻，我们能看到一个窗口弹出，如图 14-31 所示，显示已经连接上 Master。点击【File】菜单，可以看到“Install as a service”，选择它会把 Slave 的启动加入到 Windows 的启动服务中去，就可以随着 Windows 的启动而启动了，我们也建议大家加入到系统服务中去。

图 14-31 节点启动

当然我们也可以用第三种方式，即把下面的启动命令放入.bat 文件，然后放入系统任务，比如 Windows 的任务计划中，每次随系统启动，这样就不用担心 Slave 节点连接不上了。

```
java -jar %~p0slave.jar -jnlpUrl http://192.168.1.3:8089/jenkins/computer/JmeterNode/slave-agent.jnlp
```

其中 192.168.1.3 就是 Jenkins 的服务器 IP 地址。

14.4.3 JMeter 任务配置

先讲一下思路，11.3 节我们集成了 Ant+Jmeter，运行 Jmeter 简化成了执行一个.bat 的批处理文件，在此我们只需要用 Jenkins 调用这个批处理文件即可。

1. 新建任务

点击【新建】链接（如图 14-32 所示），进入图 14-33 所示页面，我们选择“构建一个自由风格的软件项目”或者“构建一个多配置项目”都可以，Item 名称可以任意，最好有代表意义。比如 PerformanceTest，这些确认后点击【OK】按钮进入配置页面。

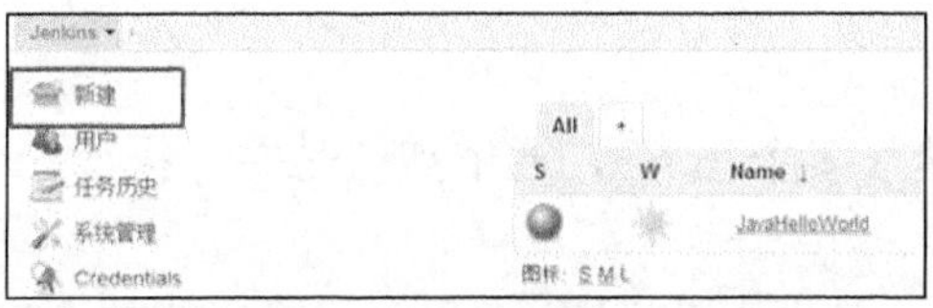

图 14-32 Jenkins 首页

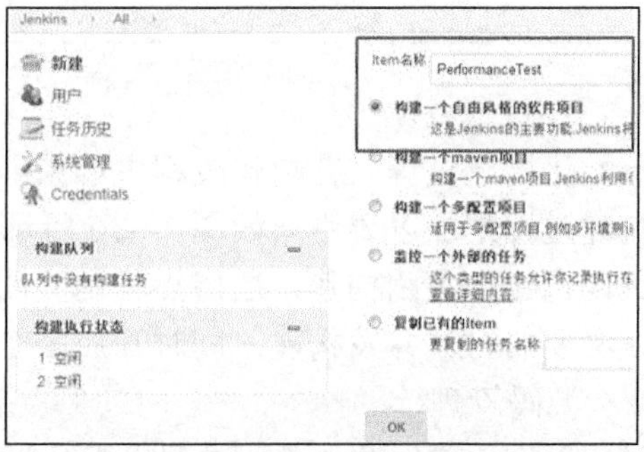

图 14-33 Jenkins 任务配置首页

2. 配置任务

配置页面内容较多，一个截图无法容纳，下面我们会分块截图予以说明。

- 项目基本配置

图 14-34 中的内容都可以忽略不填保持默认值，既然讲到这里我们还是解释一下各选项的作用。

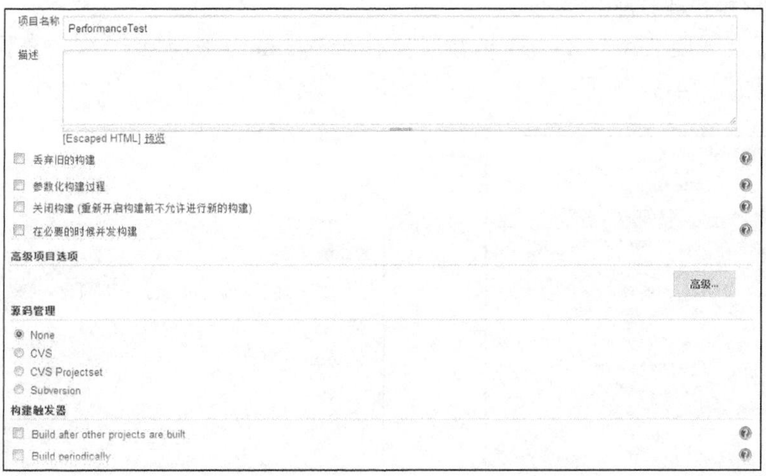

图 14-34 Jenkins 任务配置——构建设置

丢弃旧的构建（如图 14-35 所示）：任务构建时会生产一系列文件（比如日志、测试结果等）这些都会占用磁盘空间，这个选项可以帮助我们清理掉历史的构建数据。

丢弃策略默认是轮循。

保持构建的天数就是保持构建结果多少天。

保持构建的最大个数就是保持多少个构建，比如我们构建 11 次，这里填写的是 11，那么最先的一次就被丢弃掉。

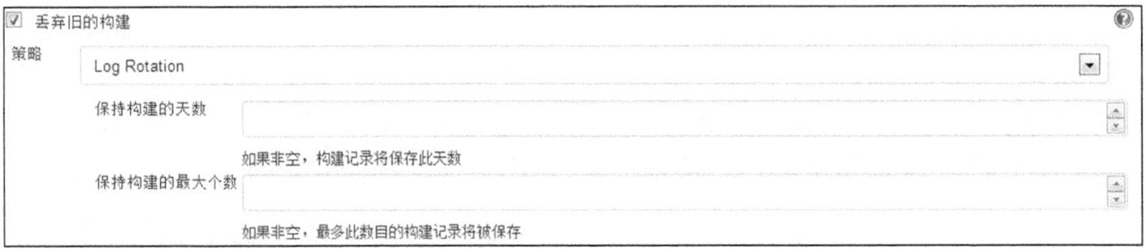

图 14-35 丢弃旧的构建

参数化构建过程：在构建过程中如果我们有部分需要动态处理的步骤，可以在此引入参数，构建过程中加以调用（如图 14-36 所示）。

关闭构建：关闭构建，通俗点就是关闭任务。

在必要的时候并发构建：同时开启多个构建（多个任务），通俗点就是并行执行。

- 源码管理

源码管理：顾名思义就是对源码进行管理了，这里支持 CVS 与 Subversion 两种不同的版本管理工具。

- 构建触发器

构建触发器：开始构建的触发条件。

--Build after other projects are built：在另外的项目构建完成后进行自身构建，有先后顺序。

--Build periodically：建立一个周期性的构建，在 Spring 任务中就是采用的这种 cron 表达示的方式。我们简单地说一下设置方法，以下说明参照自 wikipedia 网站，有兴趣的读者可以到维基百科进行详细了解。

假设我们每天需要在凌晨 1：00 构建（执行一次 Jmeter 脚本）一次，在日程表中我们填入：0 1 * * *，如图 14-37 所示。

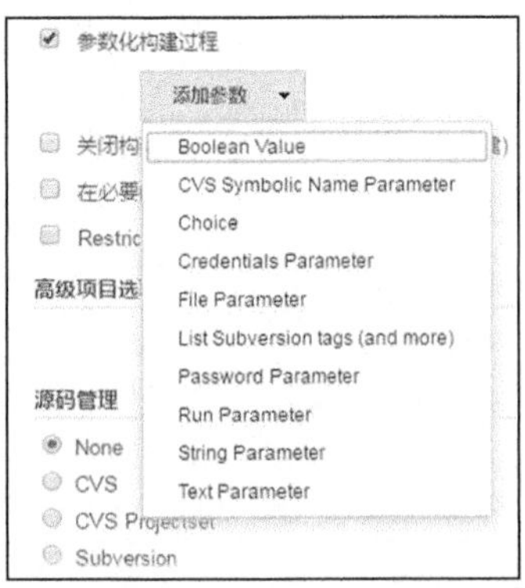

图 14-36 参数化构建

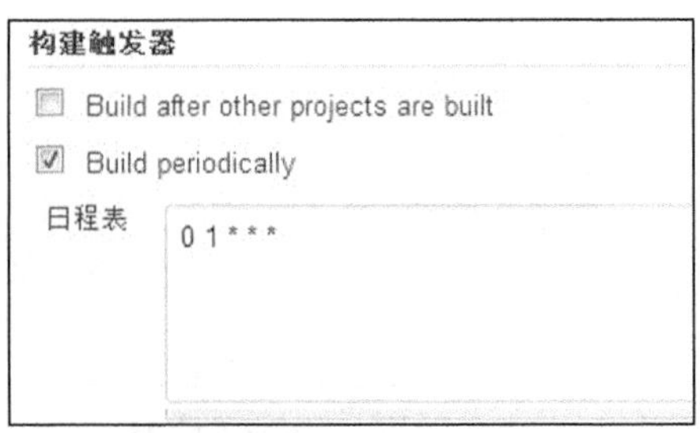

图 14-37 日程表配置

第一个域代表的是分钟 minute，取值 0～59；

第二个域代表的是小时 hour，取值 0～23；

第三个域代表的是天 day，取值 1～31；

第四个域代表的是月 month，取值 1～12；

最后一个域代表的是星期 week，取值 0～7，0 和 7 都是表示星期天；

*代表此域中的取值范围都进行匹配，图 14-38 来自于 wikipedia 网站，对 CRON 表达式进行了说明，有兴趣的读者了解。

```
# * * * * *  command to execute
# │ │ │ │ │
# │ │ │ │ │
# │ │ │ │ └───── day of week (0 - 6) (0 to 6 are Sunday to Saturday, or use names; 7 is Sunday, the same as 0)
# │ │ │ └────────── month (1 - 12)
# │ │ └─────────────── day of month (1 - 31)
# │ └──────────────────── hour (0 - 23)
# └───────────────────────── min (0 - 59)
```

图 14-38　CRON 结构

--Poll SCM：定时检查源码变更，如果检测到有新的变更就 checkout，然后执行构建。其日程表就是定义开始检查源码变动的时间周期，配置方式与上面的 Build periodically 一样。

- 构建

如图 14-39 所示选择构建步骤，我们集成时策略是让 Jenkins 调用.bat 的批处理，所以在此我们选择“Execute Windows batch command”。

Execute shell：调用 shell 命令。

Invoke Ant：调用 Ant，构建的具体任务由 Ant Build 文件来定义。

Invoke top-level Maven targets：调用 Maven，构建的具体任务由 Maven 配置定义。

如图 14-40 所示为是配置 Windows batch command 的具体命令，由于我们把 Ant 的启动放在了%JMETER_HOME%\run.bat 中，所以在此只用填写 run.bat 的地址即可。

图 14-39　构建步骤

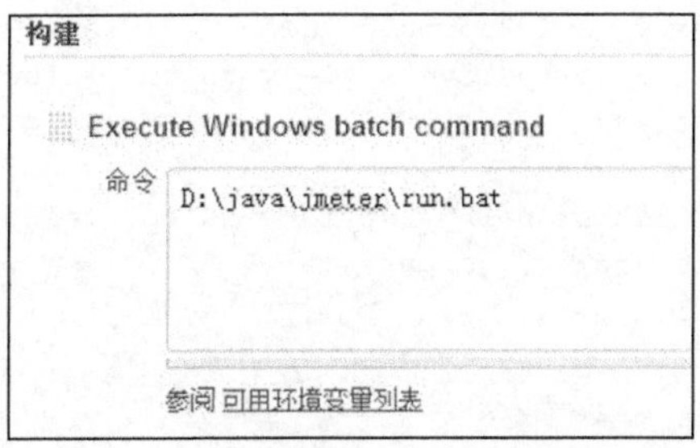

图 14-40　构建 Windows batch command

3. 构建测试

上面我们构建了任务，只是能够让 Jenkins 来调度 Jmeter 来进行性能测试执行，Jenkins 还可显示测试结果，这需要配置，下面我们进行一下配置。

先确认一下环境，大家还记得我们配置 Slave 节点时配置过远程工作目录吗？图 14-41 中我们指定了 D:\jenkinsWorkshop 为工作目录，我们的测试结果将来就放在这个目录下。

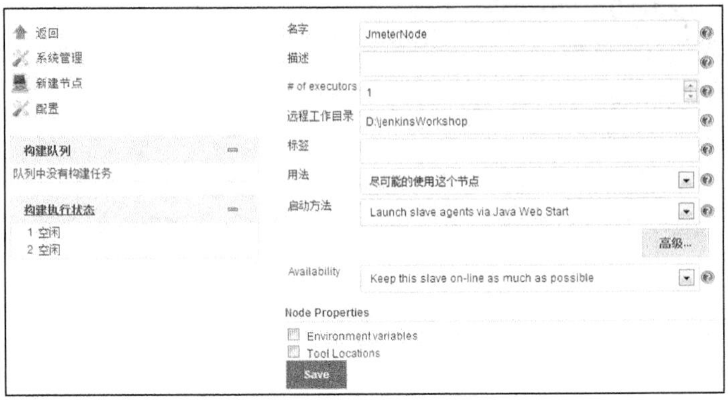

图 14-41 节点工作目录 1

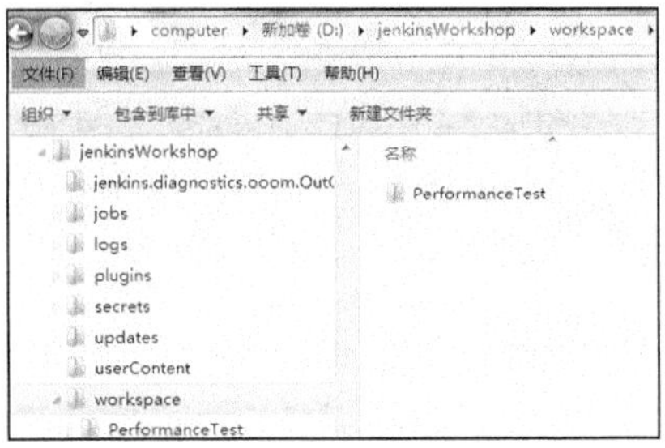

图 14-42 节点工作目录 2

从图 14-42 中我们可以看到这里的文件夹名称叫做 PerformanceTest，与我们构建的测试任务同名，因为它就是对应这个构建任务的。大家是否还记得 Ant 中的 build.xml 文件中有一个结果复制的 Target，我们需要修改一下它，把结果复制到这个目录，这样我们就能够在 Jenkins 中看到测试结果。配置文件如下：

```
<?xml version="1.0"?>
<project name="ant-jmeter" default="all">
<description>
      Jmeter+ant+Jenkins
</description>
<property name="testpath" value="${basedir}\.."/>
<property name="jmeter.home" value="${basedir}\.."/>
  <property name="script.dir" value="${jmeter.home}/script"/>
  <property name="jmeter.result" value="${jmeter.home}/result"/>
  <!-- 定义 Jenkins 的工作目录，将来用来存放测试结果 -->
  <propertyname="jmeter.jenkins" value="D:\jenkinsWorkshop\workspace\PerformanceTest"/>
  <property name="report.title" value="Performance Test Summary Report"/>
<property name="test" value="Test"/>
<property name="show-data" value="n"/>
<property name="format" value="2.1"/>
<condition property="style_version" value="">
<equals arg1="${format}" arg2="2.0"/>
</condition>
<condition property="style_version" value="_21">
<equals arg1="${format}" arg2="2.1"/>
</condition>
<condition property="funcMode">
<equals arg1="${show-data}" arg2="y"/>
</condition>
<condition property="funcMode" value="false">
<not>
<equals arg1="${show-data}" arg2="y"/>
</not>
</condition>
<!-- Allow jar to be picked up locally -->
<path id="jmeter.classpath">
<fileset dir="${basedir}">
<include name="ant-jmeter*.jar"/>
</fileset>
```

```
</path>
<taskdef
      name="jmeter"
      classpathref="jmeter.classpath"
      classname="org.programmerplanet.ant.taskdefs.jmeter.JMeterTask"/>
      <!-- run 执行脚本 report 生成测试结果 copy-report 复制结果 -->
<target name="all" depends="run,report,copy-report"/>
<target name="run">
<echo>funcMode = ${funcMode}</echo>
      <jmeter
            jmeterhome="${jmeter.home}"
            jmeterproperties="${jmeter.home}/bin/jmeter.properties"
            runremote="true"
         resultlog="${jmeter.result}\${test}.jtl">
            <testplans dir ="${script.dir}" includes="paraTest.jmx"/>
<property name="jmeter.save.saveservice.output_format" value="xml"/>
            <property name="jmeter.save.saveservice.samplerData" value="true"/>
<property name="jmeter.save.saveservice.response_data.on_error" value="${funcMode}"/>
</jmeter>
</target>

<property name="lib.dir" value="${jmeter.home}/lib"/>

<!-- Use xalan copy from JMeter lib directory to ensure consistent processing with Java 1.4+ -->
<path id="xslt.classpath">
<fileset dir="${lib.dir}" includes="xalan*.jar"/>
<fileset dir="${lib.dir}" includes="serializer*.jar"/>
</path>

<target name="report" depends="xslt-report,copy-html,copy-images">
<echo>Report generated at ${report.datestamp}</echo>
</target>
<!-- 解析结果 -->
<target name="xslt-report" depends="_message_xalan">
<tstamp><format property="report.datestamp" pattern="yyyy/MM/dd HH:mm"/></tstamp>
<xslt
         classpathref="xslt.classpath"
         force="true"
         in="${testpath}/result/${test}.jtl"
         out="${testpath}/result/%{test}.html"
         style="${basedir}/jmeter-results-detail-report${style_version}.xsl">
<param name="showData" expression="${show-data}"/>
<param name="titleReport" expression="${report.title}"/>
<param name="dateReport" expression="${report.datestamp}"/>
</xslt>
</target>
  <!-- 复制结果到%JMETER_HOME%\result 目录，放在专用目录便于管理 -->
<target name="copy-html">
<copy file="${jmeter.result}\result.html" tofile="${jmeter.jenkins}\result.html"/>
        <copy file="${jmeter.result}\result.jtl" tofile="${jmeter.jenkins}\result.jtl"/>
  </target>

<!-- 测试结果以 Html 的格式显示，其中有二个图片需要从 extras 目录拷贝到 result 目录 -->
<target name="copy-images" depends="verify-images" unless="samepath">
<copy file="${basedir}/expand.png" tofile="${testpath}/result/expand.png"/>
```

```
    <copy file="${basedir}/collapse.png" tofile="${testpath}/result/collapse.png"/>
    </target>
    <!-- 把 result 目录下的测试结果全部拷贝到 Jenkins 目录 -->
    <target name="copy-report">
    <copydir dest="${jmeter.jenkins}" src="${jmeter.home}\result">
            <include name="*.png"/>
            </copydir>
    </target>

    <target name="verify-images">
    <condition property="samepath">
    <equals arg1="${testpath}" arg2="${basedir}" />
    </condition>
    </target>
    <!-- Check that the xalan libraries are present -->
    <condition property="xalan.present">
    <and>
    <!-- No need to check all jars; just check a few -->
    <available classpathref="xslt.classpath" classname="org.apache.xalan.processor.
TransformerFactoryImpl"/>
    <available classpathref="xslt.classpath" classname="org.apache.xml.serializer.
ExtendedContentHandler"/>
    </and>
    </condition>

    <target name="_message_xalan" unless="xalan.present">
    <echo>Cannot find all xalan and/or serialiser jars</echo>
    <echo>The XSLT formatting may not work correctly.</echo>
    <echo>Check you have xalan and serializer jars in ${lib.dir}</echo>
    </target>
    </project>
```

与 Ant+JMeter 集成中的配置有少许改动，在配置中也加以了说明，这样 bulid.xml 的配置部分就完成了，下面需要在 Jenkins 中加以配置。如图 14-43 所示为任务构建页面。

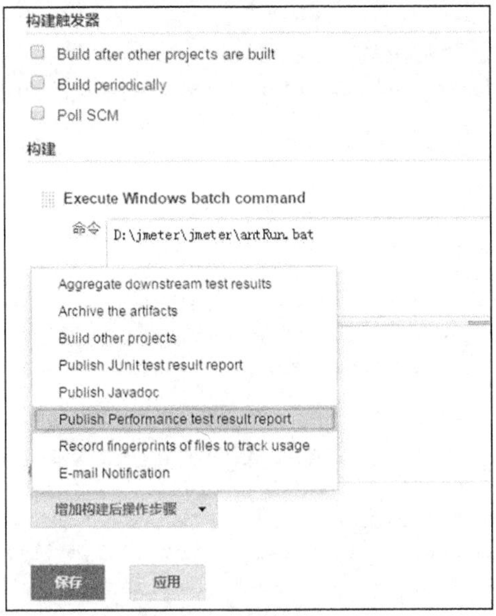

图 14-43 构建后操作步骤 1

点击“构建后操作”选择“Publish Performance test result report”，进入图 14-44 所示页面。

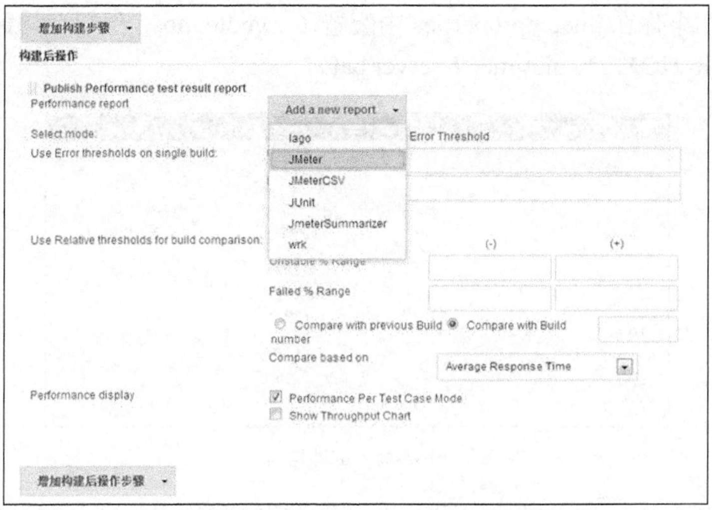

图 14-44 构建后操作步骤 2

在此选择“JMeter”，进入如图 14-45 所示界面，然后在 Report files 栏位中填入“**/*.jtl”，表示 Jenkins 将解析.jtl 的结果文件。

此 Jenkins 插件对于 JMeter 测试结果提供响应时间与吞吐量图表结果，默认只显示响应时间图，如果要显示吞吐量（TPS）图形，请勾选“Performance display”选项中的“Show Throughput Chart”选项。其他的栏位可以保持默认设置，然后保存即完成配置。

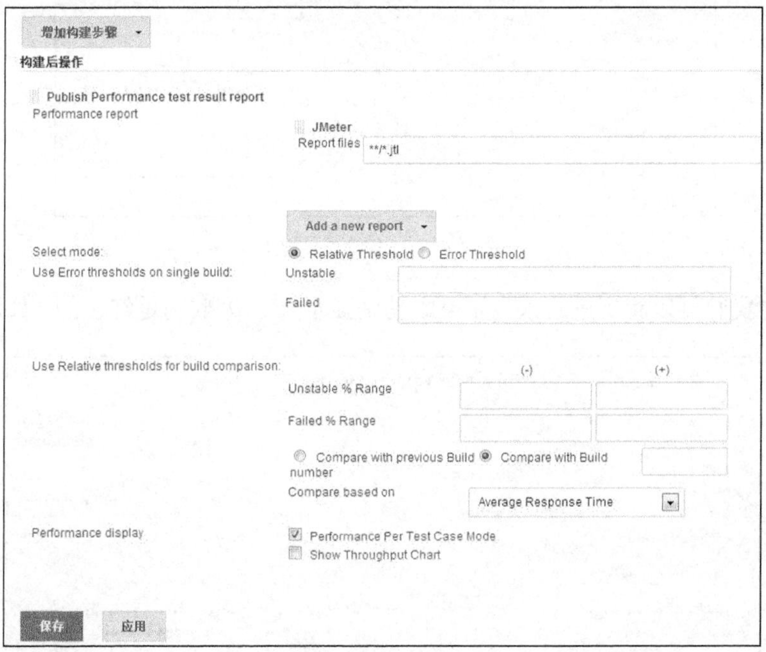

图 14-45 构建后操作步骤 3

4. 查看报告

上面我们已经完成构建配置，现在回到 Jenkins 首页，在图 14-46 中选择“立即构建”来测试一下。注意：如果你在 jmeter.properties 中配置了 remote_host，记得在构建前要启动 Jmeter Agent（%JMETER_HOME%\bin\jmeter-server.bat）。

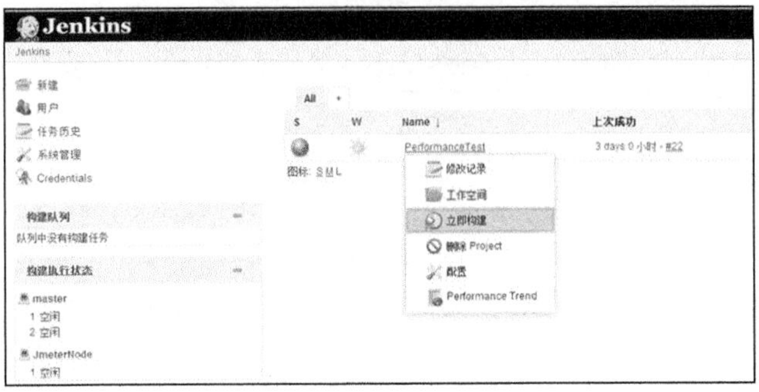

图 14-46 立即构建

我们也可以直接点击“PerformanceTest”进入任务管理界面（如图 14-47 所示），然后点击“立即构建”。

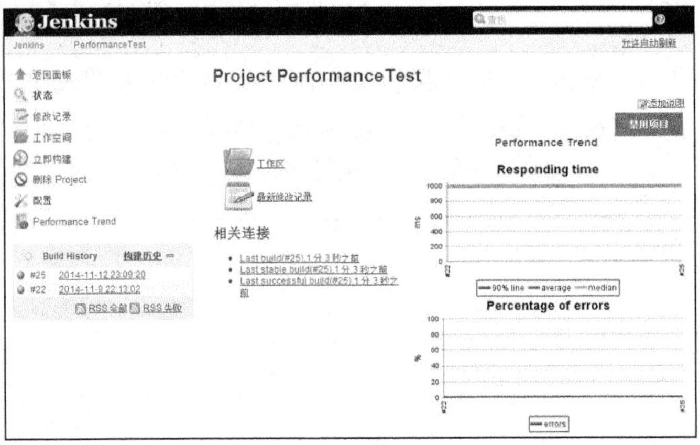

图 14-47 任务管理界面 1

构建过程中我们可以看到进度条，如果成功则显示 ，失败则是红色的（如图 14-48 所示）。

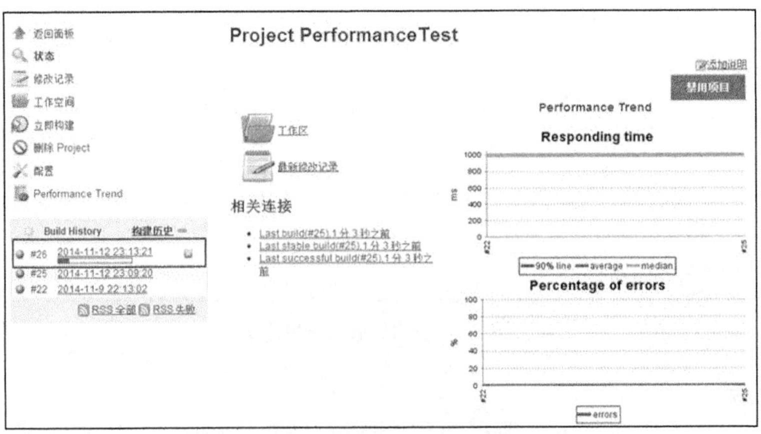

图 14-48 任务管理界面 2

点击上面的“Build History”进入本次构建的管理界面（如图 14-49 所示）。

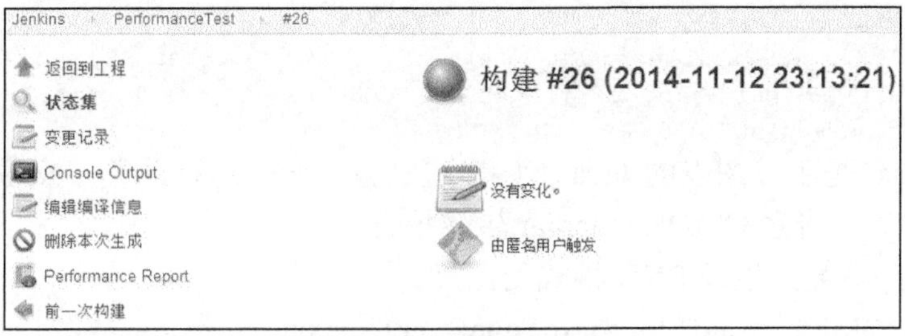

图 14-49 构建管理界面

点击“Performance Report”查看报告，如果此次构建失败就点击“Console Output”查看报错日志。这样我们的集成就完成了。

14.5 如何运行复杂场景

上面的例子我们都只运行了一个测试计划（一个测试脚本），如何运行多个呢？

我们得修改%JMETER_HOME%\extra\build.xml 文件，以 14.3 节的 build.xml 文件为例，打开 build.xml 找到如下内容：<testplans dir ="${script.dir}" includes="csveg1.jmx"/>，修改成：

<testplans dir ="${script.dir}" includes="*.jmx"/>，这样就会遍历${script.dir}目录下的所有以 jmx 结尾的文件并执行之，但是这些脚本是一个接一个执行的（一个执行完成后另一个开始），不可以同时执行两个以上的脚本。

14.6 报告自动化

前面章节的集成勉强能够进行性能测试自动化，但好像还有一些问题。

（1）没有监控活动。

（2）集成后生成的报告是不是太单调了，性能结果的图表太少，与 LoadRunner 相差太远，这似乎不能让我们满意。

下面我们就让它变得更强大，我们要完成的任务有。

（1）生成更多的图表，比如 TPS，TPS 与并发用户合成图，响应时间与并发用户合成图等。

（2）这些图表合成在一份报告中，以 Html 格式的方式显示。

我们在第 8 章讲解了 JMeter plugins，这个插件能帮助我们生成丰富的测试结果图表，也能够进行服务器的性能监控，我们利用此插件来丰富测试报告。

14.6.1 配置 TPS、响应时间等图表

下面配置了 TPS 与事务响应时间的图表生成批处理命令，把下面的内容保存为.bat 文件，然后加入到%JMETER_HOME%\extras\build.xml 文件中。

```
rem ResponseTime OverTime
java -jar %JMETER_HOME%\lib\ext\CMDRunner.jar --tool Reporter --generate-png %JMETER_HOME%\
```

```
result\ResponseTimeOverTime.png --input-jtl %JMETER_HOME%\result\results.jtl --plugin-type
ResponseTimesOverTime --width 800 --height 600
    rem TransactionsPerSecond
    java -jar %JMETER_HOME%\lib\ext\CMDRunner.jar --tool Reporter --generate-png
%JMETER_HOME%\result\TPS.png --input-jtl %JMETER_HOME%\result\results.jtl --plugin-type
TransactionsPerSecond --width 800 --height 600
```

CMDRunner.jar 是生成图表的 Java 程序二进制包，通过运行此程序来生成图表。

Reporter：参数，告之 CMDRunner.jar 生成报告。

generate-png：参数，生成 PNG 格式的图片。

%JMETER_HOME%\result\ResponseTimeOverTime.png：指定生成图片存放在哪个目录。

input-jtl：参数，指定结果文件地址，所有的图表来源数据都在此文件中。

plugin-type：参数，指定生成的图表的类型。

ResponseTimesOverTime：参数，指定生成响应时间图表。

width：参数，生成的图表的宽度。

height：参数，生成的图表的高度。

TransactionsPerSecond：参数，指定生成 TPS 图表。

这里只列举了响应时间与 TPS 的命令生成方式，由于篇幅所限不在此一一列举。

14.6.2 报告合成

在 Jenkins 中我们虽然可以看到 Jmeter 的测试结果，但并没有 TPS 的图表，老实说这个功能有点鸡肋，我们看习惯了 LoadRunner 多维度的图表，Jenkins 中显示的图表有点寒碜。如果去扩展 Jenkins 的 Jmeter 插件这个工作量也不是说说那么简单，即然我们用到了 JMeter Plugins，而且其功能比较强大，我们何不想办法利用上呢。

在图 14-50 中我们可以看到有“工作区”这个链接，这里映射了我们 Jenkins 的 Slave 节点的工作区，即 JMeter Server 机器上的一个目录，那么我们简单点，把报告在 JMeter Server 上生成好，通过工作区来访问，这不失为一个偷懒的好办法。

图 14-50 构建结果界面

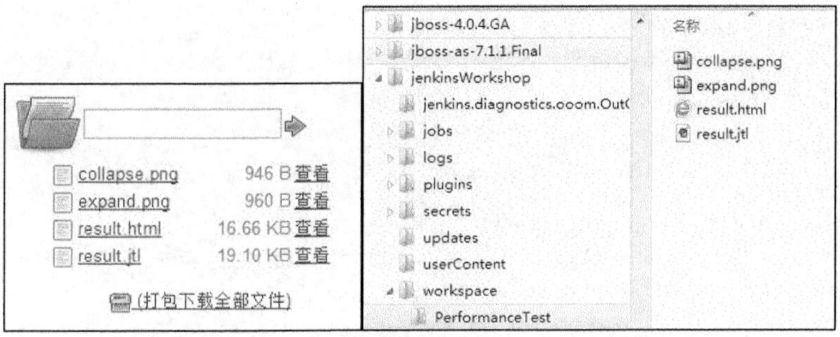

图 14-51 Slave 工作区界面&JMeter Server 工作区目录

在图 14-51 中我们可以看到工作区中显示的内容就是 JMeter Server 工作区目录中的内容。我们只需要把 JMeter Plugins 生成的图表复制到这个目录即可，为了让报告的受众好查看报告，我们可以做一个 HTML 的模板，把这些图表链接进去，查看时只需要点击这个模板就可以看到所有图表，图 14-51 中的 result.html 就是 Ant 利用 XSL 解析生成的 HTML 格式的报告，下面我们按设想来合成报告。

（1）复制利用 JMeter Plugins 生成的图表到工作区。

同样还是修改 build.xml，加上如下内容：

```
<?xml version="1.0"?>
<project name="ant-jmeter" default="all">
<description>
      Jmeter+ant+Jenkins
</description>
<property name="testpath" value="${basedir}\.."/>
<property name="jmeter.home" value="${basedir}\.."/>
  <property name="script.dir" value="${jmeter.home}\script"/>
  <property name="jmeter.result" value="${jmeter.home}\result"/>
  <property name="jmeter.jenkins" value="D:\jenkinsWorkshop\workspace\PerformanceTest"/>
     <property name="report.title" value="Load Test Results"/>
     <!-- 生成一个时间戳 -->
  <tstamp>
       <format property="NOW_TIME" pattern="yyyyMMddHHmm" locale="en"/>
  </tstamp>
<property name="show-data" value="n"/>
<property name="format" value="2.1"/>
<condition property="style_version" value="">
<equals arg1="${format}" arg2="2.0"/>
</condition>
<condition property="style_version" value="_21">
<equals arg1="${format}" arg2="2.1"/>
</condition>
<condition property="funcMode">
<equals arg1="${show-data}" arg2="y"/>
</condition>
<condition property="funcMode" value="false">
<not>
<equals arg1="${show-data}" arg2="y"/>
</not>
</condition>
<!-- Allow jar to be picked up locally -->
<path id="jmeter.classpath">
```

```
<fileset dir="${basedir}">
<include name="ant-jmeter*.jar"/>
</fileset>
</path>
<taskdef
      name="jmeter"
      classpathref="jmeter.classpath"
      classname="org.programmerplanet.ant.taskdefs.jmeter.JMeterTask"/>
<target name="all" depends="run,report,copy-report"/>

  <target name="copyscript">
        <exec dir="${jmeter.home}" executable="cmd.exe" >
              <arg line="/c ${jmeter.home}/copyscript.bat" />
              <arg line="/c exit" />
        </exec>
  </target>

<target name="run">
<echo>funcMode = ${funcMode}</echo>
       <delete file="${jmeter.result}/result.html"/>
       <delete file="${jmeter.result}/*.jtl"/>
       <jmeter
             jmeterhome="${jmeter.home}"
             jmeterproperties="${jmeter.home}/bin/jmeter.properties"
             runremote="true"
             resultlog="${jmeter.result}\result.jtl">
             <testplans dir ="${script.dir}" includes="paraTest.jmx"/>
<property name="jmeter.save.saveservice.output_format" value="xml"/>
             <property name="jmeter.save.saveservice.samplerData" value="true"/>
<property name="jmeter.save.saveservice.response_data.on_error" value="${funcMode}"/>
</jmeter>
</target>
<property name="lib.dir" value="${jmeter.home}/lib"/>
<!-- Use xalan copy from JMeter lib directory to ensure consistent processing with Java 1.4+ -->
<path id="xslt.classpath">
<fileset dir="${lib.dir}" includes="xalan*.jar"/>
<fileset dir="${lib.dir}" includes="serializer*.jar"/>
</path>
<!-- 保留Ant利用XSL来生成的报告  start  -->
  <target name="report" depends="xslt-report,copy-images">
<echo>Report generated at ${report.datestamp}</echo>
</target>

<target name="xslt-report" depends="_message_xalan">
<tstamp><format property="report.datestamp" pattern="yyyy/MM/dd HH:mm"/></tstamp>
<xslt
          classpathref="xslt.classpath"
          force="true"
          in="${jmeter.result}\result.jtl"
          out="${jmeter.result}\result.html"
          style="${basedir}\jmeter-results-detail-report${style_version}.xsl">
<param name="showData" expression="${show-data}"/>
<param name="titleReport" expression="${report.title}"/>
```

```
<param name="dateReport" expression="${report.datestamp}"/>
</xslt>
        <!-- 用 JMeter Plugins 生成报告图表的.bat 文件  -->
        <exec executable="${jmeter.result}\generatePng.bat"/>
</target>

<!-- Copy report images if needed -->
<target name="copy-images" depends="verify-images" unless="samepath">
<copy file="${basedir}\expand.png" tofile="${jmeter.result}\expand.png"/>
<copy file="${basedir}\collapse.png" tofile="${jmeter.result}\collapse.png"/>
</target>

<target name="verify-images">
<condition property="samepath">
<equals arg1="${testpath}" arg2="${basedir}" />
</condition>
    </target>
    <!-- 保留 Ant 利用 XSL 来生成的报告  end  -->
<!-- 格式化一个时间戳，以此时间戳为名建立一个文件夹，每一次构建一个文件夹，方便保存历次结果 -->
  <tstamp>
      <format property="CURRHOUR" pattern="yyyyMMddhhmm" offset="0" unit="hour"/>
  </tstamp>
  <property name="RESULTNAME" value="${CURRHOUR}"/>
    <!-- 把 Ant XSL 生成的报告与.jtl 文件复制到 Jenkins Slave 的工作区  -->
    <target name="copy-report" depends="copy-images-jenkins">
    <!-- 建立一个文件夹存放结果 -->
  <mkdir dir="${jmeter.jenkins}\${RESULTNAME}"/>
<copy file="${jmeter.result}\result.html" tofile="${jmeter.jenkins}\${RESULTNAME}\result.html"/>
  <!-- 复制集成 JMeter Plugins 图表的 HTML 模板  -->
     <copy file="${jmeter.result}\PerformanceTestReport.html" tofile="${jmeter.
     jenkins}\${RESULTNAME}\PerformanceTestReport.html"/>
  </target>
  <!-- Ant XSL 生成的报告所需的图片也需要复制到 Jenkins Salve 的工作区  -->
<target name="copy-images-jenkins">
<copydir dest="${jmeter.jenkins}\${RESULTNAME}" src="${jmeter.result}">
       <include name="*.png"/>
       </copydir>
</target>
<condition property="xalan.present">
<and>
<available classpathref="xslt.classpath" classname="org.apache.xalan.processor.TransformerFactoryImpl"/>
<available classpathref="xslt.classpath" classname="org.apache.xml.serializer.ExtendedContentHandler"/>
</and>
</condition>
<target name="_message_xalan" unless="xalan.present">
<echo>Cannot find all xalan and/or serialiser jars</echo>
<echo>The XSLT formatting may not work correctly.</echo>
<echo>Check you have xalan and serializer jars in ${lib.dir}</echo>
</target>
</project>
```

配置好之后我们在 Jenkins 中构建一次，一切正常的话我们可以在%JMETER_HOME%\result 目录看到图 14-52 中的内容，在 Jenkins Slave 工作区看到图 14-53 中的内容。

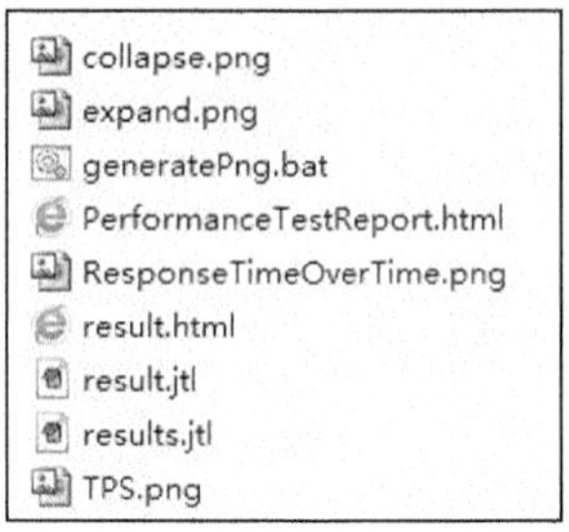

图 14-52 %JMETER_HOME%\result 目录

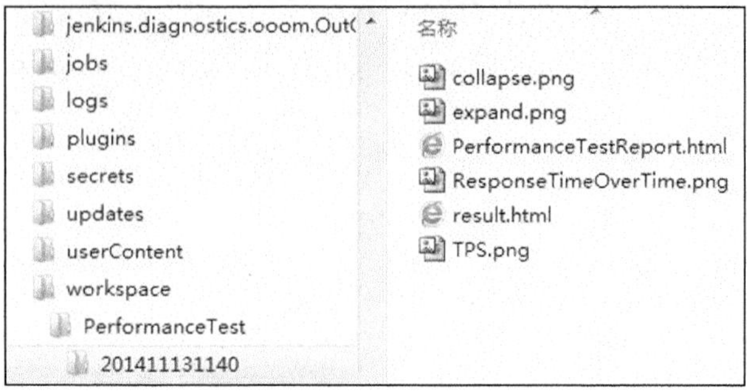

图 14-53 Jenkins 工作区

（2）设计一个 HTML 格式的模板用来集成 JMeter Plugins 生成的图表。

下面设计 PerformanceTestReport.html 模板，直接用 Html 嵌入图片即可，内容如下：

```
<!DOCTYPE HTML PUBLIC "-//W3C//DTD HTML 4.0 Transitional//EN">
<HTML>
<HEAD>
<TITLE> New Document </TITLE>
<META NAME="Generator" CONTENT="EditPlus">
<META NAME="Author" CONTENT="">
<META NAME="Keywords" CONTENT="">
<META NAME="Description" CONTENT="">
</HEAD>

<BODY>
  <table align = "center">
        <tr align = "center"><td><H1>Performance Test Report</H1></td></tr>
  </table>
  <table align = "center">
        <tr align = "center"><td><H2>TPS</H2></td></tr>
        <tr align = "center"><td><IMG SRC="TPS.png" WIDTH="800" HEIGHT="600" BORDER="0"
ALT=""></td></tr>
  </table>
  <table align = "center">
        <tr align = "center"><td><H2>Response Time</H2></td></tr>
        <tr align = "center"><td><IMG SRC="ResponseTimeOverTime.png" WIDTH="800"
HEIGHT="600" BORDER="0" ALT=""></td></tr>
  </table>
</BODY>
</HTML>
```

在 Jenkins Slave 目录打开 PerformanceTestReport.html 文件就可以看到类似图 14-54 中的内容，想要得到更好看的布局，大家可以自己调整一下。

在 Jenkins 工作区就可以看到类似图 14-55 的内容，可以点击链接直接查看。不过由于我们把每次的结果都存入一个新的文件夹，Jenkins 默认的工作区又是此新文件夹的父节点，这样我们就不能再像 14.4 节中讲的那样查看测试报告了，只能进入工作区中点开此新文件夹来查看，鱼与熊掌不可兼得，还好在这里看到的图表更丰富多彩。

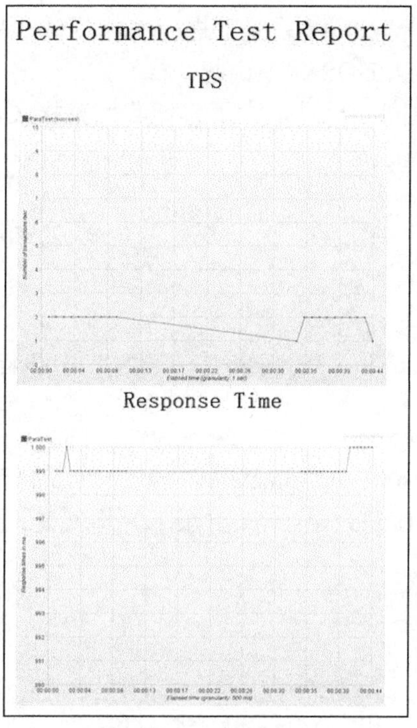

图 14-54 性能报告

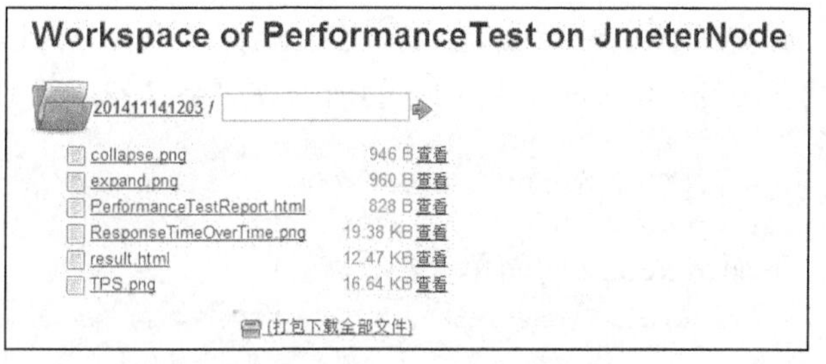

图 14-55 Jenkins 工作目录中查看测试报告

小提示

在性能测试时我们一般不建议大家用负载工具来监控被测试的服务器，Jmeter Server 需要处理大量的远程机回传的结果写入本地磁盘，如果再加上监控数据的话，本地磁盘的 IO 会受到考验，可能会影响测试结果的准确性，另一方面大量数据在 Server 与远程机之间传输，网络流量会增大，好的是现在基本都是千兆网络，影响相对于 IO 来说是小的多。综合起来我们还是不建议大家用负载工具（JMeter、LoadRunner）来监控服务器硬件性能。所以在此我们也不引入监控的自动化，建议大家用专门的监控工具来监控，比如 NMON、Perfmon 等。

14.7 JMeter 脚本拷贝自动化

在 Jmeter 远程运行时我们需要手工拷贝测试脚本依赖的参数文件或者依赖包（建议脚本与参数文件放在同一个目录）到远程机器，一旦参数文件有任何改动都需要重新拷贝到远程机器，这是不是令大家头痛的事？这与 LoadRunner 比较起来极其不方便。我们是不是在想如何能够让 Jmeter 也具备文件自动传送到远程机器上的功能？敢想敢为，我们现在就来做。

先说一下思路，大家知道 Windows 系统下都支持 DOS 命令，DOS 命令中有一个 xcopy 命令，这个命令不仅可以拷贝单个文件，还可以拷贝文件夹下的所有文件，我们可以利用 DOS 命令来拷贝文件。大家应该对 Socket 这个名词不陌生，我们也可以开发一个 Socket 的小工具来拷贝文件，如果是用 Java 开发这个程序，就可以跨平台了，Linux 下也可以用。说到 Linux，我们还可以用 SFTP 的方式来拷贝文件。所以方式是有很多种的，本书中我们给大家讲解 DOS

命令的拷贝方式与 Socket 拷贝方式，毕竟大家多数是在 Windows 系统下进行性能测试，为了跨平台我们就提供 Socket 的方式来拷贝文件。下面就先从 DOS 命令说起。

（1）DOS 命令 Copy 文件，由于脚本与参数文件放同一目录，为了方便我们直接 Copy 整个脚本目录到远程机器上。

下面是一段 DOS 命令：

```
net use \\192.168.1.3\ipc$ selingchen /user:Administrator
c:\windows\system32\xcopy d:\jmeter\script\*.* \\192.168.1.3\d$\jmeter\script\*.* /y/e
net use \\192.168.1.9\ipc$ selingchen /user:Administrator
c:\windows\system32\xcopy d:\jmeter\script\*.* \\192.168.1.9\d$\jmeter\script\*.* /y/e
```

net use \\192.168.1.3\ipc$ selingchen /user:Administrator 的意思是在本机与目标机 192.168.1.3 之间建立一个管道。格式是：

```
net use [远程机 IP]\ipc$ [远程机登录密码] /user:[远程机账号]
```

c:\windows\system32\xcopy d:\jmeter\script*.* \\192.168.1.3\d$\jmeter\script*.* /y/e 的意思是拷贝 d:\jmeter\script 目录下的所有文件到 192.168.1.3\d$\jmeter\script 目录下，格式是：

```
xcopy [脚本目录] [目的目录] /y/e
/y: 取消提示以确认要覆盖现有目标文件
/e: 复制目录和子目录，包括空目录
```

下面是 xcopy 的简单介绍。

```
XCOPY source [destination] [/A | /M] [/D[:date]] [/P] [/S [/E]] [/V] [/W]
                           [/C] [/I] [/Q] [/F] [/L] [/G] [/H] [/R] [/T] [/U]
                           [/K] [/N] [/O] [/X] [/Y] [/-Y] [/Z] [/B]
                           [/EXCLUDE:file1[+file2][+file3]...]
```

source：指定要复制的文件。

destination：指定新文件的位置和/或名称。

/A：仅复制有存档属性集的文件，但不更改属性。

/M：仅复制有存档属性集的文件，并关闭存档属性。

/D:m-d-y：复制在指定日期或指定日期以后更改的文件。

如果没有提供日期，只复制那些源时间比目标时间新的文件。

```
/EXCLUDE:file1[+file2][+file3]...
```

指定含有字符串的文件列表，每个字符串在文件中应位于单独的一行，如果任何字符串与复制文件的绝对路径的任何部分相符，则排除复制该文件。例如，指定如 \obj\ 或 .obj 的字符串会分别排除目录 obj 下面的所有文件或带有.obj 扩展名的所有文件。

/P：创建每个目标文件之前提示您。

/S：复制目录和子目录，不包括空目录。

/E：复制目录和子目录，包括空目录，与/S/E 相同，可以用来修改/T。

/V：验证每个新文件的大小。

/W：提示您在复制前按键。

/C：即使有错误，也继续复制。

/I：如果目标不存在，且要复制多个文件，则假定目标必须是目录。

/Q：复制时不显示文件名。

/F：复制时显示完整的源文件名和目标文件名。

/L：显示要复制的文件。

/G：允许将加密文件复制到不支持加密的目标。

/H：复制隐藏文件和系统文件。

/R：覆盖只读文件。

/T：创建目录结构，但不复制文件，不包括空目录或子目录。

/U：只复制已经存在于目标中的文件。

/K：复制属性，一般的 Xcopy 会重设只读属性。

/N：用生成的短名称复制。

/O：复制文件所有权和 ACL 信息。

/X：复制文件审核设置（隐含/O）。

/Y：取消提示以确认要覆盖现有目标文件。

/-Y：要提示以确认要覆盖现有目标文件。

/Z：在可重新启动模式下复制网络文件。

/B：复制符号链接本身与链接目标相对。

/J：复制时不使用缓冲的 I/O，大文件复制时推荐使用。

我们把写好的拷贝文件命令保存为批处理文件，文件名暂且叫 copyscript.bat，下面我们把它集成到 Ant 中。使用 Ant 调用 copyscript.bat 来启动脚本拷贝任务。在%JMETER_HOME%\extras\build.xml 中加入如下配置：

```
<target name="all" depends="copyscript,run,report"/>//在原行基础上加上了 copyscript 任务
<target name="copyscript">//调用 copyscript.bat 批处理
       <exec dir="${jmeter.home}" executable="cmd.exe" >//开启 CMD 窗口
            <arg line="/c ${jmeter.home}/copyscript.bat" />//执行 copyscript.bat
            <arg line="/c exit" />//关闭 CMD 窗口
       </exec>
</target>
```

由于不是每次执行时脚本都需要拷贝，可以不在 build.xml 中配置拷贝任务，而是自己手动的执行 copyscript.bat。对于经常丢三落四的同学推荐你还是直接放在 build.xml 中，每次执行前覆盖一次远程机器上的文件，拷贝时间不会太长，文件同步才重要。

（2）Socket 方式拷贝脚本

Socket 程序是为本书专门开发的，大家可以到 www.testroad.org 下载，其中有两个 jar 包（JmeterClient.jar，JmeterServer.jar），JmeterClient.jar 放到%JMETER_HOME%\auto\目录下，JmeterClient.jar 会在 Jmeter 远程负载机上运行。JmeterServer.jar 与 JmeterClient.jar 放在同一目录，不过他是运行在 JmeterServer 机器（Master）上的，笔者机器上的目录结构如图 14-56 所示。

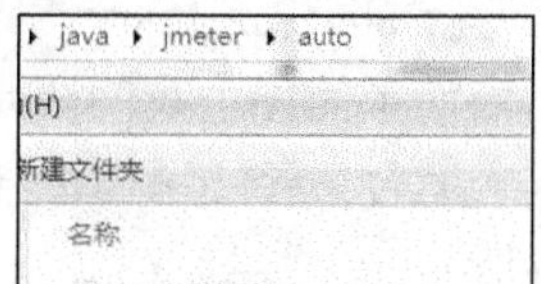

图 14-56 批处理文件目录

为了让集成时更有条理，我们把所有自动化集成的批处理文件及工具包都放在了%JMETER_HOME%\auto 目录下。

在拷贝文件之前我们需要指定一下拷贝目录，为了方便大家指定拷贝目录特意把此配置做成配置文件，即上图 14-56 中的 remoteIpList.properties 文件，内容如下：

```
192.168.1.3:11011@D:\\java\\jmeter\\script\\@D:\\java\\jmeter\\script\\@192.168.1.8
```

配置解释如下。

```
192.168.1.3:11011: Socket 的 Server 端 IP 与 Socket 连接端口
```

@：配置项的分隔符

```
D:\\java\\jmeter\\script\\: 脚本源目录
```

D:\\java\\jmeter\\script\\：脚本目的目录，Jmeter 的 Server（Master）与远程负载机（Slave）的目录要求一致，所以这里都是 D:\\java\\jmeter\\script\\，当然这里既然可以配置也就是说可以指定目录进行拷贝，你也可以用这个工具去拷贝别的文件。

\\@192.168.1.3：目标机器，这里指我们的 Jmeter 远程负载机（Slave）IP。

配置好 remoteIpList.properties 之后先在 JmeterServer 机器上启动 JmeterServer.jar（运行 JmeterServerForScript.bat），然后在 Jmeter 远程机器上启动 JmeterClient.jar（运行 JmeterClientForScript.bat）就可以自动拷贝文件了。使用这种方式我们还是要在每台 Jmeter 远程负载上执行一下 JmeterClient.jar，我们还需要继续自动化。

有以下两种方法可以解决此问题。

第一种：我们利用 Jenkins 来启动 JmeterClient.jar 下载脚本，直接在 build.xml 中加入如下配置：

```
<target name="all" depends="copyscript,run,report"/>//在原行基础上加上了 copyscript 任务
<target name="copyscript">//调用 copyscript.bat 批处理
        <exec dir="${jmeter.home}" executable="cmd.exe" >//开启 CMD 窗口
              //执行 copyscript.bat
              <arg line="/c ${jmeter.home}/JmeterClientForScript.bat" />
              <arg line="/c exit" />//关闭 CMD 窗口
        </exec>
</target>
```

第二种：利用开发工具来完成，参考 JmeterAgent，我们也写一个类似的程序放在 Jmeter 远程负载机上，然后在服务端传送指令让 Jmeter 远程负载机运行 JmeterClient.jar 下载文件。运行顺序是在 Jmeter 远程机器上先运行 startRmiJmeterRemote.bat，然后在 JmeterServer 机器上运行 startRmiJmeterServer.bat。

为了简便，我们还是建议大家用第一种方式来完成。DOS 拷贝脚本的命令我们在图形化方式运行 Jmeter 测试时也可以用到，双击一下 copyscript.bat，文件自动拷贝完成，省去不少事情。

如下是上面涉及的.bat 文件内容。

JmeterServerForScript.ba：

```
java -jar JmeterServer.jar
```

JmeterClientForScript.bat：

```
java -jar JmeterClient.jar
```

startRmiJmeterRemote.bat：

```
java -jar RmiJmeterRemote.jar
```

startRmiJmeterServer.bat：

```
java -jar RmiJmeterServer.jar
```

另外一种思路，在 Jmeter Server 上建立一个 FTP 服务器，把测试脚本的目录纳入管理范围，然后写一个 FTP 下载的 DOS 命令放入.bat 文件，然后在 Ant 中把此.bat 文件配置到 build.xml 中，这样每次测试执行前先下载脚本然后执行测试。

14.8 JMeter Agent 自动化

对 LoadRunner 有所了解的都知道 LoadRunner 利用远程负载机进行压测时需要在远程机上启动一个 Agent 程序，Jmeter 的远程运行也一样，也需要在远程负载机上启动一个 Agent，此程序的启动是%JMETER_HOME%\bin\jmeter-server.bat。开始测试前我们都需要去启动这个 Agent，而且每次远程负载机重启后都要再去启动一次，老实说是个体力活。那么我们如何解决这个体力活呢？

大家应该都知道 Windows 有一个计划任务的功能，我们可以把 Agent 的启动放到任务中去完成，每次系统重启后都会自动启动这个 Agent。测试时再也不用担心 Agent 没启动了。

（1）如图 14-57 所示，在菜单栏的【附件-系统工具】中找到任务计划程序，建立一个名称叫 PerformanceTest 的目录。

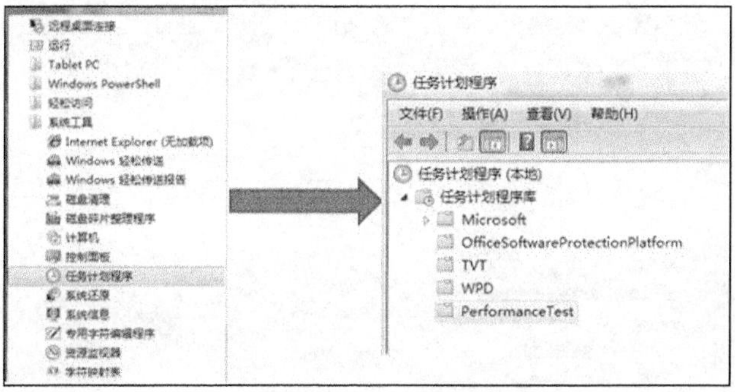

图 14-57 任务建立

（2）在 PerformanceTest 目录下建立一个任务，下面给出了建立基本任务的步骤。

① 进入新建任务界面。

② 任务命名。

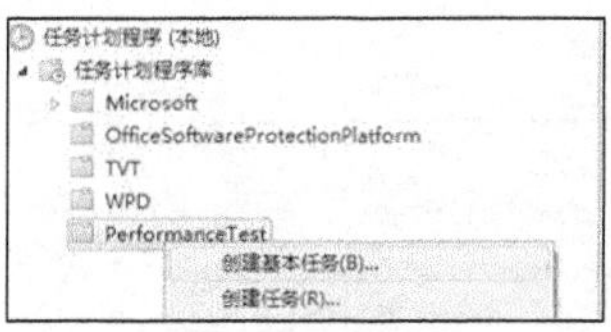

图 14-58 步骤一

图 14-59 步骤二

③ 选择触发器，我们需要保证每次系统重启后 Agent 启动，所以选择“计算机启动时”。

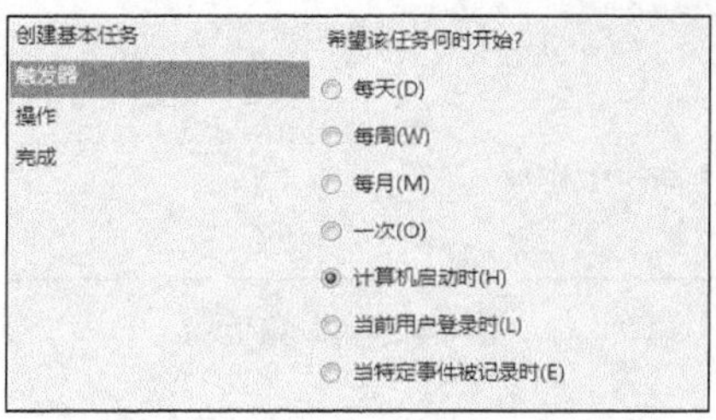

图 14-60 步骤三

④ 选择"启动程序"。

⑤ 选择启动程序目录。

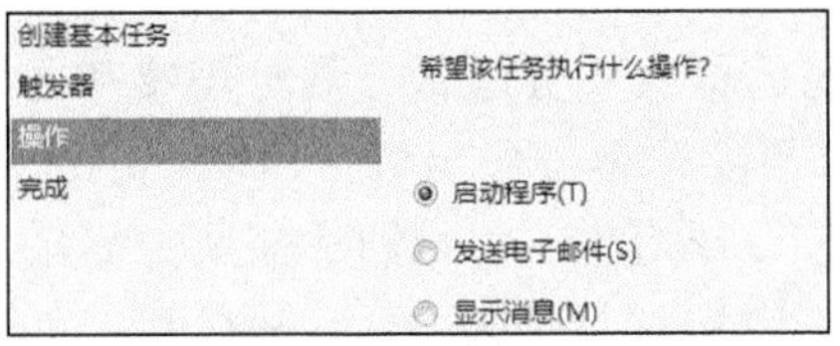

图 14-61 步骤四

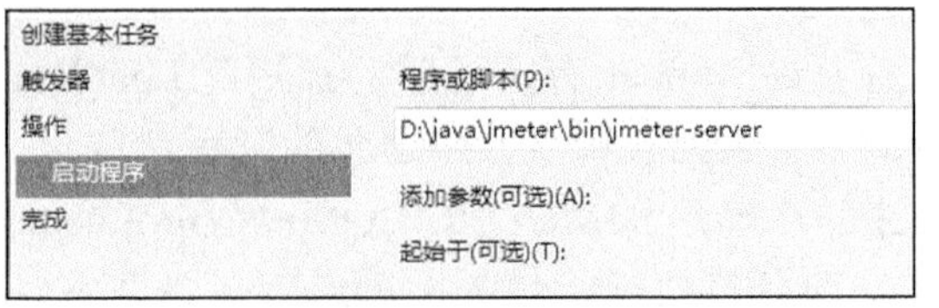

图 14-62 步骤五

⑥ 修改任务属性，为了方便启动，修改成不存储密码，系统启动则 Agent 启动。

图 14-63 步骤六

⑦ 修改条件全部勾除。

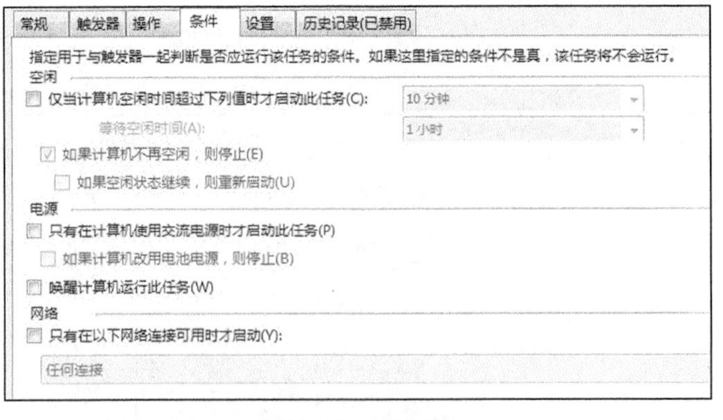

图 14-64 步骤七

⑧ 修改设置，同样也是全部勾除，这样任务就设置完成。

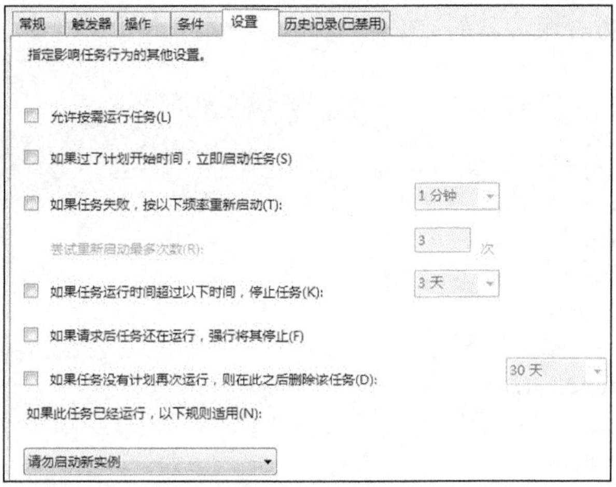

图 14-65　步骤八

到此我们把 Jmeter 远程负载机的 Agent 加入了系统计划任务，同样操作我们可以把 Jenkins 的 Slave 机器启动加入到系统计划任务中。

至此，Jenkins+Ant+JMeter 自动化集成完成，下面附上全套的 Jenkins+Ant+JMeter 自动化配置文件。

（1）run.bat：启动 Jmeter 运行测试脚本（JmeterServer 上运行）。

（2）report.bat：启动生成测试结果图片（JmeterServer 上运行）。

（3）connectJenkinsServer.bat： JmeterServer 机连接上 jenkins 服务器（JmeterServer 上运行）。

（4）copyscript.bat：脚本复制（JmeterServer 上运行）。

（5）JmeterClientForScript.bat：脚本复制方案二（Jmeter 远程负载机上运行）。

（6）JmeterServerForScript.bat：脚本复制方案二（JmeterServer 上运行）。

（7）startRmiJmeterRemote.bat：RMI 方式来传递指令（Jmeter 远程负载机上运行），脚本复制方案二。

（8）startRmiJmeterServer.bat：RMI 方式来传递指令（JmeterServer 上运行），脚本复制方案二。

其中 5、6、7、8 四个配置供大家做参考，有兴趣的可以试一下。请加 QQ 群 571598655 获取。

run.bat:

```
    %ANT_HOME%\bin\ant -f %JMETER_HOME%\extras\build.xml
    report.bat:
    rem ResponseTime OverTime
    java -jar %JMETER_HOME%\lib\ext\CMDRunner.jar --tool Reporter --generate-png
%JMETER_HOME%\result\ResponseTimeOverTime.png --input-jtl %JMETER_HOME%\result\results.jtl
--plugin-type ResponseTimesOverTime --width 800 --height 600
    rem TransactionsPerSecond
    java -jar %JMETER_HOME%\lib\ext\CMDRunner.jar --tool Reporter --generate-png %JMETER_HOME%\
result\TPS.png --input-jtl %JMETER_HOME%\result\results.jtl --plugin-type
TransactionsPerSecond --width 800 --height 600
```

connectJenkinsServer.bat:

```
    java -jar %~p0slave.jar -jnlpUrl
http://localhost:8089/jenkins/computer/JmeterNode/slave-agent.jnlp
    rem javaws http://localhost:8089/jenkins/computer/JmeterNode/slave-agent.jnlp
```

localhost 是你 Jenkins 服务器的 IP。

copyscript.bat:

```
net use \\192.168.1.8\ipc$ selingchen /user:Administrator
c:\windows\system32\xcopy d:\jmeter\script\*.* \\192.168.1.8\d$\jmeter\script\*.* /y/e
net use \\192.168.1.9\ipc$ selingchen /user:Administrator
c:\windows\system32\xcopy d:\jmeter\script\*.* \\192.168.1.9\d$\jmeter\script\*.* /y/e
```

JmeterClientForScript.bat：

```
java -jar JmeterClient.jar
```

JmeterServerForScript.bat：

```
java -jar JmeterServer.jar
```

startRmiJmeterRemote.bat：

```
java -jar RmiJmeterRemote.jar
```

startRmiJmeterServer.bat：

```
java -jar RmiJmeterServer.jar
```

remoteIpList.properties:

```
192.168.1.3:11011@F:\\java\\jmeter\\script\\@D:\\java\\jmeter\\script\\@192.168.1.3
```

14.9 本章小结

本章主要讲解了 Jmeter 性能测试自动化集成，涉及到的开源工具除了 Jmeter 还有 Jenkins 与 Ant，其中 Jenkins 与 Ant 需要掌握的内容并不多，基本按照教材就可以玩转基于 Jmeter 的性能测试自动化，并且我们也针对 Jmeter 远程执行工具的不足加以了扩展。

提升篇

Chapter 15

第 15 章 JMeter 常见问题

15.1 JMeter 无法开启

Windows 下双击%JMETER_HOME%/bin/jmeter.bat 时无法启动 JMeter，如图 15-1 显示。

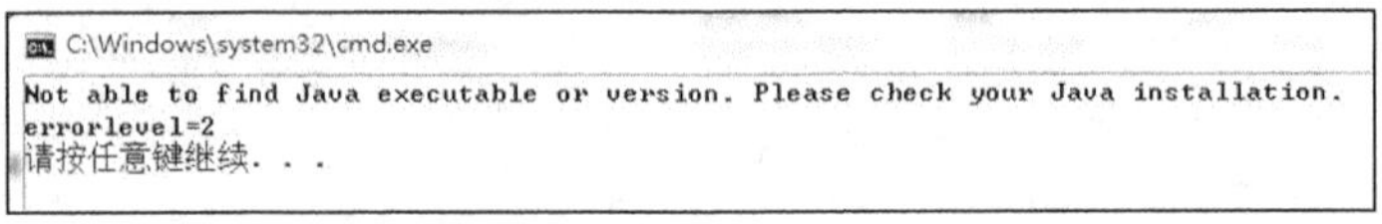

图 15-1 JMeter 启动报错

此问题是没有配置 Java 环境变量 JAVA_HOME，图 15-2 所示是在 Windows 7 高级系统设置中配置环境变量。

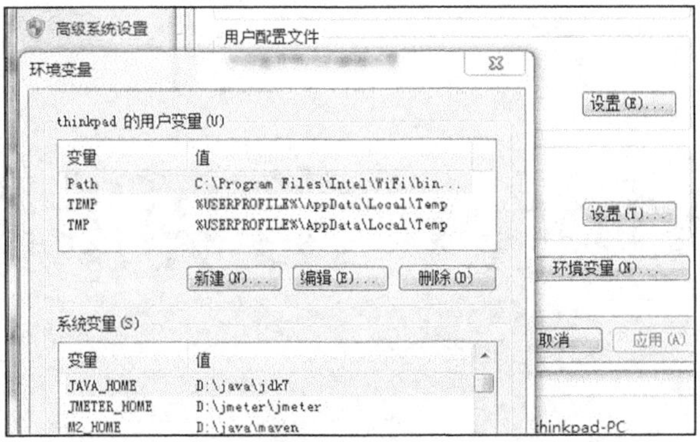

图 15-2 Windows 7 JAVA_HOME 配置

图 15-3 所示是在 Linux 下找到/.bashrc 文件进行配置。

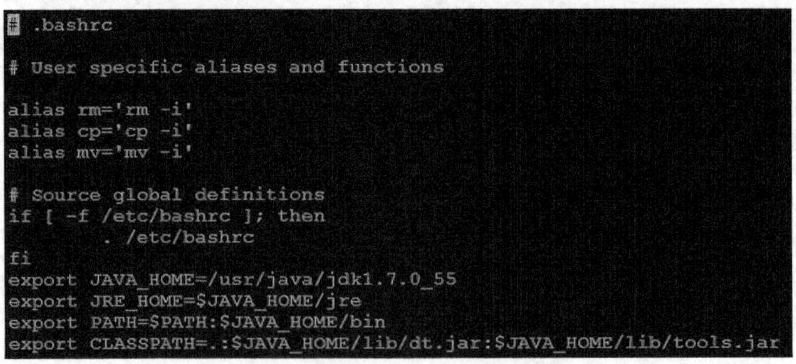

图 15-3 Centos JAVA_HOME 配置

15.2 JMeter 异常关闭

有时候在运行 JMeter 的过程中突然 JMeter 崩溃，这种异常关闭的情况多数是由于内存溢出的原因，在不设置 JVM Heap 大小的情况下，默认是 512MB。如图 15-4 所示是 JMeter 2.13 版本的默认设置，文件在%JMETER_HOME%/bin/jmeter.bat 中。

```
set HEAP=-Xms512m -Xmx512m
set NEW=-XX:NewSize=128m -XX:MaxNewSize=128m
set SURVIVOR=-XX:SurvivorRatio=8 -XX:TargetSurvivorRatio=50%
set TENURING=-XX:MaxTenuringThreshold=2
```

图 15-4 JMeter 默认 JVM 设置

可以根据实际情况适当加大，如果你的计算机有 4GB 以上的可用内存且是 64 位系统，建议把-Xms 与-Xmx 都设置成 2GB，其他参数都不用改变。

15.3 JMeter 无法产生负载

在使用 JMeter 进行脚本开发及运行时偶尔会遇到无法生成负载的情况，此时大家要注意检查各元件是否是禁用状态。JMeter 运行时是以 tree 的形式加载各种元件，如果父结点被禁用，那么其下的所有子节点也将不能运行。如图 15-5 所示测试计划中线程组被禁用，虽然下面的元件没被禁用，但运行时根本就无法产生负载，但 JMeter 并不会报错。

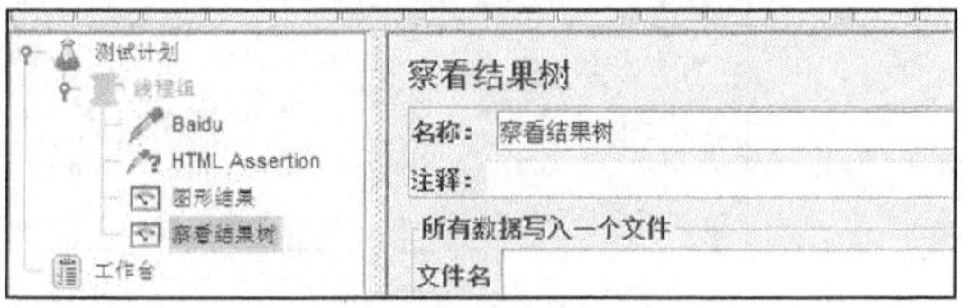

图 15-5 元件禁用

15.4 JMeter 日志输出控制

我们知道日志输出（IO）可能会导致瓶颈，当我们用 JMeter 来模拟负载时，JMeter 默认也会写一些日志。虽然日志方便我们在出错时查找问题，但有一些日志并不是我们想看的，比如一些 Debug 及 INFO 级别的日志，我们并不关心；但这些日志太多的情况下会影响 JMeter 的效率，建议提高日志级别，只记录 Error 日志。

JMeter 日志控制在%JMETER_HOME%/bin/jmeter.properties 文件中进行修改，如图 15-6 所示默认的日志级别是 INFO，这里的日志设置主要是针对 JMeter 原有组件。如果你没有对 JMeter 进行过扩展，那么你只要修改此处的配置即可以控制 JMeter 的日志输出；如果你扩展过 JMeter Sampler，比如在 Java Sampler 中扩展了一个测试类且有自己的包名，那么想要控制此类的日志输出，就需要配上包名，如你的扩展测试类包名是 com.road.test，那么你可以配置 log.level.com.road.test=Error，只记录错误日志。

```
log_level.jmeter=INFO
log_level.jmeter.junit=DEBUG
#log_level.jmeter.control=DEBUG
#log_level.jmeter.testbeans=DEBUG
#log_level.jmeter.engine=DEBUG
#log_level.jmeter.threads=DEBUG
#log_level.jmeter.gui=WARN
#log_level.jmeter.testelement=DEBUG
#log_level.jmeter.util=WARN
#log_level.jmeter.protocol.http=DEBUG
# For CookieManager, AuthManager etc:
#log_level.jmeter.protocol.http.control=DEBUG
#log_level.jmeter.protocol.ftp=WARN
#log_level.jmeter.protocol.jdbc=DEBUG
#log_level.jmeter.protocol.java=WARN
#log_level.jmeter.testelements.property=DEBUG
log_level.jorphan=INFO
```

图 15-6 日志控制

15.5 记录测试结果影响 JMeter 效率

性能测试时我们对负载机器的性能也要加以关注，避免因为负载机的性能问题而不能产生足够的负载。在运行大量负载（大量线程）时测试结果记录会很多，而保存到文本文件的操作是同步的，线程之间自然会有排队，如果 IO 量大，负载机磁盘也将会面临 IO 瓶颈风险，从而拖慢 JMeter，导致产生的负载变小。所以我们要以最小的代价来存储更少的测试结果，采用的基本方法如下。

（1）不记录测试结果到文件，非 GUI 方式运行时标准输出结果如图 15-7 所示。

```
D:\jmeter\jmeter\bin>jmeter -n -t script/baidu.jmx
Creating summariser <summary>
Created the tree successfully using script/baidu.jmx
Starting the test @ Tue Apr 26 21:56:09 CST 2016 (1461678969740)
Waiting for possible shutdown message on port 4445
summary +     57 in    20s =    2.9/s Avg:    32 Min:    10 Max:   169 Err:    57 (100.00%) Active: 1 Started:
 1 Finished: 0
summary +     67 in    30s =    2.2/s Avg:   130 Min:    10 Max:   323 Err:    67 (100.00%) Active: 1 Started:
 1 Finished: 0
summary =    124 in    50s =    2.5/s Avg:    85 Min:    10 Max:   323 Err:   124 (100.00%)
```

图 15-7 日志控制

以 GUI 方式运行时，可以直接在聚合报告或者 Summary Report 中查看到测试结果。

（2）以 CSV 格式记录，不要以 XML 格式记录。JMeter 2.13 默认是以 CSV 格式记录，此设置也是在 jmeter.properties 中进行配置，其中有一项目：jmeter.save.saveservice.output_format=csv。

另外对于记录哪些结果字段也是可以设置的，尽量记录更少的字段，如图 15-8 所示是默认记录的字段，建议去掉“Save Response Message”“Save Assertion Result（XML）”与“Save Sub Results（XML）”。

（3）不要重复记录测试结果，图 15-8 中把测试记录记录到 D:\result.jtl 文件，其他的监控器元件就不要再记录，不然会重复记录。

注：上面说到记录测试结果可能会影响 JMeter 效率，那么会不会对测试结果产生影响呢？

当然会，由于负载变小，所以服务器面临的压力相对变小，TPS 就有可能没有到拐点。此时我们需要更多的 JMeter 实例来模拟负载。另外要说明的是，虽然影响 JMeter 效率，但对于响应时间来说影响会比较小，通常可以忽略。

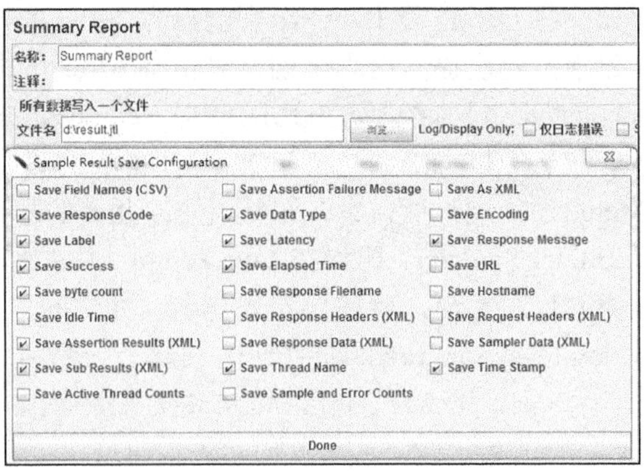

图 15-8 设置测试结果字段

15.6 JMeter 可以测试接口吗

经常被学员问到这个问题。接口范围太广，常见的有 HTTP 协议、Socket 协议、WebSocket 协议、WebService（Soap）协议等。可以肯定的是以上协议都支持，只要构造好表单，在 JMeter

中用相应的 Sampler 就可以模拟出请求。经过笔者的了解与统计，这样问的学员基本上都是对协议不了解，磨刀不误砍柴工，打铁还需自身硬，提高自己是必要的。

15.7 JMeter 可以测试 Dubbo 接口吗

不少业内的测试同行在网上问我 Dubbo 协议如何进行性能测试，想必这些同行的公司也应该是互联网公司，系统采用 SOA 架构，微服务化，分布式化。Dubbo 是阿里巴巴的梁飞及其团队推出的开源服务框架，用者甚多（某企业在此基础上推出了 Dubbox），官方也给出一个测试示例，大家完全可以参照这个示例进行测试。

看过示例就会发现这东西在 JMeter 中没有，JMeter 不支持 Dubbo 协议接口的测试，需要自己二次开发扩展。

接着会有人抱怨，每个接口都要写程序，其实我们可以懒一点，可以开发一个组件自动识别这些接口就可以了。所以笔者就开发了一个这样的组件，是基于 JMeter 来扩展的（15-10 节中有个图就是展示这个组件），功能测试可以用，自动化测试可以用，性能测试也可以用，三合一。用 Dubbo 框架的同行你们公司 Dubbo 接口的功能测试是如何进行的？

（1）转成 WebService 协议；

（2）转成 Restful 风格；

（3）开发一个界面。

是不是被我说中了呢？联系 Road 获取 Dubbo 测试组件，Dubbo 测试效率就上去了。

下面是 JMeter Dubbo Sampler 示例。

（1）打开 JMeter，建立一个测试计划，如图 15-9 所示。

（2）选中【线程组】，单击鼠标右键找到 Sampler 下的 DubboSamper，单击添加此元件，如图 15-10 所示。

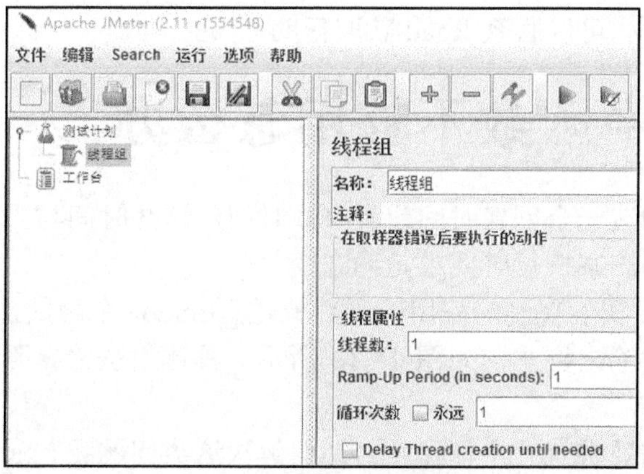

图 15-9 建立测试计划

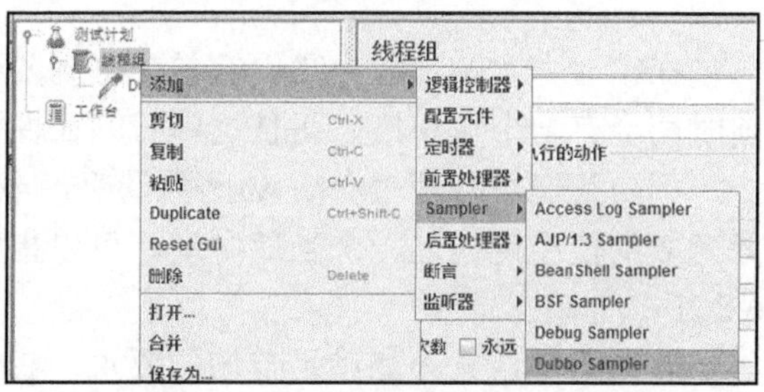

图 15-10 添加 Dubbo Sampler

（3）编辑测试用例，如图 15-11 中 dubbo application 即是应用名，与配置文件中对应。

dubbo servicename 与配置文件中的 interface 对应。

dubbo method name 即是接口中定义的方法名。

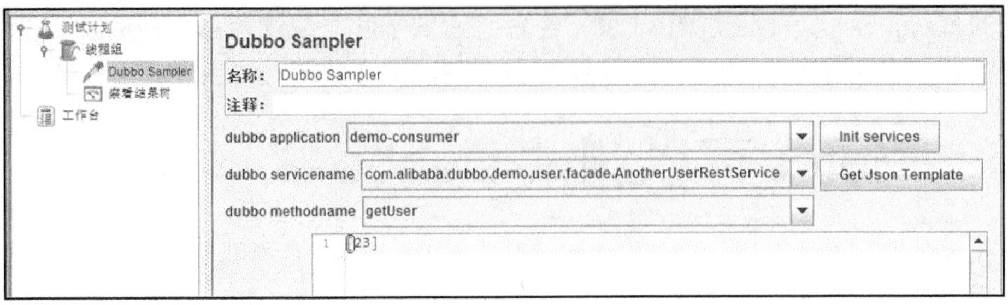

图 15-11 编辑测试用例

（4）参数化。

① 单击【init servies】，实际上此时开始从 zk 获取 context，只需要单击一次，只要 JMeter 不关闭，context 一直驻留内存。

② 单击【Get Json Template】，生成一个表单示例，用户根据这个提示进行参数化，注意“[]”这一对中括号不要省略掉。图 15-11 中的[23]是参数化一个 int 型变量。

（5）执行用例。

① 先添加一个查看结果树元件，方便查看测试结果。

② 直接单击 ▶ 运行当前测试用例。

15.8 JMeter 可以测试 RPC 接口吗

上面提到的 Dubbo 就集成了 RPC 功能，对于分布式服务框架来说 RPC 是必须的。现在越来越多的企业用到分布式，测试自然也免不了。

JMeter 中没有组件提供 RPC 的调用，JMeter 原生版本不支持 RPC 的接口调用。参照 Dubbo，这也需要自己开发组件去完成。组件的原理就是通过反射来获取接口服务，然后从 GUI 界面获取到参数，通过反射来执行方法。当然在开发过程中为了提高程序效率会涉及一些设计模式，比如单例。不会开发怎么办？同样可以联系 Road 获取帮助。

15.9 JMeter 函数助手中函数不够用怎么办

在编写脚本的过程中我们经常会碰到要构造一个创建时间或者有效时间，这些时间与当前时间会有一个偏移量，而且这些时间在性能测试执行时要求是动态变化的。

于是我们会打开 JMeter 的函数助手，最后我们找到的好用的函数就是__time 这个函数，此函数的使用是构造一个当前时间，可以指定输出格式，如图 15.12 所示，具体用法请参照 6.8.29 节。

遗憾的是这并不能满足咱们的要求，我们要求有一个偏移量。如何解决这类问题呢？通常的方法有。

（1）使用 BeanShell 来构造一个时间变量，如图 15-13，使用 BeanShell PreProcessor 来构造两个参数（orderDate、senderDate），分别是当前日期往后偏移一天和二天。当然使用 BeanShell sampler 同样也可以完成此工作。

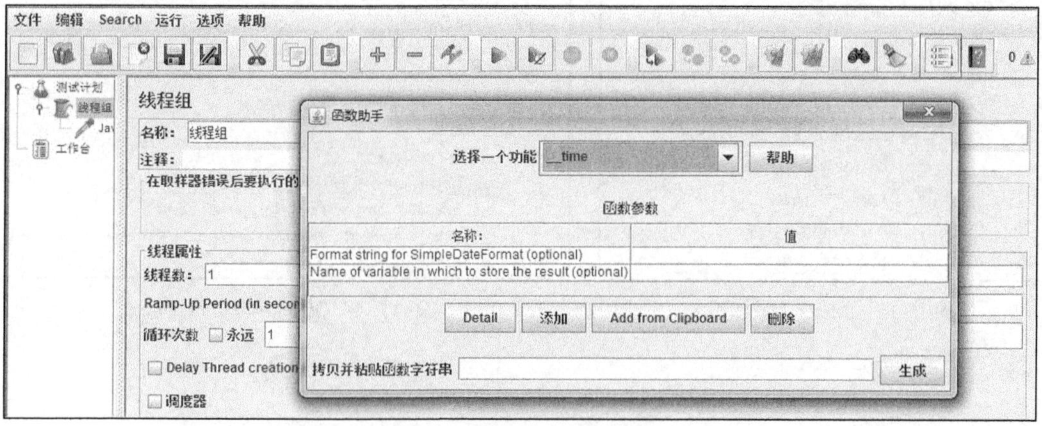

图 15-12 JMeter __time()函数

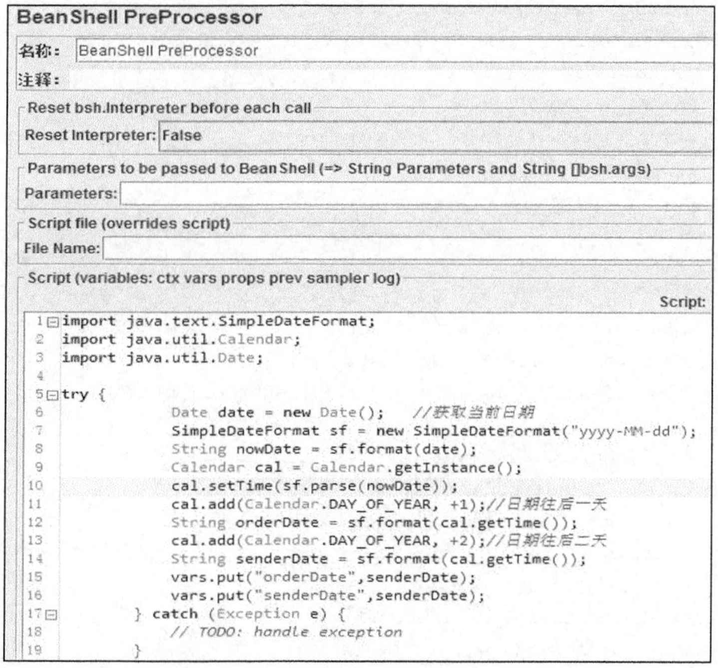

图 15-13 JMeter BeanShell PreProcessor

（2）上面使用 BeanShell 实际上类似于在写 Java 代码，每个脚本重复这样的工作浪费时间。既然写程序就要把重复的事情抽象出来、封装起来，提供 API 供调用。基于此想法，我们是不是可以给 JMeter 增加函数？当然可以，打开 JMeter 源码，如图 15-14 中 org.apache.jmeter.functions 包中全部是 JMeter 提供的函数，大家只需要参考这些源码模仿着写即可，把上面的 BeanShell 脚本搬到 Java 代码中去。

图 15-15 我们建立了一个 Offset 函数，用来获取偏移后的时间，我们只需要覆写下面框内的方法，主要实现就是 execute 方法，execute 中的代码如下，读者可以参考一下。

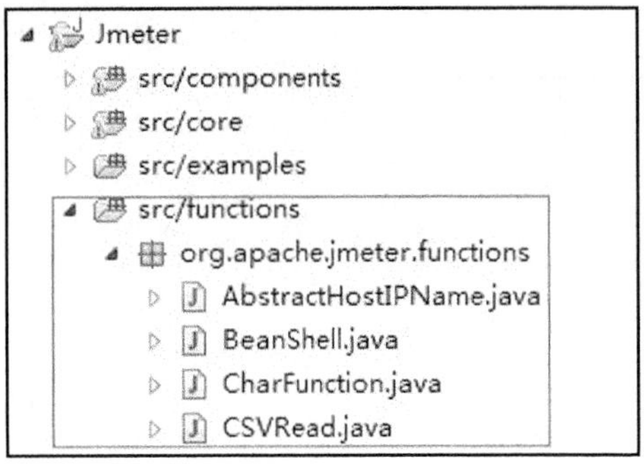

图 15-14 JMeter 函数源码

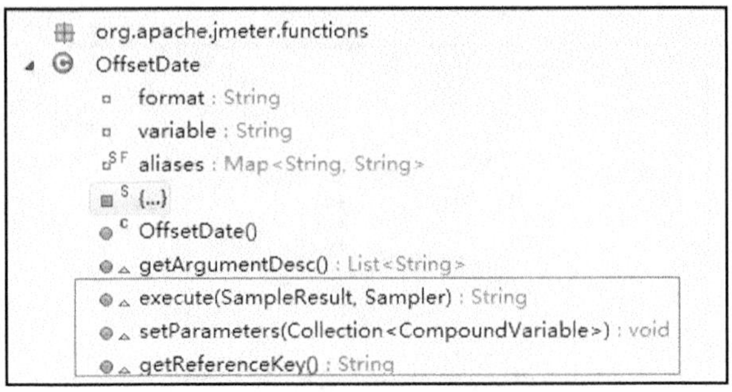

图 15-15 Offset 函数方法目录

execute 方法覆写

```
@Override
    public String execute(SampleResult previousResult, Sampler currentSampler)
             throws InvalidVariableException {
             Date datetime = new Date();
             String dateRt;
           if (format.length() > 0){
              String fmt = aliases.get(format);
              if (fmt == null) {
                 fmt = format;
              }
           }
           //获取当前时间的偏移量，比如当前时间往后推 7 天
           int off = Integer.valueOf(offset);
           Calendar cal = Calendar.getInstance();
           SimpleDateFormat  sdf = new SimpleDateFormat(format);
           try {
                    cal.setTime(sdf.parse(sdf.format(datetime)));
             } catch (ParseException e) {
                 // TODO Auto-generated catch block
                 e.printStackTrace();
              }
          cal.add(Calendar.DAY_OF_YEAR,off);
          dateRt = sdf.format(cal.getTime());
           if (variable.length() > 0) {
              JMeterVariables vars = getVariables();
              if (vars != null){
                 vars.put(variable, dateRt);
              }
           }
           return dateRt;
    }
```

其他方法的覆写参照 TimeFunction，剩下的就是打包发布到 JMeter 的 lib/ext 目录下面，然后重启 JMeter 就可以在函数助手中看到你的函数。图 15-16 中可以看到__offsettime 函数，它有 3 个入参，time format 是指定输出格式，offset save in parameter 是把偏移后的时间存到变量中去，其他的 Sampler 可以调用，offset value 是偏移量，相对于当前时间的偏移量。调

用格式如下：${__offsettime(yyyy-MM-dd,offsettime,10)}，offsettime 是变量，其他 Sampler 又可以调用，调用格式是${offsettime}。

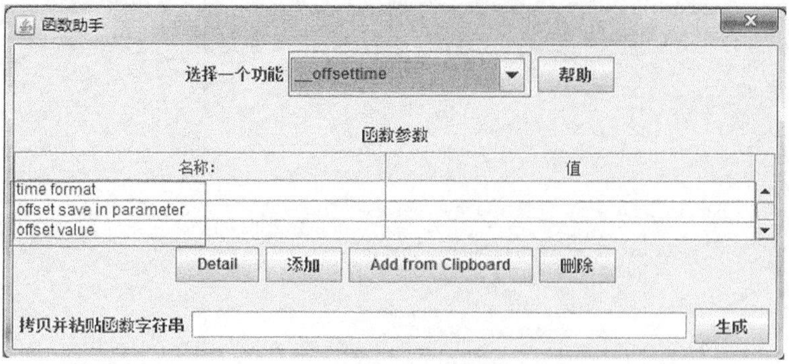

图 15-16　__offsettime 函数对话框

15.10　JMeter 支持子事务的定义吗

有时候我们会把一个大的事务拆分成几个小的事务来计算其响应时间，更利于去分析问题，那么 JMeter 支不支持子事务呢？

肯定回答 JMeter 可以支持子事务，只是实现方式与 LoadRunner 不一样。JMeter 有一个事务控制器，放在其节点下面的 Sampler 都会以子事务来统计，事务控制器会把节点下所有 Sampler 的事务时间合计在一起。

图 15-17 中 Java 请求 1 与 Java 请求 2 的 Average 时间之和就是 Java 请求的 Average。

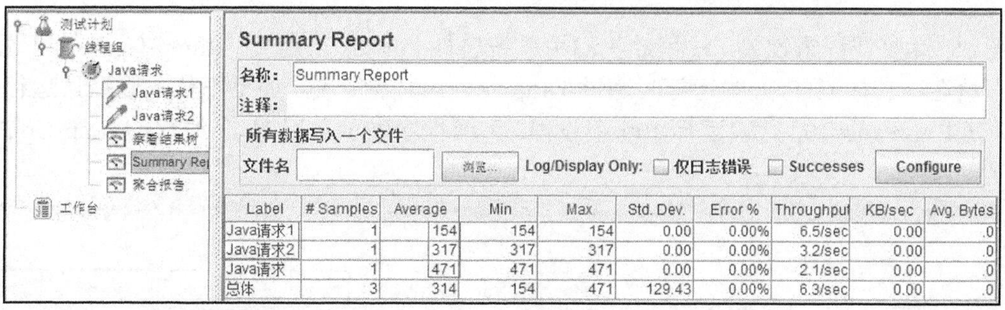

图 15-17　Summary Report

在 JMeter 的设计中，Summary Report 是可以准备支持子事务的，只是有了事务控制器这个设计就不必要了，图 15-18 中笔者修改了源代码，使其支持子事务，此修改适用于 JavaSampler 元件。

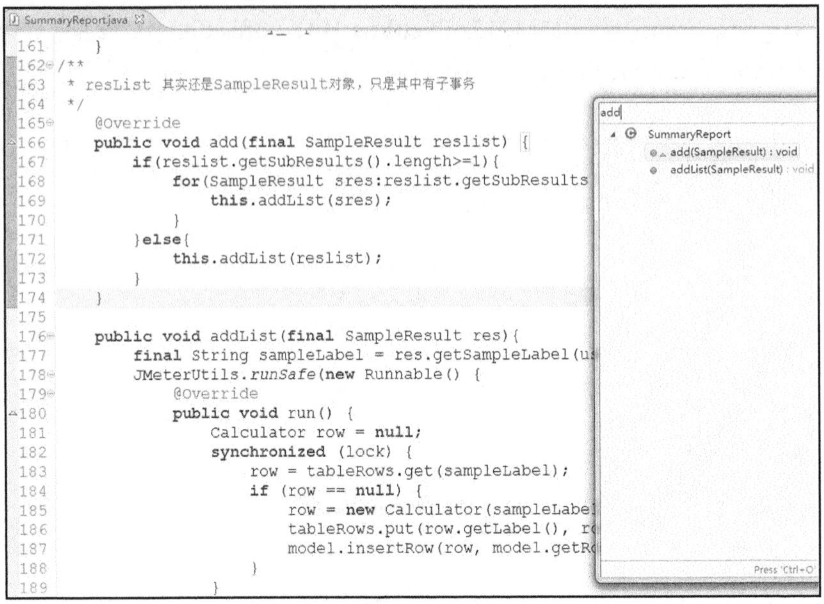

图 15-18　SummaryReport.java

15.11　JMeter 非 GUI 方式运行时如何传递运行参数

在做性能测试自动化时，我们通常用 Ant 或者 Jenkins 来驱动 JMeter 测试计划，在不修改 JMeter 测试计划的前提下，我们有必要把一些配置及参数设置做到可动态配置。比如运行的线程数、加载的时间、思考时间、从哪取参数文件、访问的应用的 Host 等。

JMeter 在非 GUI 方式下提供 3 种方式来进行参数的传递，分别是-J、-G、-D，如图 15-19 所示。

图 15-20 是线程组设置，线程数我们用系统属性 threads 来定义，Ramp-Up Period 也用属性值来填充，在非 GUI 方式运行时通过-Dthreads=100 来传入，如果不传入则默认运行 1 个线程，其中 threads=100 代表运行 100 个线程。下面程序表示运行 70 个线程，Ramp-Up Period 时间是 25 秒：

```
java -Xms2g -Xmx2g -jar ApacheJMeter.jar  -Dthreads=70 -Dspr=25 -n -t ../script/perf-order-inst.jmx
```

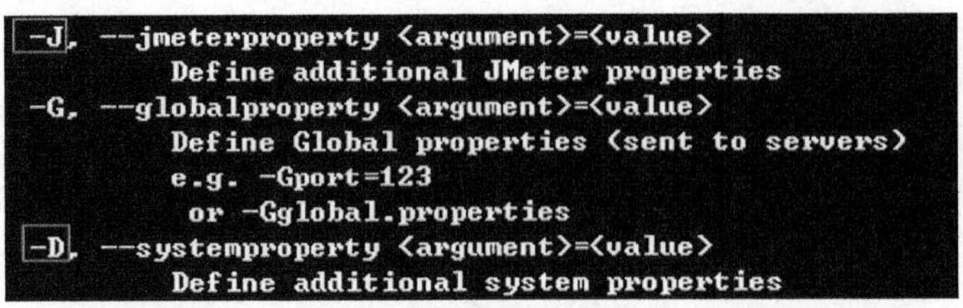

图 15-19　JMeter help

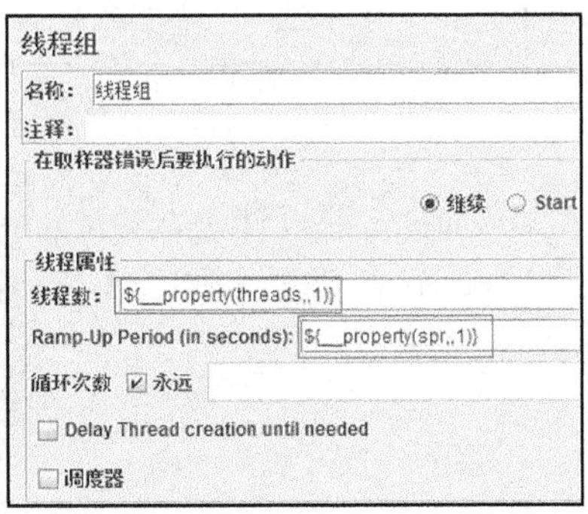

图 15-20　线程组动态设置

15.12 运行场景时察看结果树为什么要关闭

在设计调试脚本时我们常常是通过察看结果树与 DebugSampler 来查看最终结果与过程结果的，察看结果树以树型结构来显示测试结果。从图 15-21 中可以看到“察看结果树”中树内容是随迭代动态增长的，在迭代时会产生大量的结果文件，这些内容输出到树中将会占用较多内存，直接看到的现象就是树大到一定程度，“察看结果树”就无法拖动了。所以在运行测试脚本时一定要禁用掉“察看结果树”这个元件。

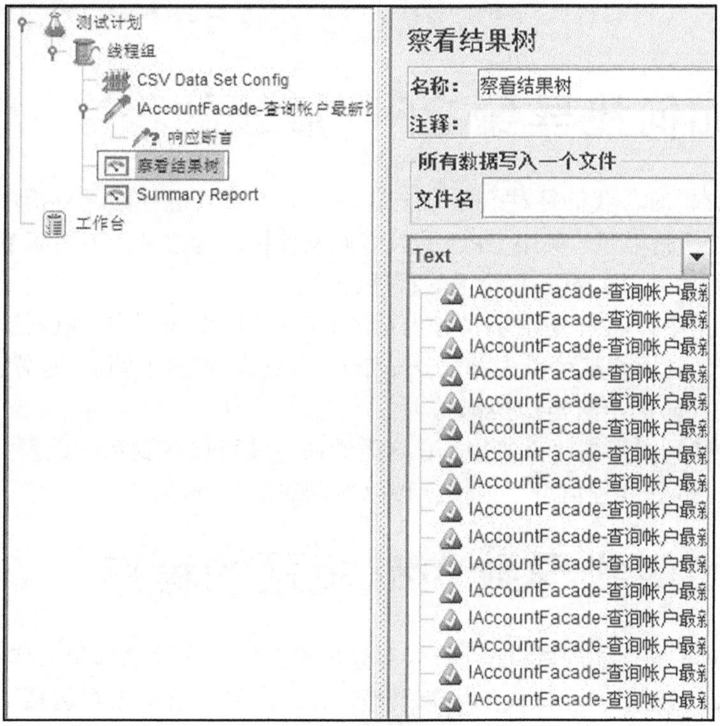

图 15-21 察看结果树

15.13 多个测试计划如何运行

在 JMeter 中不管是非 GUI 方式运行，还是 GUI 方式运行，一次都只能运行一个测试计划。那我们有运行多个测试计划的需求如何满足呢？虽然 JMeter 不提供，但不代表不可以做到。

我们可以合并测试计划，从图 15-22 中可以看到有一个“合并”操作，能够帮我们把多个测试计划合成一个，每一个脚本是一个线程组（见图 15-23），运行时同时运行这多个线程组即可。

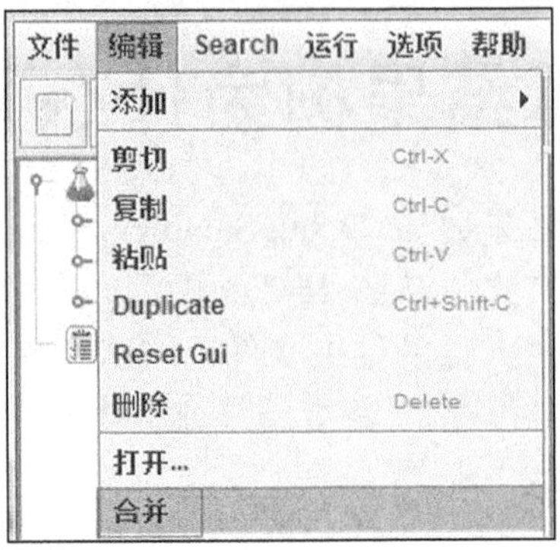

图 15-22 合并线程组

图 15-23 多线程组测试计划

15.14 如何找导致 CPU 瓶颈的程序

在性能测试分析时，我们往往会采取自底向上的方式来进行问题分析，此时我们从硬件的指标来反向追索问题根源，其中 CPU 的性能瓶颈分析最为常见，下面简单说说如何从 CPU 监控来找到问题程序（以 Linux 系统下的程序为例）。

监控 CPU 使用率，CPU 使用率又分为系统 CPU 使用率与用户 CPU 使用率。

（1）系统 CPU 利用率高可以先关注一下 IO，有没有非空闲等待，通常的系统 CPU 利用高都是 IO 问题，此时的中断与切换都高。

（2）用户 CPU 利用率高，直接用 top 这类的命令就可以找到系统进程 ID 与线程 ID，知道了线程 ID、Dump 的线程信息，很快就可以找到对应的程序。

15.15 如何找导致内存瓶颈的程序

内存问题是常见的性能问题，在分析内存问题时我们首先要搞清楚操作系统的内存模型，如果有虚拟机我们也要了解虚拟机的内存模型。Linux 系统可用内存包括可用物理内存、缓存（Buffer+Cache）、程序占用的内存等部分。内存瓶颈会导致程序运行缓慢甚至系统崩溃，通过监控内存的使用情况我们可以发现潜在的性能问题。

我们以 Java 为例来说明如何定位内存的性能问题。Java 应用的内存我们主要关注 JVM Heap，Heap 使用率高时，为了缓存内存不够会进行内存回收，对于常用的 JDK6 及 JDK7 来说，目前的内存回收都会停止用户响应，也就是会造成用户体验不好，响应时间变长，我们可以通过调整 JVM Heap 的分布、优化程序来减少内存回收消耗的时间。一旦 Heap 内存无法回收，新的内存请求得不到响应后就会造成内存溢出。

我们通过监控 Heap 内存来分析 Java 程序潜在的性能问题，Heap 的监控可以用 JConsole、JVisualvm、jstat 等工具，完全不用使用第三方工具，这些工具都是 Sun Jdk 自带的。分析步骤大体是：

（1）获取到 Java 进程的 ID；

（2）通过 Jmap 来 Dump 下 Heap 信息；

（3）通过 JVisualvm 来分析 Heap 信息，找到占 Heap 内存多的对象；

（4）由对象找到内存回收根节点，根节点就是引起 Heap 内存紧张的原因，自然我们可以定位到程序。

15.16 如何找导致 IO 瓶颈的程序

笔者曾经做过一个系列公开课“一切皆 IO”，性能问题归根结底都可以归到 IO 的问题上，不管是网络 IO 还是磁盘 IO 都可能是性能短板。

对于计算机来说，CPU、内存都是大规模集成电路，其速度比物理运动的磁盘要快很多，内存就是为了解决磁盘与 CPU 之间的速度差而存在的。咱们解决磁盘瓶颈的方式无非是减少 IO 与换更快的磁盘（包括条带化）。

网络 IO 是计算机之间基于协议相互传输数字信息的过程，这些数字信息来源于用户的请求，处理这些请求时可能会处理时间长短不一，处理的数据包大小也不一样，为了快速有效地处理这些请求，聪明的人们规定了一次传输数据包的大小，对于大的数据包就进行多次传输。另外对于请求的响应也进行优化，提供阻塞与非阻塞的异步 IO，减少响应等待，CPU 能充分地用来处理任务。

下面我们针对 IO 监控来说一下如何进行 IO 瓶颈分析。

（1）网络 IO 的监控我们可以监控网络中断、带宽、网络连接数及网络连接状态，从而确定是哪方面的瓶颈。常用的命令有 netstat、sar、ifconfig。

（2）本地磁盘 IO 我们可以监控有没有 IO 的非空闲等待，用 iostat 这个命令就可以查看到。另外我们可以接合一些 Shell 脚本及诊断工具定位到是哪个程序在进行 IO，从而找到问题。其他一些常用命令有：sar、iotop。

15.17 如何计算并发用户数

在网络上总有不少人问到如何计算并发用户数？首先我要说这是一个伪命题，对于性能来说，支持多少并发数会受到很多因素的影响。比如思考时间、工作时间、业务分布等。思考时间长，再多的用户也可能产生的负载压力不够；工作时间不多，模拟的场景与现实不一样，达不到测试效果，反映不了真实问题；业务分布调研不充分，有些功能的性能瓶颈可能测试不出来，上线有风险；有些业务的性能过度优化浪费人力物力。

通常我们计算并发用户数有 3 种方式：

（1）由 TPS 来估算并发数；

（2）由在线活动用户数来估算并发数；

（3）根据经验来估算并发数。

但是这 3 种方式都不能放之四海皆成立，都有其适用范围。

（1）由 TPS 来估算并发用户数适合于联机操作型系统（OLTP），比如某宝的订单系统，这类系统响应时间快，业务量大。公式如下：

Vu(业务名称)=TPS(业务名称)*(RunTime+ThinkTime)

注：Vu(业务名称)表示此业务的虚拟用户数。

RunTime 是测试程序/脚本运行（迭代）一次所消耗的时间，包括事务时间+非事务时间

（事务时间统计以外的部分，比如进入订单编辑页面，而我们只对订单提交考查其响应时间）。

（2）由在线活动用户数来估算并发数的方式适合于请求多的系统，比如新闻、BBS 等。公式如下：

$$C = nL/T$$

C是平均的并发用户数；n是session的数量；

L是session的平均长度；T指考察的时间段长度

$$C' \approx C+\sqrt[3]{C}$$

C' 峰值并发用户数

（3）由经验来估算并发用户数，这个完全靠经验，严格意义上并不严谨，但对于一些无法用公式计算出来的系统来说也不失为一种好的办法，而且有些时候还比较准确。通常我们估算并发用户数为用户数的 10%～20%，具体根据经验去调整。

15.18 JMeter 可以做哪些测试

JMeter 是一款开源桌面应用软件，可用来模拟用户负载来完成性能测试工作。JMeter 的功能在版本升级的过程中已经十分强大，现在多数互联网公司都在使用 JMeter 来完成产品或者项目的性能测试工作。因为开源所以更具扩展性，能够胜任更多的工作。可以不夸张的说，JMeter 是使用率最高的性能测试工具之一，JMeter 是当前最好的、最全面的性能测试工具之一。企业能够更低成本地使用 JMeter 进行性能测试构建工作。

JMeter 可以对 Web 应用进行测试，同时也提供了 Web 录制功能；另外还支持 Java 请求、JMS、EJB、WebService、JDBC、FTP、LDAP、SMTP、Junit、Mail、MongoDB、JSR223 等的测试。基本上我们常见的应用类型都可以用 JMeter 进行测试。除此之外，我们还可以方便地扩展 JMeter 功能来满足我们特定的测试需求。当前 HTML5 盛行，手机 App 如火如荼，我们也可以用 JMeter 来进行性能测试。JMeter 也支持 Socket 协议的测试。另外，JMeter 也很方便用来进行性能测试自动化。

除上面叙述之外，JMeter 也广泛用来做功能测试，现在流行微服务化，很多系统的测试实际上是接口的测试，使用 JMeter 可以测试基于 HTTP 协议、WebService 协议的接口。另外可以针对一些 RPC 的协议方便进行二次开发，比如 Dubbo/Dubbox，这样即可以进行接口的功能测试，也可以进行性能测试，还可以进行自动化的集成，把功能测试、自动化测试与性能测试三合一。

15.19 性能测试的分析方法有哪些

性能分析是一个大课题，不同的架构、不同的应用场景、不同的程序语言分析的方法都有差异，具体分为两类。

（1）自底向上：通过监控硬件及操作系统性能指标（CPU、内存、磁盘、网络等硬件资源的性能）来分析性能问题（配置、程序等的问题）。因为用户请求最终是由计算机硬件设备来完成的，做事的是 CPU。

（2）自顶向下：通过生成负载来观察被测试的系统性能，比如响应时间、吞吐量，然后从请求起点由外及里一层一层分析，从而找到性能问题所在。

不管是自底向上还是自顶向下，关键点就是生成负载、监控性能指标。

上面我们说了两种方法，大家会问哪一种方法更好呢？哪种方法更简单一点呢？我想说的是方法无所谓好坏，只是一个思路。对于没有经验的性能测试工作者，提倡自底向上；对于经验丰富的性能测试工作者，先用自顶向下的方式解决掉明显性能问题，再接合自底向上的方式分析更深层次的问题。

15.20 如何看懂 Java 线程栈信息

Java 程序问题定位时线程栈信息是一个重要线索，很多从业者面对线程信息无从下手，图 15-24 是两个线程的栈信息。

```
"Thread-1" prio=6 tid=0x05b84800 nid=0x660 waiting for monitor entry [0x063bf000]
   java.lang.Thread.State: BLOCKED (on object monitor)
        at com.road.threadDead.ThreadDead.run(ThreadDead.java:40)
        - waiting to lock <0x29e617b0> (a java.lang.Object)
        - locked <0x29e617b8> (a java.lang.Object)
        at java.lang.Thread.run(Thread.java:724)

   Locked ownable synchronizers:
        - None

"Thread-0" prio=6 tid=0x05b84000 nid=0xfb8 waiting for monitor entry [0x0613f000]
   java.lang.Thread.State: BLOCKED (on object monitor)
        at com.road.threadDead.ThreadDead.run(ThreadDead.java:29)
        - waiting to lock <0x29e617b8> (a java.lang.Object)
        - locked <0x29e617b0> (a java.lang.Object)
        at java.lang.Thread.run(Thread.java:724)

   Locked ownable synchronizers:
        - None
```

图 15-24 线程栈信息

Thread-1：是线程名称。

tid：Java 的线程 ID。

nid：每一个 Java 线程在操作系统层面都与一个线程对应，这个对应的线程 ID 就是 nid。

prio：线程优先级。

waiting for monitor entry[0x063bf000]：等待获取对象锁，而这个对象正好由 thread-0 所持有，所以这两个线程实际上是互锁，也就是死锁。

[0x063bf000]：线程栈起始地址。

15.21 能用本地负载环境测试“云环境”的性能吗

云服务器又称云计算服务器或云主机，云服务器的服务配置与业务规模可根据用户的需要进行配置，并可灵活地进行调整。所以很多中小企业因为成本的原因，都倾向使用这种服务。

有一些刚接触性能测试的测试工程师习惯性地按本地性能测试环境的方法对云服务环境进行性能测试。笔者认为这个习惯可能会造成性能测试报告不准等情况，原因有以下几点。

（1）网络：在于我们压力输出和受力服务器不在同一个机房。外网的不稳定性是重大的问题。

（2）安全性：云服务器运营商一般为了防止黑客攻击等第三方干扰会设置一些防御措施，比如单 IP 访问过频保护等。我们如果不绕过这层保护，那么压力根本就进不去。又哪里来的性能测试结果呢？

（3）其他：还有很多因素会影响这个性能测试结果，比如夹杂着虚拟化或者分布式等云服务器复杂的硬件架构和封闭性，让普通的性能测试工程师分析上无从下手。

15.22 性能测试环境和生产环境不一致

在性能测试过程中，经常会遇到生产环境非常复杂，但是由于成本原因，大多数企业选择只提供几个性能测试服务器。此性能测试环境和生产环境的机型和硬件架构或者软件系统环境也可能不一致，这样最后的结果往往跟实际不相符合，那么这样的性能测试往往没有意义。

一般对这种情况，我们需要根据 TPC-E 和虚拟化技术公式计算各测试服务器和生产服务器的比值，尽可能还原和等比例模拟生产环境。并对各测试依赖的外部系统进行 MOCK 处理。

15.23 本章小结

本章列举的性能测试人员常见的一些问题，重在思路。思路再辅以工具自然非常方便地解决问题。

作为一个性能测试人员对于问题要勇于分析，不要逃避问题，在网络上总有一些网友问一些常识性的问题，这都是学习态度问题，不能够沉下心来对问题进行分析，对涉及的知识不进行补充，指望别人帮忙，这种浮躁的学习心态要不得。

附录

附录 A
Jforum 性能测试计划

A.1 性能测试背景

公司准备运用 Jforum 架设一个面向社会的技术分享论坛，主要针对群体是 Java 开发人员、测试人员。受众主要是 Java 开发人员，所以选择 Java 开发的论坛更为合适。Jforum 是著名的开源论坛，采用 Java 开发的功能强大且稳定的论坛系统；它提供了抽象的接口、高效的论坛引擎以及易于使用的管理界面，同时具有完整的权限控制、多语言支持（包括中文）、可自定义的用户接口、支持多数据库、高性能、安全等特性；支持包括简体中文在内的多国语言，Jforum 功能强大，界面简洁友好，采用 BSD 授权，免费不用担心版权纠纷。

由于论坛面向社会，具备一定的访问量，需要进行性能测试来评估 Jfroum 性能、分析性能变化趋势、分析系统瓶颈风险、帮助规划系统容量、为硬件采购提供建议。

A.2 性能测试目标

（1）基于论坛业务量的要求，评估 JForum 能否满足性能要求。

（2）进行配置测试，找到相对合理的配置。

（3）对 JForum 进行定容定量，提供规划参考。

（4）验证系统的稳定性，验证系统的容错能力。

（5）测试并找出系统可能存在的性能问题，分析系统瓶颈风险。

A.3 性能测试范围

通过性能测试需求调研，分析用户使用行为，对系统的用户及业务数据量作了定量分析，性能测试将主要集中在表 A-1 中列出的业务过程。

表 A-1 测试范围

业务模块	业务名称
发帖	登录
	发帖
回帖	浏览帖子
	登录
	回复帖子

A.4 名词术语约定

- 负载：模拟业务操作对服务器造成压力的过程，比如模拟 100 个用户进行发帖。
- 性能测试（Performance Testing）：模拟用户负载来测试系统在负载情况下，系统的响应时间、吞吐量等指标是否满足性能要求。
- 负载测试（Load Testing）：在一定软硬件环境下，通过不断加大负载（不同虚拟用户数）来确定在满足性能指标情况下能够承受的最大用户数。简单说，可以帮我们对系统进行定容定量，找出系统性能的拐点，给予生产环境规划建议。这里的性能指标包括 TPS（每秒事务数）、RT（事务平均响应时间）、CPU Using（CPU 利用率）、Mem Using（内存使用情况）等软硬件指标。从操作层面上来说，负载测试也是一种性能测试手段，比如下面的配置测试就需要变换不同的负载来进行测试。

- 配置测试（Configuration Testing）：为了合理地调配资源，提高系统运行效率，通过测试手段来获取、验证、调整配置信息的过程。通过这个过程我们可以收集到不同配置反映出来的不同性能，从而为设备选择、设备配置提供参考。
- 压力/强度测试（Stress Testing）：在一定软硬件环境下，通过高负载的手段来使服务器资源（强调服务器资源，硬件资源）处于极限状态，测试系统在极限状态下长时间运行是否稳定，确定是否稳定的指示包括 TPS、RT、CPU Using、Mem Using 等。
- 稳定性测试（Endurance Testing）：在一定软硬件环境下，长时间运行一定负载，确定系统在满足性能指标的前提下是否运行稳定。与上面的压力/强度测试区别在于负载并不强调是在极限状态下（很多测试人员会持保守观念，在测试时会验证极限状态下的稳定性），着重的是满足性能要求的情况下，系统的稳定性？比如响应时间是否稳定？TPS 是否稳定？一般我们会在满足性能要求的负载情况下加大 1.5 到 2 倍的负载量进行测试。
- TPS：每秒完成的事务数，通常指每秒成功的事务数，性能测试中重要的综合性能指标。一个事务是一个业务度量单位，有时一个事务会包括多个子操作，但为了方便统计，我们会把这多个子操作计为一个事务。比如一笔电子支付操作，在后台系统中可能会经历会员系统、账务系统、支付系统、会计系统、银行网关等，但对于用户来说只想知道整笔支付花费了多长时间。
- RT/ART（Response Time/average Response Time）：响应时间/平均响应时间，指一个事务花费多长时间完成（多长时间响应客户请求），为了使这个响应时间更具代表性，会统计更多的响应时间然后取平均值，即得到了事务平均响应时间（ART），为了方便大家通常会直接用 RT 来代替 ART，以后看到 ART 与 RT 是代表同一个意思。
- PV（Page View）：每秒用户访问页面的次数，此参数用来分析平均每秒有多少用户访问页面。

A.5 测试环境

A.5.1 生产环境系统架构

WebServer 负责反向代理，静态请求处理。

Tomcat7 负责动态请求处理。

MySQL5.6 做双机热备，保证数据安全。

生产环境物理架构如图 A-1 所示。

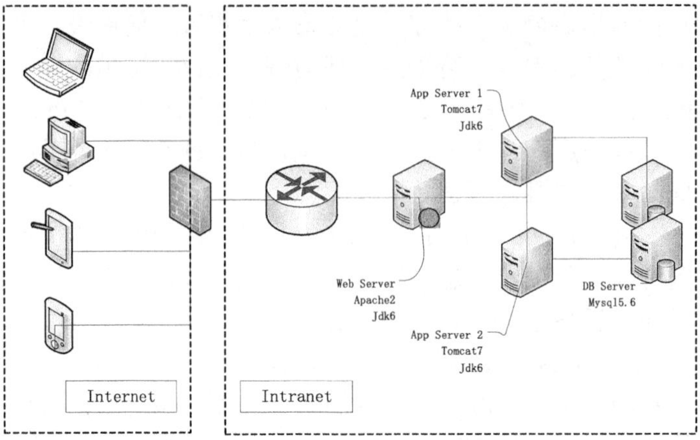

图 A-1 生产环境物理架构

A.5.2 测试环境系统架构

测试环境系统架构如 A-2 所示。

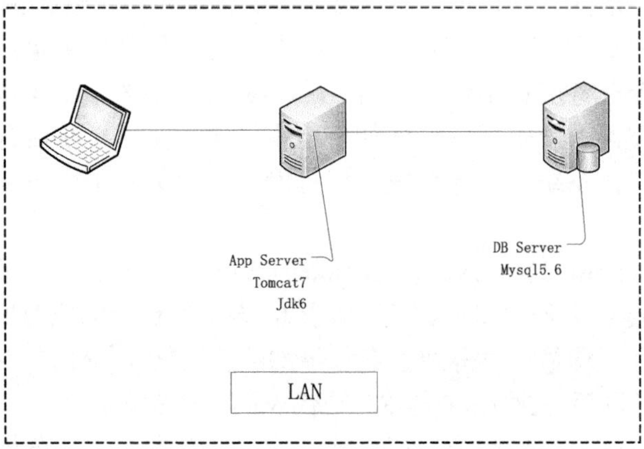

图 A-2 测试环境物理架构

A.5.3 生产环境软硬件配置

生产环境软硬件配置如表 A-2 所列。

表 A-2 生产环境软硬件配置

硬件名称	数量	硬 件 配 置	软件配置	备 注
DB Sever	2	CPU: i5-3230 2.6GHz RAM: 8G DDR3 1600MHz Disk: HGSH 500G 7200 转/分 Network: Intel（R） 82579LM Gigabit Network Connection	Win7 64Bit Jdk1.7 MySQL5.6.11	

续表

硬件名称	数量	硬件配置	软件配置	备注
Web Server	2	CPU： i5-3230 2.6GHz RAM： 8G DDR3 1600MHz Disk： HGSH 500G 7200 转/分 Network：Intel（R） 82579LM Gigabit Network Connection	Win7 64Bit Jdk1.7 MySQL5.6.11 Tomcat7	

A.5.4 测试环境软硬件配置

测试环境软硬件配置如表 A-3 所列。

表 A-3 测试环境软硬件配置

硬件名称	数量	硬件配置	软件配置	备注
DB Sever	1	CPU： i5-3230 2.6GHz RAM： 8G DDR3 1600MHz Disk： HGSH 500G 7200 转/分 Network：Intel（R） 82579LM Gigabit Network Connection 1000M	Win7 64Bit Jdk1.7 32Bit MySQL5.6.11	
Web Server	1	CPU： i5-3230 2.6GHz RAM： 8G DDR3 1600MHz Disk： HGSH 500G 7200 转/分 Network：Intel（R） 82579LM Gigabit Network Connection 1000M	Win7 64Bit Jdk1.7 32bit Tomcat7	

A.5.5 负载机软硬件配置

负载机软硬件配置如表 A-4 所列。

表 A-4 负载机软硬件配置

硬件名称	数量	硬件配置	软件配置	备注
负载机	1	CPU： i5-3230 2.6GHz RAM： 8G DDR3 1600MHz Disk： HGSH 500G 7200 转/分 Network： Intel（R） 82579LM Gigabit Network Connection 1000M	Win7 64bit JMeter2.11 Jdk1.7	

A.6 需求分析

需求分析分为两部分，先进行性能需求采集；主要通过研习需求文档，走访关键干系人来完成；然后对采集的信息进行分析，确定性能测试范围与性能指标。

A.6.1 业务模型

从需求中获取到如图 A-3 业务模型。

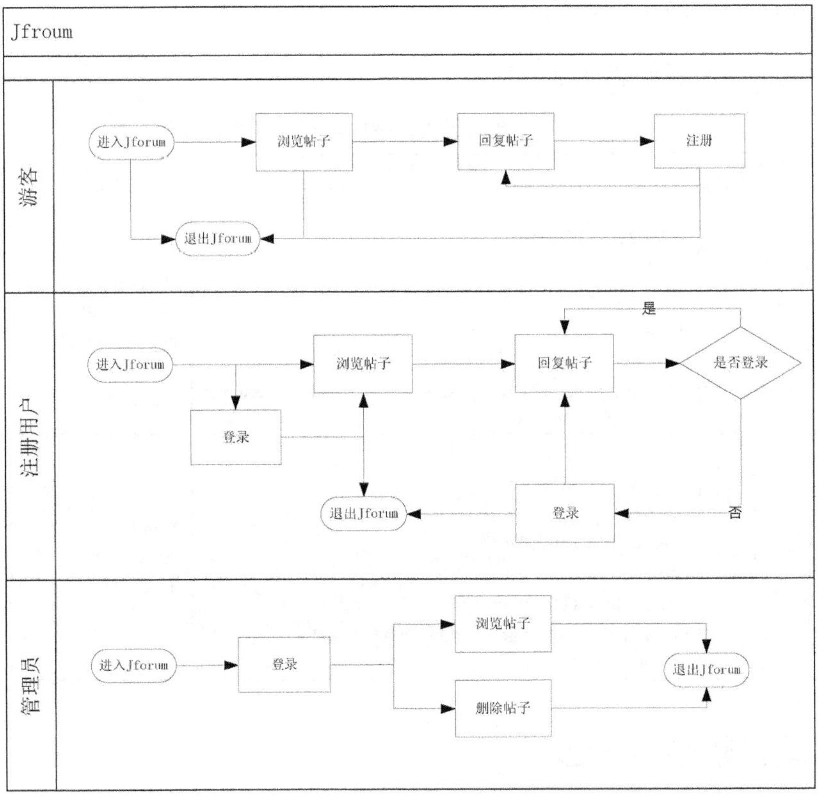

图 A-3 测试业务模型

表 A-5 是业务量统计。

表 A-5 业务量统计

业务名称（描述）	业务量	未来业务量	数据量	响应时间	事务成功率
登录	0.6 万 PV/天	1.01 万次/天	不记录	<3 秒	>99%
浏览帖子	1.4 万 PV/天	2.37 万 PV/天	不记录	<3 秒	>99%
发新帖	0.2 万 PV/天	0.34 万 PV/天	124.1 万条	<3 秒	>99%
回复帖子	0.4 万 PV/天	0.68 万 PV/天	248.2 万条	<3 秒	>99%

表 A-6 是存量数据的统计。

表 A-6 历史数据统计

业务名称（描述）	业务历史数据量
历史帖子数	495.2 万
历史回帖数	582.5 万

注：考虑到 3 年之内系统数据不会进行归档操作，需要保留 3 年的业务数据，所以测试时需要准备 3 年的业务数据作为存量（历史）数据，发帖存量数量：

（0.34 万 PV*365）+（0.34*365*（1+30%））+（0.34 *365 *（1+30%）^{2}）≈495.2 万条。

A.6.2 性能指标

A.6.2.1 业务性能指标

业务统计如表 A-7。

表 A-7 业务统计

功能	高峰日业务分布																合计	占比
	8	9	10	11	12	13	14	15	16	17	18	19	20	21	22	23		
登录系统	100	1000	1300	960	500	100	1150	1250	960	400	350	380	700	650	200	100	10100	24.8
浏览帖子	200	2010	2706	1800	1009	200	2265	2450	2000	850	750	780	1450	1350	350	200	20370	50.1
发送新帖	86	201	526	468	66	56	568	645	318	56	63	78	89	94	63	23	3400	8.35
回复帖子	101	378	676	568	368	260	787	793	507	164	136	125	893	856	135	53	6800	16.7

综合一下上午 10 点是访问高峰，PV 约 5208（登录、浏览、回帖、发帖合计），按 80/20 原则计算 TPS=5208*80%/（3600*20%）≈5.8，具体如表 A-8。

表 A-8 业务指标

业务名称（描述）	高峰业务量	TPS	并发数	响应时间	事务成功率
登录	1300PV/小时	1.44	20	<3 秒	>99%
浏览帖子	2706 PV/小时	3.0	40	<3 秒	>99%
发新帖	526PV/小时	0.58	7	<3 秒	>99%
回复帖子	676PV/小时	0.75	10	<3 秒	>99%
合计：		5.8	77		

A.6.2.2 硬件性能指标

硬件指标如表 A-9。

表 A-9 硬件指标

硬件类别	指标范围	备　注
CPU	<70%	
内存	<70%	
存储	无明显 IO 瓶颈	
网络	<30%	

A.7 测试策略

此次性能测试的目的是：

（1）基于论坛业务量的要求，需要评估一下 JForum 能否满足性能要求。

（2）进行配置测试，找到相对合理的配置，充分利用硬件设备。

（3）对 Jforum 进行定容定量，提供规划参考。

（4）验证系统的稳定性，验证系统的容错能力。

（5）测试并找出系统可能存在的性能问题，找出系统瓶颈。

测试采用 JMeter 来模拟用户请求，针对测试目标会进行多轮的测试：

第一轮在测试过程中尝试多种不同的配置进行压测，优化系统参数的配置，找出可能存在的性能问题。

第二轮进行定容定量的测试，为系统扩展提供参考，同时也回归上一轮修改的性能问题。

第三轮进行稳定性的测试，验证系统容错能力。

测试开始前准备足够的存量业务数据，测试执行过程中也需要持续一段时间，确保结果的普遍性、可参考性；同时监控系统硬件性能指标与中间件及数据库性能指标，确保能够全面的对系统性能进行评估。

A.7.1 测试执行策略

测试执行策略如表 A-10。

表 A-10 测试执行策略

开始时间	结束时间	测试类别	测试目的
2015-07-07	2015-07-07	基准测试	测试环境验证，脚本验证，测试基准
2015-07-08	2015-07-09	配置测试	第一轮测试，优化配置、找出性能问题
2015-07-10	2015-07-13	负载测试	第二轮测试，定容定量、回归性能问题
2015-07-14	2015-07-15	稳定性测试	第三轮测试，系统稳定性验证

A.7.2 测试监控策略

测试监控主要在于以下两个方面（见表 A-11）。

（1）业务性能指标：TPS 与 RT 等。

（2）硬件性能指标：CPU、Mem、Disk 等。

表 A-11 监控策略

服务器	监控指标	监控工具及方法	备注
App/Web Server	CPU、Mem、Disk、Network	Windows Perfmon	
Tomcat	JVM、线程数、DB 连接数	Probe	
Mysql Server	CPU、Mem、Disk、连接数、慢查询等信息	MONyog	

A.8 测试场景

配合上面的测试策略，设计如表 A-12 测试场景，其中并发数根据业务量进行换算所得，做为负载量参考，在测试执行过程中会根据 TPS 及 ThinkTime 进行并发用户数的调整。

表 A-12 测试场景

场景编号	测试类型	涉及业务	业务占比	运行时间	并发数	目 的
Sec_101	基准测试	登录	N/A	5m	1	验证测试环境、验证脚本、性能基准
		浏览帖子	N/A	5m	1	
		发新帖	N/A	5m	1	
		回复帖子	N/A	5m	1	
Sec_102	配置测试	登录	36%	N/A	20	优化配置，找出性能问题
		浏览帖子	41%		40	
		发新帖	10%		7	
		回复帖子	13%		10	
Sec_103	负载测试	登录	36%	N/A	20/40/60	定容定量 不同负载时要确保结果平稳、具有参考性
		浏览帖子	41%		40/80/120	
		发新帖	10%		7/14/28	
		回复帖子	13%		10/20/40	
Sec_104	稳定性测试	登录	36%	>12 小时	20	验证稳定性
		浏览帖子	41%		40	
		发新帖	10%		7	
		回复帖子	13%		10	

说明：

（1）Sec_101 基准测试，在执行时分两种情况，先单业务执行，再混合业务执行；虚拟用户数都为 1 个。

（2）Sec_102 配置测试，按业务量的占比来加载虚拟用户数，尽量在模拟用户实际使用情况的前提下来进行配置测试，这样调整的配置才是最适合实际使用的配置，虚拟用户数参照负载测试中的数量，在测试过程中根据需要扩大。

（3）Sec_103 负载测试场景，此场景下对系统进行定容定量测试，找出系统性能变化趋势，找出性能瓶颈或者性能风险。测试时并发用户数以场景设计中的数量为基准按比例进行递增。

（4）Sec_104 稳定性测试，重点关注系统的稳定性，需要通过长时间的运行验证；按惯例要求不低于 8 小时，在此我们计划运行 12 小时。

A.9 测试准备

测试前准备工作如下。

（1）测试工具准备，包括负载工具、监控工具、文档管理工具等。

（2）测试脚本及测试程序准备。

（3）测试数据准备。

（4）测试环境准备。

A.9.1 测试工具准备

测试准备见表 A-13。

表 A-13 测试准备

工具名称	用途	备注
JMeter2.11	负载工具	用于模拟负载
JDK1.7	Java 虚拟机	
MONyog	数据库监控	Mysql 监控
Jconsole	JVM 监控	
Perfmon	硬件性能监控	监控 Windows 系统硬件指标
Netstat	网络连接数监控	网络连接数监控

A.9.2 测试脚本及程序准备

测试脚本开发计划见表 A-14。

表 A-14 测试脚本开发计划

业务	负责人	完成日期
登录	XXX	2015-7-02～2015-07-07
浏览帖子		2015-7-02～2015-07-07
发新帖		2015-7-02～2015-07-07
回复帖子		2015-7-02～2015-07-07

A.9.3 测试数据准备

测试数据准备计划见表 A-15。

表 A-15 测试数据准备计划

业务	数据量	负责人	完成日期
基础数据	N/A	XXX	2015-7-06
帖子	495.2 万		2015-7-06
回帖	582.5 万		2015-7-06

A.9.4 测试环境准备

测试环境准备见表 A-16。

表 A-16 测试环境准备

准备类别	负责人	完成日期
硬件设备准备完毕	XXX	2015-07-02
必要软件准备完毕	XXX	2015-07-02
系统部署完毕	XXX	2015-07-03
环境验证完毕	XXX	2015-07-03

A.10 测试组织架构

测试组织架构见图 A-4 和表 A-17。

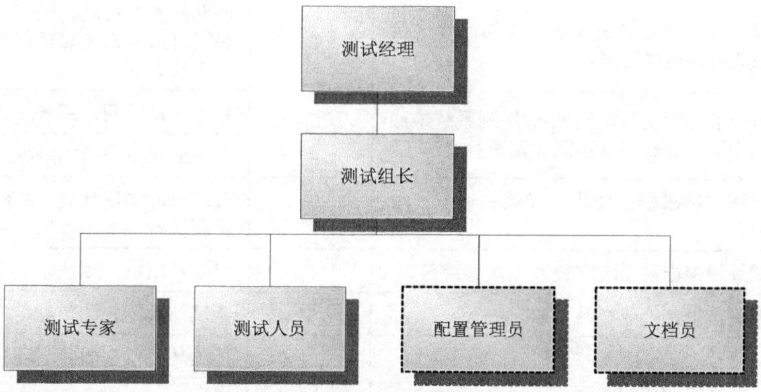

图 A-4 测试组织架构

表 A-17 测试角色说明

角色	职责
测试经理	制定测试计划，完成人员的调配，协调项目整体资源。
测试组长	协助测试经理完成测试计划制定，制定测试策略、测试流程；控制测试流程、分配测试任务、跟踪测试任务、组织与开发人员，业务人员的沟通。
测试专家	量化测试需求，保证测试需求的可执行性；设计测试架构，与测试组长确定测试流程及配置测试环境；在执行阶段需要跟踪执行状况，解决各种难题。
测试人员	执行性能测试工作（测试数据准备、测试脚本及程序开发、测试执行、问题分析、报告编写程序）
配置管理员	负责将测试用例、测试数据、测试文档、测试反馈等和测试有关产出物进行备档，保证测试中的数据的完整性。
文档员	负责文档管理，并协助测试组长完成最终文档报告，与配置管理员配合，完成项目文档的沉淀及传递。

A.11 交付清单

（1）《性能测试计划》

（2）《性能测试脚本》

（3）《性能缺陷报告》

（4）《性能测试阶段性报告》，如果性能测试有多轮，需要按轮次报告性能测试结果，此结果即是性能测试阶段性报告。

（5）《性能测试报告》，性能测试完成后总结性报告,性能测试报告内容包含且不限于事务成功率、TPS、硬件性能指标等。

A.12 项目风险

受环境、人力及自然因素影响，在测试过程中难免会出现一些影响测试执行过程的因素，风险及规避方法如表 A-18。

表 A-18 测试风险及应对策略

分 类	风 险 描 述	风险级别	规 避 方 法
人员风险	人力资源、人员经验不足、人员离职等	高	储备机动人员、培训，文档规范化
软件风险	由于发现较严重缺陷引发较长时间的程序修改，造成测试进度延迟	高	协助开发人员确定缺陷，并提出建议方案。必要时适当延长测试周期，或采取增加测试人员的方法
进度风险	开发方未能按期交付待测系统/待测系统未通过冒烟测试，导致测试不能如期进行	高	延长测试时间，或增加人员、资源 对于低优先级的功能推迟测试
变更风险	测试过程中需求发生变化，导致测试工作量的增加	高	及时修改测试计划，加班完成或适当申请延长测试时间
系统风险	在测试过程中出现系统宕机，无法继续测试	高	启用备用机，尽快修复系统
数据风险	测试数据有误，造成交易失败	中	测试前验证每个数据
环境风险	部署、网络等造成的影响	中	列出环境检查条目，环境部署后，逐条检查 增加测试资源，如请求对测试工作提供更多支持

A.13 附录

总体进度安排，如图 A-5 所示。

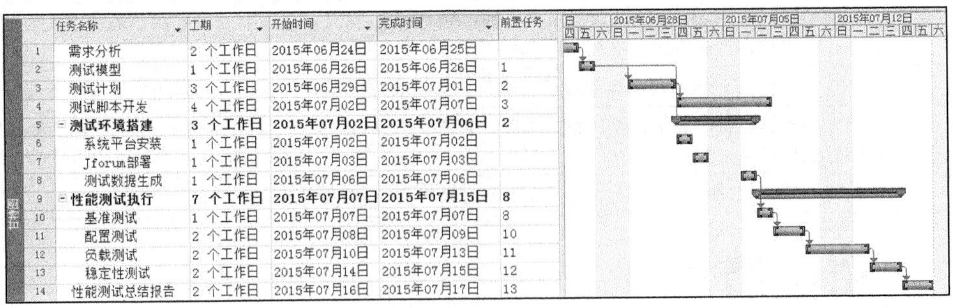

	任务名称	工期	开始时间	完成时间	前置任务
1	需求分析	2 个工作日	2015年06月24日	2015年06月25日	
2	测试模型	1 个工作日	2015年06月26日	2015年06月26日	1
3	测试计划	3 个工作日	2015年06月29日	2015年07月01日	2
4	测试脚本开发	4 个工作日	2015年07月02日	2015年07月07日	3
5	- **测试环境搭建**	**3 个工作日**	**2015年07月02日**	**2015年07月06日**	**2**
6	系统平台安装	1 个工作日	2015年07月02日	2015年07月02日	
7	Jforum部署	1 个工作日	2015年07月03日	2015年07月03日	
8	测试数据生成	1 个工作日	2015年07月06日	2015年07月06日	
9	- **性能测试执行**	**7 个工作日**	**2015年07月07日**	**2015年07月15日**	**8**
10	基准测试	1 个工作日	2015年07月07日	2015年07月07日	8
11	配置测试	2 个工作日	2015年07月08日	2015年07月09日	10
12	负载测试	2 个工作日	2015年07月10日	2015年07月13日	11
13	稳定性测试	2 个工作日	2015年07月14日	2015年07月15日	12
14	性能测试总结报告	2 个工作日	2015年07月16日	2015年07月17日	13

图 A-5 测试工作日程

附录 B

性能测试报告

JForum 性能测试报告

当前版本：	V0.1
最后更新时间：	2015-7-1
最后更新人：	XXX
作者：	XXX
创建日期：	2015-7-1

修改历史

版本	修改日期	作者	说　明
V0.1	2015-7-1	XXX	初始版本

B.1 性能测试背景

公司准备运用 Jforum 架设一个面向社会的技术分享论坛，主要针对群体是 Java 开发人员、测试人员。受众主要是 Java 开发人员，所以选择 Java 开发的论坛更为合适。Jforum 是著名的开源论坛，采用 Java 开发的功能强大且稳定；它提供了抽象的接口、高效的论坛引擎以及易于使用的管理界面，同时具有完整的权限控制、多语言支持（包括中文）、可自定义的用户接口、支持多数据库、高性能、安全等特性；支持多种语言，Jforum 功能强大，界面简洁友好，采用 BSD 授权，免费且不用担心版权纠纷。

由于论坛面向社会，具备一定的访问量，需要进行性能测试来评估 Jfroum 性能、分析性能变化趋势、分析系统瓶颈风险、帮助规划系统容量、为硬件采购提供建议。

B.2 性能测试目标

（1）基于论坛业务量的要求，评估 Jforum 能否满足性能要求？

（2）进行配置测试，找到相对合理的配置。

（3）对 Jforum 进行定容定量，提供规划参考。

（4）验证系统的稳定性，验证系统的容错能力。

（5）测试并找出系统可能存在的性能问题，分析系统瓶颈风险。

B.3 性能测试范围

通过性能测试需求调研，分析用户使用行为，对系统的用户及业务数据量作了定量分析，性能测试将主要集中在如表 B-1 业务过程中。

表 B-1 性能测试范围

业务名称	高峰业务量	TPS	并发数	响应时间（ART）	事务成功率
登录	1300PV/小时	1.44	20	<3 秒	>99%
浏览帖子	2706 PV/小时	3.0	40	<3 秒	>99%
发新帖	526PV/小时	0.58	7	<3 秒	>99%
回复帖子	676PV/小时	0.75	10	<3 秒	>99%
合计：		5.8	77		

B.4 名词术语约定

- 负载：模拟业务操作对服务器造成压力的过程，比如模拟 100 个用户进行发帖。
- 性能测试（Performance Testing）：模拟用户负载来测试系统在负载情况下，系统的响应时间、吞吐量等指标是否满足性能要求。
- 负载测试（Load Testing）：在一定软硬件环境下，通过不断加大负载（不同虚拟用户数）来确定在满足性能指标情况下能够承受的最大用户数。简单来说，可以帮我们对系统进行定容定量，找出系统性能的拐点，给予生产环境规划建议。这里的性能指标包括 TPS（每秒事务数）、RT（事务平均响应时间）、CPU Using（CPU 利用率）、Mem Using（内存使用情况）等软硬件指标。从操作层面上来说，负载测试也是一种性能测试手段，比如下面的配置测试就需要变换不同的负载来进行测试。
- 配置测试（Configuration Testing）：为了合理的调配资源，提高系统运行效率，通过测试手段来获取、验证、调整配置信息的过程。通过这个过程我们可以收集到不同配置反映出来的不同性能，从而为设备选择、设备配置提供参考。
- 压力/强度测试（Stress Testing）：在一定软硬件环境下，通过高负载的手段来使服务器资源（强调服务器资源，硬件资源）处于极限状态，测试系统在极限状态下长时间运行是否稳定，确定是否稳定的指示包括 TPS、RT、CPU Using、Mem Using 等。
- 稳定性测试（Endurance Testing）：在一定软硬件环境下，长时间运行一定负载，确定系统在满足性能指标的前提下是否运行稳定。与上面的压力/强度测试区别在于负载并不强调是在极限状态下（很多测试人员会持保守观念，在测试时会验证极限状态下的稳定性），着重的是满足性能要求的情况下，系统的稳定性？比如响应时间是否稳定？TPS 是否稳定？一般我们会在满足性能要求的负载情况下加大 1.5 到 2 倍的负载量进行测试。
- TPS：每秒完成的事务数，通常指每秒成功的事务数，性能测试中重要的综合性性能指标。一个事务是一个业务度量单位，有时一个事务会包括多个子操作，但为了方便统计，我们会把这多个子操作计为一个事务。比如一笔电子支付操作，在后台系统中可能会经历会员系统、账务系统、支付系统、会计系统、银行网关等，但对于用户来说只想知道整笔支付花费了多长时间。
- RT/ART（Response Time/average Response Time）：响应时间/平均响应时间，指一个事务花费多长时间完成（多长时间响应客户请求），为了使这个响应时间更具代表性，会统计更多的响应时间然后取平均值，即得到了事务平均响应时间（ART），为了方便大家通常会直接用 RT 来代替 ART，以后看到 ART 与 RT 是代表同一个意思。

● PV（Page View）：每秒用户访问页面的次数，此参数用来分析平均每秒有多少用户访问页面。

B.5 测试环境

B.5.1 生产环境系统架构

生产环境系统架构如图 B-1 所示。

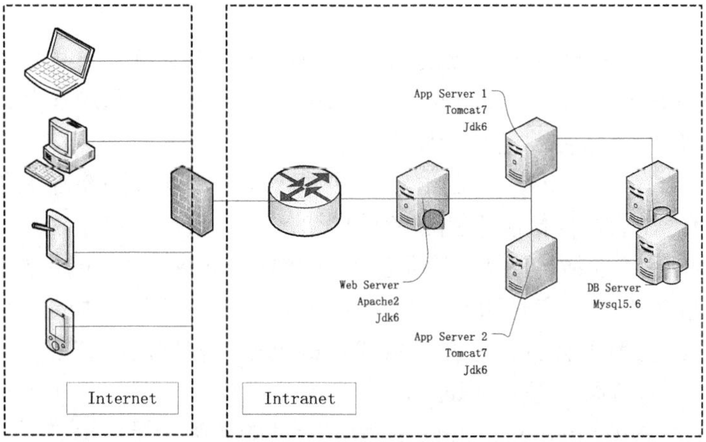

图 B-1 生产环境物理架构

WebServer 负责反向代理，静态请求处理。

Tomcat7 负载动态请处理。

MySQL5.6 做双机热备。

B.5.2 测试环境系统架构

测试环境系统架构如图 B-2 所示。

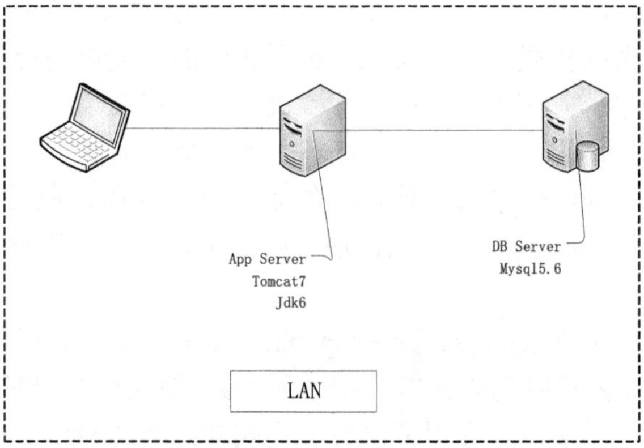

图 B-2 测试环境物理架构

B.5.3 生产环境软硬件配置

生产环境软硬件配置如表 B-2 所示。

表 B-2 生产环境软硬件配置

硬件名称	数量	硬 件 配 置	软件配置	备 注
DB Sever	2	CPU： i5-3230 2.6GHz RAM： 8G DDR3 1600MHz Disk： HGSH 500G 7200 转/分 Network：Intel（R） 82579LM Gigabit Network Connection	Win7 64Bit Jdk1.7 MySQL5.6.11	
Web Server	3	CPU： i5-3230 2.6GHz RAM： 8G DDR3 1600MHz Disk： HGSH 500G 7200 转/分 Network：Intel（R） 82579LM Gigabit Network Connection	Win7 64Bit Jdk1.7 MySQL5.6.11 Tomcat7	

B.5.4 测试环境软硬件配置

测试环境软硬件配置如表 B-3 所示。

表 B-3 测试环境软硬件配置

硬件名称	数量	硬 件 配 置	软件配置	备 注
DB Sever	1	CPU： i5-3230 2.6GHz RAM： 8G DDR3 1600MHz Disk： HGSH 500G 7200 转/分 Network：Intel（R） 82579LM Gigabit Network Connection 1000M	Win7 64Bit Jdk1.7 32Bit MySQL5.6.11	
Web Server	1	CPU： i5-3230 2.6GHz RAM： 8G DDR3 1600MHz Disk： HGSH 500G 7200 转/分 Network：Intel（R） 82579LM Gigabit Network Connection 1000M	Win7 64Bit Jdk1.7 32bit Tomcat7	

B.5.5 负载机软硬件配置

负载机软硬件配置如表 B-4 所示。

表 B-4　　负载机软硬件配置

硬件名称	数量	硬 件 配 置	软件配置	备注
负载机	1	CPU： i5-3230 2.6GHz RAM： 8G DDR3 1600MHz Disk： HGSH 500G 7200 转/分 Network：Intel（R） 82579LM Gigabit Network Connection 1000M	Win7 64bit JMeter2.11 Jdk1.6	

B.6 测试数据

系统性能要能够支撑企业未来 3 年的业务增长带来的系统负担，随着数据量的增加系统性能会受到影响，在测试时我们必须考虑这方面影响。

B.6.1 历史数据量

历史数据量如表 B-5 所示。

表 B-5　　历史数据

业务名称（描述）	业务历史数据量
历史帖子数	495.2 万
历史回帖数	582.5 万

B.6.2 主数据

主数据完整性是系统运行的先决条件，为了真实模拟系统生产环境运行状况，测试环境中的主数据将以生产数据为参照。此次准备了测试账号 300 个，按角色按比例分布。

B.6.3 性能指标

B.6.3.1 业务性能指标

业务性能指标如表 B-6 所示。

表 B-6　　业务性能指标

业务名称	高峰业务量	TPS	并发数	响应时间	事务成功率
登录	1300PV/小时	1.44	20	<3 秒	>99%
浏览帖子	2706 PV/小时	3.0	40	<3 秒	>99%
发新帖	526PV/小时	0.58	7	<3 秒	>99%
回复帖子	676PV/小时	0.75	10	<3 秒	>99%
合计：		5.8	77		

B.6.3.2 硬件性能指标

硬件性能指标如表 B-7 所示。

表 B-7 硬件性能指标

硬件类别	监控项	阈值	备注
CPU	CPU 利用率	<70%	
内存	内存利用率	<70%	
存储	%Disk Time NAS	<70%	
网络	带宽占用率	<30%	
中间件	Pool Size	N/A	通过配置测试验证配置数量 Netstat –ano|grep 80 -wc
DB	连接数		Netstat –ano|grep 3306 -wc
……	……	……	……

B.7 测试进度

测试日程如图 B-3 所示。

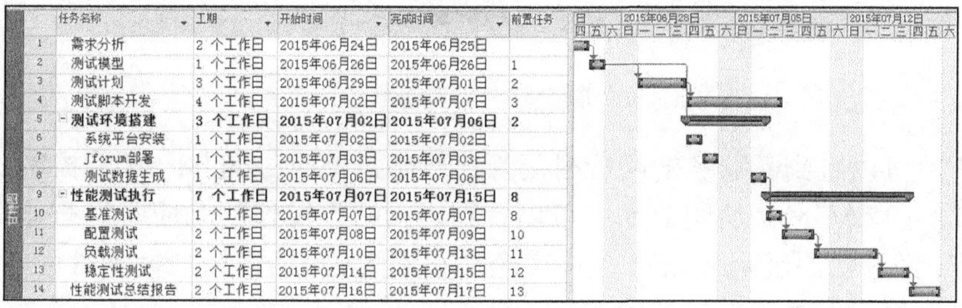

	任务名称	工期	开始时间	完成时间	前置任务
1	需求分析	2 个工作日	2015年06月24日	2015年06月25日	
2	测试模型	1 个工作日	2015年06月26日	2015年06月26日	1
3	测试计划	3 个工作日	2015年06月29日	2015年07月01日	2
4	测试脚本开发	4 个工作日	2015年07月02日	2015年07月07日	3
5	- 测试环境搭建	3 个工作日	2015年07月02日	2015年07月06日	2
6	系统平台安装	1 个工作日	2015年07月02日	2015年07月02日	
7	Jforum部署	1 个工作日	2015年07月03日	2015年07月03日	
8	测试数据生成	1 个工作日	2015年07月06日	2015年07月06日	
9	- 性能测试执行	7 个工作日	2015年07月07日	2015年07月15日	8
10	基准测试	1 个工作日	2015年07月07日	2015年07月07日	8
11	配置测试	2 个工作日	2015年07月08日	2015年07月09日	10
12	负载测试	2 个工作日	2015年07月10日	2015年07月13日	11
13	稳定性测试	2 个工作日	2015年07月14日	2015年07月15日	12
14	性能测试总结报告	2 个工作日	2015年07月16日	2015年07月17日	13

图 B-3 测试日程

B.8 测试结果

B.8.1 基准测试结果

B.8.1.1 测试场景

表 B-8 基准测试场景

场景编号	测试类型	涉及业务	业务占比	运行时间	并发数	目 的
Sec_101	基准测试	登录	N/A	5m	1	验证测试环境 验证脚本 性能基准
		浏览帖子	N/A	5m	1	
		发新帖	N/A	5m	1	
		回复帖子	N/A	5m	1	

表 B-8 基准测试采用单业务场景、单用户的方式来执行脚本，用户思考时间设置为 200 毫秒（单位时间完成更多的事务，同时也兼顾思考时间的设置）。

B.8.1.2 测试结果

1．聚合报告（见图 B-4）

Label	# Samples	Average	Median	90% Line	Min	Max	Error %	Throughput	KB/sec
进入版块	170	21	19	21	16	366	0.00%	9.9/min	6.1
Session验证	846	3	3	4	2	205	0.00%	49.3/min	.2
浏览帖子	170	30	22	53	19	76	0.00%	9.9/min	4.2
进入回帖页面	170	21	21	22	16	32	0.00%	9.9/min	4.1
回帖	169	185	155	212	114	1464	0.00%	9.9/min	4.2
进入新帖编辑页面	169	19	19	20	17	30	0.00%	9.9/min	4.1
发帖	169	155	150	195	101	378	0.00%	9.9/min	2.8
进入登陆页面	169	5	6	6	4	13	0.00%	9.9/min	.9
登陆	169	33	32	33	28	329	0.00%	9.9/min	4.2
总体	2201	37	19	144	2	1464	0.00%	2.1/sec	30.7

图 B-4 聚合报告

2．响应时间（RT）（见图 B-5）

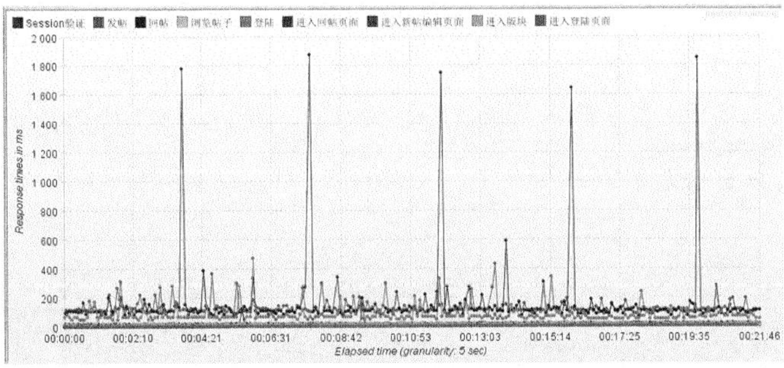

图 B-5 响应时间图

从图 B-5 中可以看到各业务的响应时间都比较小，响应时间 90%都能控制在 200 毫秒以下；TPS 为 0.2（12.5/分）；从图 B-5 中可以看到“回帖”操作的响应时间有异常，这些异常呈周期性分布；经分析原因是 jforum 要构建全文搜索索引，这样用户搜索时性能会得到提升，但是在构建时会进行大量的文件写操作。

从整个基准测试结果来看单用户响应时间较快，事务成功率 100%，测试环境检查通过，脚本检查通过。

B.8.1.3 测试结论

基准测试结果验证测试环境准备完成，可以进行后续的性能测试；单场景单用户情况下各业务性能良好；在执行过程中监控到响应时间有异常，是构建全文搜索索引引起的。

B.8.2 配置测试

B.8.2.1 测试场景

配置测试场景如表 B-9 所示。

表 B-9 配置测试场景

场景编号	测试类型	涉及业务	业务占比	运行时间	并发数	目　的
Sec_102	配置测试	登录	36%	N/A	20	优化配置
		浏览帖子	41%		40	
		发新帖	10%		7	
		回复帖子	13%		10	

配置测试目标方向。

（1）JVM 配置：优化 JVM 配置。

（2）Tomcat 线程池配置：确定一个较合理的 Tomcat 配置，Tomcat 的网络 IO 选用 APR 模式。

（3）数据库连接池配置：确定一个合理的连接池配置。

（4）MySQL 数据库相关性能配置。

B.8.2.2 测试结果

1．JVM 配置测试

表 B-10 是不同 JVM 配置下的测试结果。

表 B-10　　JVM Heap 大小不同时测试结果

业务名称	ART			TPS		
	512M	768M	1024M	512M	768M	1024M
登录	103	101	101	14.3	14.5	14.6
浏览帖子	53	51	50	28.7	28.8	28.9
回帖	1231	1178	1166	9.4	9.5	9.6
发帖	1070	1035	1028	7.2	7.3	7.3

可以看到 JVM Heap 不管是在 512MB、768MB 还是 1024MB 的情况下，此前的负载情况下性能差别不大，保险起见建议 Heap 设置 1024MB，防止业务量突增时对 Heap 的需要。

执行过程中监控分析到 CPU 资源占用过是因为构建全文搜索索引（jforum 提供的功能），这个动作太频繁（发帖与回帖都会操作此过程），基于性能考虑就需要讨论索引更新的频率，从而减小 IO 提高效率。图 B-6 可以看到写数据是 26214400 字节/秒。

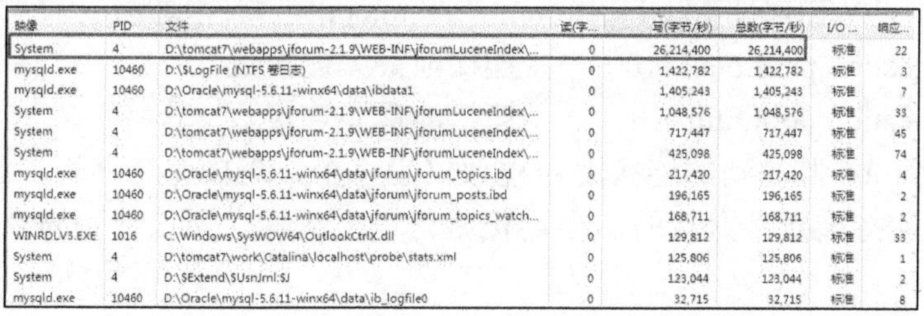

映像	PID	文件	读(字...	写(字节/秒)	总数(字节/秒)	I/O ...	响应...
System	4	D:\tomcat7\webapps\jforum-2.1.9\WEB-INF\jforumLuceneIndex\...	0	26,214,400	26,214,400	标准	22
mysqld.exe	10460	D:\$LogFile (NTFS 卷日志)	0	1,422,782	1,422,782	标准	3
mysqld.exe	10460	D:\Oracle\mysql-5.6.11-winx64\data\ibdata1	0	1,405,243	1,405,243	标准	7
System	4	D:\tomcat7\webapps\jforum-2.1.9\WEB-INF\jforumLuceneIndex\...	0	1,048,576	1,048,576	标准	33
System	4	D:\tomcat7\webapps\jforum-2.1.9\WEB-INF\jforumLuceneIndex\...	0	717,447	717,447	标准	45
System	4	D:\tomcat7\webapps\jforum-2.1.9\WEB-INF\jforumLuceneIndex\...	0	425,098	425,098	标准	74
mysqld.exe	10460	D:\Oracle\mysql-5.6.11-winx64\data\jforum\jforum_topics.ibd	0	217,420	217,420	标准	4
mysqld.exe	10460	D:\Oracle\mysql-5.6.11-winx64\data\jforum\jforum_posts.ibd	0	196,165	196,165	标准	2
mysqld.exe	10460	D:\Oracle\mysql-5.6.11-winx64\data\jforum\jforum_topics_watch...	0	168,711	168,711	标准	2
WINRDLV3.EXE	1016	C:\Windows\SysWOW64\OutlookCtrlX.dll	0	129,812	129,812	标准	33
System	4	D:\tomcat7\work\Catalina\localhost\probe\stats.xml	0	125,806	125,806	标准	1
System	4	D:\$Extend\$UsnJrnl:$J	0	123,044	123,044	标准	2
mysqld.exe	10460	D:\Oracle\mysql-5.6.11-winx64\data\ib_logfile0	0	32,715	32,715	标准	8

图 B-6　IO 监控

图 B-7 是对 Jfroum 服务器硬件指标的监控，可以看到 CPU 利用率在需求指标（70%）范围内，接合业务的响应时间来看（响应时间都小于 3 秒）当前的负载不算过载，性能表现能够满足需求，系统性能瓶颈风险在 CPU。

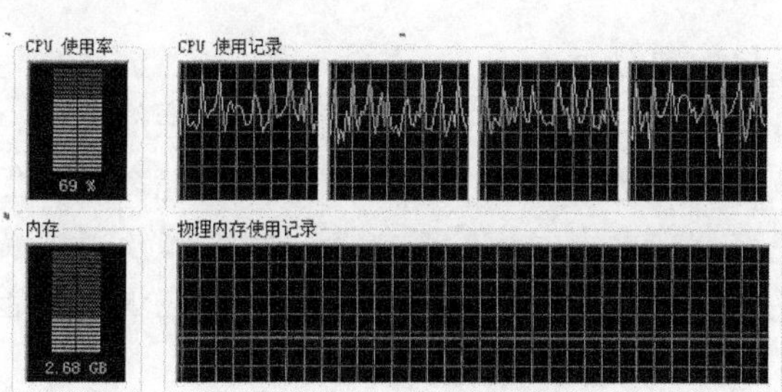

图 B-7　Jforum 服务器监控

2．Tomcat 连接数配置测试

Tomcat 的连接在 TOMCAT_HOME%/conf/server.xml 文件中进行配置，如表 B-11 中的内容：

表 B-11 Tomcat 连接池配置

```
<Connector port="8089" protocol="HTTP/1.1"
           connectionTimeout="20000" maxThreads="200" keepAliveTimeout="60000"
          acceptCount = "100"
           redirectPort="8443" />
```

maxTheads 不配置时默认是 200 个连接，acceptCount 是 Tomcat 允许在繁忙时排队的请求数量，排的越长接受请求越多，CPU 需要耗费时间管理请求，用户响应会越来越长，所以配置太多也不好，需要根据测试情况或者线上运行情况来调整队列长度。图 B-8 是利用 Probe 对 Tomcat 连接数进行监控，可以看到当前线程最大是 84（配置测试场景时运行了 77 个线程），远小于 200 个，所以此时这个配置绰绰有余。

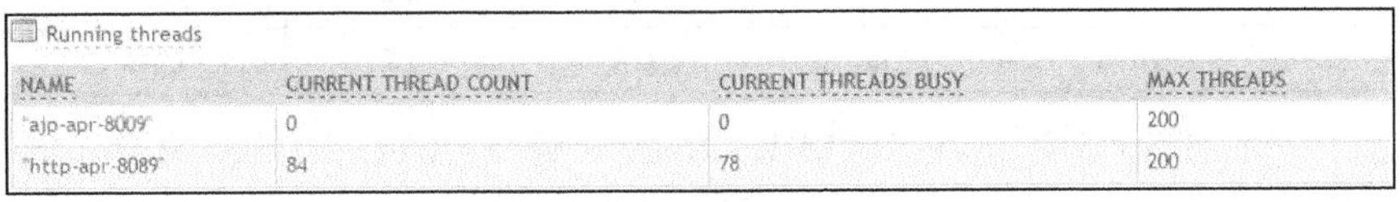

图 B-8 Tomcat 连接数监控

3．数据库线程池配置测试

jforum 数据库连接池配置在 jforum-custom.conf 文件中，目录%TOMCAT_HOME%/webapps/jforum-2.1.9/WEB-INF/config/jforum-custom.conf，修改项是：

database.connection.pool.max=100 //连接池最大连接数

database.connection.pool.min=10 //连接池最小连接数

图 B-9 利用 Probe 监控到的连接池线程数仅为 3 个，连接完全够用，也表明了 MySQL 库对于 jforum 的支持高效，默认的 3 个连接就可以支撑住，所以此设置我们可以保持默认不变。

图 B-9 数据库连接池监控

4．MySQL 数据库优化配置测试

具体优化项目见表 B-12 所示，表 B-13 是配置前后的性能对比，可以看到浏览帖子、回帖、发帖的响应时间轻微减小，这说明 MySQL 调整有性能提升；但是提升并不明显，这是因为耗性能的部分是在建立全文搜索索引的功能上，而这部分有频繁的 IO，而我们的配置调整并没有针对这一部分进行调整，所以性能提升不明显，在调优时首先应该关注的就是这些性能影响大的操作。

表 B-12 MySQL 优化配置

```
sort_buffer_size=32M
read_buffer_size=1M
read_rnd_buffer_size=4M
thread_cache_size=64
query_cache_size=32M
thread_concurrency=4
innodb_buffer_pool_size=1024M
innodb_additional_mem_pool_size=20M
innodb_flush_log_at_trx_commit=1
innodb_log_buffer_size=8M
innodb_log_file_size=150M
innodb_thread_concurrency=4
innodb_support_xa=0
innodb_max_dirty_pages_pct=60
max_prepared_stmt_count=32768
key_buffer_size=256M
tmp_table_size=4M
max_heap_table_size=64M
flush_time=0
expire_logs_days =2
join_buffer_size=256M
max_connections=500
long_query_time=1 //慢查询阀值 1 秒
slow_query_log=ON //开启慢查询记录
slow_launch_time=2
wait_timeout=50//连接超时时间
```

表 B-13 MySQL 优化配置测试结果

业务名称	ART		TPS	
	优化前	优化后	优化前	优化后
登录	101	101	14.6	14.6
浏览帖子	50	45	28.9	29.2
回帖	1166	1163	9.6	9.6
发帖	1028	1019	7.3	7.3

B.8.2.3 测试结论

下面总结一下配置测试结果，从上面多个角度实验来看，下面配置信息能够较好地完成性能需求。

（1）Heap 内存设置（见表 B-14）。

表 B-14 JVM 设置

```
JAVA_OPTS= -Xms1024m -Xmn512m -Xmx1024m -XX:MaxPermSize=128M -XX:PermSize=64m
-XX:MaxTenuringThreshold=15 -XX:+UseConcMarkSweepGC -Xloggc:D:\gc.log
-XX:+PrintGCTimeStamps -XX:+PrintGCDetails
```

（2）Tomcat 线程池保持默认设置。

（3）数据库连接池保持默认设置。

（4）MySQL 配置。

B.8.3 负载测试结果

B.8.3.1 测试场景

表 B-15 负载场景

场景编号	测试类型	涉及业务	业务占比	运行时间	并发数	目 的
Sec_103	负载测试	登录	36%	N/A	20/40/60	分析性能变化趋势 分析性能问题 帮助定容定量
		浏览帖子	41%		40/80/120	
		发新帖	10%		7/14/21	
		回复帖子	13%		10/20/30	

负载测试的目的是帮助我们找出性能问题与风险，对系统进行定容定量；为系统优化、性能调整提供数据支撑。负载测试在执行时又分为单场景与混合场景；单场景有利于分析性能问题，因为排除了其他业务的干扰；混合场景更贴近于用户实际使用习惯，是一个综合的性能评估。建议读者先做单场景的性能执行工作，后做混合场景的执行工作。

基于上面的配置测试已经帮我们找出了相对合适的配置，在负载测试开始之前我们把配置调整到建议配置，在测试执行时密切关注与这些配置相关的监控数据，可以针对影响性能的配置再次调整。

负载测试时我们需要变化负载量来对 jforum 服务器进行压测，表 B-15 列出了 3 种不同的负载当量。

B.8.3.2 单场景测试结果

并发 231 个线程时 TPS 曲线如图 B-10 所示，可以看到 TPS 相当不稳定，并报出大量的 SocketException 错误（表 B-16），监控到大量的 TIME_WAIT 状态的 TCP/IP 连接（netstat -an|findstr "TIME_WAIT），失败事务增多，jforum 无法访问等现象。

表 B-16 连接异常信息

```
    java.net.SocketException: No buffer space available (maximum connections reached?):
connect
        at java.net.DualStackPlainSocketImpl.connect0(Native Method)
        at java.net.DualStackPlainSocketImpl.socketConnect(DualStackPlainSocketImpl.java:79)
```

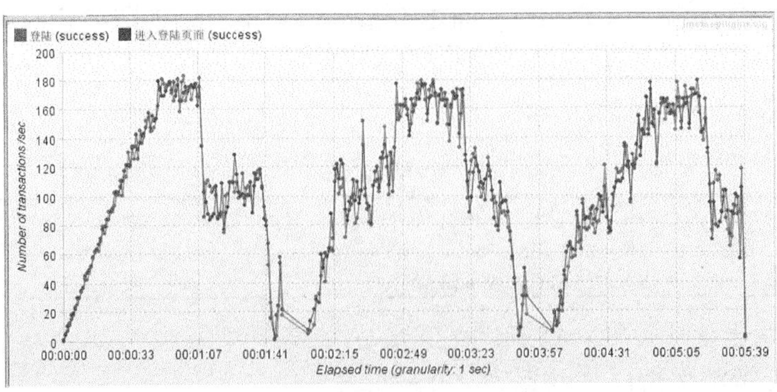

图 B-10 TPS 不稳定

图 B-10 TPS 不稳定的原因是请求多，由于 TCP 连接释放慢导致连接不够用，请求被迫排队，此时有部分连接失败；解决办法是减小 TIME_WAIT 连接释放时间，让 TCP 连接释放更快，具体操作是修改注册表。启动注册表找到 HKEY_LOCAL_MACHINE/SYSTEM/CurrentControlSet/Services/Tcpip/Parameters，在 Parameters 目录下建立两个 DWORD 值，如图 B-11 所示，建立 TcpTimedWaitDelay，十进制值 30，表示等待 30 秒释放；MaxUserPort 十进制值 65534，表示可用的 Socket 连接放大到最大 65534（2 的 32 次方-2），如果想防止攻击限制 TCP 连接数可以把 MaxUserPort 设置一个合适的值。

当并发 231 个用户时，服务器 CPU 开始遇到瓶颈，图 B-12 中红色线（运行后可看到）是 CPU 利用率，可以看到已经是 100%。

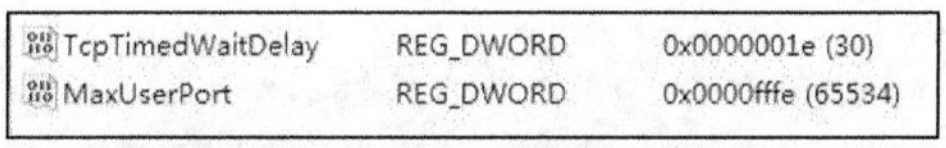

图 B-11 Time_wait 状态解决办法

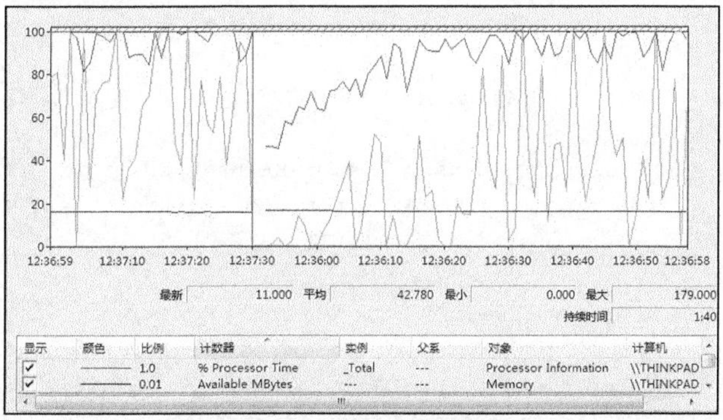

图 B-12 服务器硬件监控

在执行回帖操作时，响应时间较长，分析发现是进行全文搜索索引建立造成的，此时会进行全表扫描（图 B-13 已经报警，有 44.6%的全表扫描），所以效率比较低，如果想要提高效率，可以从这一块入手，把索引建立作为周期性工作，由另一个作业线程来完成，比如 15 分钟一次。

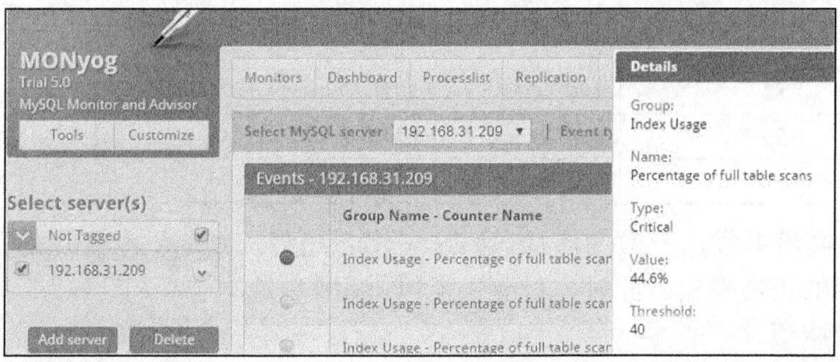

图 B-13 数据库监控

监控到查询时间大于 1 秒的 SQL 多条（表 B-11），经查前面 4 条 SQL 都是可以利用上表索引的，基本无优化空间；第 5、6 条（加粗部分）是全表扫描，接合业务考虑能否优化，缓解方案是提高 MySQL 的硬件配置（提高磁盘 IO）。

表 B-11 慢 SQL

```
UPDATE jforum_topics SET topic_title = ?, topic_last_post_id = ? , topic_first_post_id = ? , topic_type = 0, moderated = 0, topic_vote_id = 0 WHERE topic_id = ? ;

SELECT p.post_id, topic_id, forum_id, p.user_id, post_time, poster_ip, enable_bbcode, p.attach, enable_html, enable_smilies, enable_sig, post_edit_time, post_edit_count, status, pt.post_subject, pt.post_text, username, p.need_moderate FROM jforum_posts p, jforum_posts_text pt, jforum_users u WHERE p.post_id = pt.post_id AND topic_id = 464448 AND p.user_id = u.user_id AND p.need_moderate = 0 ORDER BY post_time ASC LIMIT 0, 20;

SELECT COUNT(pm.privmsgs_to_userid) AS private_messages, u.* FROM jforum_users u LEFT JOIN jforum_privmsgs pm ON pm.privmsgs_type = 1 AND pm.privmsgs_to_userid = u.user_id WHERE u.user_id = ?  GROUP BY pm.privmsgs_to_userid;

SELECT SUM(points) / COUNT(post_id) AS points FROM jforum_karma WHERE post_id = ? ;

SELECT t.*, p.user_id AS last_user_id, p.post_time, p.attach AS attach FROM jforum_topics t, jforum_posts p WHERE p.post_id = t.topic_last_post_id AND p.need_moderate = 0 ORDER BY topic_last_post_id DESC LIMIT 50;

# Query_time: 2  Lock_time: 0  Rows_sent: 20  Rows_examined: 3230200
SELECT t.*, p.user_id AS last_user_id, p.post_time, p.attach AS attach FROM jforum_topics t, jforum_posts p WHERE (t.forum_id = ?  OR t.topic_moved_id = ? ) AND p.post_id = t.topic_last_post_id AND p.need_moderate = 0 ORDER BY t.topic_type DESC, t.topic_last_post_id DESC LIMIT 0, 20;
# Time: 160309 10:47:16  耗时到了 160 秒
```

下面是单场景的测试结果。

表 B-12 不同负载时测试结果

业务名称	ART（ms）			TPS		
	77	154	231	77	154	231
登录	32	359	805	53	160	150
浏览	82	366	792	75	81	80
回帖	2948	5367	5545	18	17	16
发帖	2407	3210	4503	30	28	26

可以看到，随着并发用户数的增加，TPS 呈增长趋势，到了一个高点后 TPS 会下降，下降过程是过载后的正常现象，此时监控到的 CPU 使用率是 100%（图 B-14～图 B-18），CPU 最先成为系统的瓶颈。

注：表 B-12 中表头行 77、154、231 等数字是并发线程数，ART 是平均响应时间，TPS 是每秒事务数。

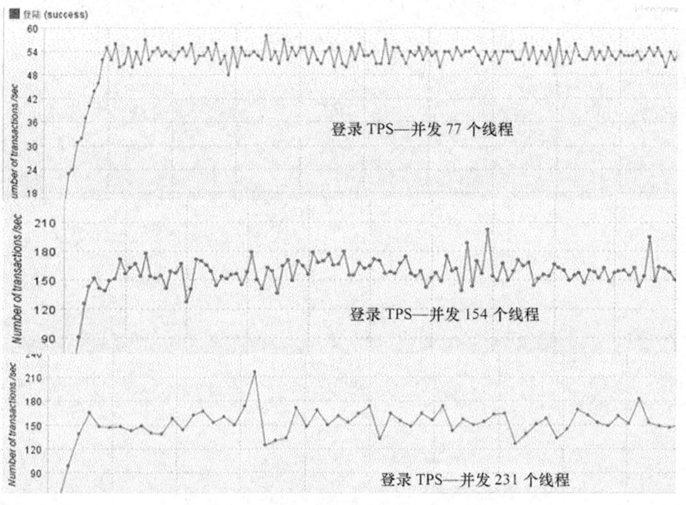

图 B-14 登录 TPS

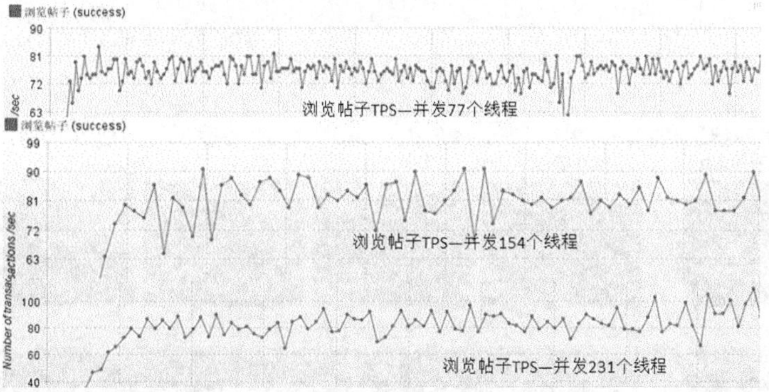

图 B-15 浏览帖子 TPS

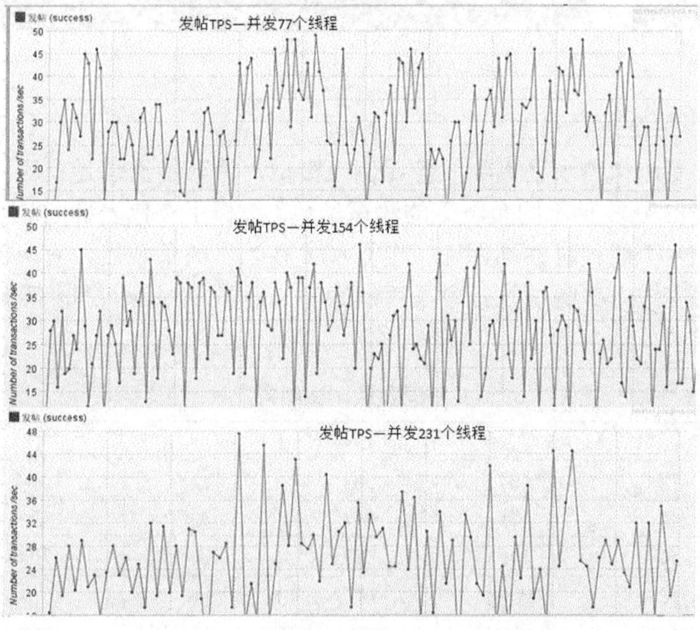

图 B-16 发帖 TPS

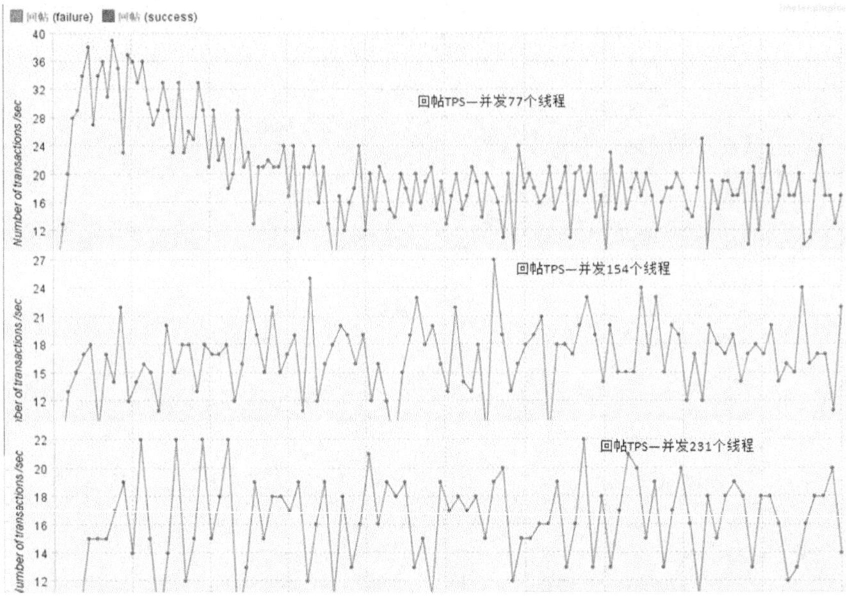

图 B-17 回帖 TPS

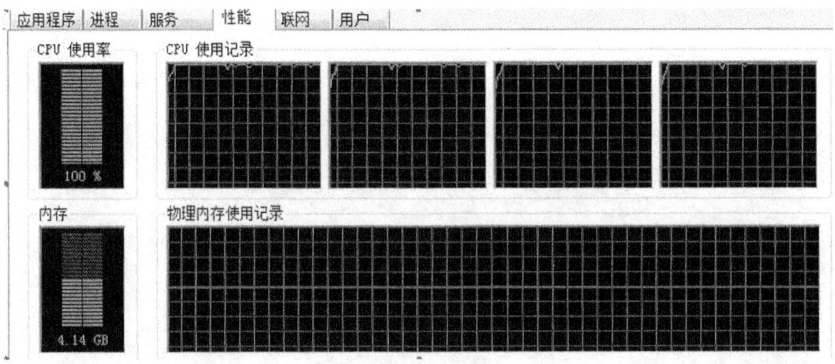

图 B-18 CPU 监控

B.8.3.3 混合场景测试结果

混合场景将按照测试需求采集的业务比例来模拟，考查的重点是在不同负载情况下系统的服务能力，表 B-13 是 3 种不同负载下的测试结果（选择了有代表性的 3 个不同当量的负载测试结果，并发 154 个线程时并不保证一定是最大吞吐量的负载点，有可能 160 这个点性能会高一点，由于时间成本在测试执行时不可能穷举），可以看到不管是 TPS 还是响应时间都能够满足性能需求。

表 B-13 不同负载测试结果

业务名称	ART（ms）			TPS		
	77	154	231	77	154	231
登录	101	131	919	14.6	15.4	14.7
浏览	50	106	787	28.9	30.6	27.7
回帖	1166	5189	7473	9.6	10	9.2
发帖	1028	4694	6534	7.3	7.5	7.0

注：在并发 231 个线程之前 Tomcat 连接数最大修改为 300，保证在中间件层不限制测试的连接数。

利用 Excel 整理一下表 B-13 中的结果做一个趋势分析，如图 B-19 所示可以看到随着并发线程数的增多，TPS 会增加，过载后 TPS 会下降，执行过程满足我们测试需求的要求，找到了系统的性能变化趋势，系统在并发 154 线程时响应时间超过了 3 秒，用户体验变差，但 TPS 是最大的，这个点可以认为是系统拐点，往后 TPS 变小，响应时间继续增大。

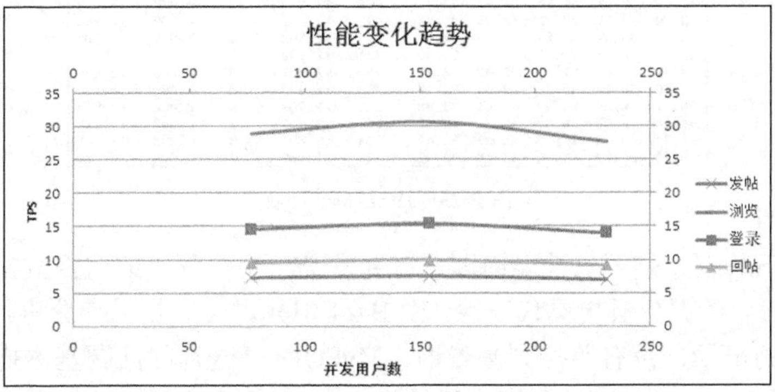

图 B-19 性能变化趋势分析

在执行过程中对 jforum 服务器进行了监控，在并发 77 个线程时 CPU 使用率平均 70%（图 B-20），在并发 231 个线程时 CPU 基本占满 100%（图 B-21），CPU 成为系统瓶颈。再看图 B-22 Java 进程占了 63%的总 CPU 时间，MySQL 只占了 22%的 CPU 时间，说明 jforum 是一个耗 CPU 的应用，也进一步证实 CPU 将会成为系统首要瓶颈。

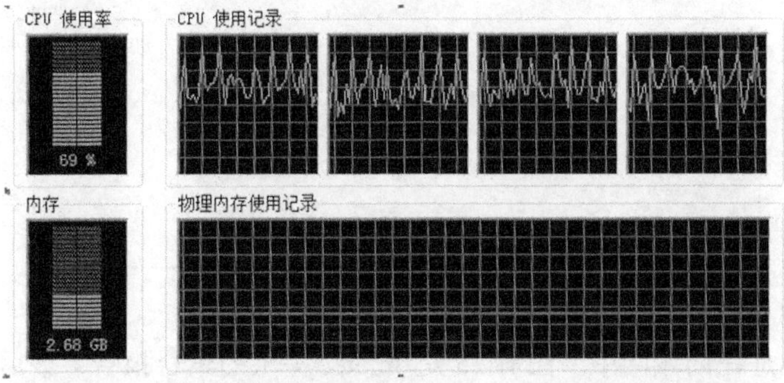

图 B-20 jforum 服务器 CPU 监控（并发 77 线程）

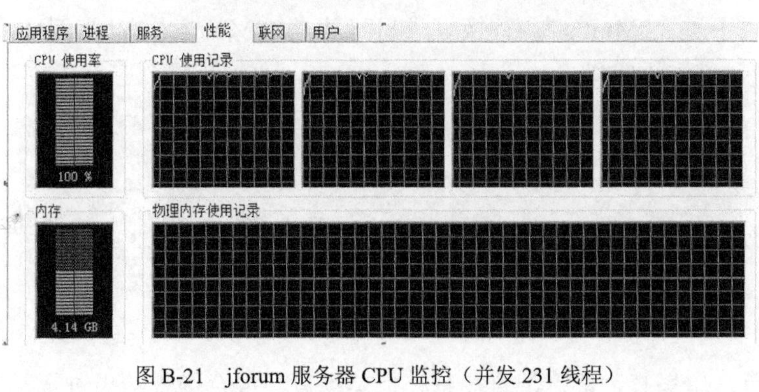

图 B-21 jforum 服务器 CPU 监控（并发 231 线程）

映像名称	用户名	CPU	内存(专用工作集
java.exe *32	chenzy	63	455, 120
mysqld.exe	chenzy	22	173, 816

图 B-22 JVM CPU 监控

对 JVM 的内存回收情况也进行了跟踪，如图 B-23 所示，没有发生 Full GC 的情况，年青代的回收是 5 秒左右一次，目前为止不用担心 JVM Heap 大小及回收策略的设置。

```
35.02   0.00  67.51  41.90  32.42    490   12.662    0   0.000   12.662
41.06   0.00  21.94  41.93  32.42    492   12.714    0   0.000   12.714
 0.00  39.37  82.86  41.95  32.42    493   12.742    0   0.000   12.742
 0.00  45.60  46.87  41.97  32.42    495   12.802    0   0.000   12.802
37.17   0.00  57.06  41.99  32.42    496   12.840    0   0.000   12.840
 0.00  45.64  97.27  42.00  32.42    497   12.875    0   0.000   12.875
 0.00  50.00  47.26  42.03  32.42    499   12.940    0   0.000   12.940
36.29   0.00  86.43  42.04  32.42    500   12.964    0   0.000   12.964
34.18   0.00  60.40  42.07  32.42    502   13.018    0   0.000   13.018
44.32   0.00  21.76  42.09  32.42    504   13.075    0   0.000   13.075
 0.00  36.53  95.02  42.10  32.42    505   13.100    0   0.000   13.100
```

图 B-23 JVM Heap 回收

下面分析一下数据库是否有性能问题，以并发 231 个线程时的监控数据为分析样本，此时响应时间过 7 秒，数据分析更具代表性。图 B-24 中只对全表扫描部分进行了报警，在执行时开启了慢查询的记录，没有监控到慢查询，MySQL 慢查询的问题基本排除，所以时间还是消耗在 Java 程序部分，在配置测试中我们找出了 Java 程序耗时的原因（jforum 构建全文搜索索引，用来提高浏览的吞吐量）。

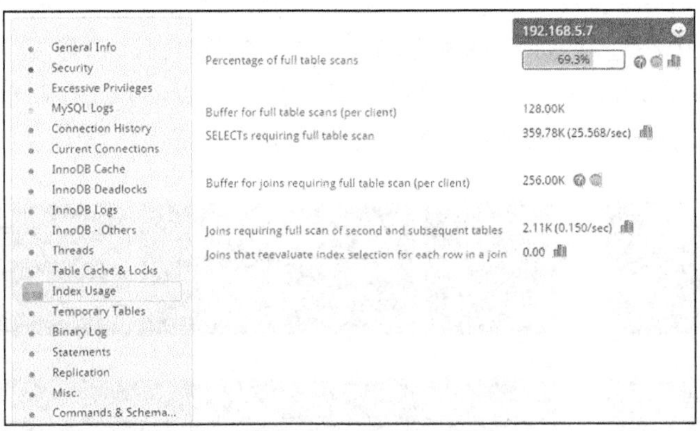

图 B-24 Monyog Mysql 监控

测试执行环境是在局域网中，图 B-25 是 Jmeter 提供的聚合报告，最后一列 KB/sec 是网络传输的数据量，负载测试执行时并发 154 个线程 TPS 最高，那么相应的网络流量也应该是最高，可以看到也不过 2.5Mbit/s 左右，换算成 bit/s 就是 20Mbit/s 左右。实例环境是 1000Mbit/s，所以网络带宽的瓶颈远远没到。

Label	# Samples	Average	Median	90% Line	Min	Max	Error %	Throughput	KB/sec
进入登录...	5607	19	7	56	2	292	0.00%	15.4/sec	84.5
Session...	23072	16	4	52	0	293	0.00%	63.3/sec	18.7
登录	5596	131	91	206	19	2874	0.05%	15.4/sec	574.6
进入板块	5592	95	26	175	9	2909	0.00%	15.4/sec	569.9
浏览帖子	11110	106	33	206	9	6332	0.02%	30.6/sec	567.8
进入回帖...	3671	97	29	190	10	2945	0.03%	10.1/sec	254.7
回帖	3606	5189	4965	9579	67	18176	0.03%	10.0/sec	222.5
进入新帖...	2729	81	27	128	10	3442	0.00%	7.6/sec	187.7
发帖	2688	4694	4554	8196	134	12385	0.00%	7.5/sec	125.9
总体	63671	547	24	869	0	18176	0.01%	174.7/sec	2591.0

图 B-25 聚合报告（并发 154 个线程）

表 B-14（单：单场景，混：混合场景）把单场景与混合场景结果进行了对比，可以看到

TPS 相差还是比较大的。混合场景是以一个完整的业务链路来模拟的，业务操作在测试脚本中有先后顺序的，某个操作耗时较多都会对整个链路造成影响，自然 TPS 与单场景相差较大。

登录与浏览是只查询数据库所以 TPS 比较大；回帖与发帖都有写数据库操作，而且都会触发生成全文搜索索引，也会查询数据，同时要把数据写到缓存中，缓存文件目录如图 B-6 所示，所以 TPS 相对要小一些。

单场景与混合场景的运行目的要清楚，单场景方便我们分析性能问题，在单元测试阶段就可以介入，把性能测试提前，问题早发现早面对；混合场景模拟用户实际操作，测试结果更具可靠性，当然这是要建立在测试模型可靠、数据量足够、执行充分的前提条件下。

表 B-14 单场景&混合场景结果对比

业务名称	ART（ms）						TPS					
	77		154		231		77		154		231	
	单	混	单	混	单	混	单	混	单	混	单	混
登录	32	101	359	131	805	919	53	14.6	160	15.4	150	14
浏览	82	50	366	106	792	787	75	28.9	81	30.6	80	27.7
回帖	2948	1166	5367	5189	5545	7473	18	9.6	17	10	16	9.2
发帖	2407	1028	3210	4694	4503	6534	30	7.3	28	7.5	26	7.0

负载测试执行完成前后对数据库文件大小进行了监控，每增加 10 万条发帖回帖记录数据文件增长约 115MB（排除附件），500 万条空间约为 5750MB（5.6GB），故数据库磁盘大小并无特殊要求，市场上销售的主流磁盘大小都可满足。

B.8.3.4 测试结论

下面是负载测试结论。

（1）jforum 在测试环境下能够满足性能需求。

（2）通过不同当量的负载测试反映了 jforum 在测试环境的性能变化趋势，系统拐点在并发 154 个线程时，提供的总吞吐量为 63.5（15.4+30.6+10+7.5）。

（3）CPU 是 jforum 系统首要风险，随着业务量的增加 CPU 将首先面临瓶颈。

（4）最大吞吐量情况下网络带宽为 20Mbit/s，无网络性能风险。

B.8.4 稳定性测试结果

B.8.4.1 测试场景

稳定性测试的目的是验证在当前软硬件环境下，长时间运行一定负载，确定系统在满足性能指标的前提下是否运行稳定，执行时依然是用混合场景，负载量参考负载测试结果选择并发 116 个线程（77 的 1.5 倍）（见表 B-15）。

表 B-15 稳定性测试场景

场景编号	测试类型	涉及业务	业务占比	运行时间	并发数	目　　的
Sec_104	稳定性测试	登录	36%	>12 小时	116	稳定性测试
		浏览帖子	41%			
		发新帖	10%			
		回复帖子	13%			

B.8.4.2 测试结果

表B-16是稳定性测试结果与测试指标的对比，由结果可以看到系统在并发116个线程时响应时间够保持在3秒左右，事务成功率也是比较高的 ，吞吐量是需求的10倍。从图B-26与图B-27可以看到响应时间还是比较平稳的。

表B-16 稳定性测试结果

业务名称（描述）	需求TPS	实测TPS	响应时间	实际响应时间(ms)	事务成功率
登录	1.44	15.2	<3秒	114	99.999%
浏览帖子	3	30.4	<3秒	93	99.999%
回复帖	0.75	9.8	<3秒	3005	99.999%
发帖子	0.58	7.4	<3秒	2449	99.999%
合计：	5.77	62.8			

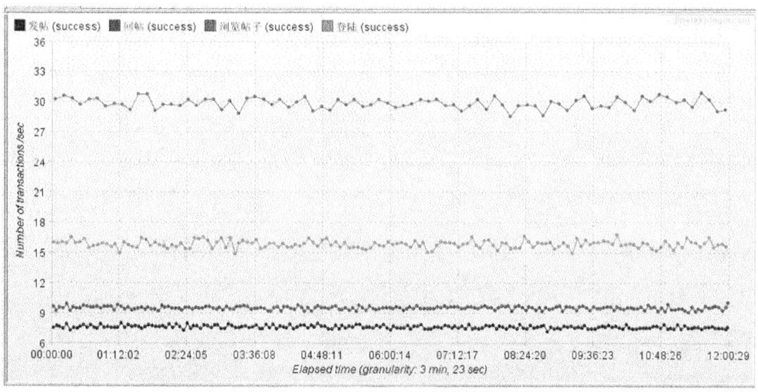

图B-26 TPS

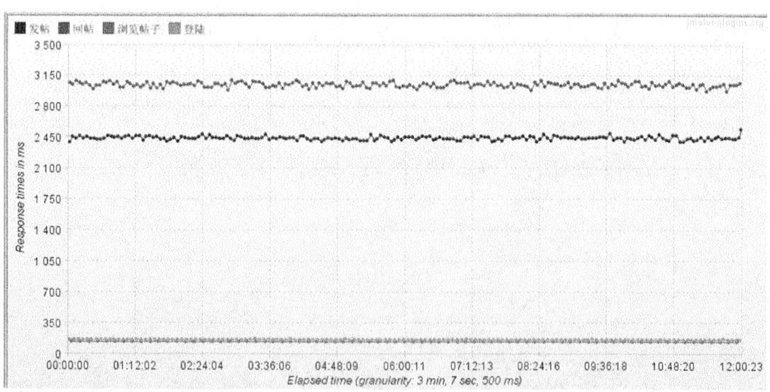

图B-27 响应时间

整个稳定性测试过程中JVM Full GC只发生了2次，共0.189秒，不管是频率还是时间都可以忽略对性能的影响。

对MySQL进行监控没有发现慢查询，硬件各项性能指标都在阀值范围内，所以当前并发116个线程的情况下性能还是比较平稳的，能够提供约10倍于需求的吞吐量，见图B-28所示。

```
C:\Users\thinkpad>jstat -gc 5192
 S0C     S1C     S0U   S1U      EC       EU       OC       OU       PC      PU      YGC   YGCT   FGC  FGCT   GCT
52416.0 52416.0  0.0   14413.9 419456.0 408774.4 524288.0 281628.7 21504.0 21382.6 1813  44.557  2   0.189  44.746
```

图B-28 JVM内存回收

B.8.4.3 测试结论

（1）从性能测试结果来看系统在 1.5 倍于需求负载情况下运行稳定，各项性能指标都在正常范围内。

（2）系统能够提供 10 倍于需求的吞吐量，且运行稳定。

B.9 测试结论

B.9.1 测试结论

经过了不同目的的测试执行工作，对系统的性能有了相对全面的了解,下面是测试总结：

（1）系统在单机（参照测试环境软硬件配置信息）上已经能够满足当前及预估的未来 3 年的业务增长需求，不存在 TPS、响应时间、CPU、内存、磁盘、网络等瓶颈。

（2）对系统的性能变化趋势做了评估（表 B-17 和图 B-29），在当前环境最高可提供 10 倍于当前需求的吞吐量（以 TPS 来计），网络带宽最大达到 20Mbit/s，暂无性能风险；随着负载的增加 CPU 将最先遇到性能瓶颈,其次是 IO 瓶颈。系统性能拐点在并发 154 个线程时，此时提供的总吞吐量为 63.5TPS。

表 B-17 性能趋势

业务名称	ART（ms）			TPS			
	77	154	231	77	154	231	需求 TPS
登录	101	131	919	14.6	15.4	14	1.44
浏览	50	106	787	28.9	30.6	27.7	3
回帖	1166	5189	7473	9.6	10	9.2	0.75
发帖	1028	4694	6534	7.3	7.5	7.0	0.58
合计				60.4	63.5	57.9	5.77

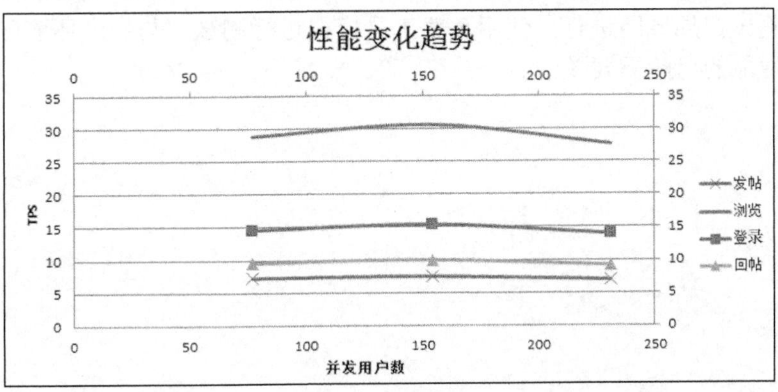

图 B-29 性能趋势

（3）进行了配置测试，在满足当前性能及未来业务增长的情况下，建议 JVM Heap 设置 1GB，Tomcat 最大连接数保持默认 200；数据库连接池最大连接数保持默认为 100，在运营过程中监控到 Tomcat 活动线程数、数据库连接池活动连接数达到总数的 80%以上时可以适当增加。

（4）进行了稳定性测试，执行了 12 小时以上，采用保守策略，执行时的负载是需求的1.5 倍，完成的业务量相当于未来 10 天的业务量。从结果来看，不管是响应时间还是 TPS 都比较稳定，事务成功率近 100%，也没见有明显影响性能的现象。

（5）当前生产环境物理架构是合理架构，Tomcat 双机集群可以保证高可用，MySQL 双机热备保证数据安全性。

（6）数据库容量约在 5.6GB（500 万条空间约为 5750MB）左右，普通磁盘大小就可以满足，运营时需要关注用户上传附件的大小，此为风险。

综上，JForum 论坛能够满足性能要求，当前硬件设备情况下性能有保障。

B.9.2 系统缺陷

系统缺陷如表 B-18 所示。

B-18 系统缺陷

No.	缺陷说明	是否解决
1	N/A	N/A

B.10 系统风险

（1）随着用户规模的增加系统首要风险在 CPU。

（2）目前磁盘 IO 是第二瓶颈，用户规模增加后建议更换更好的存储设备或者进行条带化。

（3）用户上传附件的大小会影响系统内存的利用率，导致内存紧张，系统性能下降；同时磁盘容量也会成为风险，运营时需要监控附件文件夹大小，一方面可以加存储，另一方面可以限制附件大小。

（4）性能测试在局域网进行，使用负载工具模拟进行测试，与生产环境可能会有差异；网络对于系统性能的风险需要关注。

参考资料

Apache 官网。

Jforum 官网。

Junit 官网。

Beanshell 官网。

Oracle 官网。

Jenkins 官网。

《Linux Performance Analysis and Tools》 Brendan Gregg。

《Systems Performance: Enterprise and the Cloud 1st Edition>> Brendan Gregg。

《Windows Server 2008 中性能和可靠性监视的循序渐进指南》。

读书笔记